『이 책 하나면 충분히 합격할 수 있습니다』

실내건축기사 2차실기 II

(제40회~제97회 / 시공실무 포함)

제1회~제39회는 실내건축기사 2차실기에 수록

저 · (주)동방디자인학원®

머리글

"더 이상 완벽한 교재는 없습니다"

실내건축 자격시험은 1992년 시행되었습니다.
(주)동방디자인학원은 제1회부터 오늘에 이르기까지 실내건축 자격시험을 지도해온 경험을 바탕으로 매년 최신 기출문제를 포함하여 교재를 개정하고 있으며, 컬러링까지 보완하여 출간하고 있습니다. (주)동방디자인학원의 노하우를 바탕으로 반드시 알아야 할 내용들과 최신 트렌드를 반영하여 집필하였기 때문에 더 이상 완벽한 교재는 없습니다.

이 책의 특징

1. 매회 실기해설 및 시공실무 문제 수록.
2. 수험서이므로 시간안에 작도할 수 있을 정도의 수준으로 설계 · 디자인.
3. (주)동방디자인학원에서 연구개발한 투시도법을 사용.
4. 컬러링 된 투시도 작품을 수록.
5. 반복출제된 문제도 디자인을 달리하여 수록.
6. "실내건축시공실무"(도서출판 동방디자인 발행)와 병행해서 공부 가능.

이 책 하나면 실내건축기사를 취득하는데 크게 도움이 될 것으로 확신합니다.

(주)동방디자인학원

차 례

실내건축기사 2차실기에 수록

제1편 실내건축 제도의 기초
제1장 제도용구의 종류와 사용법
제2장 도면표기법
제3장 도면작성방법
제4장 도면실습

제3편 공간별 가구치수
제1장 주거공간
제2장 상업공간
제3장 업무공간

제2편 투시도 작성방법
제1장 투시도 작성방법
제2장 투시도 점경표현

제4편 과년도 출제문제
제1회~제39회 시공실무, 실내디자인, 컬러링작품 수록

실내건축분야 국가기술자격 검정안내 ··· 9

실내건축기사 2차실기 Ⅱ

과년도 출제문제

제40회	시공실무 / 실내디자인 - 치과의원	19
제41회	시공실무 / 실내디자인 - PC방	27
제42회	시공실무 / 실내디자인 - 최저가 화장품 판매점	35
제43회	시공실무 / 실내디자인 - TAKE OUT이 가능한 COFFEE & CAKE 전문샵	45
제44회	시공실무 / 실내디자인 - 웨딩숍	54
제45회	시공실무 / 실내디자인 - CD·비디오 숍	63
제46회	시공실무 / 실내디자인 - 컴퓨터 전시장 부스	73
제47회	시공실무 / 실내디자인 - 치과의원	82
제48회	시공실무 / 실내디자인 - 치과의원	91
제49회	시공실무 / 실내디자인 - TAKE OUT이 가능한 COFFEE & CAKE 전문샵	100
제50회	시공실무 / 실내디자인 - CD·비디오 전문점	109
제51회	시공실무 / 실내디자인 - PC방	119
제52회	시공실무 / 실내디자인 - 전시장내 컴퓨터 홍보용 부스	129
제53회	시공실무 / 실내디자인 - 치과의원	138
제54회	시공실무 / 실내디자인 - 최저가 화장품 판매점	147
제55회	시공실무 / 실내디자인 - TAKE OUT이 가능한 COFFEE & CAKE 전문샵	157
제56회	시공실무 / 실내디자인 - CD·비디오 전문점	165
제57회	시공실무 / 실내디자인 - 치과의원	174
제58회	시공실무 / 실내디자인 - COFFEE & CAKE 전문점	182
제59회	시공실무 / 실내디자인 - PC방	191

제60회	시공실무 / 실내디자인 - CD·비디오테이프 판매점	200
제61회	시공실무 / 실내디자인 - 한의원	208
제62회	시공실무 / 실내디자인 - 유기농 식료품 판매점	216
제63회	시공실무 / 실내디자인 - 커피숍	225
제64회	시공실무 / 실내디자인 - 약국	234
제65회	시공실무 / 실내디자인 - 패스트푸드점	243
제66회	시공실무 / 실내디자인 - PC방	252
제67회	시공실무 / 실내디자인 - 자동차 판매 대리점	261
제68회	시공실무 / 실내디자인 - 제과 전문점	270
제69회	시공실무 / 실내디자인 - 아웃도어 매장	278
제70회	시공실무 / 실내디자인 - 커피숍	287
제71회	시공실무 / 실내디자인 - 일식 참치전문점	296
제72회	시공실무 / 실내디자인 - 중저가 화장품 매장	305
제73회	시공실무 / 실내디자인 - 동물병원	314
제74회	시공실무 / 실내디자인 - 헤어숍	323
제75회	시공실무 / 실내디자인 - 정형외과	332
제76회	시공실무 / 실내디자인 - 귀금속 전문점	341
제77회	시공실무 / 실내디자인 - 한의원	350
제78회	시공실무 / 실내디자인 - 카페 & 제과제빵 전문점	358
제79회	시공실무 / 실내디자인 - 스터디룸 카페	366
제80회	시공실무 / 실내디자인 - 체인형 커피숍	375
제81회	시공실무 / 실내디자인 - 어린이 도서관	384
제82회	시공실무 / 실내디자인 - 치과의원	393
제83회	시공실무 / 실내디자인 - 프랜차이즈 제과점	402
제84회	시공실무 / 실내디자인 - 프랜차이즈 커피숍	410
제85회	시공실무 / 실내디자인 - 중저가 화장품 매장	418
제86회	시공실무 / 실내디자인 - 휴대폰 판매점	426
제87회	시공실무 / 실내디자인 - 광고기획 디자인회사 사무실	434
제88회	시공실무 / 실내디자인 - 정형외과	442
제89회	시공실무 / 실내디자인 - 자동차 판매 대리점	451
제90회	시공실무 / 실내디자인 - 귀금속 전문점	460
제91회	시공실무 / 실내디자인 - 아웃도어 매장	469
제92회	시공실무 / 실내디자인 - 유기농 식료품 판매점	477
제93회	시공실무 / 실내디자인 - 어린이 도서관	486
제94회	시공실무 / 실내디자인 - 북카페	495
제95회	시공실무 / 실내디자인 - 스터디 카페	503
제96회	시공실무 / 실내디자인 - 치과의원	512
제97회	시공실무 / 실내디자인 - 아파트 단지 내 북카페	521

컬러링 작품 529

실내건축분야 국가기술자격 검정안내

[1] 시험방법

실내건축(산업)기사 시험은 1차(필기)와 2차(실기) 시험으로 나누어지며 필기시험은 100점 만점에 과락 점수(40점 미만)없이 평균 60점 이상이면 합격이 되며, 2차 실기시험은 1차 합격자에 한해 당해 필기시험의 합격자 발표일로부터 2년 이내의 실기시험에 응시할 수 있으며 100점 만점 중에서 평균 60점 이상이 되면 최종 합격을 인정받아 자격증을 취득할 수 있습니다.

[2] 출제기준(실내건축기사)

1. 필기

필기과목명	문항수	주요항목	세부항목
실내디자인 계획	20	1. 실내디자인 기획 2. 실내디자인 기본계획 3. 실내디자인 세부공간계획 4. 실내디자인 설계도서작성	- 사용자 요구사항 파악, 설계개념 설정 - 디자인요소, 원리, 공간기본 및 계획, 실내디자인요소 - 주거 / 업무 / 상업 / 전시 - 실시설계도서작성 수집, 실시설계도면 작성
실내디자인 색채 및 사용자 행태분석	20	1. 실내디자인 프레젠테이션 2. 실내디자인 색채계획 3. 실내디자인 가구계획 4. 사용자 행태분석 5. 인체계측	- 프레젠테이션 기획, 프레젠테이션 작성, 프레젠테이션 - 색채구상, 색채적용검토, 색채계획 - 가구자료조사, 가구적용검토, 가구계획 - 인간-기계시스템과 인간요소, 시스템 설계와 인간요소, 사용자 행태분석 연구 및 적용 - 신체활동의 생리적 배경, 신체반응의 측정 및 신체역학, 근력 및 지구력, 신체활동의 에너지소비, 동작의 속도와 정확성, 신체계측
실내디자인 시공 및 재료	20	1. 실내디자인 시공관리 2. 실내디자인 마감계획 3. 실내디자인 실무도서 작성	- 공정계획관리, 안전관리, 실내디자인 협력공사, 시공감리 - 목공사, 석공사, 조적공사, 타일공사, 금속공사, 창호및유리공사, 도장공사, 미장공사, 수장공사 - 실무도서작성
실내디자인 환경	20	1. 실내디자인 자료조사분석 2. 실내디자인 조명계획 3. 실내디자인 설비계획	- 주변환경조사, 건축법령분석, 건축관계법령분석, 화재예방, 소방시설 설치·유지 및 안전관리에 관한 법령 분석 - 실내조명 자료조사, 실내조명 적용검토, 실내조명 계획 - 기계설비 계획, 전기설비 계획, 소방설비 계획
필기검정방법 - 객관식 / 80문항 / 2시간			

2. 실기

실기과목명	주요항목	세부항목
실내디자인 실무	1. 실내디자인 자료조사분석 2. 실내디자인 기획 3. 실내디자인 세부공간 계획 4. 실내디자인 기본계획 5. 실내디자인 실무도서작성 6. 실내디자인 설계도서작성 7. 실내건축설계 프레젠테이션 8. 실내디자인 시공관리	- 실내공간 자료조사, 관계법령 분석, 관련자료 분석 - 사용자요구사항 파악, 설계개념 설정, 공간 프로그램 적용 - 주거 / 업무 / 상업 / 전시공간 세부계획 - 공간 기본구상, 공간 기본계획, 기본 설계도면 작성 - 내역서, 시방서, 공정표 작성 - 실시설계도서작성 수집, 실시설계도면 작성, 마감재 도서작성 - 프레젠테이션 기획, 보고서 작성, 프레젠테이션 - 공정계획, 현장관리, 안전관리, 시공감리
실기검정방법 - 복합형 7시간 정도 (필답형 1시간 + 작업형 6시간 정도)		

[3] 응시자격

1. 기사

가. 산업기사 등급 이상의 자격을 취득한 후 응시하려는 종목이 속하는 동일 및 유사 직무분야에서 1년 이상 실무에 종사한 사람.

나. 기능사 자격을 취득한 후 응시하려는 종목이 속하는 동일 및 유사 직무분야에서 3년 이상 실무에 종사한 사람.

다. 응시하려는 종목이 속하는 동일 및 유사 직무분야의 다른 종목의 기사 등급 이상의 자격을 취득한 사람.

라. 관련학과 및 유사관련학과의 대학졸업자등 또는 그 졸업예정자.

마. 3년제 전문대학 관련학과 및 유사관련학과 졸업자등으로서 졸업 후 응시하려는 종목이 속하는 동일 및 유사 직무분야에서 1년 이상 실무에 종사한 사람.

바. 2년제 전문대학 관련학과 및 유사관련학과 졸업자등으로서 졸업 후 응시하려는 종목이 속하는 동일 및 유사 직무분야에서 2년 이상 실무에 종사한 사람.

사. 동일 및 유사 직무분야의 기사 수준 기술훈련과정 이수자 또는 그 이수예정자.

아. 동일 및 유사 직무분야의 산업기사 수준 기술훈련과정 이수자로서 이수 후 응시하려는 종목이 속하는 동일 및 유사 직무분야에서 2년 이상 실무에 종사한 사람.

자. 응시하려는 종목이 속하는 동일 및 유사 직무분야에서 4년 이상 실무에 종사한 사람.

차. 외국에서 동일한 종목에 해당하는 자격을 취득한 사람.

2. 산업기사

가. 기능사 등급 이상의 자격을 취득한 후 응시하려는 종목이 속하는 동일 및 유사 직무분야에 1년 이상 실무에 종사한 사람.

나. 응시하려는 종목이 속하는 동일 및 유사 직무분야의 다른 종목의 산업기사 등급 이상의 자격을 취득한 사람.

다. 관련학과 및 유사관련학과의 2년제 또는 3년제 전문대학졸업자등 또는 그 졸업예정자.

라. 관련학과및 유사관련학과의 대학졸업자등 또는 그 졸업예정자

마. 동일 및 유사 직무분야의 산업기사 수준 기술훈련과정 이수자 또는 그 이수예정자

바. 응시하려는 종목이 속하는 동일 및 유사 직무분야에서 2년 이상 실무에 종사한 사람

사. 고용노동부령으로 정하는 기능경기대회 입상자

아. 외국에서 동일한 종목에 해당하는 자격을 취득한 사람

[4] 응시자격접수 및 자격증 발급

1. 산업인력공단 지역본부 및 지사

사무소명	주　　　소	전화번호	
서울지역본부	서울 동대문구 장안벚꽃로 279 (휘경동 49-35)	02	2137-0590
서울서부지사	서울 은평구 진관3로 36 (진관동 산100-23)	02	2024-1700
서울남부지사	서울시 영등포구 버드나루로 110 (당산동)	02	876-8322
서울강남지사	서울시 강남구 테헤란로 412 T412빌딩 15층(대치동)	02	2161-9100
강원지사	강원도 춘천시 동내면 원창 고개길 135 (학곡리)	033	248-8500
강원동부지사	강원도 강릉시 사천면 방동길 60 (방동리)	033	650-5700
인천지역본부	인천시 남동구 남동서로 209 (고잔동)	032	820-8600
경기지사	경기도 수원시 권선구 호매실로 46-68 (탑동)	031	249-1201
경기북부지사	경기도 의정부시 바대논길 21 (해인프라자) 5층 (고산동)	031	850-9100
경기동부지사	경기 성남시 수정구 성남대로 1217 (수진동)	031	750-6200
경기남부지사	경기 안성시 공도읍 공도로 51-23 402호	031	615-9000
경기서부지사	경기도 부천시 길주로 463번길 69, 양지빌딩 2층	032	719-0800
대전지역본부	대전광역시 중구 서문로 25번길 1 (문화동)	042	580-9100
충북지사	충북 청주시 흥덕구 1순환로 394번길 81 (신봉동)	043	279-9000
충부북부지사	충북 충주시 호암수청2로 14 3층 (호암동)	043	722-4300
충남지사	충남 천안시 서북구 천일고1길 27 (신당동)	041	620-7600
세종지사	세종특별자치시 한누리대로 296 (나성동)	044	410-8000
부산지역본부	부산시 북구 금곡대로 441번길 26 (금곡동)	051	330-1910
부산남부지사	부산시 남구 신선로 454-18 (용당동)	051	620-1910
울산지사	울산광역시 중구 종가로 347 (교동)	052	220-3224
경남지사	경남 창원시 성산구 두대로 239 (중앙동)	055	212-7200
경남서부지사	경남 진주시 남강로 1689 (초전동 260)	055	791-0700
대구지역본부	대구시 달서구 성서공단로 213 (갈산동)	053	580-2300
경북지사	경북 안동시 서후면 학가산 온천길 42 (명리)	054	840-3000
경북동부지사	경북 포항시 북구 법원로 140번길 9 (장성동)	054	230-3200
경북서부지사	경북 구미시 산호대로 253 (구미첨단의료기술타워 2층)	054	713-3005
광주지역본부	광주광역시 북구 첨단벤처로 82 (대촌동)	062	970-1700
전북지사	전북 전주시 덕진구 유상로 69 (팔복동)	063	210-9200
전북서부지사	전북 군산시 공단대로 197 풍산빌딩 2층 (수성동)	063	731-5500
전남지사	전남 순천시 순광로 35-2 (조례동)	061	720-8500
전남서부지사	전남 목포시 영산로 820 (대양동)	061	288-3300
제주지사	제주 제주시 복지로 19 (도남동)	064	729-0701

2. 수험원서 접수

가. 접수 : 한국산업인력공단 홈페이지(http://Q-net.or.kr)

3. 제출서류

가. 필기시험 원서접수시 제출서류

1) 수험원서 1통(공단홈페이지에서 작성하되 접수일전 6개월 이내에 촬영한 3.5cm×4.5cm 규격의 동일원판 탈모 상반신 사진 부착)
2) 검정과목의 일부 또는 필기시험 전과목 면제 해당자는 취득한 자격증 원본제시

3) 다른 법령에 의한 자격취득자 중 필기시험 과목면제 해당자는 자격증 원본제시 및 검정 과목 면제신청서와 자격증 사본제출
4) 외국에서 기술자격을 취득한 사람으로서 검정과목의 일부 또는 전부의 면제를 받고자 하는 사람은 검정과목 면제신청서, 해외공관장이 확인한 자격증 사본 및 이력서, 자격을 취득한 국가의 자격법령에 관한 자료와 각 관련자료 번역문 각1부
* 해외공관장 확인 : 자격증을 발행한 국가에 주재하고 있는 한국대사관 또는 영사관의 확인을 말함.

나. 실기[면접]시험 원서접수시 제출서류
1) 검정의 일부시험 합격자(필기시험 면제자) : 수험원서 1통(공단 홈페이지에서 작성하되 접수일전 6개월 이내에 촬영한 3.5cm×4.5cm 규격의 동일원판 탈모상반신 사진 부착)
2) 다음의 응시자격서류는 필기시험 합격예정자로 발표된 사람에 한하여 수험자격을 인정할 수 있는 관계증명서류 각 1통씩을 응시자격서류 제출기간까지 제출하여야 하며 동 기간중에 제출하지 않은 사람의 필기시험 합격예정은 무효됨.
가) 국가기술자격취득자는 자격증 원본제시
나) 대학, 전문대학, 고등학교 졸업자는 졸업증명서
다) 대학, 전문대학 졸업예정자는 최종학년 재학증명서
라) 실무경력으로 응시하고자 하는 사람은 한국산업인력공단에서 배포하는 소정양식의 경력증명서 또는 재직증명서(근무부서, 근무기간, 직명, 담당업무가 구체적으로 명시된 것)
마) 노동부령으로 규정한 교육훈련기관의 이수자 및 이수예정자는 이수증명서 또는 이수예정증명서

[5] 검정수수료 및 실기(면접)시험 실비납부

1. 검정수수료

필기시험 대상자는 필기시험 원서접수시, 필기시험면제자는 실기(면접)시험 실비납부기간에 실기(면접)시험 실비와 함께 결제하여야 함.

결제는 신용카드/계좌이체/가상계좌이체(무통장입금) 중 택하여 결제하면 되고 검정수수료는 공단 홈페이지에서 검색할 수 있음.

2. 실기(면접)시험 실비

가. 실기(면접)시험 실비는 필기시험 면제자 원서접수(실기「면접」시험 실비납부)기간에 결제하여야 함.
나. 종목별 실기(면접)시험 실비는 공단 홈페이지에서 검색할 수 있음.
* 단, 검정수수료 및 실기(면접)시험 실비는 관계규정의 개정에 따라 변동될 수도 있음.

[6] 수험자가 반드시 알아야 할 사항

1. 국가기술자격시험을 전면 "인터넷"으로만 접수합니다.
2. 접수된 응시자격 서류 등은 일체 반환하지 않으며 모든 응시자격 서류는 원본제출이 원칙입니다.
3. 수험원서 및 답안지 등의 허위, 착오기재 또는 누락 등으로 인한 불이익은 일체 수험자 책임으로 합니다.
4. 필기시험 면제기간 산정 기준일은 당회 필기시험 합격자 발표일로부터 2년간 입니다.
5. 필기시험 답안카드 작성시 답안카드 전면의 인적사항과 답란에 답을 기재할 경우에는 반드시 「컴퓨터용싸인펜」을 사용하고, 뒷면의 볼펜사용란에는 「흑색볼펜」을 사용 기재하여야 하며, 기타 필기용구를 사용시는 채점되지 아니함.
6. 수험자격에 관한 증빙서류는 반드시 지정된 기일 내에 제출하여야 하며, 제출하지 아니한 경우에는 합격예정이 무효 되며, 학력 및 경력이 허위 또는 위조한 사실이 발견될 경우에는 불합격처리 또는 합격을 취소합니다.
7. 실기시험 접수기간 이전(필기원서 접수일로부터 필기시험 합격자 발표전)에 학력 및 경력증명서는 온라인을 통해 사전제출 가능합니다.
8. 경력은 중복되지 않아야 하며, 경력(학력 포함) 환산은 졸업 후(이수한 후)의 경력을 필기시험일을 기준으로 합니다. 경력증명서류는 4대보험 가입을 증명할 수 있는 경우에 한해 사전제출 가능합니다.
9. 필기시험 원서접수 기간은 7일간, 실기시험 원서접수 기간은 4일간으로 원서접수 첫날 09:00부터 마지막날 18:00까지 입니다.
10. 합격자 발표 후 답안지는 공개하지 아니합니다.
11. 한국산업인력공단에서 지정하는 일부종목의 실기시험 재료는 수험자가 지참하여야 하며 미지참시에는 시험에 응시할 수 없습니다. (해당 재료 및 지참공구 목록은 실기시험 원서접수기간 「실기시험 실비납부기간」에 공단홈페이지에서 검색 가능)
12. 필기시험 일시 및 장소는 인터넷 접수시 기재한 사항과 일치하는지 반드시 대조확인하고, 실기「면접」시험 일시 및 장소는 부득이한 경우 변경될 수도 있습니다.
13. 작업형 실기시험은 시험장 임차기관의 시설, 장비 및 일정, 수험인원 등을 고려하여 시행하므로 평일에도 시행하고 있으며 일부 종목은 부득이 타 지역으로 이동하여 응시해야 하는 수도 있습니다.
14. 소지품 정리시간 이후 소지가 불가한 전자 및 통신기기[휴대용 전화기, 휴대용 개인정보단말기(PDA), 휴대용 멀티미디어 재생장치(PMP), 휴대용 컴퓨터, 휴대용 카세트, 디지털 카메라, 음성파일 변환기(MP3), 휴대용 게임기, 전자사전, 카메라펜, 시각표시 외의 기능이 부착된 시계, 스마트워치 등]를 소지·착용 시는 당해시험 정지(퇴실) 및 무효처리 됩니다.
15. 전자 및 통신기기를 이용한 부정행위방지를 위해 필요시 수험자에 대해 금속탐지기를 사용하여 검색할 수 있으니 시험응시에 참고하시기 바랍니다.
16. 신분증을 미지참한 경우 시험응시가 불가하며, 당해시험이 정지(퇴실) 및 무효처리 되오니 반드시 신분증을 지참하여야 합니다.
17. 수험자는 시험시작 30분전에 지정된 좌석에 착석하여야 하며, 시험이 시작된 이후에는 해당 시험실에 입실할 수 없습니다.
18. 기타 의문사항은 HRD고객센터(☎1644-8000) 또는 한국산업인력공단 소속기관으로 문의바랍니다.

실내건축 2차실기 수험자 유의사항

1. 시공실무 분야 답안 작성시 유의사항

가. 답안지의 인적사항(수험번호, 성명 등)은 흑색 싸인펜으로 기재하여야 하며, 답안은 반드시 흑색 필기구(연필류 제외)로 작성하여야 하며, 기타의 필기구를 사용한 답항은 0점 처리된다.

나. 답안내용은 간단, 명료하게 작성하여야 하며, 답안지에 불필요한 낙서나 특이한 기록사항 등 부정의 목적이 있다고 판단될 경우에는 모든 득점이 0점으로 처리된다.

다. 계산문제는 답란에 반드시 계산과정과 답을 기재하여야 하며, 계산식이 없는 답은 0점 처리된다.

라. 계산과정에서 소수가 발생되면 문제의 요구사항에 따르고 명시가 없으면 소수점 이하 세째자리에서 반올림하여 둘째자리까지만 구하여 답하여야 한다.

마. 문제의 요구사항에서 단위가 주어졌을 경우에는 계산식 및 답에서 생략되어도 되나, 기타의 경우 계산식 및 답란에 단위를 기재하지 않을 경우에는 틀린 답으로 처리된다.

바. 문제에서 요구한 가지수(항수)이상을 답안지에 표기한 경우에는 답안 기재순으로 요구한 가지수(항수)만 채점한다.

사. 건축적산 문제의 풀이는 국토교통부제정 건축적산 기준에 의거 산출하고 동 적산기준에 명시되지 않은 사항은 학계나 실무에서 일반적으로 통용되는 방법으로 풀이하되 정확한 물량을 산출하는 것을 원칙으로 한다.

아. 시험시간(1시간)이 끝나면 답안지 및 시험지를 제출한 후 작업형시험을 준비한다.

2. 건축실내의 설계 분야 수험시 유의사항

가. 지급된 켄트지는 받침용으로 사용한다.

나. 명기되지 않은 조건은 각종 규정, 건축구조, 건축제도 통칙을 준수한다.

다. 도면에 사용하는 용어는 국문, 영문을 혼용해도 된다.

라. 도면효과를 위해 연필이나 채색도구를 사용한다.

마. 지급된 재료 이외의 재료를 사용할 수 없으며 수험중 재료교환은 일체 허용치 않는다.

바. 타인과 잡담을 하거나 타인의 수험상황을 볼 경우는 부정행위로 처리한다.

사. 다음과 같은 경우는 오작 및 미완성으로 채점대상에서 제외한다.
   a) 요구한 내용의 전도면을 완성시키지 못했거나, 채색작업을 하지 않은 경우
   b) 구조적 또는 기능적으로 사용 불가능한 경우
   c) 각 부분이 미숙하여 시공 제작할 수 없는 경우
   d) 주어진 조건을 지키지 않고 작도한 경우

아. 각각의 도면명은 아래 예시와 같이 도면의 중앙하단에 기입하고 일체의 다른 표기를 하여서는 안된다.

"예시" | 투 시 도 | S=N·S

자. 수험번호, 성명은 도면 좌측 상단에 아래와 같이 작도하여 매 장마다 기입한다.

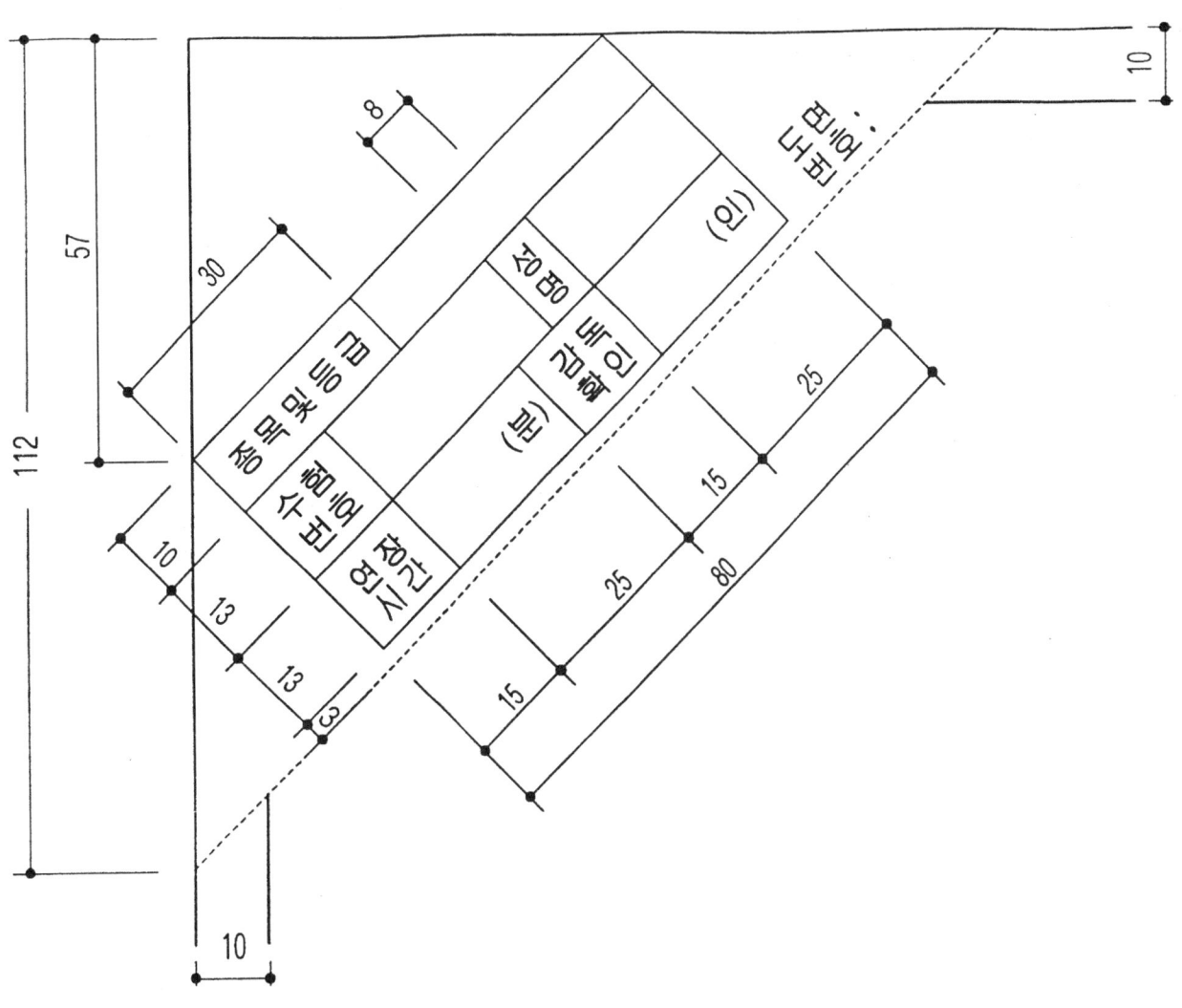

3. 도면배치법

가. 기사

(대안 ①)

| 평면도
(Concept) | 천정도
단면도 | 입면도
투시도 |

(대안 ②)

| 평면도
(Concept) | 천정도
입면도
단면도 | 투시도 |

나. 산업기사

(대안 ①)

| 평면도
(Concept) | 천정도
입면도 | 입면도
투시도 |

(대안 ②)

| 평면도
(Concept) | 천정도
입면도(2면) | 투시도 |

※ 도면 스케일에 따라 배치방법은 달라집니다.

4. 시간배분법

※ 각 도면에 배정된 시간을 철저히 지킬 것(예상 초과시 다음 도면으로)
※ 연습은 실전과 같이(주어진 시간내에 모든 도면을 완성 시킬 것. 기사 6시간30분, 산업기사 5시간30분)

순 서		세부내용 및 주안점	시 간	
			기 사	산업기사
사전준비		• 요구사항 파악(주어진 테마 분석) • 요구조건 파악(설계면적, 평면 요구공간 및 가구) • 요구도면 파악(축척 확인) • 디자인 계획(모눈종이에 Freehand Sketch) • 각 도면의 개략 위치 확정	0:10	0:10
건축실내의설계	평면도	• 건물의 외벽은 공간쌓기나 단열처리를 반드시 하여야 한다. • 창호의 표현방법 • 선의 농도 구별 • 제도부호 • 재료표현 • 치수, 재료명 기입방법 • Concept	2:00	1:50
	천장복도	• 각종 부호(조명, 경보, 환기 등) • 창호의 표현	1:00	0:50
	내 부 입면도	• 일반적인 천정고(CH:Ceiling Height) • 아 파 트 : 2.3m • 주 택 : 2.4m • 사 무 실 : 2.5~2.7m • 홀, 로비 : 3.0m 이상	0:30	0:30
	단 면 상세도	• 단면도와 단면상세도는 같은 개념이나 단면상세도에는 단면부위뿐 아니라 입면으로 나타나는 부분까지 자세히 그린다. • 재료 표현뿐 아니라 재료명까지 모두 기입한다.	0:30	↓
	투시도 + 채 색	• 시간상 1소점 투시도를 많이 채택하여 연습했으나 그려야 되는 투시도가 지정된 경우 2소점 투시도를 작성해야 하므로 1소점, 2소점을 전부 연습하는 것이 바람직하다. • 컬러링은 반드시 하여야 한다. • 충분한 Freehand Sketch 연습이 필요하다.	2:00	2:00
마무리		• 요구조건과 도면내용과의 검토 • 도면사항 Check:도면명, 축척, 빠진 글씨 등 • 주어진 표준시간 안에 모든 도면을 완성하여야 합니다.	0:20	0:10

실내건축기사 실기 출제문제 분석표

회수	시행일	작품명	비고	회수	시행일	작품명	비고
1	1992년 9월 27일	인테리어사무실	신규	26	2000년 2월 20일	숙녀복전문점	중복
2	1993년 7월 12일	오피스빌딩홀	신규	27	2000년 4월 23일	전시장내컴퓨터홍보용부스	신규
3	1993년 10월 31일	호텔객실	신규	28	2000년 6월 25일	PC방	신규
4	1994년 5월 17일	커피숍	신규	29	2000년 9월 3일	빌딩내업무공간(사장실)	중복
5	1994년 7월 18일	락카페	신규	30	2000년 11월 12일	CD·비디오숍	신규
6	1994년 10월 17일	인테리어사무실	중복	31	2001년 4월 22일	커피숍(B)	신규
7	1995년 5월 7일	패션숍	신규	32	2001년 7월 15일	전시장내컴퓨터홍보용부스	중복
8	1995년 7월 9일	숙녀복전문점	신규	33	2001년 11월 4일	치과의원(A)	신규
9	1995년 10월 15일	커피숍	중복	34	2002년 4월 21일	PC방	중복
10	1996년 5월 12일	약국	신규	35	2002년 7월 7일	CD·비디오숍	중복
11	1996년 7월 14일	재택근무원룸	신규	36	2002년 9월 26일	커피숍(B)	중복
12	1996년 9월 1일	빌딩내업무공간(사장실)	신규	37	2003년 4월 26일	치과의원(A)	중복
13	1996년 11월 16일	락카페	중복	38	2003년 7월 13일	전시장내컴퓨터홍보용부스	중복
14	1997년 4월 27일	숙녀복전문점	중복	39	2003년 10월 26일	귀금속 전시·판매점	신규
15	1997년 7월 14일	패션숍	중복	40	2004년 4월 25일	치과의원(B)	신규
16	1997년 9월 1일	재택근무원룸	중복	41	2004년 7월 4일	PC방	중복
17	1997년 11월 17일	빌딩내업무공간(사장실)	중복	42	2004년 10월 31일	최저가화장품판매점	신규
18	1998년 5월 10일	약국	중복	43	2005년 5월 1일	Takeout이가능한 Coffee&Cake 전문샵	신규
19	1998년 7월 6일	패션숍	중복	44	2005년 7월 10일	웨딩숍	신규
20	1998년 10월 18일	숙녀복전문점	중복	45	2005년 10월 23일	CD·비디오숍	중복
21	1999년 3월 8일	락카페	중복	46	2006년 4월 23일	컴퓨터전시장부스	중복
22	1999년 5월 30일	호텔객실	중복	47	2006년 7월 9일	치과의원(B)	중복
23	1999년 7월 26일	재택근무원룸	중복	48	2006년 11월 4일	치과의원(A)	중복
24	1999년 9월 19일	빌딩내업무공간(사장실)	중복	49	2007년 4월 22일	Takeout이가능한 Coffee&Cake 전문샵	중복
25	1999년 11월 21일	약국	중복	50	2007년 7월 14일	CD·비디오전문점	중복

실내건축기사 실기 출제문제 분석표

회수	시행일	작품명	비고	회수	시행일	작품명	비고
51	2007년 11월 3일	PC방	중복	76	2016년 4월 16일	귀금속전문점(B)	신규
52	2008년 4월 20일	전시장내컴퓨터홍보용부스	중복	77	2016년 6월 26일	한의원(B)	신규
53	2008년 7월 12일	치과의원(B)	중복	78	2016년 11월 12일	카페&제과제빵전문점(B)	신규
54	2008년 11월 1일	최저가화장품판매점	중복	79	2017년 4월 15일	스터디룸카페	신규
55	2009년 4월 18일	Takeout이가능한 Coffee&Cake 전문샵	중복	80	2017년 6월 24일	체인형커피숍	신규
56	2009년 7월 5일	CD·비디오전문점	중복	81	2017년 11월 11일	어린이도서관	신규
57	2009년 10월 18일	치과의원(A)	중복	82	2018년 4월 14일	치과의원(C)	중복
58	2010년 4월 17일	Coffee&Cake전문점	중복	83	2018년 6월 30일	프랜차이즈제과점	신규
59	2010년 7월 4일	PC방	중복	84	2018년 11월 10일	프랜차이즈커피숍(E)	중복
60	2010년 10월 31일	CD·비디오테잎판매점	중복	85	2019년 4월 21일	중저가화장품매장	중복
61	2011년 5월 1일	한의원	신규	86	2019년 6월 30일	휴대폰판매점	신규
62	2011년 7월 23일	유기농식료품판매점	신규	87	2019년 11월 9일	광고기획디자인회사사무실	신규
63	2011년 11월 13일	커피숍(C)	중복	88	2020년 5월 24일	정형외과	중복
64	2012년 4월 22일	약국	중복	89	2020년 7월 25일	자동차판매대리점(B)	중복
65	2012년 7월 7일	패스트푸드점	신규	90	2020년 10월 17일	귀금속전문점(B)	중복
66	2012년 11월 3일	PC방	중복	91	2020년 11월 29일	아웃도어매장	중복
67	2013년 4월 21일	자동차판매대리점(A)	신규	92	2021년 4월 25일	유기농식료품판매점	중복
68	2013년 7월 13일	제과전문점	신규	93	2021년 7월 10일	어린이도서관	중복
69	2013년 11월 10일	아웃도어매장	신규	94	2021년 11월 14일	북카페	신규
70	2014년 4월 20일	커피숍(D)	신규	95	2022년 5월 7일	스터디카페	신규
71	2014년 7월 5일	일식참치전문점	신규	96	2022년 7월 24일	치과의원(C)	중복
72	2014년 11월 1일	중저가화장품매장	신규	97	2022년 11월 19일	아파트단지내북카페	신규
73	2015년 4월 18일	동물병원	신규				
74	2015년 7월 11일	헤어숍	신규				
75	2015년 11월 7일	정형외과	신규				

(2004. 4. 25 시행)

제40회 실내건축기사
시공실무

문제 1) 다음 연소를 방지하기 위한 방연처리방법 4가지를 적으시오. (4점)

【해설】 ① 도포법 ② 침지법 ③ 가압법 ④ 분무법

문제 2) 다음 쪽매의 명칭을 써 넣으시오. (4점)

【해설】 ① 빗쪽매 ② 오늬쪽매 ③ 제혀쪽매 ④ 딴혀쪽매

문제 3) 미장공사시 회반죽에 사용되는 혼화재료를 2가지 쓰시오. (2점)

【해설】 ① 해초풀 ② 여물

문제 4) 수장공사에 사용되는 블라인드의 종류 3가지를 쓰시오. (3점)

【해설】 ① 수직블라인드 ② 수평블라인드 ③ 롤블라인드

문제 5) 벽의 높이가 3m이고, 길이가 15m일 때 표준형 벽돌 1.0B 쌓기시 모르타르량과 벽돌량을 산출하시오. (5점) (단, 표준형 시멘트 벽돌 정미량으로 산출하고, 모르타르량은 소수 3째자리에서 반올림하여 소수 2째자리까지 구하시오.)

【해설】 ① 벽면적 = $3 \times 15 = 45 m^2$
② 벽돌정미량 = $45 \times 149 = 6,705$매
③ 모르타르량 = $\dfrac{6,705}{1,000} \times 0.33 = 2.21 m^3$

문제 6) 테라쪼(Terazzo)현장갈기 시공순서를 〈보기〉에서 골라 쓰시오. (3점)
〈보기〉 ① 왁스칠 ② 시멘트 풀먹임 ③ 양생 및 경화 ④ 초벌갈기 ⑤ 정벌갈기 ⑥ 테라쪼 종석바름 ⑦ 황동줄눈대 대기

【해설】 ⑦ → ⑥ → ③ → ④ → ② → ⑤ → ①

문제 7) 시멘트 모르타르 3회 바르기의 시공순서이다. 바르게 나열하시오. (3점)
〈보기〉 ① 초벌바름 ② 청소 및 물 씻기 ③ 고름질 ④ 물축이기 ⑤ 재벌 ⑥ 정벌

【해설】 ② → ④ → ① → ③ → ⑤ → ⑥

문제 8) 다음은 Network 공정표에 관련된 용어설명이다. 해당하는 용어를 쓰시오. (3점)
① 작업을 완료할 수 있는 가장 빠른 시일 (   )
② 최초의 개시 결합점에서 완료 결합점까지 이르는 최장 경로 (   )
③ 임의의 두 결합점 간의 경로 중 가장 긴 경로 (   )

【해설】 ① EFT   ② CP   ③ LP

문제 9) 다음 보기는 줄눈의 형태이다. 이름을 쓰시오. (3점)
①   ②   ③

【해설】 ① 평줄눈   ② 엇빗줄눈   ③ 내민줄눈

문제 10) 다음 합성수지 재료 중 열가소성수지를 쓰시오. (3점)
〈보기〉 ① 염화비닐수지 ② 멜라민수지 ③ 스티롤수지 ④ 아크릴 ⑤ 석탄산수지

【해설】 ①, ③, ④

문제 11) 다음이 설명하는 유리재를 쓰시오. (3점)
〈보기〉 ① 한면이 톱날모양으로 광선의 확산효과가 있다. (   )
       ② 유리 중간에 철선을 넣은 것. (   )
       ③ 유리사이에 공간을 두어 보온, 방음, 결로방지에 유리하다. (   )

【해설】 ① 프리즘유리   ② 망입유리   ③ 복층유리

문제 12) 다음 재료에 해당하는 것을 〈보기〉에서 골라 쓰시오. (4점)
〈보기〉 ① 아마유 ② 리사지 ③ 테레핀유 ④ 아연화

㉮ 안료 - (   )   ㉯ 건조제 - (   )   ㉰ 용제 - (   )   ㉱ 희석제 - (   )

【해설】 ㉮-④   ㉯-②   ㉰-①   ㉱-③

실 내 디 자 인

[제40회 작품명] 치과의원

1. 요구사항
   주어진 도면은 치과의원의 평면도이다.
   요구조건에 따라 요구도면을 작성하시오.

2. 요구조건
   ① 설계면적 : 21.6m × 11.4m × 3.6m(H)
   ② 인적구성(총 8인) : 원장(2인) 간호사(5인), 보조사(1인)
   ③ 요구공간 및 필요집기
      (가) 요구공간 - 원장실, X-Ray실, 상담실, 응접실, 대기실, 안내, 진료실
      (나) 필요집기 - X-Ray기계, 소파 Set(대기실), 테이블 Set-2EA, 책상 Set(원장실, 상담실)
                    옷장 및 수납공간, 에어컨(stand형, 벽걸이형), 오디오 Set, 진료대 5EA

3. 요구도면
   ① 평면도(가구배치 포함) SCALE : 1/50
      - 평면도 주변 여유공간에 설계개요(DESIGN CONCEPT)를 180자 내외로 쓰시오.
   ② 천정도(설비, 조명기구 배치 및 범례표 작성) SCALE : 1/100
   ③ 내부입면도 (벽면재료 표기) B방향 SCALE : 1/50
   ④ 단면상세도 (A-A') : 1/50
   ⑤ 실내투시도 SCALE : N.S
      (계획의 포인트가 좋은 지점에서 1소점 또는 2소점 투시도법으로 작성한다.)

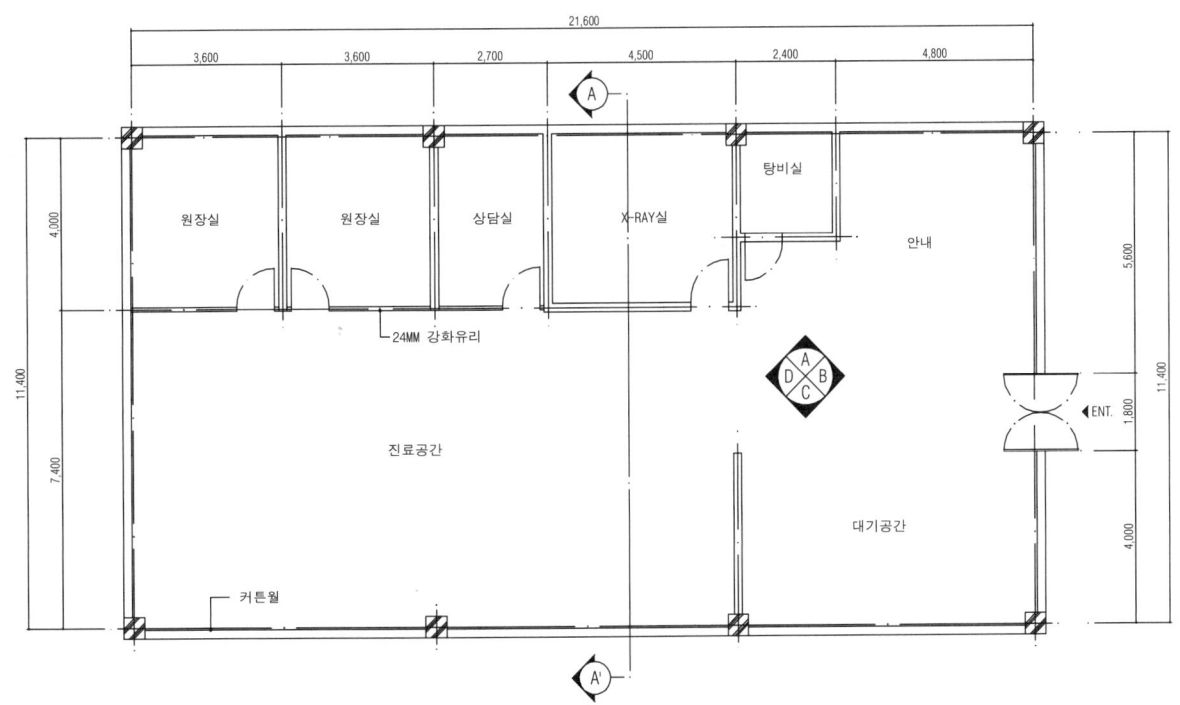

평 면 도

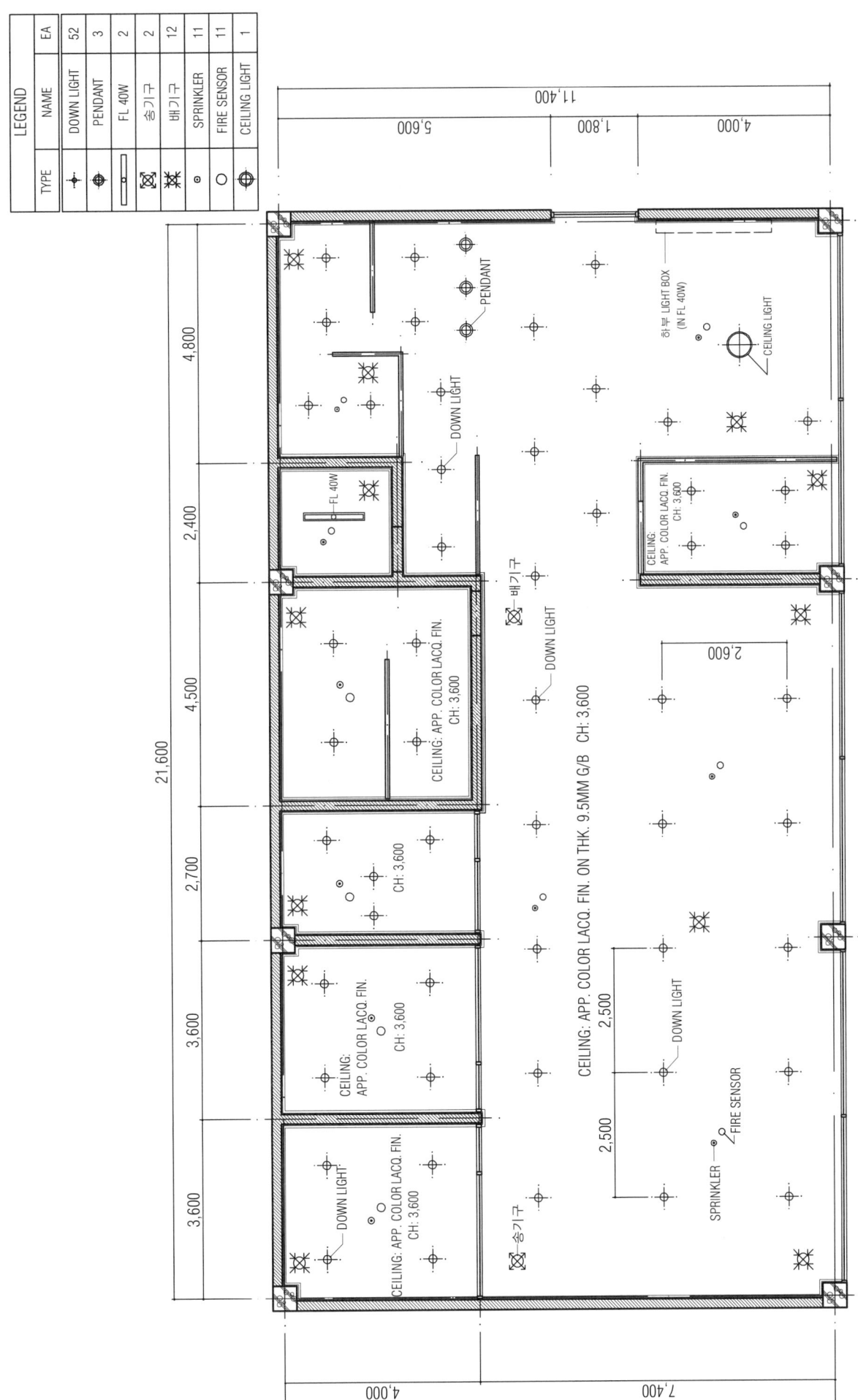

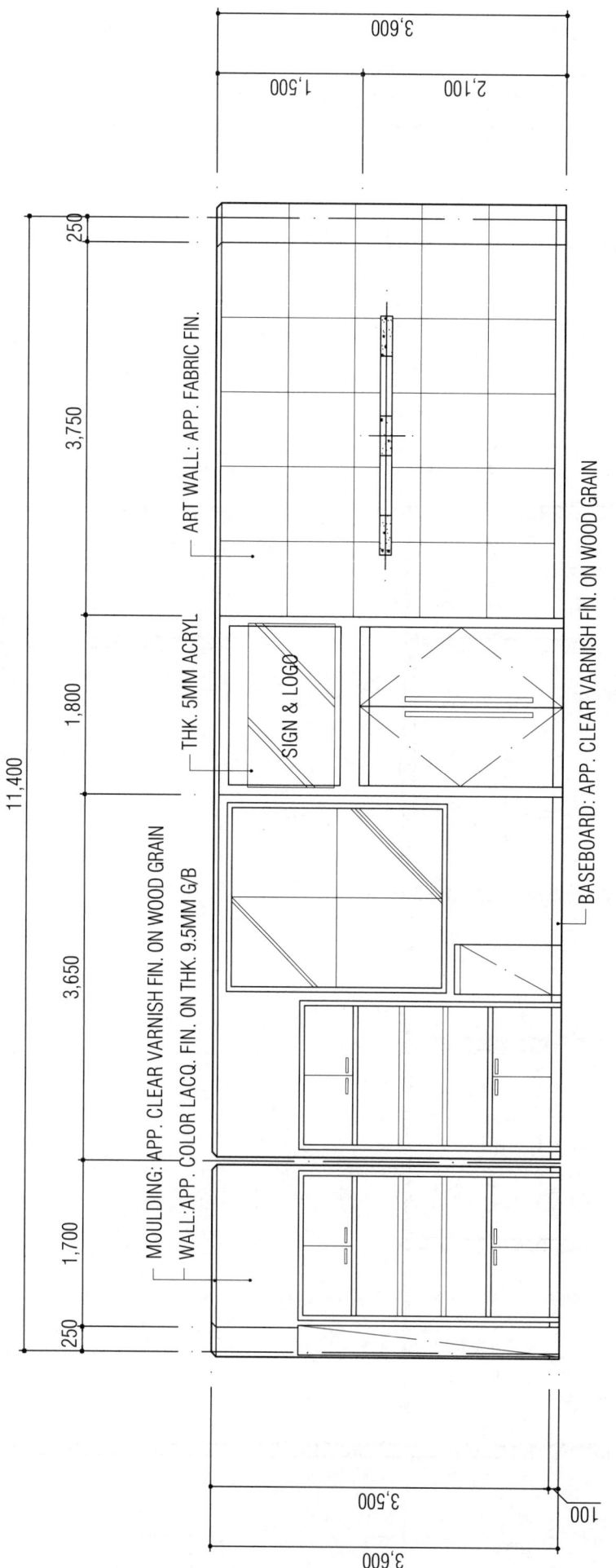

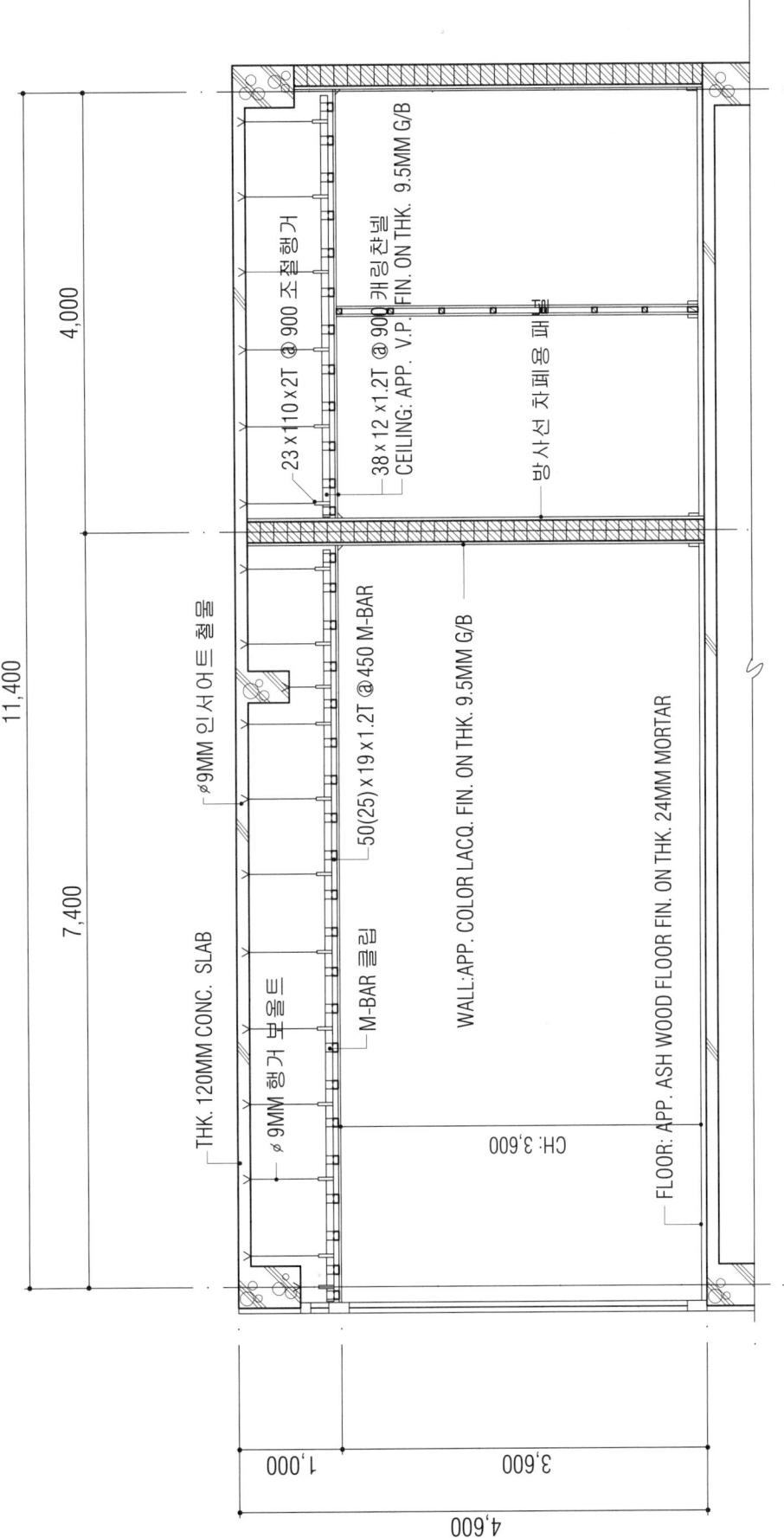

단면상세도 A-A'   SCALE = 1/50

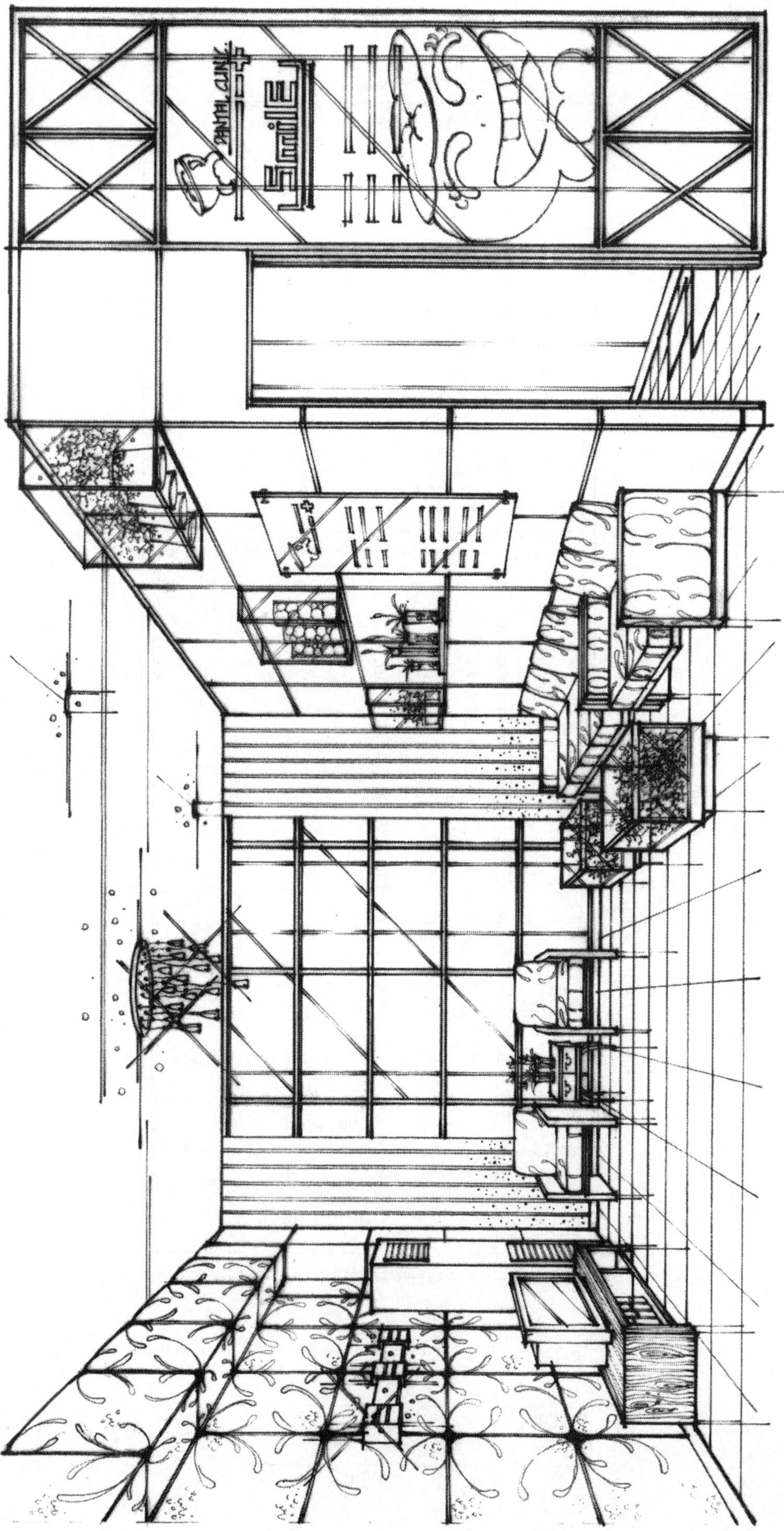

(2004. 7. 4 시행)
제41회 실내건축기사
시공실무

문제 1) 배관이나 배선이 많은 기계실, 전산실, 특수목적 강당 등의 바닥에는 주로 어떤 형태의 마루를 시공하는가? (2점)

【해설】 프리액세스플로어 (Free access floor)

문제 2) 다음 ( )안에 알맞은 용어를 쓰시오. (3점)
인조석 갈기는 손갈기 또는 (①)갈기를 보통 3회로 한다. 그리고, (②)가루를 뿌려 닦아내고, (③)를(을) 바르며 광내기로 마무리를 한다.

【해설】 ① 기계 ② 수산 ③ 왁스

문제 3) 시공기술의 품질관리로써 관리의 싸이클을 4단계로 구분하여 쓰시오. (3점)

【해설】 계획(Plan) → 실시(Do) → 검토(Check) → 조치(Action)

문제 4) 도장공사에서 기후에 따른 공사 중지 조건 3가지를 쓰시오. (3점)

【해설】 ① 온도 5℃이하   ② 온도 35℃이상   ③ 습도 85%이상

문제 5) 벽돌벽에서 발생할 수 있는 백화현상의 방지대책 4가지를 쓰시오. (4점)

【해설】 ① 소성이 잘된 양질의 벽돌을 사용한다.
② 파라핀 도료를 발라 염류방출을 방지한다.
③ 줄눈에 방수제를 사용하여 밀실 시공한다.
④ 벽면에 빗물이 침투하지 못하도록 비막이를 설치한다.

문제 6) 바닥 플라스틱재 타일 붙이기의 시공순서를 〈보기〉에서 골라 번호로 쓰시오. (3점)
〈보기〉 ① 타일 붙이기 ② 접착제 도포 ③ 타일면 청소 ④ 타일면 왁스먹임
⑤ 콘크리트 바탕건조 ⑥ 콘크리트 바탕마무리 ⑦ 프라이머 도포 ⑧ 먹줄치기

【해설】 ⑥ → ⑤ → ⑦ → ⑧ → ② → ① → ③ → ④

문제 7) 목재의 연귀맞춤의 종류를 4가지 쓰시오. (4점)

【해설】 ① 연귀 ② 반연귀 ③ 안촉연귀   ④ 밖촉연귀

문제 8) 다음 〈보기〉의 창호부품에서 관계있는 부품의 번호를 쓰시오. (4점)

〈보기〉 1. 핸들박스(Handle box)   2. 피보트 힌지(Pivot hinge)   3. 풍소란
4. 벌집(허니콤)심   5. 행거레일(Hanger rail)   6. 오르내리기 꽂이쇠

가. 여닫이문 - (   )   나. 플러쉬문(Flush door) - (   )
다. 무테문(Frameless door) - (   )   라. 아코디언 도어(Accordion door) - (   )

【해설】 가. 여닫이문 - (3)   나. 플러쉬문(Flush door) - (4)
다. 무테문(Frameless door) - (2)   라. 아코디언 도어(Accordion door) - (5)

문제 9) 일반적으로 목재의 강도가 큰 순서부터 기호로 나열하시오. (4점)

가. 섬유방향 압축강도   나. 섬유방향 인장강도   다. 섬유직각방향 압축강도   라. 섬유직각방향 인장강도

【해설】 나 〉 가 〉 다 〉 라

문제 10) 문틀이 복잡한 양판문 출입문 규격이 900mm×2,100mm이다. 전체 칠 면적을 산출하시오. (문매수 40개) (3점)

【해설】 0.9(m) × 2.1(m) × 40(개) × 4(배) = 302.4㎡

문제 11) 다음 작업리스트에서 네트워크 공정표를 작성하시오. (5점)
(단, 네트워크 공정표에 C.P는 굵은 선으로 표시하시오.)

작업	A	B	C	D	E	F	G	H	I
선행작업	None	A	A	None	B	B,C,D	D	E,F,G	F,G
작업일수	2	6	5	4	3	7	8	6	8

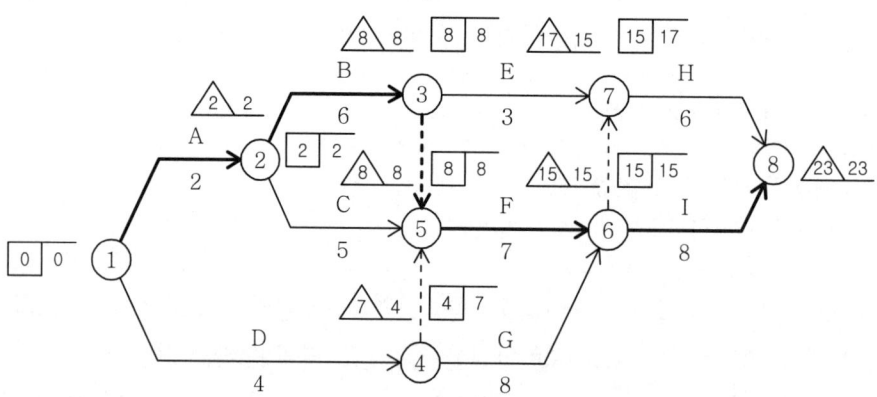

【해설】 CP〉 Activity : A → B → F → I   Event : ① → ② → ③ → ⑤ → ⑥ → ⑧

문제 12) 폴리퍼티(Poly putty)에 대하여 설명하시오. (2점)

【해설】 불포화 폴리에스테르 퍼티로 건조가 빠르고, 시공성, 후도막성이 우수하며, 기포가 거의 없어 작업 공정을 크게 줄일 수 있는 경량퍼티이다. 특히 후도막성이 우수하여 금속표면 도장시 바탕 퍼티작업에 주로 사용된다.

실 내 디 자 인

[제41회 작품명] PC방

1. 요구사항
   주어진 도면은 PC방의 기본평면도이다. 다음의 요구조건에 따라 도면을 설계하시오.

2. 요구조건
   ① 설계면적 : 15m×9m×2.7m(H)
   ② 인적구성 : 종업원 2명, 이용자수(최소) - 20명
   ③ 요구공간 : PC 활용공간, 카운터
              휴게 공간[주방겸용, 간단한 식음료가 가능해야 함, 휴식용 의자 (4Set)]
   ④ 필요집기 : 컴퓨터 + 책상 + 의자(20Set), TEA TABLE, 자동판매기(2Set)
              냉난방 기구, 카운터

3. 요구도면
   ① 평면도 SCALE : 1/50
      - 평면도 주변의 여유공간에 설계개요(DESIGN CONCEPT)를 180자 내외로 쓰시오.
   ② 천정도(설비, 조명기구 배치 및 범례표 작성) SCALE : 1/50
   ③ 내부입면도 A, D면(벽면재료 표기) SCALE : 1/50
   ④ 단면도 (A-A´) SCALE : 1/50
   ⑤ 실내투시도 SCALE : N.S
      (계획의 포인트가 좋은 지점에서 1소점 또는 2소점 투시도법으로 작성하되, 작성과정의 투시
      보조선을 반드시 남길 것)

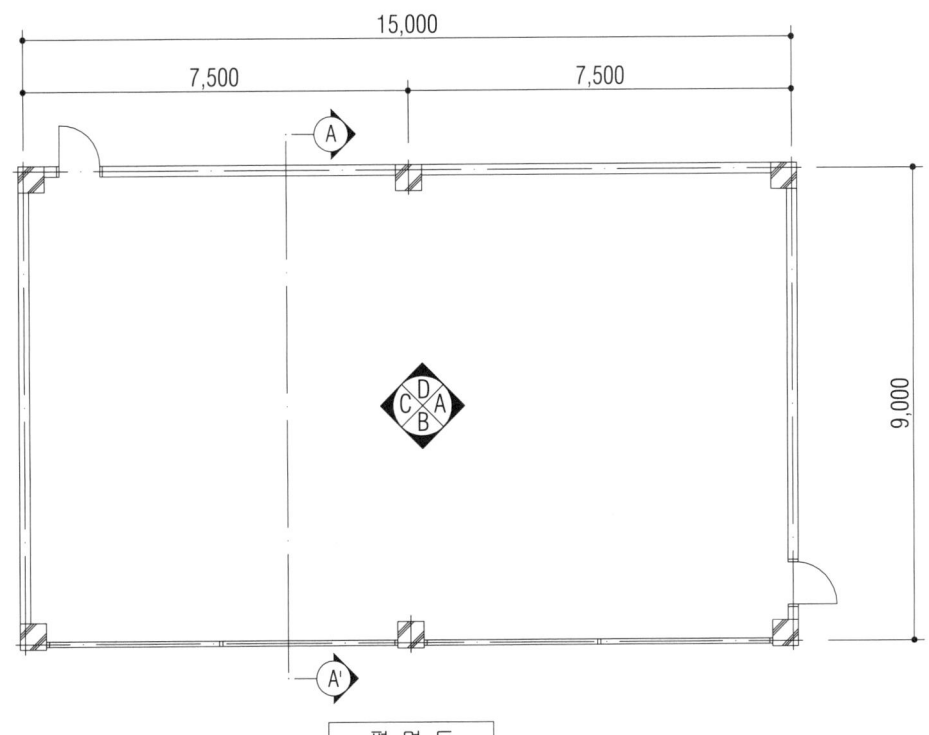

평 면 도

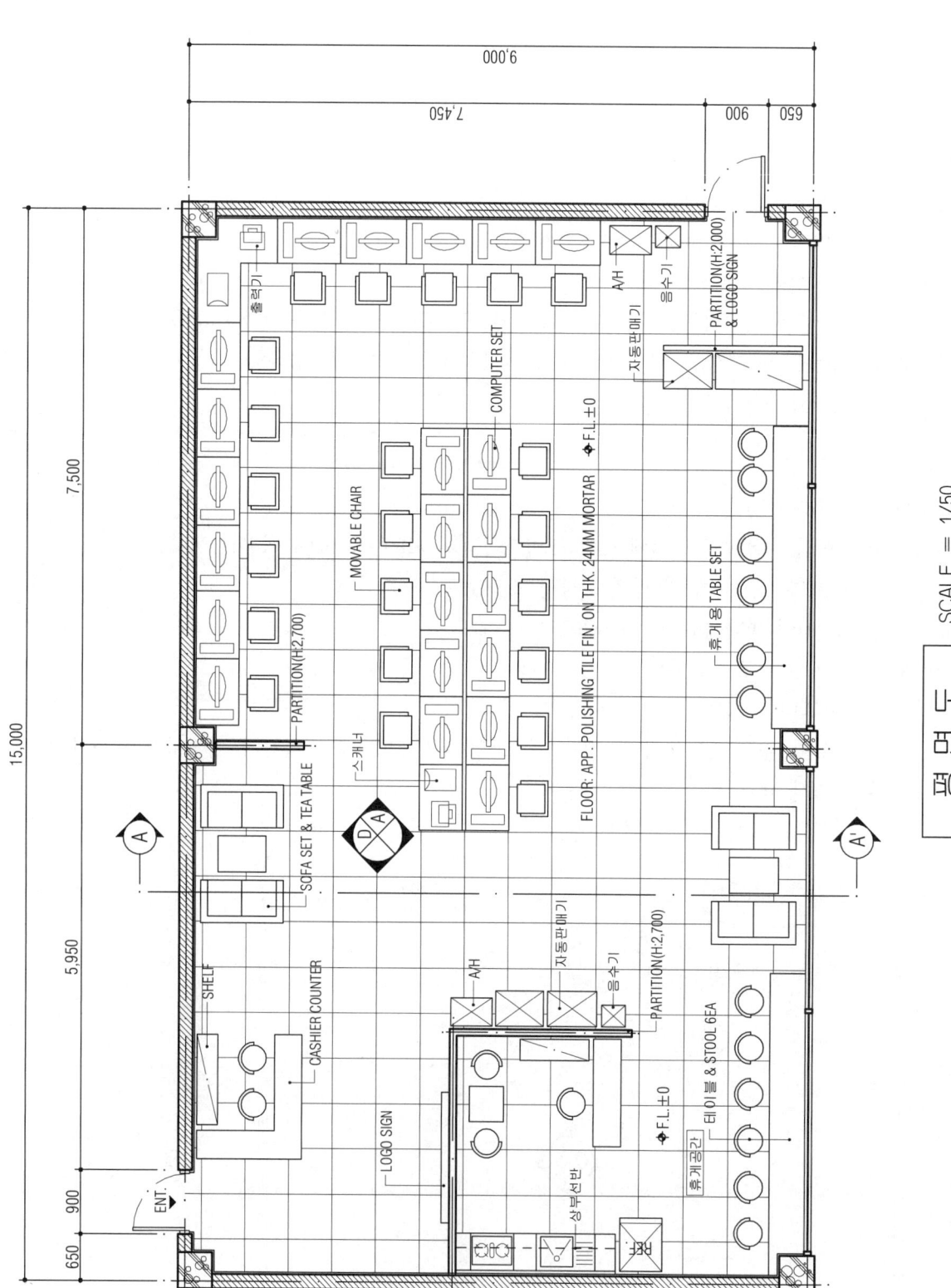

LEGEND		
TYPE	NAME	EA
⊕	DOWN LIGHT	16
▭	FL 40W	16
▭	FL 40W x 2EA	1
⊕	PENDANT	6
⊠	송기구	3
⊠	배기구	4
⊙	SPRINKLER	4
○	FIRE SENSOR	4

천정도 SCALE = 1/50

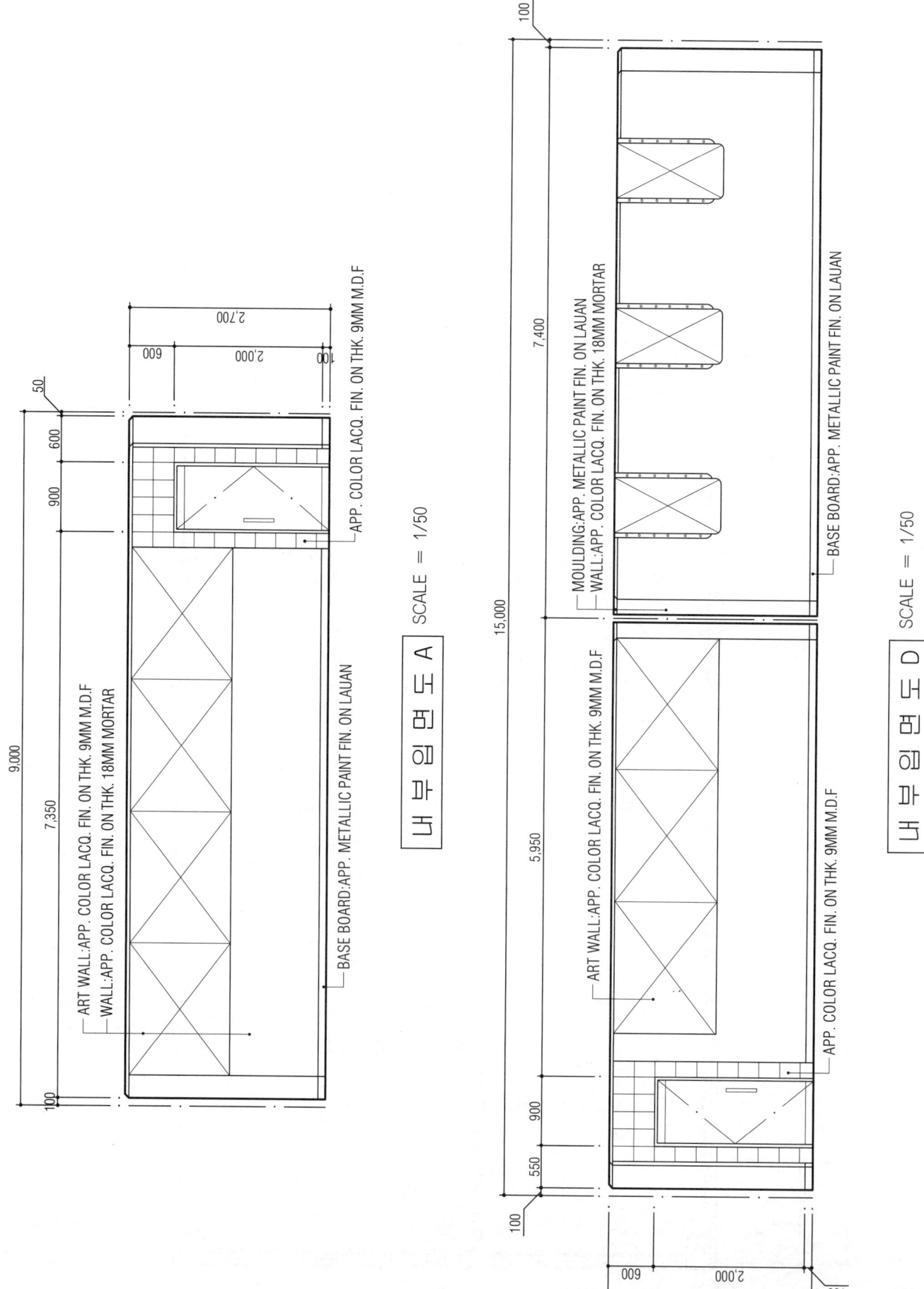

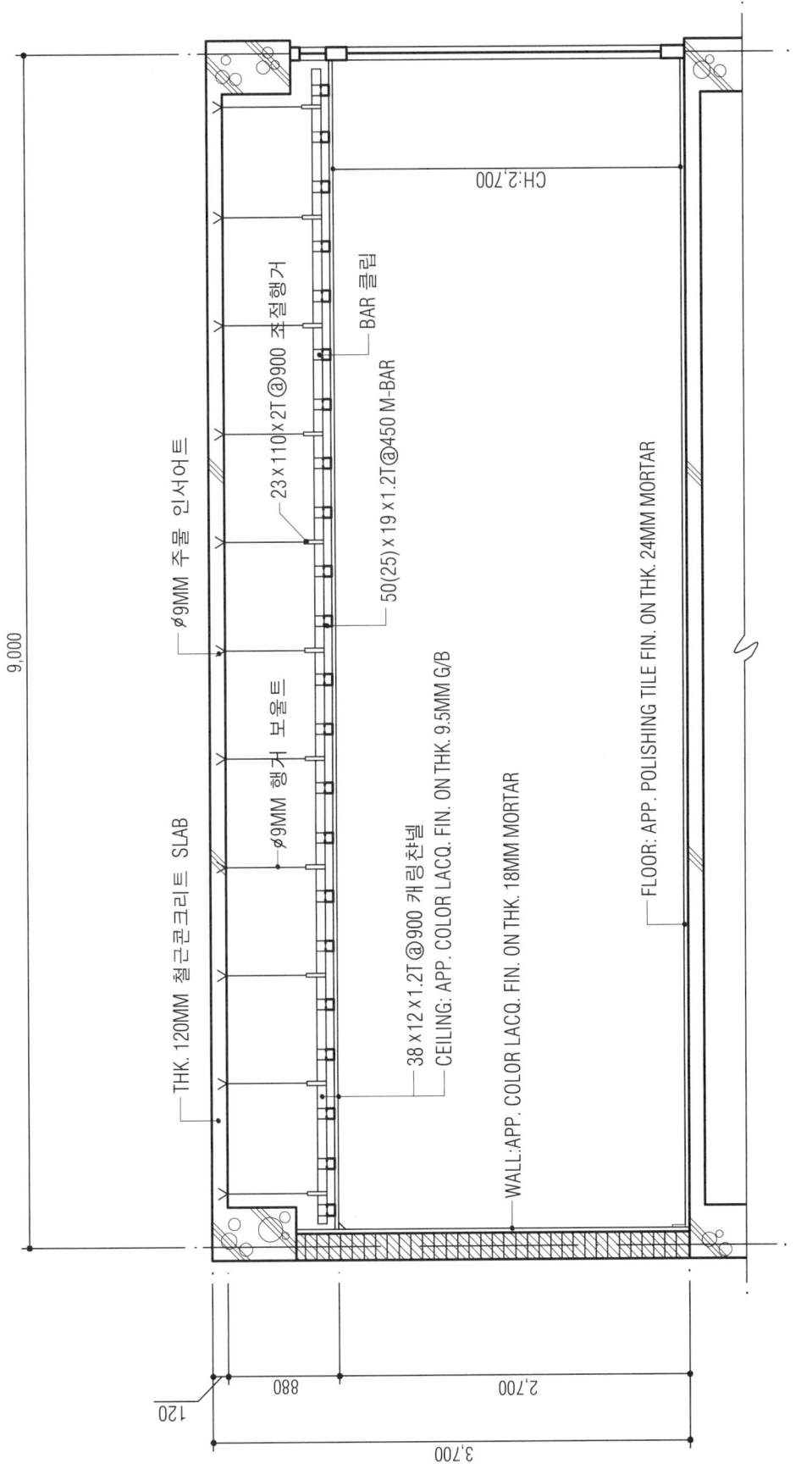

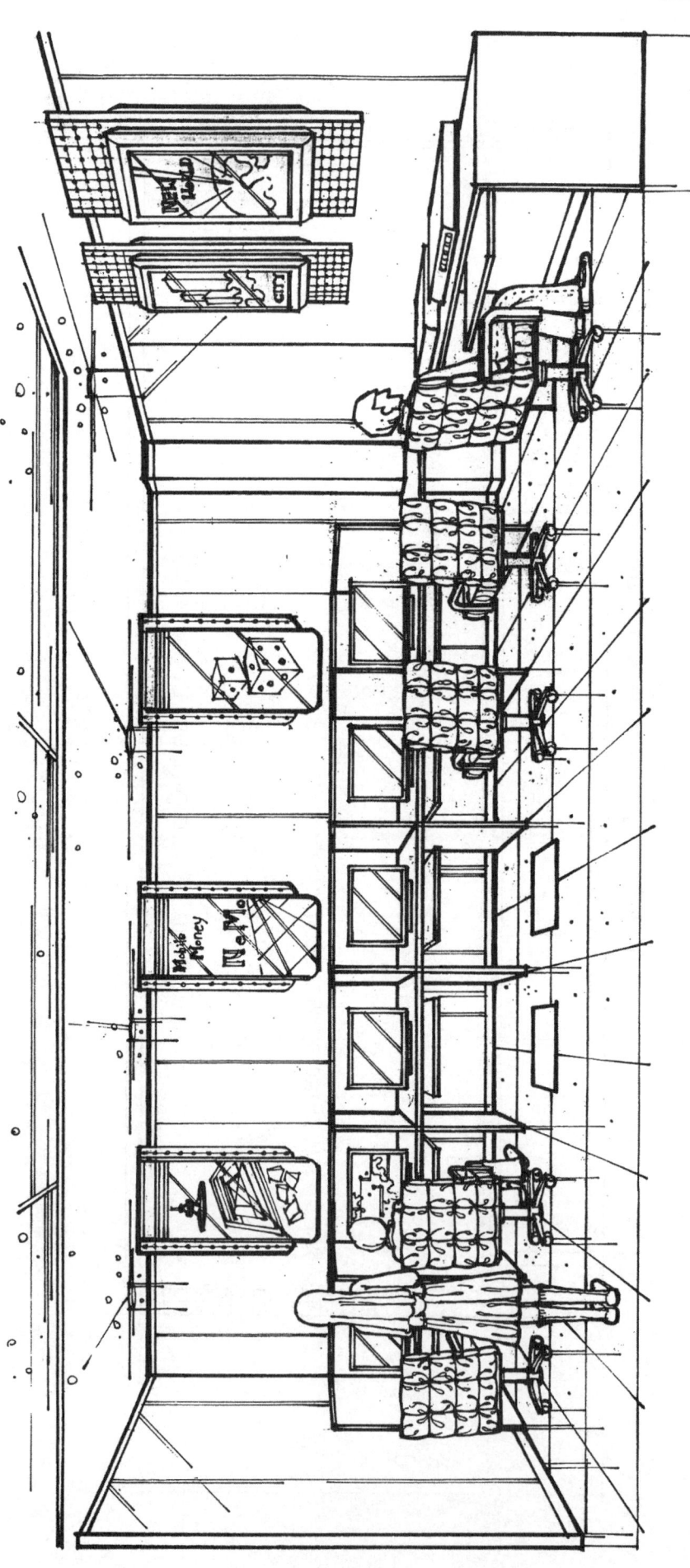

실내투시도 SCALE = N.S

(2004. 10. 31 시행)

제42회 실내건축기사
시공실무

문제 1) 다음 데이타로 네트워크(Network)공정표를 작성하고, 주공정선은 굵은 선으로 표시하시오. (5점)

순서	작업명	선행작업	작업일수	비 고
1	A	-	5	각 작업의 일정계산 방법은 아래와 같은 방법으로 한다.
2	B	-	8	
3	C	A	7	
4	D	A	8	
5	E	B, C	5	
6	F	B, C	4	
7	G	D, E	11	
8	H	F	5	

【해설】

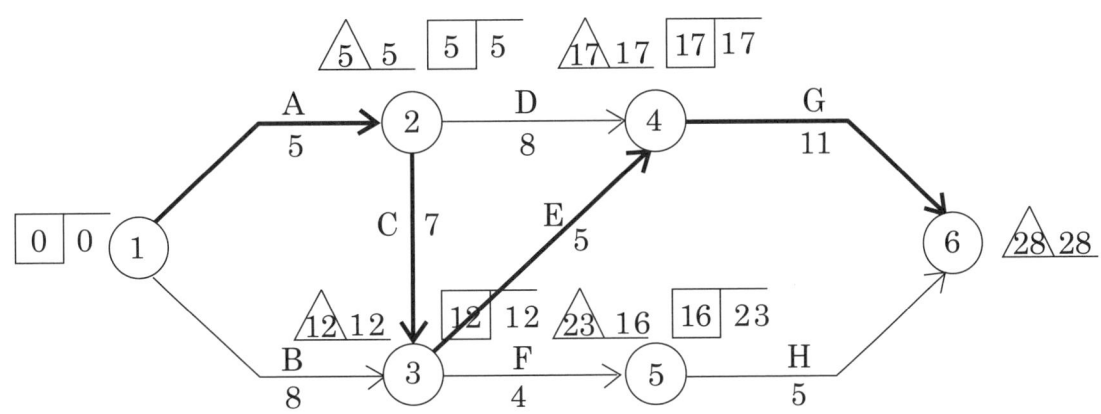

CP〉 Activity : A → C → E → G   Event : ① → ② → ③ → ④ → ⑥

문제 2) 방화칠의 종류 3가지를 쓰시오. (3점)

【해설】 ① 규산소다 도료(칠)   ② 붕산카세인 도료(칠)   ③ 합성수지 도료(칠)

문제 3) 다음 용어를 설명하시오. (4점)
① 마름질   ② 바심질

【해설】 ① 마름질 : 목재를 크기에 따라 각 부재의 소요길이로 잘라내는 것.
② 바심질 : 구멍뚫기, 홈파기, 면접기 및 대패질 등으로 목재를 다듬는 일.

문제 4) 실내 미장 바름 3면의 시공순서를 쓰시오. (3점)
(①) → (②) → (③)

【해설】 ① 천정   ② 벽   ③ 바닥

문제 5) 합성수지 접착제 중 접착성이 약한 것부터 강한 순서를 다음 〈보기〉에서 골라 쓰시오. (3점)
〈보기〉 가. 초산비닐수지   나. 멜라민수지   다. 요소수지   라. 에스테르수지

【해설】 가 → 라 → 나 → 다
※ 초산비닐수지 접착제는 열경화성수지(멜라민, 요소, 에스테르 등)와는 달리 열가소성수지로 보통 초산비닐수지와 물의 혼합으로 구성된다. 주로 목공 및 지류(벽지), 직물(천)에 사용되며, 물을 혼합하여 사용하기 때문에 용도에 따라 묽게 희석하여 사용할 수 있는 장점이 있다. 고력의 접착력을 기대하기는 힘들지만, 독성이 적고, 사용이 간편하며, 사용 후 보관이 용이한 실내건축용 다용도 접착제이다.

문제 6) 창호철물 중 개폐작동시 필요한 철물의 종류를 4가지 쓰시오. (4점)

【해설】 ① 도어클로저   ② 플로어힌지   ③ 피봇힌지   ④ 자유정첩
※ 기타 : 나비정첩(일반정첩), 도어행거, 레버토리힌지, 지도리, 호차 등
※ 잠금장치로 쓰이는 꽂이쇠, 크레센트, 도어홀더 및 문짝의 개폐작동과 직접적인 연관이 없는 손잡이 오목손걸이, 완충작용 및 고정을 위한 도어스탑, 문버팀쇠 등은 포함될 수 없음.

문제 7) 리놀륨깔기 시공순서를 쓰시오. (4점)

【해설】 바탕정리 → 깔기계획 → 임시깔기 → 정깔기 → 마무리 및 보양   ※ 바탕정리＝바닥정리

문제 8) 벽타일 붙이기 시공순서를 쓰시오. (2점)
바탕처리 → (①) → (②) → (③) → 보양

【해설】 ① 타일나누기   ② 타일붙이기   ③ 치장줄눈

문제 9) 목재의 인공건조법 3가지를 쓰시오. (3점)

【해설】 ① 증기법   ② 열기법   ③ 진공법   ※ 기타 : 훈연법, 고주파법

문제 10) 표준형 시멘트벽돌 500장으로 쌓을 수 있는 1.5B두께의 벽면적은 얼마인가? (3점)
(단, 할증은 고려하지 않는다.)

【해설】 $\dfrac{500}{224} = 2.23 \text{m}^2$

문제 11) 다음과 같은 목공사 부재의 접합시 필요한 철물의 종류를 쓰시오. (3점)
① 큰보와 작은보   ② 왕대공과 평보   ③ 기둥과 깔도리

【해설】 ① 안장쇠   ② 감잡이쇠   ③ 주걱 보울트

문제 12) 다음 용어를 설명하시오. (3점)
① 징두리판벽   ② 양판   ③ 코펜하겐리브

【해설】 ① 징두리판벽(Wainscoating) : 벽 하부 1.2m 높이 정도의 징두리에 판자를 붙인 벽.
② 양판(Panel board) : 넓고 길지 아니한 한 쪽으로 된 널판으로 양판벽에서 걸레받이와 두겁대 사이에 틀을 짜대고, 그 사이에 끼우는 널.
③ 코펜하겐리브(Copenhagen rib) : 두꺼운 판에 표면을 자유곡면으로 파내서 수직평행선이 되게 리브(rib)를 만든 목재 가공품으로 음향조절 효과가 있다.

실 내 디 자 인

[제42회 작품명] 최저가 화장품 판매점

1. 요구사항
   상업중심지역에 위치한 최저가 화장품 판매점이다. 다음의 요구조건에 따라 요구도면을 설계하시오.

2. 요구조건
   ① 설계면적 : 10,100mm × 8,750mm × 3,300mm(H)
   ② 필요공간 및 가구
      - Cashier Counter : 2,100mm × 550mm × 850mm(1EA)
      - Display Table : 1,500mm × 800mm × 700mm(4EA)
      - Wall Shelf : 폭 300mm, 높이 및 개수 자유
      - 천정형 시스템 냉난방기 : 850mm × 850mm, Storage
      - 그 외의 가구는 작도자가 임의로 추가하여 배치할 수 있다.

3. 요구도면
   ① 평면도 SCALE : 1/50
      (가구배치 포함, 평면계획의 디자인 의도 방향 등을 180자 내외로 쓰시오)
   ② 천정도(설비, 조명기구 배치 및 범례표 작성) SCALE : 1/50
   ③ 내부입면도 A방향 1면(벽면재료 표기) SCALE : 1/50
   ④ 단면도 (A-A´) SCALE : 1/50
   ⑤ 실내투시도 SCALE : N.S
      (계획의 포인트가 좋은 지점에서 1소점 또는 2소점 투시도법으로 작성하되, 작성과정의 투시 보조선을 반드시 남길 것)

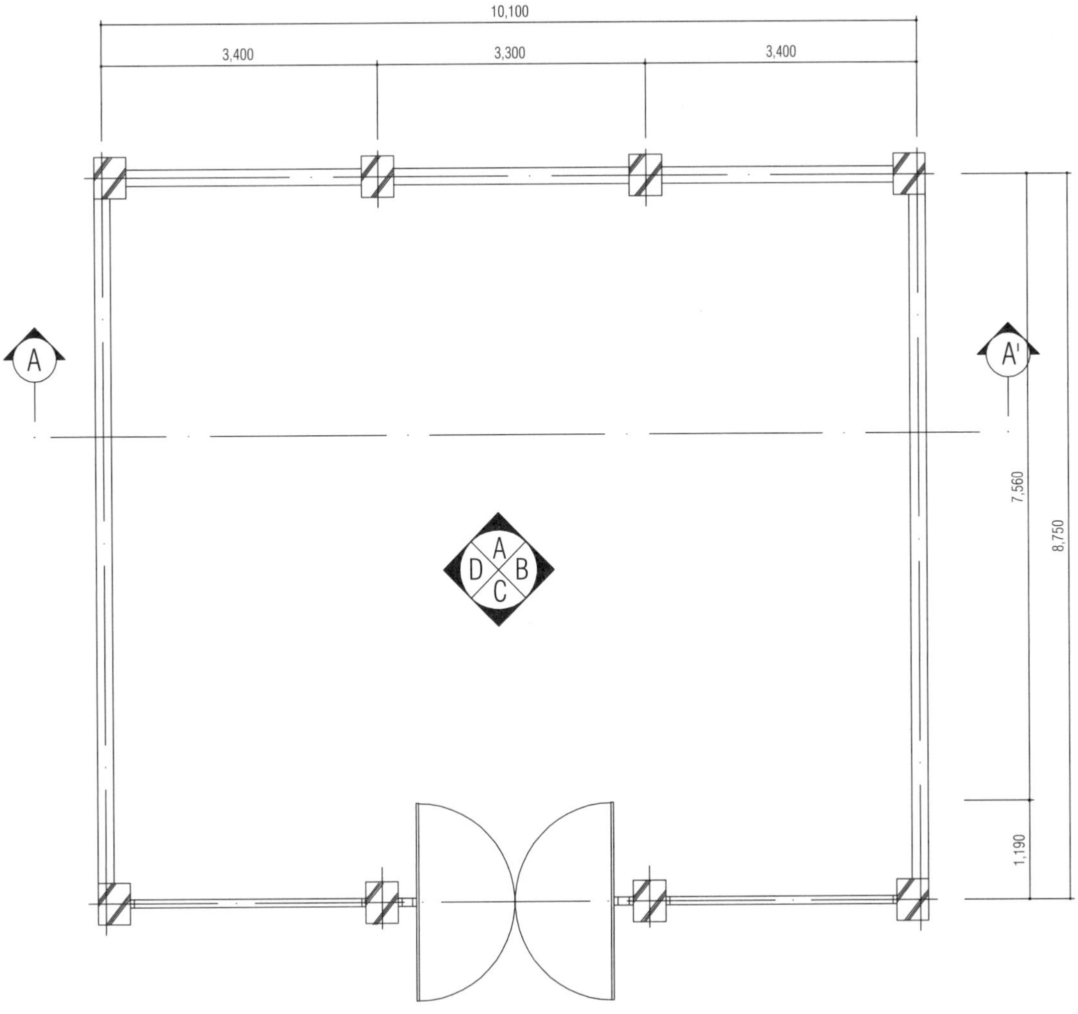

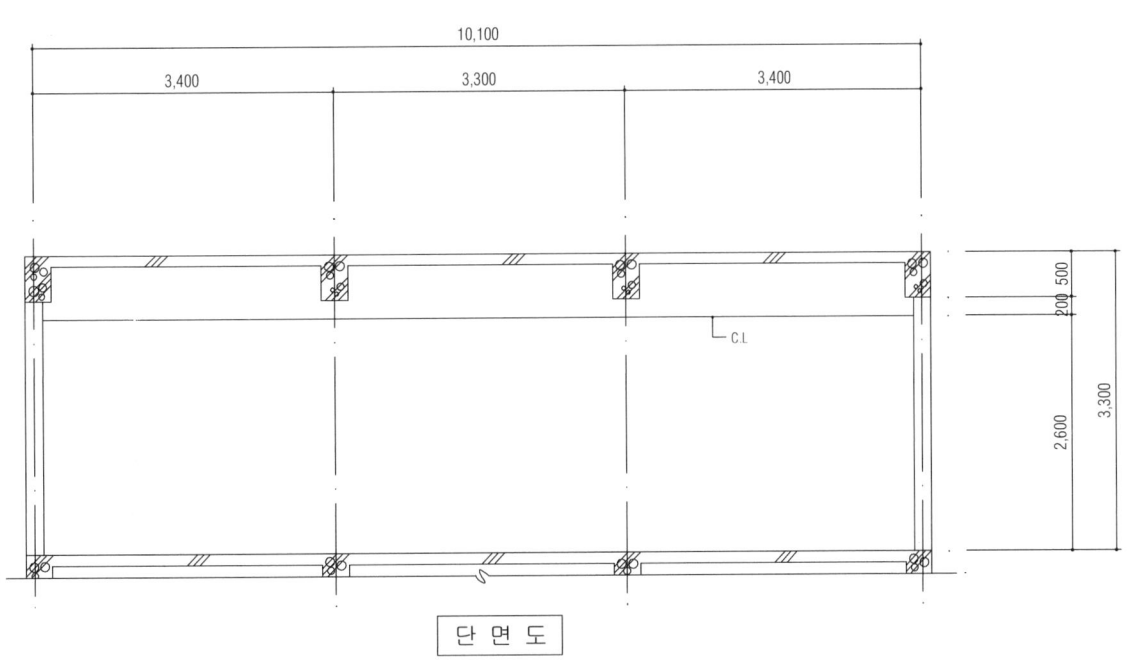

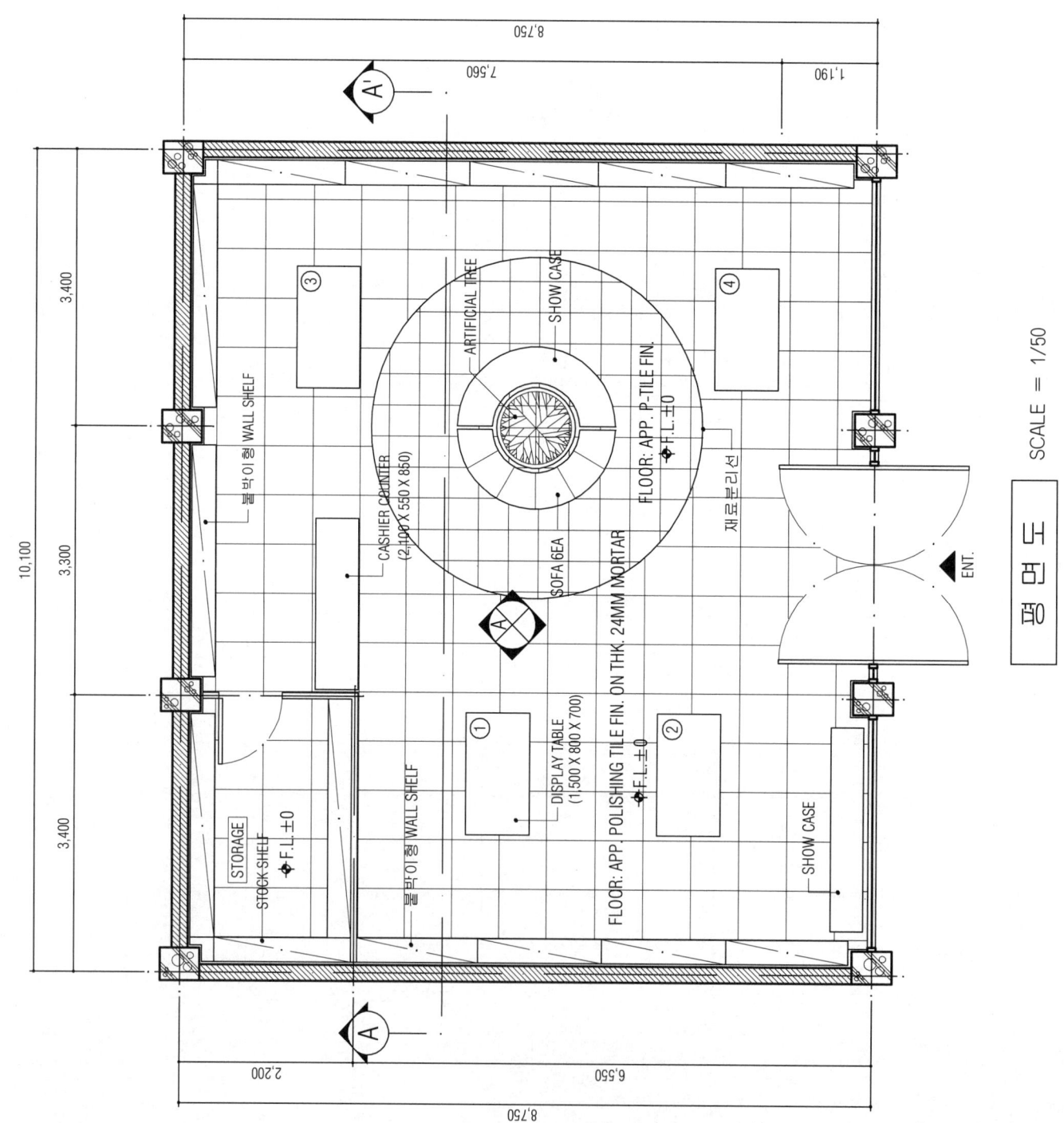

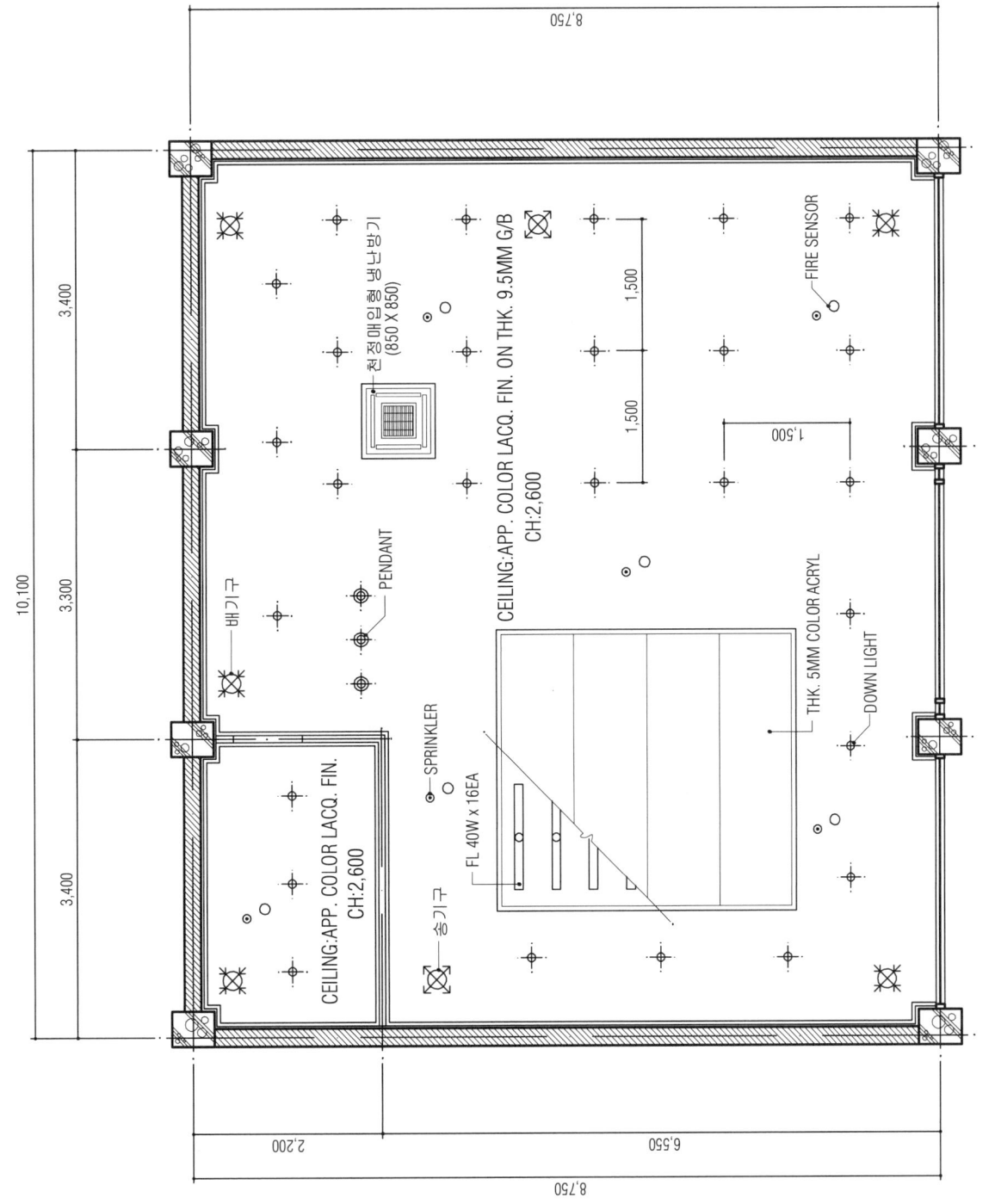

천 정 도 SCALE = 1/50

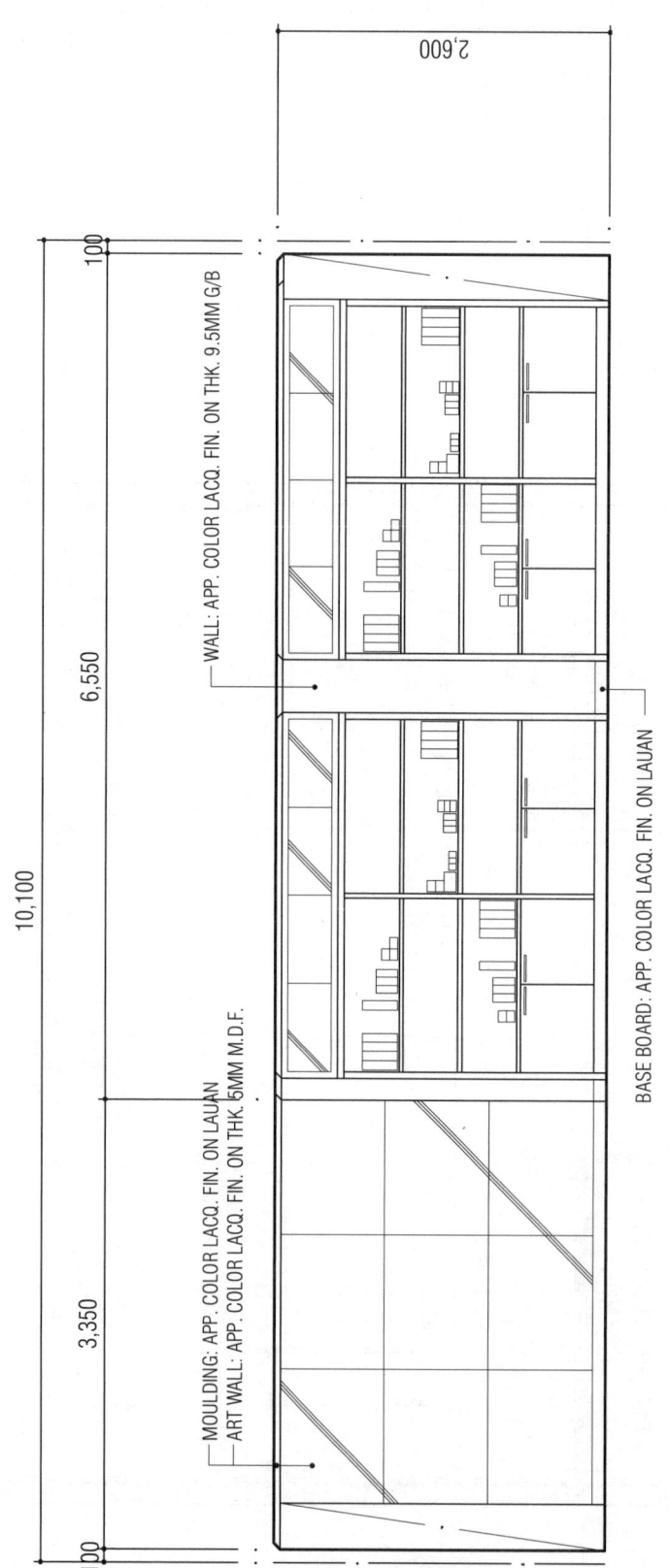

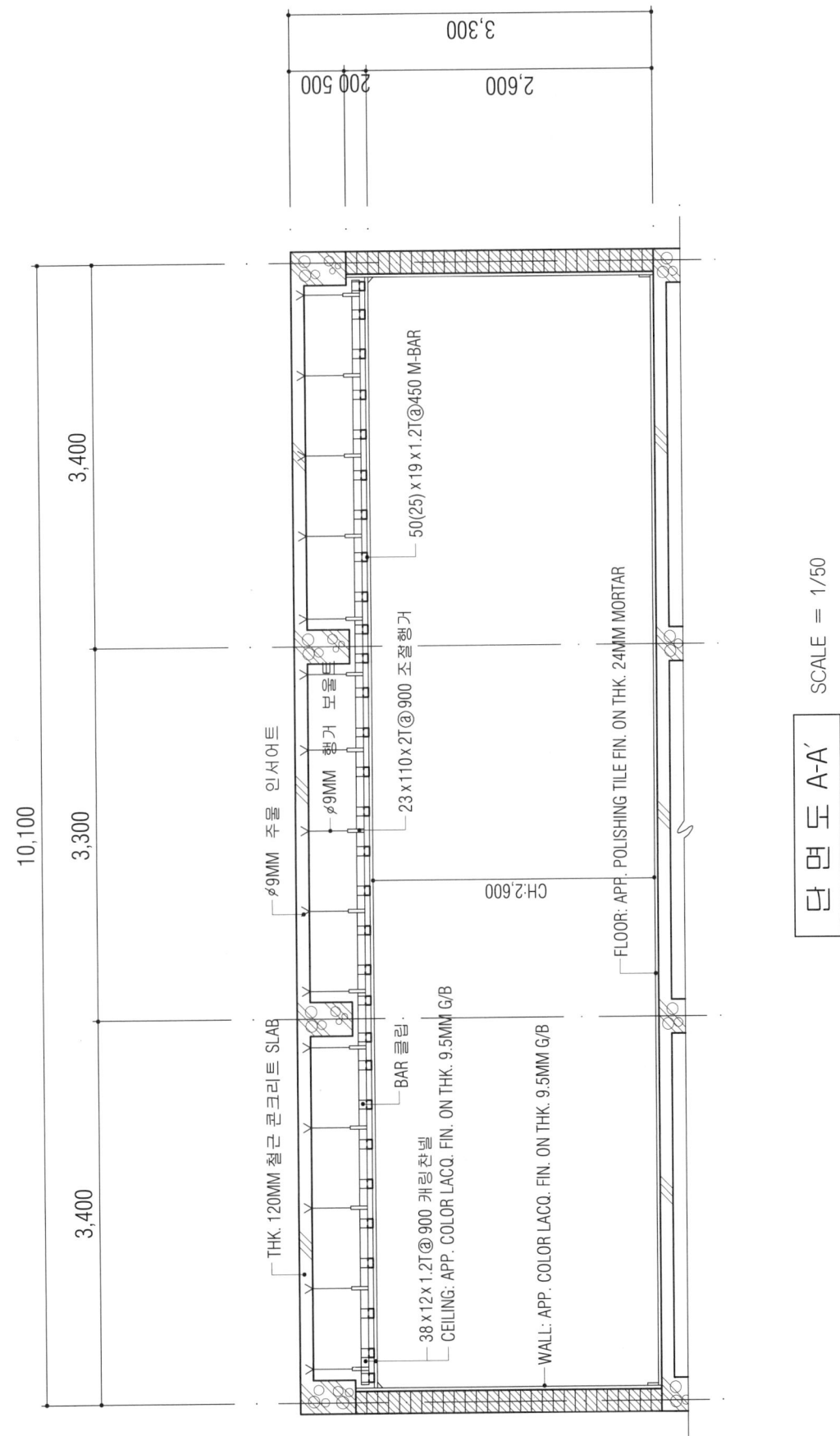

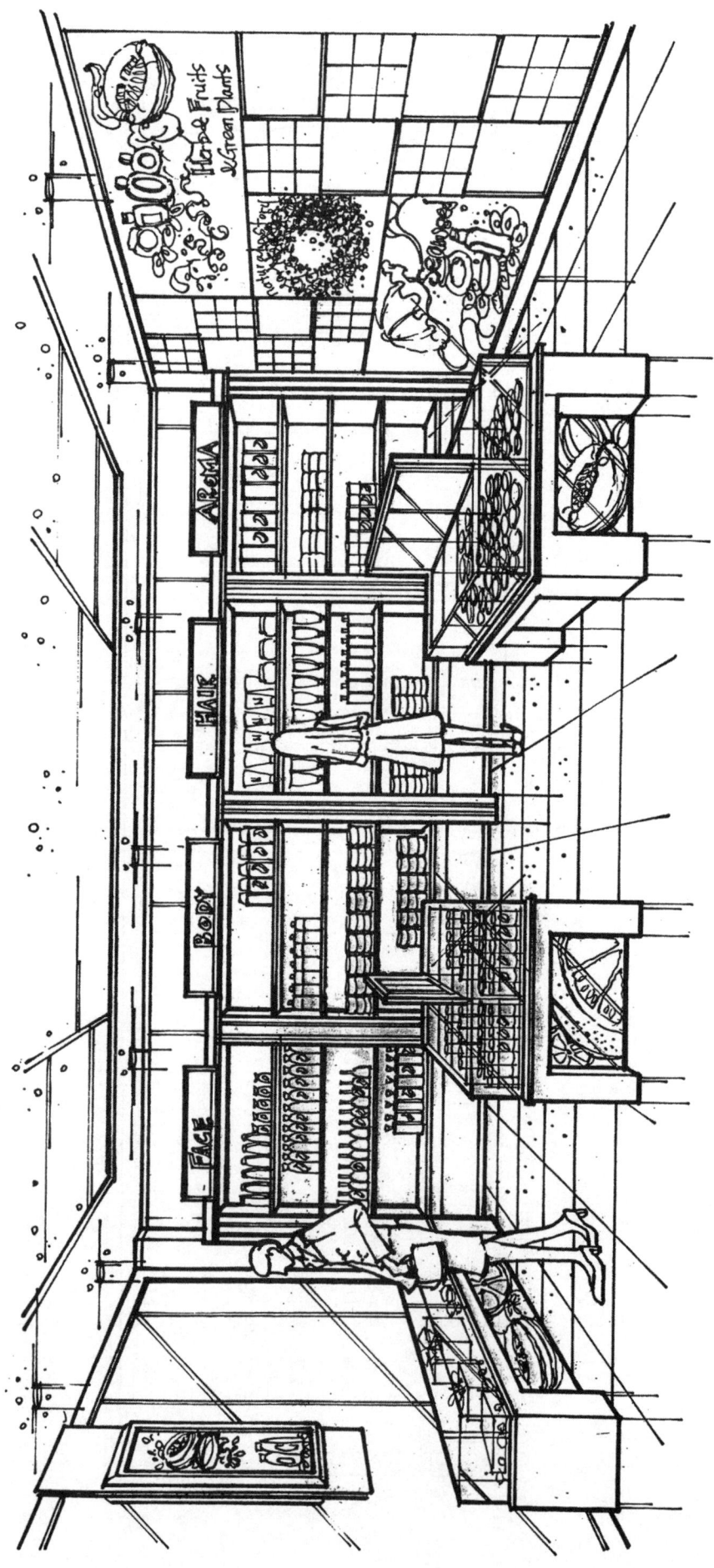

(2005. 5. 1 시행)

제43회 실내건축기사
시공실무

문제 1) 도장의 원료 중 안료의 조건 4가지를 쓰시오. (4점)
① ② ③ ④

【해설】 ① 내후성 ② 내광성 ③ 내약품성 ④ 은폐성 ⑤ 착색성 ⑥ 내열성

문제 2) 다음 괄호 안에 알맞은 용어를 쓰시오. (4점)
적산은 공사에 필요한 재료 및 수량 즉, (①)을 산출하는 기술활동이고, 견적은 (②)에 (③)를 곱하여 (④)를 산출하는 기술활동이다.

【해설】 ① 공사량 ② 공사량 ③ 단가 ④ 공사비

문제 3) 철근콘크리트조 계단에서 논슬립을 시공하려 할 때 고정시키는 방법 3가지를 설명하시오. (3점)
①
②
③

【해설】 ① 고정매입법(정착법) : 거푸집 형성시 다리철물을 미리 묻어두고, 양생 후 고정철물로 논슬립을 설치한다.
② 접착법(접착제법) : 계단 양생 후 표면 마감시 설치 턱을 만든 다음 접착제를 사용하여 논슬립을 설치한다.
③ 나중매입법 : 계단 양생 후 나무벽돌을 빼내고, 밑철물을 충진몰탈과 함께 고정한 후 논슬립을 설치한다.
※ 충격타법 : 나중매입법과 유사형태의 시공법으로 계단 양생 후 햄머드릴을 이용하여 밑철물 위치를 확보한 후 충진몰탈과 함께 고정하여 논슬립을 설치한다.

문제 4) 다음은 벽돌쌓기에 관한 설명이다. 괄호 안에 알맞은 용어를 쓰시오. (2점)
한켜는 마구리쌓기 다음켜는 길이쌓기로 하고, 모서리 끝에 이오토막을 쓰는 것을 영식쌓기라 하며, 영식쌓기와 같고, 모서리 벽에 칠오토막을 쓰는 것을 (①)라 하며, 매 켜에 길이쌓기와 마구리쌓기를 번갈아 쓰는 것을 (②)라 한다.

【해설】 ① 화란식쌓기(네덜란드식쌓기) ② 불식쌓기(프랑스식쌓기)

문제 5) 조적조에서 내력벽과 장막벽을 구분하여 기술하시오. (4점)
① 내력벽
② 장막벽

【해설】 ① 내력벽 : 벽체, 바닥, 지붕 등의 하중을 받아 기초에 전달하는 벽
② 장막벽 : 공간구분을 목적으로 상부하중을 받지 않고, 자체의 하중만을 받는 벽

문제 6) 벽길이 90m, 벽높이 2.7m를 외부 적벽돌(표준형) 1.0B, 내부 시멘트벽돌(표준형) 0.5B의 벽으로 쌓고자 한다. 이 때 소요되는 벽돌구입량과 모르타르량을 구하시오. (4점)

【해설】 A. 1.0B 적벽돌

① 벽면적 = 90 × 2.7 = 243㎡
② 벽돌량 = 243 × 149 = 36,207매
③ 모르타르량 = $\dfrac{36,207}{1,000} \times 0.33 = 11.95$㎥
④ 구입량 = 36,207 × 1.03 = 37,294매

B. 0.5B 시멘트벽돌

① 벽면적 = 90 × 2.7 = 243㎡
② 벽돌량 = 243 × 75 = 18,225매
③ 모르타르량 = $\dfrac{18,225}{1,000} \times 0.25 = 4.56$㎥
④ 구입량 = 18,225 × 1.05 = 19,137매

※ 구입량 = 할증을 포함한 값

문제 7) 다음은 공정계획에 관한 용어의 설명이다. 해당되는 용어를 쓰시오. (2점)
① 네트워크 시간계산에 의하여 구하여진 공기
② 가장 빠른 개시시각에 작업을 시작하고, 후속작업도 가장 빠른 개시시기에 시작해도 존재 하는 여유시간

【해설】 ① 계산공기 ② 자유여유(FF)

문제 8) 미장공사시 사용하는 코너비드(Corner bead)에 대하여 설명하시오. (3점)

【해설】 기둥, 벽 등의 모서리에 대어 미장바름을 보호하기 위한 철물이다.

문제 9) 달비계(Hanging scaffolding)에 대해 설명하시오. (3점)

【해설】 건물 구조체가 완성된 다음에 외부수리, 치장공사, 유리창 청소 등을 하는데 쓰이는 것. Wire Rope로 작업대를 달아 내린 것으로 손 감기나, 작은 동력 Winch로 상하조절을 할 수 있도록 한 것이다.

문제 10) 도장공사에서 스티플 칠(Stipple coating)에 대해 간략히 기술하시오. (3점)

【해설】 도료의 묽기를 이용하여 각종 기구를 써서 바름면에 요철 무늬를 돋게 하여 입체감을 내는 특수 마무리법

문제 11) 다음 창호공사에 관한 용어에 대해 설명하시오. (2점)
① 풍소란
② 마중대

【해설】 ① 창호가 닫혔을 때 각종 선대 등 접하는 부분에 틈새가 나지 않도록 대어 주는 것.
② 미닫이, 여닫이 창호의 상호 맞댐면

문제 12) 타일붙이기 시공방법 가운데 하나인 개량압착공법의 시공법을 설명하시오. (3점)

【해설】 평탄한 바탕 모르타르 위에 붙임몰탈을 바르고, 타일 뒷면에 붙임몰탈을 얇게 발라 두드려 누르거나, 비벼 넣으면서 붙이는 공법이다.

문제 13) 파티클보드의 특징을 3가지 쓰시오. (3점)
① ② ③

【해설】 ① 강도의 방향성이 없다.
② 큰 면적의 판을 제작할 수 있다.
③ 표면이 평탄하고, 경도가 크다.
④ 방충 및 방부성이 좋다.
⑤ 균질한 재료로 만들 수 있다.
⑥ 가공성이 양호하다.

실 내 디 자 인

[제43회 작품명] TAKE OUT이 가능한 COFFEE & CAKE 전문샵

1. 요구사항 - 주거와 상업지역의 연결지역에 위치한 TAKE OUT이 가능한 COFFEE & CAKE 전문샵의 평면도이다. 다음의 요구조건에 따라 요구도면을 설계하시오.

2. 요구조건
   ① 설계면적 : 10.5m × 6.6m × 3.0m(H)
   ② 인적구성 : 상시 종업원 2인, 비상시 종업원 2인(아르바이트)
   ③ Show case + Takeout counter(임시사이즈 적용)   ④ Coffee 제조대 : 1200 × 600 × 1000
   ⑤ Cashier counter 제조대 : 1300 × 500 × 1000   ⑥ Cake 진열대 : 1200 × 600 × 1000
   ⑦ 화장실(남녀공용)   ⑧ 저장실 및 창고
   ⑨ 설비실 : 1200 × 800(에어컨, 환기가 되도록 패키지로 묶어서 팬덕트 형태)
   ⑩ 손님용 좌석   ⑪ 조경(임의)

3. 요구도면
   ① 평면도(가구배치포함) SCALE : 1/50
      (가구배치 포함, 평면계획의 디자인 의도 방향 등을 200자 내외로 쓰시오)
   ② 천정도(설비, 조명가구 배치 및 범례표 작성) SCALE : 1/50
   ③ 내부입면도 A방향 1면(벽면재료 표기) SCALE : 1/50
   ④ 단면상세도(A-A′) SCALE : 1/30
   ⑤ 실내투시도 SCALE : N.S
      (계획의 포인트가 좋은 지점에서 1소점 또는 2소점 투시법으로 작성하되, 작성과정의 투시보조선을 남길 것)

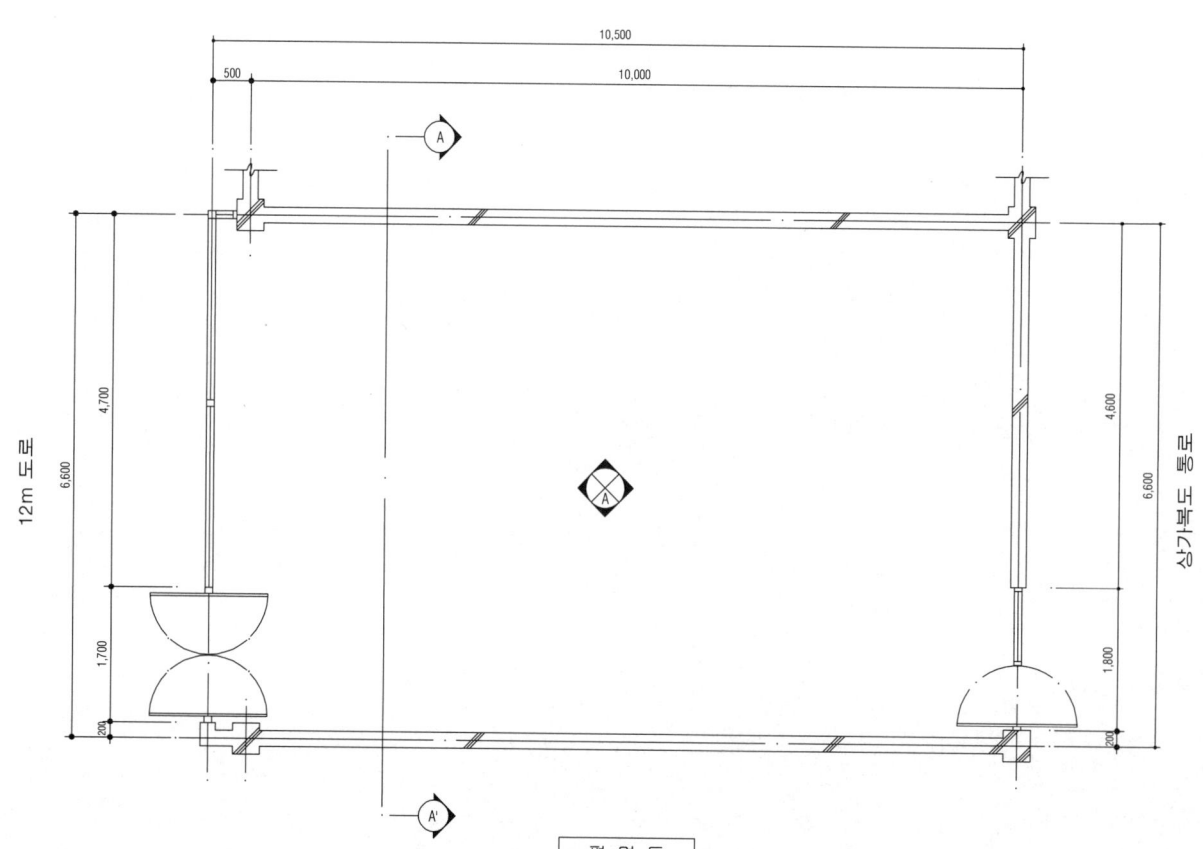

평 면 도

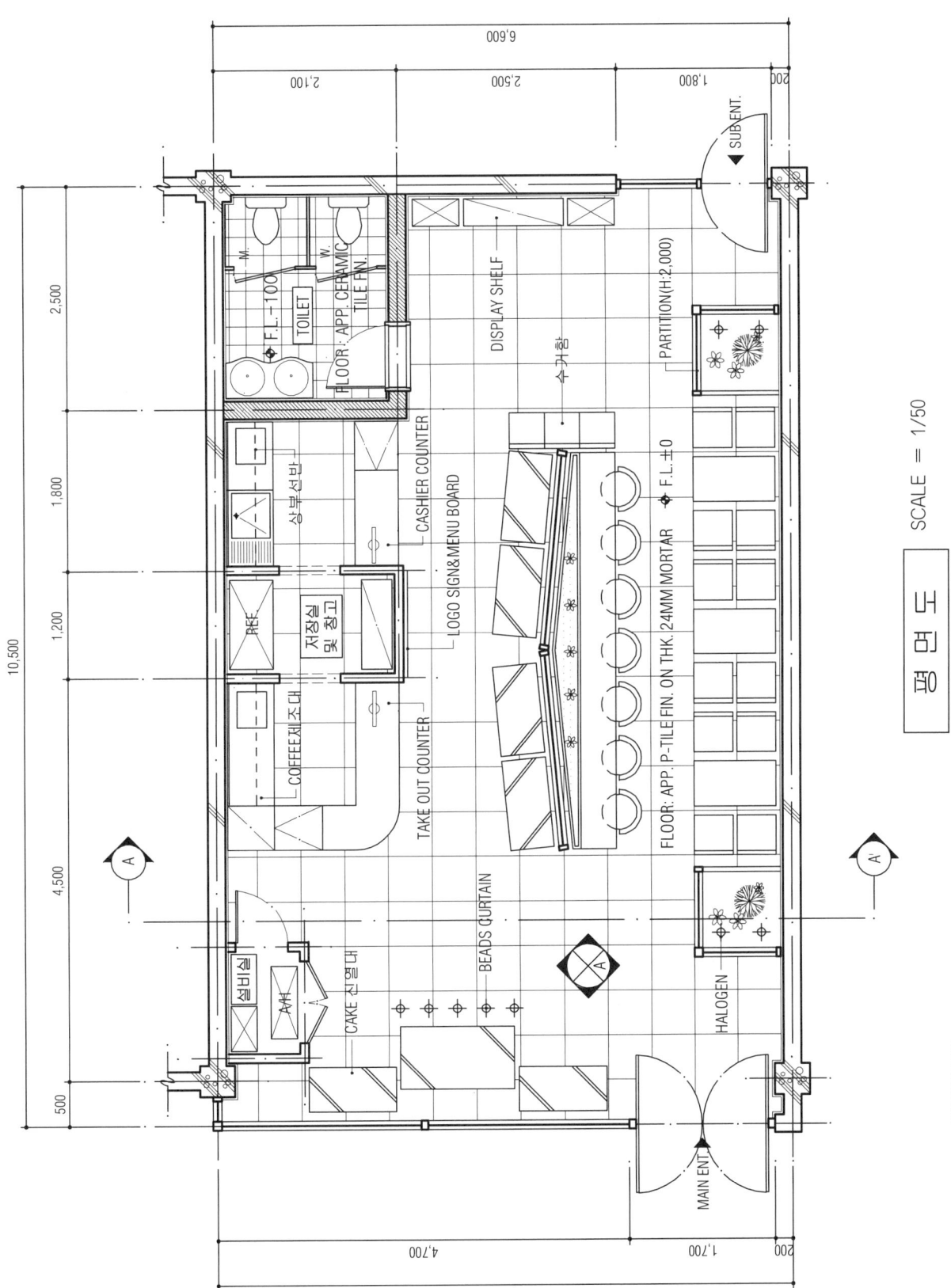

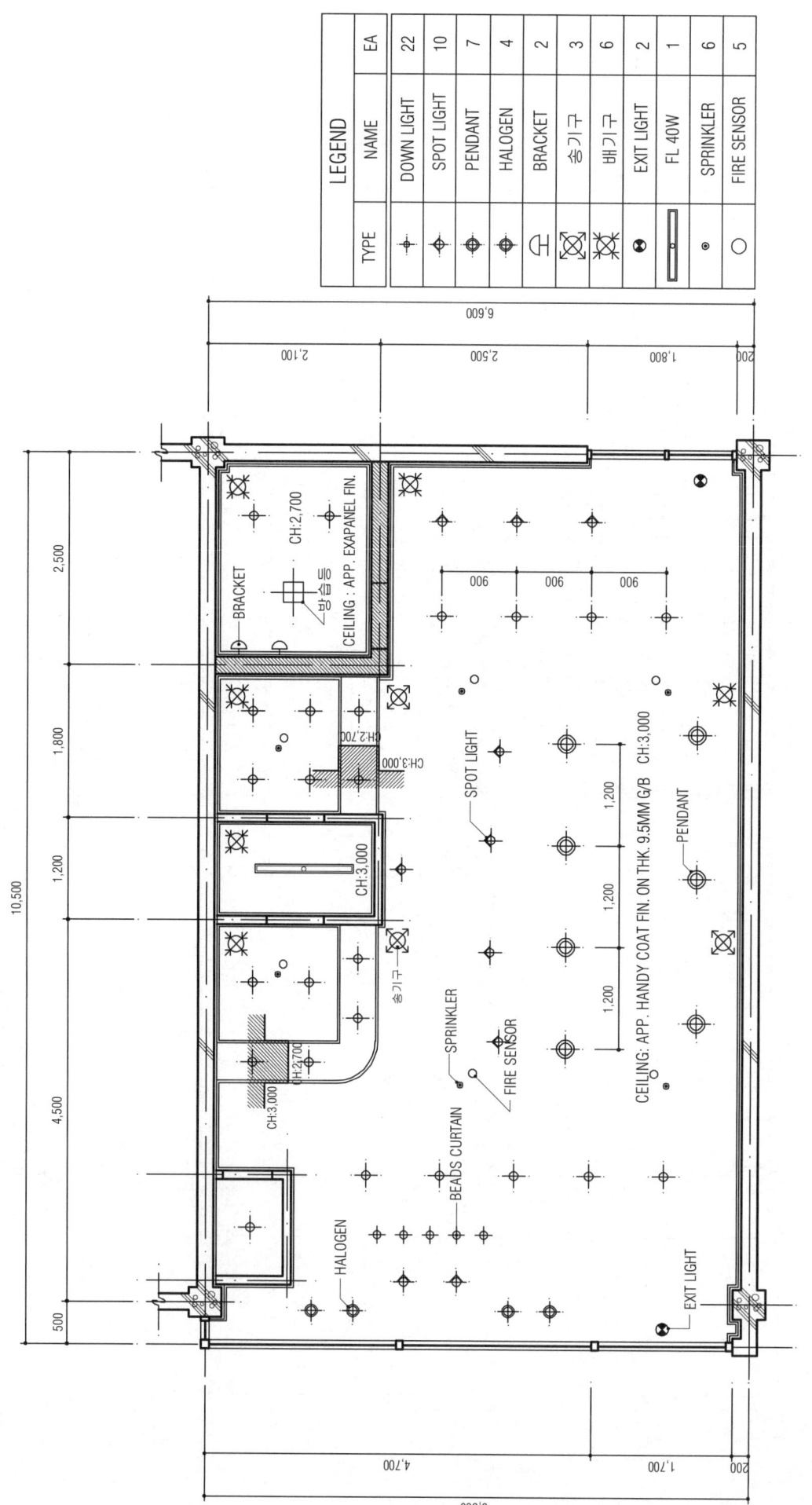

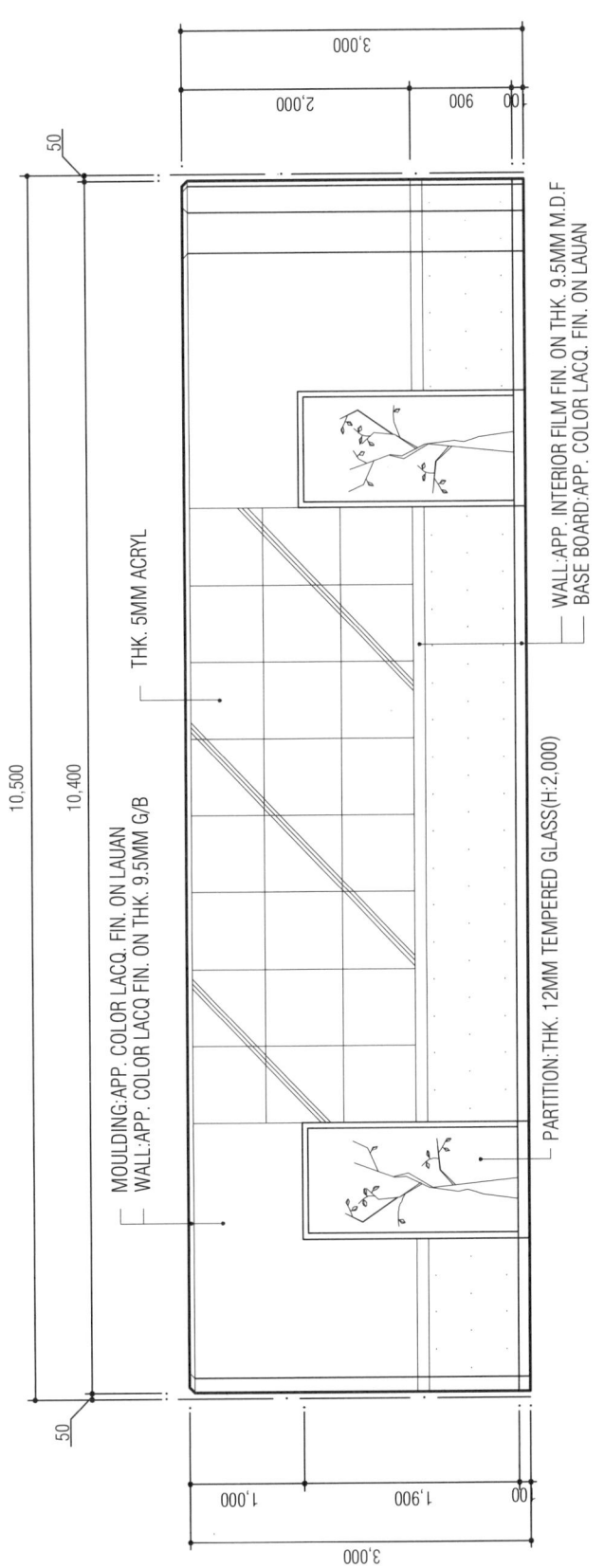

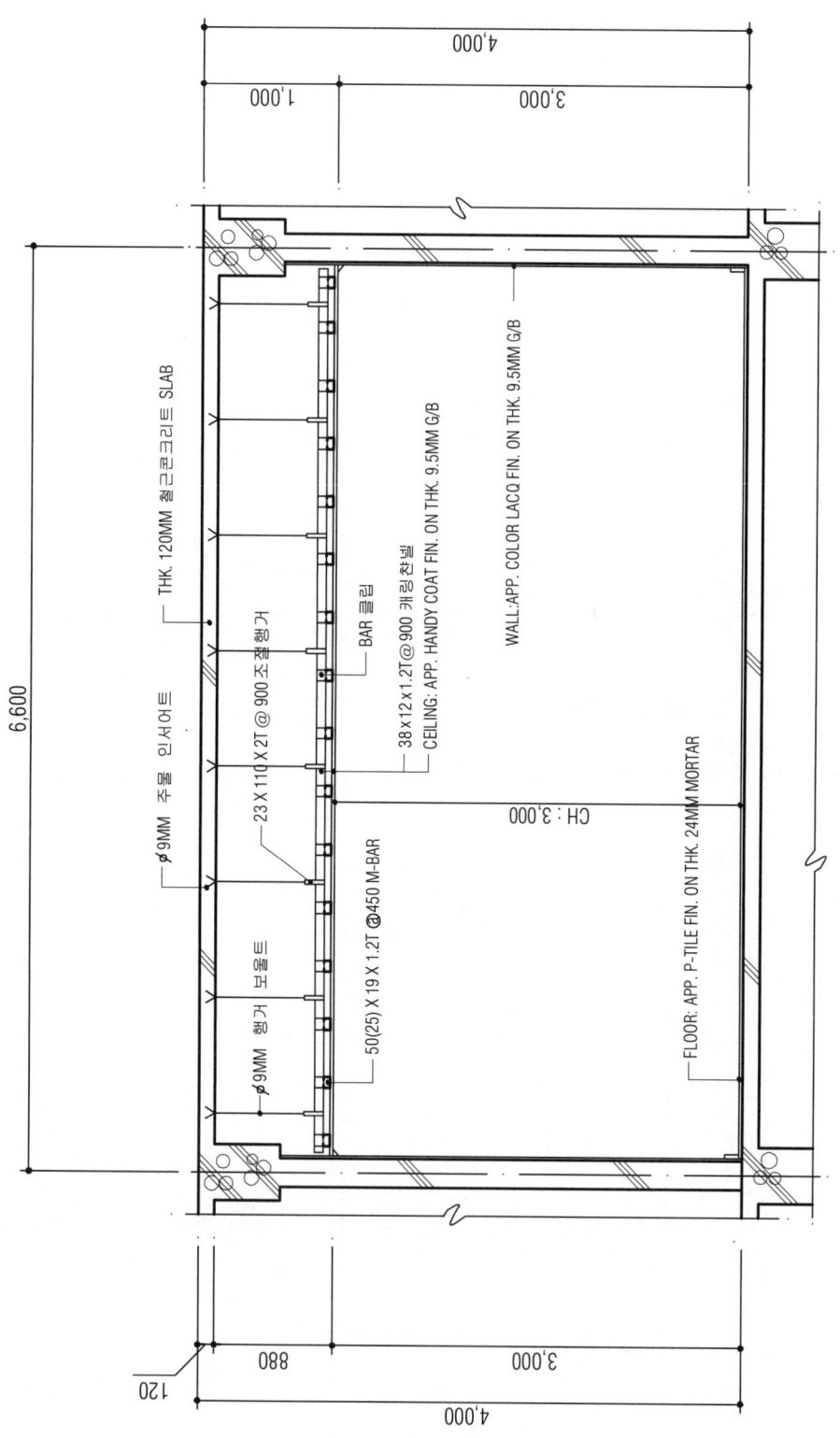

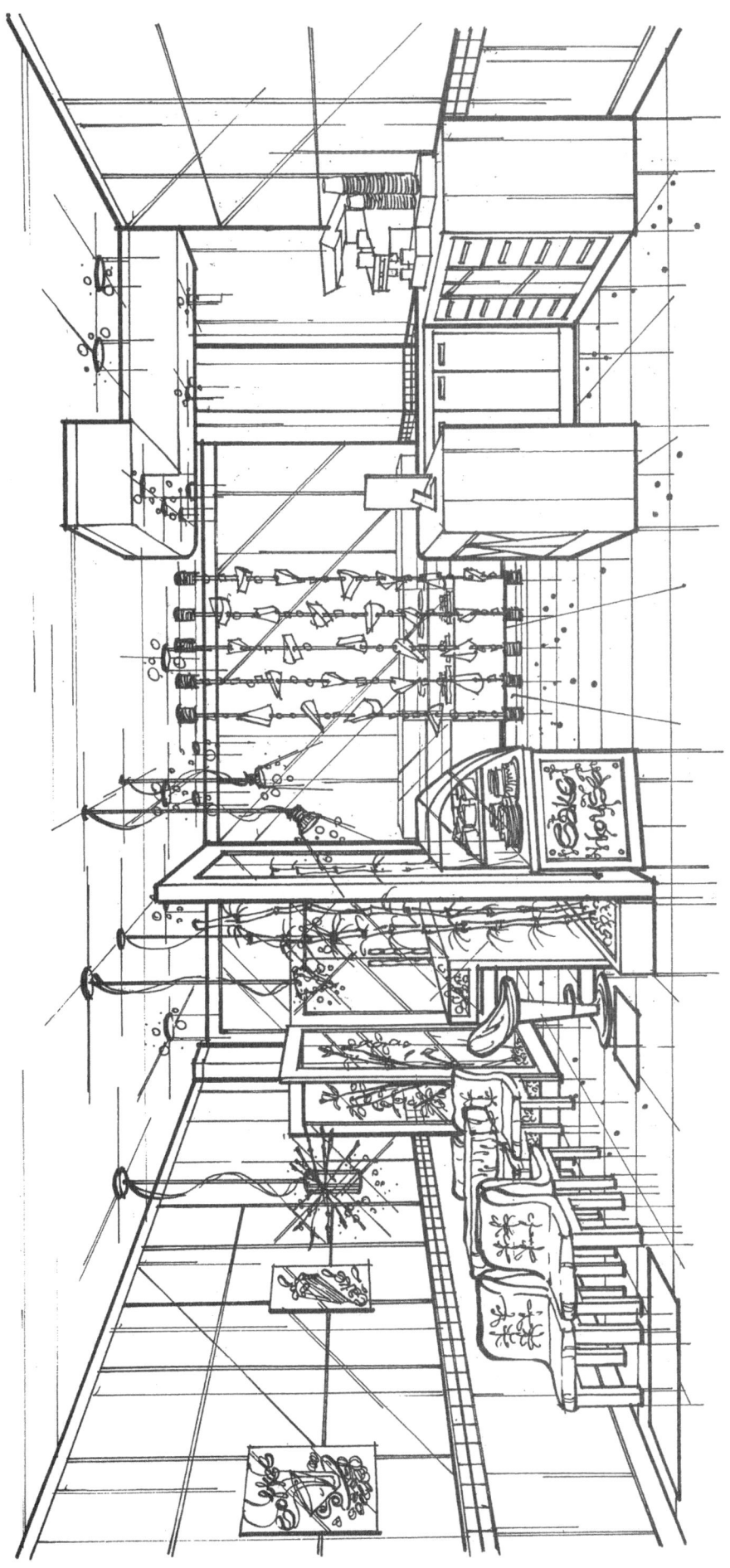

실내투시도 SCALE = N.S

(2005. 7. 10 시행)

제44회 실내건축기사
시공실무

문제 1) 다음은 장판지 붙이기의 시공순서이다. 빈칸을 채우시오. (3점)

바탕처리 → (①) → (②) → 장판지붙이기 → (③) → 마무리 및 보양

【해설】 ① 초배 ② 재배 ③ 걸레받이

문제 2) 석재를 가공할 때 쓰이는 특수공법의 종류 3가지와 방법을 쓰시오. (3점)
①
②
③

【해설】 ① 모래 분사법 : 모래를 고압증기로 분사시켜 석재 표면을 가공하는 마감법
② 버너 구이법 : 버너로 표면을 달군 다음 찬물을 뿌려 급랭시켜 표면에 박리현상을 만드는 마감법 (=화염 분사법)
③ 플래너 마감법 : 석재 표면을 기계를 이용하여 매끄럽게 깎아내어 다듬는 마감법

문제 3) 다음 〈보기〉중 적합한 유리재를 괄호 안에 넣으시오. (4점)

〈보기〉 가. 유리블록   나. 자외선투과유리   다. 복층유리   라. 프리즘유리

① 방음, 단열, 결로방지 - (   )
② 병원, 온실 - (   )
③ 의장성, 계단실 채광 - (   )
④ 지하실 채광 - (   )

【해설】 ① → 다, ② → 나, ③ → 가, ④ → 라

문제 4) 다음은 목공사에 관한 설명이다. 맞는 용어를 쓰시오. (3점)
① 구멍뚫기, 홈파기, 면접기 및 대패질 등으로 목재를 다듬는 일.
② 목재를 크기에 따라 각 부재의 소요길이로 잘라 내는 것.
③ 울거미재나 판재를 틀짜기나 상자짜기를 할 때 끝 부분을 각45°로 깎고 이것을 맞대어 접합하는 것.

【해설】 ① 바심질 ② 마름질 ③ 연귀맞춤

문제 5) 알루미늄 초벌 녹막이 용도로 가장 적절한 도료를 쓰시오. (2점)

【해설】 징크로메이트 도료

문제 6) 미장공사 중 셀프 레벨링(self leveling)재에 대해 설명하시오. (3점)

【해설】 자체 유동성을 갖고 있는 특수 모르타르로 시공면 수평에 맞게 부으면, 스스로 일매지는 성능을 가진 특수 미장재이다.
시공 후 통풍에 의해 물결무늬가 생기지 않도록 개구부를 밀폐하여 기류를 차단하고, 시공 전, 중, 후 기온이 5℃ 이하가 되지 않도록 한다.

문제 7) 플라스틱재 시공시 일반적인 주의사항 3가지를 설명하시오. (3점)
①
②
③

【해설】 ① 열팽창에 의한 신축을 고려한다.
② 마감에 사용하는 표면은 흠, 얼룩, 변형이 생기지 않게 종이, 천 등을 보양하여 둔다.
③ 시공시 방화구획을 두고, 연소방지책도 강구한다.

문제 8) 아래 목재창호의 목재량(㎥)을 구하시오. (4점)

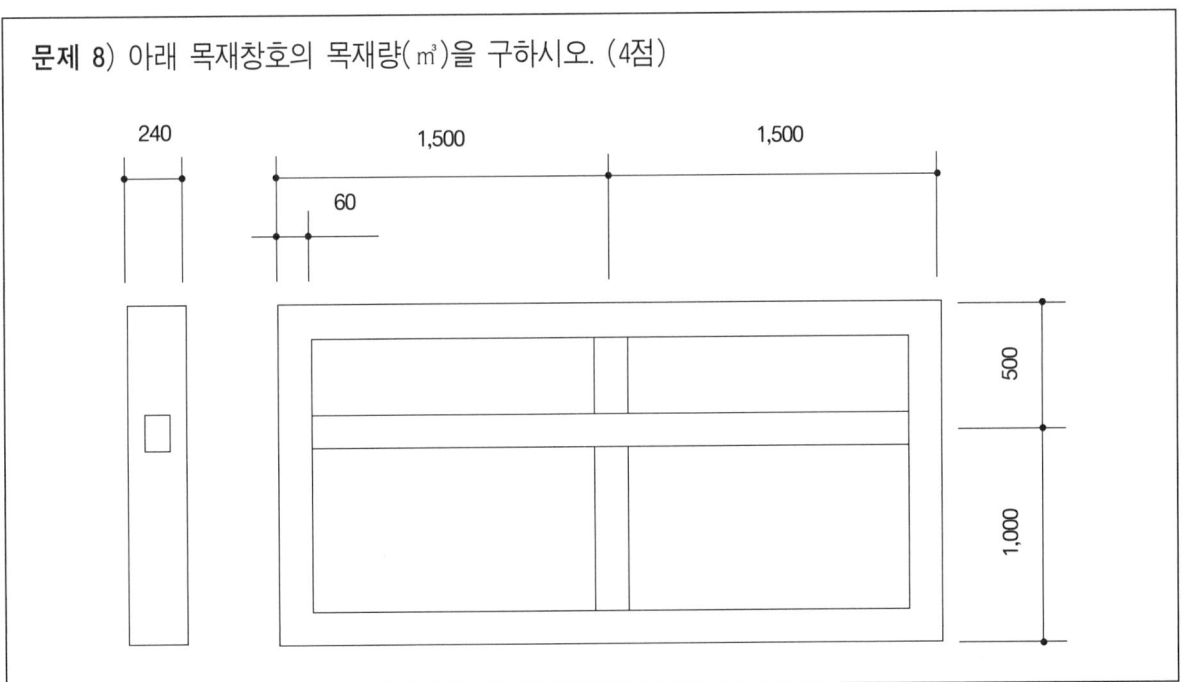

【해설】 ① 수직부재 : 0.24×0.06×1.5×3 = 0.0648㎥
② 수평부재 : 0.24×0.06×3×3 = 0.1296㎥
③ 부재합계 : ①+② = 0.0648+0.1296 = 0.1944㎥

문제 9) 다음은 Network 공정표에 관련된 용어설명이다. 해당하는 용어를 쓰시오. (3점)
① 작업을 완료할 수 있는 가장 빠른 시일
② 최초의 개시 결합점에서 완료 결합점까지 이르는 최장 경로
③ 임의의 두 결합점 간의 경로 중 가장 긴 경로

【해설】 ① EFT ② CP ③ LP

문제 10) 타일 시공시 공법을 선정할 때 고려해야 할 사항을 3가지 쓰시오. (3점)
① ② ③

【해설】 ① 타일의 성질 ② 기후의 조건 ③ 시공의 위치

문제 11) 치장줄눈은 타일을 붙인 후 (①)이상 지난 후 헝겊으로 닦아내고, 완전히 건조된 후 설치한다. 라텍스, 에멀젼 후에는 (②)일 이상 지난 후 물로 씻어낸다. (2점)

【해설】 ① 3시간   ② 2일(48시간)

문제 12) 목재의 방연처리에서 방연제에 의한 방연처리 방법 4가지를 쓰시오. (4점)
① ② ③ ④

【해설】 ① 도포법   ② 침지법   ③ 가압법   ④ 분무법

문제 13) T-bar시스템의 장점 3가지를 쓰시오. (3점)
①
②
③

【해설】 ① 천장 마감재의 보수 및 유지 관리가 용이하다.
② 천장 내부 시설의 보수 및 점검이 용이하다.
③ 천장 설비의 시공 및 위치 선정이 용이하다.

실 내 디 자 인

[제44회 작품명] 웨딩숍

1. 요구사항 - 주어진 도면은 도심 중심지역 1층에 위치한 웨딩전문점이다. (웨딩 악세사리도 취급함) 다음의 요구조건에 따라 도면을 설계하시오.

2. 요구조건
   ① 설계면적 : 12.6m×9m×2.9m(H)
   ② 요구공간 : · Storage · Toilet · Councel room(개방형) · Show window
                  · Fitting room · Cashier counter · Accessary shelf · Shelf
                  · Show case · Dispaly table · Hanger
   (이상 제시된 가구는 필수적이며 이외의 필요한 가구가 있다면 수험자가 임의로 추가할 수 있음)

3. 요구도면
   ① 평면도(가구배치포함) SCALE : 1/50
      설계개요 (Design Concept)를 200자 이내로 작성하시오.
   ② 천정도(설비, 조명가구 배치 및 범례표 작성) SCALE : 1/50
   ③ 내부입면도 A방향 1면(벽면재료 표기) SCALE : 1/50
   ④ 단면상세도(A-A′) SCALE : 1/50
   ⑤ 실내투시도 SCALE : N.S
      (계획의 포인트가 좋은 지점에서 1소점 또는 2소점 투시법으로 작성하되, 작성과정의 투시보조선을 남길 것)

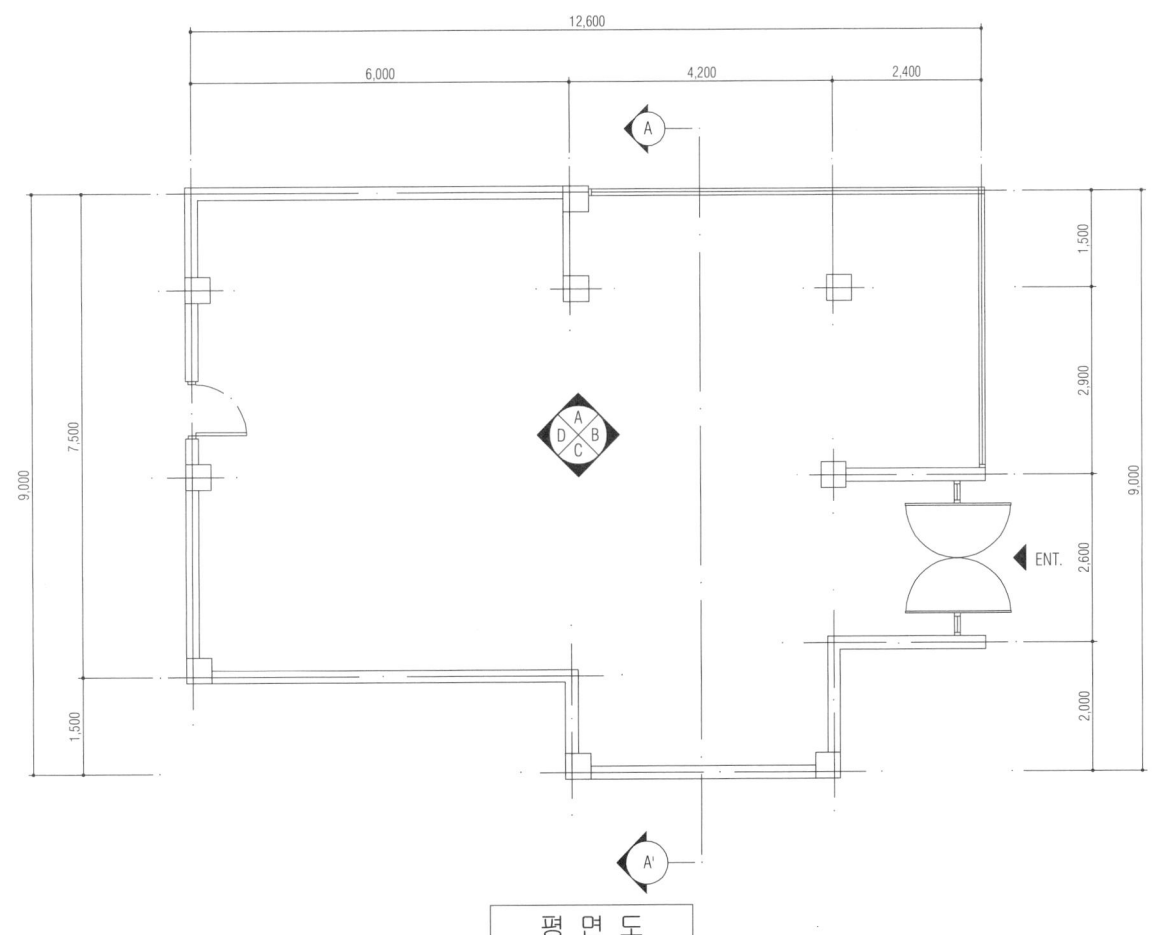

평 면 도

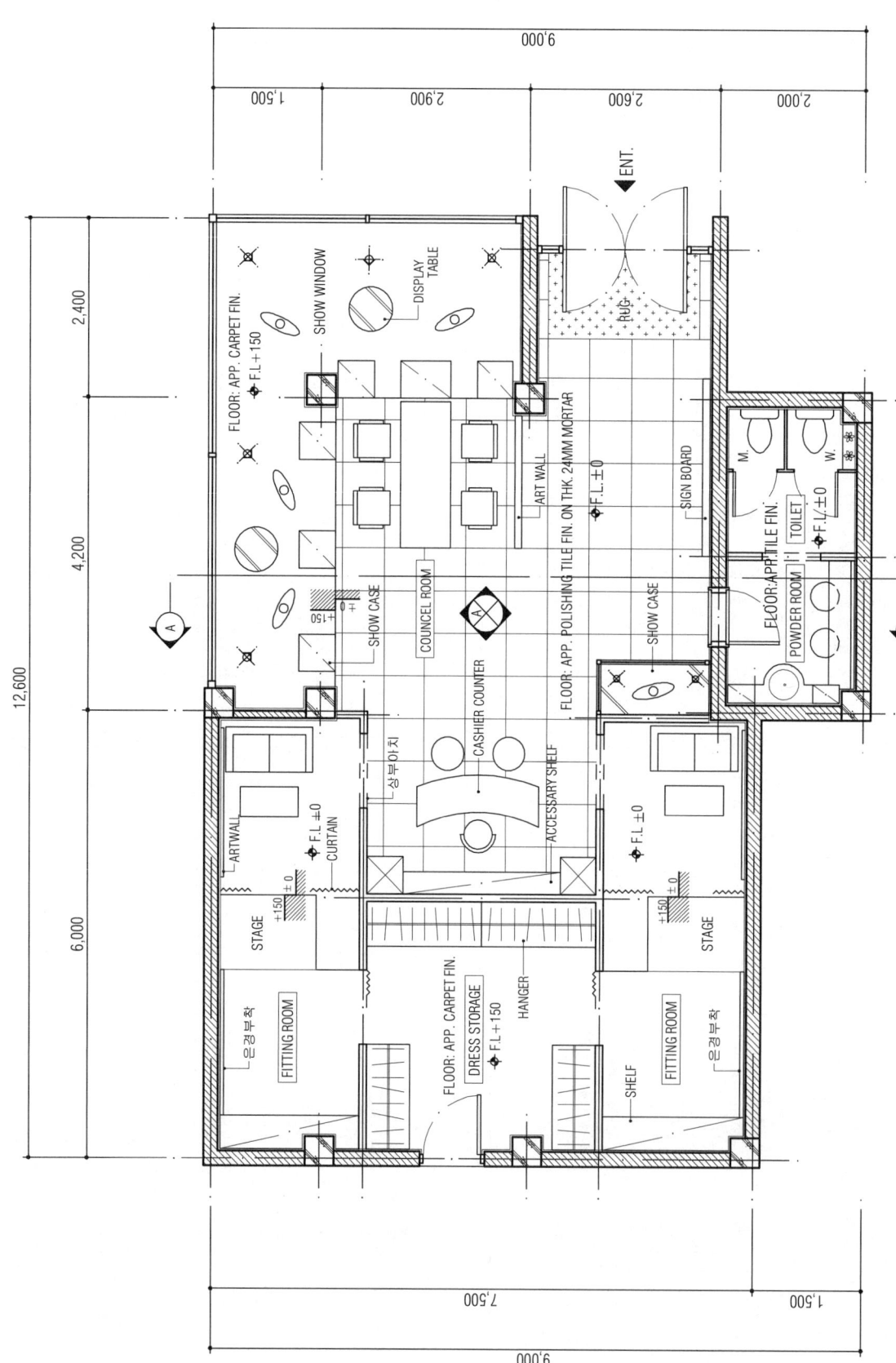

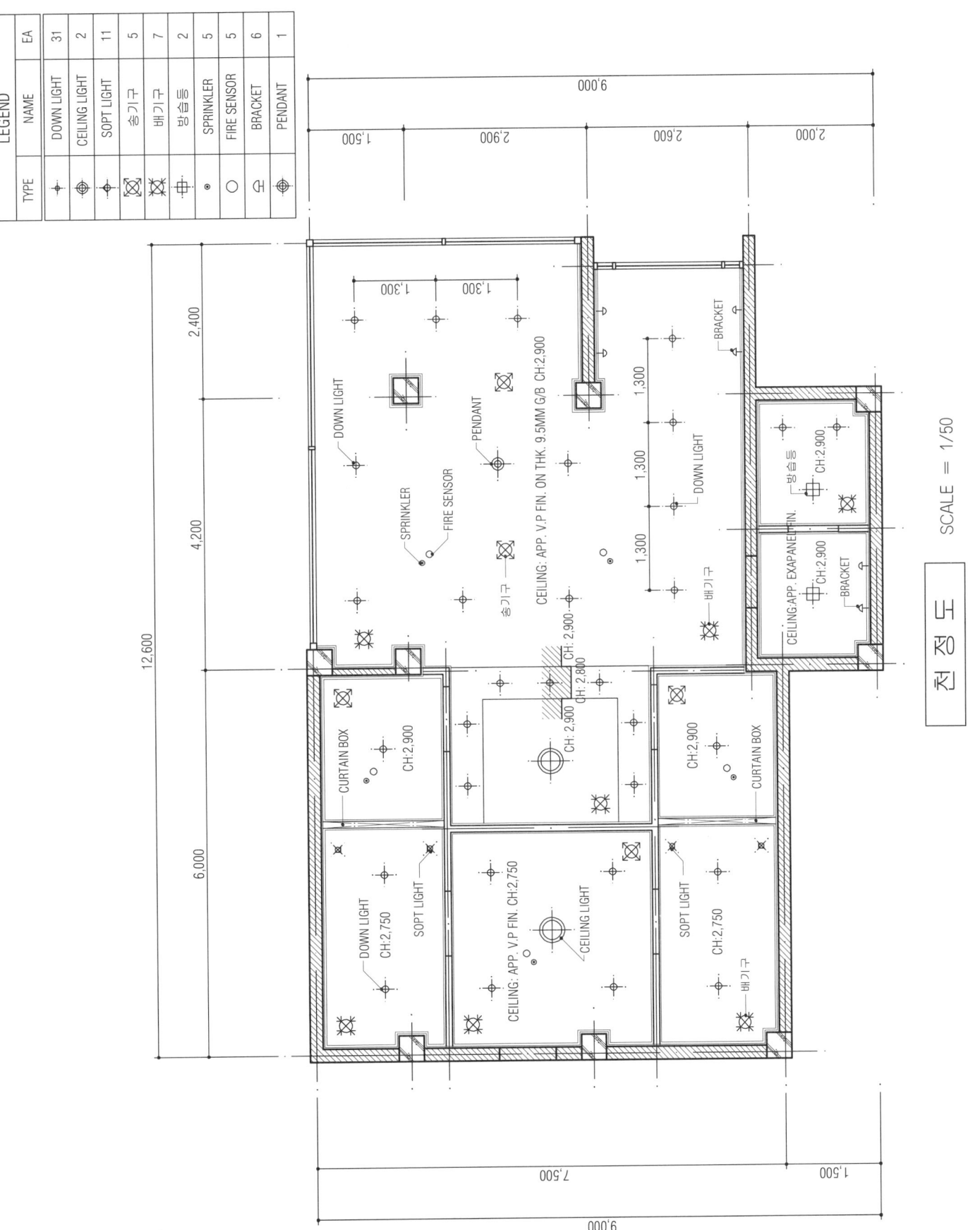

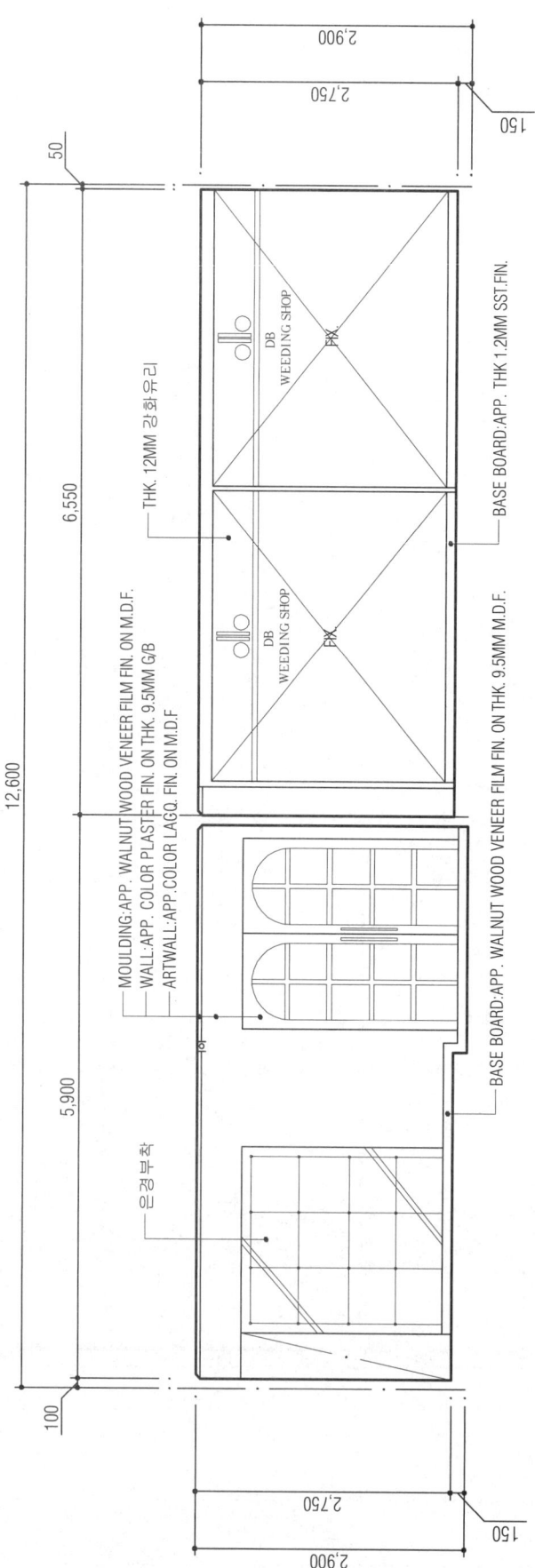

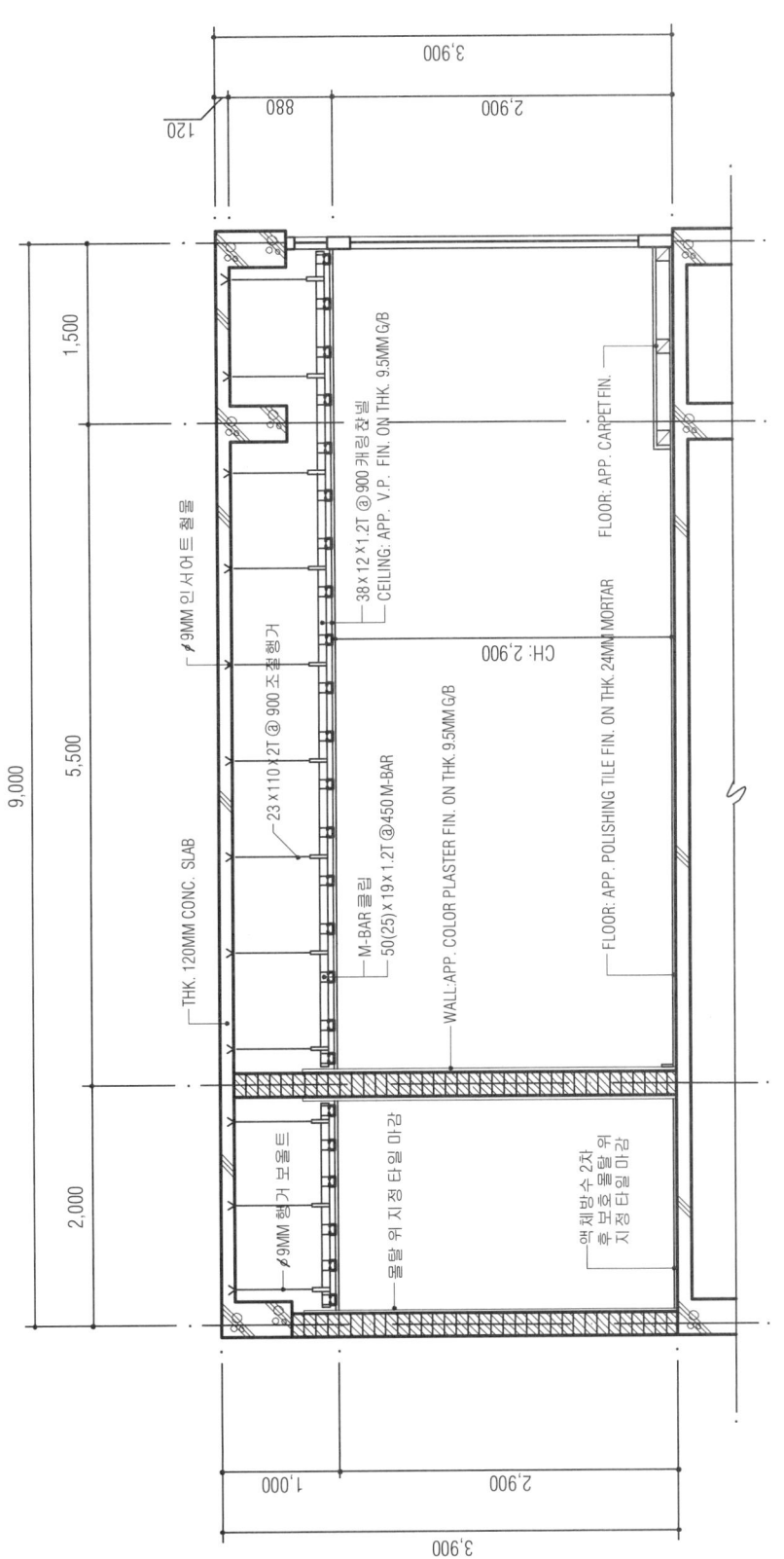

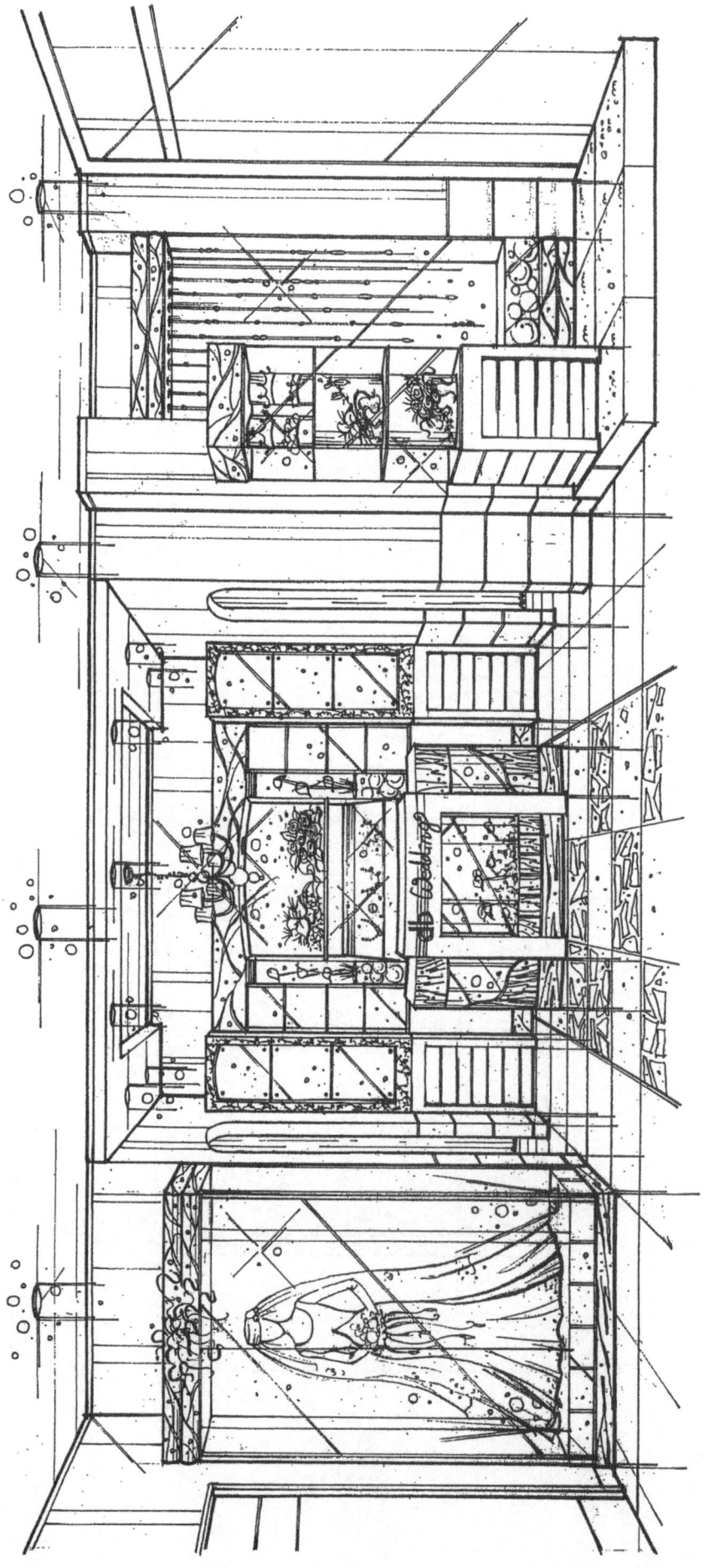

실내투시도 SCALE = N.S

(2005. 10. 23 시행)

제45회 실내건축기사
시공실무

문제 1) 다음은 금속공사에 사용되는 철물의 용어이다. 간략히 설명하시오. (4점)
① 와이어메쉬   ② 펀칭메탈   ③ 메탈라스   ④ 와이어라스

【해설】① 와이어메쉬 : 연강철선을 정방형 또는 장방형으로 전기 용접하여 만든 것으로 콘크리트 바닥다짐의 보강용으로 쓰인다.
② 펀칭메탈 : 얇은 강판에 구멍을 뚫어 환기구 또는 방열기 커버 등에 쓰인다.
③ 메탈라스 : 얇은 강판에 자름금을 내어 늘린 마름모꼴 형태의 철망으로 천정, 벽, 처마둘레 등의 미장바름 보호용으로 쓰인다.
④ 와이어라스 : 아연도금한 연강철선을 엮어 그물같이 만든 철망으로 미장바탕용으로 쓰인다.

문제 2) 일반적으로 못의 길이는 널 두께의 2.5~(①)배, 재의 마구리 등에 박는 것은 3~(②)배로 한다. (2점)
①   ②

【해설】① 3   ② 3.5

문제 3) 알루미늄 창호를 철재창호와 비교할 때의 장점 3가지를 쓰시오. (3점)
①
②
③

【해설】① 비중이 철재의 1/3로 경량이다.   ② 녹슬지 않고, 사용연한이 길다.   ③ 공작이 용이하다.

문제 4) 다음 철물의 사용목적 및 위치를 쓰시오. (2점)
① 코너비드
② 인서어트

【해설】① 코너비드 : 기둥, 벽 등 모서리 부분의 미장바름을 보호하기 위한 철물로 그 시공면의 각진 모서리에 대어 시공한다.
② 인서어트 : 반자틀 기타 구조물을 달아매고자 할 때 볼트 또는 달대의 걸침이 되는 철물로 콘크리트조 바닥판 밑에 설치한다.

문제 5) 건축공사에 사용하는 강화목재에 대하여 설명하시오. (3점)

【해설】경화적층재라고도 하며, 합판의 단판에 페놀수지 등을 침투시켜 고온에서 압착시킨 고강도 강화목재이다. 보통 목재의 3~4배의 강도를 갖고 있으며, 주로 금속재 대용으로 사용된다.
※ 150℃에서 150~200kg/cm²의 압력으로 열압성형하며, 항공 프로펠라, 기계적 기어 등에 쓰인다.

문제 6) 다음의 조건으로 네트워크 공정표를 작성하시오. (4점)

작업명	선행작업	기간	비고
A	없음	5	각 작업의 일정계산 표시방법은 아래 방법으로 한다.
B	없음	4	
C	없음	3	
D	없음	8	
E	A, B	2	
F	A	3	

【해설】

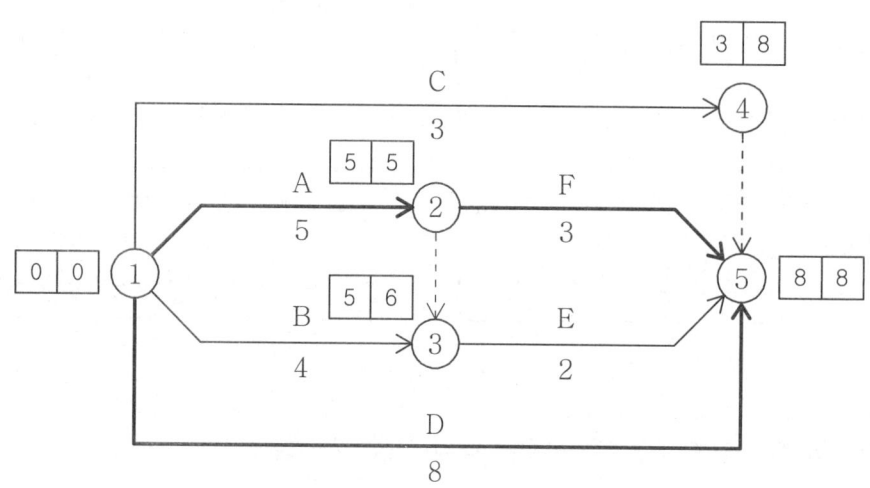

CP〉 Activity : D and A → F   Event : ① → ⑤ and ① → ② → ⑤

문제 7) 벽의 높이가 2.5m이고, 길이가 8m인 벽을 시멘트벽돌로 1.5B 쌓을 때 소요량을 구하시오. (단, 벽돌은 표준형 190×90×57) (3점)

【해설】 ① 벽면적 = 2.5 × 8 = 20m²
② 정미량 = 20 × 224 = 4,480매   ③ 소요량 = 4,480 × 1.05 = 4,704매

문제 8) 다음은 타일붙이기의 시공순서이다. 괄호안을 채우시오. (3점)
바탕처리 → (①) → (②) → (③) → 보양

【해설】 ① 타일나누기   ② 타일붙이기   ③ 치장줄눈

문제 9) 다음 〈보기〉의 내용을 서로 맞는 것끼리 연결하시오. (4점)
① 나무를 둥글게 또는 평으로 켜서 직교하여 교착시킨 것.
② 참나무 껍질의 부순 잔 알들을 압축 성형하여 고온에서 탄화시킨 것.
③ 소석고에 톱밥 등을 가하여 물반죽 한 후 질긴 종이 사이에 끼어 성형 건조시킨 것.

④ 식물섬유, 종이, 펄프 등에 접착제를 가하여 압축한 섬유판.
〈보기〉㉮ 목모시멘트판   ㉯ 석고판   ㉰ 합판   ㉱ 텍스   ㉲ 탄화코르크

【해설】 ① → ㉰   ② → ㉲   ③ → ㉯   ④ → ㉱

문제 10) 바닥 플라스틱재 타일의 시공순서이다. 괄호안을 채우시오. (3점)
바탕처리 → (①) → (②) → (③) → 타일붙임 → 청소 및 왁스먹임

【해설】 ① 프라이머 도포   ② 먹줄치기   ③ 접착제 도포

문제 11) 다음 사용 위치별 타일의 줄눈 두께를 쓰시오. (4점)
① (대형)외부타일   ② (대형)내부타일   ③ 소형타일   ④ 모자이크

【해설】 ① 9mm   ② 6mm   ③ 3mm   ④ 2mm

문제 12) 미장공사에서 회반죽으로 마감할 때 주의사항 2가지를 쓰시오. (2점)
①
②

【해설】 ① 실내온도가 2℃ 이하일 때는 공사를 중단하거나 난방하여 5℃ 이상으로 유지한다.
② 회반죽은 기경성이므로 통풍을 억제하고 강한 일사광선을 피한다.

문제 13) 목구조의 횡력에 대한 변형, 이동 등을 방지하기 위한 보강방법 3가지를 쓰시오. (3점)
①   ②   ③

【해설】 ① 가새   ② 버팀대   ③ 귀잡이

실 내 디 자 인

[제45회 작품명] CD · 비디오 숍

1. 요구사항 — 10대와 20대가 주로 이용하는 복합상가의 CD · 비디오 전문점이다.
   다음의 요구조건에 따라 도면을 작성하시오.

2. 요구조건
   ① 설계면적 : 11.7m × 8.4m × 2.9m(H)
   ② 요구공간 : · 카운터   · 휴게실
                · 오디오   · 비디오
                · CD · 비디오 선반
      (이상 제시된 가구는 필수이며 이외에 필요한 것이 있다면 보완할 수 있음)

3. 요구도면
   ① 평면도(가구배치 및 바닥마감재 표기) SCALE : 1/50
      평면도 주변의 여유공간에 설계개요 (DESIGN CONCEPT)를 180자 이내로 작성
   ② 천정도(설비, 조명기구 배치 및 범례표 작성) SCALE : 1/50
   ③ 내부입면도 C, D방향 2면(벽면재료 표기) SCALE : 1/30
   ④ 단면상세도(A-A′) SCALE : 1/30
   ⑤ 실내투시도(채색작업 필수) SCALE : N.S
      (계획의 포인트가 좋은 지점에서 1소점 또는 2소점 투시법으로 작성하되, 작성과정의 투시보조선을 남길 것)

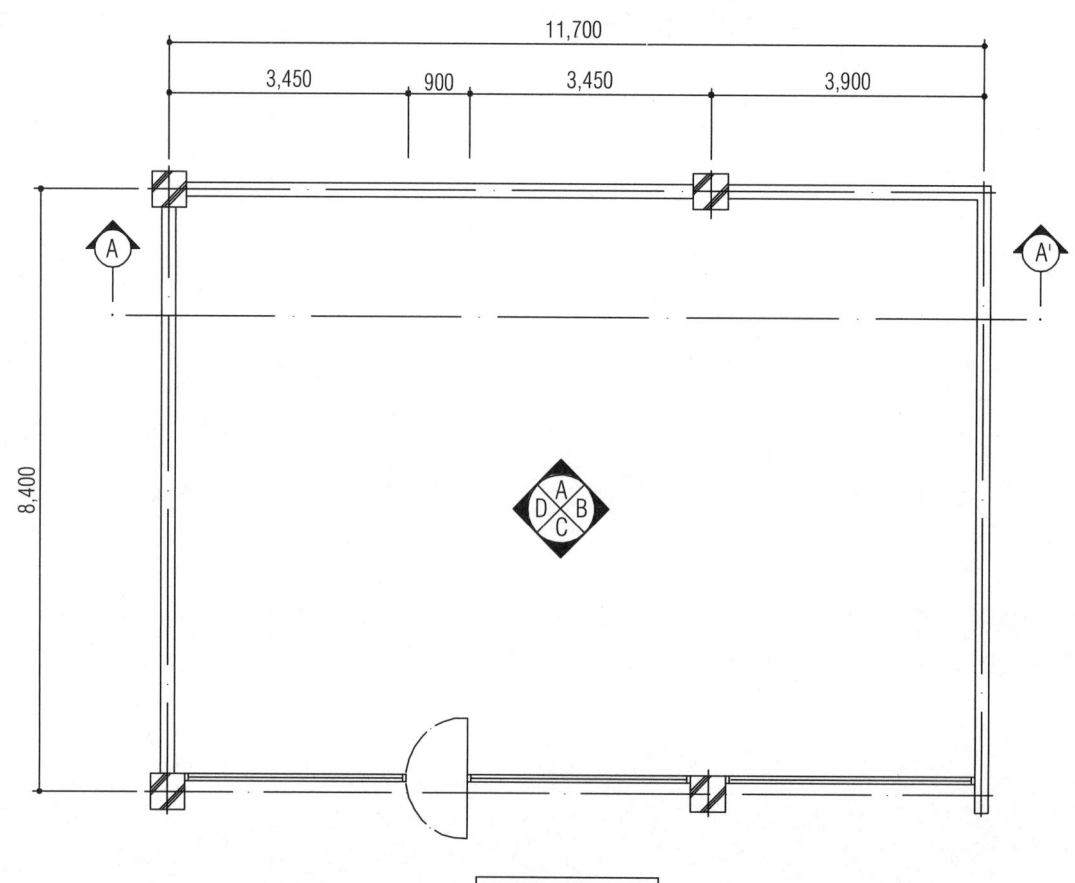

평 면 도

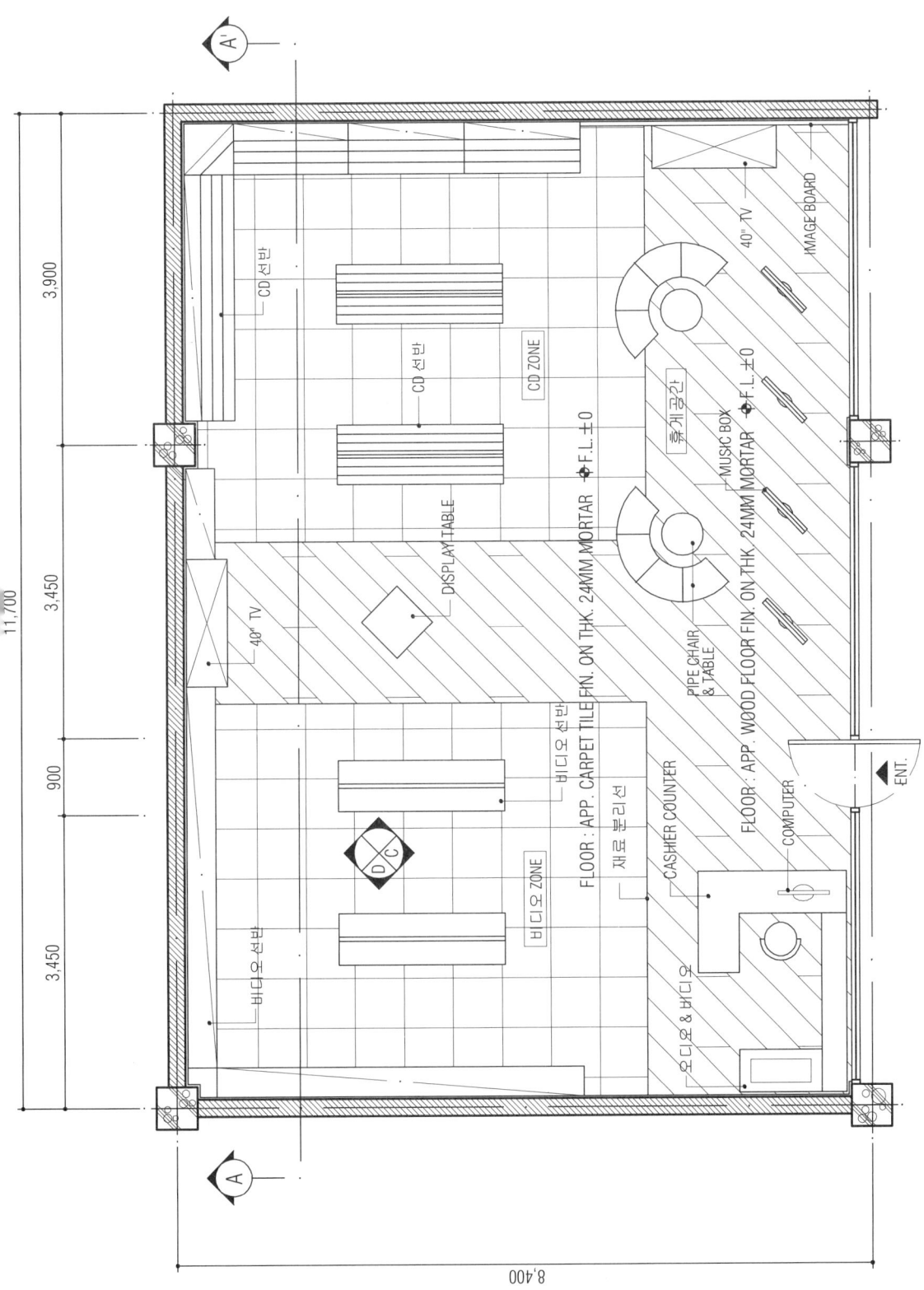

평 면 도 SCALE = 1/50

CONCEPT
10대와 20대가 주로 이용하는 복합상업시설 내에 있는 CD·비디오 전문점이다. 매장을 크게 세가지 영역으로 구분하여 이용객의 편의를 도모하였다. 매장 좌측에는 비디오를 진열하고, 우측에는 CD를 진열하여 이용객들이 혼잡하지 않도록 하였으며 좌우를 구분하는 중앙에 대형 TV브라운관을 배치하여 시각적인 즐거움을 채공하였다. 매장 도입부에는 계산을 위한 카운터를 배치하여 빠른 고객 일다가 가능하도록 하였다. 우측에는 고객을 위한 휴게공간을 마련하여 MUSIC BOX와 TV브라운관을 통해 음악과 영화를 즐길 수 있도록 하여 젊은 고객들이 보다 많이 수용할 수 있도록 하였다.

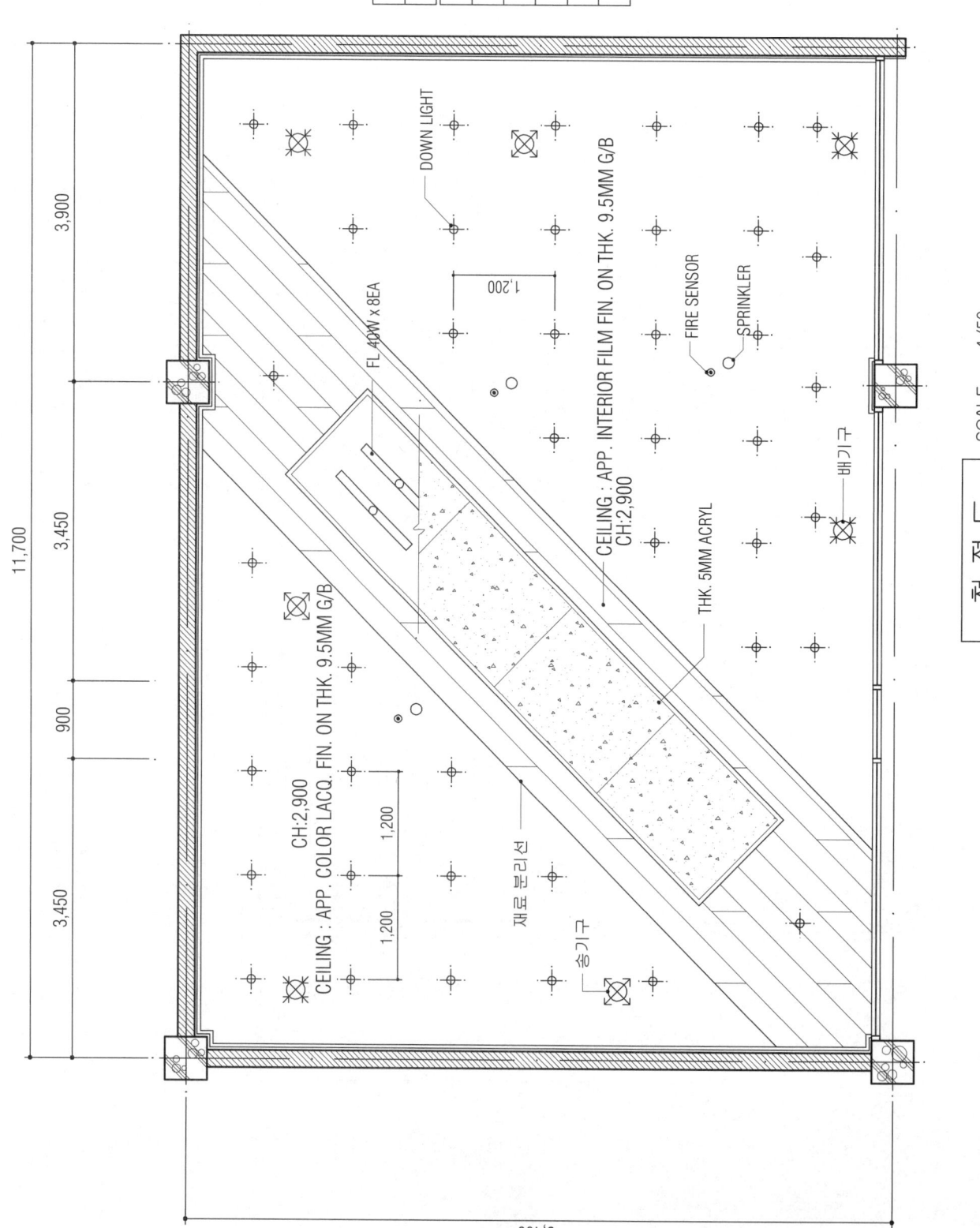

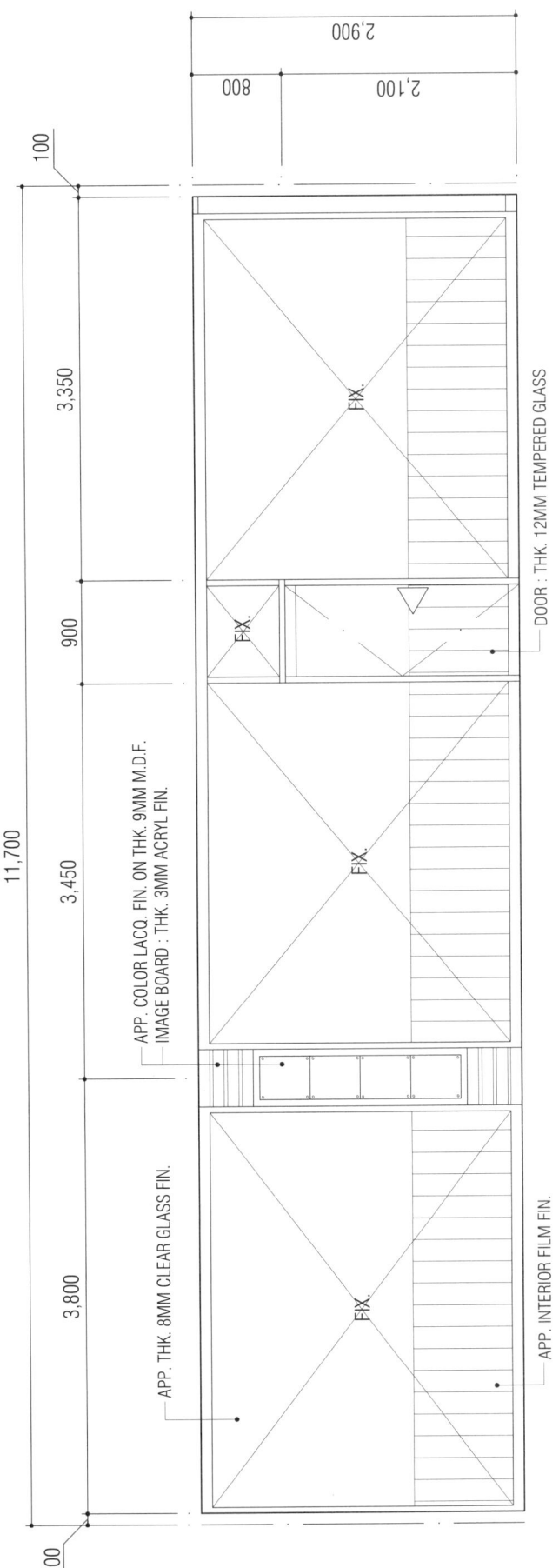

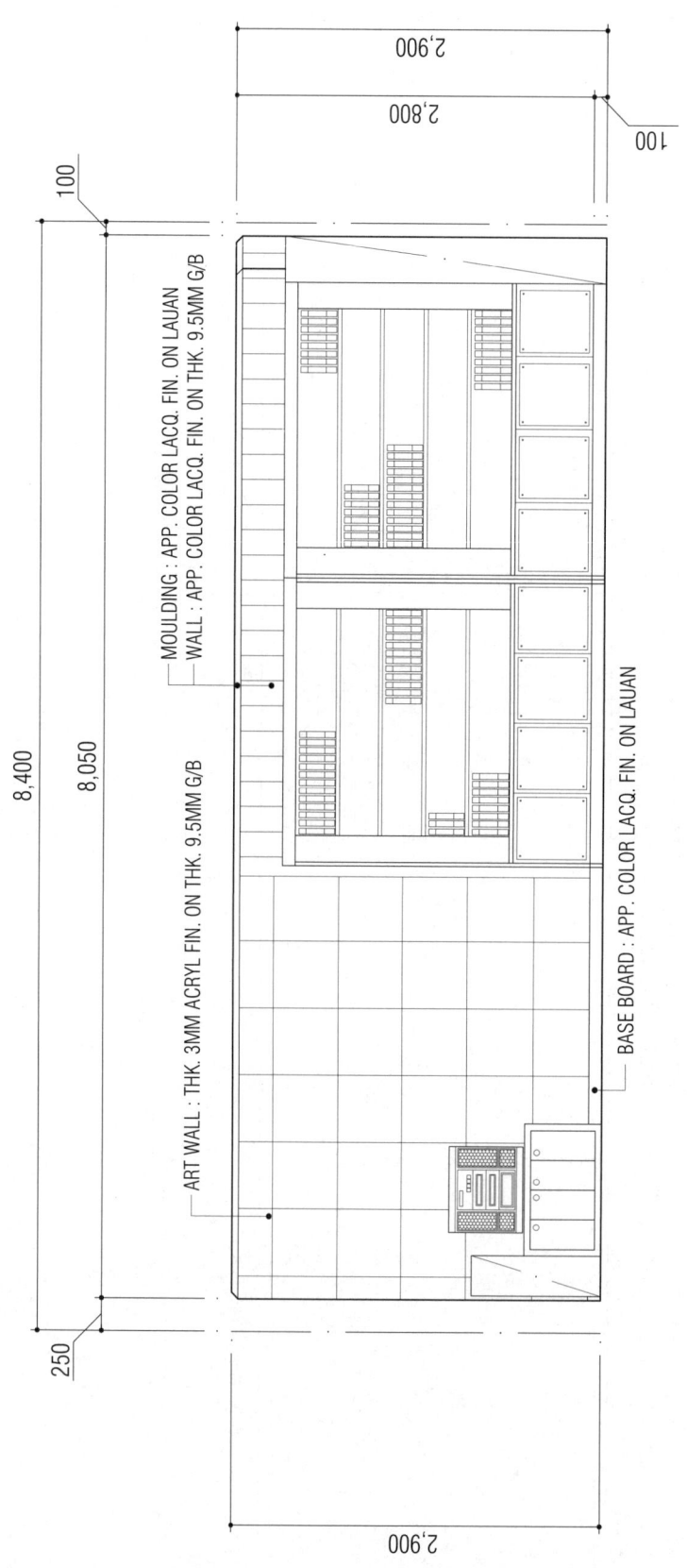

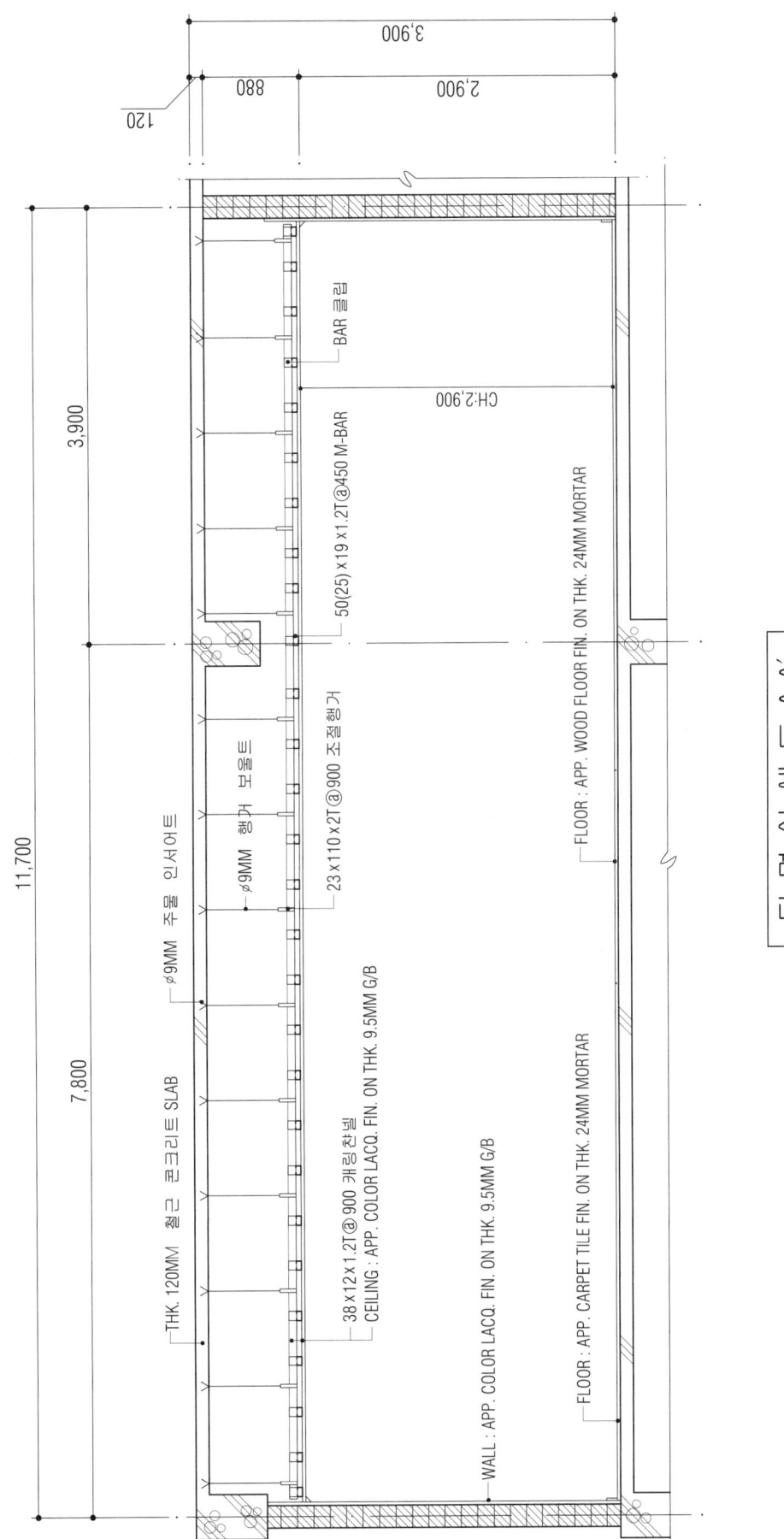

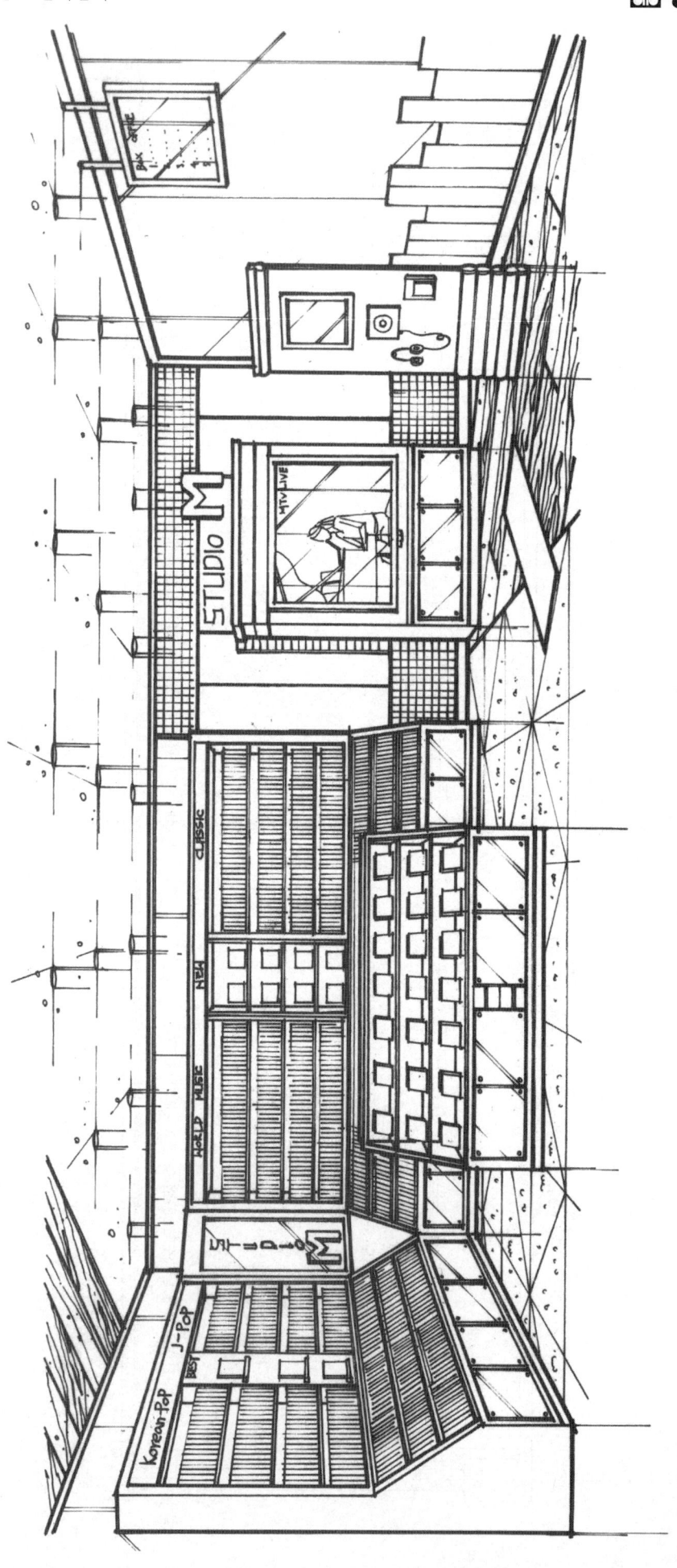

(2006. 4. 23 시행)

제46회 실내건축기사
시공실무

문제 1) 다음 그림은 건물의 평면도이다. 이 건물이 지상 5층일 때 내부 수평비계 매기면적을 산출하시오. (3점)

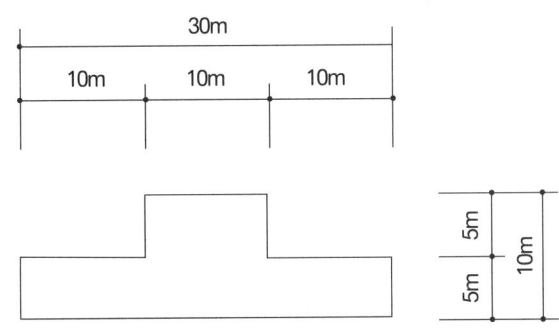

【해설】 A = {(30×5)+(10×5)}×5×0.9
A = (150+50)×5×0.9
A = 900㎡

문제 2) 방화칠의 종류 3가지를 쓰시오. (3점)
① ② ③

【해설】 ① 규산소다 도료(칠)   ② 붕산카세인 도료(칠)   ③ 합성수지 도료(칠)

문제 3) 다음 목공사의 용어에 대하여 간단히 설명하시오. (4점)
① 이음
② 맞춤

【해설】 ① 이음 : 재의 길이 방향으로 두 부재를 접합하는 것.
② 맞춤 : 재와 서로 직각 또는 일정한 각도로 접합하는 것.

문제 4) 드라이비트(Dry-vit)특징 3가지를 쓰시오. (3점)
①
②
③

【해설】 ① 가공이 용이해 조형성이 뛰어나다.
② 다양한 색상 및 질감으로 뛰어난 외관구성이 가능하다.
③ 단열성능이 우수하고, 경제적이다.

문제 5) 시멘트 모르타르 3회 바르기의 시공순서이다. 바르게 나열하시오. (3점)
〈보기〉 ① 초벌바름 ② 청소 및 물씻기 ③ 고름질 ④ 물축이기 ⑤ 재벌 ⑥ 정벌

【해설】② → ④ → ① → ③ → ⑤ → ⑥

문제 6) 폴리퍼티(Poly putty)에 대하여 설명하시오. (2점)

【해설】불포화 폴리에스테르 퍼티로 건조가 빠르고, 시공성, 후도막성이 우수하며, 기포가 거의 없어 작업 공정을 크게 줄일 수 있는 경량퍼티이다. 특히, 후도막성이 우수하여 금속표면 도장시 바탕 퍼티작업에 주로 사용된다.

문제 7) 철골구조물의 내화피복 공법 4가지를 쓰시오. (4점)
①   ②   ③   ④

【해설】① 타설공법   ② 조적공법   ③ 미장공법   ④ 뿜칠공법

문제 8) 다음과 같은 목공사 부재의 접합시 필요한 철물의 종류를 쓰시오. (3점)
① 큰보와 작은보   ② 왕대공과 평보   ③ 기둥과 깔도리

【해설】① 안장쇠   ② 감잡이쇠   ③ 주걱 보울트

문제 9) 다음은 수장공사에서 리놀륨(Linoleum)깔기의 시공순서이다. 괄호 안을 채우시오. (3점)
(①) → 깔기계획 → (②) → (③) → (④)

【해설】① 바탕정리   ② 임시깔기   ③ 정깔기   ④ 마무리 및 보양

문제 10) 다음은 품질관리에 관한 QC도구의 설명이다. 해당하는 용어를 쓰시오. (3점)
① 계량치의 데이터가 어떠한 분포를 하고 있는지 알아보기 위하여 작성하는 그림
② 결과에 원인이 어떻게 관계하고 있는가를 한눈에 알아보기 위하여 작성하는 그림
③ 불량, 결점, 고장 등의 발생건수를 분류 항목별로 나누어 크기 순서대로 나열한 그림

【해설】① 히스토그램   ② 특성요인도   ③ 파레토도

문제 11) 배관이나 배선이 많은 기계실, 전산실, 특수목적 강당 등의 바닥에는 주로 어떤 형태의 마루를 시공하는가? (2점)

【해설】프리액세스플로어 (Free access floor)

문제 12) 다음 자료를 이용하여 네트워크(Network)공정표를 작성하시오. (4점)
(단, 주공정선은 굵은 선으로 표시한다.)

작업명	작업일수	선행작업	비고
A	4	-	각 작업의 일정계산 표시방법은 아래 방법으로 한다.
B	2	-	
C	3	-	
D	2	A, B	
E	4	A, B, C	
F	3	A, C	

【해설】

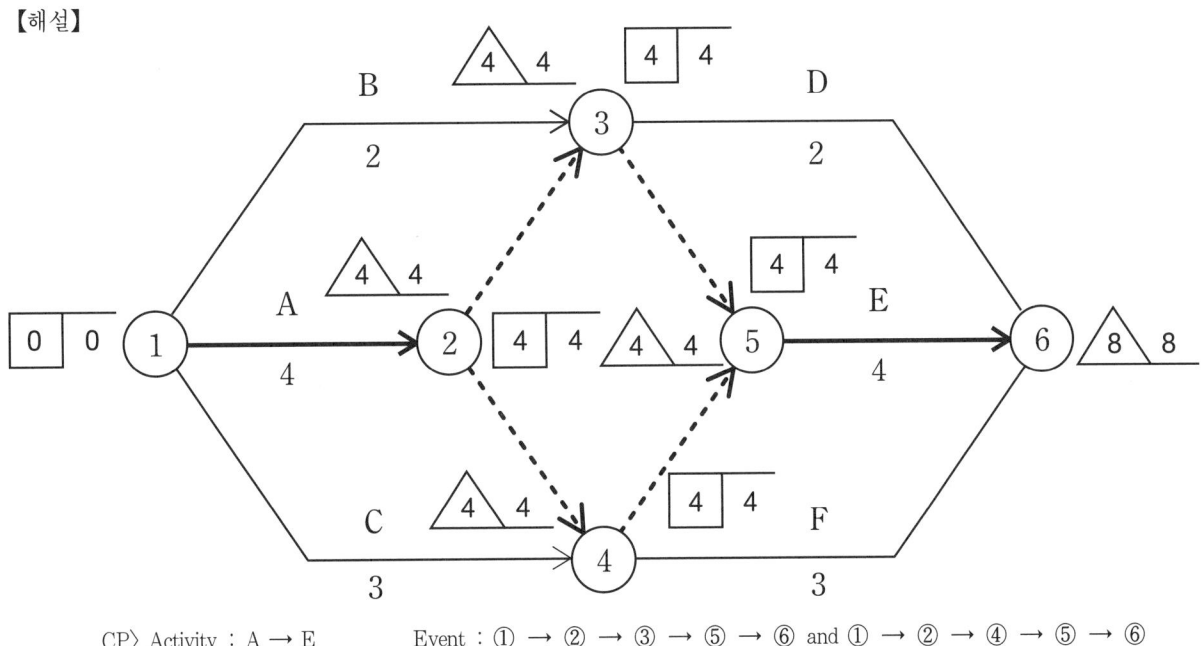

CP〉 Activity : A → E   Event : ① → ② → ③ → ⑤ → ⑥ and ① → ② → ④ → ⑤ → ⑥

문제 13) 바닥 플라스틱재 타일 붙이기의 시공순서를 〈보기〉에서 골라 번호로 쓰시오. (3점)

〈보기〉 ① 타일 붙이기 ② 접착제 도포 ③ 타일면 청소 ④ 타일면 왁스먹임
      ⑤ 콘크리트 바탕건조 ⑥ 콘크리트 바탕마무리 ⑦ 프라이머 도포 ⑧ 먹줄치기

【해설】 ⑥ → ⑤ → ⑦ → ⑧ → ② → ① → ③ → ④

실내디자인

[제46회 작품명] 컴퓨터 전시장 부스

1. 요구사항 - 주어진 도면은 전시장에서 COMPUTER관련 전시회에 참가하고자 하는 SYSTEM업체 BOOTH이다. 다음의 요구조건에 따라 도면을 작성하시오.

2. 요구조건
   ① 설계면적 : 12,000mm × 6,000mm × 2,700mm(H)
   ② 주요고객 : COMPUTER에 관련된 사람 및 관심있는 불특정 다수
   ③ 요구공간 및 가구
      - INFO COUNTER, CONFERENCE & REST AREA, STORAGE
      - COMPUTER : 8SET, 출력장치 : 2SET, MULTIVISON 20″(3×3),
      - MONITOR 45″, PIPE간의 의자 및 의자
      (이상 제시된 가구와 공간은 필수적이며 이외에 필요한 것이 있다면 수험자가 임의로 추가할 수 있음)

3. 요구도면
   ① 평면도(가구배치 및 바닥마감재 표기) SCALE : 1/30
      - 평면도 주변의 여유공간에 설계개요 (DESIGN CONCEPT)를 180자 내외로 쓰시오.
   ② 천정도(설비, 조명기구 배치 및 범례표 작성/천정마감재 표기) SCALE : 1/30
   ③ 내부입면도 B방향 1면(벽면재료 표기) SCALE : 1/50
   ④ A-A′ 단면도 SCALE : 1/30
   ⑤ 실내투시도(채색작업은 필수) SCALE : N.S
      (계획의 포인트가 좋은 지점에서 1소점 또는 2소점 투시법으로 작성하되, 작성과정의 투시보조선을 남길것)

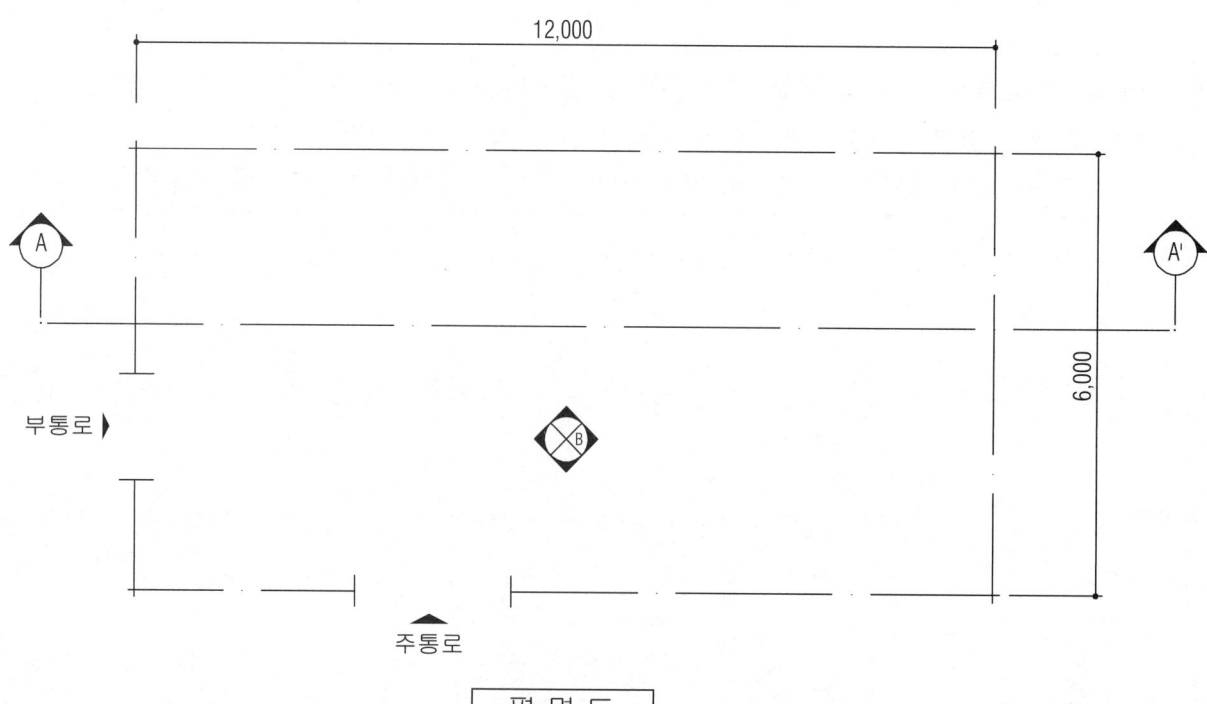

평면도

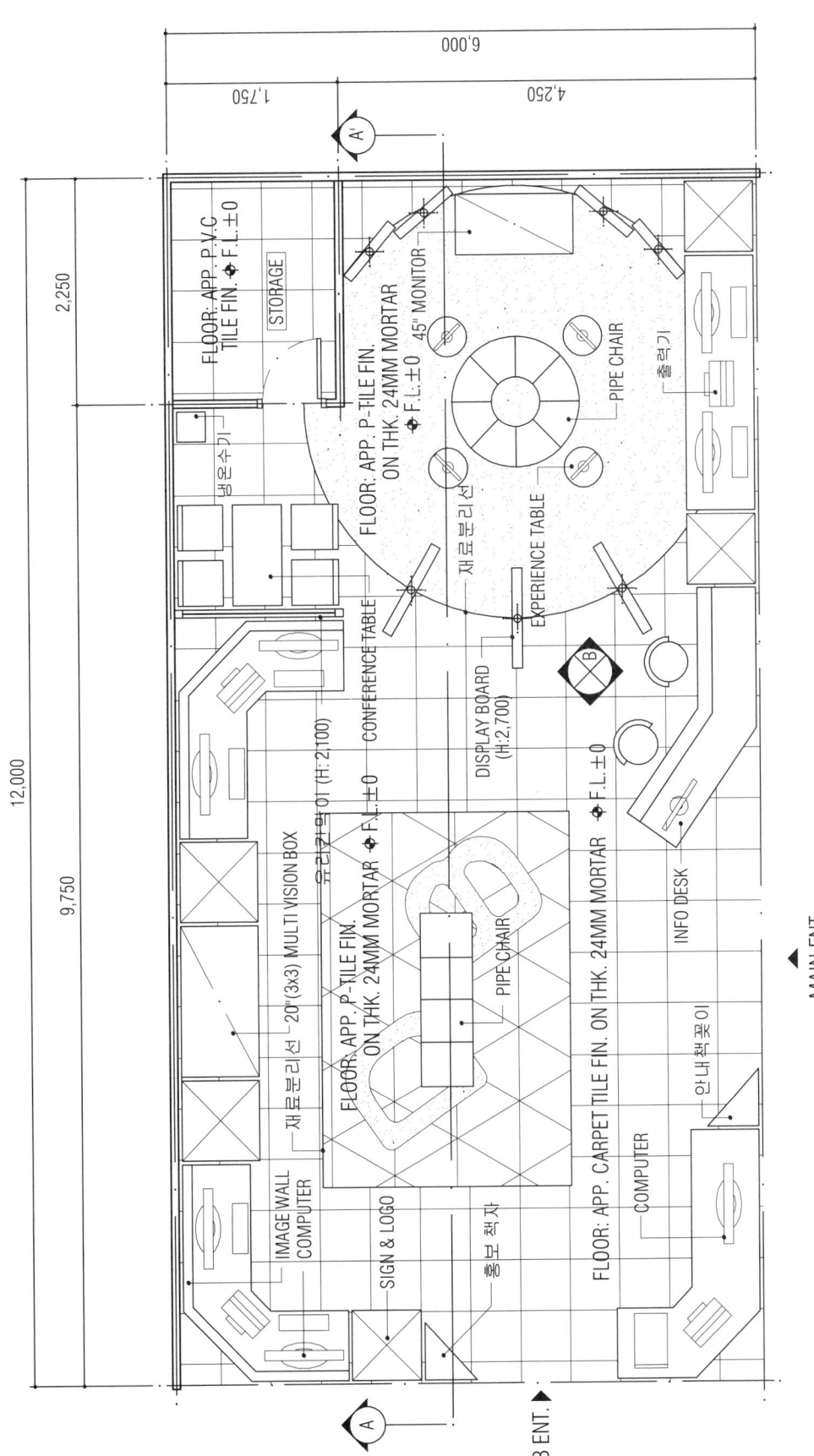

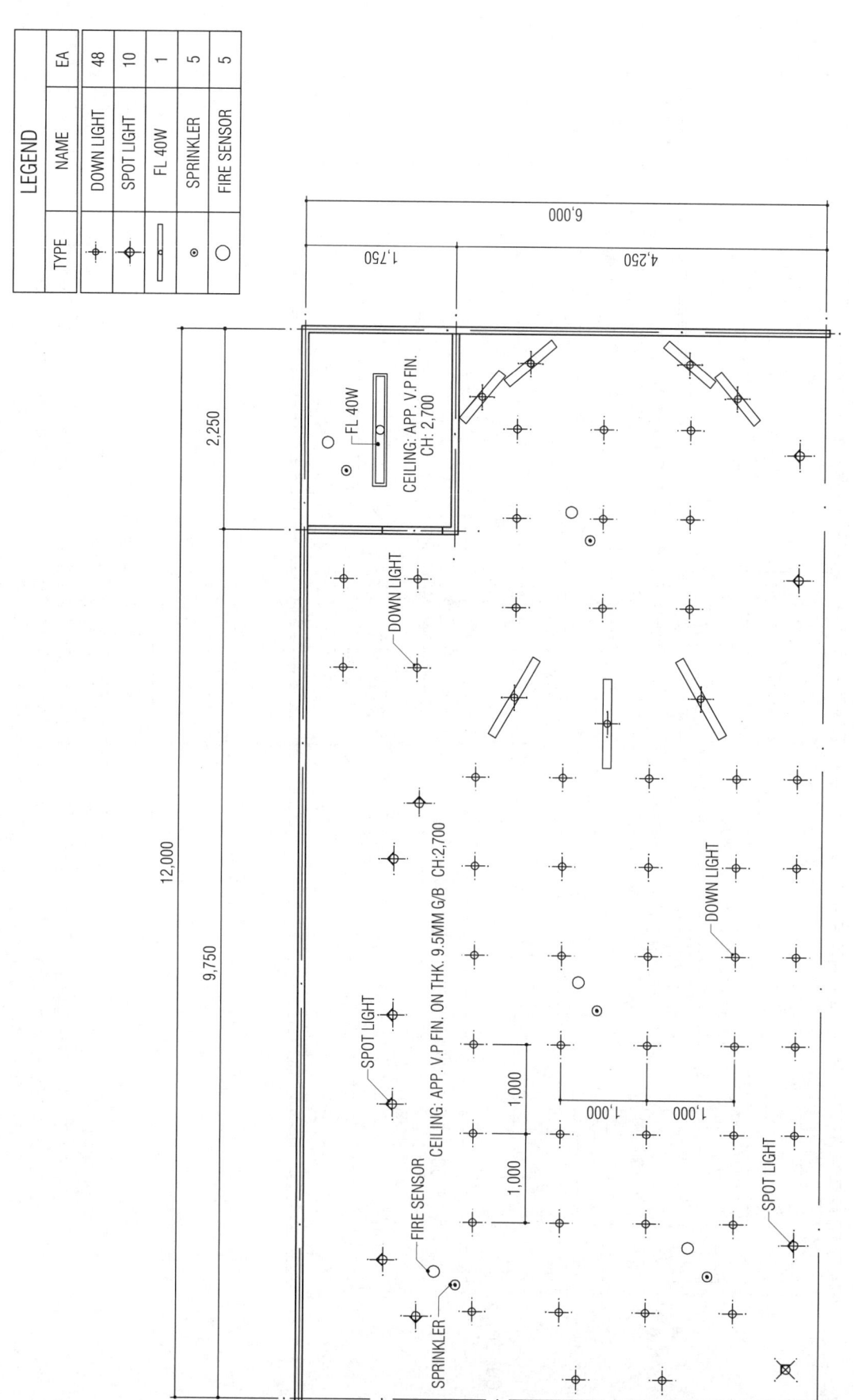

천 정 도   SCALE = 1/30

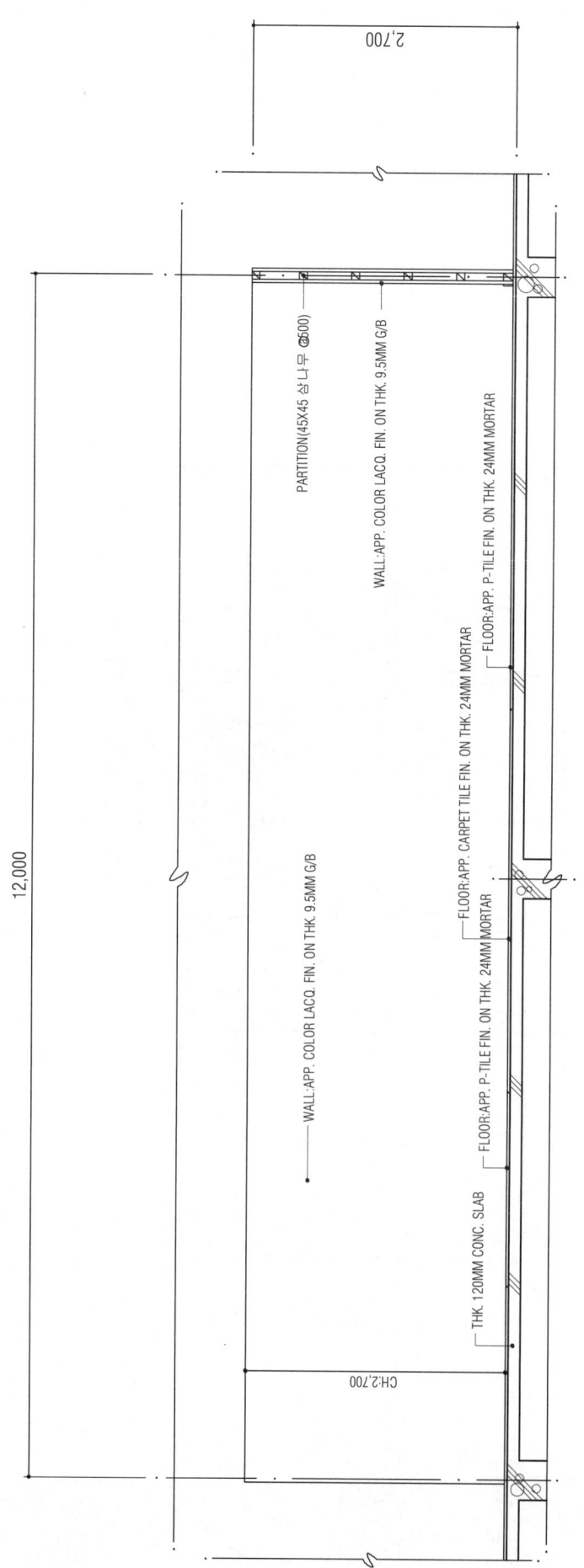

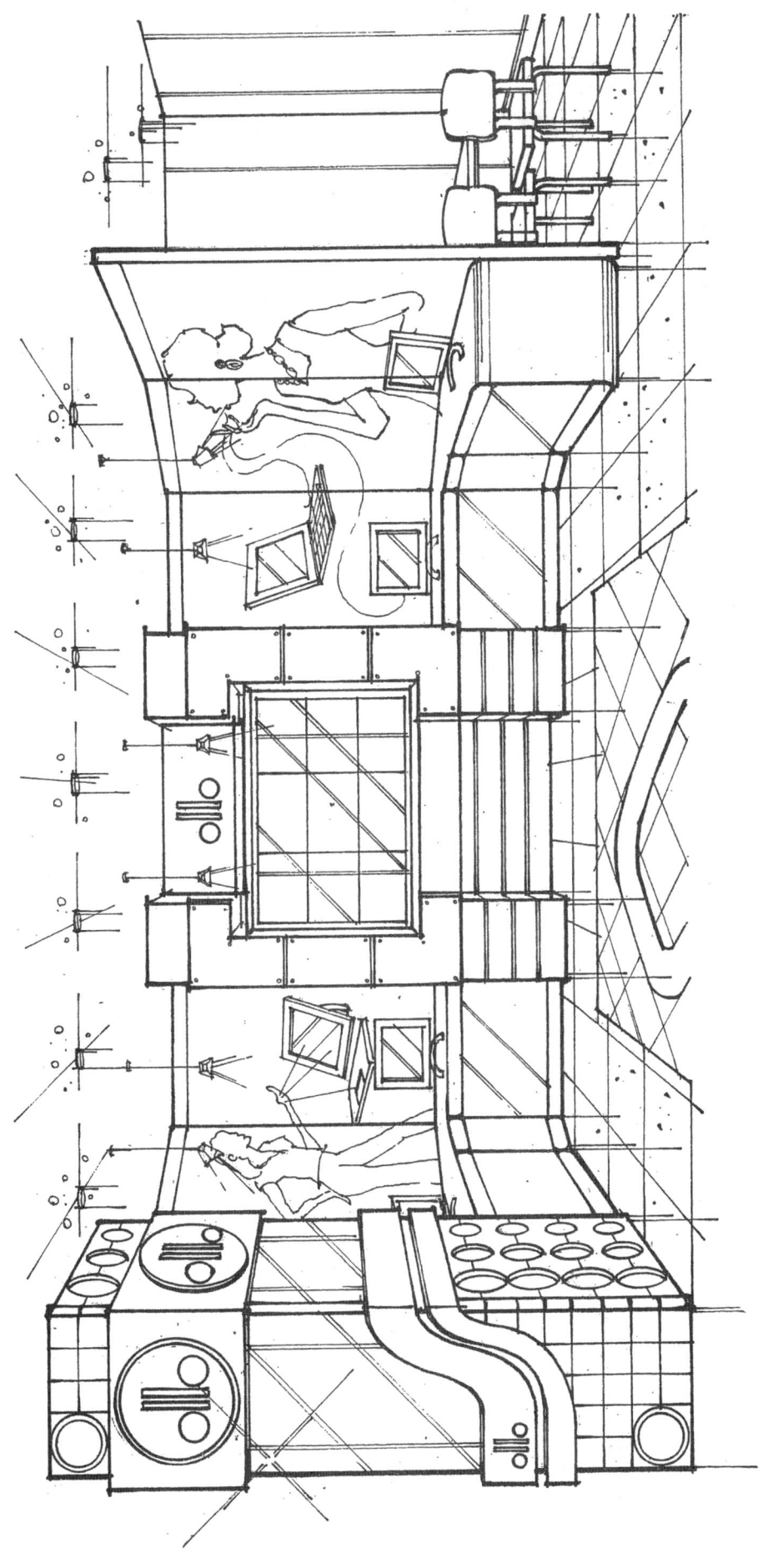

실내투시도 SCALE = N.S

(2006. 7. 9 시행)

제47회 실내건축기사
시공실무

문제 1) 다음 〈보기〉중 적합한 유리재를 괄호 안에 넣으시오. (4점)

〈보기〉 ① 자외선차단유리 ② 자외선투과유리 ③ 스테인드글라스 ④ 골판유리 ⑤ 형판유리
⑥ 복층유리 ⑦ 망입유리 ⑧ 착색유리 ⑨ 흐린유리 ⑩ 프리즘유리

㉮ 염색품의 색이 바래는 것을 방지하고, 채광을 요구하는 진열장 등에 이용된다. (   )
㉯ 보온, 방음, 결로에 유리하다. (   )
㉰ 방화, 방도 또는 진동이 심한 장소에 쓰인다. (   )
㉱ 투과광선방향을 변화시키거나 집중 또는 확산시킬 목적으로 만든 것으로 지하실 또는 채광
   용으로 쓰인다. (   )

【해설】 ㉮ → ①   ㉯ → ⑥   ㉰ → ⑦   ㉱ → ⑩

문제 2) 벽돌조 건물에서 시공상 결함에 의해 생기는 균열의 원인을 4가지 쓰시오. (4점)

①   ②
③   ④

【해설】 ① 벽돌 및 모르타르의 강도부족   ② 온도 및 흡수에 따른 재료의 신축성
       ③ 이질재와의 접합부의 시공결함   ④ 모르타르 바름의 신축 및 들뜨임

문제 3) 다음이 설명하는 내용의 공정표를 쓰시오. (2점)

작업의 연관성을 나타낼 수 없으나, 공사의 기성고 표시에 대단히 편리하다. 공사지연에 대해
조속한 대처를 할 수 있으며, 절선공정표라고도 불린다.

【해설】 사선식공정표

문제 4) 다음은 조적공사 중 돌쌓기에 대한 설명이다. 바르게 연결하시오. (3점)

〈보기〉 ① 층지어쌓기   ② 바른층쌓기   ③ 허튼층쌓기

㉮ 돌쌓기의 1켜는 모두 동일한 것을 쓰고, 수평줄눈이 일직선으로 연결되게 쌓는 것.
㉯ 면이 네모진 돌을 수평줄눈이 부분적으로만 연속되게 쌓으며, 일부 상하 세로줄눈이 통하게
   된 것.
㉰ 막돌, 둥근돌 등을 중간켜에서는 돌의 모양대로 수직, 수평줄눈에 관계없이 흐트려 쌓고,
   2~3켜마다 수평줄눈이 일직선으로 연속되게 쌓는 것.

【해설】 ㉮ → ②   ㉯ → ③   ㉰ → ①

문제 5) 미서기창의 창호철물 3가지를 쓰시오. (3점)
① ② ③

【해설】 ① 레일 ② 호차 ③ 크레센트

문제 6) 다음은 목구조에 대한 설명이다. 괄호 안을 채우시오. (3점)
㉮ 바닥에서 1m정도 높이의 하부벽을 (   )이라 한다.
㉯ 상층 기둥 위에 가로대어 지붕보 또는 양식 지붕틀의 평보를 받는 도리를 (   )라 한다.
㉰ 변두리 기둥에 얹히고, 처마 서까래를 받는 도리를 (   )라 한다.

【해설】 ㉮ 징두리판벽 ㉯ 깔도리 ㉰ 처마도리

문제 7) 표준형 벽돌 1,000장을 갖고 1.5B두께로 쌓을 수 있는 벽면적은 얼마인가? (4점)
(단, 할증률은 고려하지 않는다.)

【해설】 $\frac{1,000}{224} = 4.46 m^2$

문제 8) 다음설명은 내장판재에 대한 설명이다. 알맞게 연결하시오. (3점)
〈보기〉 ① 코펜하겐리브   ② 합판   ③ 코르크판   ④ 집성재
       ⑤ 파티클보드   ⑥ 시멘트목질판
㉮ 3장 이상의 단판을 3, 5, 7 등 홀수로 섬유방향에 직교하도록 접착한 것.
㉯ 제재판재 또는 소각재 등의 부재를 서로 섬유방향에 평행하게 하여, 길이 나비 및 두께방향으로 접착한 것.
㉰ 목재 및 기타 식물의 섬유질 소편에 합성수지접착제를 도포, 가열압착 성형한 판상재료

【해설】 ㉮ → ②   ㉯ → ④   ㉰ → ⑤

문제 9) 다음 용어를 설명하시오. (4점)
① 에어도어
② 멀리온

【해설】 ① 에어도어 : 건물의 출입구에서 상하로 분리시킨 공기층을 이용하여 건물내외의 공기유통을 차단시키는 장치
② 멀리온 : 창문개폐시의 진동으로 유리가 깨지는 것을 방지하기 위한 중간선대

문제 10) 다음 보기에서 네트워크 수법의 공정계획 수립순서를 쓰시오. (2점)
〈보기〉 ① 각 작업의 작업시간 산정   ② 전체 프로젝트를 단위작업으로 분해
       ③ 네트워크작성   ④ 일정계산   ⑤ 공정도작성   ⑥ 공사기일의 조정

【해설】 ② → ③ → ① → ④ → ⑥ → ⑤

문제 11) 다음은 타일공사에 관한 내용이다 괄호 안을 채우시오. (4점)

㉮ 한중공사시 동해 및 급격한 온도변화의 손상을 피하도록 외기의 기온이 (①)℃ 이하일 때는 타일 작업장의 온도가 (②)℃ 이상이 되도록 보온 및 난방한다.

㉯ 타일을 붙인 후 (③)일간은 진동이나 보행을 금한다.

㉰ 줄눈을 넣은 후 경화불량 우려가 있거나, (④)시간 이내에 비가 올 염려가 있는 경우, 폴리에틸렌 필름 등으로 차단보양한다.

【해설】 ① 2   ② 10   ③ 3   ④ 24

문제 12) 목재 방부제의 요구성질 4가지를 쓰시오. (4점)

①
②
③
④

【해설】 ① 목재에 대한 침투성, 방부성이 양호할 것.
② 목재의 변색이나 악취가 없을 것.
③ 방부처리 후 도장이 가능할 것.
④ 목재가공에 영향이 없을 것.

실 내 디 자 인

[제47회 작품명] 치과의원

1. 요구사항 - 주어진 도면은 치과의원의 평면도이다.
   다음의 요구조건에 따라 도면을 작성하시오.

2. 요구조건
   ① 설계면적 : 21.6m × 11.4m × 3.6m(H)
   ② 인적구성(총8인) : 원장(2인), 간호사(5인), 보조사(1인)
   ③ 요구공간 및 필요집기 :
    (가) 요구공간 - X-Ray실, 상담실, 응접실, 대기실, 안내, 진료실
    (나) 필요집기 - X-Ray기계, 소파 Set(대기실), 테이블 Set-2EA, 책상 Set(원장실, 상담실)
         옷장 및 수납공간, 에어컨(stand형, 벽걸이형), 오디오Set, 진료대 5EA

3. 요구도면
   ① 평면도(가구배치 포함) SCALE : 1/50
      - 평면도 주변의 여유공간에 설계개요 (DESIGN CONCEPT)를 180자 내외로 쓰시오.
   ② 천정도(설비, 조명기구 배치 및 범례표 작성) SCALE : 1/100
   ③ 내부입면도 (벽면재료 표기) C방향 SCALE : 1/50
   ④ 단면상세도(A-A′) SCALE : 1/50
   ⑤ 실내투시도 SCALE : N.S
      (계획의 포인트가 좋은 지점에서 1소점 또는 2소점 투시법으로 작성한다.)

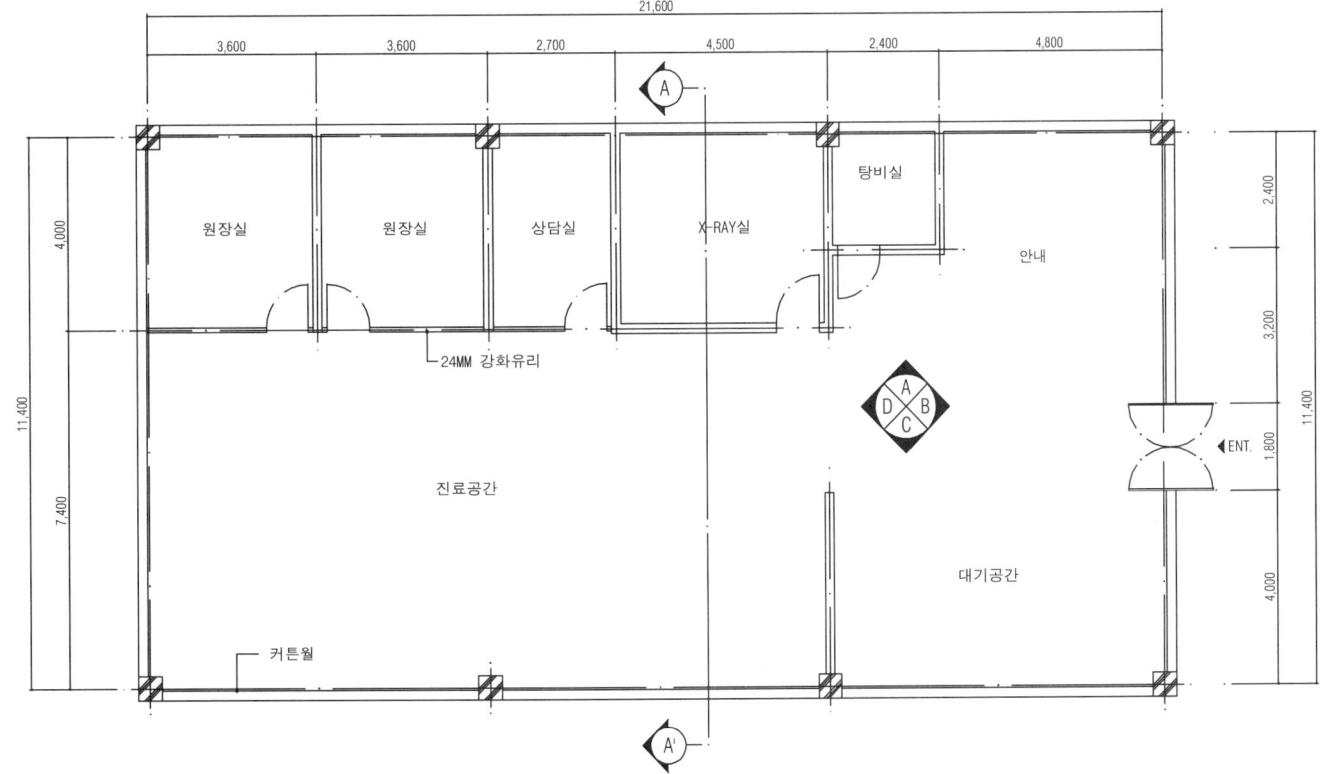

평면도

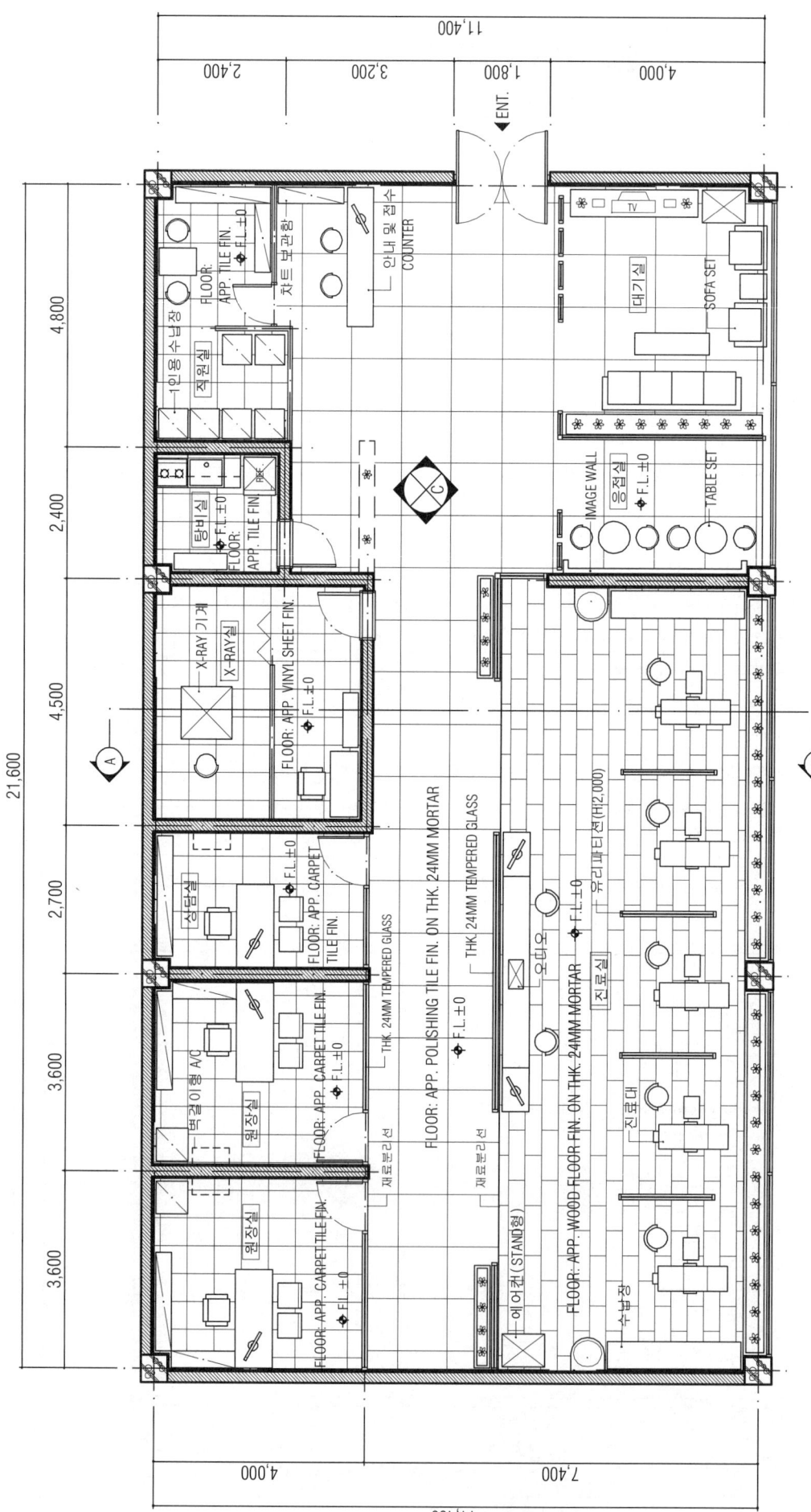

천정도

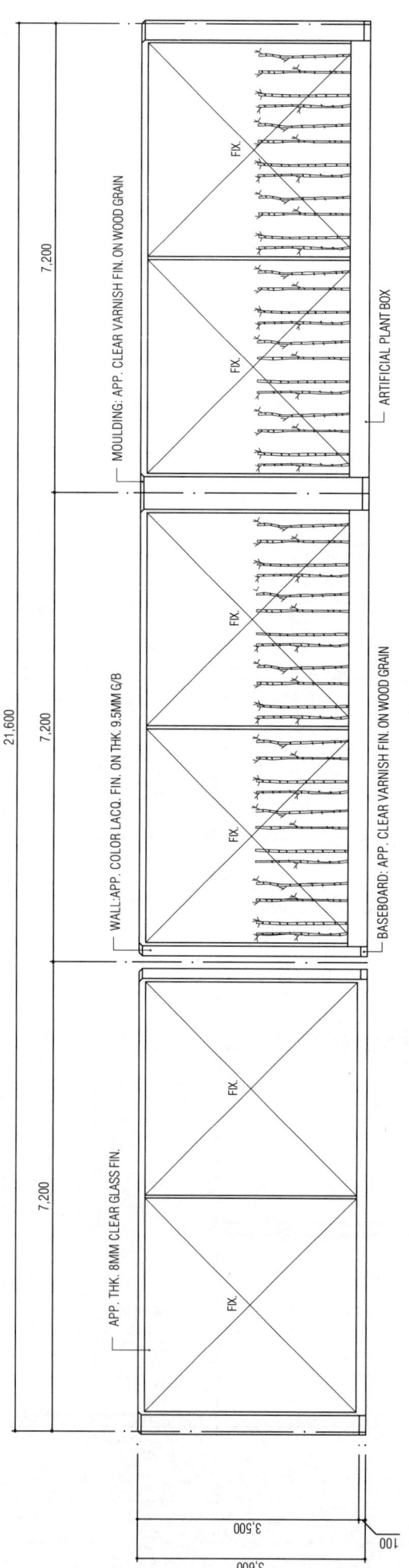

내부입면도 C SCALE = 1/50

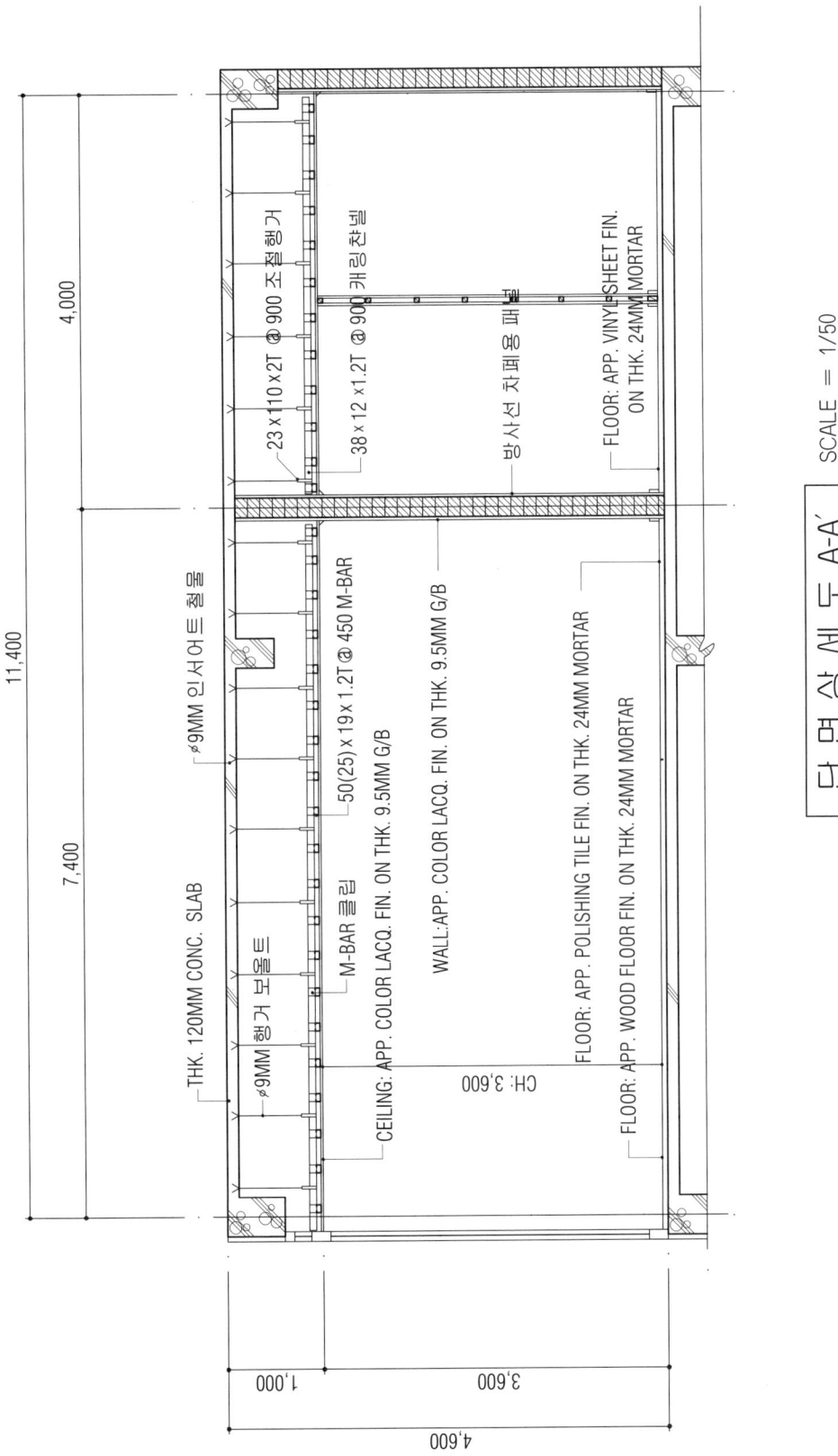

단면상세도 A-A' SCALE = 1/50

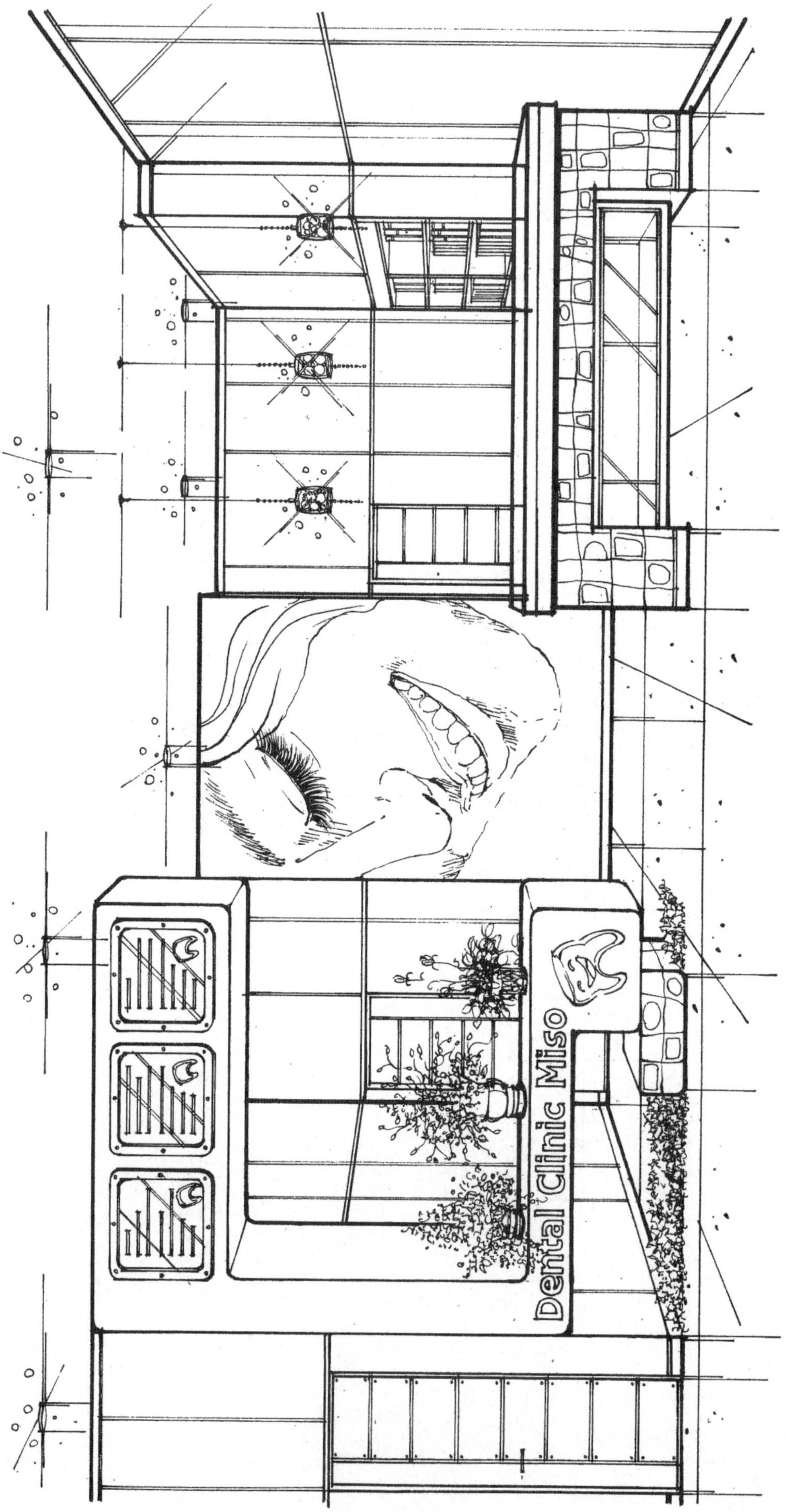

(2006. 11. 4 시행)

제48회 실내건축기사
시공실무

문제 1) 돌공사시 치장줄눈의 종류 4가지만 쓰시오. (4점)
① ② ③ ④

【해설】 ① 평줄눈 ② 민줄눈 ③ 볼록줄눈 ④ 오목줄눈

문제 2) 다음은 아치틀기의 종류이다. 다음 빈칸에 적당한 용어를 골라 (   )안에 번호로 쓰시오. (4점)
〈보기〉 ① 거친아치   ② 막만든아치   ③ 본아치   ④ 층두리아치

아치 벽돌을 특별히 주문제작하여 쓴 것을 (㉮____)라 하고, 보통벽돌을 쐐기모양으로 다듬어 쓴 것을 (㉯____)라 하며, 보통벽돌을 쓰고 줄눈을 쐐기모양으로 한 (㉰____)와 아치나비가 클 때 반장별로 층을 지어 겹쳐 쌓은 (㉱____)가 있다.

【해설】 ㉮ → ③   ㉯ → ②   ㉰ → ①   ㉱ → ④

문제 3) 다음에서 설명하고 있는 석재를 〈보기〉에서 골라 쓰시오. (3점)
〈보기〉 화강암   안산암   사문암   사암   대리석   화산암

㉮ 석회석이 변화되어 결정화한 것으로 강도는 높지만 내화성이 낮고 풍화되기 쉬우며 산에 약하기 때문에 실외용으로 적합하지 않다.
㉯ 수성암의 일종으로 함유광물의 성분에 따라 암석의 질, 내구성, 강도에 현저한 차이가 있다.
㉰ 강도, 경도, 비중이 크고, 내화력도 우수하여 구조용 석재로 쓰이지만 조직 및 색조가 균일하지 않고 석리가 있기 때문에 채석 및 가공이 용이하지만 대재를 얻기 어렵다.

【해설】 ㉮ 대리석   ㉯ 사암   ㉰ 안산암

문제 4) 다음 벽돌공사의 용어를 간단히 설명하시오. (3점)
㉮ 내력벽 :
㉯ 장막벽 :
㉰ 중공벽 :

【해설】 ㉮ 내력벽 : 벽체, 바닥, 지붕 등의 하중을 받아 기초에 전달하는 벽
㉯ 장막벽 : 공간구분을 목적으로 상부하중을 받지 않고, 자체의 하중만을 받는 벽
㉰ 중공벽 : 외벽에 방음, 방습, 단열 등의 목적으로 벽체의 중간에 공간을 두어 이중으로 쌓는 벽

문제 5) 미장공사에서 바름바탕의 종류 3가지만 쓰시오. (3점)
① ② ③

【해설】 ① 콘크리트바탕   ② 조적바탕   ③ 라스바탕

문제 6) 모자이크 유니트형 타일 장수 크기가 30cm×30cm일 때 200㎡의 바닥에 소요되는 모자이크 타일의 정미수량을 산출하시오. (4점)

【해설】 11.11매 × 200㎡ = 2,222매

문제 7) 다음 작업리스트에서 네트워크 공정표를 작성하시오. (4점)
(단, 주공정선은 굵은 선으로 표시하시오.)

작 업	A	B	C	D	E	F	G	H	I
선행작업	None	A	A	None	B	B,C,D	D	E,F,G	F,G
작업일수	2	6	5	4	3	7	8	6	8

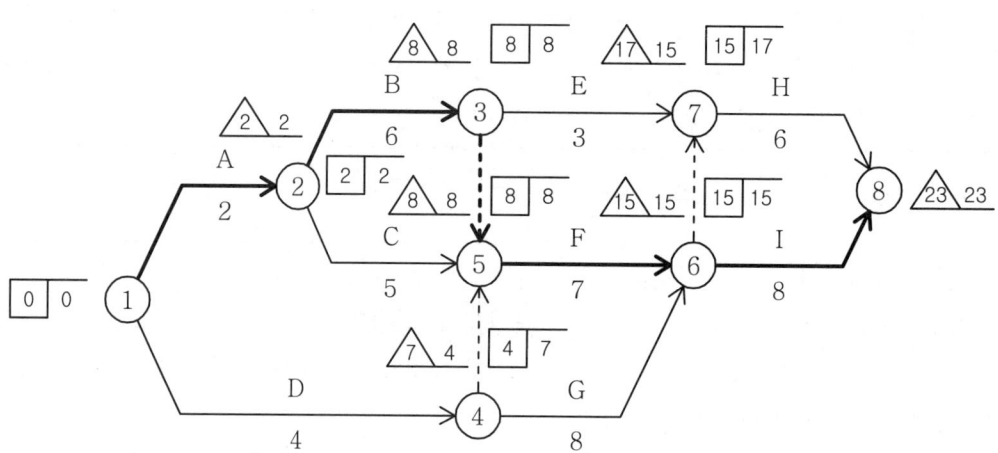

【해설】 CP〉 Activity : A → B → F → I   Event : ① → ② → ③ → ⑤ → ⑥ → ⑧

문제 8) 다음은 벽돌벽 쌓기 방법이다. (   )안에 알맞은 숫자를 쓰시오. (2점)
벽돌벽은 가급적 건물전체를 균일한 높이로 쌓고 하루쌓기의 높이는 (㉮____)m를 표준으로 하고, 최대 (㉯____)m이하로 한다.

【해설】 ㉮ → 1.2   ㉯ → 1.5

문제 9) 다음 중 관련있는 것을 〈보기〉에서 모두 골라 번호로 쓰시오. (4점)
〈보기〉 ① 알키드수지   ② 실리콘수지   ③ 아크릴수지   ④ 폴리스틸렌수지
      ⑤ 프란수지   ⑥ 폴리에틸렌수지   ⑦ 염화비닐수지   ⑧ 페놀수지

㉮ 열가소성수지 :
㉯ 열경화성수지 :

【해설】 ㉮ 열가소성수지 : ③, ④, ⑥, ⑦　　㉯ 열경화성수지 : ①, ②, ⑤, ⑧

문제 10) 바니쉬 칠에서의 작업공정을 3가지로 구분하여 쓰시오. (3점)
①　　　　　　　　② 　　　　　　　　③

【해설】 ① 바탕처리　　② 눈먹임　　③ 색올림

문제 11) 알루미늄 창호의 장점을 3가지만 쓰시오. (3점)
① 　　　　　　　　② 　　　　　　　　③

【해설】 ① 비중이 철재의 1/3로 경량이다.
② 녹슬지 않고, 사용연한이 길다.
③ 절단, 조립의 공작이 용이하다.

문제 12) 환경에 대한 인식이 높아지면서 실내공사에 필수적으로 발생하는 공사장 폐자재 처리는 매우 중요한 공정 가운데 하나가 되고 있다. 이와 관련하여 공사장 폐자재 처리시 유의사항을 3가지만 쓰시오. (3점)
①
②
③

【해설】 ① 재활용의 상태 유무에 따라 분리한다.
② 분진오염 방지를 위해 덮개를 씌운다.
③ 유독물 발생 폐자재는 별도 처리한다.

실 내 디 자 인

[제48회 작품명] 치과의원

1. 요구사항 - 주어진 도면은 상업중심지역에 위치한 빌딩내 치과의원의 평면도이다.
   요구조건에 따라 도면을 작성하시오.

2. 요구조건
   ① 설계면적 : 10.4m×9.2m×2.7m(H)
   ② 필요공간 및 가구
   - 간호사 2인, 조무사 1인 근무
   - 원장실 : 컴퓨터 및 책장
   - 조제실 및 주사실 / 카운터
   - 치료공간 : 치료대 4대
   - 대기공간 : TV, A/H, 소파 등 진료(치료) 대기실의 역할로 구성
   - 화장실 : 남여 변기 각 1개, 세면대(공용)

3. 요구도면
   ① 평면도(가구배치 포함) SCALE : 1/50
   - 평면도 주변의 여유공간에 설계개요 (DESIGN CONCEPT)를 180자 내외로 쓰시오.
   ② 천정도(설비, 조명기구 배치 및 범례표 작성) SCALE : 1/50
   ③ 내부입면도 A방향 1면 (벽면재료 표기) SCALE : 1/50
   ④ 주단면도 (A-A´) SCALE : 1/30
   ⑤ 실내투시도 SCALE : N.S
   (계획의 포인트가 좋은 지점에서 1소점 또는 2소점 투시법으로 작성하되, 작성과정의 투시보조선을 남길 것)

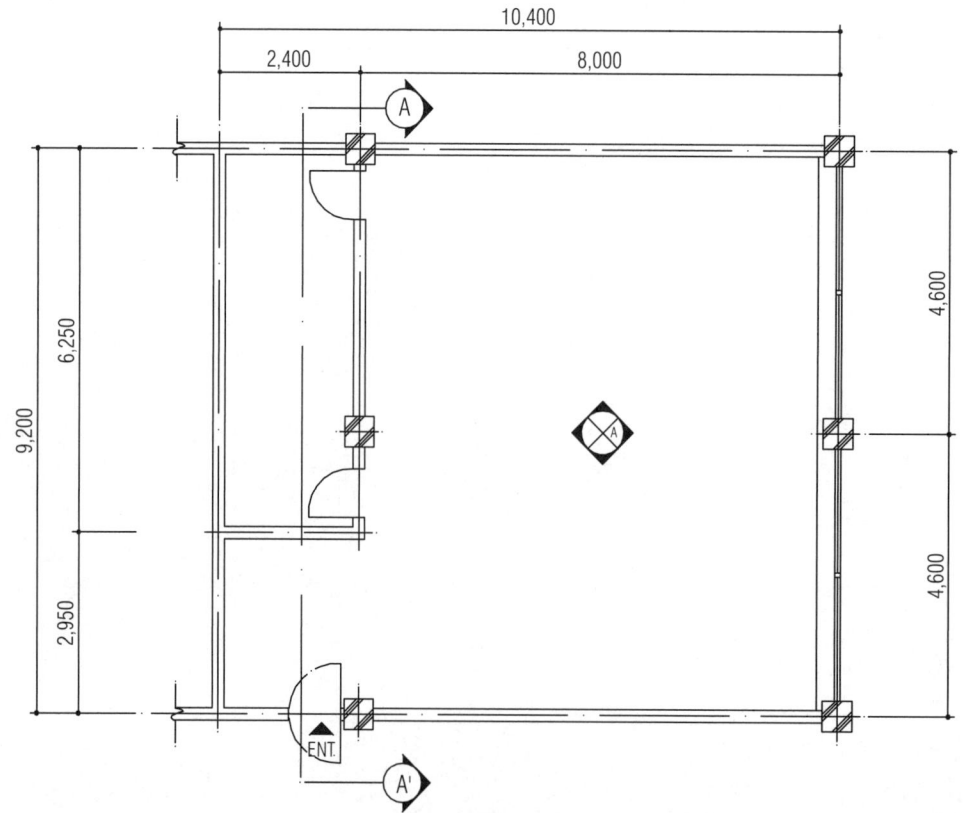

평 면 도

CONCEPT

의사는 편안하게 환자를 치료하며, 환자는 편안하게 치료를 받을 수 있는 치과로 계획하였다. 치과 내부로 진입했을때, 연면한 곡선의 SIGN BOARD와 아치형진입부분이 두려움이 앞서는 환자의 마음을 편안하게 해주고 치료공간을 적당히 깊숙히 위치하며, 대기공간과 치료공간과의 연계성을 고려하였고, 조제실과 주사실은 간호사의 이동동선을 짧게하고 환자의 이용에 불편함이 없도록 중앙에 위치하였다.

평면도 SCALE = 1/50

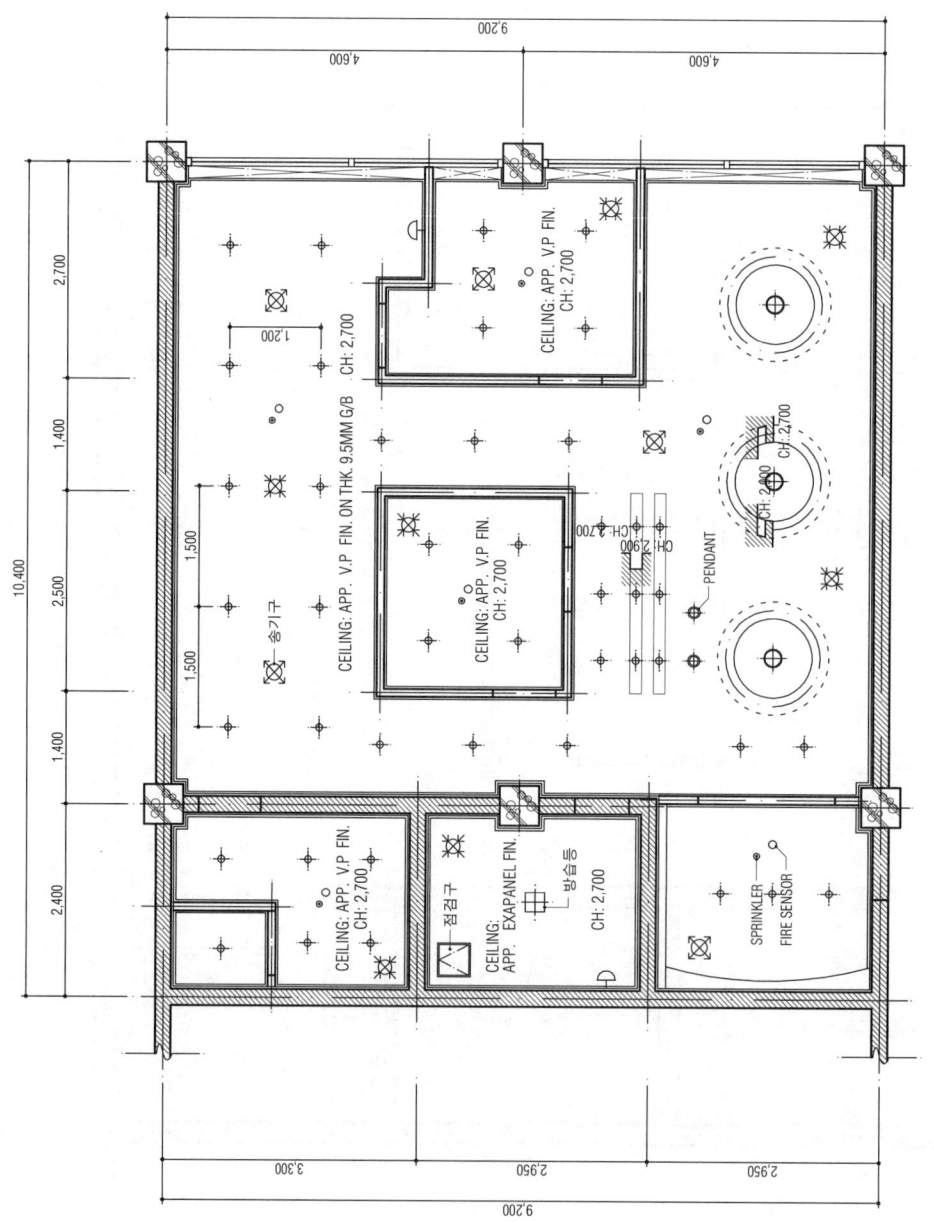

천 정 도 SCALE = 1/50

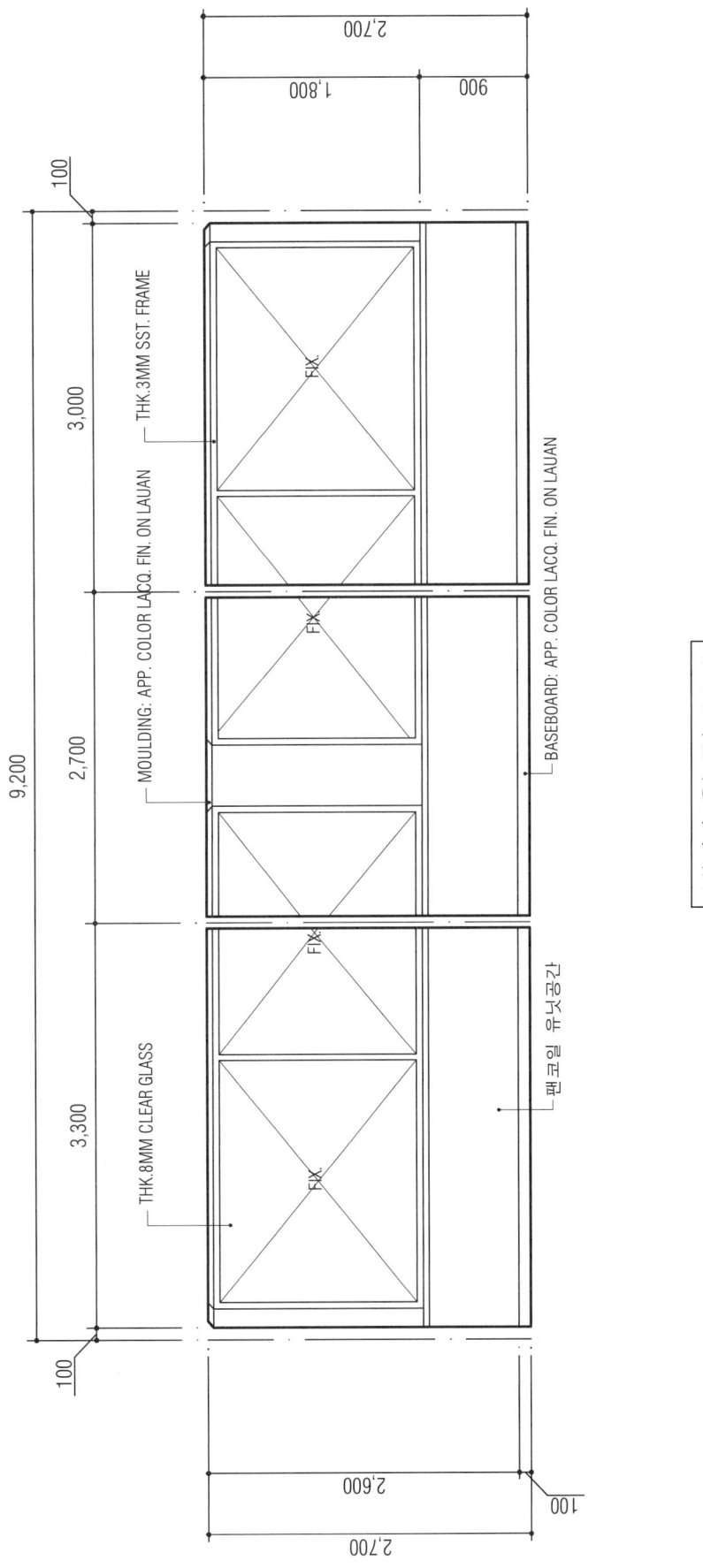

내부입면도 A SCALE = 1/50

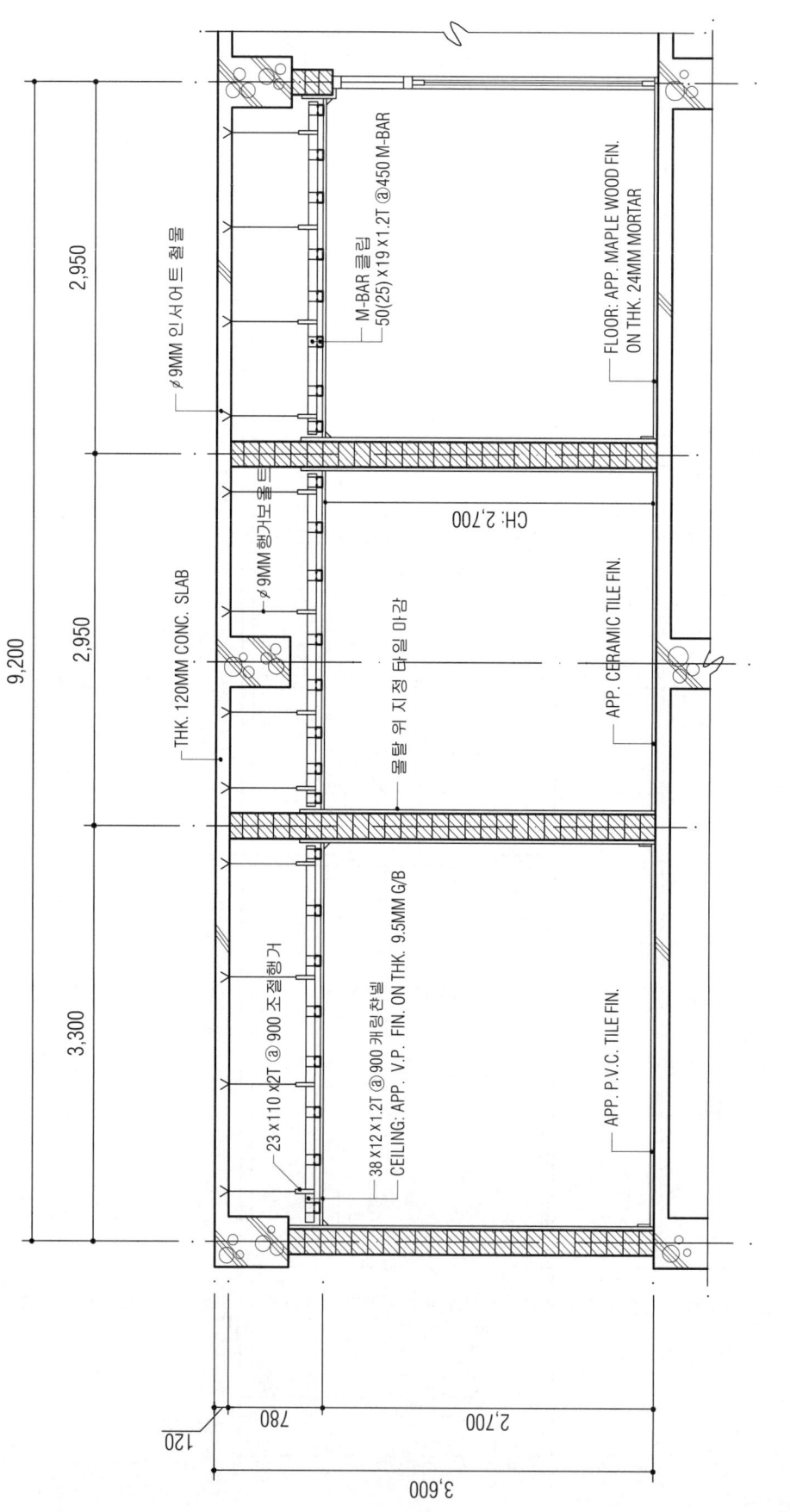

주 단 면 도 A-A' SCALE = 1/30

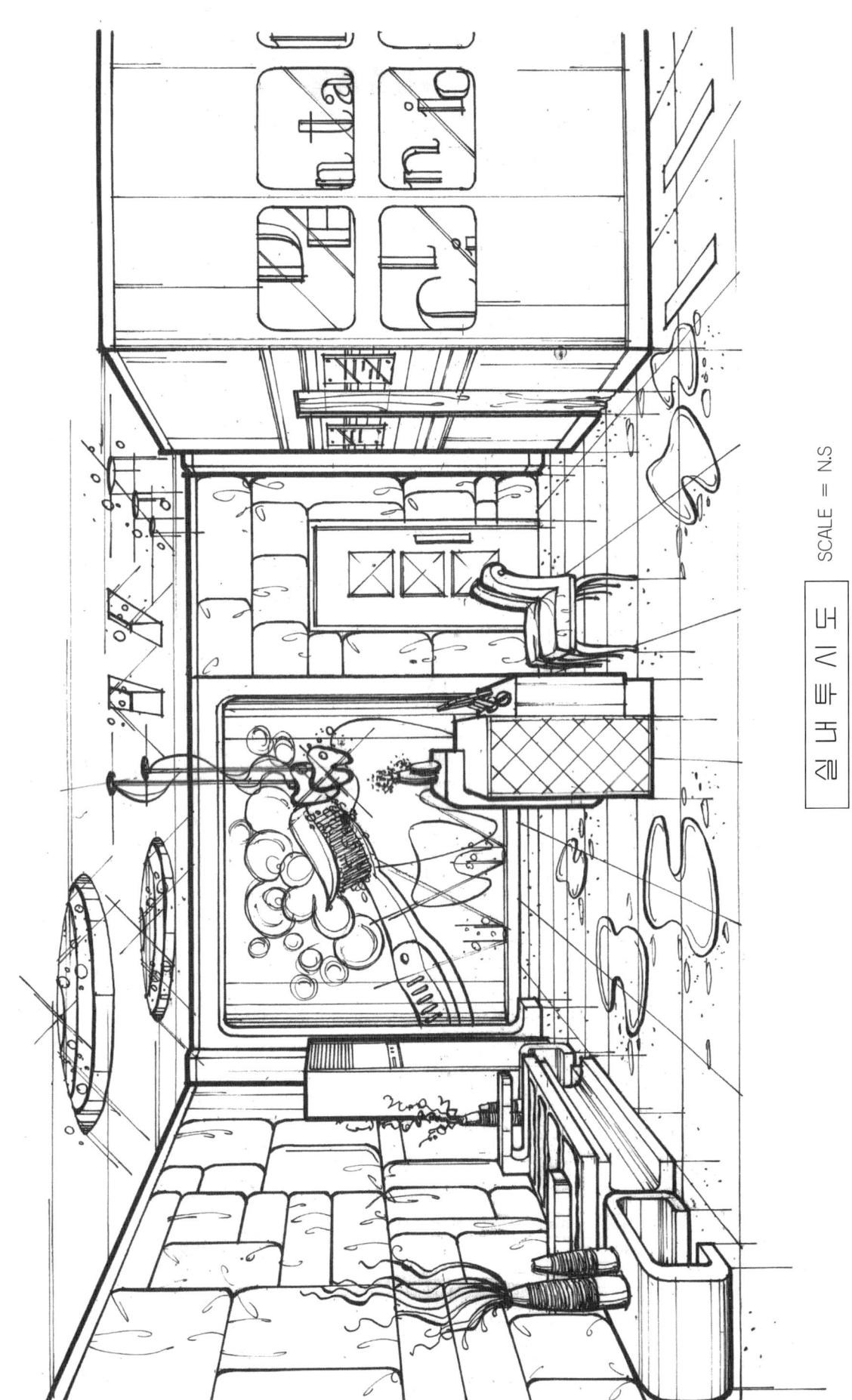

실내투시도 SCALE = N.S

(2007. 4. 22 시행)

제49회 실내건축기사
시공실무

문제 1) 목재면 바니쉬칠 공정의 작업순서를 보기에서 골라 번호로 쓰시오. (2점)
① 색올림   ② 왁스문지름   ③ 바탕처리   ④ 눈먹임

【해설】 ③ → ④ → ① → ②

문제 2) 다음 재료의 할증률을 쓰시오. (4점)
① 목재(각재)   ② 붉은벽돌   ③ 유리   ④ 크링커타일

【해설】 ① 5%   ② 3%   ③ 1%   ④ 3%

문제 3) 어느 인테리어 공사의 한 작업이 정상적으로 시공될 때 공사기일은 10일, 공사비는 10,000,000원이고, 특급으로 시공할 때 공사기일은 6일, 공사비는 14,000,000원이라 할 때 이 공사의 공기단축시 필요한 비용구배(cost slope)를 구하시오. (4점)

【해설】 비용구배 $= \dfrac{14,000,000 - 10,000,000}{10 - 6} = \dfrac{4,000,000}{4} = 1,000,000$원/일

문제 4) 다음의 벽돌에 관한 설명 중 괄호 안에 알맞은 숫자를 쓰시오. (2점)
현재 사용하고 있는 표준형 점토벽돌의 규격은 190mm, 나비 90mm, 두께(①)mm이며, 벽돌 소요매수는 줄눈간격 10mm로 1B쌓기 할 때 정미량으로 벽면적 1㎡당 (②)매이다.

【해설】 ① 57   ② 149

문제 5) 치장벽돌 쌓기 순서를 보기에서 골라 번호를 쓰시오. (4점)
① 줄눈파기   ② 규준쌓기   ③ 세로규준틀 설치   ④ 보양   ⑤ 중간부 쌓기   ⑥ 물축임
벽돌 및 바탕청소 → (   ) → 건비빔 → (   ) → 벽돌나누기 → (   ) →
수평실치기 → (   ) → 줄눈누름 → (   ) → 치장줄눈 → (   )

【해설】 벽돌 및 바탕청소 → (⑥) → 건비빔 → (③) → 벽돌나누기 → (②) → 수평실치기 →
(⑤) → 줄눈누름 → (①) → 치장줄눈 → (④)

문제 6) 카펫트는 파일(pile)의 타입에 따라 3가지로 나누어 진다. 이 중 두 가지를 쓰시오. (2점)
①   ②

【해설】 ① 루프   ② 컷트

문제 7) 다음 쪽매의 명칭을 쓰시오. (4점)

① ② ③ ④

【해설】 ① 틈막이대쪽매 ② 딴혀쪽매 ③ 제혀쪽매 ④ 반턱쪽매

문제 8) 다음 유리재를 특성에 맞게 연결하시오. (5점)
가. 철, 니켈, 크롬 등을 가하여 냉방효과를 증대시킨다.
나. 보온, 방음, 결로에 유리하다.
다. 염색품의 색이 바래는 것을 방지하고, 채광을 요구하는 진열장 등에 이용된다.
라. 2~3장의 유리판을 합성수지로 겹붙여 댄 것.
마. 투명유리로써 열전도가 작고 상자형이며, 계단실 채광용으로 쓰인다.
① 자외선차단유리   ② 접합유리   ③ 유리블록   ④ 복층유리   ⑤ 열선흡수유리

【해설】 가 → ⑤   나 → ④   다 → ①   라 → ②   마 → ③

문제 9) 다음 용어를 간략히 설명하시오. (3점)
① 짠마루   ② 막만든아치   ③ 거친아치

【해설】 ① 짠마루 : 간사이가 클 경우에 사용되며 큰 보위에 작은 보, 그 위에 장선을 걸고, 마루널을 깐 마루
② 막만든아치 : 보통벽돌을 쐐기모양으로 다듬어 쌓은 아치
③ 거친아치 : 현장에서 보통벽돌을 써서 줄눈을 쐐기모양으로 쌓은 아치

문제 10) 다음 보기에서 품질관리(Q,C)에 의한 검사순서를 나열하시오. (3점)
① 검토(Check)   ② 실시(Do)   ③ 시정(Action)   ④ 계획(Plan)

【해설】 ④ → ② → ① → ③

문제 11) 벽돌 벽면에 균열이 발생되는 원인 중 시공상의 결함에 속하는 원인 4가지를 쓰시오. (4점)
①
②
③
④

【해설】 ① 벽돌 및 모르타르의 강도부족
② 온도 및 흡수에 따른 재료의 신축성
③ 이질재 접합부의 시공결함
④ 모르타르 바름의 신축 및 들뜨임

문제 12) 다음은 조적조의 줄눈형태이다. 그 명칭을 쓰시오. (3점)

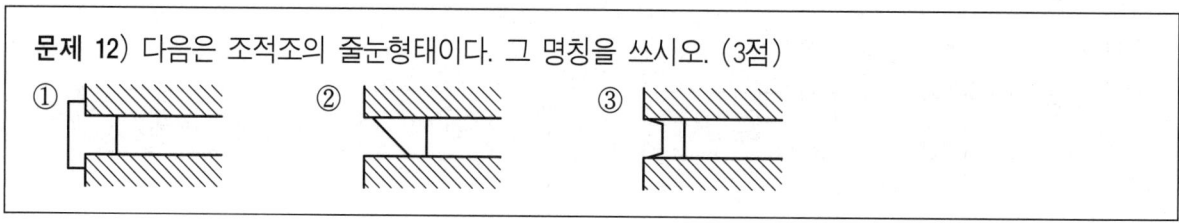

【해설】 ① 내민줄눈   ② 엇빗줄눈   ③ 평줄눈

실 내 디 자 인

[제49회 작품명] TAKE OUT이 가능한 COFFEE & CAKE 전문샵

1. 요구사항 - 주어진 도면은 도심내 주거, 상업 연결지역의 상가에 위치한 TAKE-OUT이 가능한 COFFEE & CAKE 전문샵의 평면도이다. 다음의 요구조건에 따라 도면을 작성하시오.

2. 요구조건
   ① 설계면적 : 10.5m × 6.6m × 3.0m(천정고)
   ② 인적구성 : 상시 종업원 2인, 비상시 종업원 2인(아르바이트 등)
   ② 요구공간
          (가) SHOW WINDOW + TAKE-OUT COUNTER(Size는 임의)
          (나) CASHIER COUNTER : 1,300 × 500 × 1,000(높이)
          (다) COFFEE 제조 : 1,200 × 600 × 1,000(높이)
          (라) CAKE 진열대 : 1,200 × 600 × 1,000(높이)
          (마) 손님좌석
          (바) 화장실 : 남, 녀 공용
          (사) 비품 및 재료창고
          (아) 설비실(에어컨, 히터 - 패키지 덕트연결) : 1,200 × 800-1실
          (자) 실내조경공간 (임의사항)
   (※ 이상 제시된 공간 및 가구는 필수적이며 이외에 필요한 공간 및 가구가 필요하다면 수험자가 임의로 추가 할 수 있음.)

3. 요구도면
   ① 평면도(가구배치 및 바닥마감재 표기) SCALE : 1/50
      - 평면도 주변의 여유공간에 설계개요 (DESIGN CONCEPT)를 200자 이내로 작성하시오.
   ② 천정도(설비, 조명기구 배치 및 범례표 작성/천정마감재 표기) SCALE : 1/50
   ③ 내부입면도 C방향 1면 (가구 및 벽면재료 표기) SCALE : 1/50
   ④ A-A′ 단면도 SCALE : 1/30
   ⑤ 실내투시도(채색작업은 필수) SCALE : N.S
      (계획의 포인트가 좋은 지점에서 1소점 또는 2소점 투시법으로 작성하되, 작성과정의 투시보조선을 남길 것)

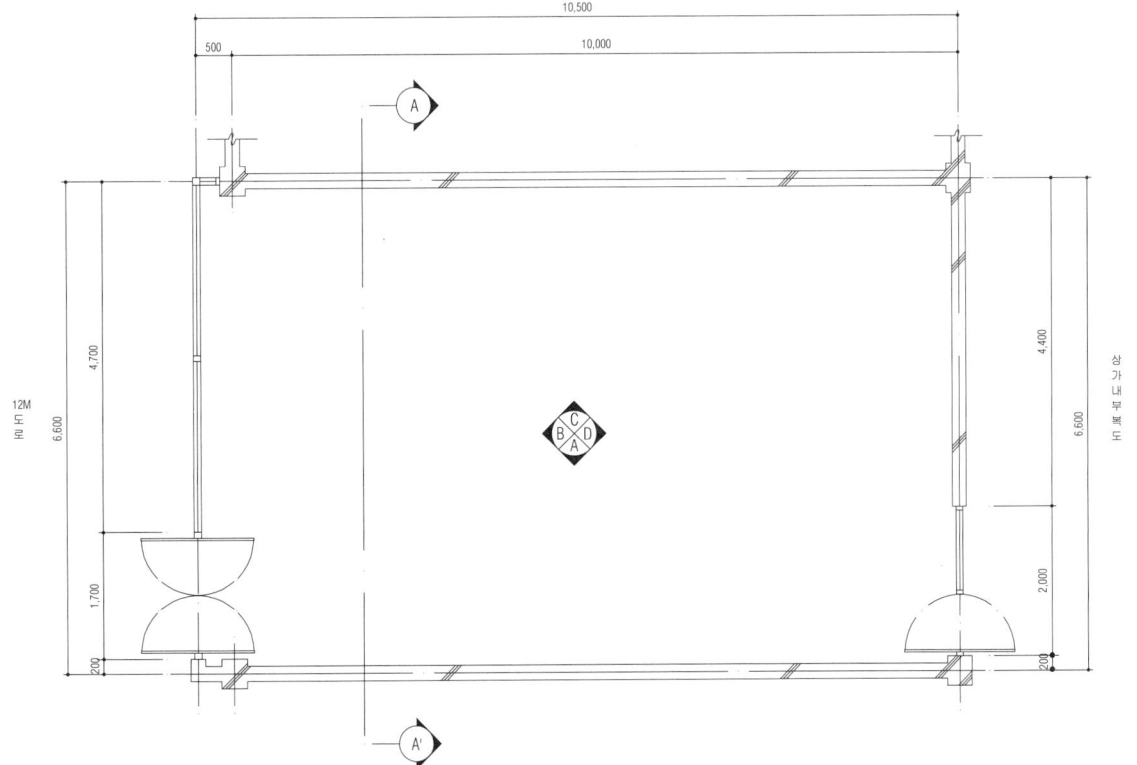

평 면 도

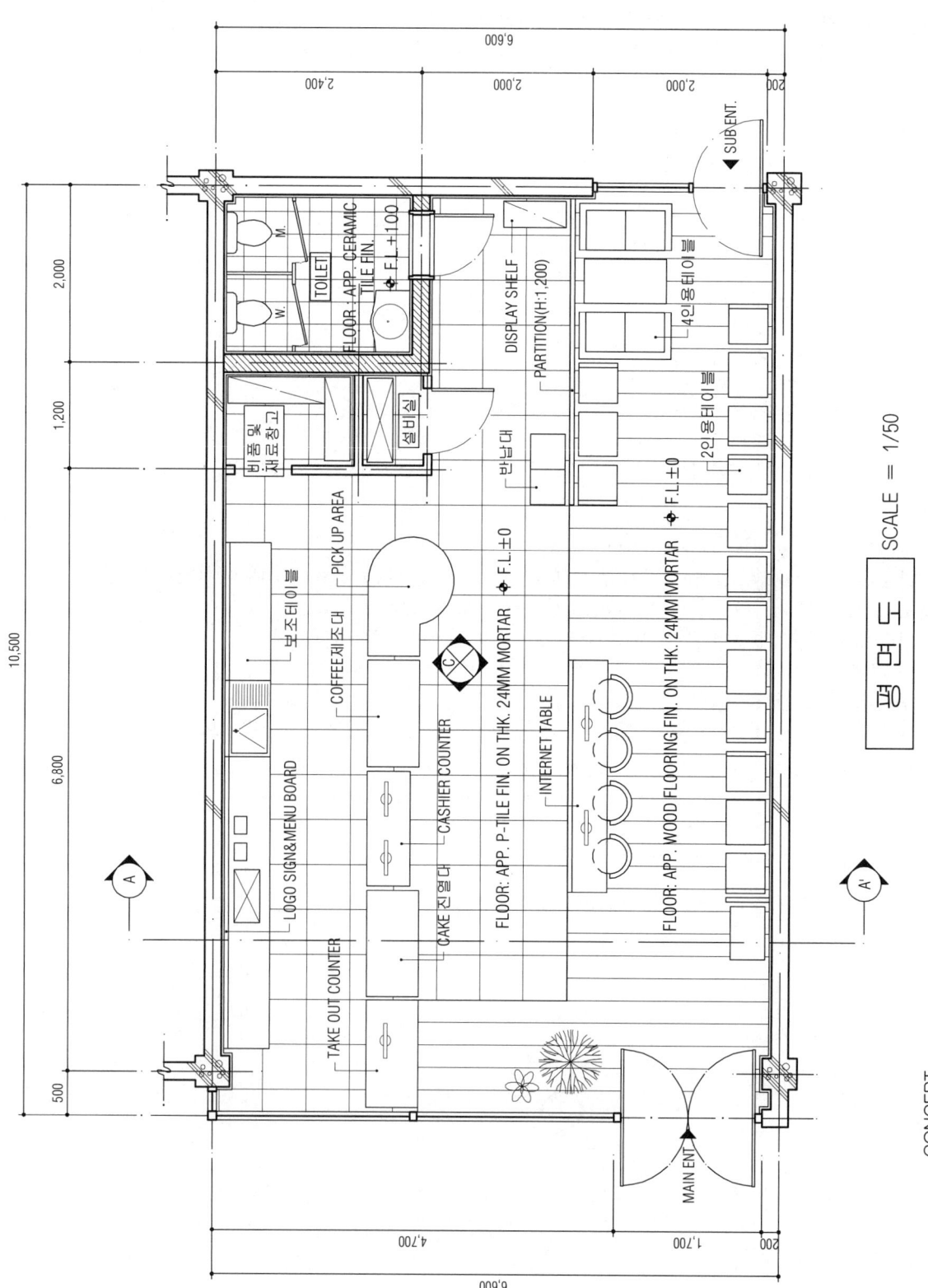

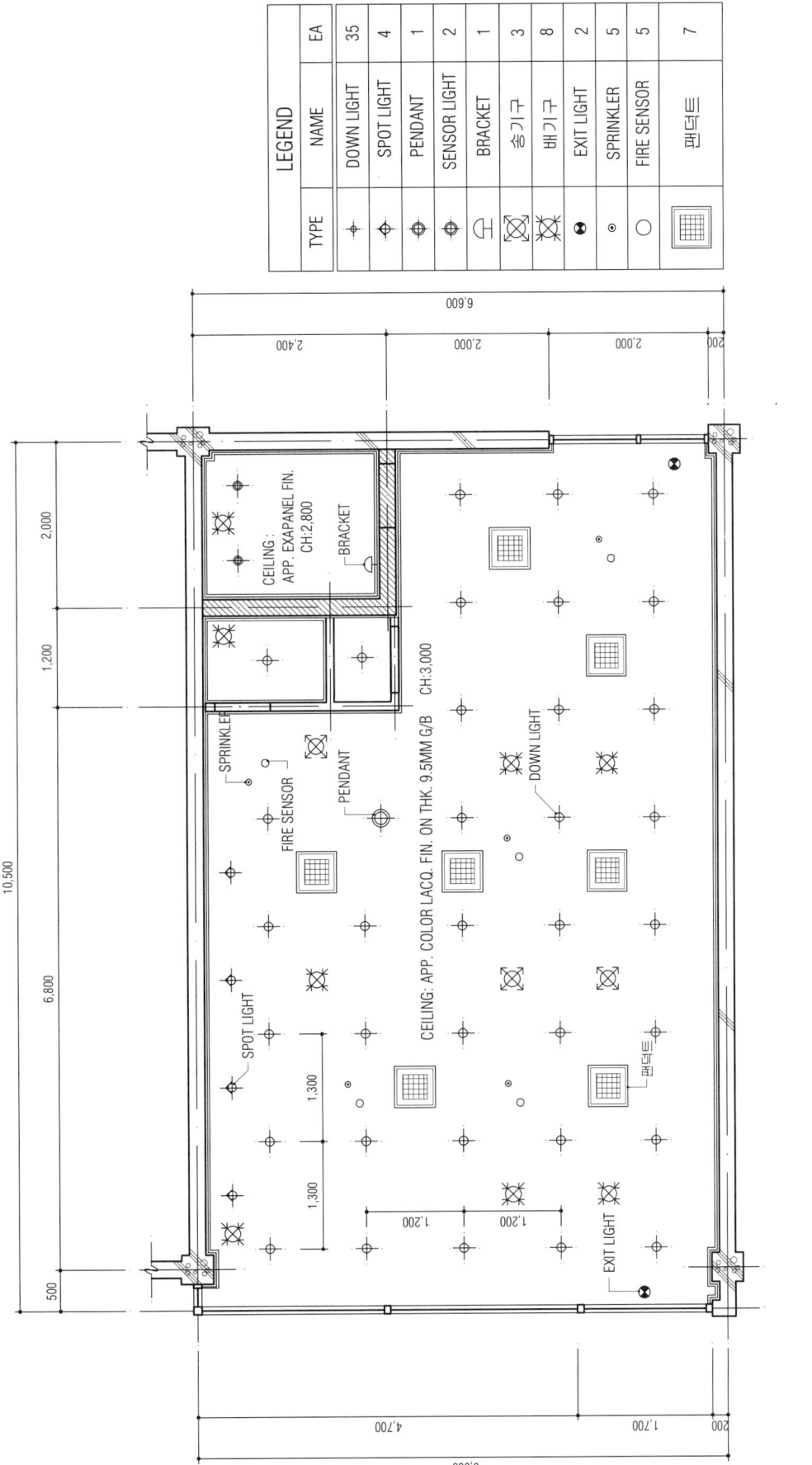

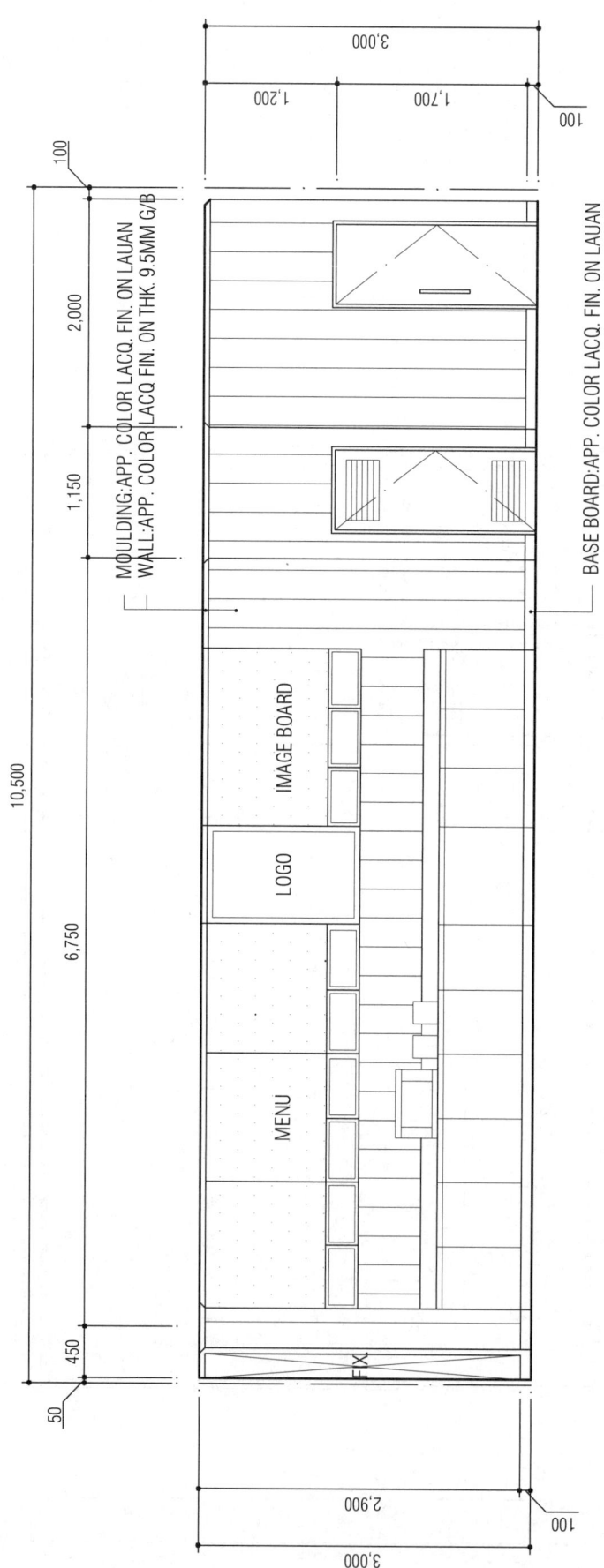

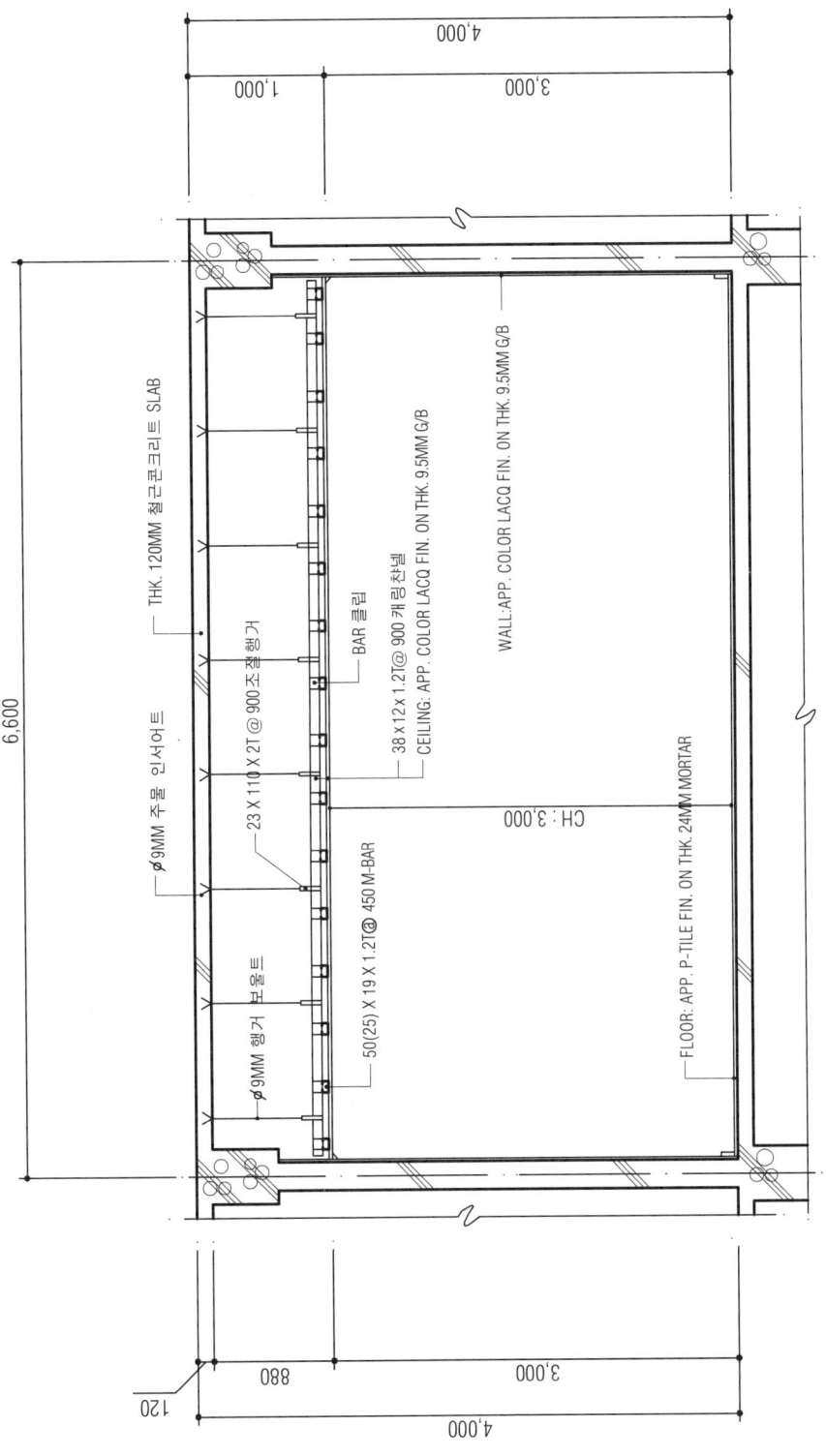

(2007. 7. 14 시행)
제50회 실내건축기사
시공실무

문제 1) 사무실 칸막이벽에 사용되는 S.G.P의 특징을 3가지 쓰시오. (3점)
①
②
③

【해설】 ① 석고보드와 철판의 이중구조로 방음성능이 우수하며, 강도가 높다.
② 별도의 추가적인 외장마감이 요구되지 않는다.
③ 해체 후 재시공이 가능하므로 경제적이다.

문제 2) 다음은 창호철물의 명칭이다. 간략히 설명하시오. (2점)
① 도어스탑
② 레버토리힌지

【해설】 ① 열려진 문을 받아 벽과 문의 손잡이 등을 보호하고, 문을 고정하는 장치
② 공중 전화실, 공중 화장실 등의 사용빈도가 높은 문을 15cm정도 열려있게 하는 장치

문제 3) 다음 〈보기〉의 내용은 미장재료이다. 수경성재료를 모두 고르시오. (3점)
〈보기〉 ① 회반죽   ② 진흙질   ③ 순석고 플라스터   ④ 시멘트 모르타르
⑤ 킨즈 시멘트(경석고)   ⑥ 돌로마이트 플라스터(마그네샤 석회)

【해설】 ③, ④, ⑤

문제 4) 정상적으로 시공할 때 공사기일은 15일 공사비는 1,000,000원이고, 특급으로 시공할 때 공사 기일은 10일, 공사비는 1,500,000원이라면, 공기 단축시 필요한 비용구배를 구하시오. (3점)

【해설】 비용구배 = $\dfrac{\text{급속비용} - \text{표준비용}}{\text{표준공기} - \text{급속공기}} = \dfrac{1,500,000 - 1,000,000}{15 - 10} = \dfrac{500,000}{5} = 100,000$원/일

문제 5) 다음 합성수지 재료 중 열가소성 수지를 고르시오. (3점)
〈보기〉 ① 염화비닐수지   ② 멜라민수지   ③ 아크릴수지
④ 폴리에틸렌수지   ⑤ 에폭시수지   ⑥ 석탄산수지(페놀수지)

【해설】 ①, ③, ④

문제 6) 타일의 동해(凍害)방지를 위하여 취해야 할 조치 4가지 쓰시오. (4점)

【해설】 ① 붙임용 모르타르 배합비를 정확히 준수한다.
② 소성온도가 높은 타일을 사용한다.
③ 타일은 흡수성이 낮은 것을 사용한다.
④ 줄눈 누름을 충분히 하여 빗물의 침투를 방지한다.

문제 7) 벽타일 붙임공법 3가지를 쓰시오. (3점)
① ② ③

【해설】 ① 떠붙임공법 ② 압착공법 ③ 판형붙임공법

문제 8) 다음은 벽돌쌓기에 관한 기술이다. 다음 괄호 안에 적당한 말을 써넣으시오. (4점)
① 한켜는 마구리쌓기, 다음켜는 길이쌓기로 하고, 모서리에 이오토막을 사용하는 것을 (   )라 한다.
② 1.0B의 표준형 벽돌은 1㎡당 (   )매이다.
③ 벽돌의 하루쌓기 최대 높이는 (   )m이다.
④ 벽돌 벽면에서 내쌓기할 때 최대 (   )B 내쌓기로 한다.

【해설】 ① 영국식쌓기 ② 149 ③ 1.5 ④ 2.0

문제 9) 벽돌쌓기 재료량에 관한 내용이다 빈칸 안에 알맞은 내용을 쓰시오. (3점)

구 분	길 이	마구리	높 이
기존형벽돌	①	②	③
표준형벽돌	④	⑤	⑥
내화벽돌	⑦	⑧	⑨

【해설】 ① 210 ② 100 ③ 60 ④ 190 ⑤ 90 ⑥ 57 ⑦ 230 ⑧ 114 ⑨ 65

문제 10) 석재의 다듬 및 마무리 공법 4가지를 쓰시오. (4점)
① ② ③ ④

【해설】 ① 메다듬 ② 정다듬 ③ 도드락다듬 ④ 잔다듬

문제 11) 목재 바니쉬칠 공정 작업순서이다. 공정순서를 〈보기〉에서 골라 나열하시오. (4점)
〈보기〉 ① 색올림 ② 왁스문지름 ③ 바탕처리 ④ 눈먹임

【해설】 ③ → ④ → ① → ②

문제 12) 다음 그림에 맞는 돌쌓기의 종류를 쓰시오. (2점)

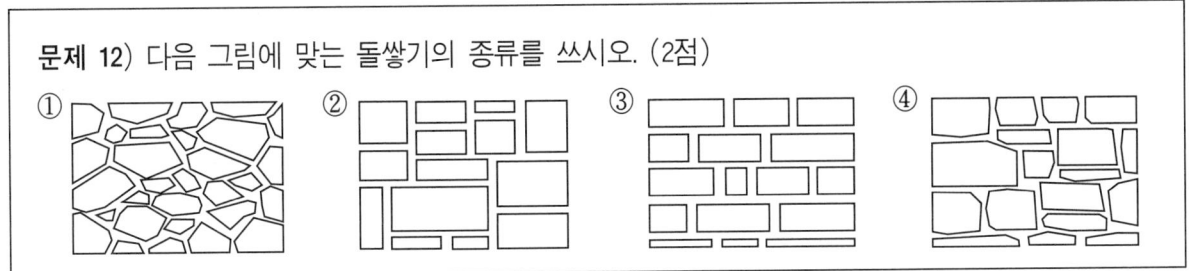

【해설】 ① 막돌쌓기　② 마름돌쌓기　③ 바른층쌓기　④ 허튼층쌓기

문제 13) 문틀이 복잡한 플러쉬문의 규격이 0.9m×2.1m이다. 양면을 모두 칠할 때 전체 칠 면적을 산출하시오. (단, 문매수는 20개이며, 문틀 및 문선을 포함한다.) (2점)

【해설】 $0.9 \times 2.1 \times 20 \times 3 = 113.4 \text{m}^2$

실내디자인

[제50회 작품명] CD·비디오 전문점

1. 요구사항 - 10대와 20대가 주로 이용하는 복합상가에 있는 CD·비디오 전문점이다.
   요구조건에 따라 요구도면을 완성하시오.

2. 요구조건
   ① 설계면적 : 11.7m×8.4m×2.9m(H)
   ② 카운터
   ③ 휴게공간
   ④ 오디오
   ⑤ 비디오
   ⑥ CD, 비디오선반 (이상 제시된 가구는 필수적이며 이외에 필요한 것이 있다면 보완할 수 있음)

3. 요구도면
   ① 평면도(가구배치포함) SCALE : 1/50
      (가구배치포함, 평면계획의 디자인 의도방향 등을 200자 내외로 쓰시오.)
   ② 천정도(설비,조명기구 배치 및 범례표 작성) SCALE : 1/50
   ③ 내부입면도 C, D방향 2면(벽면재료 표기) SCALE : 1/30
   ④ 단면상세도(A-A´) SCALE : 1/30
   ⑤ 실내투시도 SCALE : N,S
      (계획의 포인트가 좋은 지점에서 1소점 또는 2소점 투시법으로 작성하되, 작성과정의 투시보조선을 남길것)

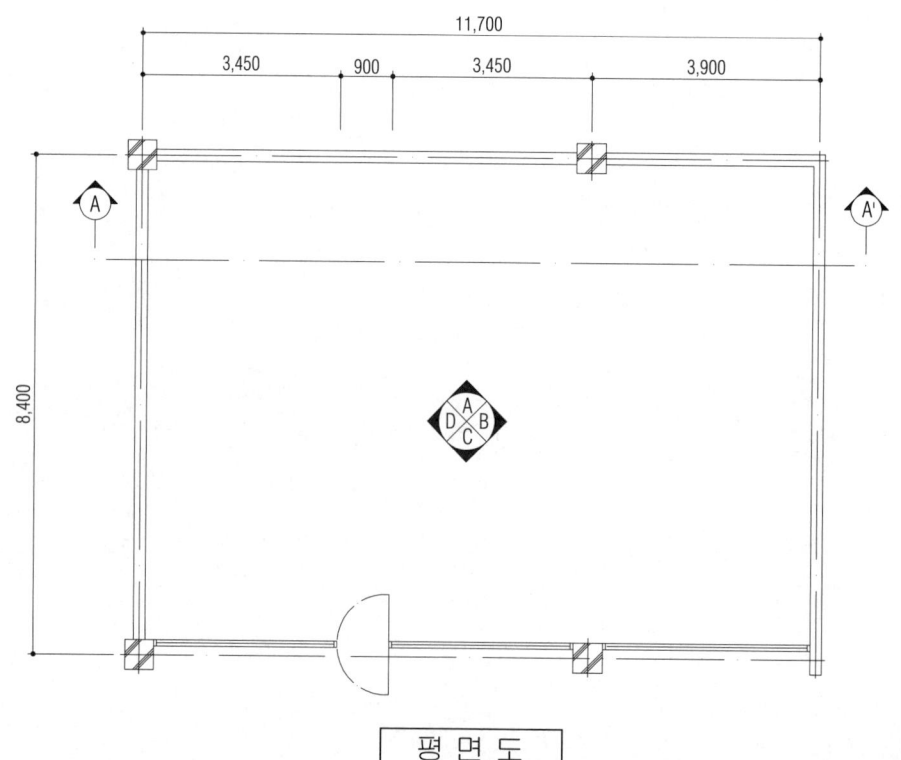

평면도

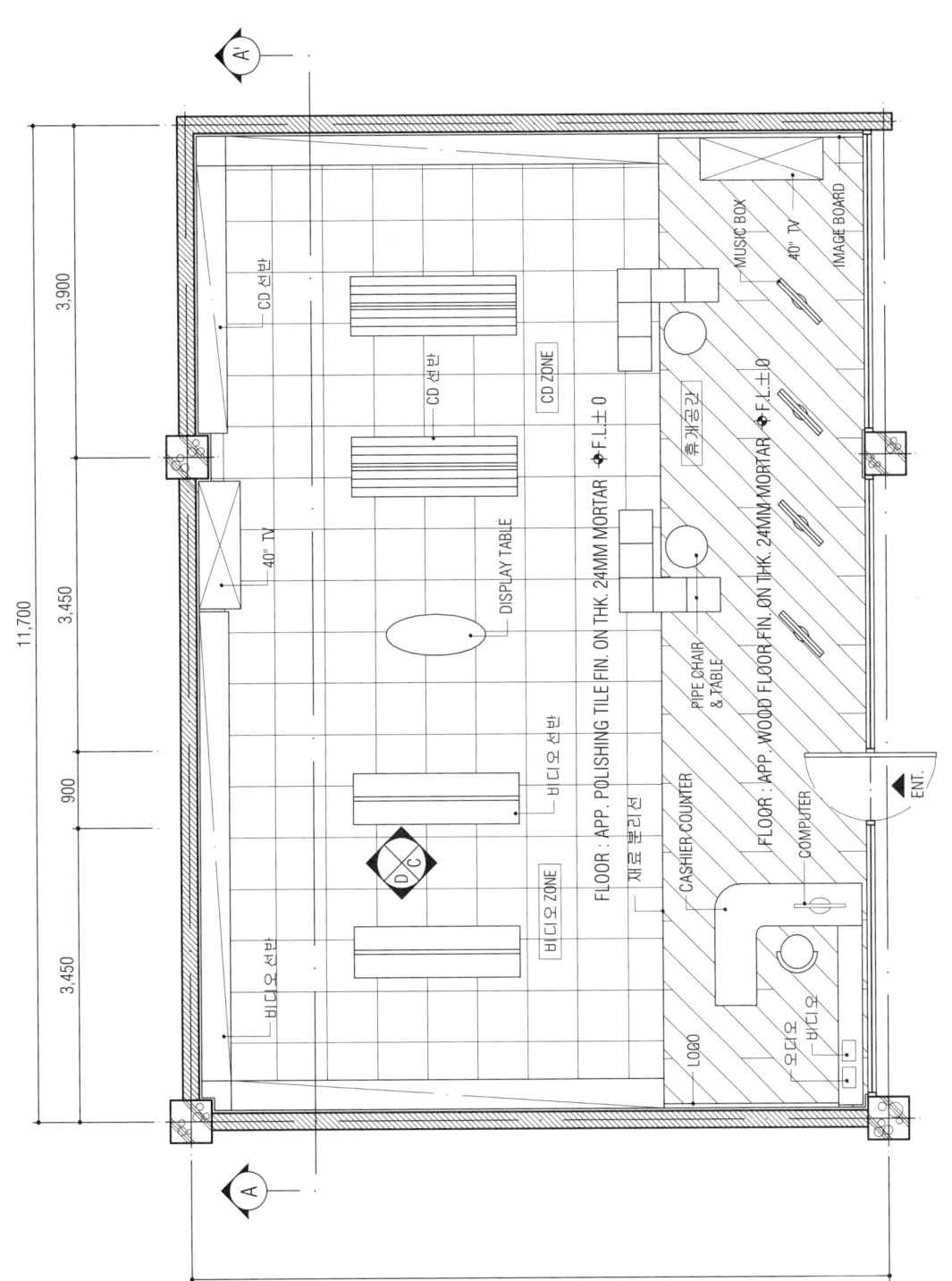

평면도 SCALE = 1/50

CONCEPT
10대와 20대가 주로 이용하는 복합상업시설내에 있는 CD · 비디오 전문점이다. 매장을 크게 세가지 영역으로 구분하여 동선의 흐름이 복잡해지지 않도록 계획하였다. 매장 좌측을 비디오 ZONE, 우측을 CD ZONE으로 구분하고 좌우를 구분하는 중앙에 대형 TV 브라운관을 배치하여 시각적인 즐거움을 제공하였다. 매장 임구에는 개산 카운터를 배치하여 빠르고 적 음대가 가능토록 하였다. 입구 우측에는 고객을 위한 후계공간을 마련하며 MUSIC BOX와 TV브라운관을 통해 음악과 영화를 동시에 즐길 수 있도록 하여 젊은 고객들의 취향을 만족시킬 수 있도록 하였다.

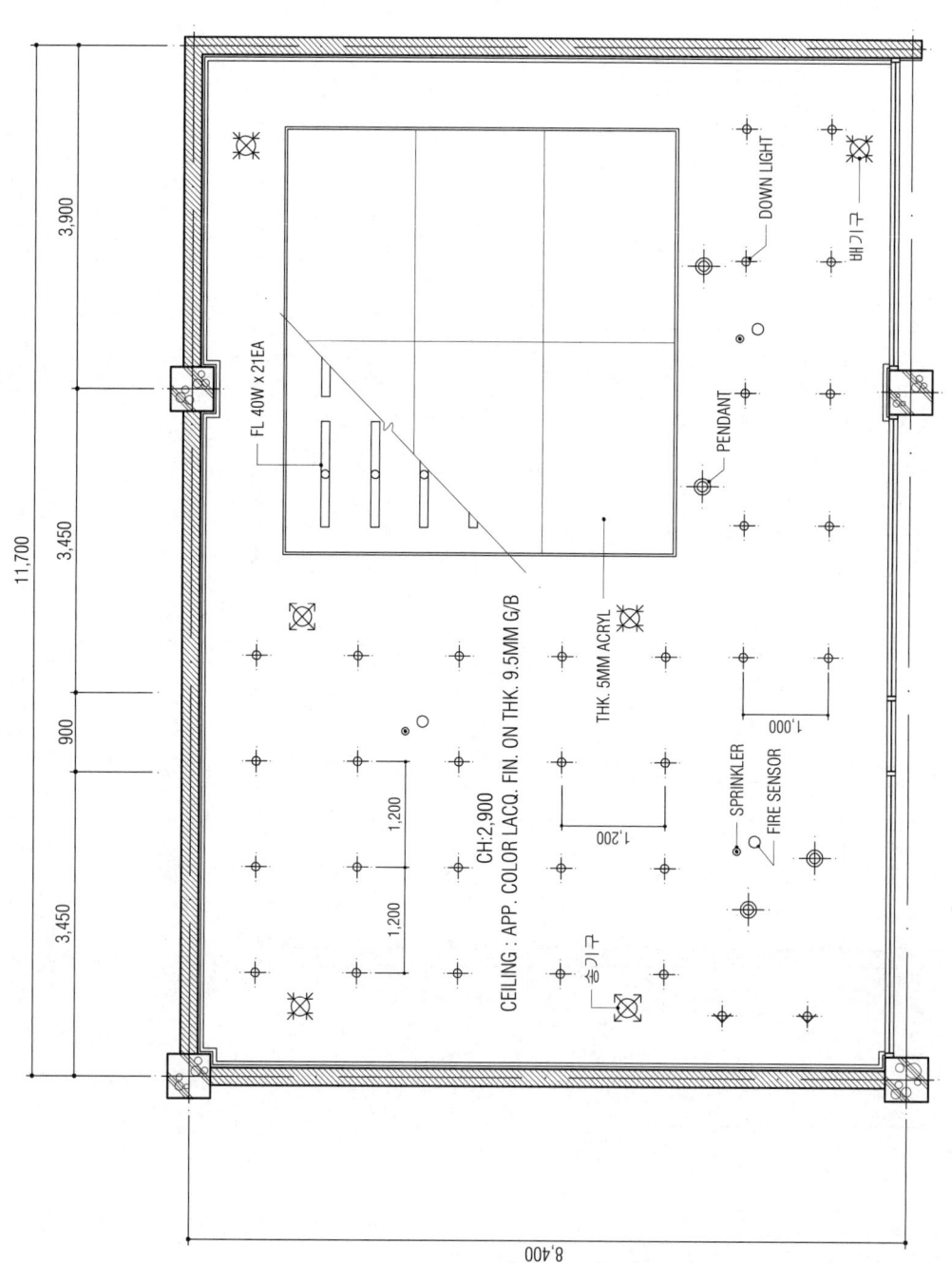

천정도 SCALE = 1/50

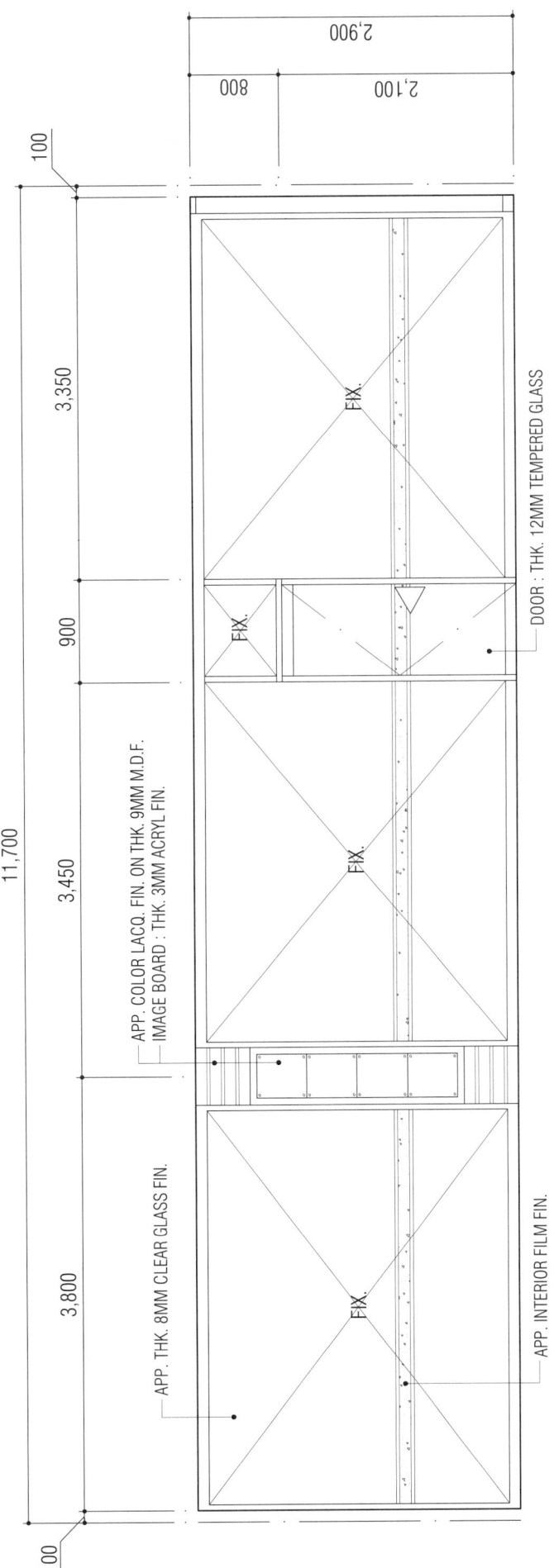

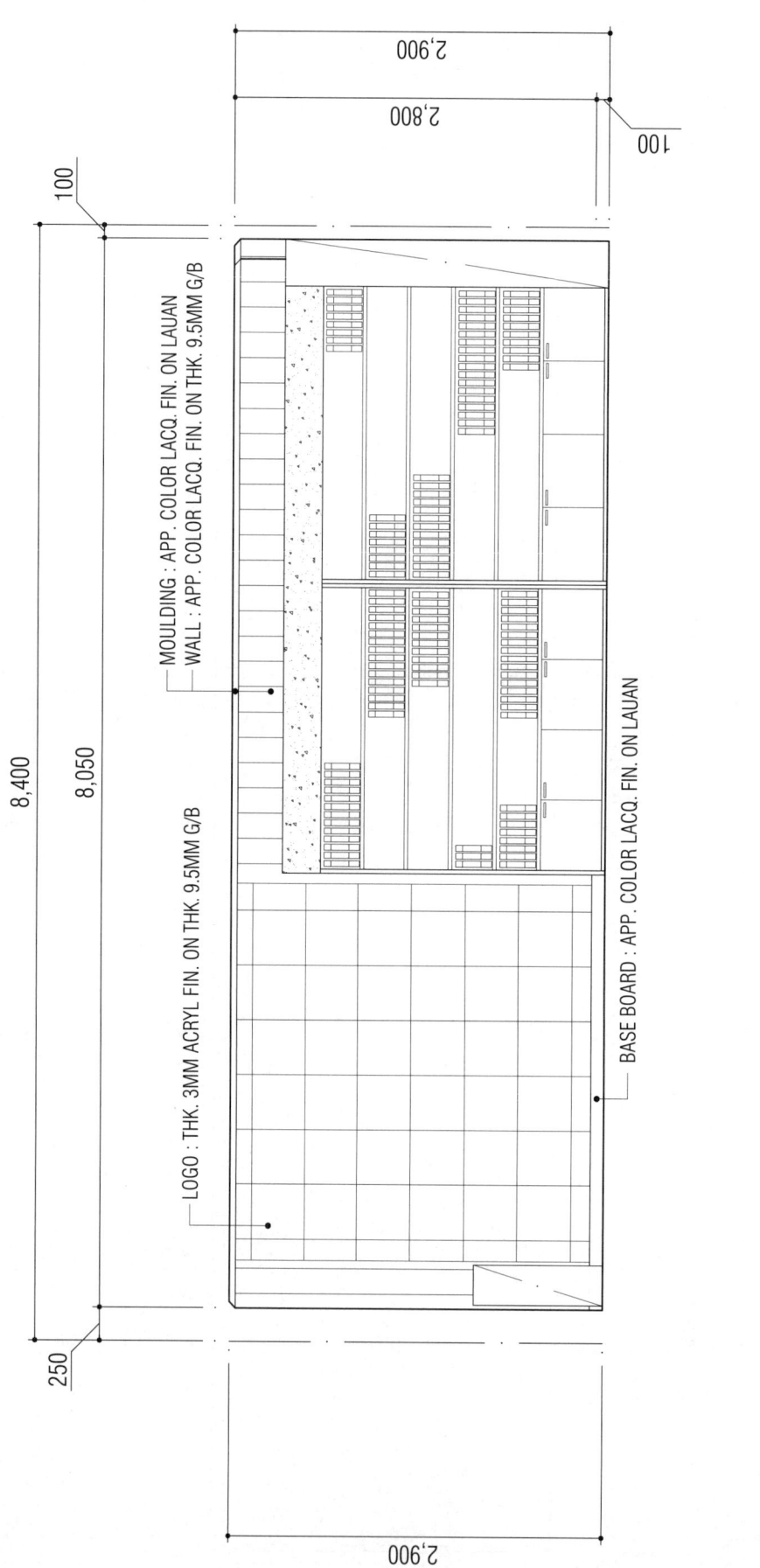

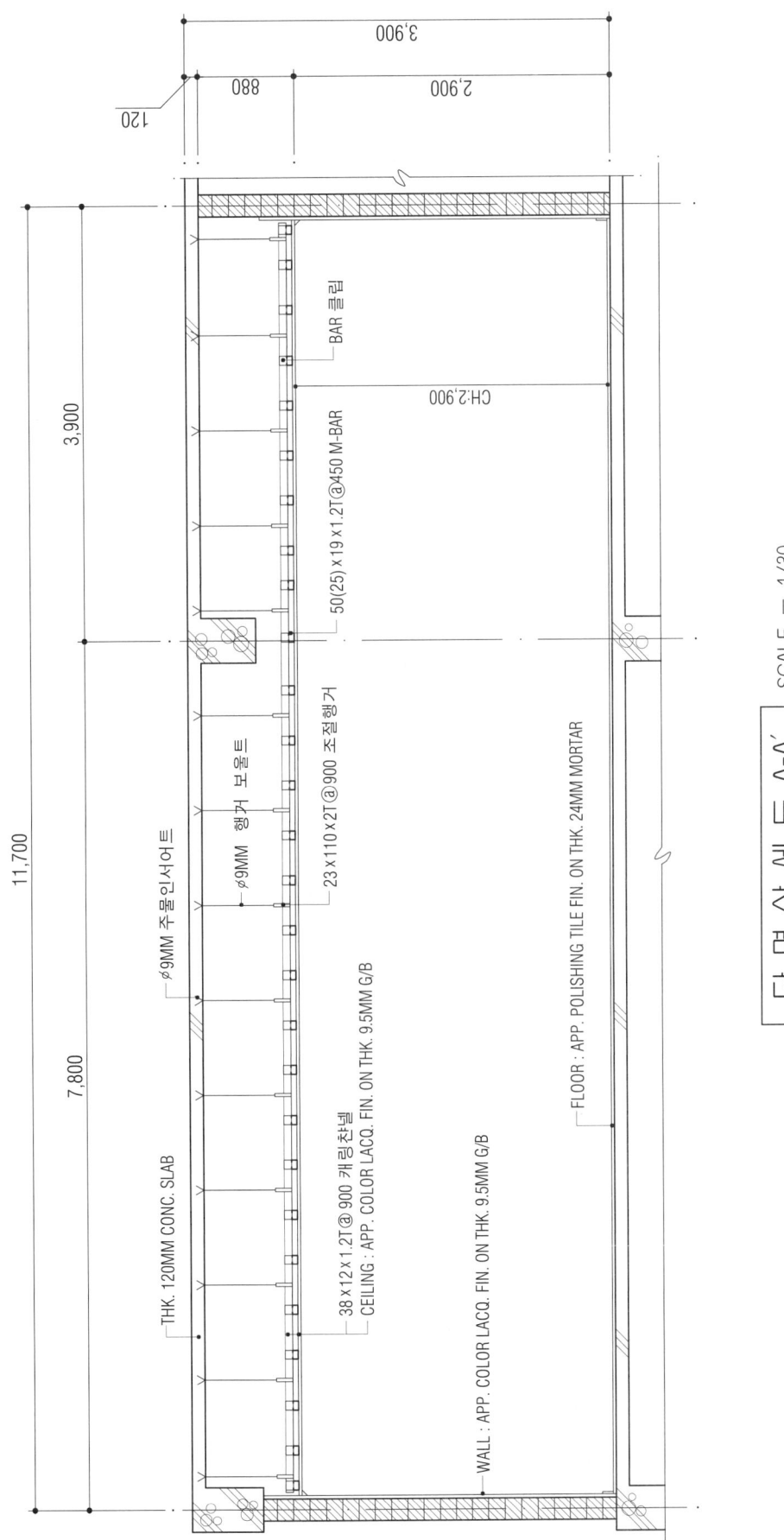

(2007. 11. 3 시행)

제51회 실내건축기사
시공실무

문제 1) 사선식 공정표의 장점 3가지를 쓰시오. (3점)
①
②
③

【해설】 ① 전체 작업공정의 진척정도 파악이 용이하다.
② 공사의 예정계획과 실제실적의 차이 파악이 용이하다.
③ 공사의 진행속도 파악이 유리하여 공사지연에 대해 조속한 대처가 가능하다.

문제 2) 알루미늄 창호 공사시 주의사항 3가지를 쓰시오. (3점)
①
②
③

【해설】 ① 표면과 용접부는 철재 보다 약하므로 시공상 정밀도를 높인다.
② 알칼리 성분에 약하므로 중성제를 도포 하거나, 격리재를 사용하여 설치한다.
③ 이질 금속재와 접속되면 부식되므로 조임못, 나사못은 동질의 것을 사용한다.

문제 3) 다음 〈보기〉에서 할증률을 골라 쓰시오. (4점)
〈보기〉 1%   2%   3%   5%   8%   10%
① 붉은벽돌   ② 유리   ③ 도료   ④ 단열재

【해설】 ① 3%   ② 1%   ③ 2%   ④ 10%

문제 4) 건축공사의 공사원가 구성에서 직접공사비 구성에 해당되는 비목 4가지를 쓰시오. (4점)
①   ②   ③   ④

【해설】 ① 재료비   ② 노무비   ③ 외주비   ④ 경비

문제 5) 길이 100m, 높이 2m, 1.0B쌓기로 할 때 소요되는 붉은 벽돌량을 정미량으로 산출하시오. (단, 벽돌규격은 표준형) (3점)

【해설】 ① 벽면적 = 100 × 2 = 200㎡   ② 정미량 = 200 × 149 = 29,800매

문제 6) 도장공사에서 사용되는 유성페인트의 구성요소 3가지를 쓰시오. (3점)
① ② ③

【해설】 ① 용제 ② 건조제 ③ 희석제

문제 7) 리놀륨 바닥깔기의 시공순서를 쓰시오. (3점)
바탕처리 → (①) → (②) → (③) → 마무리

【해설】 ① 깔기계획 ② 임시깔기 ③ 정깔기

문제 8) 타일공사에서 벽타일붙이기 공법 종류 4가지를 쓰시오. (4점)
① ② ③ ④

【해설】 ① 떠붙임공법 ② 압착공법 ③ 판형붙임공법 ④ 밀착공법

문제 9) 다음 아래 내용의 빈칸을 채우시오. (3점)
① 타일의 접착력 시험은 (   )㎡ 당 한 장씩 한다.
② 타일의 접착력 시험은 타일 시공 후 (   )주일 이상일 때 한다.
③ 바닥면적 1㎡에 소요되는 모자이크 유니트형(30cm×30cm)의 정미량은 (   )매이다.

【해설】 ① 600 ② 4 ③ 11.11

문제 10) 미장공사시 결함의 원인을 구조원인과 재료의 원인, 바탕면의 원인으로 나누어 각각 2개씩 쓰시오. (3점)
① 구조적 원인 : 1.   2.
② 재료의 원인 : 1.   2.
③ 바탕면 원인 : 1.   2.

【해설】 ① 구조적 원인 : 1. 설계미숙으로 인한 구조결함   2. 구조재의 수축 및 변형
       ② 재료의 원인 : 1. 재료별 배합비의 불량   2. 재료의 수축 및 팽창
       ③ 바탕면 원인 : 1. 바탕 요철면처리 불량   2. 이질재와 접촉부 마무리 불량

문제 11) 일반적으로 넓은 의미의 안전유리로 분류할 수 있는 성질을 가진 유리 3가지를 쓰시오.(3점)
① ② ③

【해설】 ① 접합유리 ② 강화유리 ③ 망입유리

문제 12) 다음 빈칸에 알맞은 말을 〈보기〉에서 골라 쓰시오. (4점)

〈보기〉 카세인, 아교, 페놀수지접착제, 멜라민수지접착제, 에폭시수지접착제, 네오프렌, 비닐수지접착제, 알부민

① 용제형과 에멀젼형이 있으며 요소, 멜라민, 초산비닐을 중합시킨 것도 있다. 가열가압에 의해 두꺼운 합판을 쉽게 접합할 수 있으며 목재, 금속재 유리에도 사용된다.

② 요소수지와 같이 열경화성 접착제로 내수성이 우수하여 내수 합판용에 사용되나, 금속, 고무, 유리 등에는 사용하지 않는다.

③ 기본 점성이 크며 내수성, 내약품성, 전기절연성 모두 우수한 만능형 접착제로 금속, 플라스틱, 도자기 접착에 쓰인다.

④ 내수성, 내화학성이 우수한 고무계 접착제로 고무, 금속, 가죽, 유리 등의 접착에 사용되며 석유계 용제에도 녹지 않는다.

【해설】 ① 페놀수지접착제　② 멜라민수지접착제　③ 에폭시수지접착제　④ 네오프렌

실 내 디 자 인

[제51회 작품명] PC방

1. 요구사항 - 주어진 도면은 PC방의 기본 평면도이다. 다음의 요구조건에 따라 도면을 설계하시오.

2. 요구조건
   ① 설계면적 : 15m×9m×2.7m(H)
   ② 인적구성 : 종업원 2명, 이용자수(최대) - 20명
   ③ 요구공간 : PC 활용공간, 카운터
      휴게공간[주방전용, 간단한 식음료가 가능해야함, 휴식용 의자(4Set)]
   ④ 필요집기 : 컴퓨터 + 책상 + 의자(20Set), TEA TABLE, 자동판매기(2Set)

3. 요구도면
   ① 평면도 SCALE : 1/50
      - 평면도 주변의 여유공간에 설계개요(DESIGN CONCEPT)를 180자 내외로 쓰시오.
   ② 천정도(설비, 조명기구 배치 및 범례표 작성) SCALE : 1/50
   ③ 내부입면도 B, C면(벽면재료 표기) SCALE : 1/50
   ④ 단면도(A-A´) SCALE : 1/50
   ⑤ 실내투시도 SCALE : N.S
      (계획의 포인트가 좋은 지점에서 1소점 또는 2소점 투시법으로 작성하되, 작성과정의 투시보조선을 남길것)

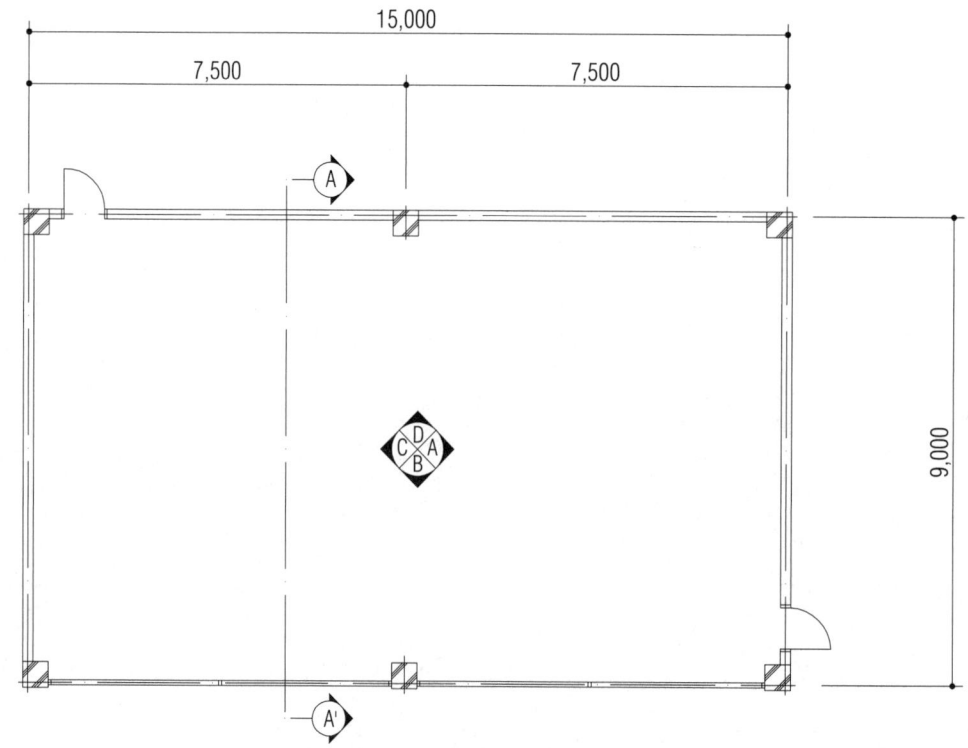

평면도

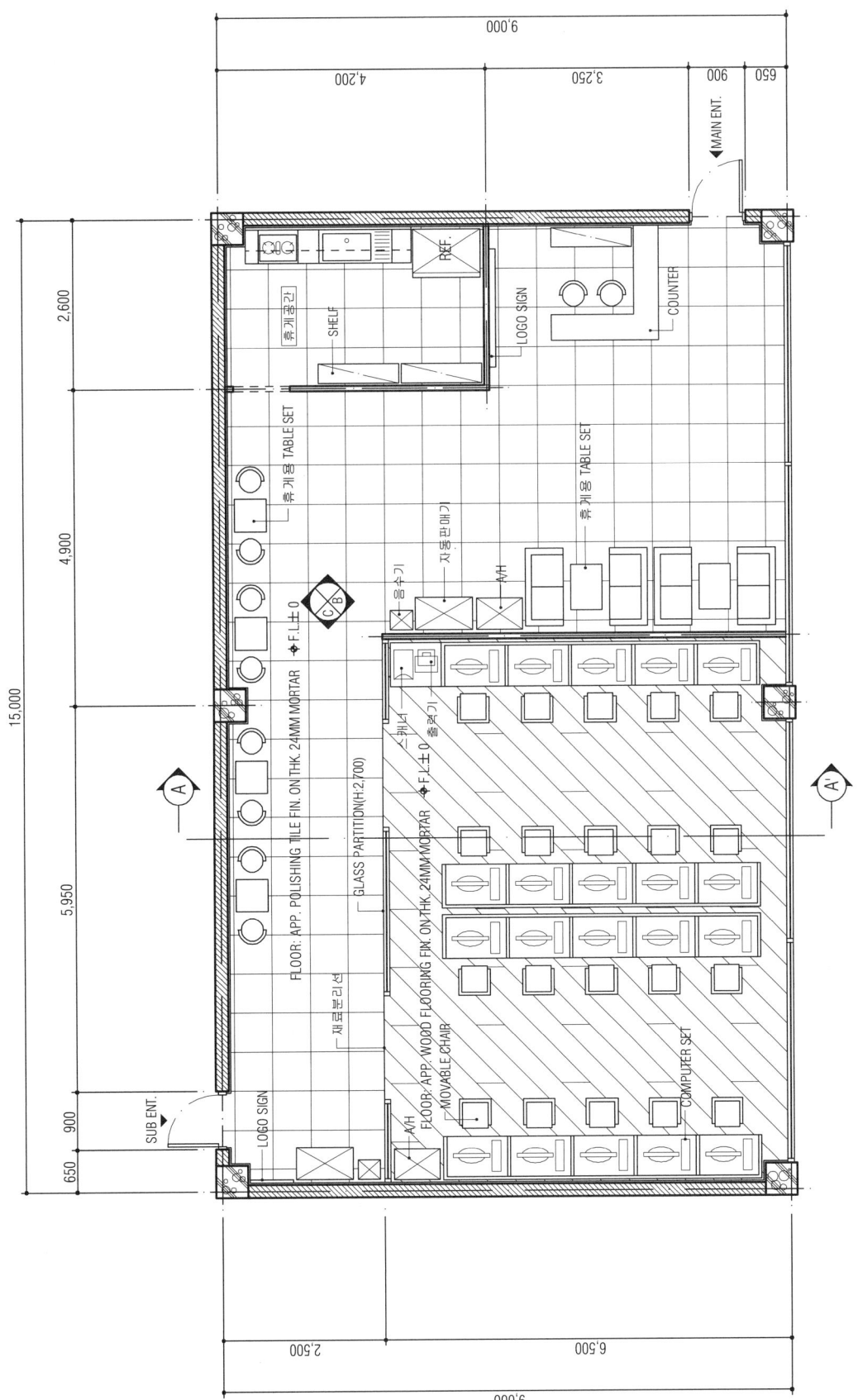

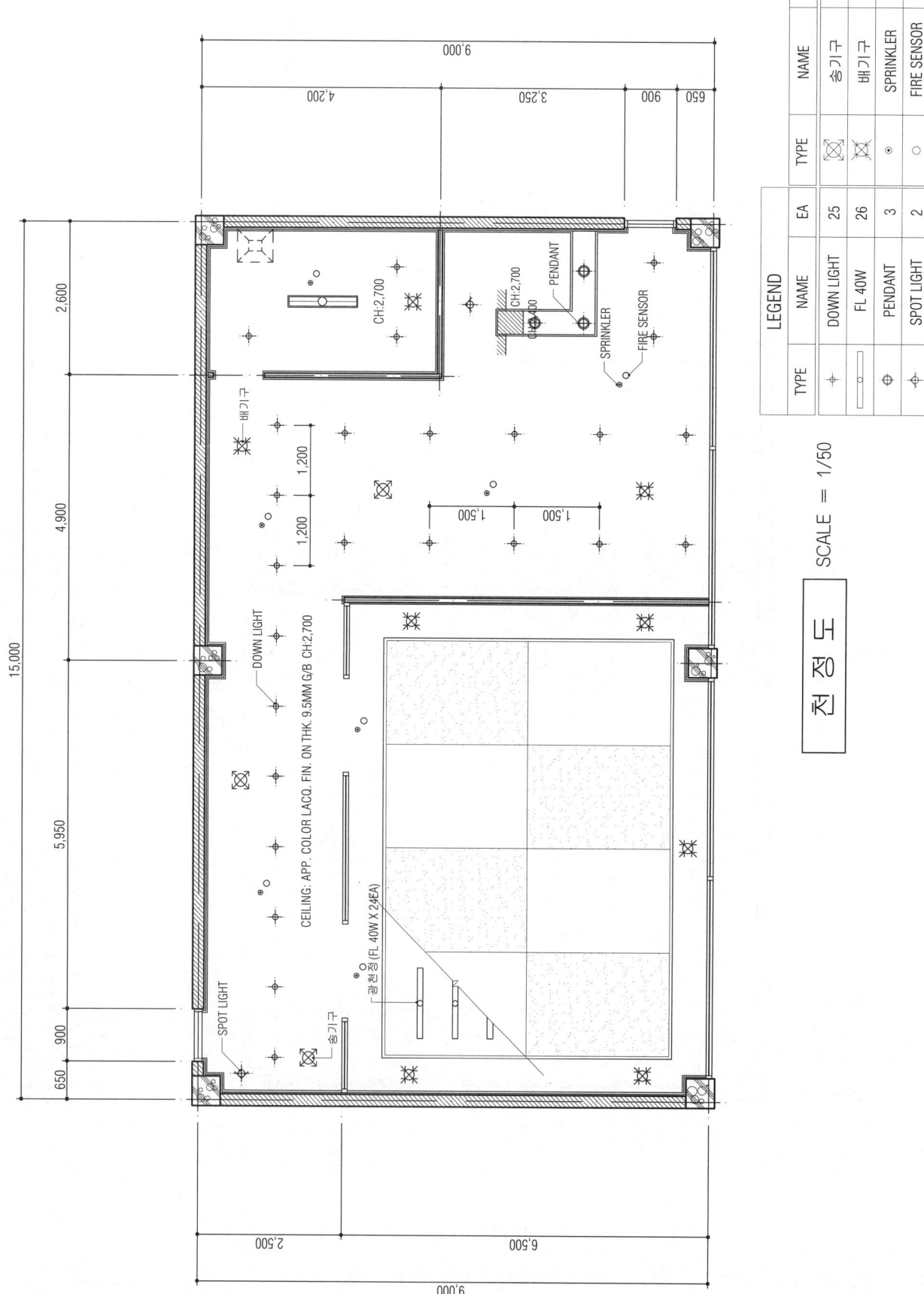

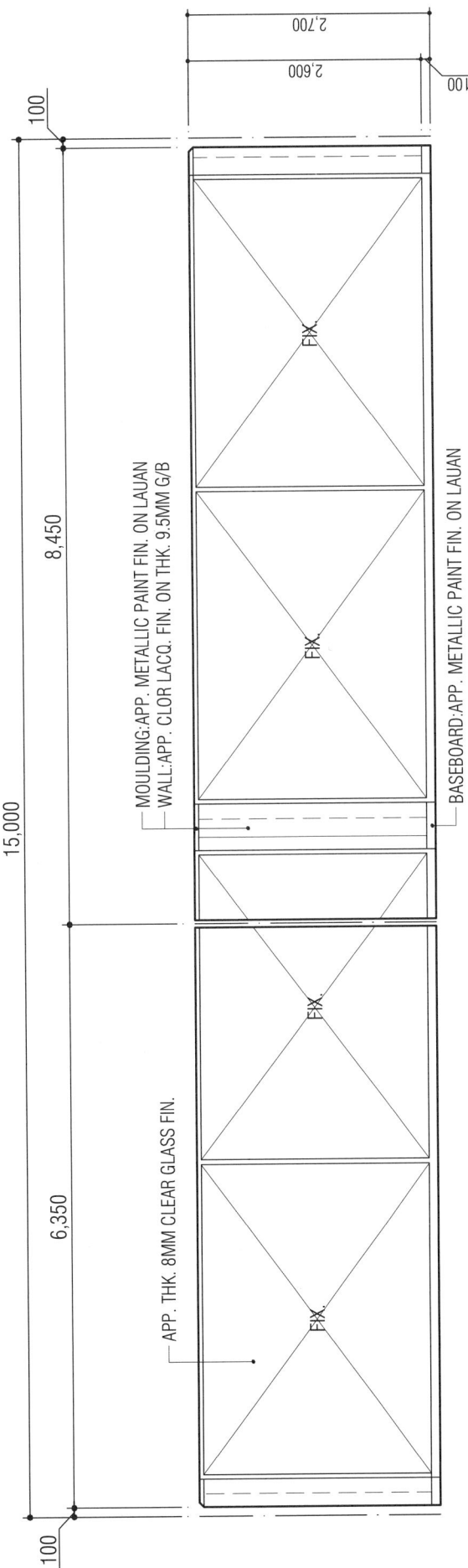

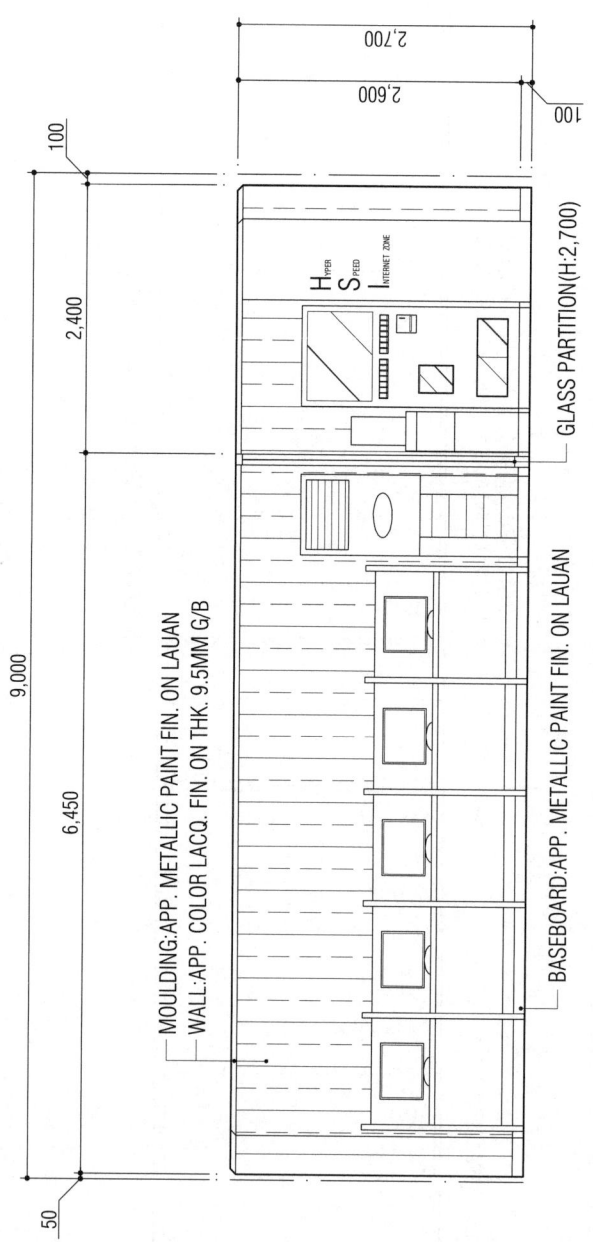

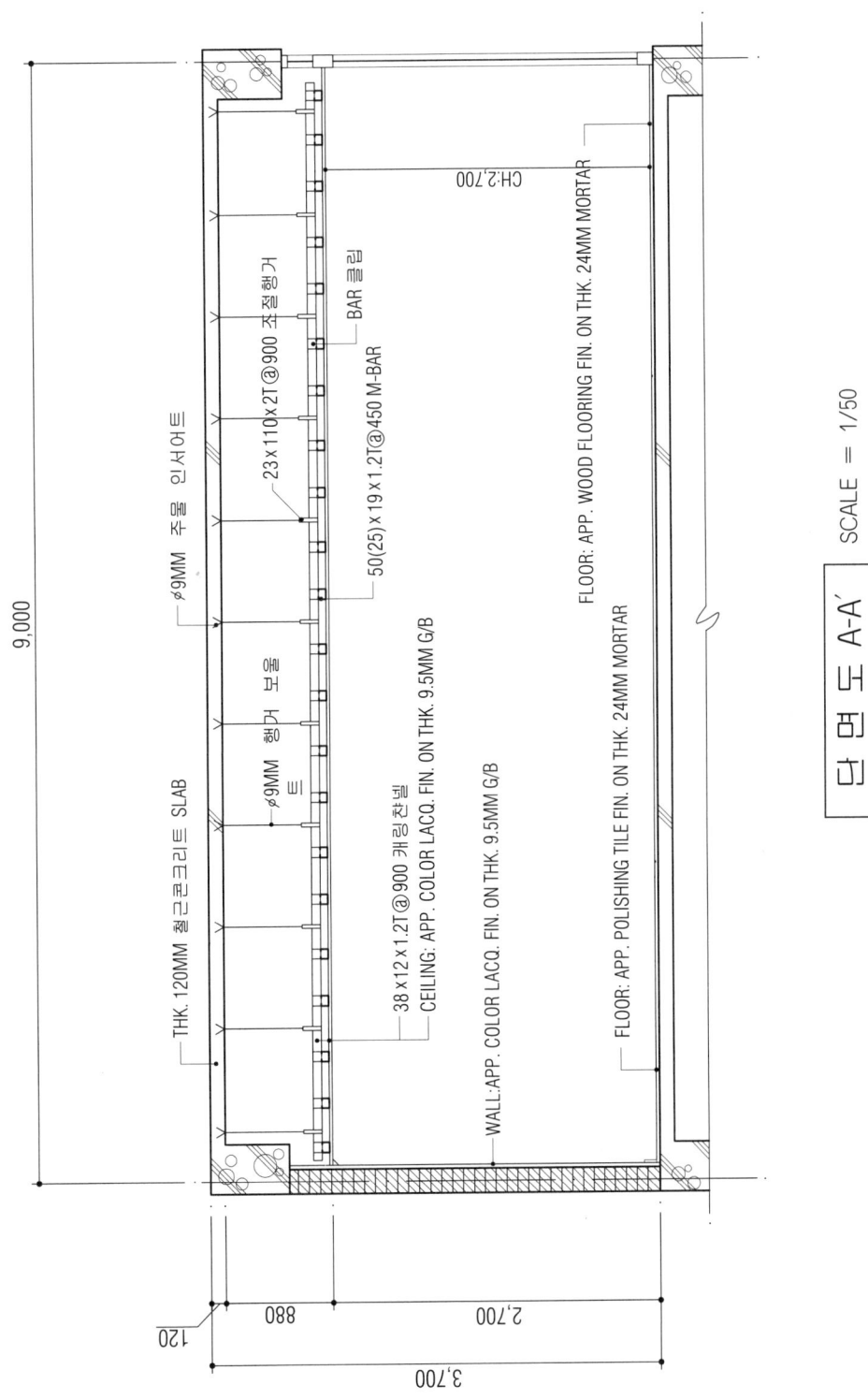

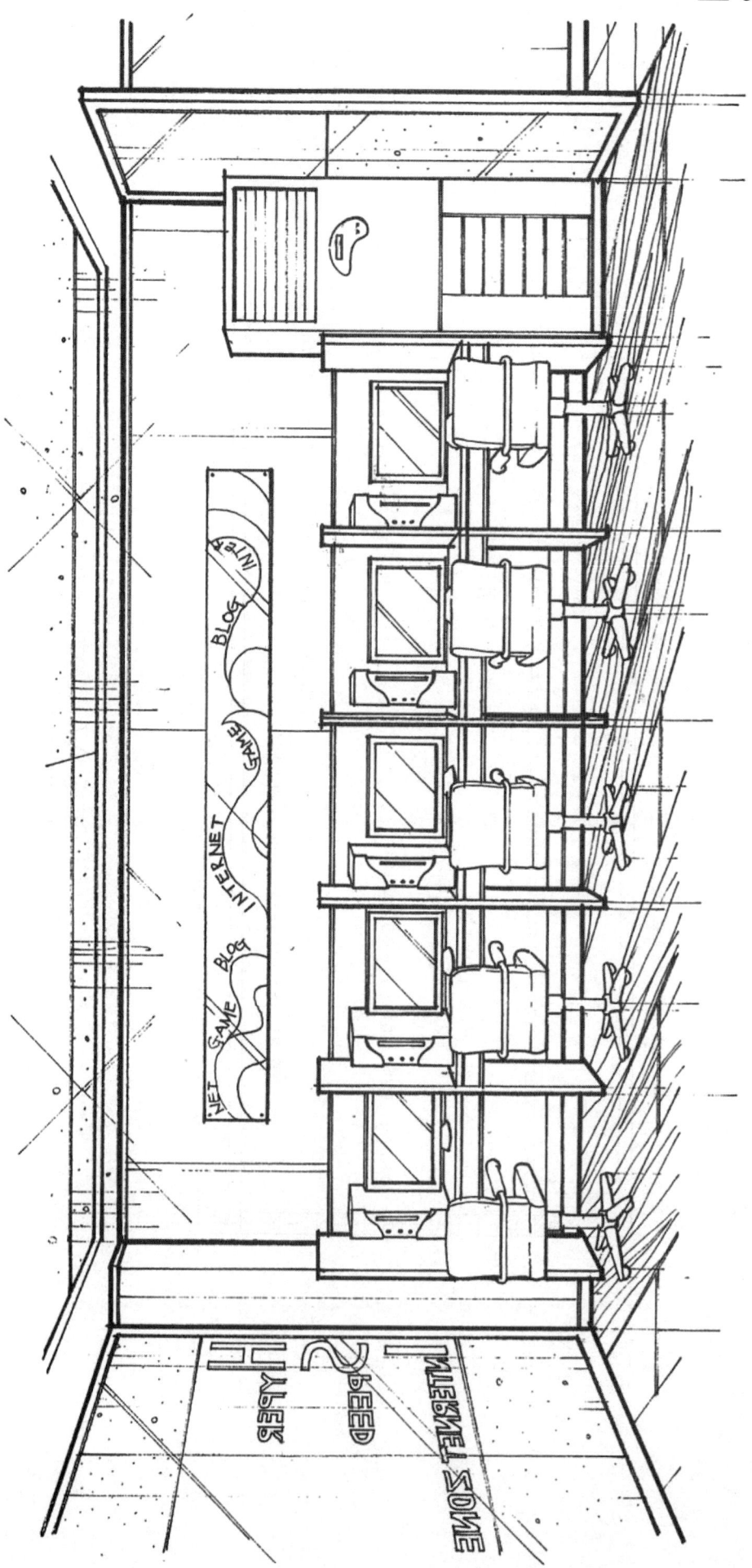

(2008. 4. 20 시행)
제52회 실내건축기사
시공실무

문제 1) 다음 설명에 맞는 재료를 〈보기〉에서 골라 번호로 쓰시오. (4점)
1) 암석으로부터 인공적으로 만들어진 내열성이 높은 광물섬유를 이용해서 만든 것. 내화성이 우수하고, 가볍고, 단열성이 뛰어남.
2) 보드형과 현장발포식으로 나누어진다. 발포형에 프레온가스를 사용하기 때문에 열전도율이 낮은 것이 특징이다.
3) 결로수가 부착되면 단열성이 떨어져서 방습성이 있는 비닐로 감싸서 사용한다.
4) 1000℃ 이상 고온에서도 잘 견디며, 철골 내화 피복재에 많이 사용됨.
〈보기〉 ① 유리면 ② 암면 ③ 세라믹파이버 ④ 펄라이트판 ⑤ 규산칼슘판 ⑥ 셀룰로즈 섬유판 ⑦ 연질섬유판 ⑧ 경질우레탄폼 ⑨ 경량기포콘크리트 ⑩ 단열모르타르

【해설】 1) → ②, 2) → ⑧, 3) → ①, 4) → ③

문제 2) 석재를 가공하는 방법과 그 공정에서 사용되는 공구를 쓰시오. (4점)

가공방법	석공구
1)	①
2)	②
3)	③
4)	④

【해설】 1) 혹두기 ① 쇠메   2) 정다듬 ② 정   3) 도드락다듬 ③ 도르락망치   4) 잔다듬 ④ 날망치

문제 3) 다음 아래 내용은 조적공사시의 방습층에 대한 내용이다. 괄호 안을 채우시오. (3점)
(①)줄눈 아래에 방습층을 설치하며, 시방서가 없을 경우 현장에서 현장관리 감독하는 책임자에게 허락을 맡아 (②)를 혼합한 모르타르를 (③)mm로 바른다.

【해설】 ① 수평   ② 액체방수제   ③ 10

문제 4) 인조석 표면 마감 방법 3가지를 설명하시오. (3점)

【해설】 ① 씻어내기 : 주로 외벽의 마무리에 사용되며, 솔로 2회 이상 씻어낸 후 물로 씻어 마감한다.
② 물갈기 : 인조석이 경화된 후 갈아내기를 반복하여 금강석 숫돌, 마감숫돌의 광내기로 마감한다.
③ 잔다듬 : 인조석바름이 경화된 후 정, 도드락망치, 날망치 등으로 두들겨 마감한다.

문제 5) 다음은 아치쌓기 종류이다. 괄호 안을 채우시오. (4점)

벽돌을 주문하여 제작한 것을 사용해서 쌓은 아치를 (①), 보통벽돌을 쐐기모양으로 다듬어 쓴 것을 (②), 현장에서 보통벽돌을 써서 줄눈을 쐐기모양으로 한 (③), 아치나비가 넓을 때에는 반장별로 층을 지어 겹쳐 쌓는 (④)가 있다.

【해설】 ① 본아치 ② 막만든아치 ③ 거친아치 ④ 층두리아치

문제 6) 현장에서 절단이 가능한 다음 유리의 절단 방법에 대하여 서술하고, 현장에서 절단이 어려운 유리제품 2가지를 쓰시오. (4점)
① 접합유리
② 망입유리

【해설】 ① 접합유리 : 양면을 유리칼로 자르고, 필름은 면도칼로 절단한다.
② 망입유리 : 유리는 유리칼로 자르고, 꺽기를 반복하여 철을 절단한다.
③ 강화유리
④ 방탄유리

참고〉 일반접합유리와 방탄유리의 기본적인 제법은 비슷하지만, 방탄유리는 후판유리를 사용하고 기본 3장을 접합하며, 폴리카보네이트를 접합재로 사용하기 때문에 현장에서 절단하기에는 적합하지 않다.

문제 7) 철골구조물의 내화피복 공법 4가지를 쓰시오. (4점)

【해설】 ① 타설공법 ② 조적공법 ③ 미장공법 ④ 뿜칠공법

문제 8) 타일의 박락을 방지하기 위해 시공 중 검사와 시공 후 검사가 있는데, 시공 후 검사 2가지를 쓰시오. (2점)

【해설】 ① 주입시험검사 ② 인장시험검사

참고〉 ① 주입시험검사 : 박락되었다고 판단되는 타일면 내부에 에폭시수지 및 폴리머 시멘트 등을 주입해서 박락된 범위와 두께를 판단하는 검사방법.
② 인장시험검사 : 접착력 시험기로 타일을 떼어내는 방법으로 시험방법은 타일의 접착력 시험과 동일하다. 이 조사방법은 시험면을 파단하므로 대표적인 시험체를 선출해서 검사한다.
※ 시공 중 검사법 : ① 시험체확인법, ② 검사봉타음법 (=시공 후 검사에도 이용됨)

문제 9) 목재 바니쉬칠 공정 작업순서를 바르게 나열하시오. (2점)
① 색올림 ② 왁스문지름 ③ 바탕처리 ④ 눈먹임

【해설】 ③ → ④ → ① → ②

문제 10) 창호의 종류 중 살창에 대해서 설명하고, 살창의 종류를 3가지 쓰시오. (4점)
용어 :
종류 : ①   ②   ③

【해설】 용어 : 나무나 쇠오리로 맞춤을 하여 짜고, 올거미를 틀어 댄 개구부의 의장적 창문짝
　　　　종류 : ① 완자살　② 우물살　③ 빗살　④ 빗꽃살　⑤ 소슬살 등

참고〉 오리 = 실, 나무, 대 따위의 가늘고 긴 조각.
　　　올거미 = 얽어맨 물건의 겉에 댄 테나 끈.

문제 11) 다음 〈보기〉의 합성수지를 열가소성수지와 열경화성수지로 구분하여 기입하시오. (3점)

〈보기〉　① 페놀수지　　　　② 염화비닐수지　　　③ 에폭시수지
　　　　④ 폴리에틸렌수지　⑤ 아크릴수지　　　　⑥ 멜라민수지

【해설】 열가소성수지 : ②, ④, ⑤　　열경화성수지 : ①, ③, ⑥

문제 12) 벽 타일붙이기 시공순서를 〈보기〉에서 골라 그 번호를 나열하시오. (3점)

〈보기〉　① 타일나누기　② 치장줄눈　③ 보양　④ 벽타일붙이기　⑤ 바탕처리

【해설】 ⑤ → ① → ④ → ② → ③

실 내 디 자 인

[제52회 작품명] 전시장내 컴퓨터 홍보용 부스

1. 요구사항 - 주어진 도면은 전시장내 컴퓨터 제품을 홍보하고 전시하는 공간의 평면이다.
   다음의 요구조건에 따라 도면을 설계하시오.

2. 요구조건
   ① 설계면적 : 12m×6m×2.7m(H)
   ② 컴퓨터 Set 8대, 출력기 2대, 45인치 모니터 1대, 20인치 Multi vision 3×3 1Set, Storage, Pipe chair(간이의자), Info Desk, Conference Table 배치.

3. 요구도면
   ① 평면도 SCALE : 1/30
      (가구배치 포함/평면계획의 Design 의도·방향등을 180자 내외로 쓰시오.)
   ② 천정도(설비, 조명기구 배치 및 범례표 작성) SCALE : 1/30
   ③ 내부입면도 B방향 1면(벽면재료 표기) SCALE : 1/50
   ④ 단면도(A-A′) SCALE : 1/30
   ⑤ 실내투시도 SCALE : N.S
      (계획의 포인트가 좋은 지점에서 1소점 또는 2소점 투시법으로 작성하되, 작성과정의 투시보조선을 남길것)

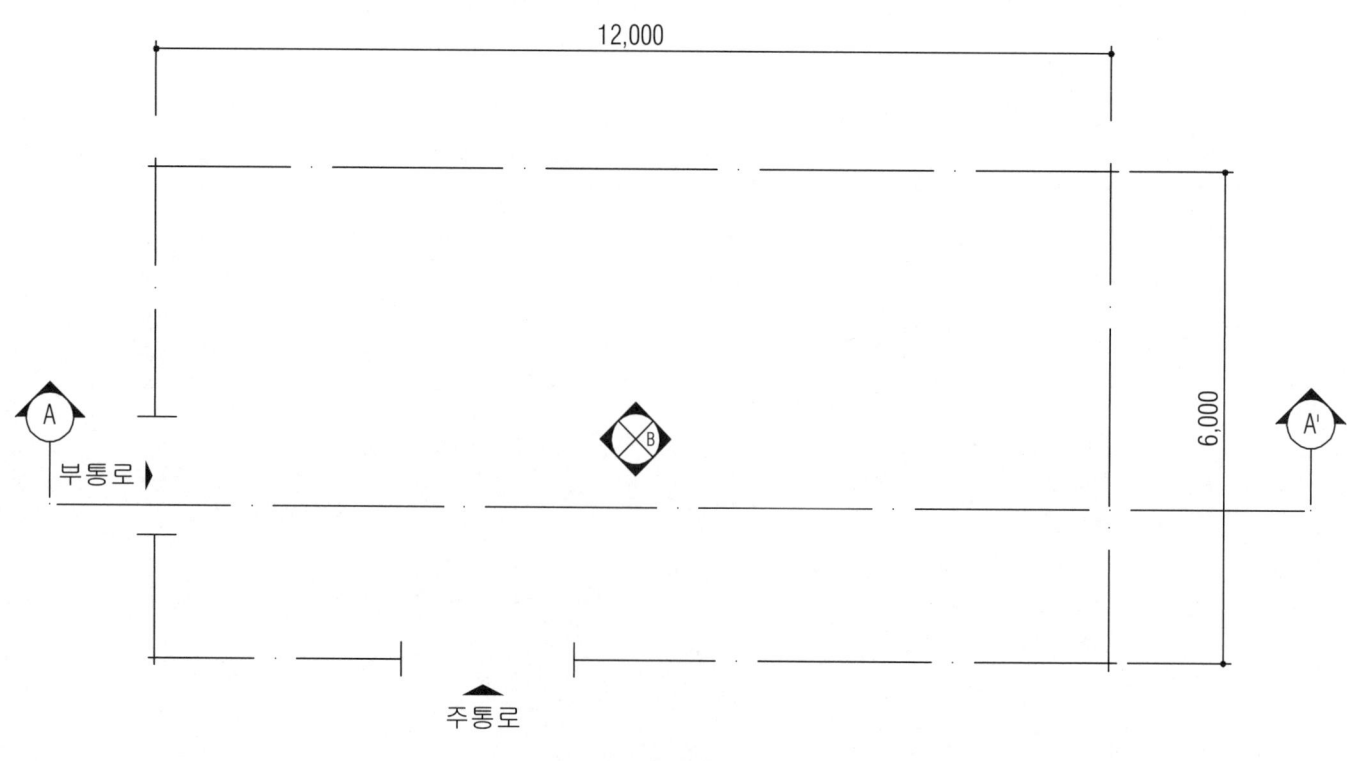

평면도

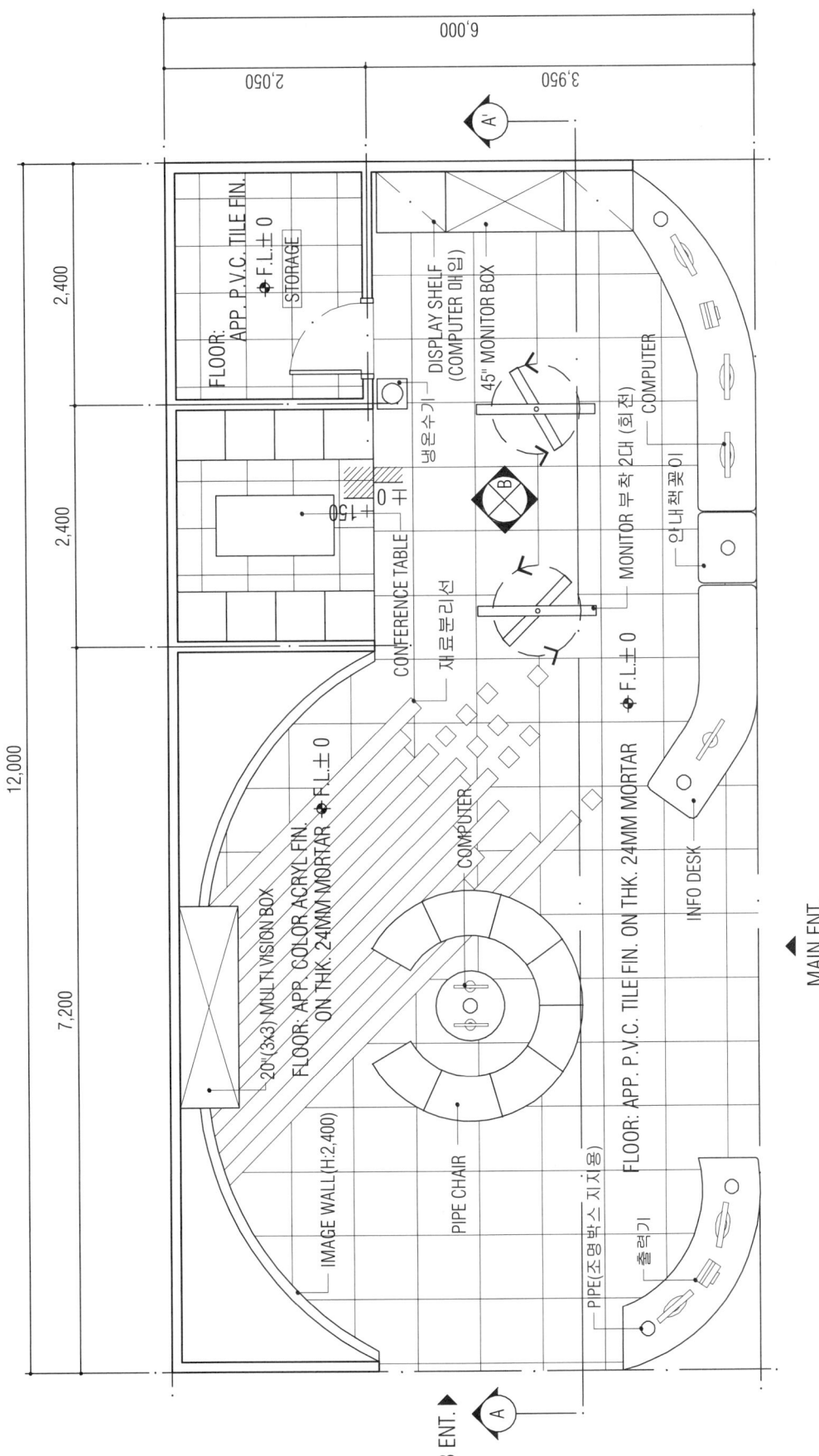

CONCEPT

종합전시장내 컴퓨터 홍보부스이다. 주 통로쪽이 주 관람로를 기준으로 통행하는 관람객이 시선접중과 동선 유입을 위해 제품을 소개하는 multi vision을 정면에 설치하였고, 양 옆이 image wall을 통해 제품의 이미지를 한눈에 들어올 수 있게 부각시켰다. 자연스러운 바닥 패턴으로 전시 동선을 유도, 회전식 monitor 전시를 통해 활동감을 부여하였고, 상담공간은 단의 레벨차이 두어 독립적인 느낌이 들도록 계획하여 전시 이외의 공간으로 상담, 견적, 구매까지 이루어 지는데 자연스러운 흐름을 유도하였다.

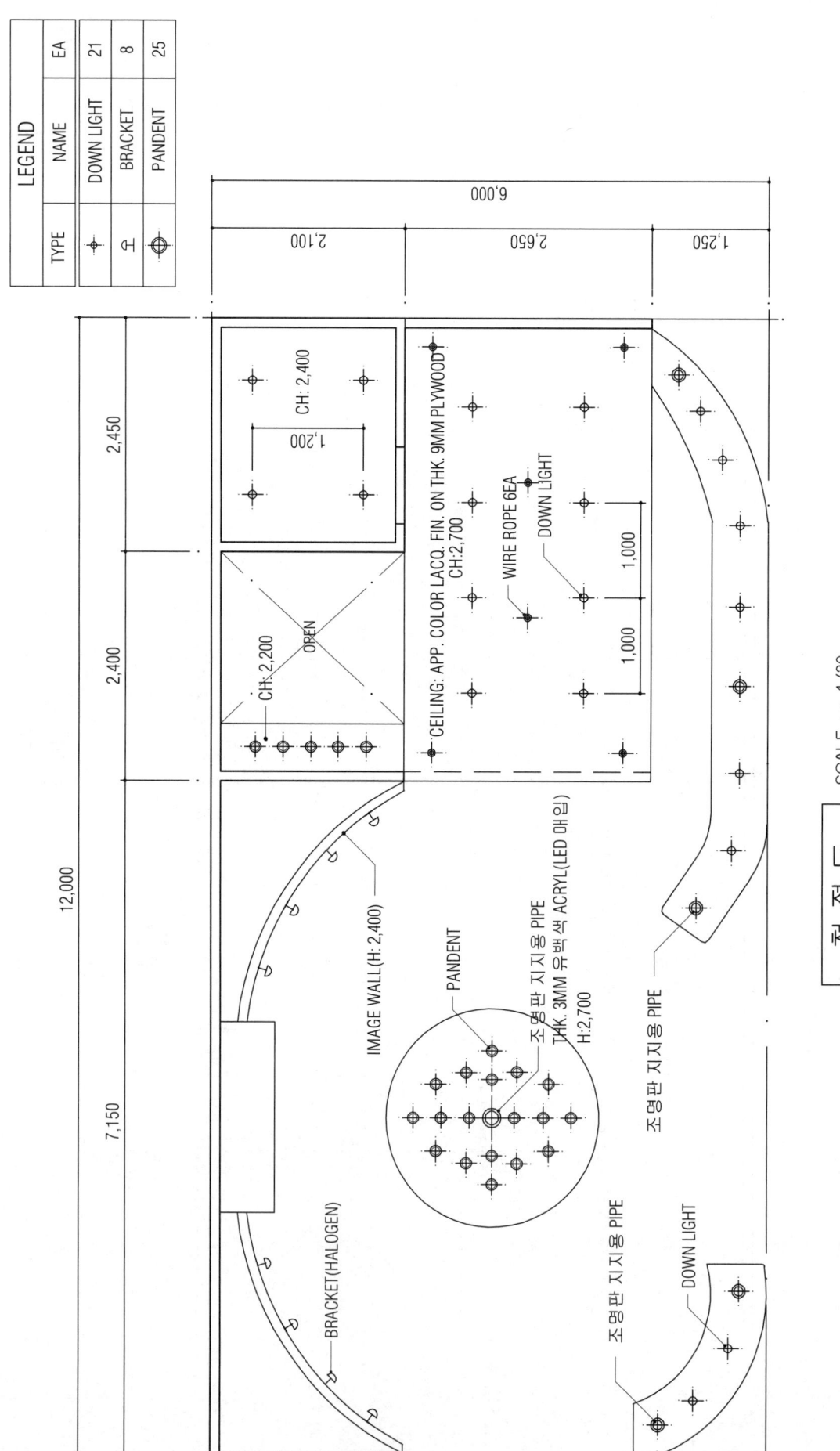

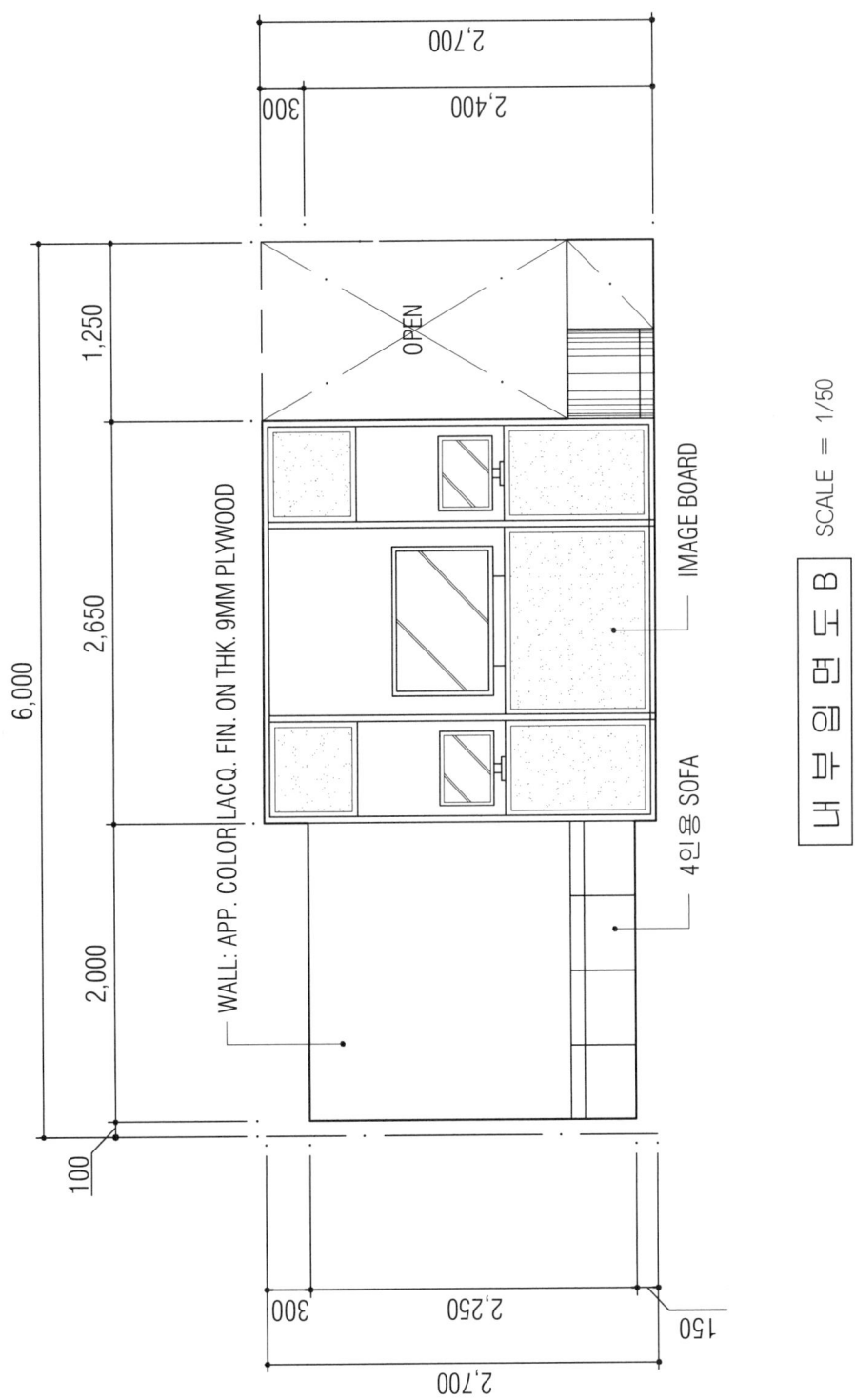

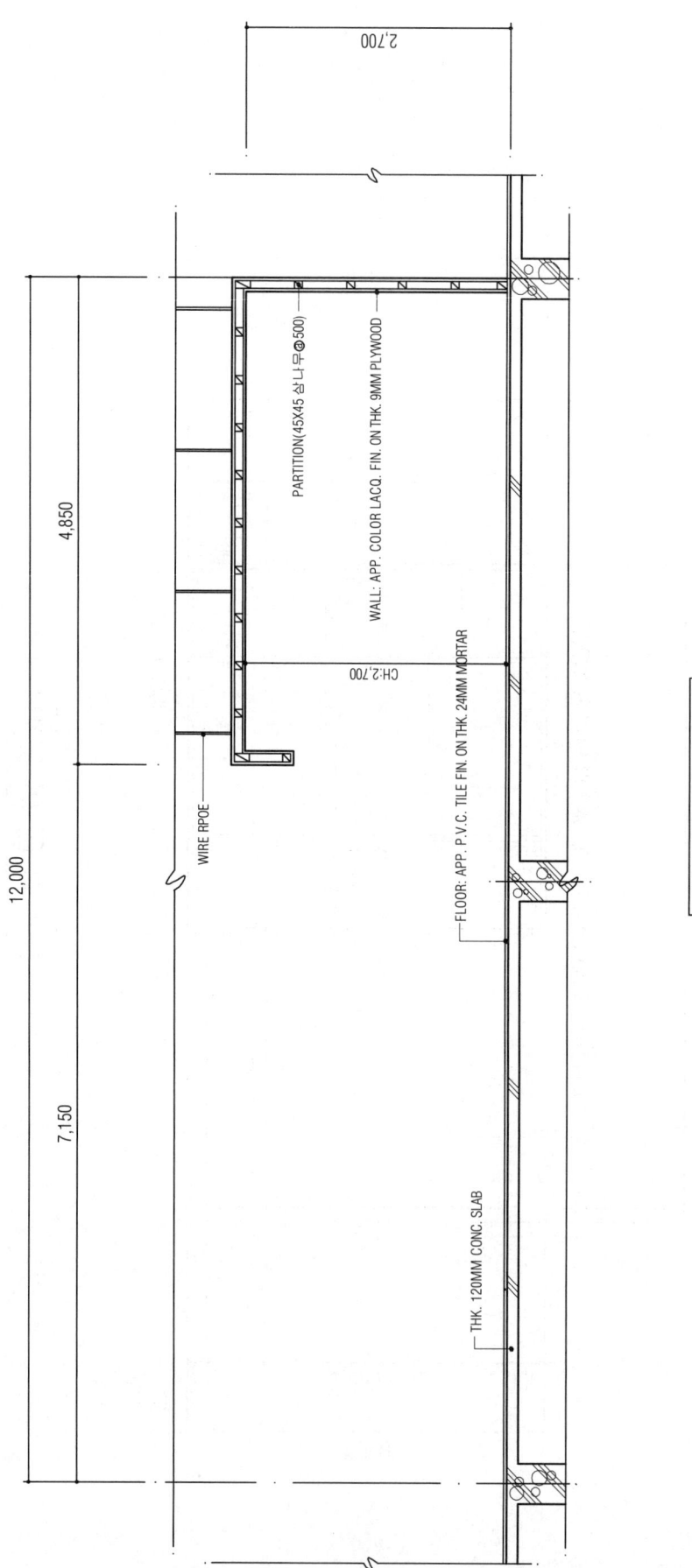

(2008. 7. 12 시행)

제53회 실내건축기사
시공실무

문제 1) 다음 아래 〈보기〉는 치장줄눈의 종류이다. 상호 관계있는 것을 고르시오. (5점)
〈보기〉 평줄눈, 볼록줄눈, 오목줄눈, 민줄눈, 내민줄눈

용 도	의 장 성	형 태
벽돌의 형태가 고르지 않은 경우	질감(Texture)의 거침.	(①)
면이 깨끗하고, 반듯한 벽돌	순하고 부드러운 느낌, 여성적 선의 흐름	(②)
벽면이 고르지 않은 경우	줄눈의 효과를 확실히 함.	(③)
면이 깨끗한 벽돌	약한 음영, 여성적 느낌	(④)
형태가 고르고, 깨끗한 벽돌	질감을 깨끗하게 연출하며, 일반적인 형태	(⑤)

【해설】 ① 평줄눈 ② 볼록줄눈 ③ 내민줄눈 ④ 오목줄눈 ⑤ 민줄눈

문제 2) 벽돌조의 균열원인을 계획상, 시공상으로 나누어 2가지씩 간략히 기술하시오. (4점)
계획상의 결함 ①
　　　　　　　②
시공상의 결함 ①
　　　　　　　②

【해설】 계획상의 결함 ① 기초의 부동침하
　　　　　　　　　　② 건물의 평면·입면의 불균형 및 벽의 불합리 배치
　　　시공상의 결함 ① 벽돌 및 모르타르의 강도부족
　　　　　　　　　　② 온도 및 흡수에 따른 재료의 신축성

문제 3) 목재 건조법 중 인공 건조법 3가지를 쓰시오. (3점)
①　　　　　　②　　　　　　③

【해설】 ① 증기법 ② 열기법 ③ 진공법 ④ 훈연법

문제 4) 시멘트 모르타르 3회 바르기 순서를 바르게 나열하시오. (3점)
① 초벌바름 ② 바탕처리 ③ 고름질 ④ 물축이기 ⑤ 재벌 ⑥ 정벌

【해설】 ② → ④ → ① → ③ → ⑤ → ⑥

문제 5) 다음 용어를 설명하시오. (4점)
① 마름질
② 바심질

【해설】 ① 마름질 : 목재를 크기에 따라 각 부재의 소요길이로 잘라내는 것.
② 바심질 : 구멍뚫기, 홈파기, 면접기 및 대패질 등으로 목재를 다듬는 일.

문제 6) 다음은 테라쪼 시공에 대한 내용이다. 순서대로 나열하시오. (3점)
〈보기〉 ① 바름   ② 갈기   ③ 광내기   ④ 양생   ⑤ 줄눈대 대기   ⑥ 바탕처리

【해설】 ⑥ → ⑤ → ① → ④ → ② → ③

문제 7) 멤브레인 방수 공법 2가지를 쓰시오. (2점)
①   ②

【해설】 ① 아스팔트방수   ② 도막방수   ③ 시이트방수

참고〉 membrane : 박막(薄膜)의 의미로 얇게 펴서 바르거나, 얇게 만들어진 판(장)에 방수지를 접착하여 시공하는 방법들을 말함.

문제 8) 다음은 도장공사에 관한 설명이다. ○×로 구분하시오. (3점)
① 도료의 배합비율 및 신너의 희석비율은 부피로 표시한다.
② 도장의 표준량은 평평한 면의 단위면적에 도장하는 도장재료의 양이고, 실제의 사용량은 도장하는 바탕면의 상태 및 도장재료의 손실 등을 참작하여 여분을 생각해 두어야 한다.
③ 롤러 도장은 붓 도장보다 도장속도가 빠르다. 그러나 붓 도장 같이 일정한 도막두께를 유지하기가 매우 어려우므로 표면이 거칠거나 불규칙한 부분에는 특히 주의를 요한다.

【해설】 ① ×   ② ○   ③ ○

문제 9) 목구조에 대한 설명이다. 괄호 안을 채우시오. (3점)
① 바닥에서 1m정도 높이의 하부벽을 (   )이라 한다.
② 상층기둥 위에 가로대어 지붕보 또는 양식 지붕틀의 평보를 받는 도리를 (   )라 한다.
③ 변두리 기둥에 얹히고, 처마 서까래를 받는 도리를 (   )라 한다.

【해설】 ① 징두리   ② 깔도리   ③ 처마도리

문제 10) 다음 설명에 맞는 용어를 쓰시오. (3점)
① 나무나 석재의 면을 깎아 밀어서 두드러지게 또는 오목하게 하여 모양지게 하는 것.
② 모서리 구석 등에 표면 마구리가 보이지 않도록 45°각도로 빗잘라 대는 맞춤.
③ 재를 섬유방향과 평행으로 옆 대어 넓게 붙이는 것.

【해설】 ① 모접기   ② 연귀맞춤   ③ 쪽매

문제 11) 바니쉬 칠 공정 작업순서를 〈보기〉에서 골라 순서대로 번호를 쓰시오. (2점)
〈보기〉 ① 색올림　② 왁스 문지름　③ 바탕처리　④ 눈먹임

【해설】 ③ → ④ → ① → ②

문제 12) 다음은 벽돌 쌓기에 관한 설명이다. 괄호 안에 알맞은 용어를 쓰시오. (2점)
한 켜는 마구리쌓기 다음 한 켜는 길이쌓기로 하고, 모서리 끝에 이오토막을 쓰는 것을 영식 쌓기라 하며, 영식 쌓기와 같고, 모서리 벽에 칠오토막을 쓰는 것을 (①)라 하며, 매 켜에 길이쌓기와 마구리쌓기를 번갈아 쓰는 것을 (②)라 한다.

【해설】 ① 화란식쌓기(네덜란드식쌓기)　　② 불식쌓기 (프랑스식쌓기)

문제 13) 벽타일 붙이기 공법중 하나인 접착 붙이기의 시공법에 대한 설명 중 맞는 것을 고르시오. (3점)
〈보기〉 ① 내장공사　② 외장공사　③ 물　④ 줄눈대　⑤ 충전재
　　　　⑥ 클링커타일공사　⑦ 1㎡　⑧ 2㎡　⑨ 3㎡　⑩ 4㎡

가. ( )에 한하여 적용한다.
나. 바탕이 고르지 않을 때에는 접착제에 적절한 ( )을 혼합하여 바탕을 바른다.
다. 접착제 1회 바름 면적은 ( )이하로 하고, 접착제용 흙손으로 눌러 바른다.

【해설】 가 → ①　　나 → ⑤　　다 → ⑧

실내디자인

[제53회 작품명] 치과의원

1. 요구사항 - 주어진 도면은 치과의원의 평면도이다. 요구조건에 따라 요구도면을 작성하시오.

2. 요구조건
   ① 설계면적 : 21.6m×11.4m×3.6m(H)
   ② 인적구성(총 8인) : 원장(2인), 간호사(5인), 보조사(1인)
   ② 요구공간 및 필요집기
      (가) 요구공간 : X-Ray실, 상담실, 응접실, 대기실, 안내, 진료실
      (나) 필요집기 : X-Ray기계, 소파 Set(대기실), 테이블 Set-2EA, 책상 Set(원장실, 상담실)
                    옷장 및 수납공간, 에어컨(stand형, 벽걸이형), 오디오 Set, 진료대 5EA

3. 요구도면
   ① 평면도(가구배치 및 바닥마감재 표기) SCALE : 1/50
      - 평면도 주변의 여유공간에 설계개요 (DESIGN CONCEPT)를 180자 이내로 작성하시오.
   ② 천정도(설비, 조명기구 배치 및 범례표 작성/천정마감재 표기) SCALE : 1/100
   ③ 내부입면도 (벽면재료 표기) C방향 1면 SCALE : 1/50
   ④ 단면상세도 (A-A´) : 1/50
   ⑤ 실내투시도(채색작업은 필수) SCALE : N.S
      (계획의 포인트가 좋은 지점에서 1소점 또는 2소점 투시법으로 작성하되, 작성과정의 투시보조선을 남길 것)

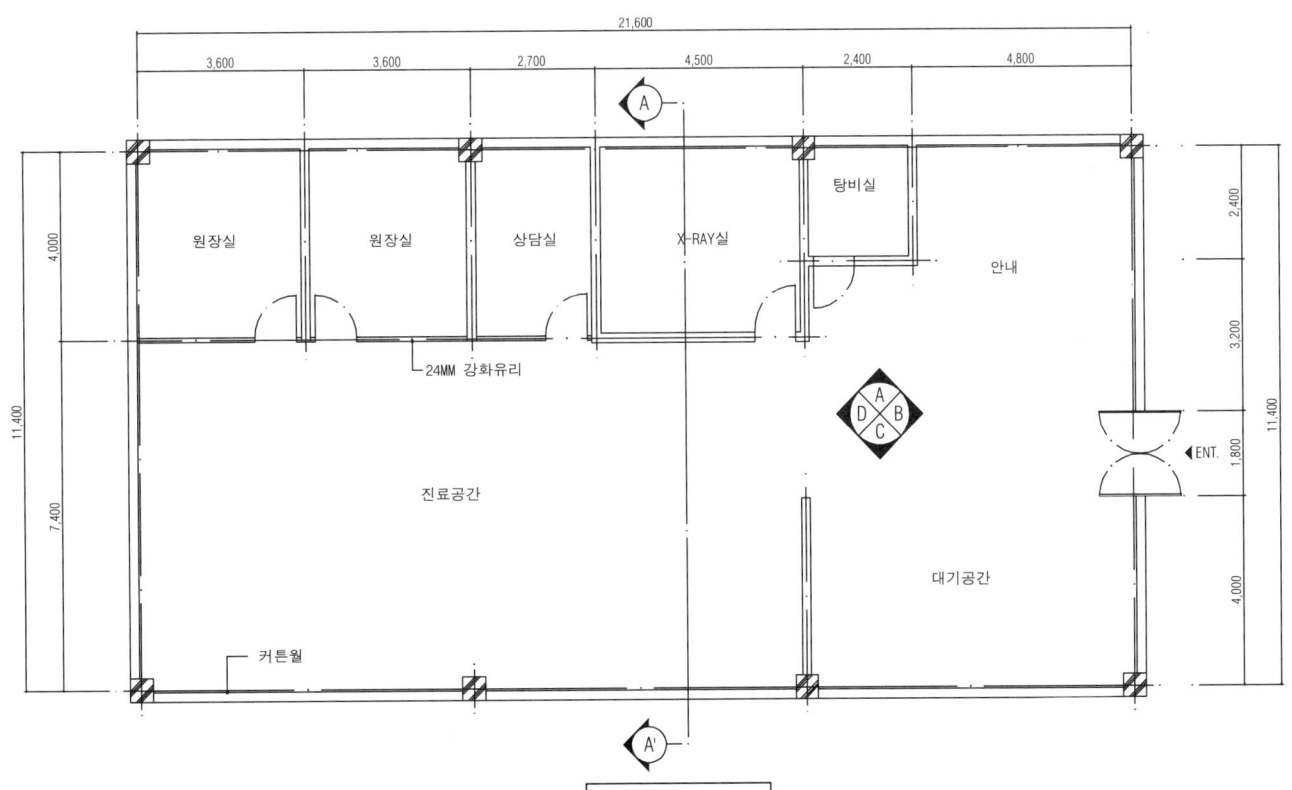

평 면 도

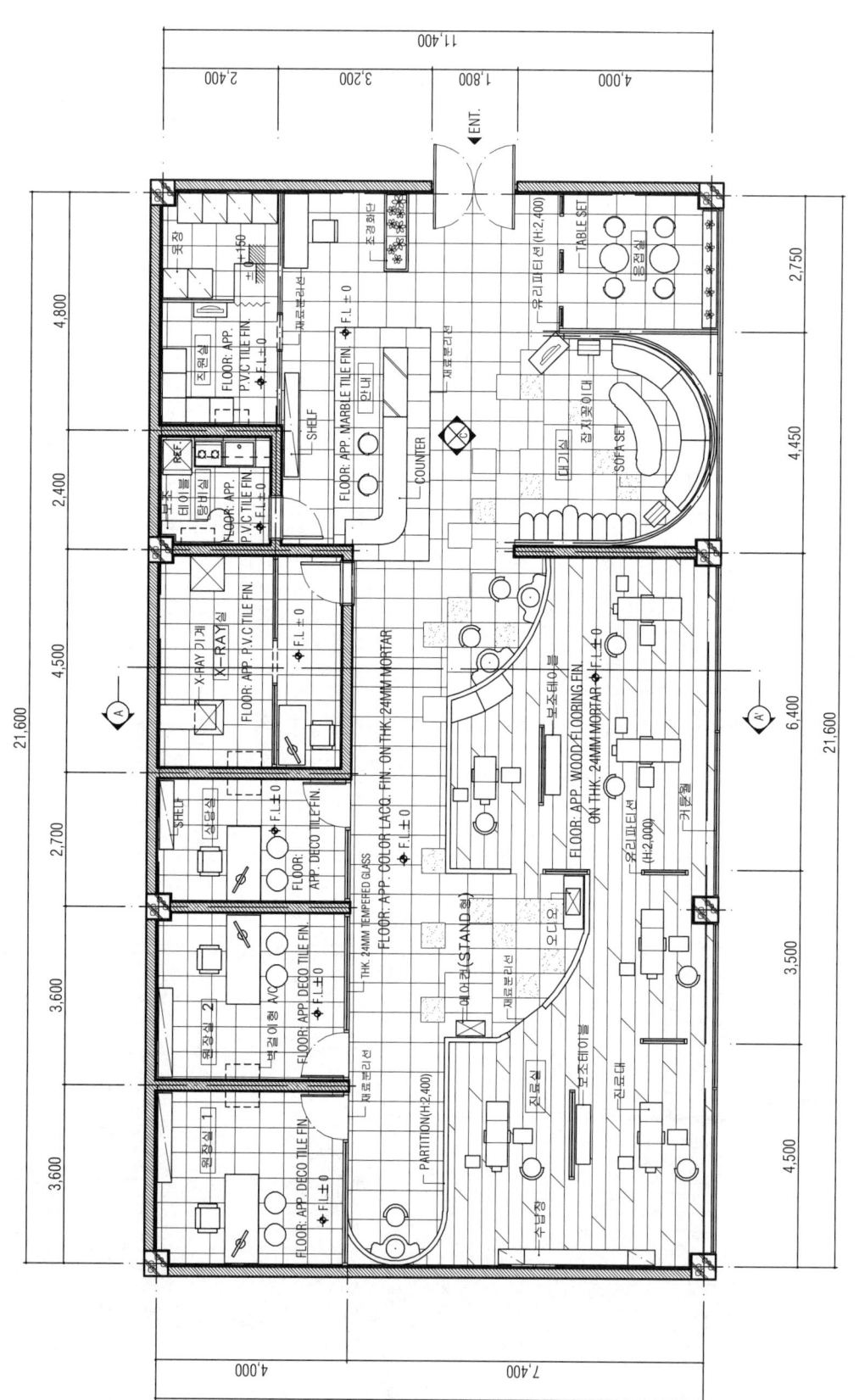

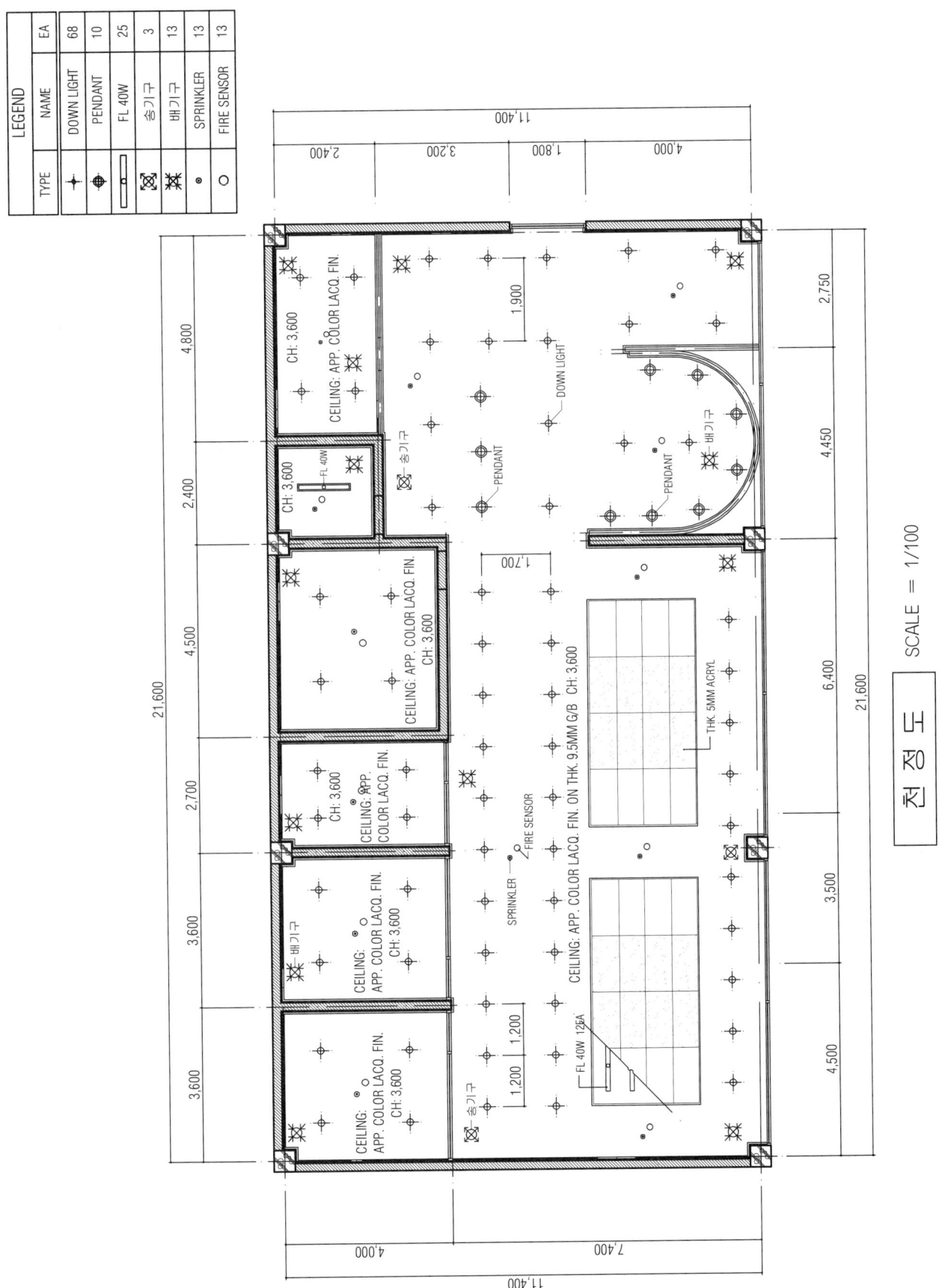

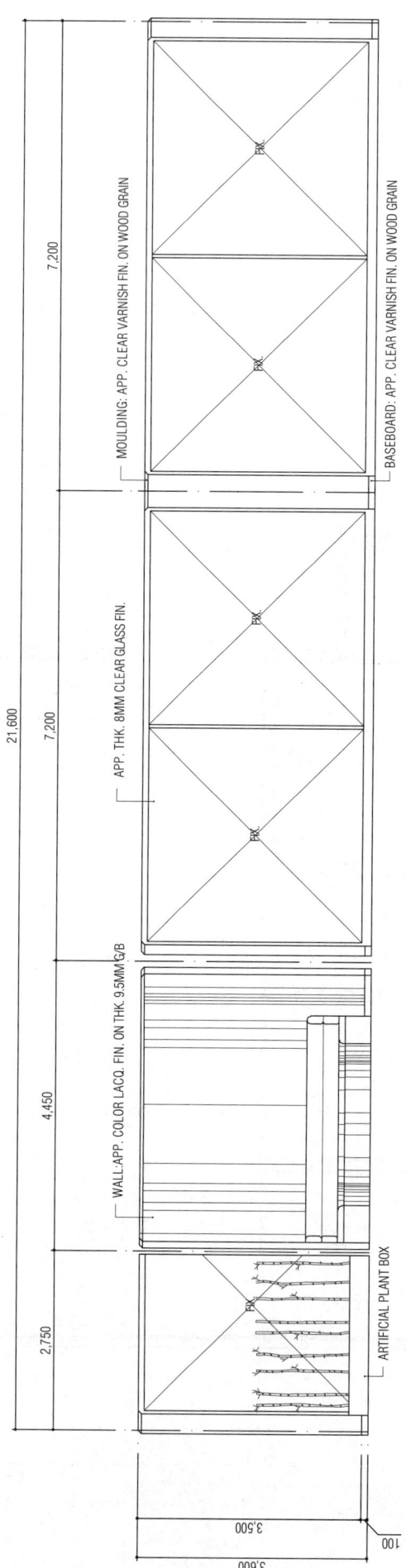

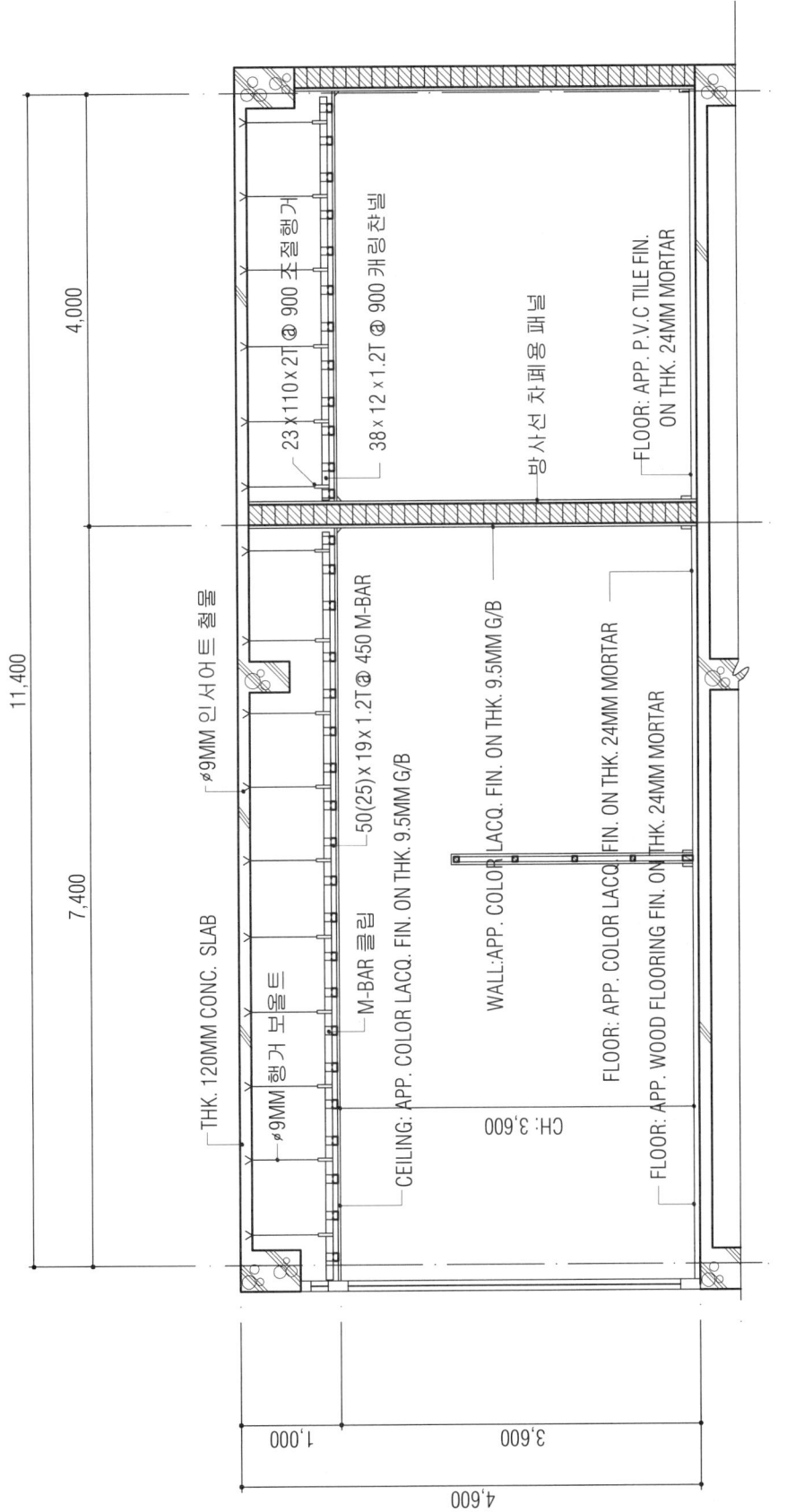

단 면 상 세 도 A-A' SCALE = 1/50

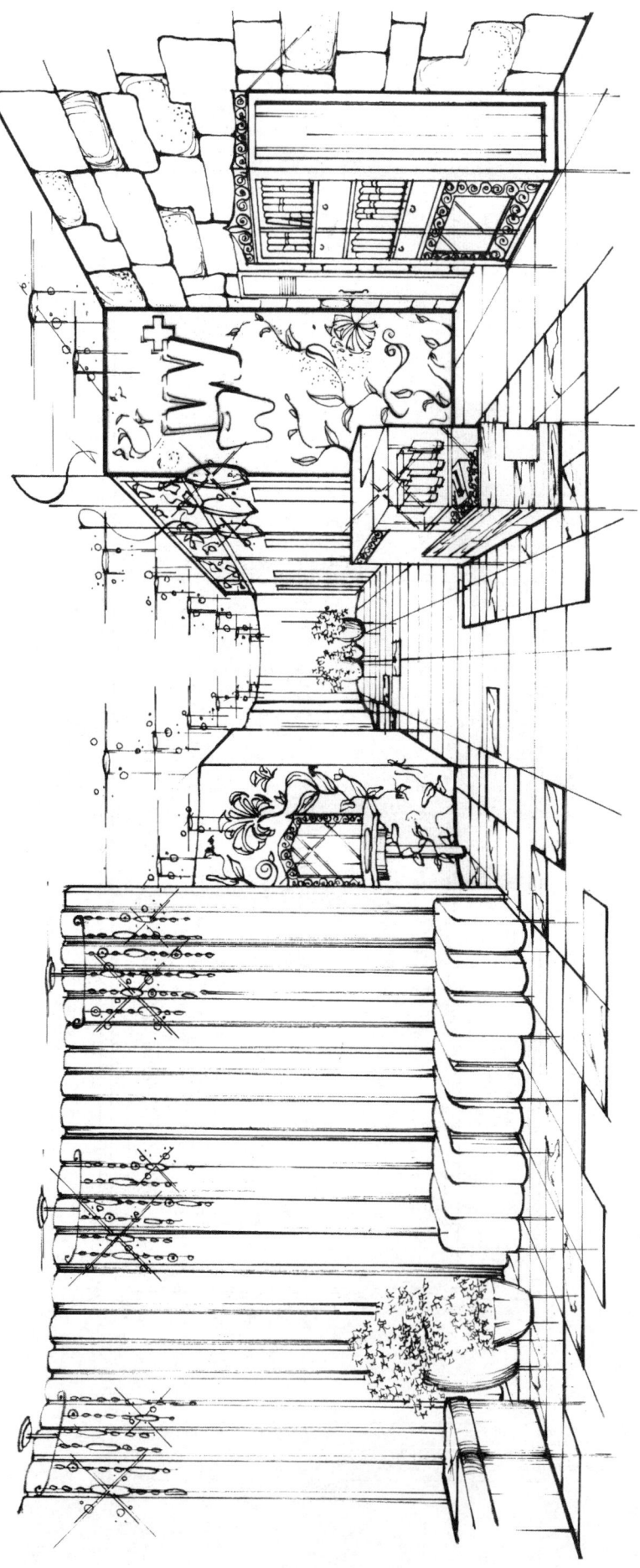

(2008. 11. 01 시행)

제54회 실내건축기사
시공실무

문제 1) 조적공사에서 벽돌 벽체를 보강하기 위하여 테두리보를 설치하는 경우가 많은데 테두리보를 설치함으로써 얻어지는 장점 3가지를 쓰시오. (3점)

①   ②   ③

【해설】① 수직하중을 균등하게 분포시킨다.
② 수직균열을 방지한다.
③ 집중하중 부분을 보강한다.

문제 2) 익스펜션볼트(Expansion Bolt)에 대해 간략히 설명하시오. (4점)

【해설】확장볼트 또는 팽창볼트라고 불리는 것으로 콘크리트, 벽돌 등의 면에 띠장, 문틀 등의 다른 부재를 고정하기 위하여 묻어두는 특수 볼트

문제 3) 다음은 공법상 분류의 아치벽돌쌓기에 관한 설명이다. (　)안에 알맞은 용어를 〈보기〉에서 골라 쓰시오. (4점)

〈보기〉 ① 거친아치   ② 막만든아치   ③ 층두리아치   ④ 본아치

아치벽돌을 주문제작하여 이용한 (㉮), 보통벽돌을 쐐기모양으로 다듬어 만든 (㉯)가 있는데 보통벽돌을 써서 줄눈을 쐐기모양으로 하는 (㉰)가 일반적으로 쓰인다. 또한 아치 나비가 클 때에 아치를 겹으로 둘러 틀 때도 있는데 이것을 (㉱)라 한다.

【해설】㉮ → ④, ㉯ → ②, ㉰ → ①, ㉱ → ③

문제 4) 다음 각종 미장재료를 기경성 및 수경성 미장재료로 분류할 때 해당되는 재료명을 〈보기〉에서 골라 쓰시오. (4점)

〈보기〉 ① 진흙   ② 순석고플라스터   ③ 회반죽   ④ 돌로마이트플라스터
⑤ 킨즈시멘트   ⑥ 인조석바름   ⑦ 시멘트모르타르

가. 기경성 미장재료 :

나. 수경성 미장재료 :

【해설】 가. 기경성 미장재료 : ①, ③, ④
나. 수경성 미장재료 : ②, ⑤, ⑥, ⑦

문제 5) 목공사에 대한 다음 설명에 해당되는 용어를 쓰시오. (3점)

① 목재를 소요치수로 자르는 일

② 목재의 구멍뚫기, 홈파기, 대패질, 기타 다듬질 하는 일

③ 모서리 등에 나무 마구리가 보이지 않게 귀 부분을 45°각도로 빗잘라 대는 맞춤

【해설】 ① 마름질   ② 바심질   ③ 연귀맞춤

문제 6) 코너비드에 대하여 간략히 설명하시오. (3점)

【해설】 기둥, 벽 등 모서리부분의 미장바름을 보호하기 위한 철물로 그 시공면의 각진 모서리에 대어 시공한다.

문제 7) 금속재의 도장 바탕처리 방법 중 화학적 방법을 3가지 쓰시오. (3점)
①   ②   ③

【해설】 ① 탈지법   ② 세정법   ③ 피막법

참고〉 ① 탈지법 : 솔벤트, 나프타 등의 용제로 그리스, 오물, 기타 이물질을 제거하는 방법
② 세정법 : 산의 용액 중에 재료를 침적하여 금속표면의 녹과 흑피를 제거하는 방법
③ 피막법 : 인산염피막을 만들어 발청을 억제시키고, 도료의 밀착을 좋게 하는 방법

문제 8) 조적공사에서 다음 설명이 의미하는 용어를 쓰시오. (4점)

① 세로줄눈이 일직선이 되도록 개체를 길이로 세워 쌓는 방법

② 창문틀 위에 쌓고 철근과 콘크리트를 다져 넣어 보강하는 U자형 블록

【해설】 ① 길이옆세워쌓기   ② 인방블록

문제 9) 다음 용어에 대하여 설명하시오. (4점)

① 페코 빔 (Pecco Beam)

② 데크 플레이트 (Deck Plate)

【해설】 ① 페코 빔 : 철골트러스와 비슷한 형상을 한 가설보로 상부에 거푸집을 형성하기 위한 무지주 공법의 수평지지 보이며, 스팬사이의 신축이 가능하다.
② 데크 플레이트 : 지주없는 거푸집으로 사용하거나, 내화 피복하여 구조체로도 사용하는 골모양의 금속재료

문제 10) 조적구조에서 내력벽과 장막벽을 구분하여 기술하시오. (4점)

① 내력벽

② 장막벽

【해설】 ① 내력벽 : 벽체, 바닥, 지붕 등의 하중을 받아 기초에 전달하는 벽
② 장막벽 : 공간구분을 목적으로 상부하중을 받지 않고, 자체의 하중만을 받는 벽

문제 11) 치장벽돌 쌓기 순서에 맞게 〈보기〉에서 골라 (   )안에 번호를 쓰시오. (4점)

① 줄눈파기 ② 규준쌓기 ③ 세로규준틀설치 ④ 보양 ⑤ 중간부쌓기 ⑥ 물축이기

벽돌 및 바탕청소 → (　　) → 건비빔 → (　　) → 벽돌나누기 → (　　) →
수평실치기 → (　　) → 줄눈누름 → (　　) → 치장줄눈 → (　　)

【해설】 벽돌 및 바탕청소 → (⑥) → 건비빔 → (③) → 벽돌나누기 → (②) → 수평실치기 → (⑤) → 줄눈누름 → (①) → 치장줄눈 → (④)

실 내 디 자 인

[제54회 작품명] 최저가 화장품 판매점

1. 요구사항 - 상업중심지역에 위치한 최저가 화장품점이다.
   다음의 요구조건에 따라 도면을 설계하시오.

2. 요구조건
   ① 설계면적 : 10,100×8,750×3,300 mm(H)
   ② 필요공간 및 가구
       CASHIR COUNTER - 2,100×550×850 - 1EA
       DISPLAY TABLE - 1,500×800×700 - 4EA
       WALL SHELF : 폭 300, 높이 및 개수 자유
       천정형 시스템 냉난방기 : 840×840, STORAGE
       그 외의 가구는 작도자가 임의로 추가하여 배치할 수 있다.

3. 요구도면
   ① 평면도 SCALE : 1/50
      (가구배치 포함/평면계획의 Design 의도·방향등을 180자 내외로 쓰시오.)
   ② 천정도(설비, 조명기구 배치 및 범례표 작성) SCALE : 1/50
   ③ 내부입면도 A방향 1면(벽면재료 표기) SCALE : 1/50
   ④ 단면도(A-A´) SCALE : 1/50
   ⑤ 실내투시도 SCALE : N.S
      (계획의 포인트가 좋은 지점에서 1소점 또는 2소점 투시법으로 작성하되, 작성과정의
      투시보조선을 남길것)

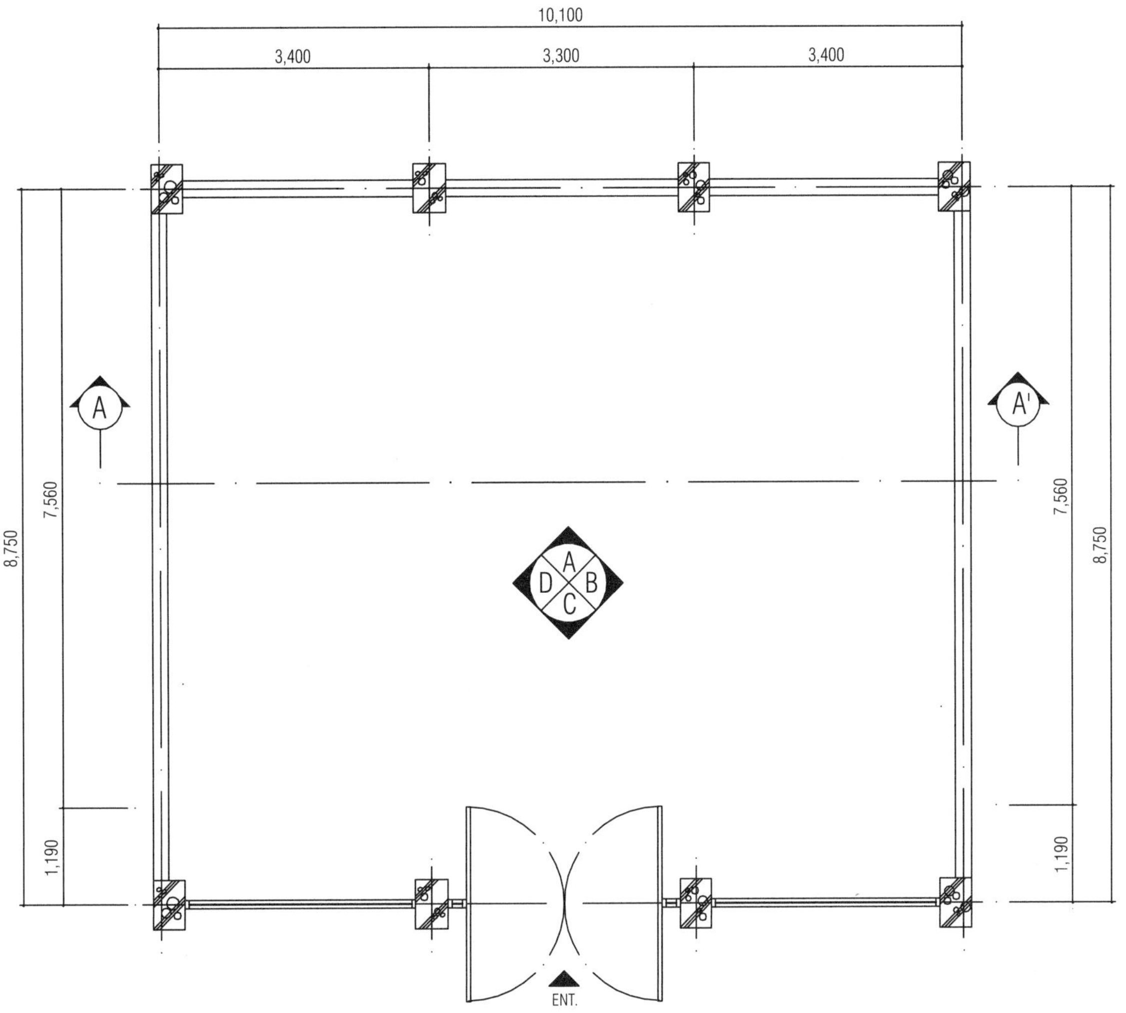

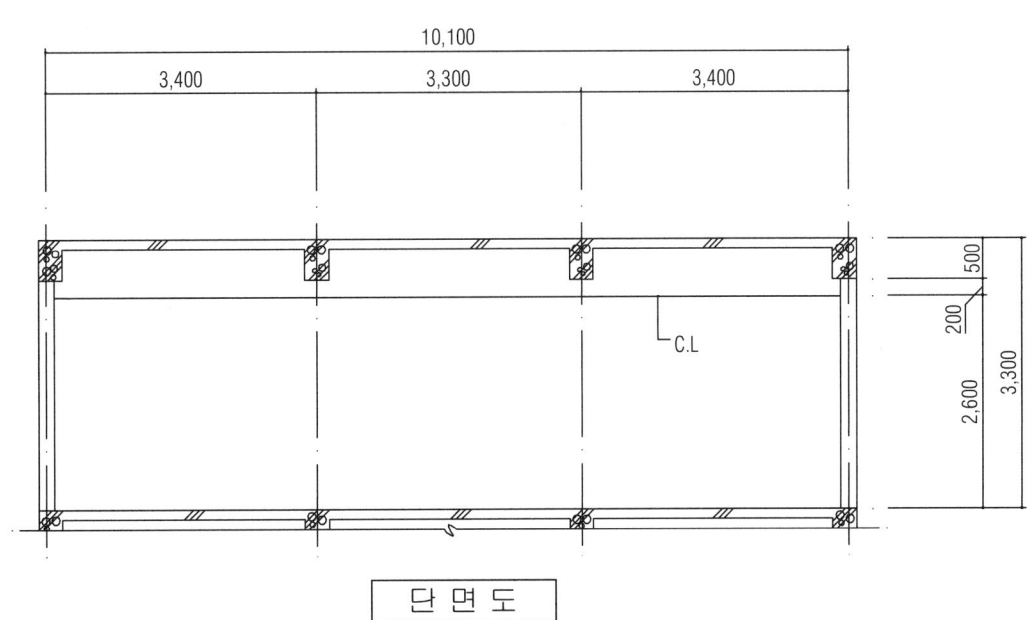

평 면 도

단 면 도

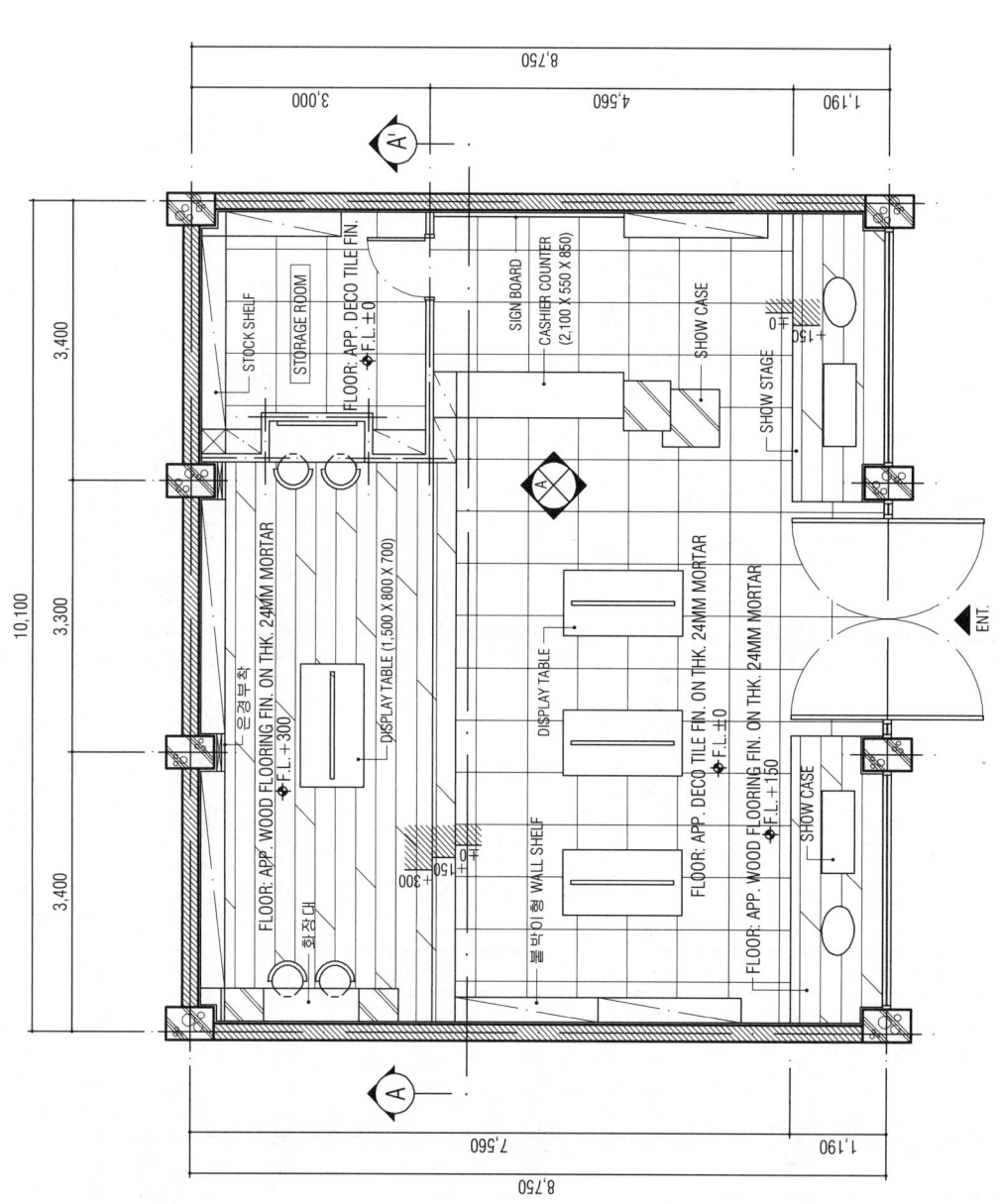

평면도 SCALE = 1/50

CONCEPT
시내 중심가에 위치한 젊지한 화장품 판매점이다. 같은 공간이지만 다른 느낌을 부여하기 위해 공간을 분할하여 고객이 주 하여금 신선함을 느끼게 하였다. 셀프 화장대와 같은 고객을 배려한 공간을 만들어 참여도를 높이고 다시 찾아오고 싶은 곳으로 계획하였다. 자연 친화적이며 편안한 공간이 되도록 곳곳에 나무재질을 사용하였고 SHOW STAGE에 대형 펜던트를 설치하여 지나가는 사람들의 시선을 끌 수 있도록 연출하였다.

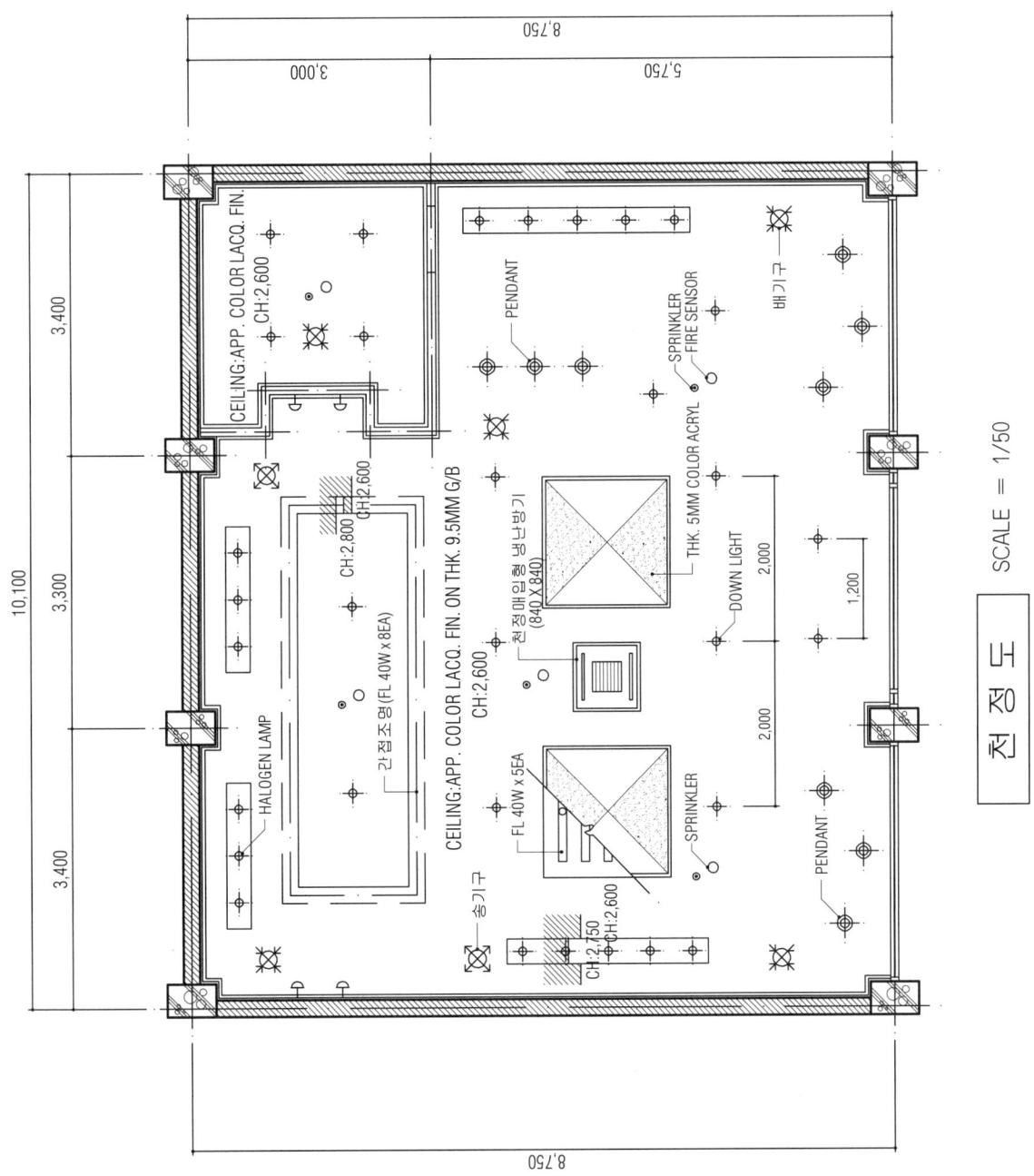

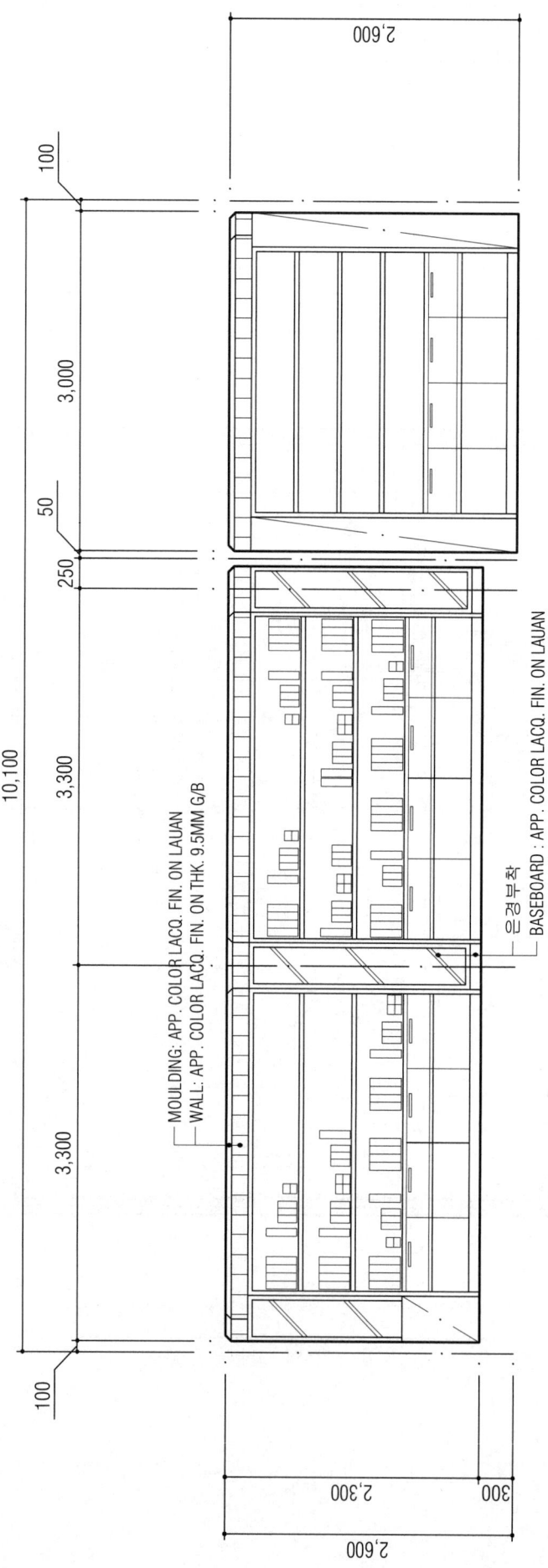

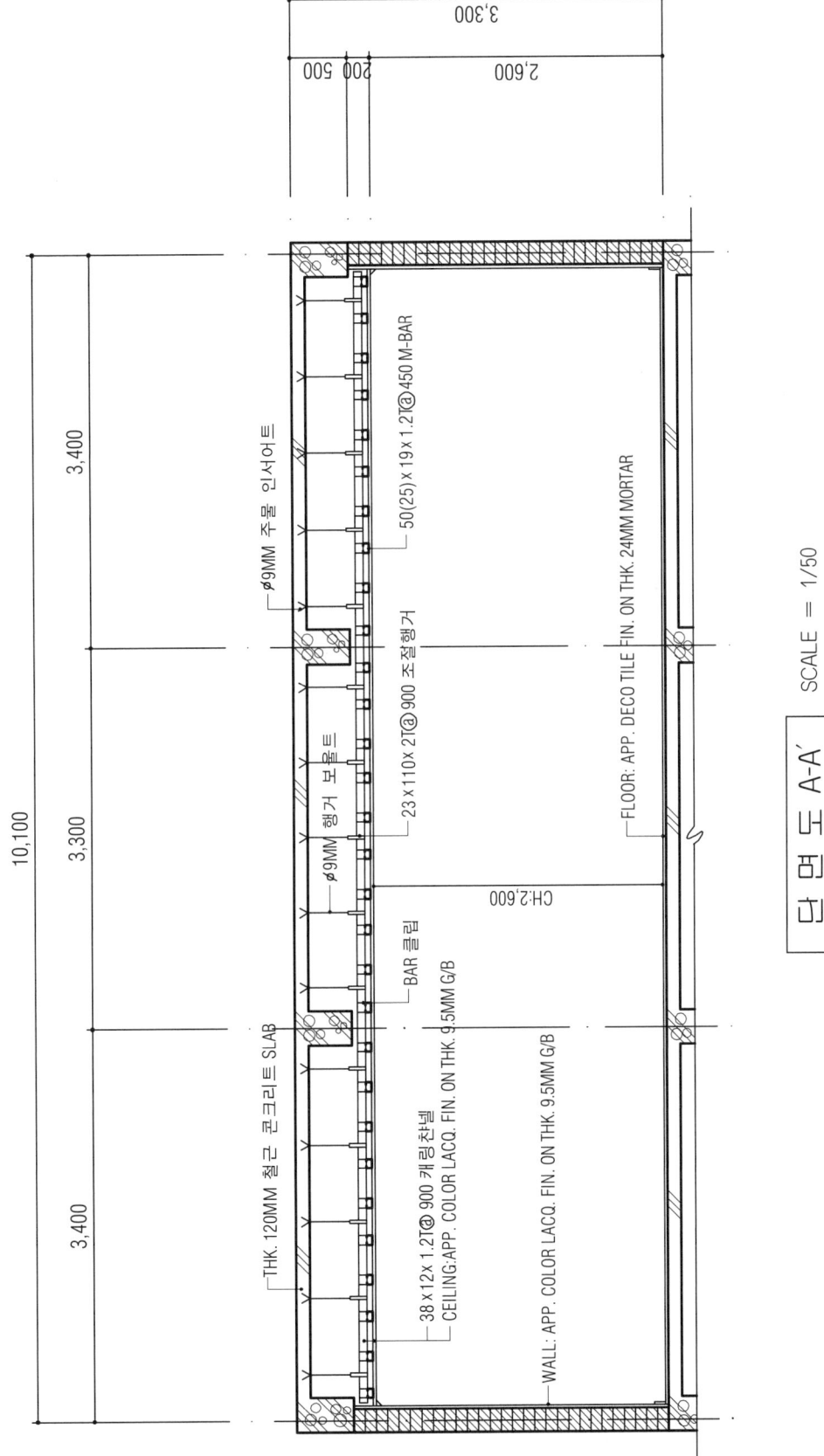

실내투시도 SCALE = N.S

(2009. 4. 18 시행)

제55회 실내건축기사
시공실무

문제 1) 다음 아래 용어를 설명하시오. (4점)
① 인서트(Insert)
② 코너비드(Corner bead)

【해설】 ① 반자틀 기타 구조물을 달아매고자 할 때 볼트 또는 달대의 걸침이 되는 철물로 콘크리트조 바닥판 밑에 설치한다.
② 기둥, 벽 등 모서리 부분의 미장바름을 보호하기 위한 철물로 그 시공면의 각진 모서리에 대어 시공한다.

문제 2) 다음은 석재 가공순서의 공정이다. 바르게 나열하시오. (4점)
① 잔다듬   ② 정다듬   ③ 도드락다듬   ④ 혹두기 or 혹떼기   ⑤ 갈기

【해설】 ④ → ② → ③ → ① → ⑤

문제 3) 정상적으로 시공할 때 공사기일은 13일, 공사비는 170,000원이고, 특급으로 시공할 때 공사기일은 10일, 공사비는 320,000원이라면, 공기 단축시 필요한 비용구배를 구하시오. (4점)

표준공기	표준비용	특급공기	특급비용
13일	170,000원	10일	320,000원

【해설】 비용구배 = $\dfrac{320,000원 - 170,000원}{13일 - 10일}$ = $\dfrac{150,000원}{3일}$ = 50,000원/일

문제 4) 다음 미장재료 중 기경성 재료를 고르시오. (4점)
〈보기〉 ① 시멘트모르타르   ② 돌로마이트플라스터   ③ 회반죽
④ 순석고   ⑤ 테라쪼현장갈기   ⑥ 진흙

【해설】 ②, ③, ⑥

문제 5) 다음은 품질관리 기법에 관한 설명이다. 해당되는 설명에 관계되는 용어를 쓰시오. (4점)
① 모집단의 분포상태 막대 그래프 형식
② 층별요인 특성에 대한 불량 점유율
③ 특성요인과의 관계 화살표
④ 점검 목적에 맞게 미리 설계된 시트

【해설】 ① 히스토그램   ② 층별   ③ 특성요인도   ④ 체크시이트

문제 6) 철골공사시 철골에 녹막이 칠을 하지 않는 부분 3가지만 쓰시오. (4점)
① ② ③

【해설】 ① 콘크리트에 매입되는 부분
② 철골조립에 의해 맞닿는 부분
③ 현장에서 용접하는 부분

문제 7) 다음 용어를 설명하시오. (4점)
① 메탈라스
② 펀칭메탈

【해설】 ① 얇은 강판에 자름금을 내어 늘린 마름모꼴 형태의 철망으로 천정, 벽, 처마둘레 등의 미장바름 보호용으로 쓰인다.
② 얇은 강판에 구멍을 뚫어 환기구 또는 방열기 커버 등에 쓰인다.

문제 8) 다음 재료의 할증률을 쓰시오. (4점)
① 목재(각재)   ② 붉은벽돌   ③ 유리   ④ 클링커타일

【해설】 ① 5% ② 3% ③ 1% ④ 3%

문제 9) 조적공사시 테두리보를 설치하는 이유 3가지를 쓰시오. (4점)
① ② ③

【해설】 ① 수직하중을 균등하게 분포시킨다.
② 수직균열을 방지한다.
③ 집중하중 부분을 보강한다.

문제 10) 다음 용어를 간략히 설명하시오. (4점)
① 방습층
② 벽량
③ 백화현상

【해설】 ① 지면에 접하는 벽돌벽에 지중습기가 벽돌벽체로 상승하는 것을 막기 위해 설치한다.
② 내력벽의 길이의 총합계를 그 층의 바닥면적으로 나눈 값으로 단위 바닥면적에 대한 그 면적내에 있는 벽 길이의 비이다.
③ 벽돌 중에 있는 황산나트륨 또는 모르타르 중에 포함되어 있는 소석회 성분이 대기 중의 탄산가스와 화학반응을 일으켜 벽면에 흰 백태를 만드는 현상이다.

실 내 디 자 인

[제55회 작품명] TAKE OUT이 가능한 COFFEE & CAKE 전문샵

1. 요구사항 - 교통중심지역의 연결지역에 위치한 Takeout이 가능한 Coffee&Cake전문샵의 평면도이다. 다음의 요구조건에 따라 도면을 설계하시오.

2. 요구조건
   ① 설계면적 : 10,500×6,600×3,000 mm(H)
   ② 인적구성 : 상시종업원 2인, 비상시 종업원 2인(아르바이트)
   ③ Showwindow + Takeout counter(임시사이즈 적용) ④ Coffee 제조대 : 1,200×600×1,000
   ⑤ Cashier counter 제조대 : 1,200×500×1,000   ⑥ Cake 진열대 : 1,200×600×1,000
   ⑦ 화장실(남여공용)   ⑧ 비품저장 및 창고
   ⑨ 설비실 : 에어컨, 히터 환기가 되도록 패키지로 묶어서 팬덕트 형태
   ⑩ 손님용 좌석   ⑪ 조경(임의)

3. 요구도면
   ① 평면도 SCALE : 1/50
      (가구배치 포함, 평면계획의 Design 의도·방향등을 200자 내외로 쓰시오.)
   ② 천정도(설비, 조명기구 배치 및 범례표 작성) SCALE : 1/50
   ③ 내부입면도 C방향 1면(벽면재료 표기) SCALE : 1/50
   ④ 단면도(A-A′) SCALE : 1/30
   ⑤ 실내투시도 SCALE : N.S
      (계획의 포인트가 좋은 지점에서 1소점 또는 2소점 투시법으로 작성하되, 작성과정의 투시보조선을 남길것)

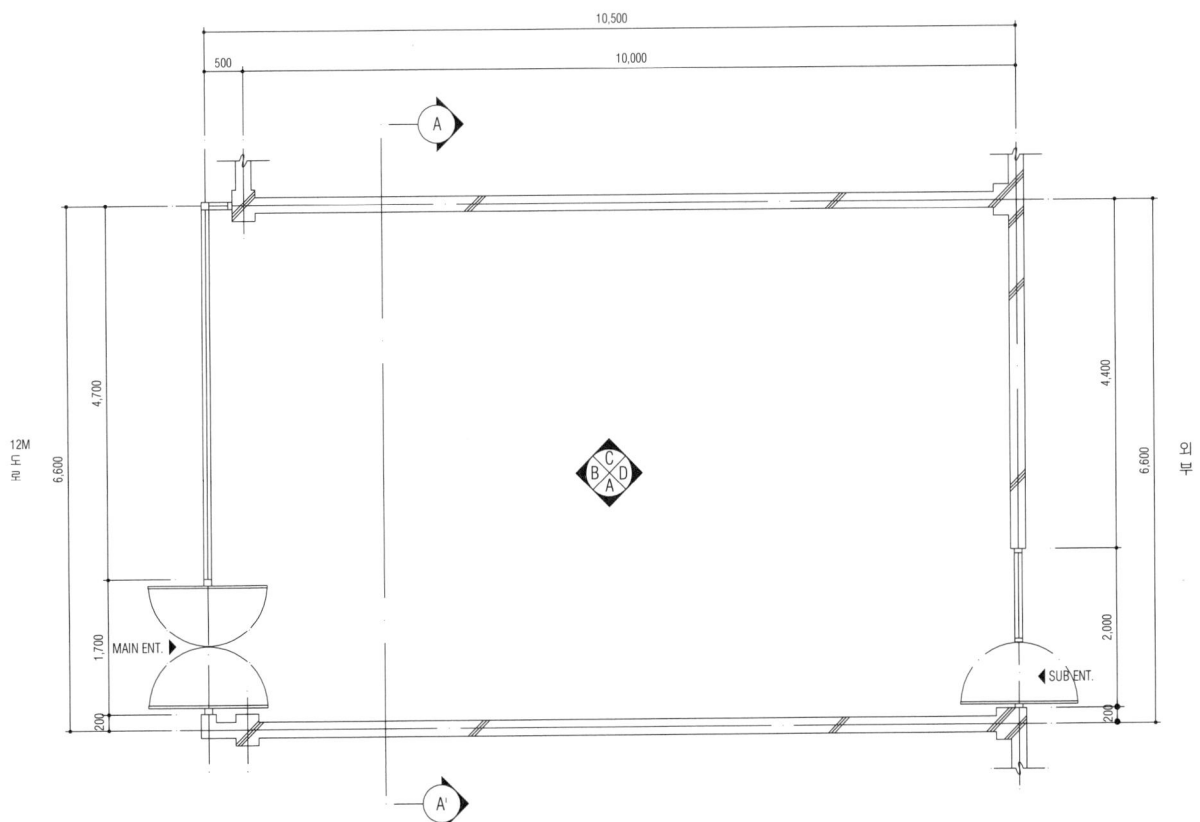

평 면 도

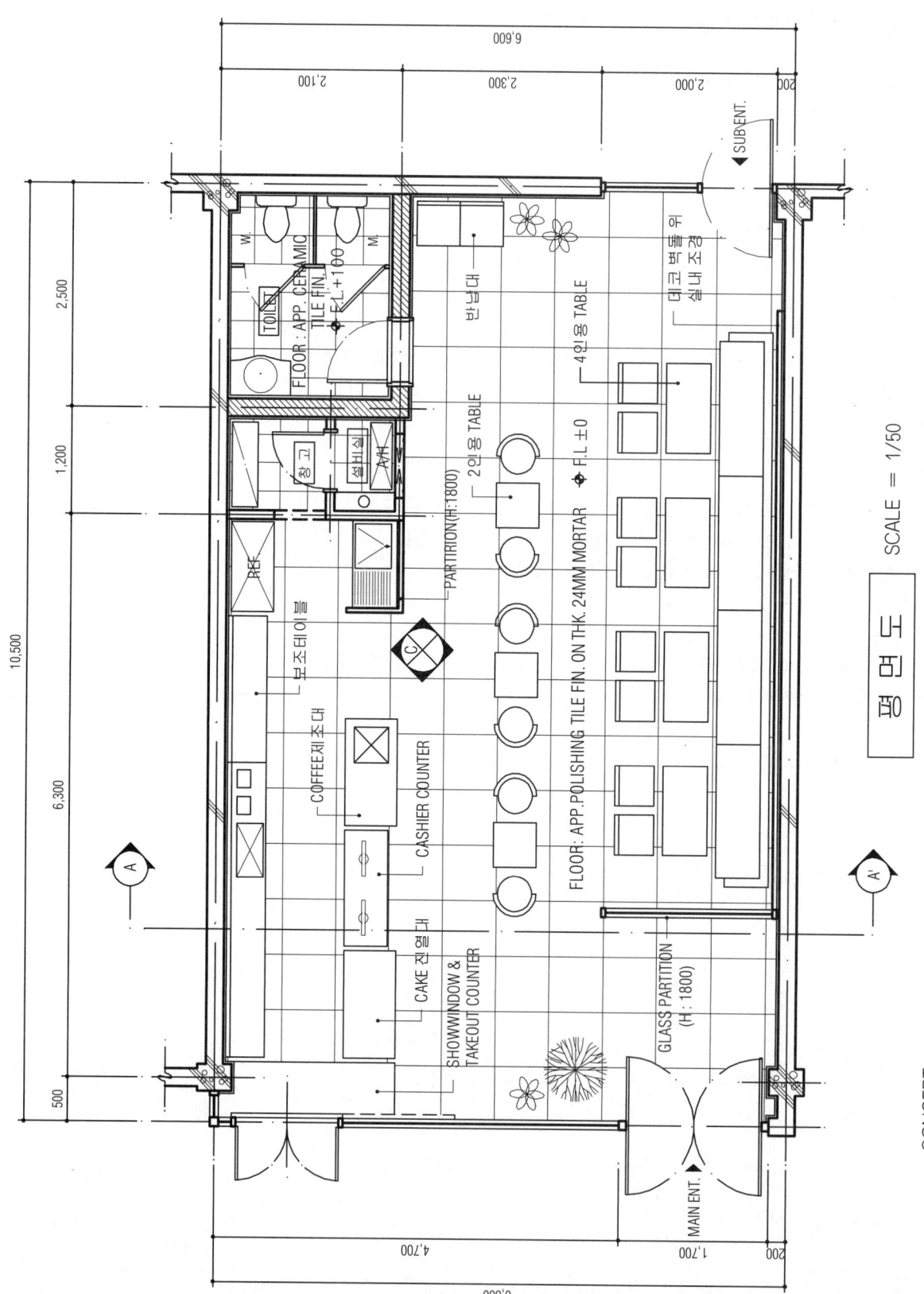

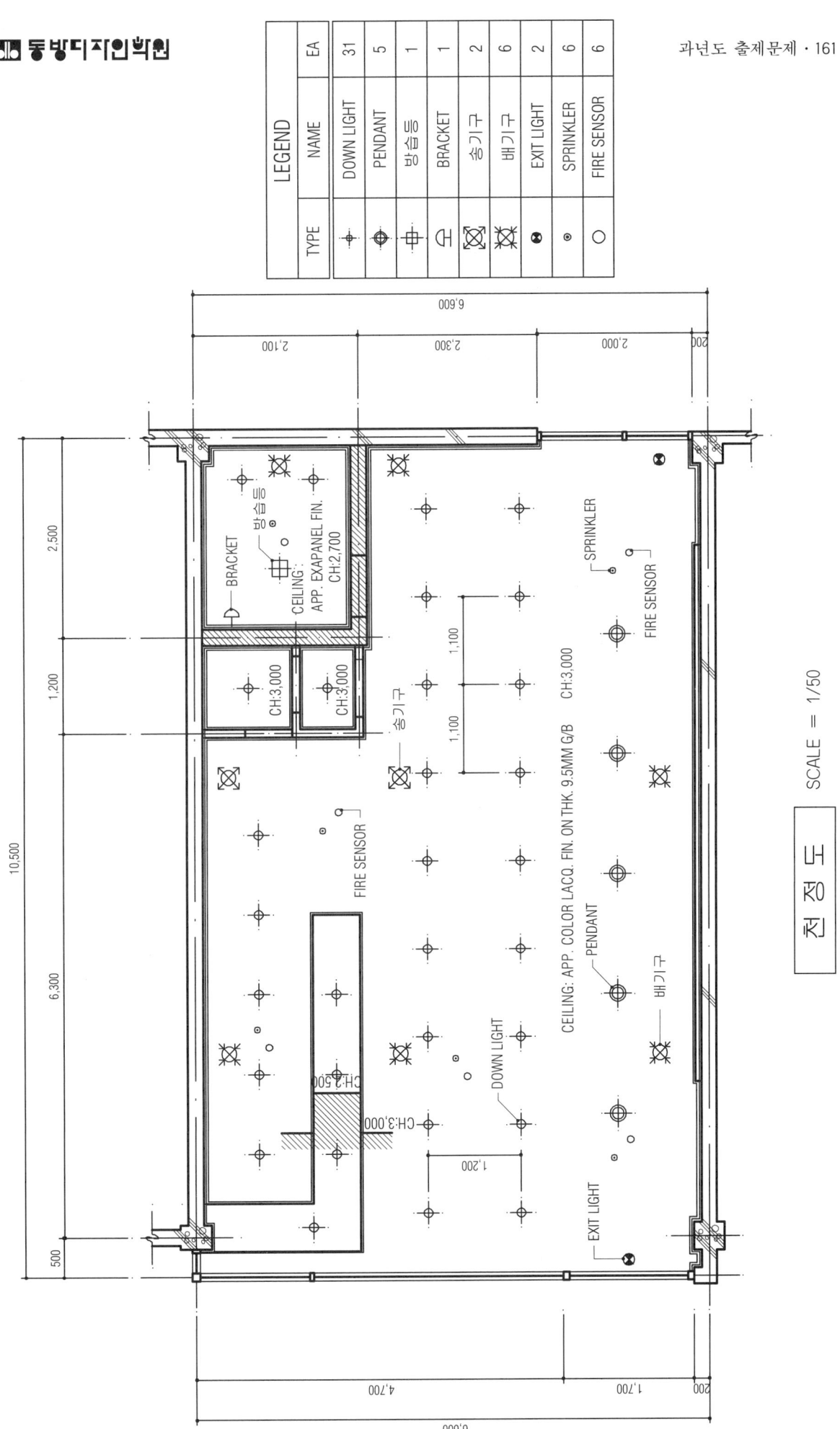

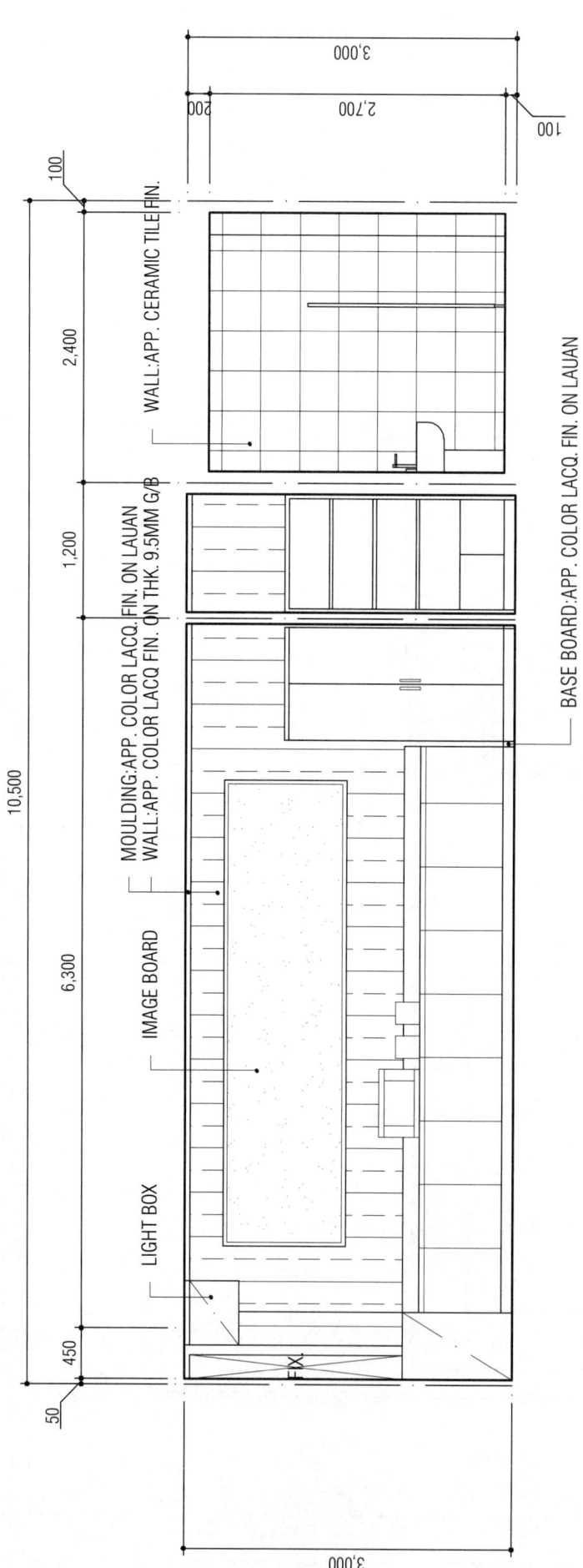

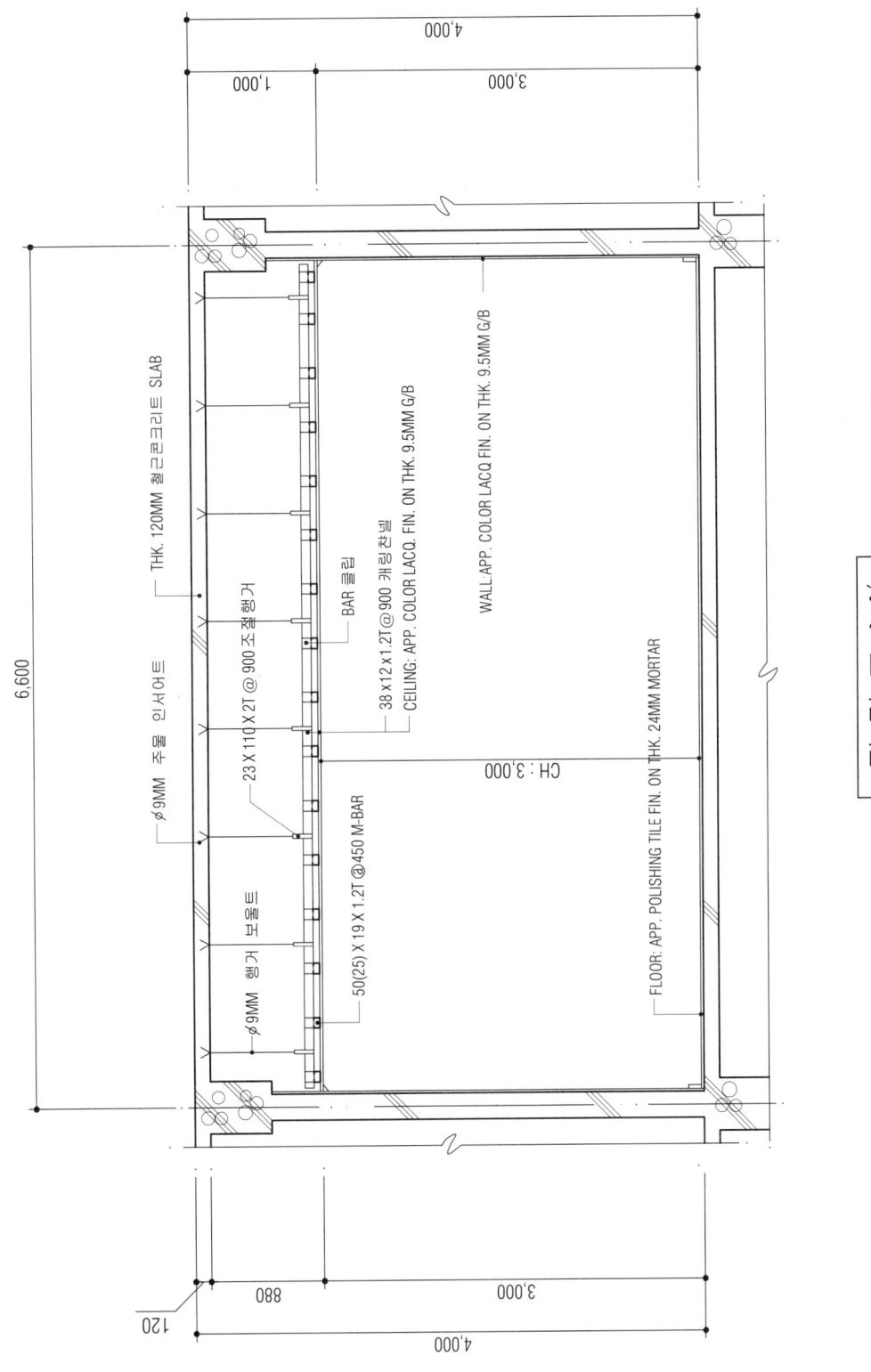

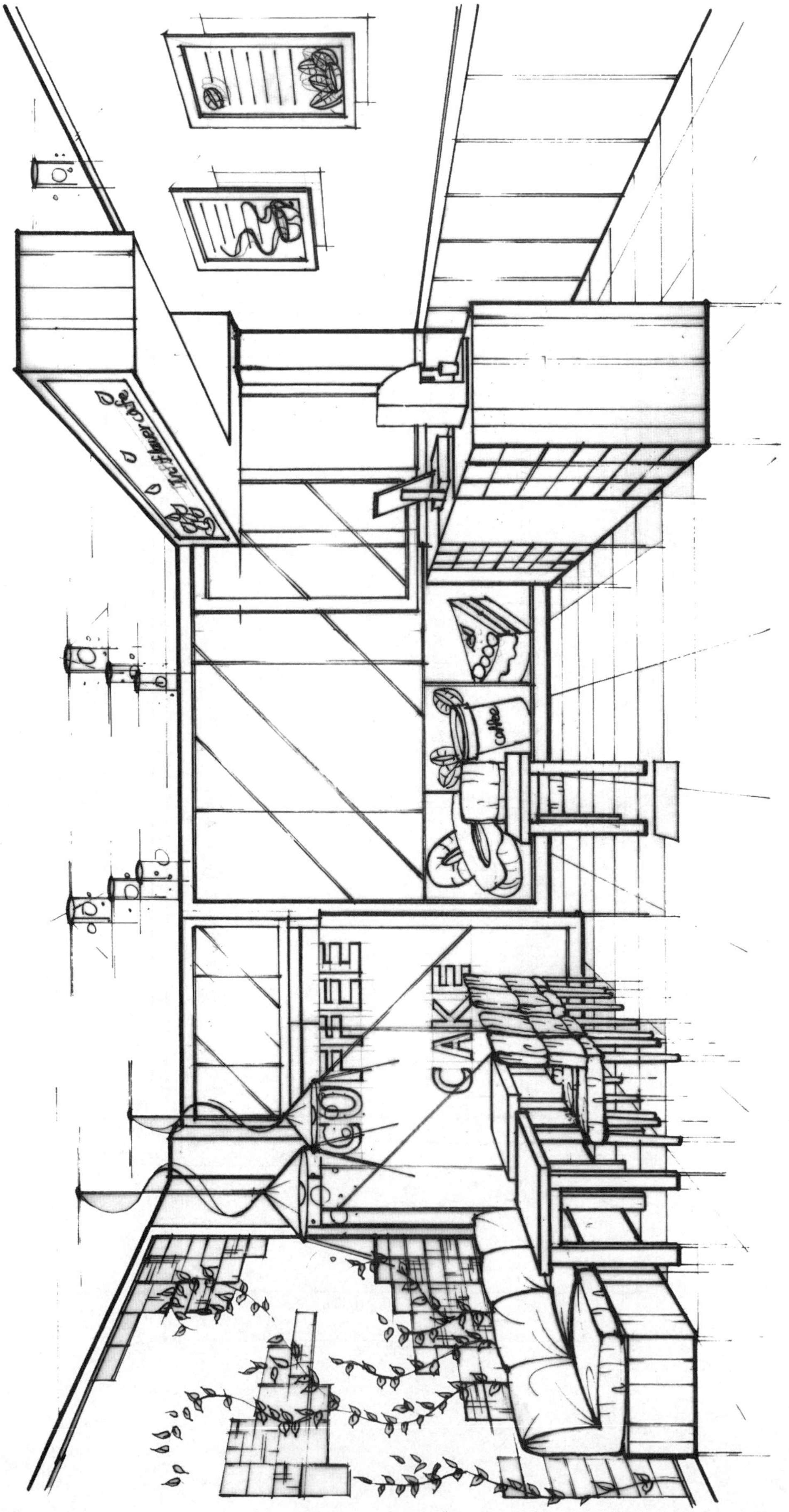

(2009. 7. 5 시행)

제56회 실내건축기사
시공실무

문제 1) 표준형벽돌 1,000장을 활용하여 1.5B두께로 쌓을 수 있는 벽면적(㎡)을 구하시오. (단, 할증은 고려하지 않는다) (4점)

【해설】 $\dfrac{1,000}{224} = 4.46428……㎡$ 벽면적 = 4.46㎡

문제 2) 다음 그림과 같은 철근 콘크리트조 사무소 건축물을 신축함에 있어 외부 쌍줄비계를 설치하고자 한다. 총 비계면적을 산출하시오. (4점)

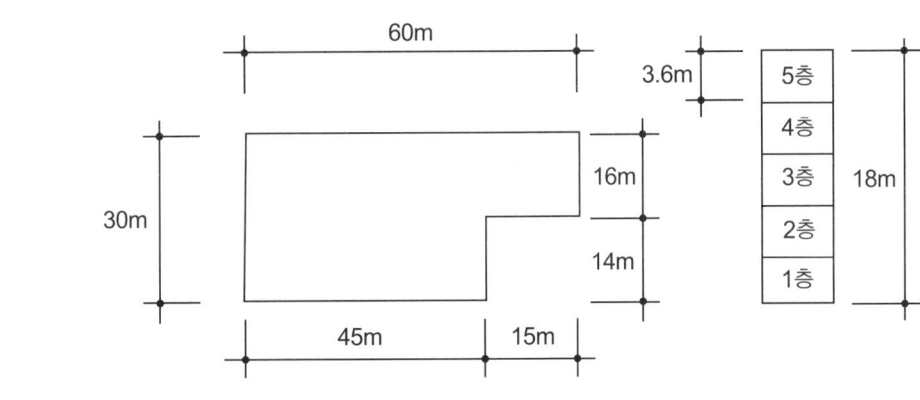

【해설】 A = H{2(a+b)+0.9×8}
A = 18{2(60+30)+7.2}
A = 18{(2×90)+7.2}
A = 18×(180+7.2)
A = 18×187.2
A = 3,369.6㎡

문제 3) 타일붙이기의 시공순서를 〈보기〉에서 골라 순서대로 번호를 나열하시오. (4점)
〈보기〉 ① 타일나누기   ② 타일붙이기   ③ 치장줄눈   ④ 바탕처리   ⑤ 보양

【해설】 ④ → ① → ② → ③ → ⑤

문제 4) 알루미늄 창호를 철재창호와 비교할 때의 장점을 3가지만 쓰시오. (3점)
①   ②   ③

【해설】 ① 비중이 철재의 1/3로 경량이다.   ② 녹슬지 않고, 사용연한이 길다.   ③ 공작이 용이하다.

문제 5) 목재 부재의 연결철물 종류를 4가지만 쓰시오. (4점)
① ② ③ ④

【해설】 ① 못   ② 볼트   ③ 띠쇠   ④ 꺾쇠

문제 6) 어느 내부공사의 한 작업을 정상적으로 시공할 때 공사기일은 15일이 소요되고, 공사비는 1,000,000원이다. 특급으로 시공할 때 공사기일을 10일로, 공사비는 1,500,000원이라 할 때 공사의 공기단축시 필요한 비용구배를 구하시오. (3점)

【해설】 비용구배 $= \dfrac{1,500,000 - 1,000,000}{15 - 10} = \dfrac{500,000}{5} = 100,000$원/일

문제 7) ALC(경량기포콘크리트)의 일반적인 특징에 대하여 3가지만 쓰시오. (3점)
① ② ③

【해설】 ① 방음, 차음, 단열, 내화성능이 우수하다.
② 평활성이 우수하며, 경량이다.
③ 사용 후 변형이나 균열이 적다.

문제 8) 품질관리(QC)도구의 종류 5가지를 나열하시오. (5점)
① ② ③ ④ ⑤

【해설】 ① 히스토그램   ② 특성요인도   ③ 파레토도   ④ 층별   ⑤ 체크시이트

문제 9) 철골구조물의 내화피복 공법 4가지를 쓰시오. (4점)
① ② ③ ④

【해설】 ① 타설공법   ② 조적공법   ③ 미장공법   ④ 뿜칠공법

문제 10) 조적공사의 방습에 관한 설명 중 (   )안에 알맞은 내용을 쓰시오. (3점)
지반에 접촉되는 부분의 벽체에는 지반 위, 마루 밑의 적당한 위치에 방습층을 (①)줄눈의 위치에 설치한다. 방습층의 재료, 구조 및 공법은 도면 공사시방서에 따르고, 그 정함이 없을 때에는 담당원이 공인하는 (②)를 혼합한 모르타르로 하고, 바름 두께는 (③)mm로 한다.

【해설】 ① 수평   ② 시멘트액체방수제   ③ 10

문제 11) 복층 유리의 특징을 3가지 쓰시오. (3점)
① ② ③

【해설】 ① 방음의 효과가 뛰어나다.   ② 단열 효과가 좋다.   ③ 결로방지 효과가 있다.

실 내 디 자 인

[제56회 작품명] CD · 비디오 전문점

1. 요구사항 - 10대와 20대가 주로 이용하는 복합상가에 있는 CD · 비디오 전문점이다.
   다음 조건에 따라 요구도면을 작성하시오.

2. 요구조건
   ① 설계면적 : 11,700×8,400×2,900mm(H)
   ② 필요공간 및 가구
   카운터, 휴게공간, 오디오, 비디오, CD, 비디오선반
   (이상 제시된 가구는 필수적이며 이외에 필요한 가구가 있다면 수험자가 임의로 추가할 수 있음)

3. 요구도면
   ① 평면도 (가구배치 포함) SCALE : 1/50
   평면도 주변의 여유공간에 설계개요(Design Concept)를 150자 이내로 작성하시오.
   ② 천정도(설비, 조명기구 배치 및 범례표 작성/천정마감재 표기) SCALE : 1/50
   ③ 내부입면도 C, D방향 2면 (벽면재료 표기) SCALE : 1/30
   ④ 단면상세도(A-A') SCALE : 1/30
   ⑤ 실내투시도(채색작업은 필수) SCALE : N.S
   (계획의 포인트가 좋은 지점에서 1소점 또는 2소점 투시법으로 작성하되, 작성과정의 투시보조선을 남길 것)

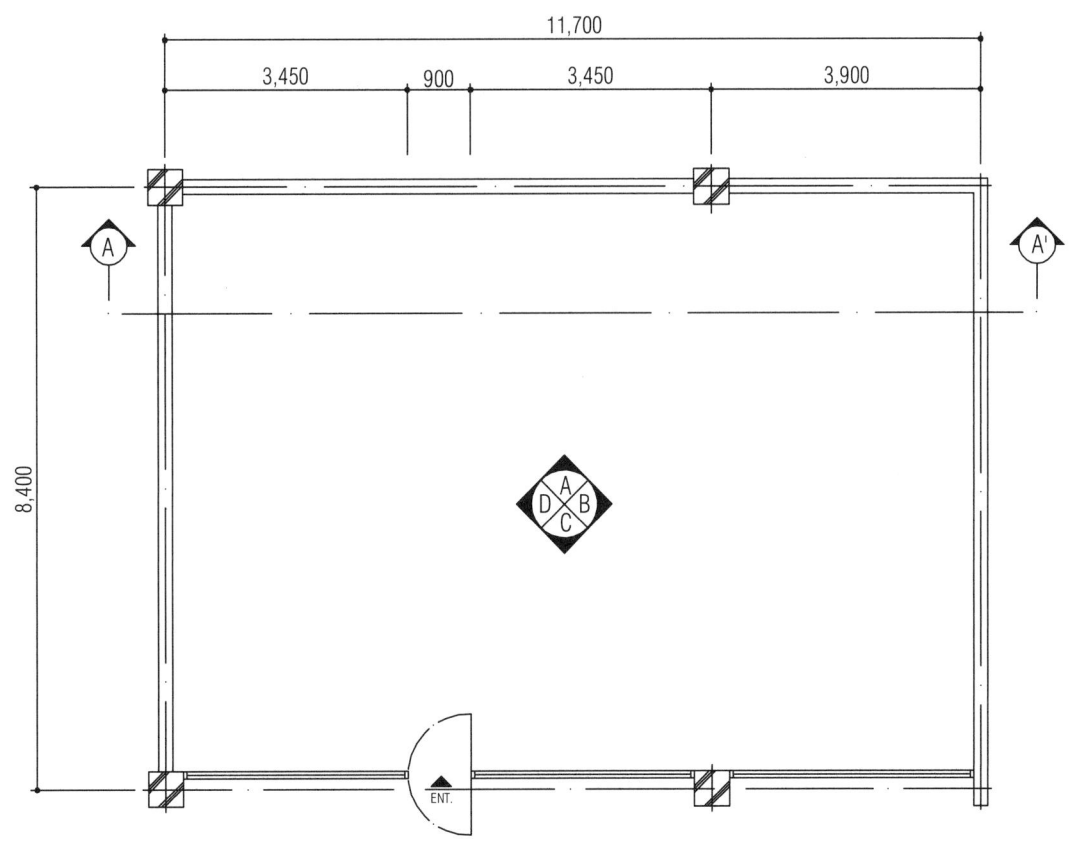

평 면 도

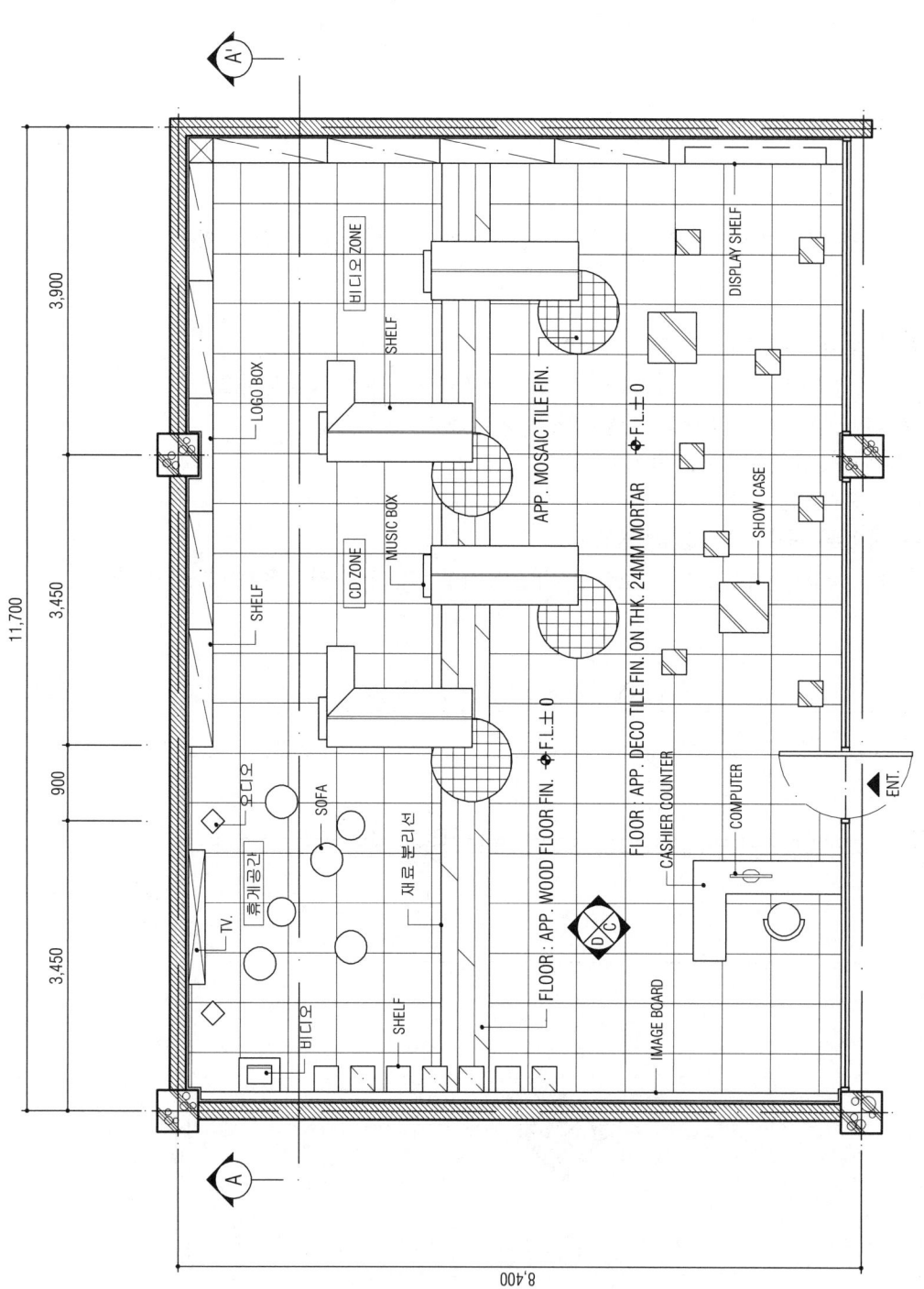

평면도   SCALE = 1/50

CONCEPT
10대 및 20대 학생과 직장인이 주로 이용하는 복합 상업시설 내에 있는 CD · 비디오 전문점이다. 매장을 크게 내기지 않으로 구분하여 동선이 복잡해지지 않도록 하였으며, 매장 입구에 가운터를 배치, 쇼윈도우에 전시공간을 두어 고객들의 시선을 유도하였다. 매장 우측은 CD, 비디오테잎 공간으로 배치하였으며, 좌측으로는 휴게공간을 마련하여 TV보기편의를 통해 시각적 즐거움과 정보를 제공하였다. 또한 가구의 디자인을 음악적 기호와 결합하여 공간의 개성을 살렸다.

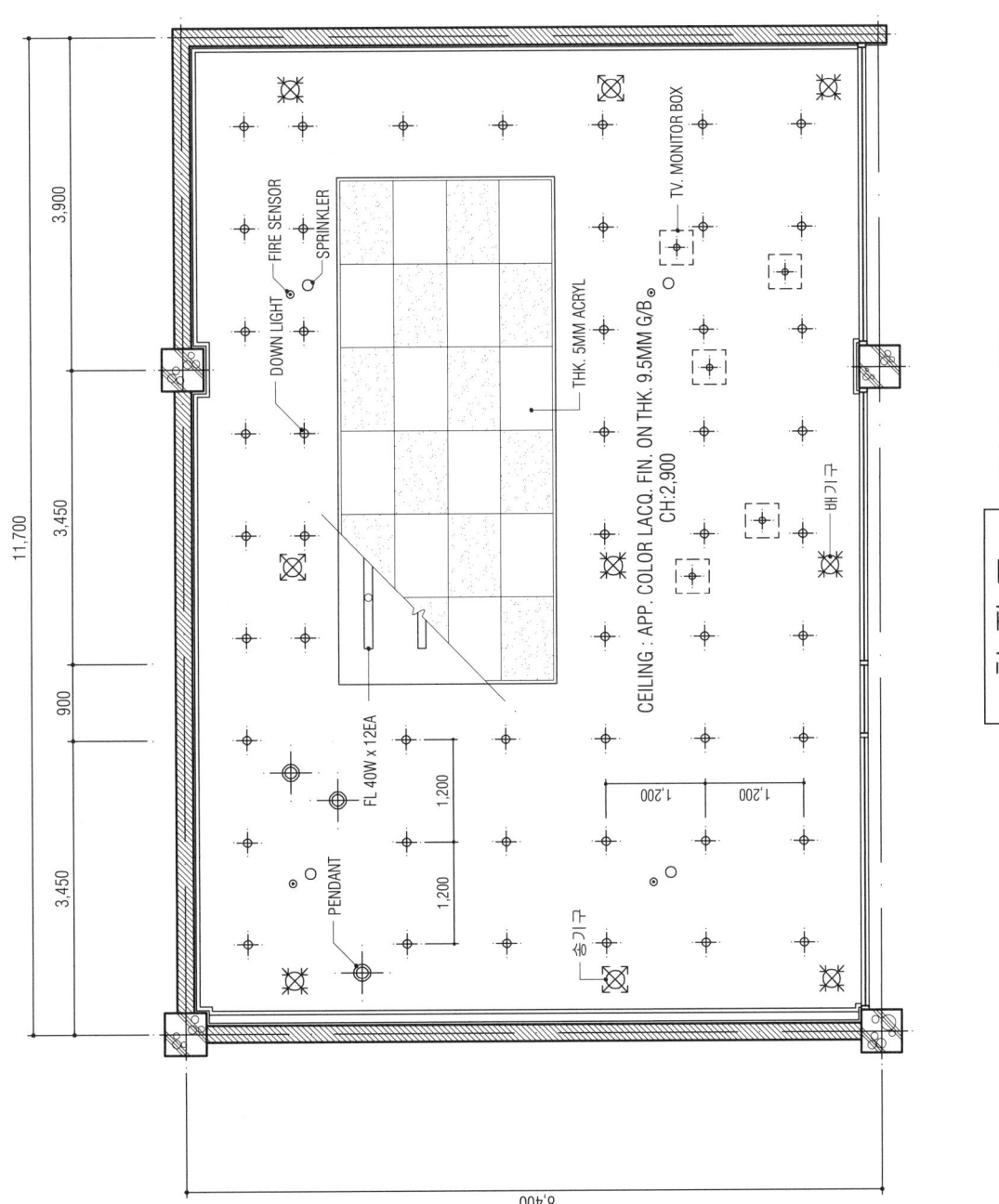

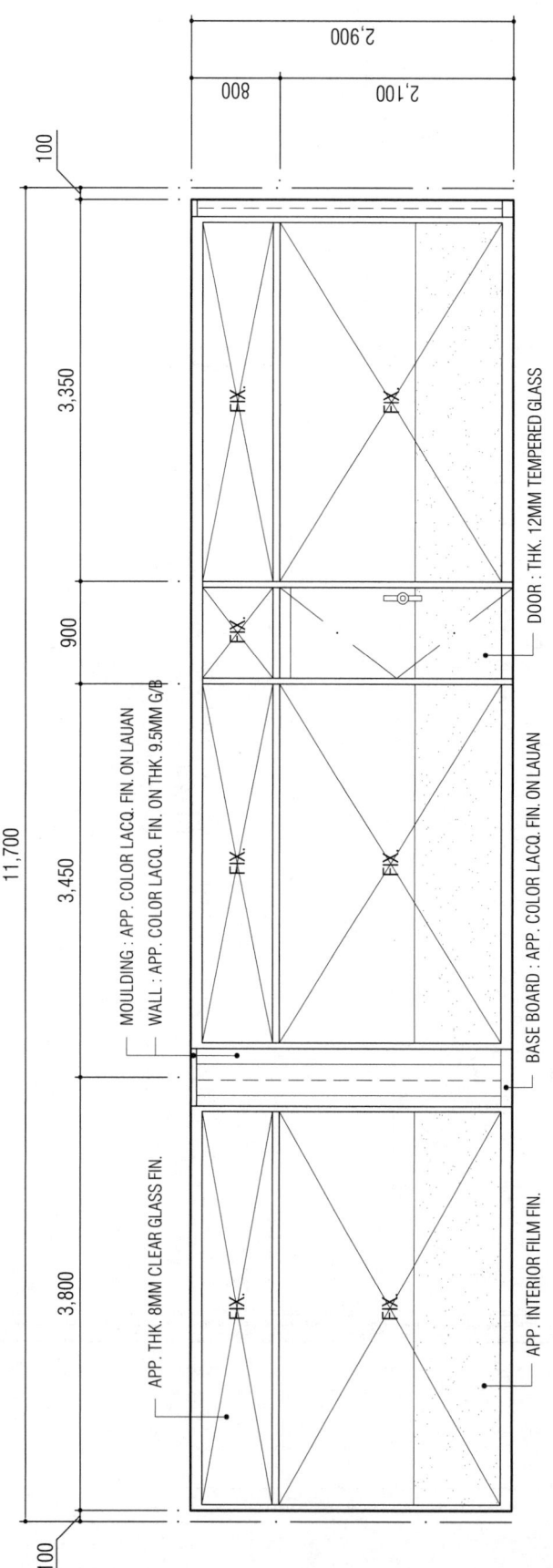

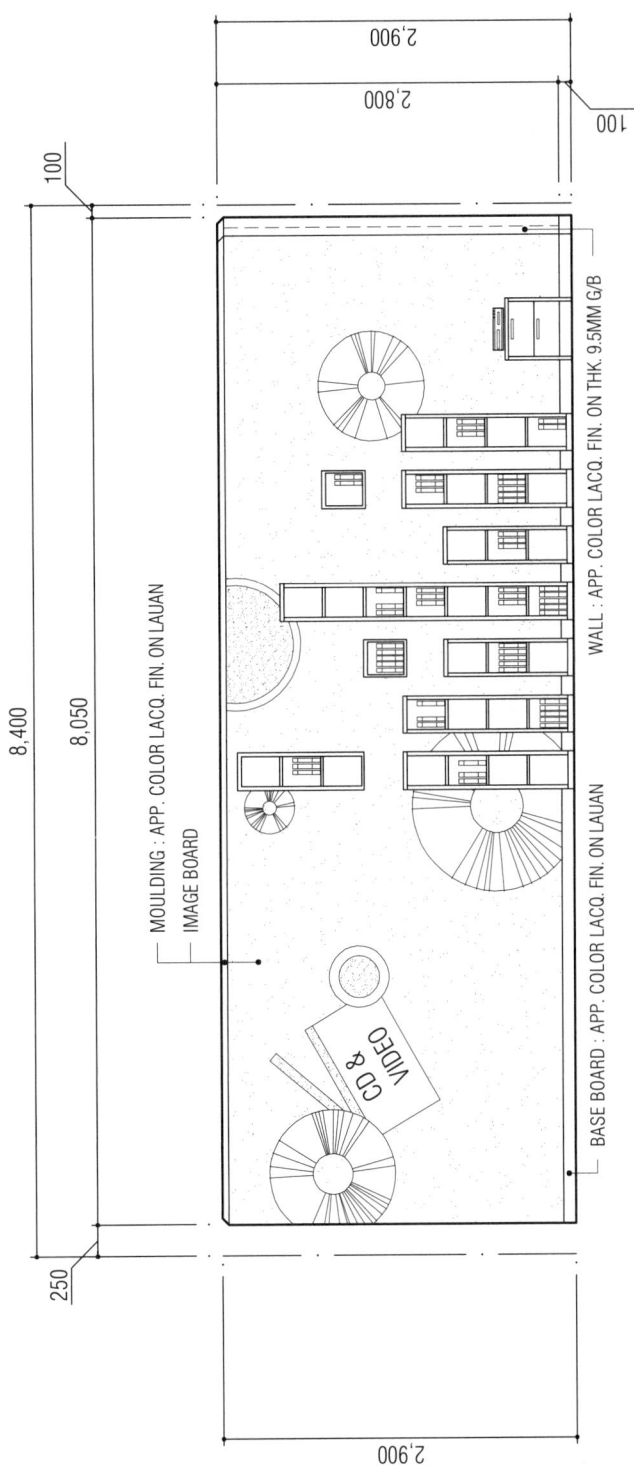

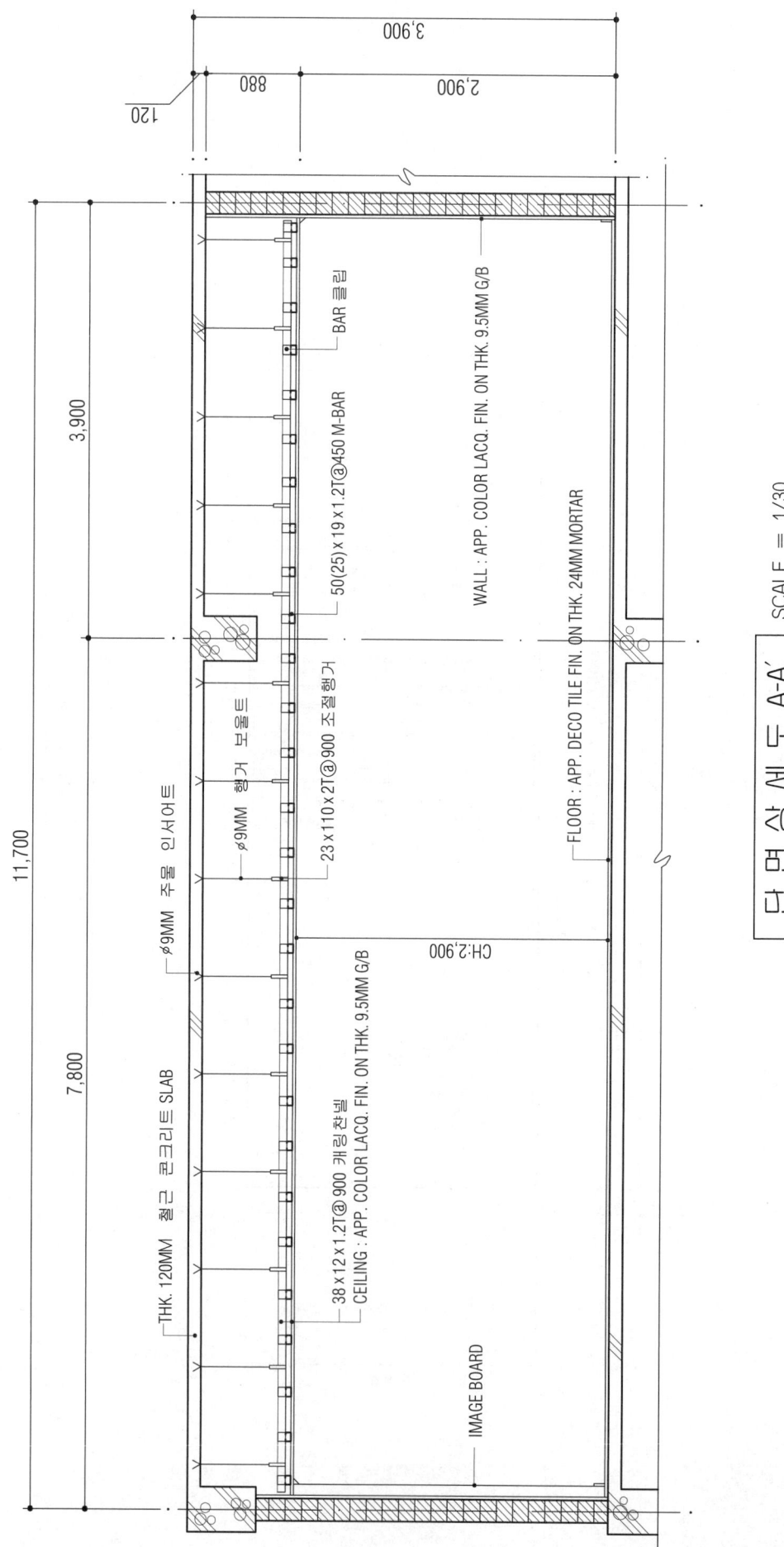

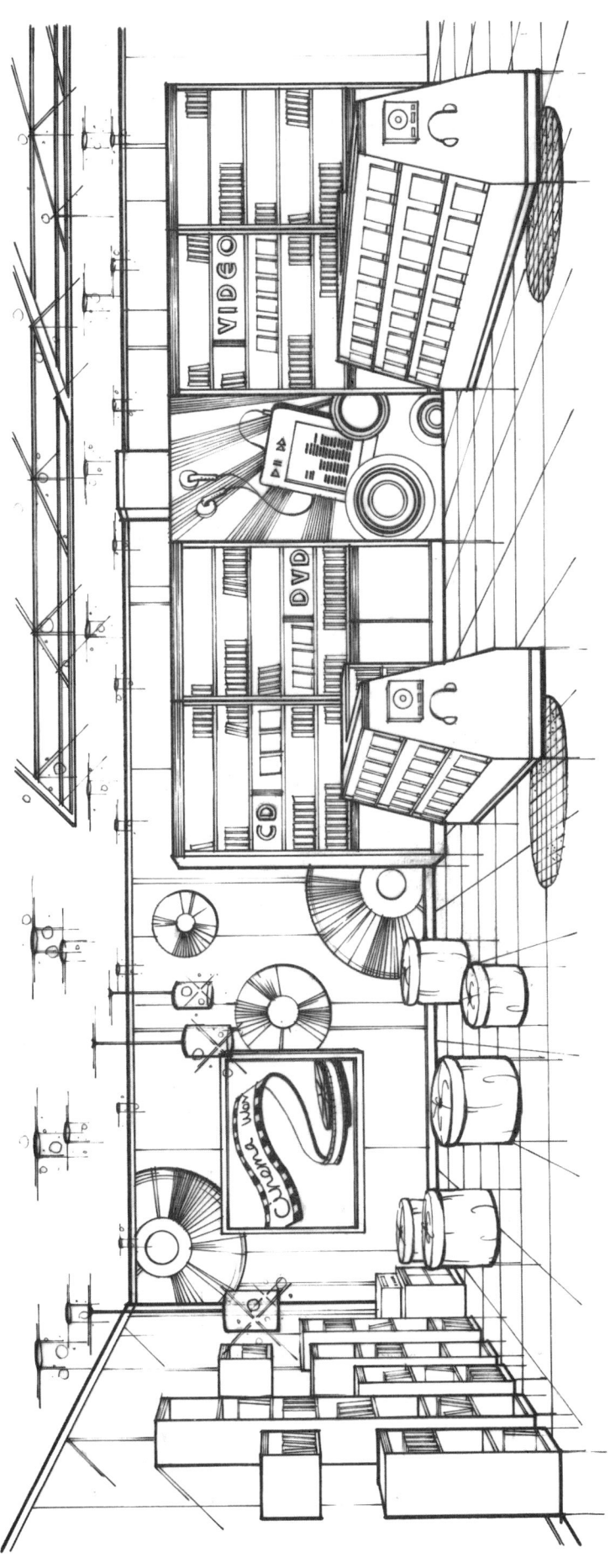

(2009. 10. 18 시행)
제57회 실내건축기사
시공실무

문제 1) 유리공사에서 서스펜션(suspension) 공법에 대하여 설명하시오. (3점)

【해설】 대형유리판을 멀리온(mullion) 없이 유리만으로 세우는 공법으로 유리상단에 특수철재를 끼우고 유리의 접합부에 고정재인 리브유리(stiffener)를 사용하여 연결된 개구부 형성이 가능하게 하며 유리사이의 연결(joint)은 실란트(sealant)로 메워 누름한다.

문제 2) 출입구 및 창호의 평면 표기기호 중 여닫이문의 평면을 형태별로 4가지로 구분하여 작도하시오. (4점)

【해설】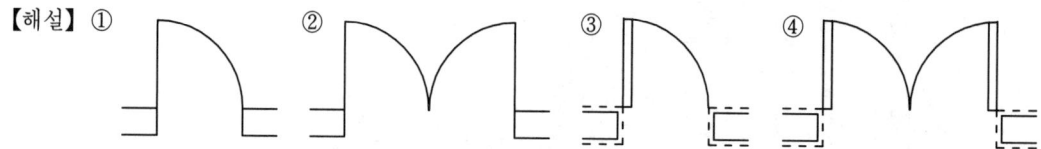

문제 3) 다음과 같은 공정계획이 세워졌을 때 Network 공정표를 작성하시오. (4점)
(단 화살형 Network로 표시하며, 결합점 번호를 규정에 따라 반드시 기입하며 표시는 다음과 같은 방법으로 작성한다)

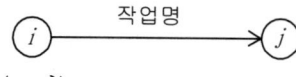

〈조건〉

작업명	A	B	C	D	E	F	G	H	I
선행작업	없음	없음	없음	A	A,B,C	C	D,E,F	E,F	F

【해설】
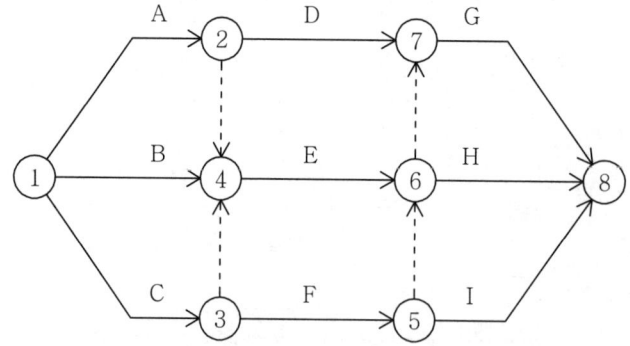

문제 4) 다음은 비계다리에 대한 설명이다. (   )안에 적당한 숫자를 쓰시오. (2점)
너비(①) mm이상, 물매 4/10을 표준으로 하고, 각층마다 〈층의 구분이 없을 때는 (②)m 이내마다〉 되돌음 또는 다리참을 두고, 여기에서 각층으로 출입할 수 있도록 연결한다.

【해설】 ① 900 ② 7

문제 5) 미장공사에 대한 용어를 간략히 설명하시오. (4점)
① 바탕처리
② 덧먹임

【해설】 ① 바탕은 깨끗이 청소하고, 부실한 곳은 보수하며, 우묵한 곳은 덧바르고, 들어간 곳은 살을 붙이며, 매끄러운 곳은 정으로 쪼아 거칠게 한다.
② 미장시 균열의 틈새, 구멍 등에 미장 반죽재를 밀어 넣는 작업

문제 6) 높이 2.5m 길이 8m인 벽을 시멘트 벽돌 1.5B로 쌓을 때 벽돌의 소요량을 구하시오. (3점)
(단, 벽돌은 표준형 190×90×57mm로 함)

【해설】 ① 벽면적 = 2.5 × 8 = 20㎡
② 정미량 = 20 × 224 = 4,480매
③ 소요량 = 4,480 × 1.05 = 4,704매

문제 7) 문틀이 복잡한 플러쉬문의 규격이 0.9m×2.1m이다. 양면을 모두 칠할 때 전체 칠 면적을 산출하시오. (단, 문매수는 20개이며, 문틀 및 문선을 포함한다) (4점)

【해설】 0.9(m) × 2.1(m) × 20(개) × 3(배) = 113.4㎡

문제 8) 다음 용어를 설명하시오. (4점)
① wire mesh   ② joiner

【해설】 ① 연강철선을 정방형 또는 장방형으로 전기 용접하여 만든 것으로 콘크리트 바닥다짐의 보강용으로 쓰인다.
② 천장, 벽 등에 보오드, 합판 등을 붙이고, 그 이음새를 감추어 누르는데 쓰이는 철물

문제 9) 회반죽의 주요재료 4가지 쓰시오. (4점)

【해설】 ① 소석회   ② 모래   ③ 해초풀   ④ 여물

문제 10) 벽타일 붙이기의 시공순서대로 번호를 나열하시오. (4점)
① 벽타일 붙이기   ② 보양   ③ 치장줄눈   ④ 바탕처리   ⑤ 타일 나누기

【해설】 ④ → ⑤ → ① → ③ → ②

문제 11) 벽돌벽에서 발생될 수 있는 백화현상의 방지대책 4가지를 쓰시오. (4점)

【해설】 ① 소성이 잘된 양질의 벽돌을 사용한다.
② 파라핀 도료를 발라 염류방출을 방지한다.
③ 줄눈에 방수제를 사용하여 밀실 시공한다.
④ 벽면에 빗물이 침투하지 못하도록 비막이를 설치한다.

실 내 디 자 인

[제57회 작품명] 치과의원

1. 요구사항 - 주어진 도면은 상업중심지역에 위치한 빌딩내 치과의원의 평면도이다.
   요구조건에 따라 도면을 작성하시오.

2. 요구조건
   ① 설계면적 : 10,400×9,200×2,700mm(H)
   ② 필요공간 및 가구
   - 간호사 3인, 의사 1인 근무
   - 조제실 및 주사실 / 카운터
   - 대기공간 : TV, A/H, 쇼파 등 진료(치료) 대기실의 역할로 구성
   - 화 장 실 : 남여 변기 각 1개, 세면대(공용)

   원 장 실 : 컴퓨터 및 책장
   치료공간 : 치료대 4개

   (이상 제시된 가구는 필수적이며 이외에 필요한 가구가 있다면 수험자가 임의로 추가할 수 있음)

3. 요구도면
   ① 평면도 (가구배치 포함) SCALE : 1/50
      평면도 주변의 여유공간에 설계개요(Design Concept)를 150자 이내로 작성하시오.
   ② 천정도(설비, 조명기구 배치 및 범례표 작성/천정마감재 표기) SCALE : 1/50
   ③ 내부입면도 B방향 1면 (벽면재료 표기) SCALE : 1/50
   ④ 단면상세도(A-A') SCALE : 1/50
   ⑤ 실내투시도(채색작업은 필수) SCALE : N.S
   (계획의 포인트가 좋은 지점에서 1소점 또는 2소점 투시법으로 작성하되, 작성과정의 투시보조선을 남길 것)

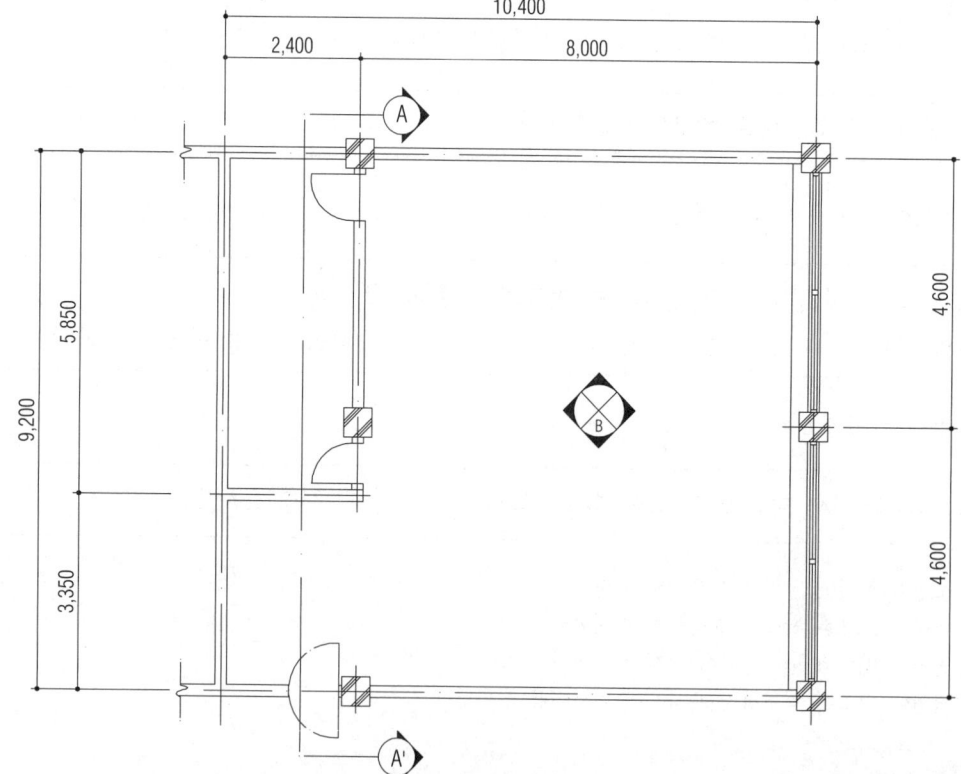

평면도

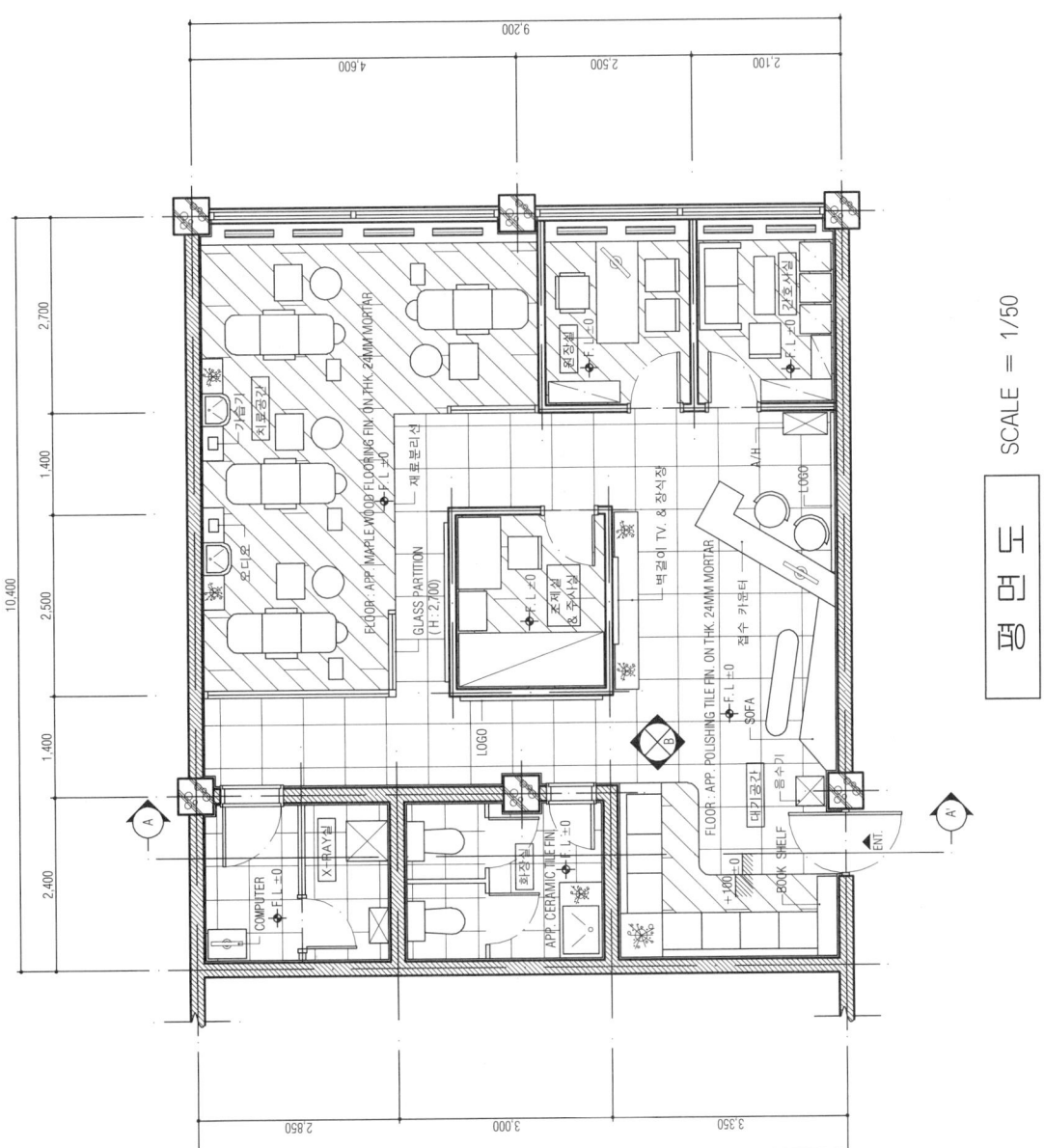

평 면 도 SCALE = 1/50

CONCEPT
간호사와 의사 4명이 근무하는 도심 빌딩에 위치한 치과로서 출입구 부분에 카운터와 대기공간을 넓게 확보하여 고객들이 편리하게 치과를 이용할 수 있도록 하였고 치료를 받을때 외부로 노출되지 않도록 전문공간을 가장 안쪽에 배치하였다. 또한 카운터와 조제실, 주사실의 동선을 짧게하여 간호사들이 작업능률을 향상시키도록 하였고 고객들의 편의를 위해 주사실을 중앙에 배치하여 대기실과의 이동이 편리하도록 하였다.

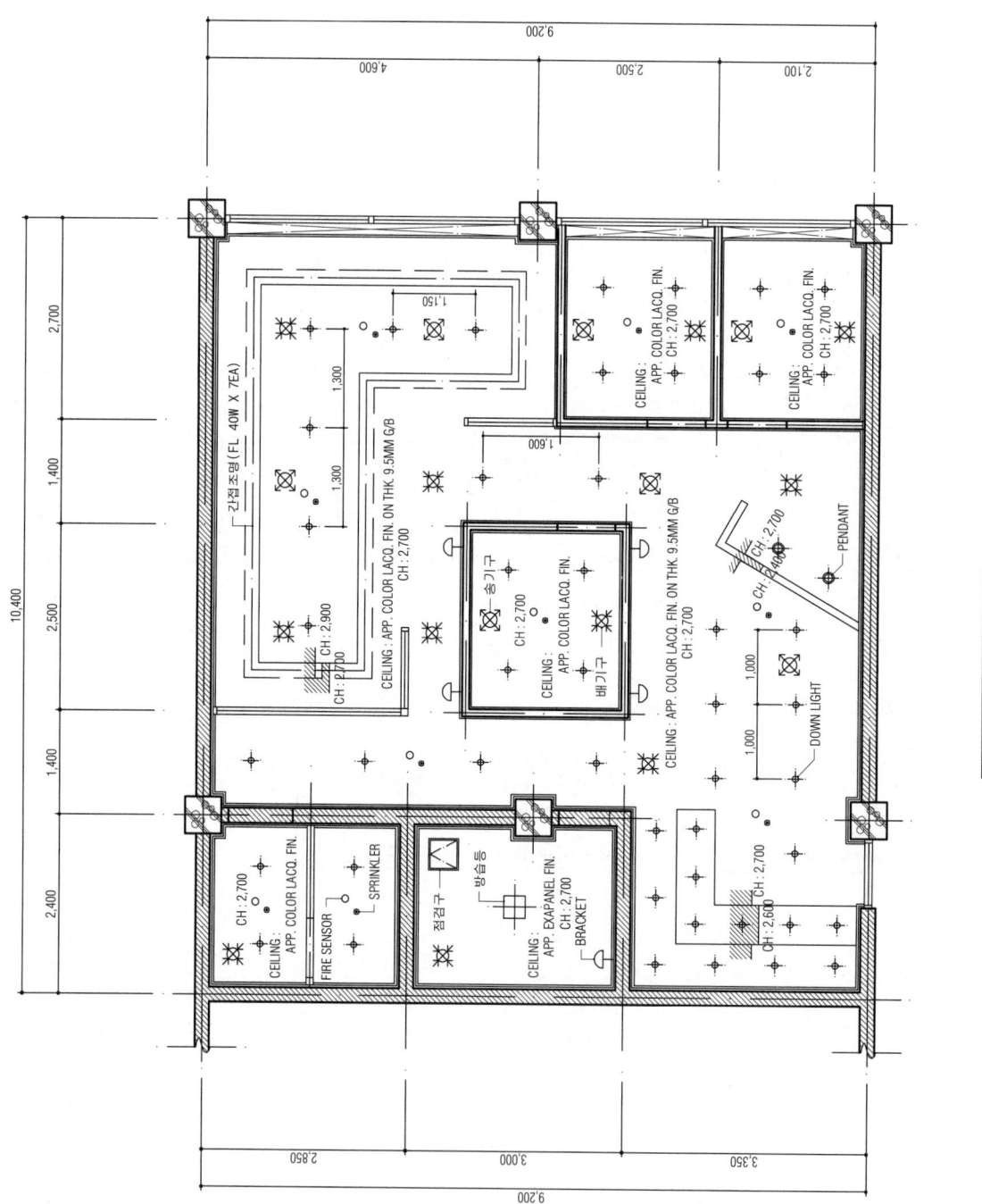

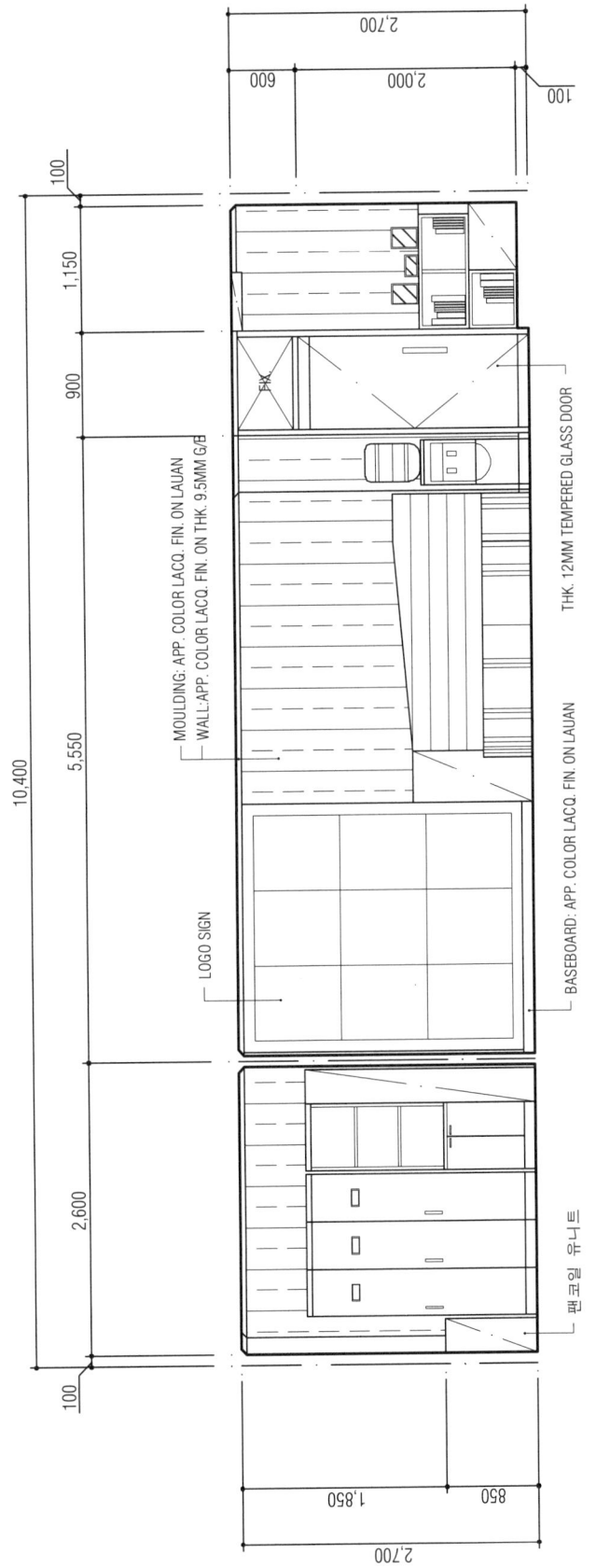

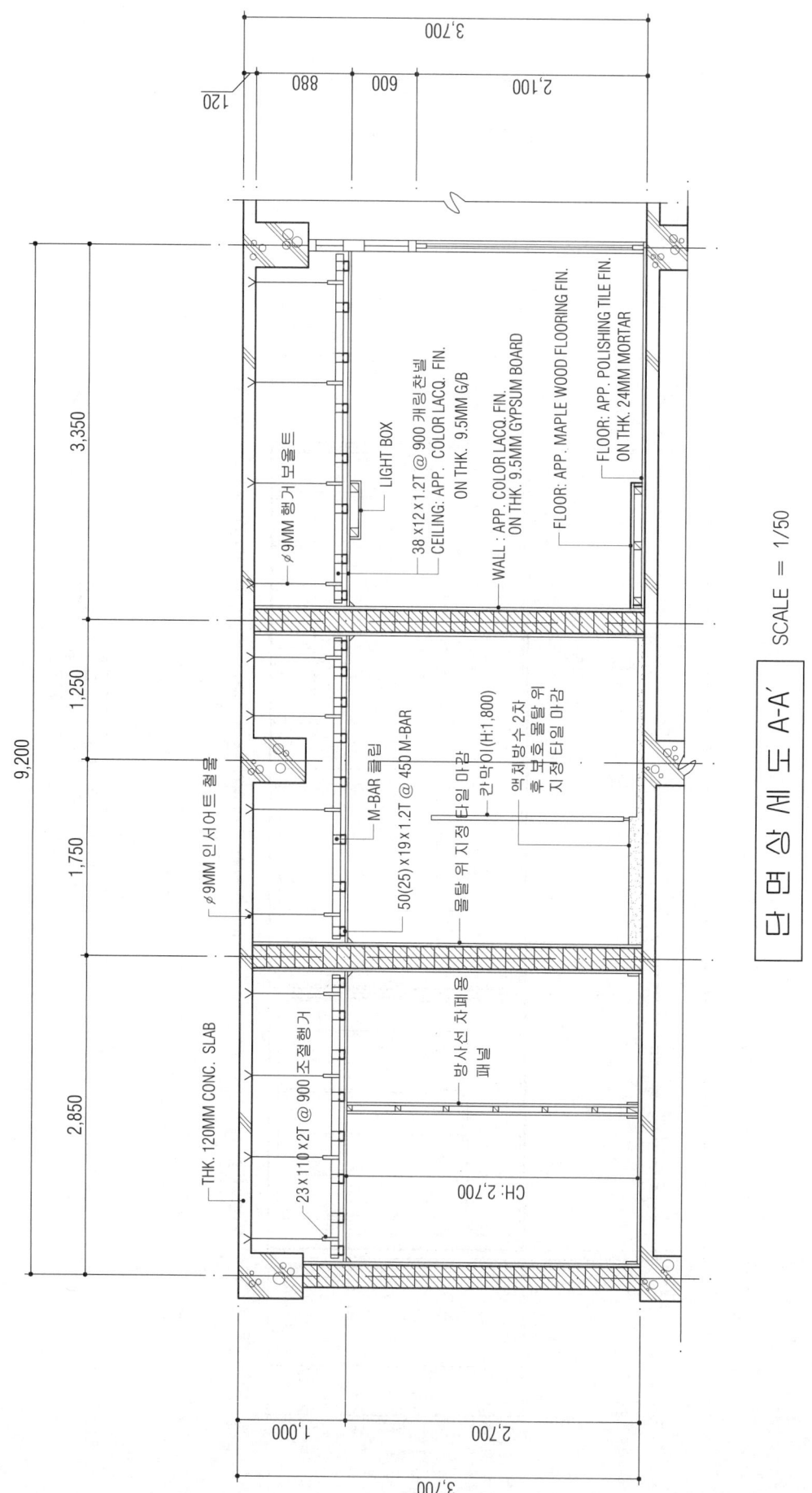

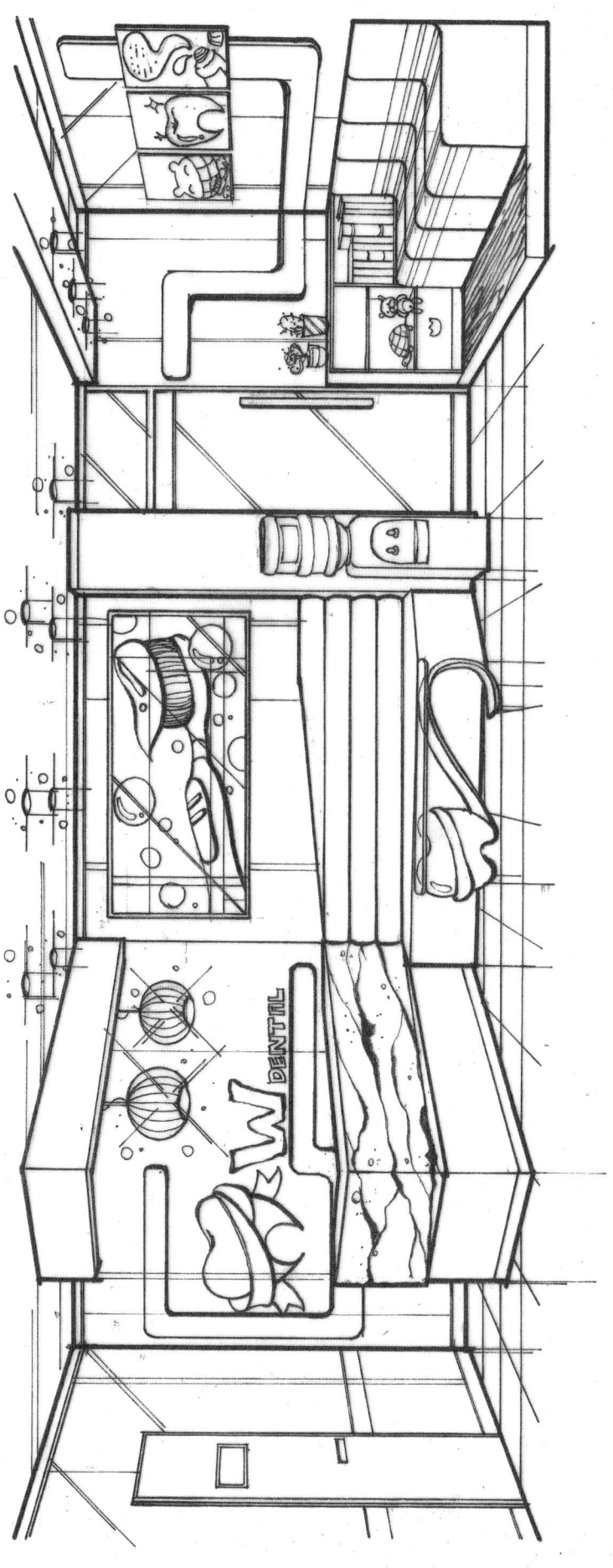

실내투시도 SCALE = N.S

(2010. 4. 17 시행)

제58회 실내건축기사
시공실무

문제 1) 어느 건설공사의 한 작업이 정상적으로 시공할 때 공사기일은 13일, 공사비는 200,000원이고, 특급으로 시공할 때 공사기일은 10일, 공사비는 350,000원이라 할 때 이 공사의 공기 단축시 필요한 비용구배(Cost Slope)를 구하시오. (3점)

【해설】 비용구배 = $\dfrac{350,000-200,000}{13-10}$ = $\dfrac{150,000}{3}$ = 50,000원/일

문제 2) 다음 괄호 안에 알맞은 용어를 쓰시오. (4점)
적산은 공사에 필요한 재료 및 수량 즉, (①)을 산출하는 기술활동이고, 견적은 (②)에 (③)를 곱하여 (④)를 산출하는 기술활동이다.

【해설】 ① 공사량　② 공사량　③ 단가　④ 공사비

문제 3) 다음 〈보기〉의 합성수지를 열가소성수지와 열경화성수지로 구분하여 기입하시오. (4점)
① 알키드수지　② 실리콘수지　③ 아크릴수지　④ 폴리스틸렌수지
⑤ 프란수지　⑥ 폴리에틸렌수지　⑦ 염화비닐수지　⑧ 페놀수지

【해설】 열가소성수지 : ③, ④, ⑥, ⑦　　열경화성수지 : ①, ②, ⑤, ⑧

문제 4) 뿜칠(Spray) 공법에 의한 도장시 주의사항 3가지를 쓰시오. (3점)
①　　　　　②　　　　　③

【해설】 ① 30cm 정도 띄워서 뿜칠한다.
② 1/3 정도씩 겹쳐서 뿜칠한다.
③ 끊김없이 연속해서 뿜칠한다.

문제 5) 알루미늄 창호를 철재창호와 비교할 때의 장점 3가지를 쓰시오. (3점)

【해설】 ① 비중이 철재의 1/3로 경량이다.
② 녹슬지 않고, 사용연한이 길다.
③ 공작이 용이하다.

문제 6) 다음 벽돌에 관한 설명 중 괄호 안에 알맞은 숫자를 쓰시오. (2점)
현재 사용하고 있는 표준형 점토벽돌의 규격은 길이 190mm, 나비 90mm, 두께 (①)mm이며, 벽돌 소요매수는 줄눈간격 10mm로 1.0B쌓기 할 때 정미량으로 벽면적 1㎡당 (②)매 이다.

【해설】 ① 57　② 149

문제 7) 다음은 Network 공정표에 관련된 용어설명이다. 해당하는 용어를 쓰시오. (3점)
① 작업을 완료할 수 있는 가장 빠른 시일
② 최초의 개시 결합점에서 완료 결합점까지 이르는 최장 경로
③ 임의의 두 결합점 간의 경로 중 가장 긴 경로

【해설】 ① EFT   ② CP   ③ LP

문제 8) 다음은 조적조의 줄눈형태이다. 그 명칭을 쓰시오. (3점)
①   ②   ③

【해설】 ① 평줄눈   ② 엇빗줄눈   ③ 내민줄눈

문제 9) 다음 용어를 설명하시오. (3점)
① 가새
② 버팀대
③ 귀잡이

【해설】 ① 가새 : 목조벽체를 수평횡력에 견디게 하기 위해 사선방향으로 경사지게 설치한 부재
② 버팀대 : 목조기둥과 도리의 직각 연결부위에 경사지게 빗대어 설치한 횡력보강 부재
③ 귀잡이 : 토대, 보, 도리 등 가로재의 귀를 안정적 삼각구조로 보강한 횡력보강 부재

문제 10) 멤브레인(membrane) 방수 공법 2가지를 쓰시오. (2점)
①   ②

【해설】 ① 아스팔트방수   ② 도막방수(에폭시계 도막방수 or 시이트방수)

문제 11) 다음은 수성페인트의 칠 공정단계이다. 빈칸을 채우시오. (3점)
바탕처리 → (①) → 초벌 → (②) → (③)

【해설】 ① 바탕누름   ② 연마지닦기   ③ 정벌

문제 12) 석재공사시 가공 및 시공상 주의사항 4가지를 쓰시오. (4점)
①
②
③
④

【해설】 ① 석재는 균일제품을 사용하기 때문에 공급계획 및 물량계획을 잘 세운다.
② 석재는 중량이 크기 때문에 최대치수는 운반상 문제를 고려해서 정한다.

③ 휨강도와 인장강도가 약하기 때문에 압축응력을 받는 곳에만 사용한다.
④ 1㎥이상 석재는 높은 곳에 사용하지 않는다.
⑤ 내화성이 요구되는 경우는 열에 강한 석재를 사용한다.
⑥ 외장 및 바닥재로 사용시에는 내수성과 산에 강한 것을 사용한다.
⑦ 석재는 예각(90°미만)을 피하고, 재질의 특성에 따른 가공을 한다.

문제 13) 다음 아래 내용은 목재의 결점 중 부식의 원인이 되는 환경조건에 대한 설명이다. 빈칸에 들어갈 알맞은 용어를 쓰시오. (3점)

균이 번식하기 위해서는 (①), (②), (③), 양분이 있어야 한다. 그것이 없으면 균은 절대 번식하지 않는다.

【해설】 ① 온도(or 온기)　　② 습기(or 습도)　　③ 공기

실 내 디 자 인

[제58회 작품명] COFFEE & CAKE 전문점

1. 요구사항 - 교통중심지역의 연결지역에 위치한 COFFEE & CAKE 전문점의 평면도이다. 다음의 요구조건에 따라 도면을 작성하시오.

2. 요구조건
   ① 설계면적 : 10,500×6,600×3,000mm(H)
   ② 인적구성 : 상시종업원 2인, 비상시 종업원 2인(아르바이트)
   ③ Show case + Takeout counter(임시사이즈 적용)
   ④ Coffee 제조대 : 1,200×600×1,000
   ⑤ Cashier counter 제조대 : 1,200×500×1,000
   ⑥ Cake 진열대 : 1,200×600×1,000
   ⑦ 화장실(남여공용)
   ⑧ 비품저장 및 창고
   ⑨ 설비실 : 에어컨, 히터 환기가 되도록 패키지로 묶어서 팬덕트 형태
   ⑩ 손님용 좌석
   ⑪ 조경(임의)

3. 요구도면
   ① 평면도 SCALE : 1/50
      가구배치 포함, 평면계획의 디자인의도, 방향 등을 200자 내외로 쓰시오.
   ② 천정도(설비, 조명기구 배치 및 범례표 작성/천정마감재 표기) SCALE : 1/50
   ③ 내부입면도 C방향 1면 (벽면재료 표기) SCALE : 1/50
   ④ 단면상세도(A-A′) SCALE : 1/30
   ⑤ 실내투시도(채색작업은 필수) SCALE : N.S
      (계획의 포인트가 좋은 지점에서 1소점 또는 2소점 투시법으로 작성하되, 작성과정의 투시보조선을 남길 것)

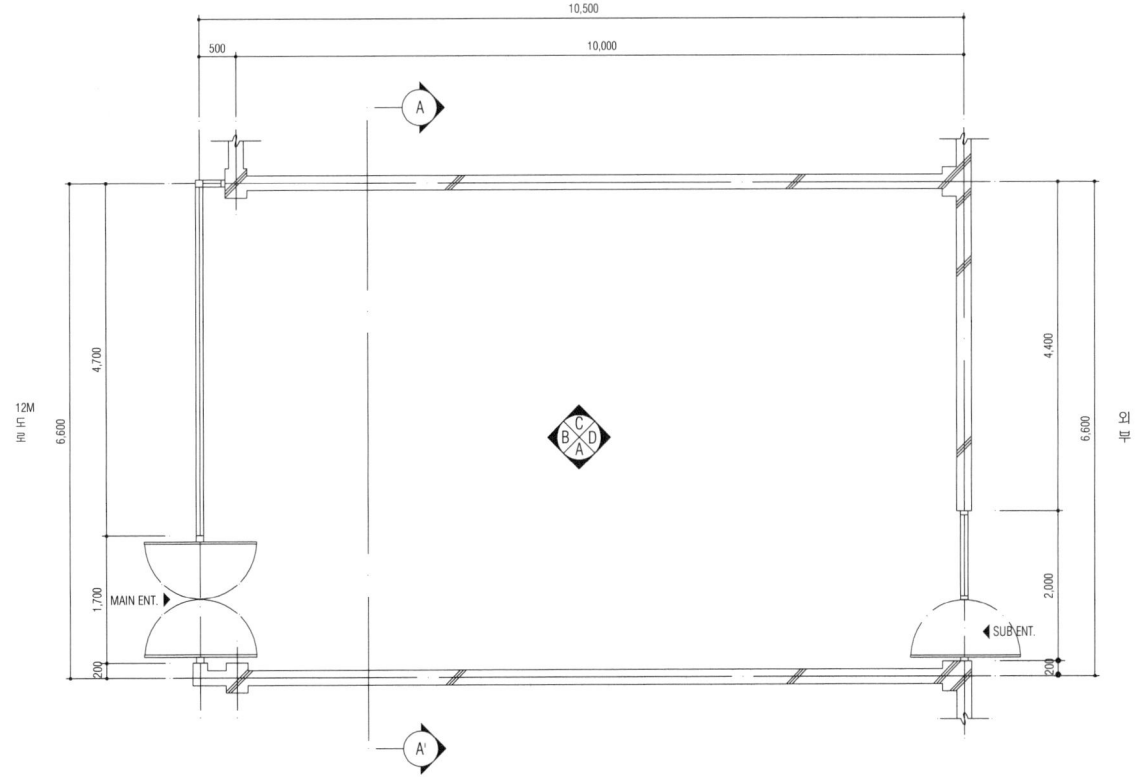

평 면 도

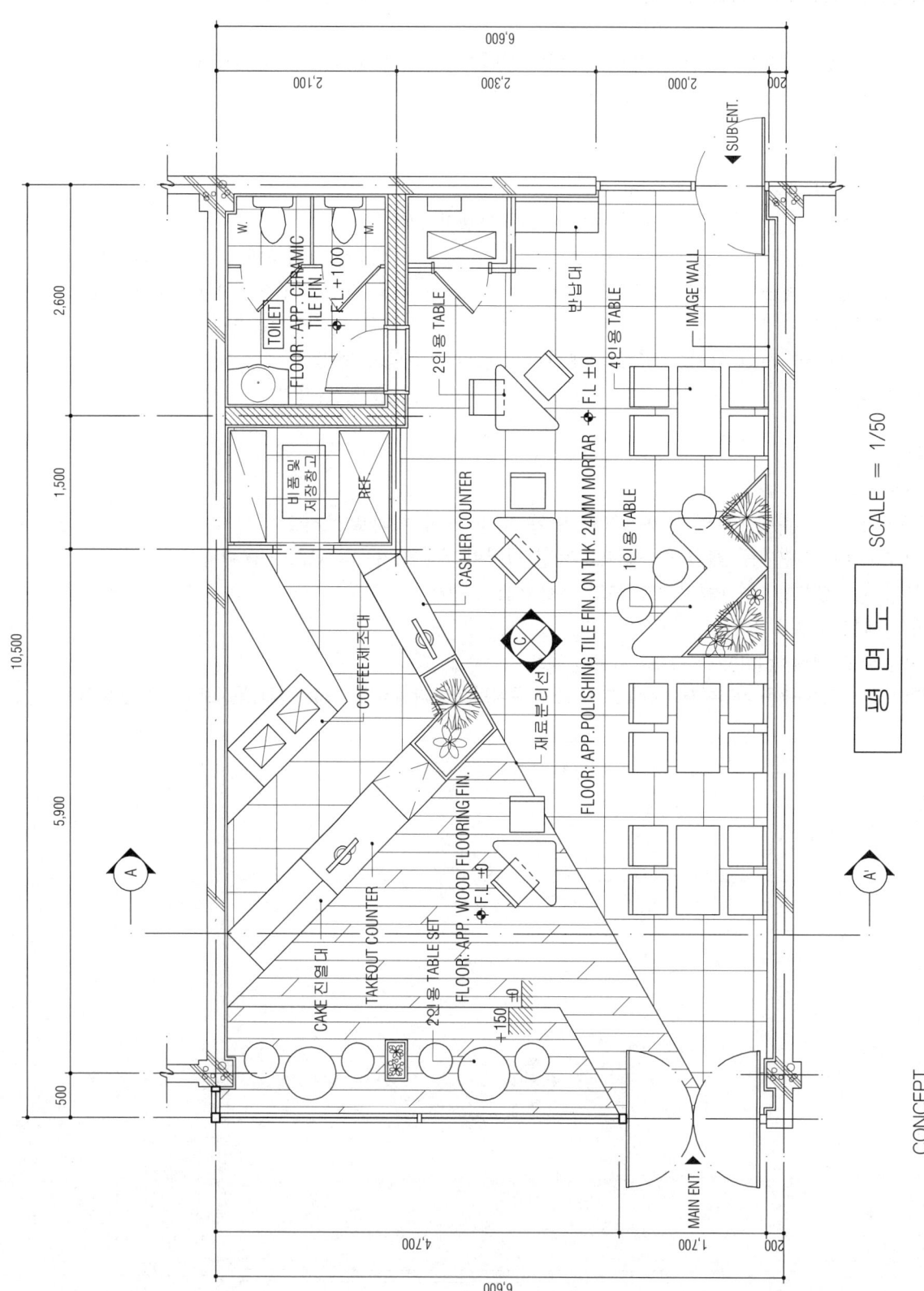

TYPE	NAME	EA
LEGEND		
✢	DOWN LIGHT	24
⊕	PENDANT	15
✦	SPOT LIGHT	4
⊞	방습등	1
●	EXIT LIGHT	2
⊠	송기구	3
✷	배기구	7
⊙	SPRINKLER	6
○	FIRE SENSOR	6
◁	점검구	1

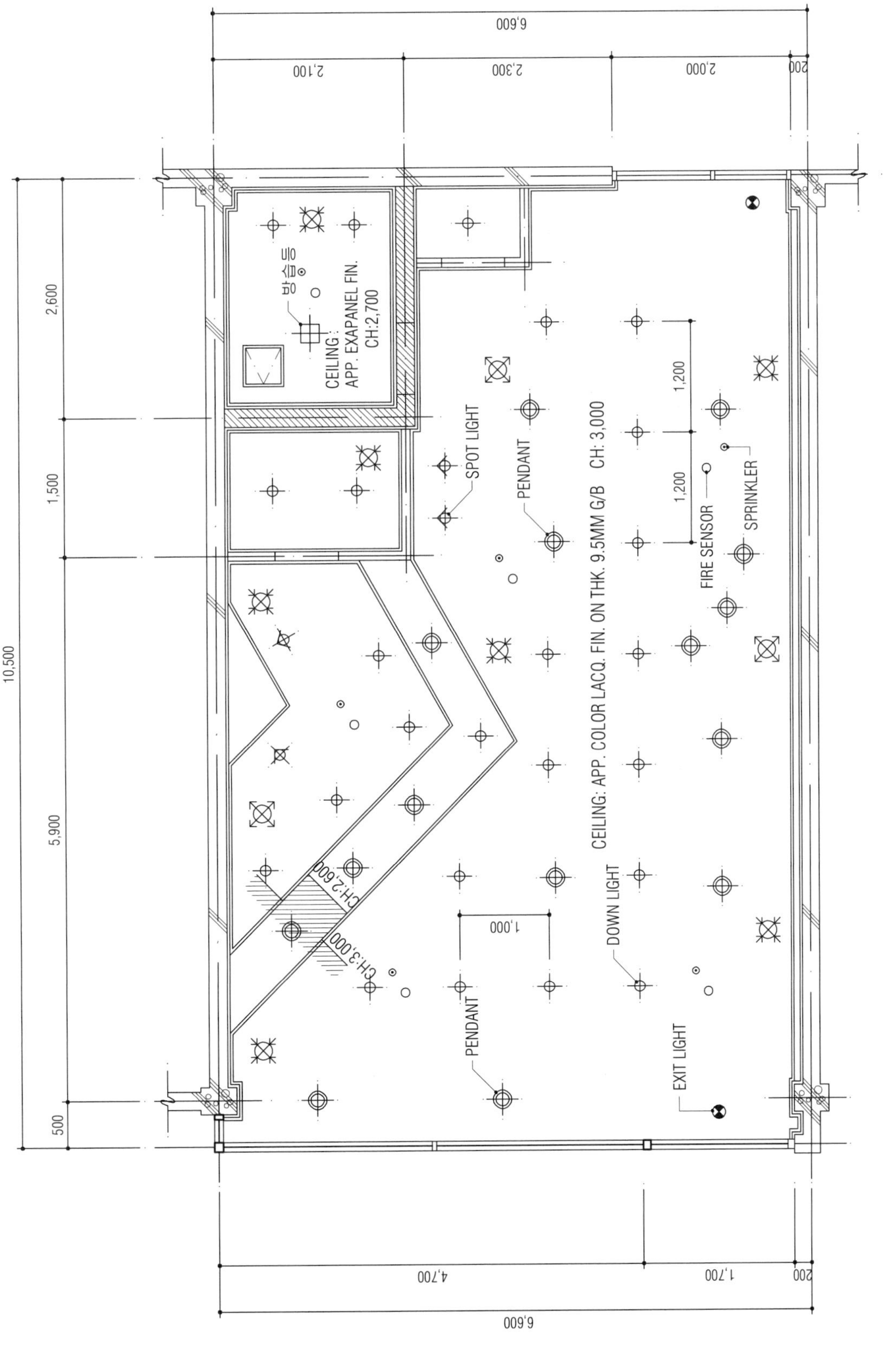

천 정 도

SCALE = 1/50

CEILING: APP. COLOR LACQ. FIN. ON THK. 9.5MM G/B CH: 3,000

CEILING: APP. EXAPANEL FIN. CH: 2,700

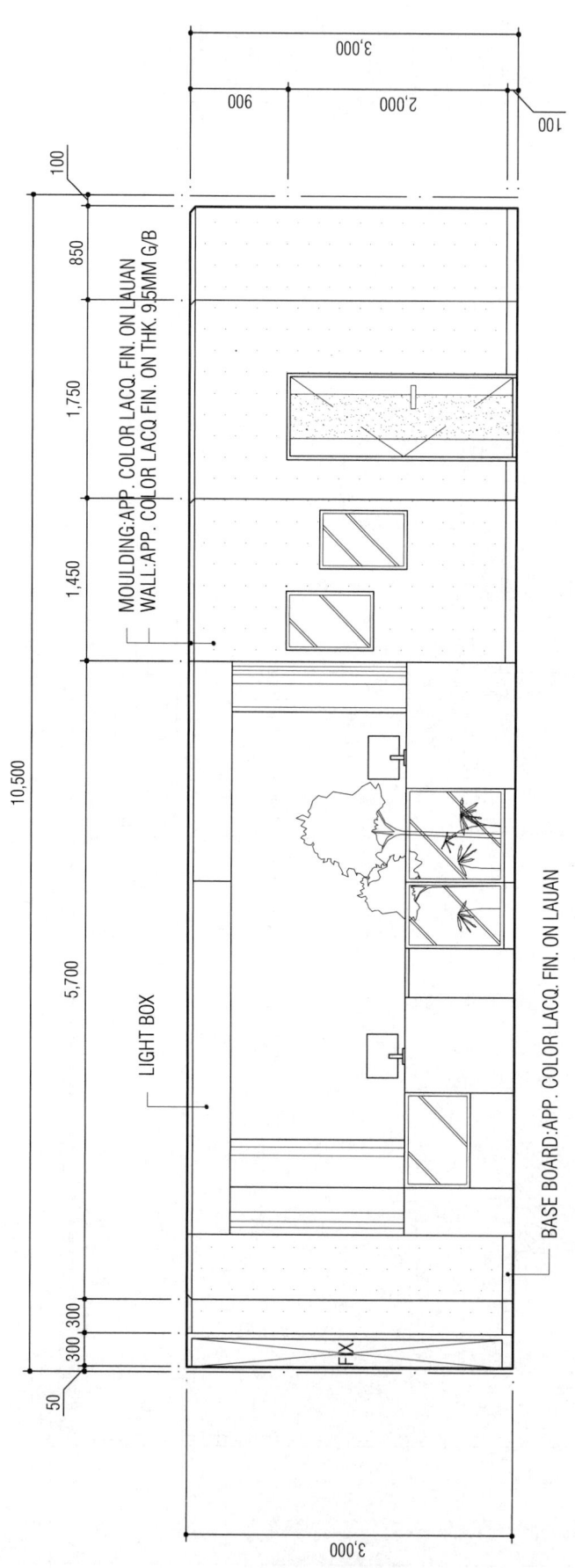

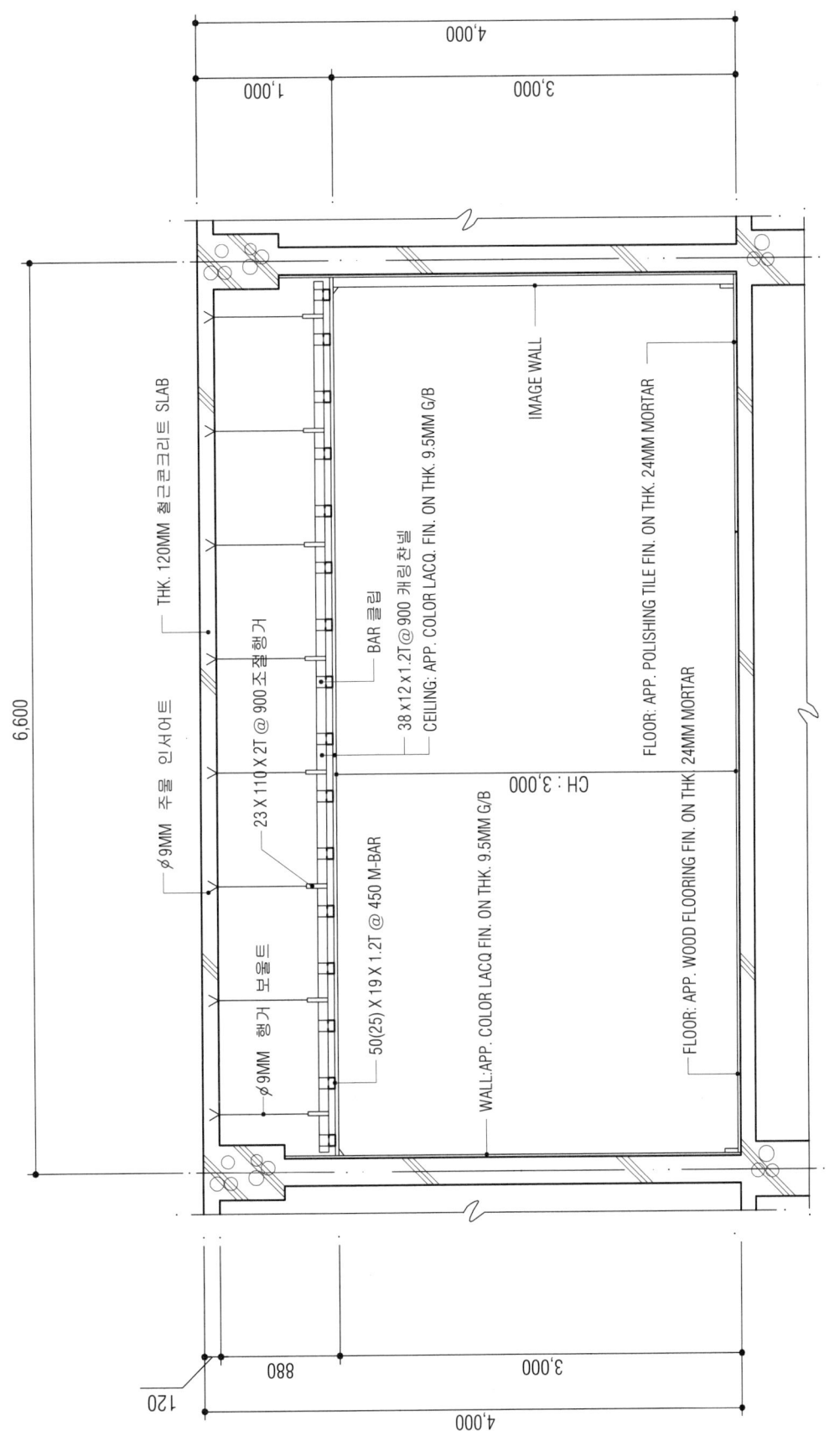

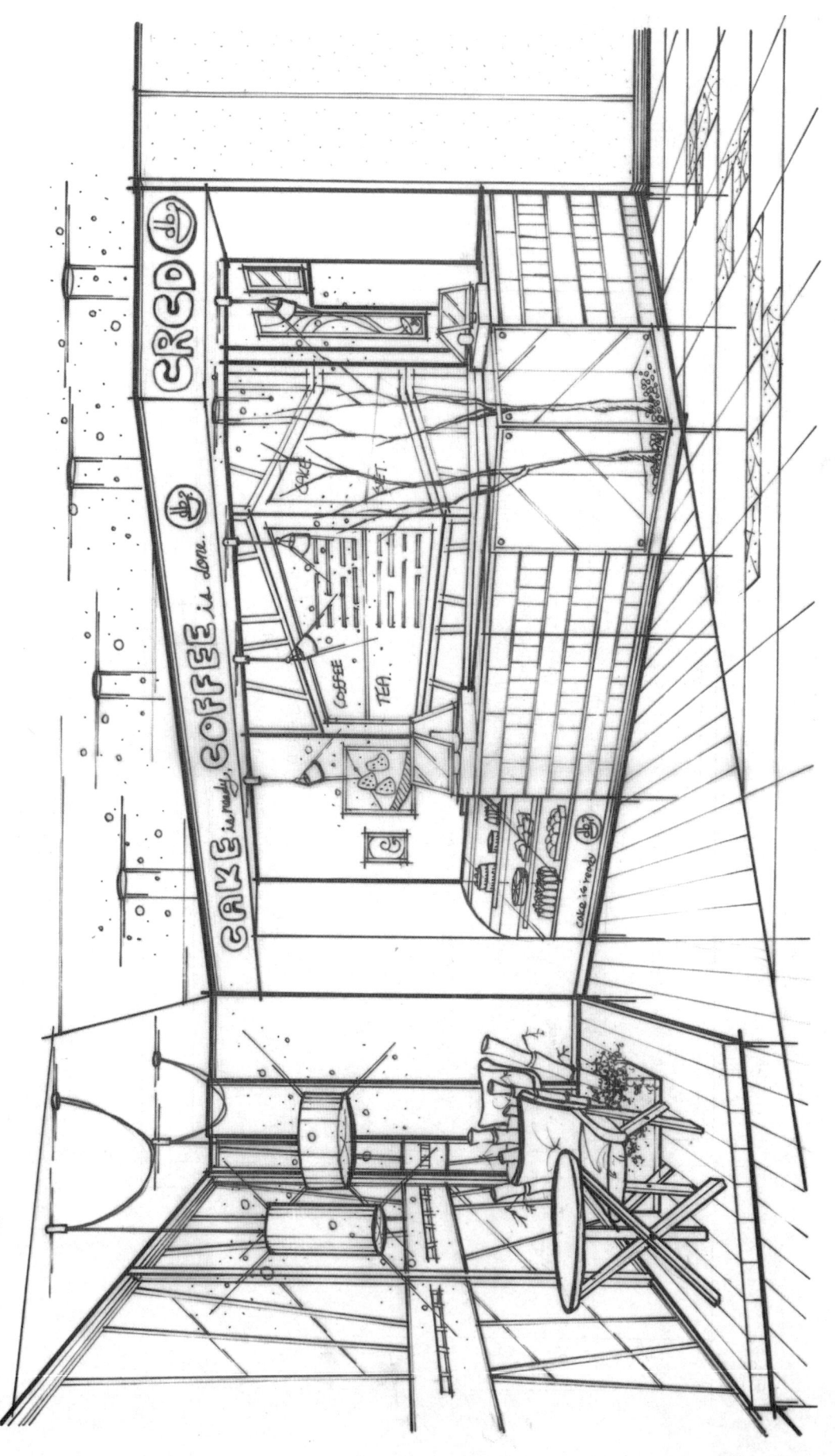

(2010. 7. 4 시행)

제59회 실내건축기사
시공실무

문제 1) 벽 타일 붙이기의 순서이다. 괄호 안을 채우시오. (3점)
바탕처리 → (①) → (②) → (③) → 보양

【해설】 ① 타일나누기 ② 타일붙이기 ③ 치장줄눈

문제 2) 다음의 용어에 대해 설명하시오. (3점)
① 입주상량
② 듀벨
③ 바심질

【해설】 ① 목재의 마름질, 바심질이 끝난 다음 기둥 세우기, 보, 도리의 짜맞추기를 하는 일. 목공사의 40%가 완료된 상태이다.
② 목재에서 두재의 접합부에 끼워 보울트와 같이 써서 전단에 견디도록 하는 일종의 산지.
③ 구멍뚫기, 홈파기, 면접기 및 대패질 등으로 목재를 다듬는 일.

문제 3) 형태에 따른 공정표의 종류 3가지를 쓰시오. (3점)
①   ②   ③

【해설】 ① 횡선식공정표 ② 사선식공정표 ③ 네트워크식공정표

문제 4) 다음의 해당 철물 명칭을 아래 〈보기〉에서 해당 번호를 고르시오. (4점)
① 인서트 ② 와이어라스 ③ 메탈라스 ④ 펀칭메탈 ⑤ 세파레이터 ⑥ 와이어메쉬 ⑦ 조이너
〈보기〉 가. 얇은 철판에 각종 모양을 도려낸 장식용 철물.
나. 얇은 철판에 자름금을 내어 당겨 늘린 것.
다. 연강선을 직교시켜 전기용접한 철선 망.
라. 철선을 꼬아 만든 철망.

【해설】 가 - ④   나 - ③   다 - ⑥   라 - ②

문제 5) 1일에 벽돌 5,000장을 편도거리 90m 운반하려 한다. 필요한 인부수를 계산하시오. (5점)
(단, 질통용량 60kg, 보행속도 60m/분, 상하차 시간 3분, 1일 8시간 작업, 벽돌 1장의 무게 1.9kg)

【해설】 1회 왕복거리 = 편도거리 × 2회 = 90m × 2회 = 180m
1회 운반량 = 질통용량 60kg/벽돌 1장의 무게 1.9kg = 31.57장 ≒ 31장(질통용량을 초과하지 않도록 절사하여 31장)
1회 순 운반시간 = 1회 왕복거리/보행속도(60m/분) = 180m/(60m/분) = 3분
1회 총 운반시간 = 1회 순 운반시간 + 1회 상하차시간 = 3분 + 3분 = 6분

1일 작업시간=8시간=480분
1일 작업시간 당 왕복횟수=1일 작업시간/1회 총 운반시간=480분/6분=80회
1일 1인 총 운반량=1회 운반량×1일 작업시간 당 왕복횟수=31장×80회=2,480장
인부수=5,000장/2,480장=2.016129인 ≒ 3인

문제 6) 평보를 대공에 달아 맬 때 평보를 감아 대공에 긴결시키는 보강철물은 (①)이며, 가로재와 세로재가 교차하는 모서리 부분에 각이 변하지 않도록 보강하는 철물은 (②)이고, 큰보를 따내지 않고 작은 보를 걸쳐 받게 하는 보강철물은 (③)이다. (3점)

【해설】 ① 감잡이쇠 ② 주걱보울트 ③ 안장쇠

문제 7) 다음 아래의 쪽매 그림을 보고 그 명칭을 적어 넣으시오. (5점)

① ② ③ ④ ⑤

【해설】 ① 반턱쪽매 ② 빗쪽매 ③ 딴혀쪽매 ④ 제혀쪽매 ⑤ 오늬쪽매

문제 8) 건축공사의 공사원가 구성에서 직접공사비 구성에 해당하는 비목 4가지를 쓰시오. (4점)
① ② ③ ④

【해설】 ① 재료비 ② 노무비 ③ 외주비 ④ 경비

문제 9) 목재 흠의 종류 3가지를 쓰시오. (3점)
① ② ③

【해설】 ① 옹이 ② 썩음 ③ 갈라짐 ④ 껍질박이 ⑤ 송진구멍

문제 10) 석공사에 석재의 접합에 사용되는 연결철물의 종류 3가지를 쓰시오. (3점)
① ② ③

【해설】 ① 은장 ② 꺾쇠 ③ 촉
참고〉 은장 : 두 부재의 면을 파고 두 부재가 벌어지지 않게 끼워 넣는 나비모양의 긴결철물

문제 11) 강재창호의 현장 설치순서를 쓰시오. (4점)
현장반입 → (①) → 녹막이칠 → (②) → 구멍파내기, 따내기 → (③) → 묻음발 고정 → (④) → 보양

【해설】 ① 변형바로잡기 ② 먹매김 ③ 가설치 및 검사 ④ 창문틀 주위 모르타르 사춤

실 내 디 자 인

[제59회 작품명] PC방

1. 요구사항 – 주어진 도면은 청소년을 위한 인터넷 전용 PC방의 기본 평면도이다
   다음의 요구조건에 따라 도면을 설계하시오.

2. 요구조건
   ① 설계면적 : 15m×9m×2.7m(H)
   ② 인적구성 : 종업원 2인, 이용자수(최대)-20명
   ③ 요구공간 : (가) PC활용공간
                (나) 카운터
                (다) 휴게공간 (주방겸용, 간단한 식음료가 가능해야함)
   ④ 필요집기 : (가) 컴퓨터 + 책상 + 의자(20Set)
                (나) TEA TABLE + 휴식용의자 (4Set)
                (다) 자동판매기(2Set)
                (라) 냉·난방기구
                (마) 카운터

3. 요구도면
   ① 평면도 (가구배치 포함) SCALE : 1/50
      평면도 주변의 여유공간에 설계개요(Design Concept)를 200자 이내로 작성하시오.
   ② 천정도(설비, 조명기구 배치 및 범례표 작성/천정마감재 표기) SCALE : 1/50
   ③ 내부입면도 B, C방향 2면 (벽면재료 표기) SCALE : 1/50
   ④ 단면도(A-A´) SCALE : 1/50
   ⑤ 실내투시도(채색작업은 필수) SCALE : N.S
      (계획의 포인트가 좋은 지점에서 1소점 또는 2소점 투시법으로 작성하되, 작성과정의 투시보조선을 남길 것)

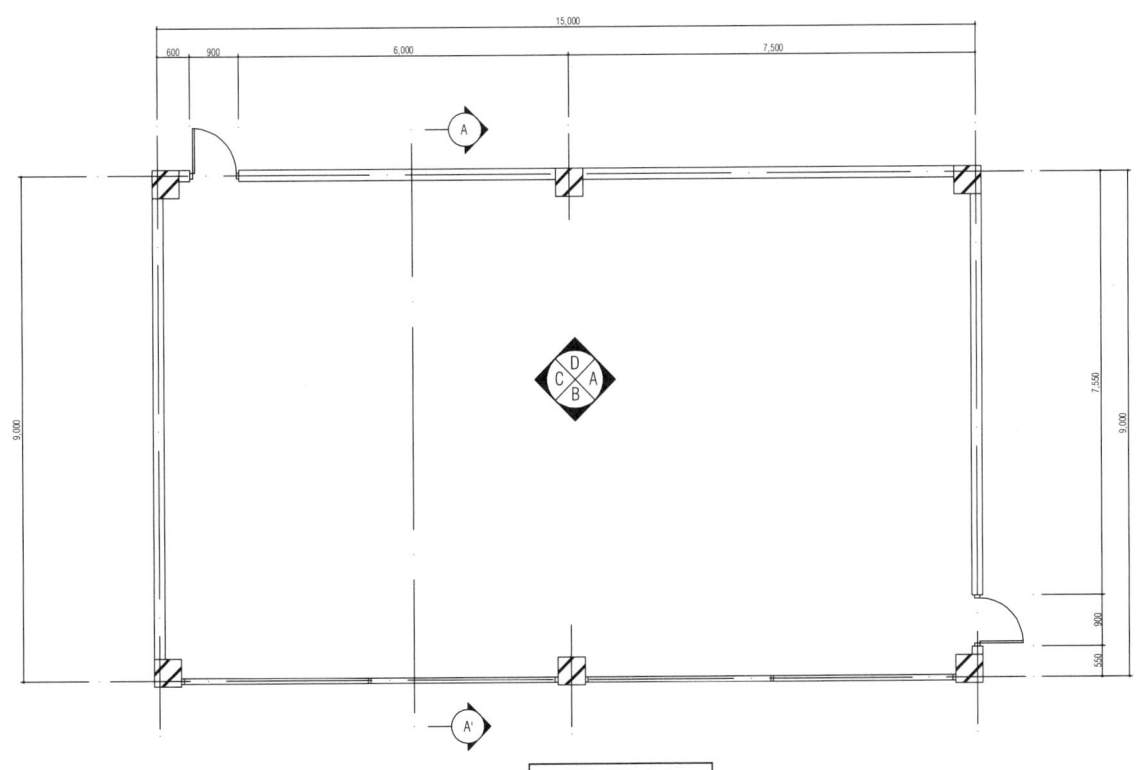

평면도

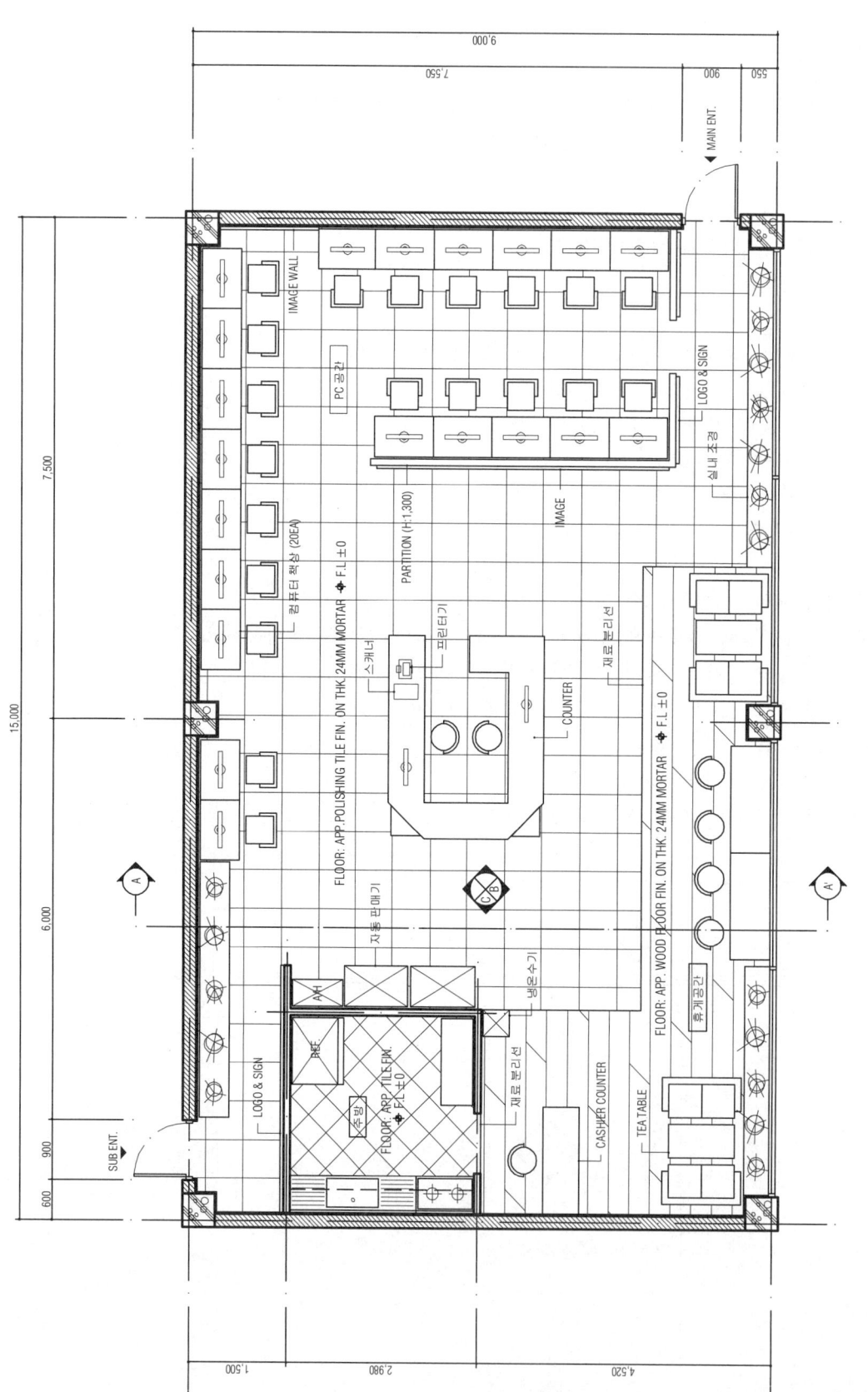

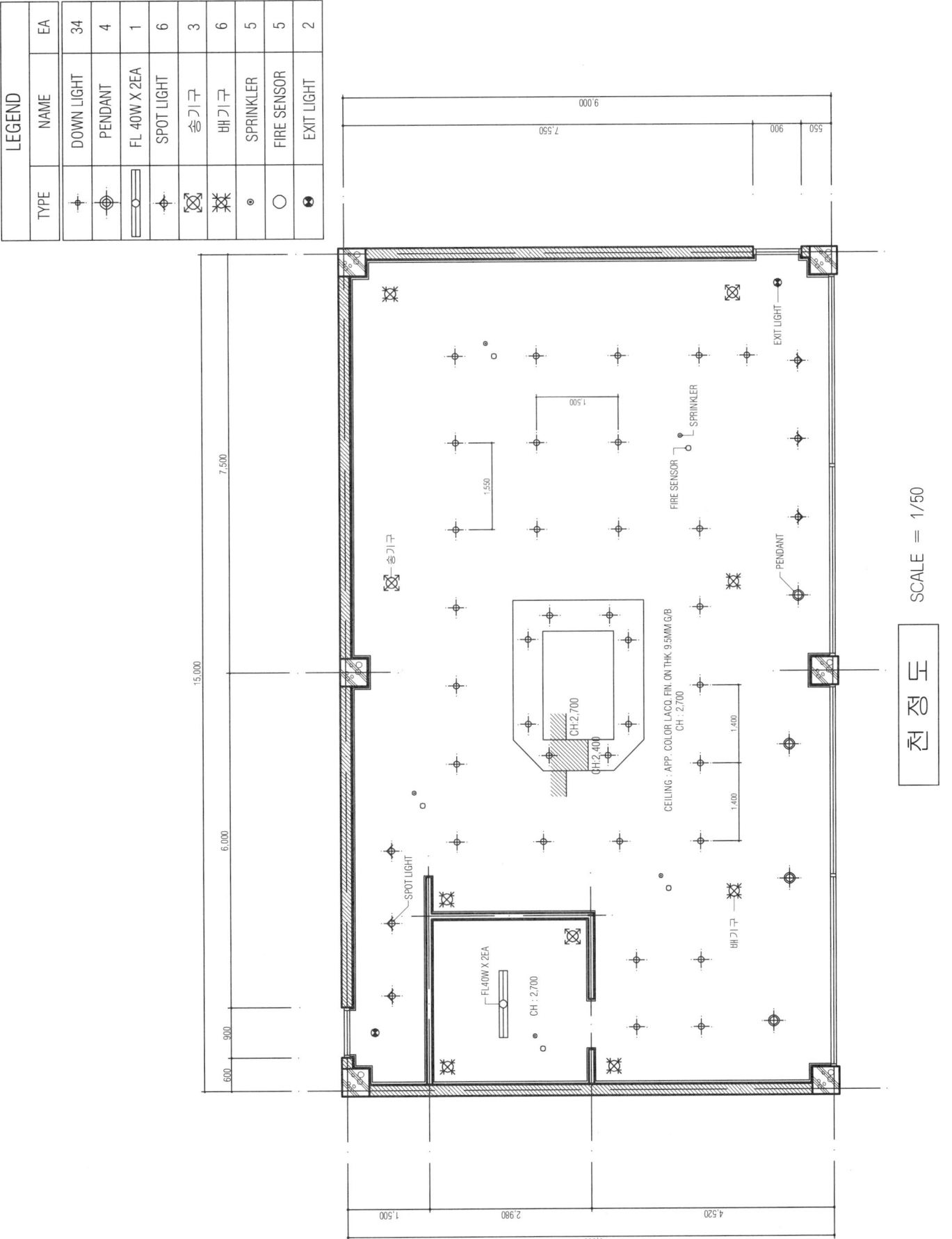

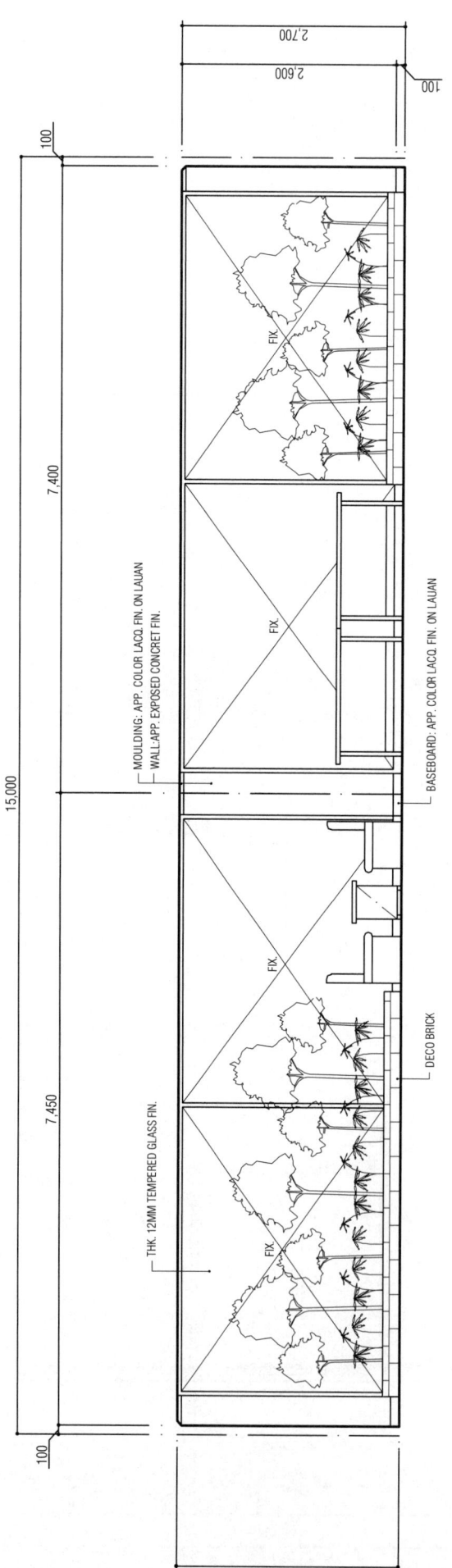

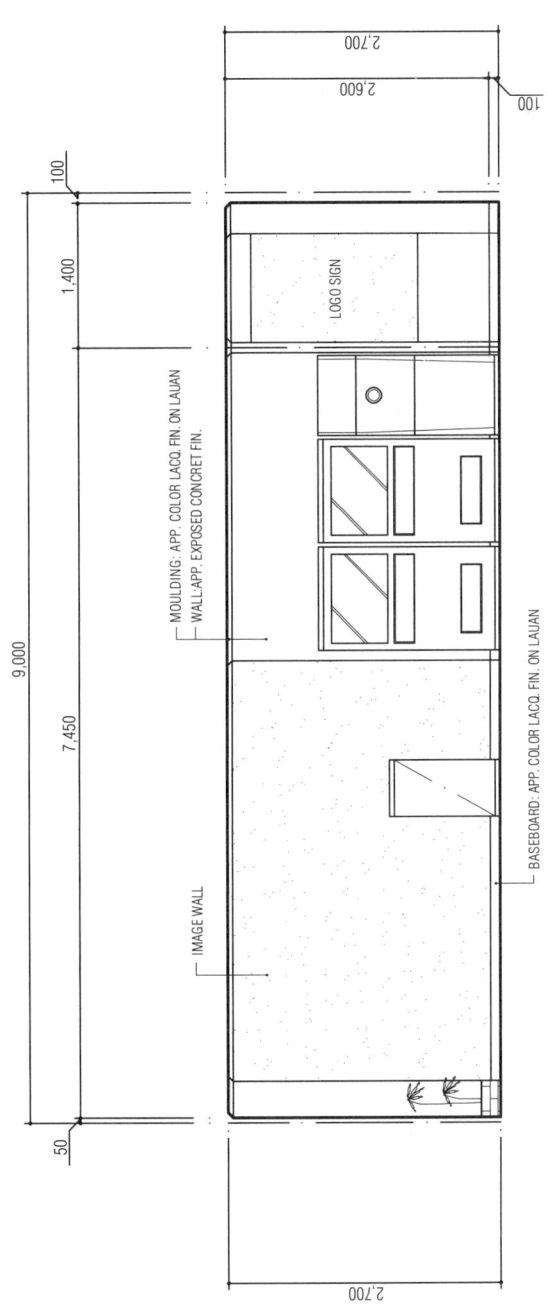

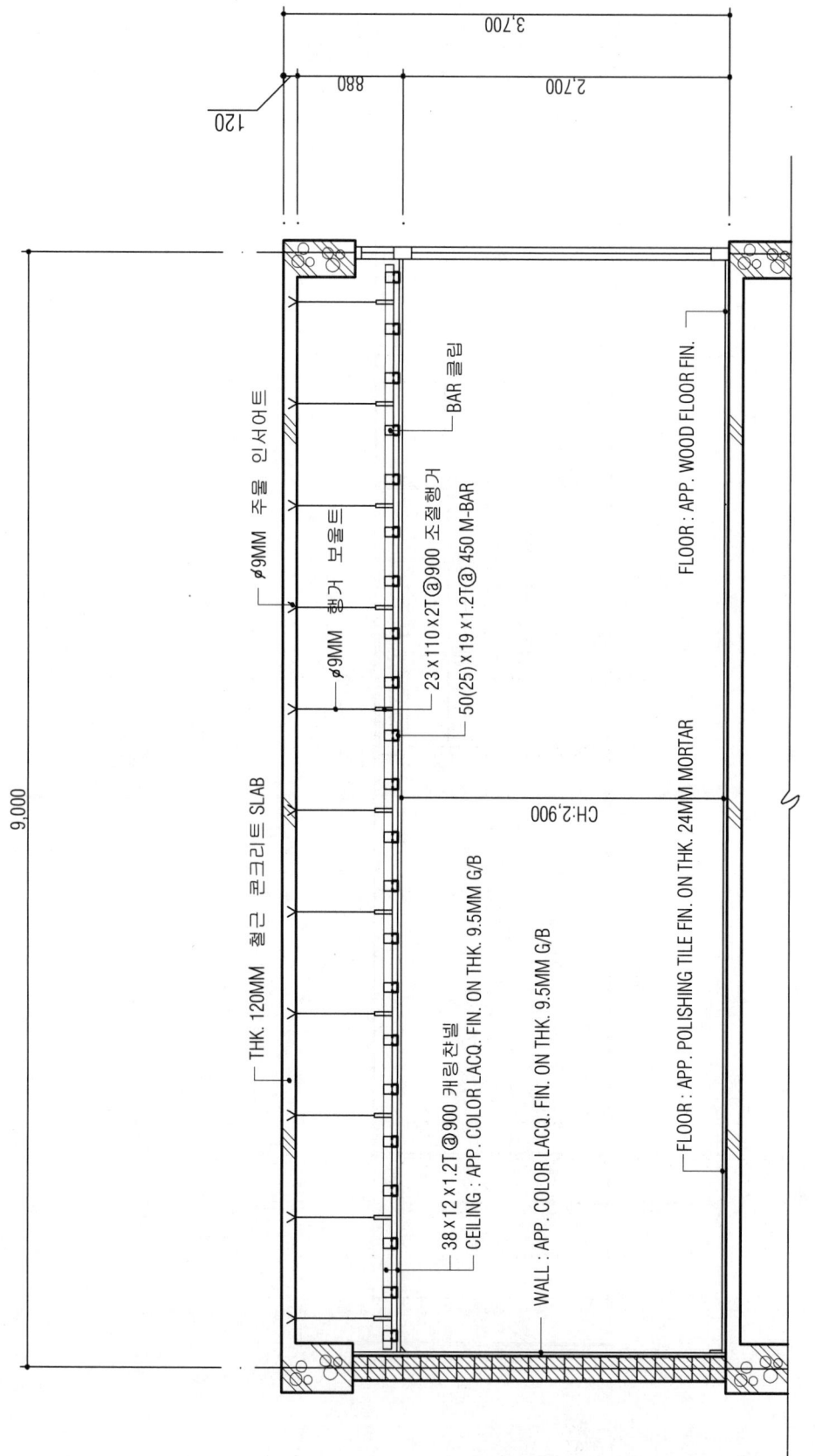

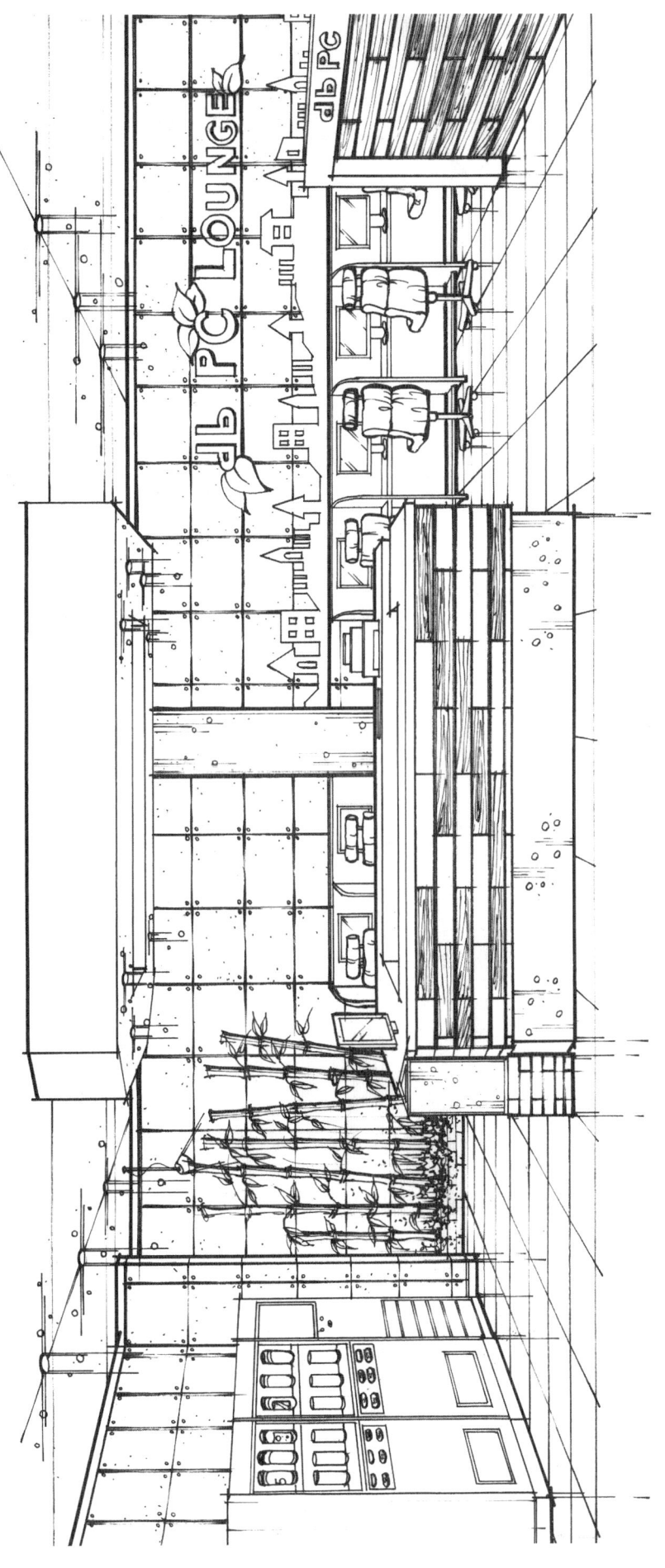

실내투시도 SCALE = N.S

(2010. 10. 31 시행)

제60회 실내건축기사
시공실무

문제 1) 타일의 박락을 방지하기 위해 시공 중 검사와 시공 후 검사가 있는데, 시공 후 검사 2가지를 쓰시오. (2점)

【해설】 ① 주입시험검사　　　　　　② 인장시험검사

문제 2) 미장공사 중 셀프 레벨링(self leveling)재에 대해 설명하고, 혼합재료 두 가지를 쓰시오. (3점)
셀프 레벨링(self leveling)재 :
혼합재료 : ①　　　　　　②

【해설】 셀프 레벨링재 : 자체 유동성을 갖고 있는 특수 모르타르로 시공면 수평에 맞게 부으면, 스스로 일매지는 성능을 가진 특수 미장재이다. 시공 후 통풍에 의해 물결무늬가 생기지 않도록 개구부를 밀폐하여 기류를 차단하고, 시공 전, 중, 후 기온이 5℃ 이하가 되지 않도록 한다.
　　　　혼합재료 : ① 유동화제　　② 경화지연제

문제 3) 도배공사에서 쓰이는 풀칠방법이다. 간략히 설명하시오. (4점)
① 봉투바름　　　　　　② 온통바름

【해설】 ① 봉투바름 : 종이 주위에 풀칠하여 붙이고, 주름은 물을 뿜어둔다.
　　　　② 온통바름 : 종이 전부에 풀칠하며, 순서는 중간부터 갓 둘레로 칠해 나간다.

문제 4) 인조석 표면 마감 방법 3가지를 설명하시오. (3점)
①
②
③

【해설】 ① 씻어내기 : 주로 외벽의 마무리에 사용되며, 솔로 2회 이상 씻어낸 후 물로 씻어 마감한다.
　　　　② 물갈기 : 인조석이 경화된 후 갈아내기를 반복하여 금강석 숫돌, 마감숫돌의 광내기로 마감한다.
　　　　③ 잔다듬 : 인조석바름이 경화된 후 정, 도드락망치, 날망치 등으로 두들겨 마감한다.

문제 5) 다음 벽돌공사의 용어를 간단히 설명하시오. (3점)
① 내력벽
② 장막벽
③ 중공벽

【해설】 ① 내력벽 : 벽체, 바닥, 지붕 등의 하중을 받아 기초에 전달하는 벽
　　　　② 장막벽 : 공간구분을 목적으로 상부하중을 받지 않고, 자체의 하중만을 받는 벽
　　　　③ 중공벽 : 외벽에 방음, 방습, 단열 등의 목적으로 벽체의 중간에 공간을 두어 이중으로 쌓는 벽

문제 6) 다음 공간에 사용되는 유리종류를 한가지씩만 쓰시오. (3점)
① 차유리   ② 의류, 진열공간   ③ 유류저장 창고, 방화공간

【해설】 ① 접합유리   ② 자외선차단유리   ③ 망입유리

문제 7) 어느 건설공사의 한 작업이 정상적으로 시공할 때 공사기일은 10일, 공사비는 10,000,000원이고, 특급으로 시공할 때 공사기일은 6일, 공사비는 14,000,000원이라 할 때 이 공사의 공기단축시 필요한 비용구배(Cost Slope)를 구하시오. (4점)

【해설】 비용구배 = $\dfrac{14,000,000-10,000,000}{10-6}$ = $\dfrac{4,000,000}{4}$ = 1,000,000원/일

문제 8) 다음 유리에 대해 설명하시오. (4점)
① LOW-e유리
② 접합유리

【해설】 ① LOW-e유리 : 가시광선(빛)은 투과시키고, 적외선(열선)은 방사하여 냉난방의 효율을 극대화 시켜주는 특수유리이다. (LOW-e⟨Low emissivity⟩ glass = 저방사유리)
② 접합유리 : 2장 이상의 판유리사이에 폴리비닐을 넣어 고열(150℃)로 접합한 유리이다. 파손시 파편이 떨어지지 않는 안전유리이다.

문제 9) 다음 용어에 대해 설명하시오. (4점)
① 메탈라스   ② 데크플레이트

【해설】 ① 메탈라스 : 얇은 강판에 자름금을 내어 늘린 마름모꼴 형태의 철망으로 천정, 벽, 처마둘레 등의 미장바름 보호용으로 쓰인다.
② 데크플레이트 : 지주없는 거푸집으로 사용하거나, 내화 피복하여 구조체로도 사용하는 골모양의 금속재료이다.

문제 10) 바니쉬 칠 공정 작업순서를 〈보기〉에서 골라 순서대로 번호를 쓰시오. (3점)
〈보기〉 ① 색올림   ② 왁스 문지름   ③ 바탕처리   ④ 눈먹임

【해설】 ③ → ④ → ① → ②

문제 11) 다음 목공사에서 위치별 이음의 종류를 3가지 쓰시오. (3점)
①   ②   ③

【해설】 ① 심이음   ② 내이음   ③ 베개이음

문제 12) 목재의 연귀맞춤의 종류를 4가지 쓰시오. (연귀맞춤은 답에서 제외) (4점)
①   ②   ③   ④

【해설】 ① 반연귀   ② 안촉연귀   ③ 밖촉연귀   ④ 사개연귀

실 내 디 자 인

[제60회 작품명] CD · 비디오테이프 판매점

1. 요구사항 - 주어진 도면은 10대 및 20대 학생, 직장인이 주로 이용하는 복합상가의
   CD · 비디오테이프 판매점이다. 다음의 요구조건에 따라 도면을 작성하시오.

2. 요구조건
   ① 설계면적 : 11,700 × 8,400 × 2,900mm(H)
   ② Door(출입문) : 900 × 2,100mm(변경가능)
   ③ 주요고객 : 10대 및 20대 학생, 직장인
   ④ 필요공간 및 가구
      카운터, 오디오, 비디오, CD · 비디오 선반, 휴게공간
      (이상 제시된 가구는 필수적이며 이외에 필요한 가구가 있다면 수험자가 임의로 추가할 수 있음)

3. 요구도면
   ① 평면도 SCALE : 1/50
      - 평면도 주면의 여유공간에 설계개요(Design Concept) 200자 내외로 쓰시오.
   ② 천정도(설비, 조명기구 배치 및 범례표 작성/천정마감재 표기) SCALE : 1/50
   ③ 내부입면도 C방향 1면 (벽면재료 표기) SCALE : 1/50
   ④ 단면상세도(A-A′) SCALE : 1/50
   ⑤ 실내투시도(채색작업은 필수) SCALE : N.S
      (계획의 포인트가 좋은 지점에서 1소점 또는 2소점 투시법으로 작성하되, 작성과정의 투시보조선을 남길 것)

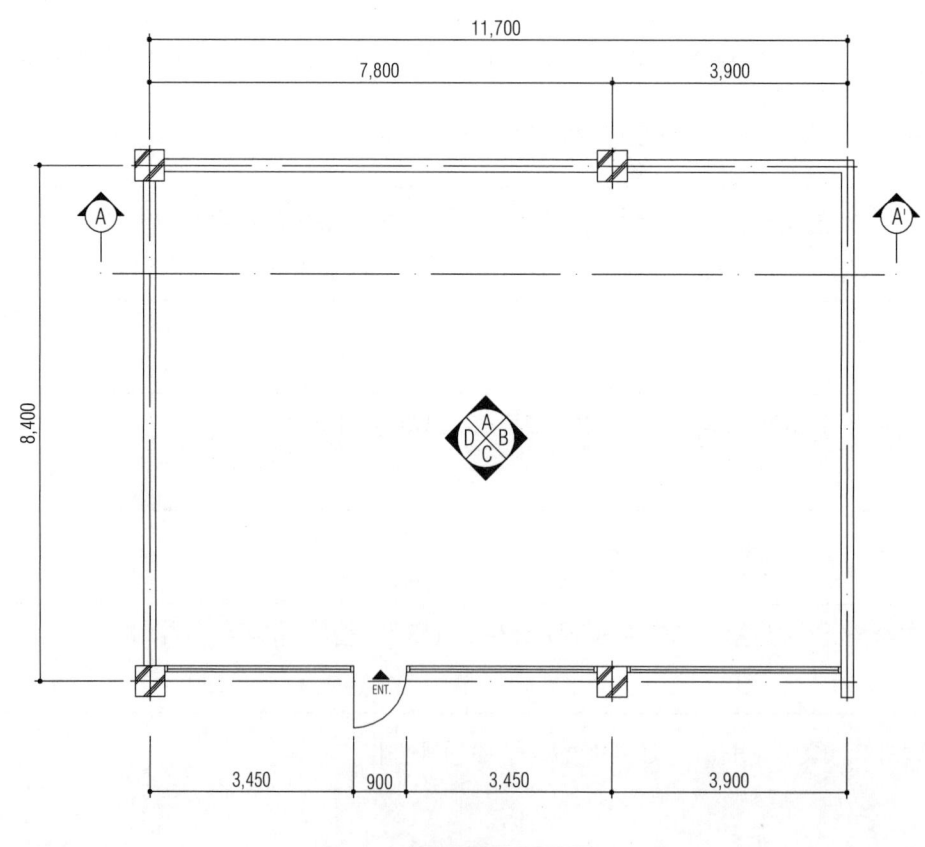

평 면 도

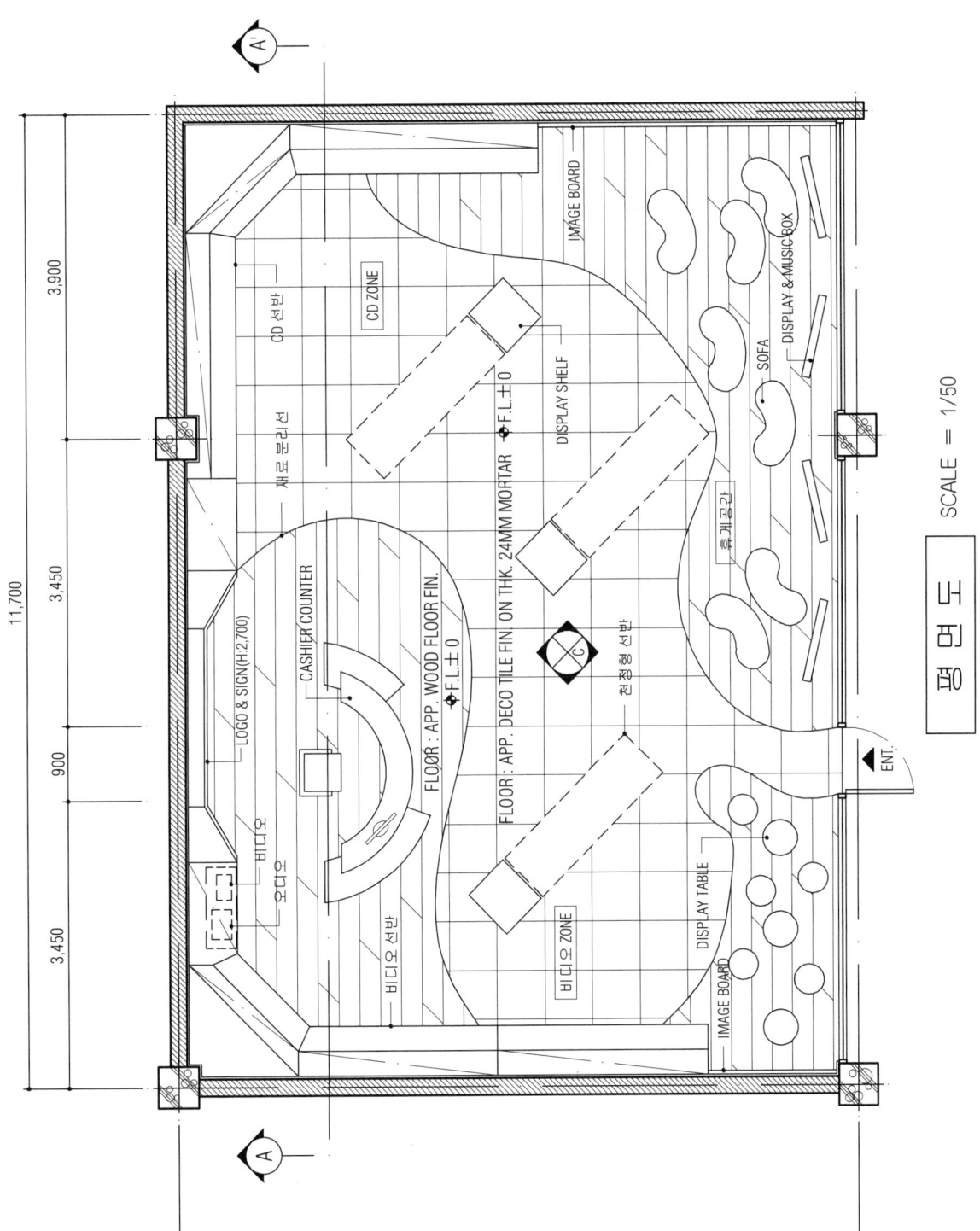

CONCEPT

10대 및 20대학생, 직장인이 주로 이용하는 복합상가의 CD·비디오테이프 판매점이다. 공간은 크게 성격과 기능에 따라 휴게공간, CD·비디오테입 공간, 다스플레이 공간으로 분리하되 곡선형의 패턴을 이용함으로써 각각의 공간들이 유기적으로 연결될 수 있는 구조로 하였다. 또한, 젊은층의 주 타겟을 고려하여 유동적이고 입체적인 가구를 배치하여 자유로운 분위기를 연출하고, 팝아트작품의 이미지를 통해 공간의 포인트를 줄 수 있도록 계획하였다.

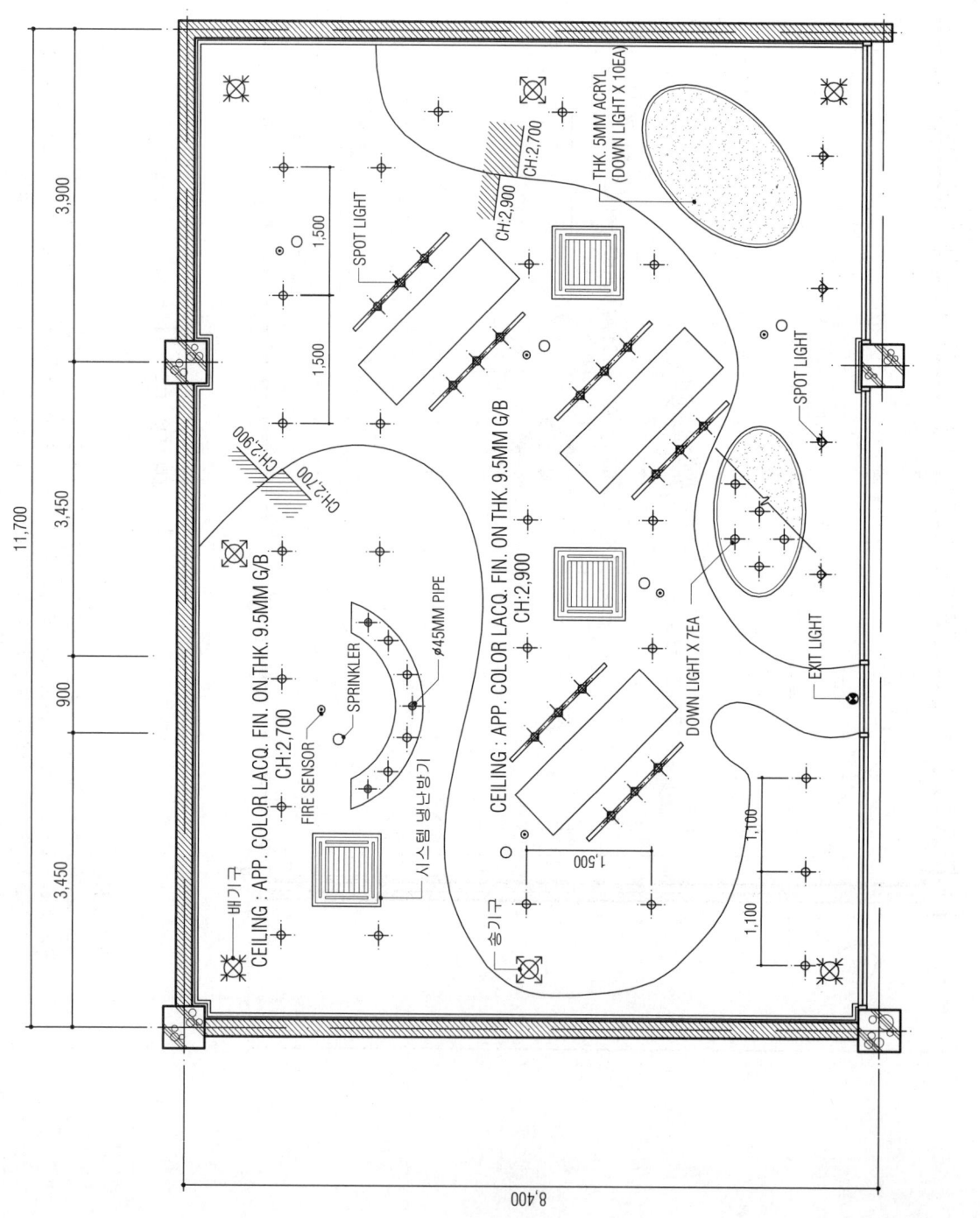

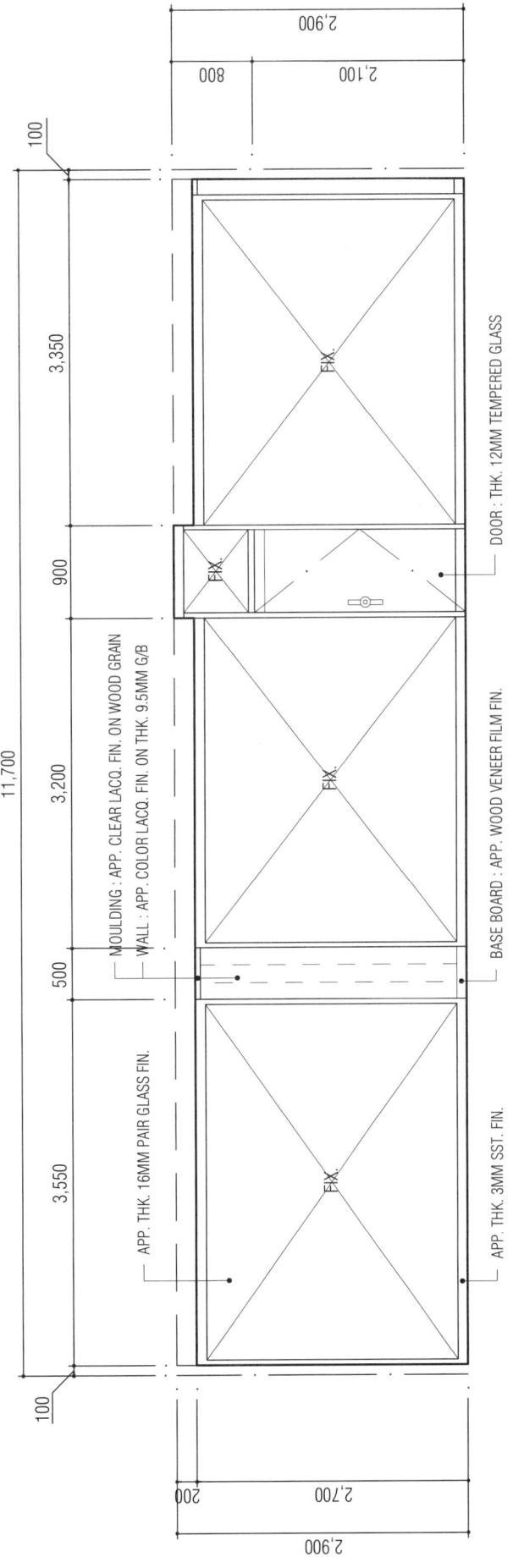

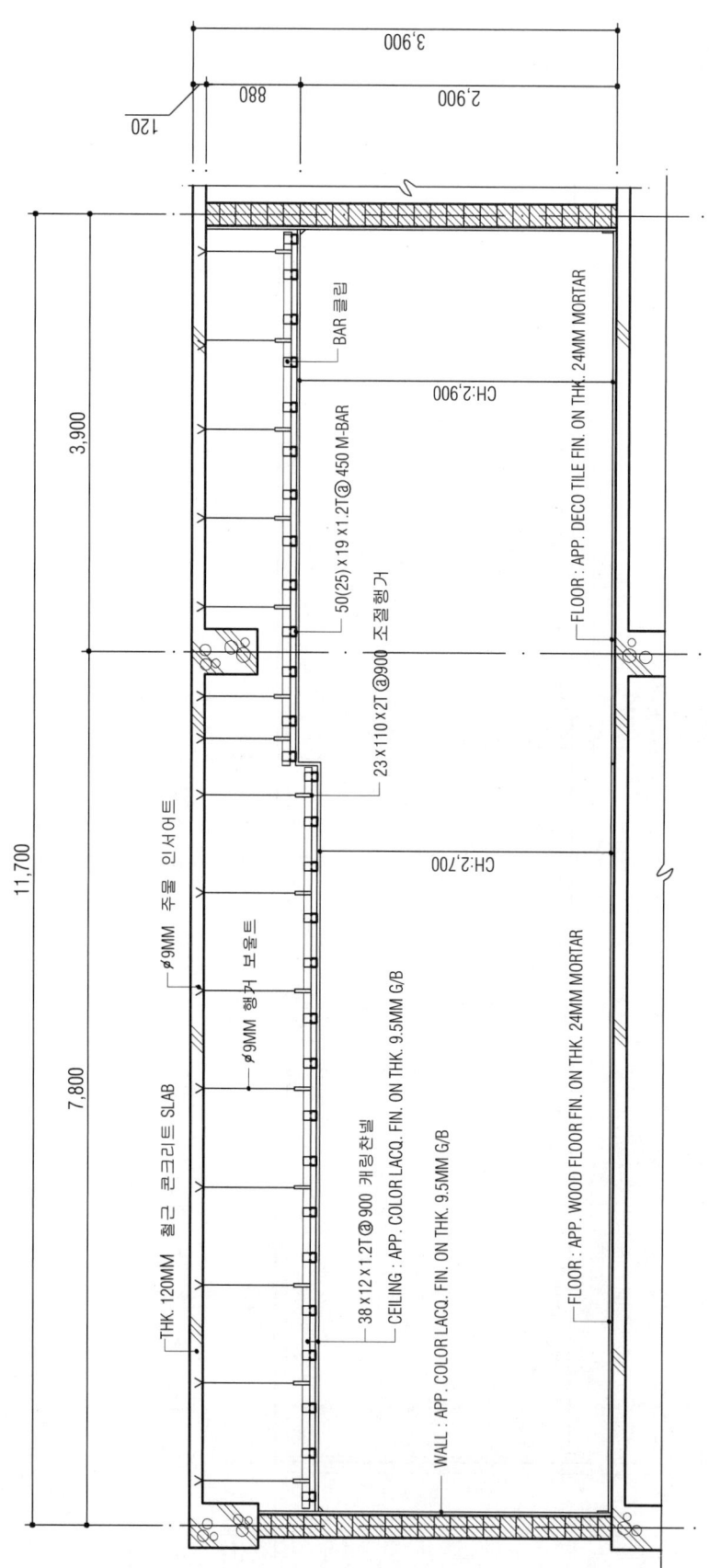

(2011. 5. 1 시행)

제61회 실내건축기사
시공실무

문제 1) 다음은 창호공사에 관한 용어이다. 간략히 설명하시오. (4점)
① 풍소란   ② 마중대

【해설】 ① 창호가 닫혔을 때 각종 선대 등 접하는 부분에 틈새가 나지 않도록 대어 주는 것.
② 미닫이, 여닫이 창호의 상호 맞댐면.

문제 2) 다음은 벽타일 붙임공법이다. 설명된 내용의 공법명을 쓰시오. (4점)
① 평탄하게 만든 바탕 모르타르 위에 붙임 모르타르를 바르고, 그 위에 손으로 한 장씩 타일을 두드려 누르거나 비벼 넣으면서 붙이는 방법이다.
② 유닛타일 공법이라고도 하며, 공장에서 작은 타일을 하드롤지에 붙여 일정규격으로 만든 후 시공하는 방법으로 낱장붙임과 같다.

【해설】 ① 압착공법   ② 판형붙임공법

문제 3) 거푸집면 타일 먼저 붙이기 공법 3가지를 쓰시오. (3점)
①   ②   ③

【해설】 ① 타일시이트공법   ② 줄눈채우기공법   ③ 고무줄눈 설치공법

문제 4) 표준형 벽돌 1,000장을 갖고 1.5B두께로 쌓을 수 있는 벽면적은 얼마인가? (2점)
(단, 할증률은 고려하지 않는다)

【해설】 $\dfrac{1,000}{224} = 4.46 m^2$

문제 5) 타일공사에서 OPEN TIME을 설명하시오. (2점)

【해설】 타일의 접착력을 확보하기 위해 모르타르를 바른 후 타일을 붙일 때까지 소요되는 붙임시간으로 보통 내장타일은 10분, 외장타일은 20분 정도의 open time을 갖는다.

문제 6) 다음은 방수공법에 대한 설명이다. 설명에 해당되는 방수공법을 쓰시오. (2점)
① 합성고무나 합성수지를 주성분으로 하는 두께 1mm정도의 합성고분자 루핑을 접착제로 바탕에 붙여서 방수층을 형성한다.
② 시멘트방수제를 콘크리트 모체에 침투, 시멘트 또는 모르타르에 혼합하여 콘크리트면에 솔칠 또는 흙손으로 발라서 수밀하게 방수층을 형성한다.

【해설】 ① 시이트방수   ② 시멘트액체방수

문제 7) 품질관리(TQC)도구의 종류 4가지를 나열하시오. (4점)
① ② ③ ④

【해설】 ① 히스토그램   ② 특성요인도   ③ 파레토도   ④ 체크시이트

문제 8) 다음 그림에 맞는 돌쌓기의 종류를 쓰시오. (4점)
① ② ③ ④

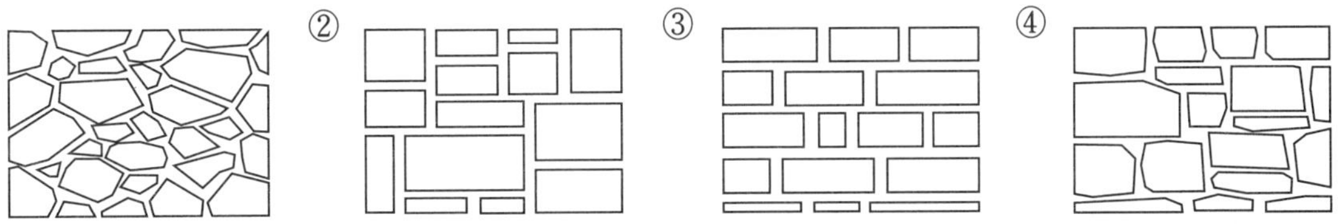

【해설】 ① 막돌쌓기   ② 마름돌쌓기   ③ 바른층쌓기   ④ 허튼층쌓기

문제 9) 뿜칠(Spray) 공법에 의한 도장시 주의사항 3가지를 쓰시오. (3점)
① ② ③

【해설】 ① 30cm 정도 띄워서 뿜칠한다.
② 1/3 정도씩 겹쳐서 뿜칠한다.
③ 끊김없이 연속해서 뿜칠한다.

문제 10) 미장공사 중 셀프 레벨링(Self leveling)재에 대해 설명하시오. (3점)

【해설】 자체 유동성을 갖고 있는 특수 모르타르로 시공면 수평에 맞게 부으면, 스스로 일매지는 성능을 가진 특수 미장재이다. 시공 후 통풍에 의해 물결무늬가 생기지 않도록 개구부를 밀폐하여 기류를 차단하고, 시공 전, 중, 후 기온이 5℃이하가 되지 않도록 한다.

문제 11) 유성 페인트의 구성제 중 건조제 3가지를 쓰시오. (3점)
① ② ③

【해설】 ① 연단   ② 염화코발트   ③ 연망간

문제 12) 목재 건조법 중 인공 건조법 3가지를 쓰시오. (3점)
① ② ③

【해설】 ① 증기법   ② 열기법   ③ 진공법

문제 13) 다음은 목공사의 위치별 이음의 설명이다. 해당하는 명칭을 쓰시오. (3점)
① 부재의 중심에서 이음   ② 가로받침을 대고 이음   ③ 중심에서 벗어난 위치에서 이음

【해설】 ① 심이음   ② 베개이음   ③ 내이음

실내디자인

[제61회 작품명] 한의원

1. 요구사항 - 주어진 도면은 한의원의 평면도이다. 다음의 요구조건에 따라 도면을 작성하시오.

2. 요구조건
   ① 설계면적 : 13,200×9,000×2,700mm(H)
   ② 치료실 : 침대 6EA
   ③ 첨단의료장비를 설치할 수 있는 공간확보(사이즈 없이)
   ④ 탕전실
   ⑤ 약재실 및 창고
   ⑥ 원장실 겸 상담실
   ⑦ 안내 및 캐시카운터(사이즈 없이)
   ⑧ 고객대기공간 - TV, 음료대, 소파, 테이블

3. 요구도면
   ① 평면도(가구배치 포함) SCALE : 1/50
      - 평면도 주변의 여유공간에 설계개요(Design Concept) 200자 내외로 쓰시오.
   ② 천정도(설비, 조명기구 배치 및 범례표 작성/천정마감재 표기) SCALE : 1/50
   ③ 내부입면도 B방향 1면 (벽면재료 표기) SCALE : 1/50
   ④ 단면상세도(A-A´) SCALE : 1/50
   ⑤ 실내투시도(채색작업은 필수) SCALE : N.S
      (계획의 포인트가 좋은 지점에서 1소점 또는 2소점 투시법으로 작성하되, 작성과정의 투시보조선을 남길 것)

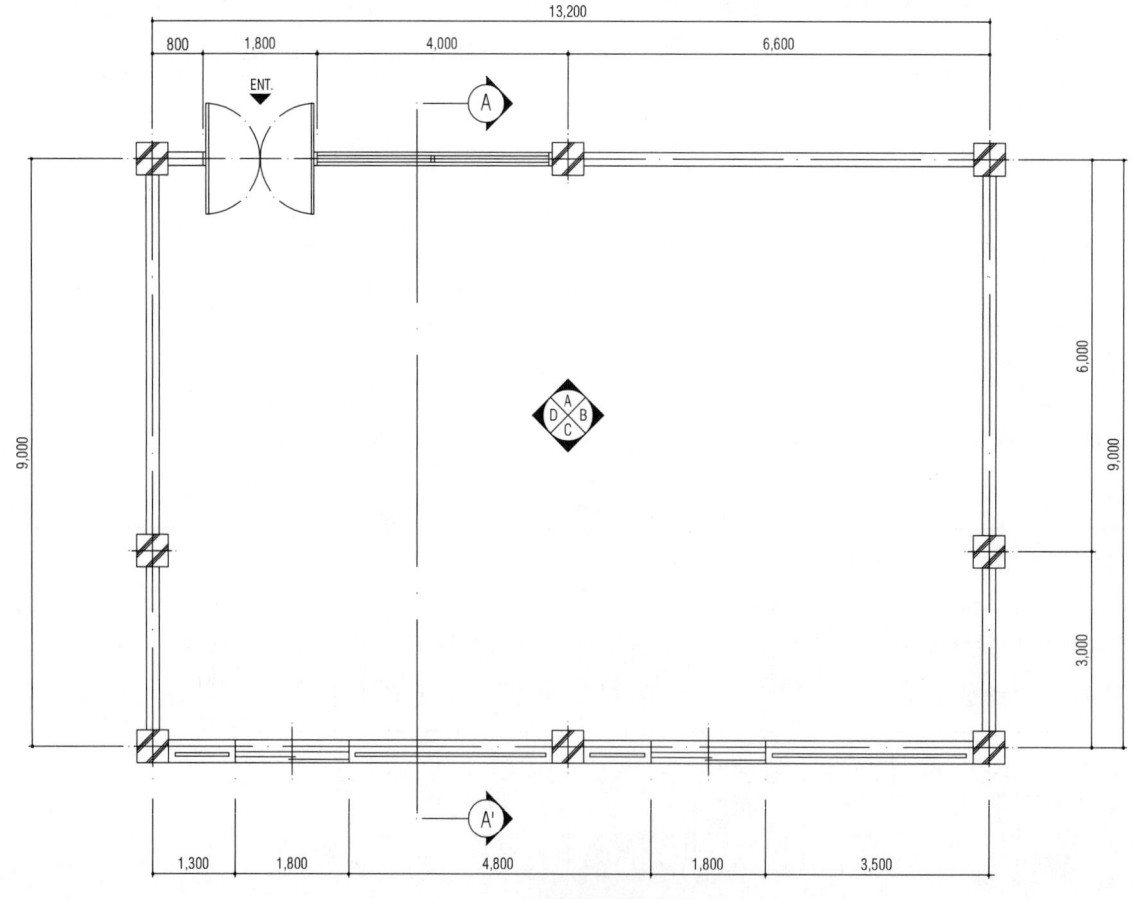

평면도

CONCEPT

첨단 장비가 갖추어진 한의원으로 전체적인 분위기는 내추럴하면서 환자들이 편안하게 진료를 받을 수 있도록 안락한 분위기를 연출하고자 하였다. 전체적인 공간의 구성은 대기공간과 진료공간 및 직원공간으로 구성되어 있으며 대기공간과 인접해있는 조제실은 전면에 고정창을 두어 오픈된 공간 구성을 통해 고객들에게 신뢰감을 주고자 하였다. 조제실과 탕전실 및 원장실과 자료실은 서로 인접배치하여 작업 동선의 흐름성을 고려하였다. 전체적인 컬러의 컨셉은 내추럴 컬러의 톤과 색조의 배열으로 한옥의 느낌과 의 색조의 은은한 바닥을 주고자 하였으며 이미지에 속 한옥과 조명을 통해 은은한 이미지를 더하고자 하였다.

평면도 SCALE = 1/50

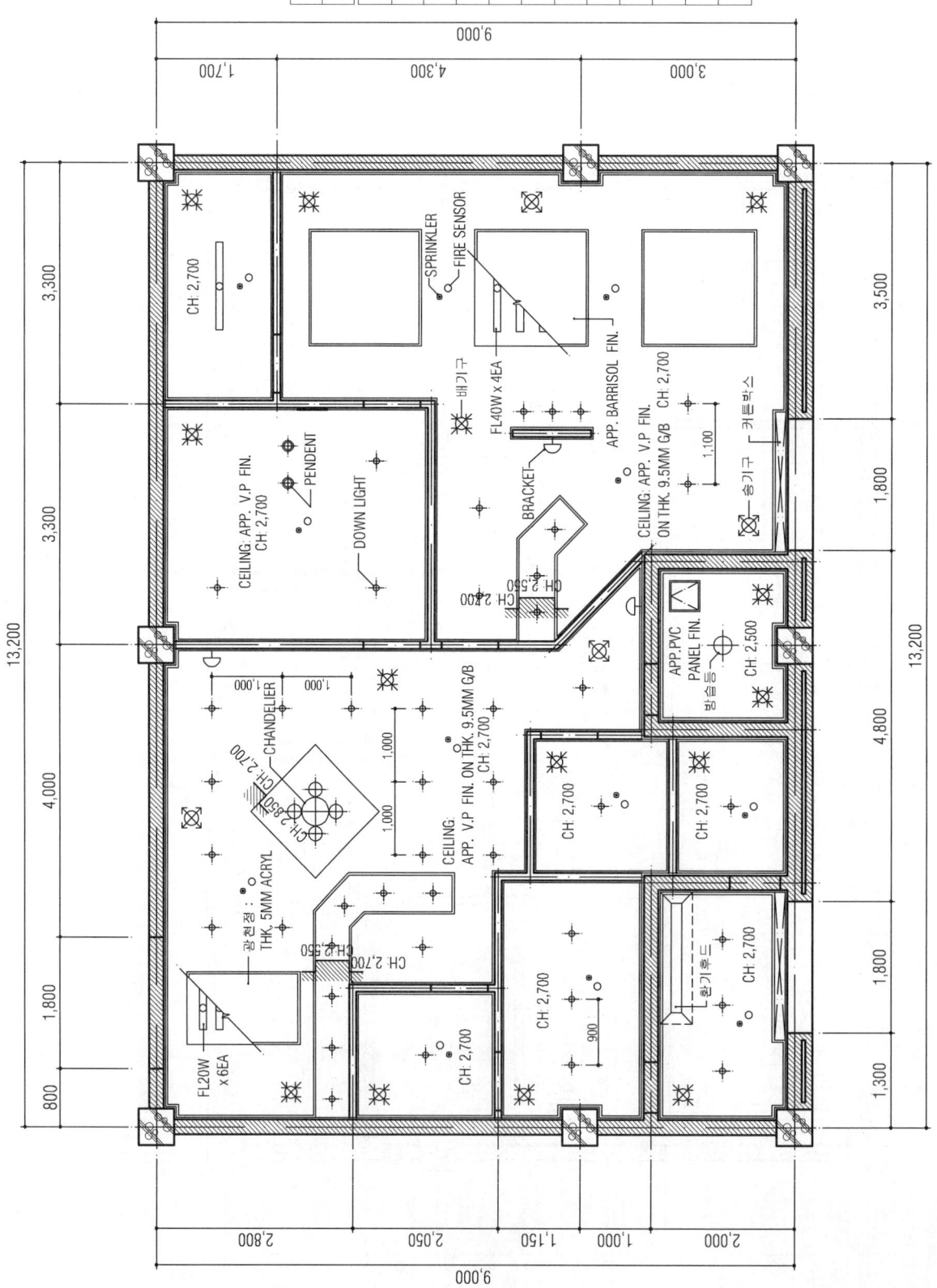

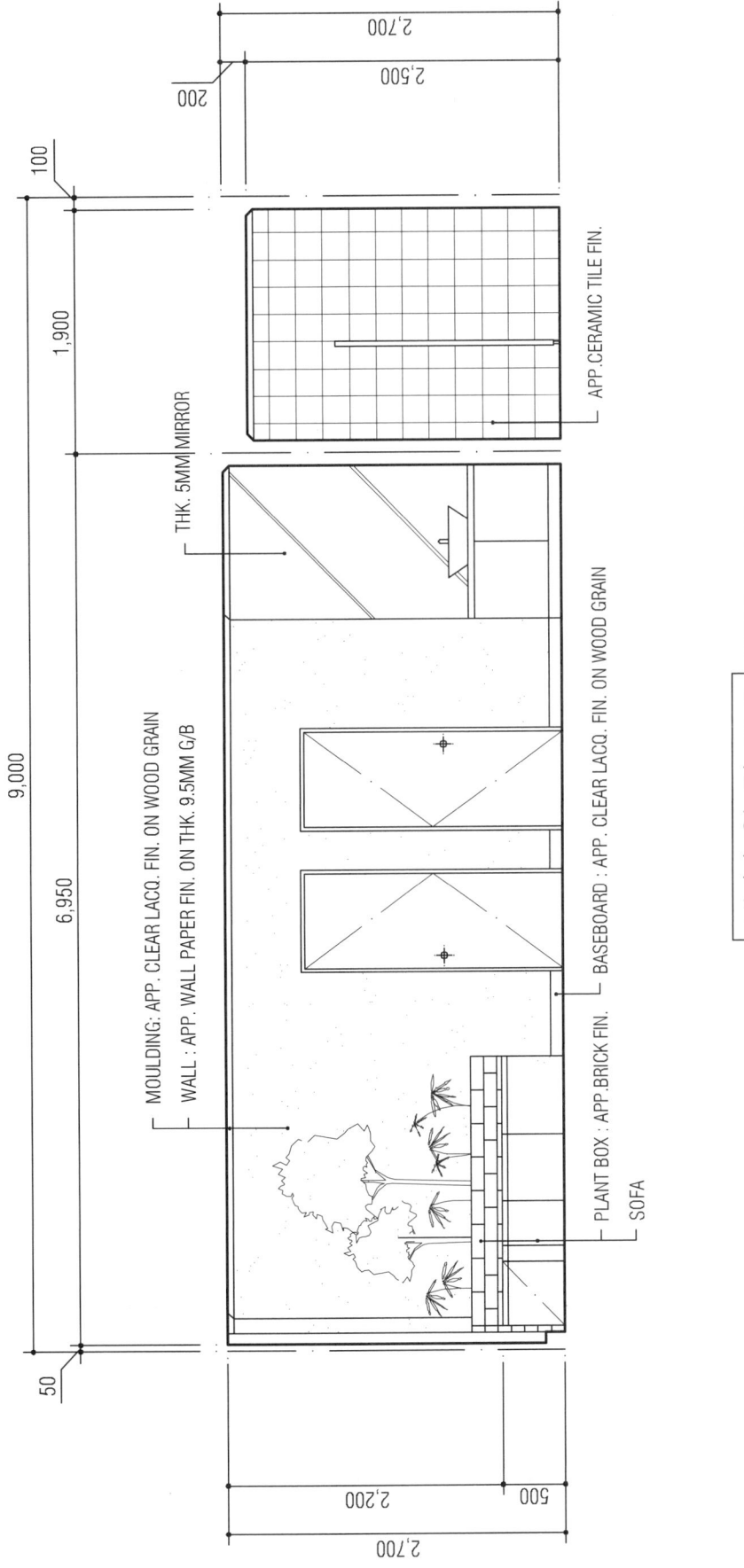

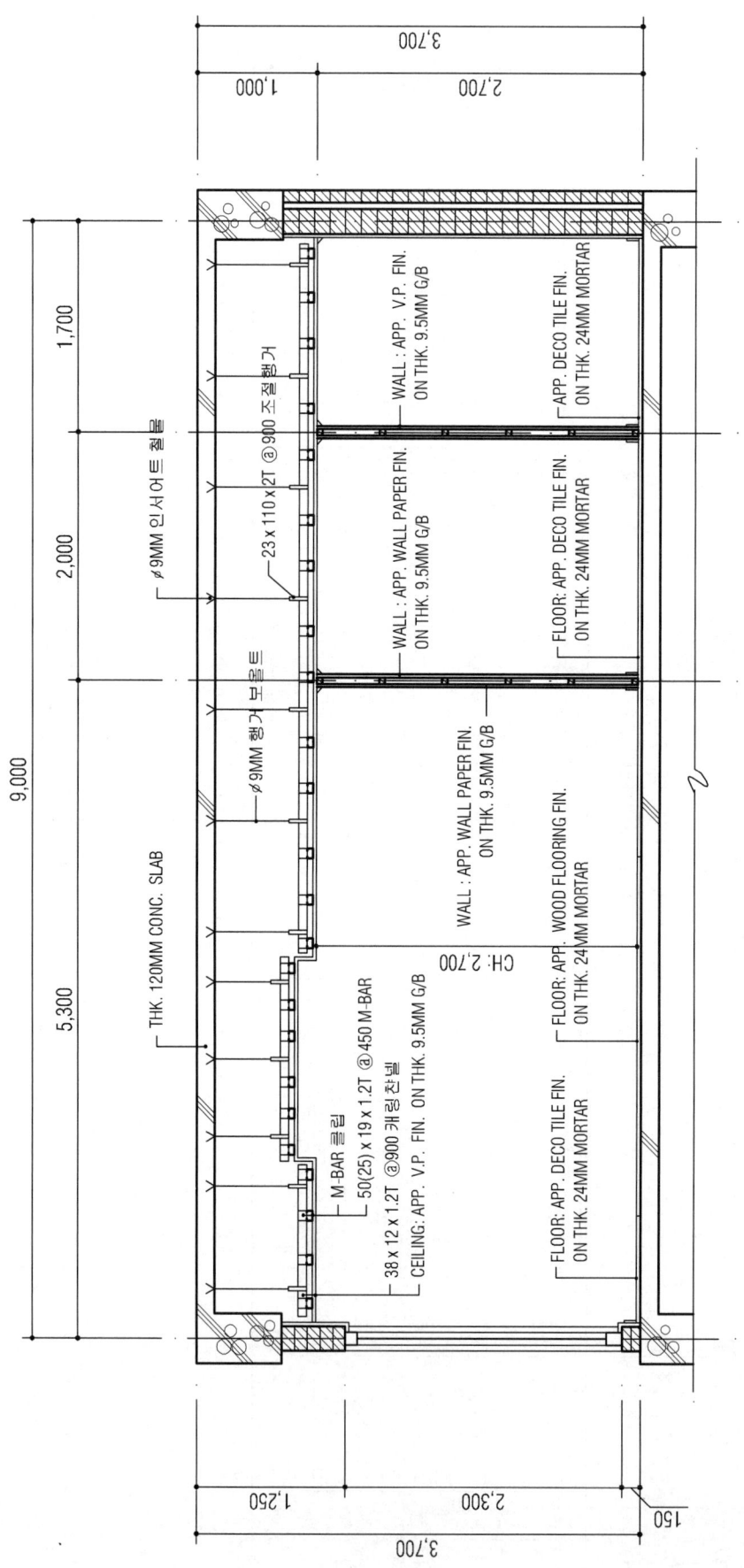

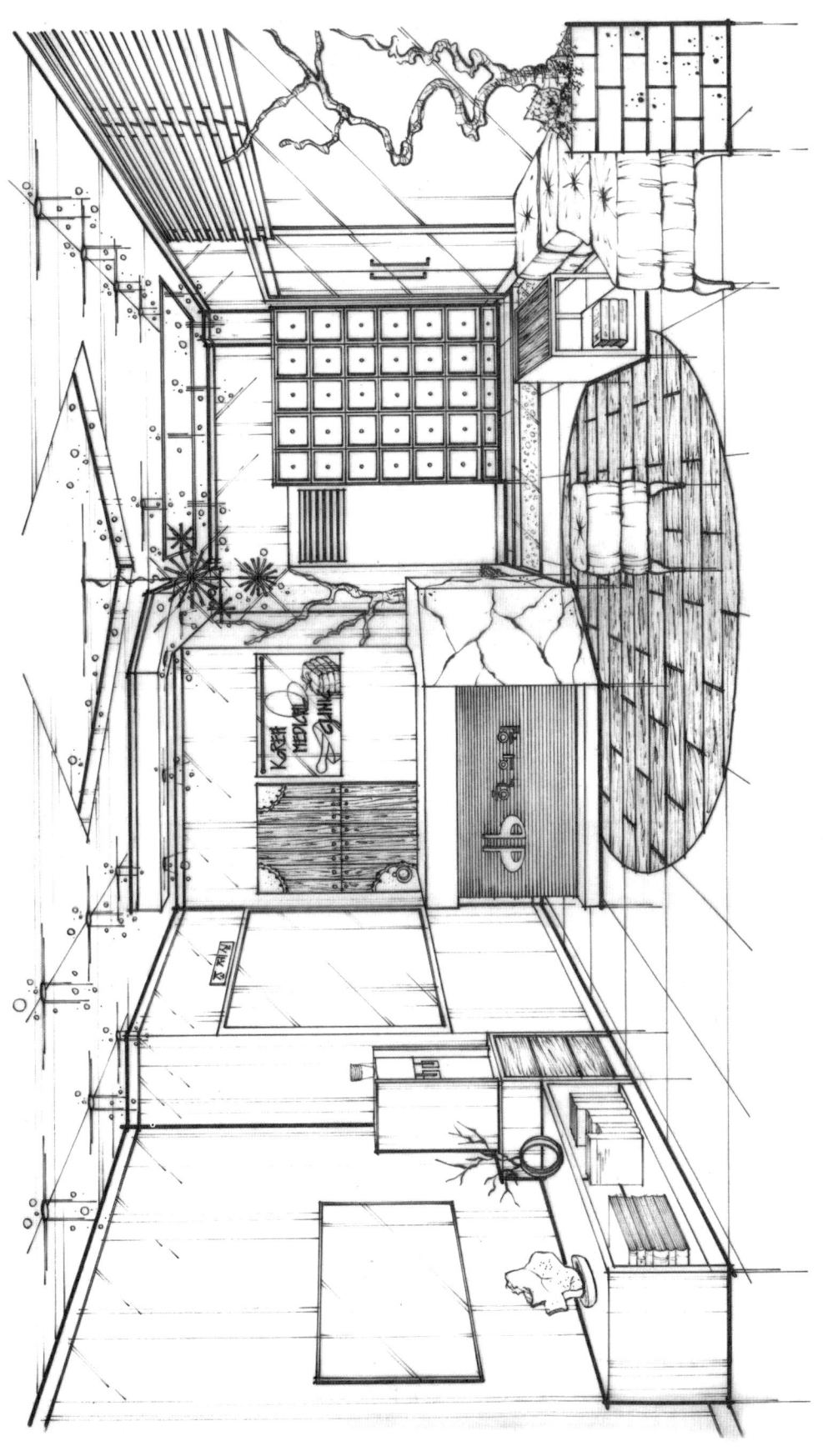

실내투시도 SCALE = N.S

(2011. 7. 23 시행)

제62회 실내건축기사
시공실무

문제 1) 다음 자료를 이용하여 네트워크(Network)공정표를 작성하시오. (4점)
(단, 주공정선은 굵은 선으로 표시한다)

작업명	작업일수	선행작업	비고
A	4	-	각 작업의 일정계산 표시방법은 아래 방법으로 한다.
B	2	-	
C	3	-	
D	2	A, B	
E	4	A, B, C	
F	3	A, C	

【해설】

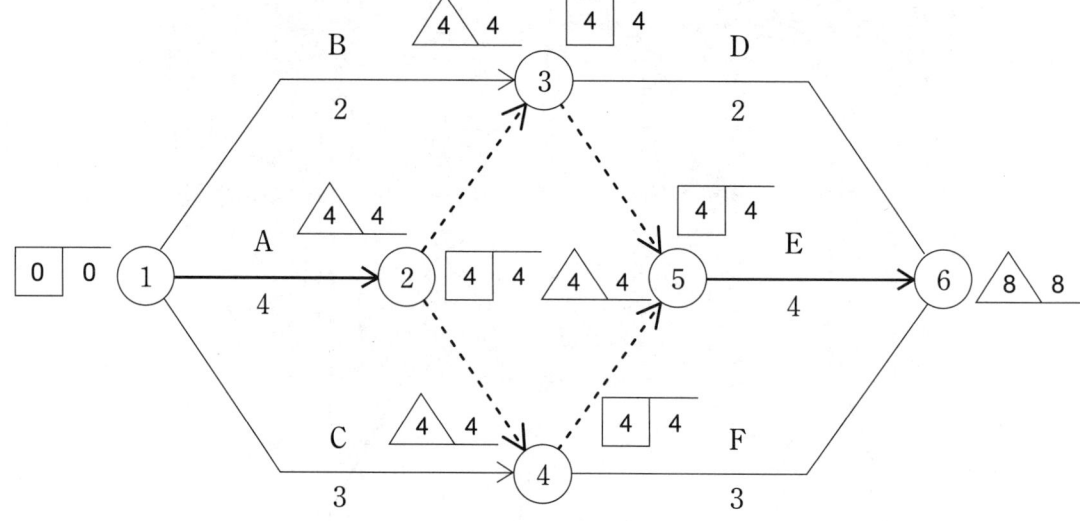

CP〉 Activity : A → E   Event : ① → ② → ③ → ⑤ → ⑥ and ① → ② → ④ → ⑤ → ⑥

문제 2) 목재 부재의 연결철물 종류를 4가지만 쓰시오. (4점)
①   ②   ③   ④

【해설】 ① 못 ② 볼트 ③ 띠쇠 ④ 꺾쇠

문제 3) 다음은 테라쪼 시공에 대한 내용이다. 순서대로 나열하시오. (3점)
〈보기〉 ① 바름   ② 갈기   ③ 광내기   ④ 양생   ⑤ 줄눈대 대기   ⑥ 바탕처리

【해설】 ⑥ → ⑤ → ① → ④ → ② → ③

문제 4) 알루미늄 창호를 철재창호와 비교할 때의 장점 3가지를 쓰시오. (3점)
① ② ③

【해설】 ① 비중이 철재의 1/3로 경량이다.
② 녹슬지 않고, 사용연한이 길다.
③ 공작이 용이하다.

문제 5) 석재를 가공할 때 쓰이는 특수공법의 종류 3가지를 쓰시오. (3점)
① ② ③

【해설】 ① 모래 분사법　　② 버너 구이법(=화염 분사법)　　③ 플래너 마감법

문제 6) 다음 보기의 타일을 흡수성이 큰 순서대로 배열하시오. (2점)
① 자기질　　② 토기질　　③ 도기질　　④ 석기질

【해설】 ② → ③ → ④ → ①

문제 7) 문틀이 복잡한 플러쉬문의 규격이 0.9m×2.1m이다. 양면을 모두 칠할 때 전체 칠 면적을 산출하시오. (단, 문매수는 20개이며, 문틀 및 문선을 포함한다) (3점)

【해설】 0.9(m)×2.1(m)×20(개)×3(배) = 113.4㎡
참고〉 플러쉬문 칠배수면적 = 2.7~3.0

구 분		소요면적계산
목재면	양판문 (양면칠)	(안목면적)×(3.0~4.0)
	유리양판문 (양면칠)	(안목면적)×(2.5~3.0)
	플러쉬문 (양면칠)	(안목면적)×(2.7~3.0)
	오르내리창 (양면칠)	(안목면적)×(2.5~3.0)
	미서기창 (양면칠)	(안목면적)×(1.1~1.7)
철재면	철문 (양면칠)	(안목면적)×(2.4~2.6)
	새시 (양면칠)	(안목면적)×(1.6~2.0)
	셔터 (양면칠)	(안목면적)×2.6
징두리판벽, 두겁대, 걸레받이		(바탕면적)×(1.5~2.5)
비늘판		(표면적)×1.2

문제 8) 다음 각종 미장재료를 기경성 및 수경성 미장재료로 분류할 때 해당되는 재료명을 〈보기〉에서 골라 쓰시오. (3점)
① 진흙　　② 순석고플라스터　　③ 회반죽　　④ 돌로마이트플라스터
⑤ 킨즈시멘트　　⑥ 인조석바름　　⑦ 시멘트모르타르
가. 기경성 미장재료 :
나. 수경성 미장재료 :

【해설】 가. 기경성 미장재료 : ①, ③, ④
나. 수경성 미장재료 : ②, ⑤, ⑥, ⑦

문제 9) 다음 철물의 사용목적 및 위치를 쓰시오. (2점)
① 코너비드
② 인서어트

【해설】 ① 코너비드 : 기둥, 벽 등 모서리 부분의 미장바름을 보호하기 위한 철물로 그 시공면의 각진 모서리에 대어 시공한다.
② 인서어트 : 반자틀 기타 구조물을 달아매고자 할 때 볼트 또는 달대의 걸침이 되는 철물로 콘크리트조 바닥판 밑에 설치한다.

문제 10) 다음 용어를 설명하시오. (2점)
① 미끄럼막이(Non-slip)
② 익스팬션볼트(Expansion bolt)

【해설】 ① 미끄럼막이(Non-slip) : 계단의 디딤판 모서리 끝 부분에 대어 오르내릴 때 미끄럼을 방지하고, 시각적으로 계단의 디딤위치를 유도해 준다.
② 익스팬션볼트(Expansion bolt) : 확장볼트 또는 팽창볼트라고 불리는 것으로 콘크리트, 벽돌 등의 면에 띠장, 문틀 등의 다른 부재를 고정하기 위하여 묻어두는 특수볼트

문제 11) 석재 시공시 앵커긴결공법의 특성 3가지를 쓰시오. (3점)
① ② ③

【해설】 ① 석재 긴결시공 후 하자 발생시 부분적인 보수가 용이하다.
② 물을 사용하지 않기 때문에 동절기에도 시공이 가능하다.
③ 앵커에 고정하므로 1일 붙임높이의 제약이 자유롭다.

문제 12) 다음은 도배시공에 관한 내용이다. 초배지 1회 바름시 필요한 도배면적을 산출하시오. (4점)
〈요구조건〉 바닥면적 : 4.5×6.0m, 높이 : 2.6m, 문크기 : 0.9×2.1m, 창문크기 : 1.5×3.6m

---

【해설】 바닥을 제외한 도배면적의 정미량을 산출한다.
① 천장 = $4.5 \times 6.0 = 27 m^2$
② 벽면 = $\{2(4.5+6.0) \times 2.6\} - \{(0.9 \times 2.1) + (1.5 \times 3.6)\} = (21 \times 2.6) - (1.89 + 5.4) = 54.6 - 7.29 = 47.31 m^2$
③ 합계 = $27 + 47.31 = 74.31 m^2$ ∴ 초배지 1회 바름 정미면적 = $74.31 m^2$

문제 13) 다음은 도배공사에 사용되는 특수벽지이다. 서로 관계있는 것끼리 연결하시오. (4점)
가. 지사벽지   나. 유리섬유벽지   다. 직물벽지   라. 코르크벽지   마. 발포벽지   바. 갈포벽지
① 종이벽지   ② 비닐벽지   ③ 섬유벽지   ④ 초경벽지   ⑤ 목질계벽지   ⑥ 무기질벽지

【해설】 ① → 가   ② → 마   ③ → 다   ④ → 바   ⑤ → 라   ⑥ → 나
참고〉 지사(紙絲) : 종이를 실처럼 꼬아서 만든 것.
초경(草莖) : 식물의 줄기로 가닥을 만든 것.
갈포(葛布) : 칡덩굴의 껍질을 펴서 만든 것.

실 내 디 자 인

[제62회 작품명] 유기농 식료품 판매점

1. 요구사항 - 주어진 도면은 근린상업지역 내에 위치한 유기농 식료품 판매점이다.
   다음의 요구조건에 따라 도면을 작성하시오.

2. 요구조건
   ① 설계면적 : 10.8m×7.2m×2.7m
   ② 인적구성 : 판매원 2명
   ③ 요구공간 : 담소공간(2인용 소파 및 테이블), 사무실겸 저장실, 화장실(세면기, 변기포함)
       계산대, 판매공간
   ④ 필요집기 : 카운터, 냉동고, 냉장고(내용물이 보일 수 있는 것), 판매전시대, 책상 및 의자

3. 요구도면
   ① 평면도 (가구배치 및 바닥마감재 표기) SCALE : 1/50
      - 평면도 주변의 여유공간에 설계개요(Design Concept)를 200자 이내로 작성하시오.
   ② 천정도(설비, 조명기구 배치 및 범례표 작성/천정마감재 표기) SCALE : 1/50
   ③ 내부입면도 B방향 1면(벽면재료 표기) SCALE : 1/50
   ④ 단면상세도(A-A′) SCALE : 1/50
   ⑤ 실내투시도(채색작업은 필수) SCALE : N.S
      (계획의 포인트가 좋은 지점에서 1소점 또는 2소점 투시법으로 작성하되, 작성과정의 투시보조선을 남길 것)

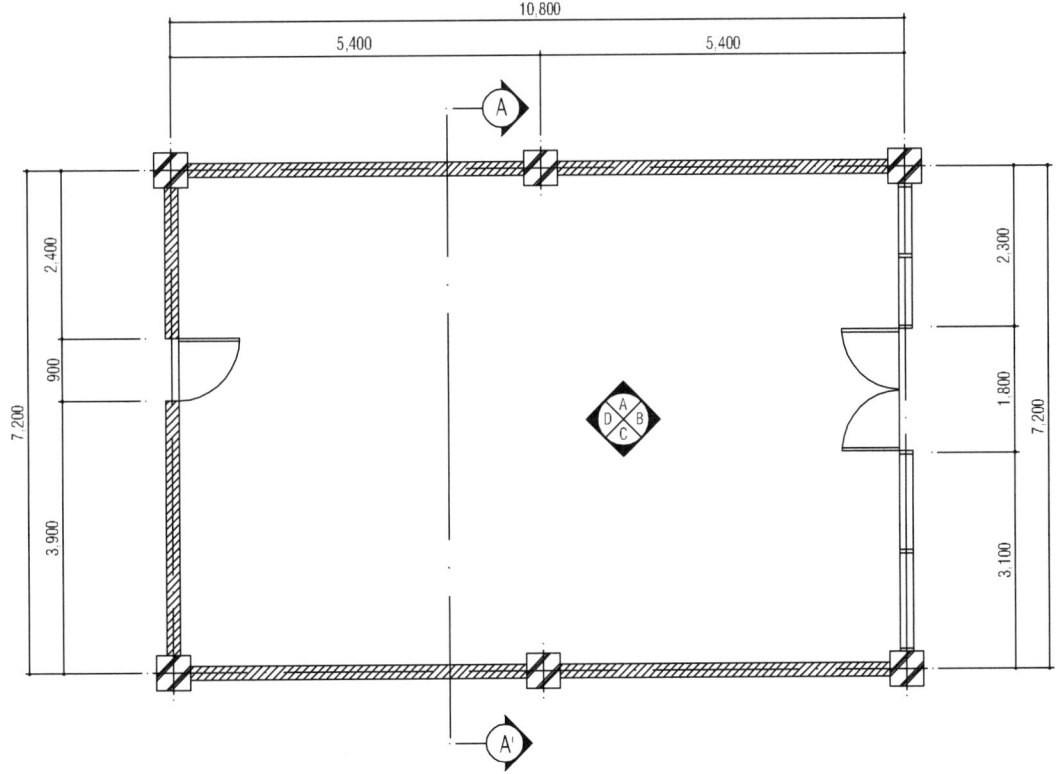

평 면 도

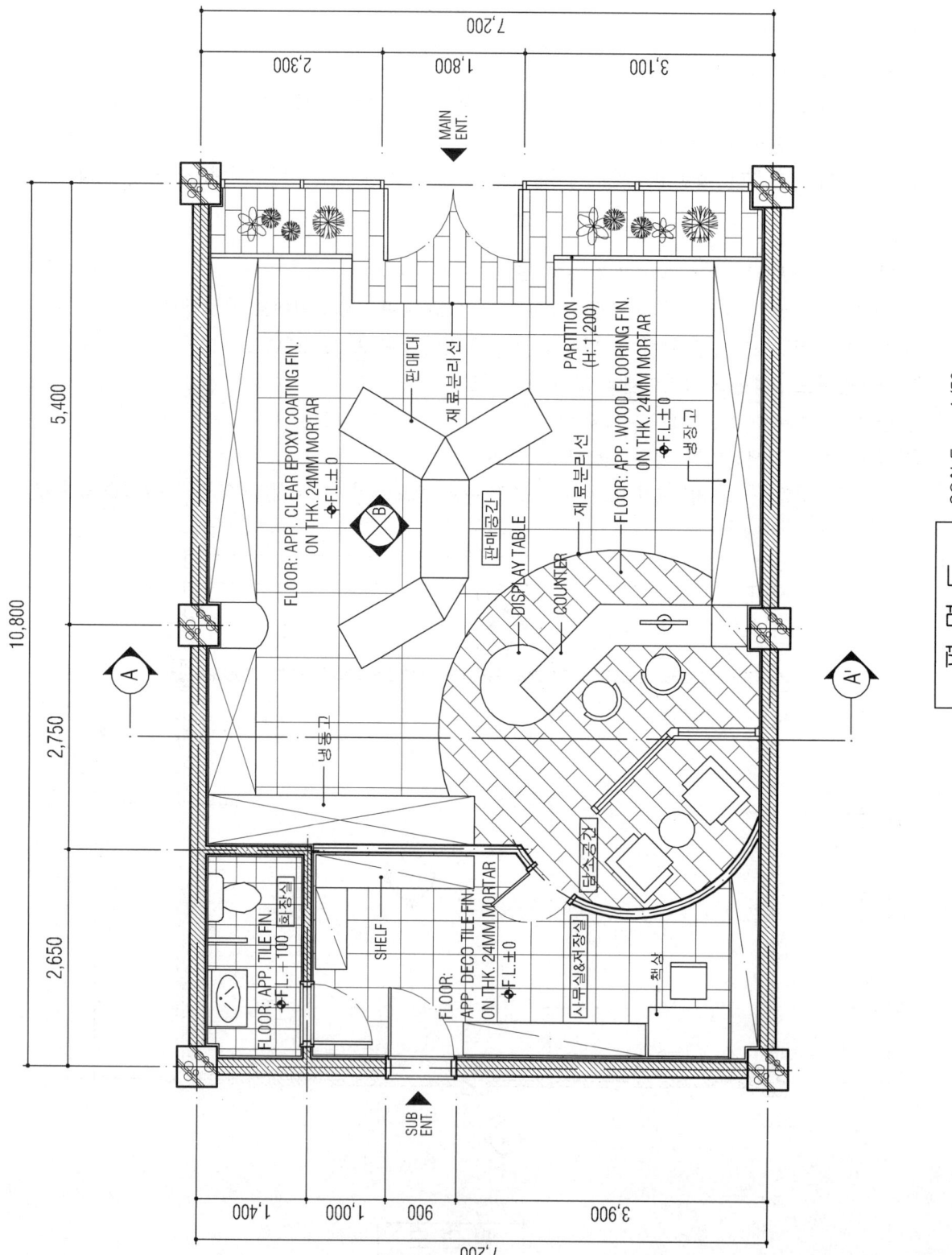

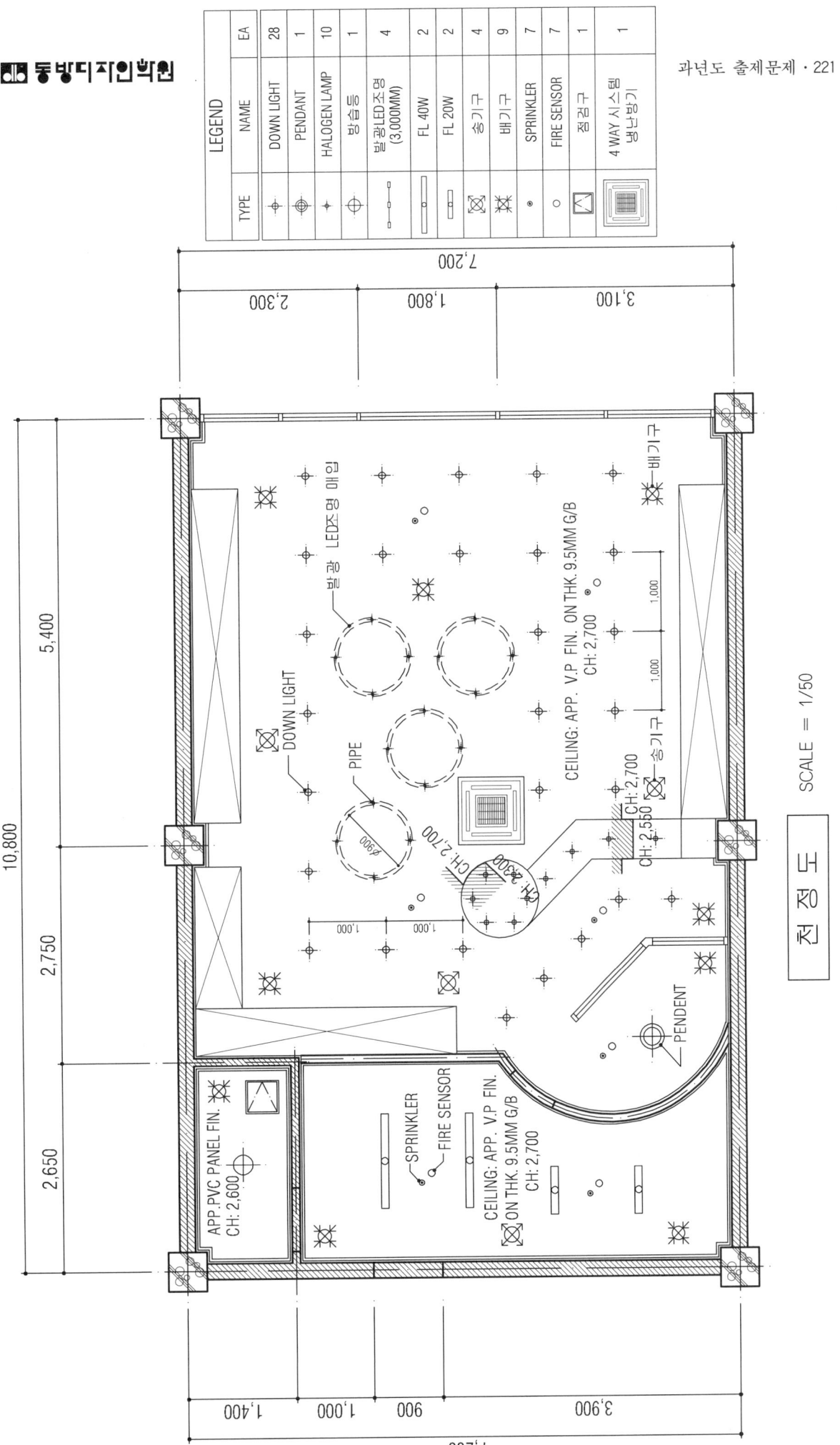

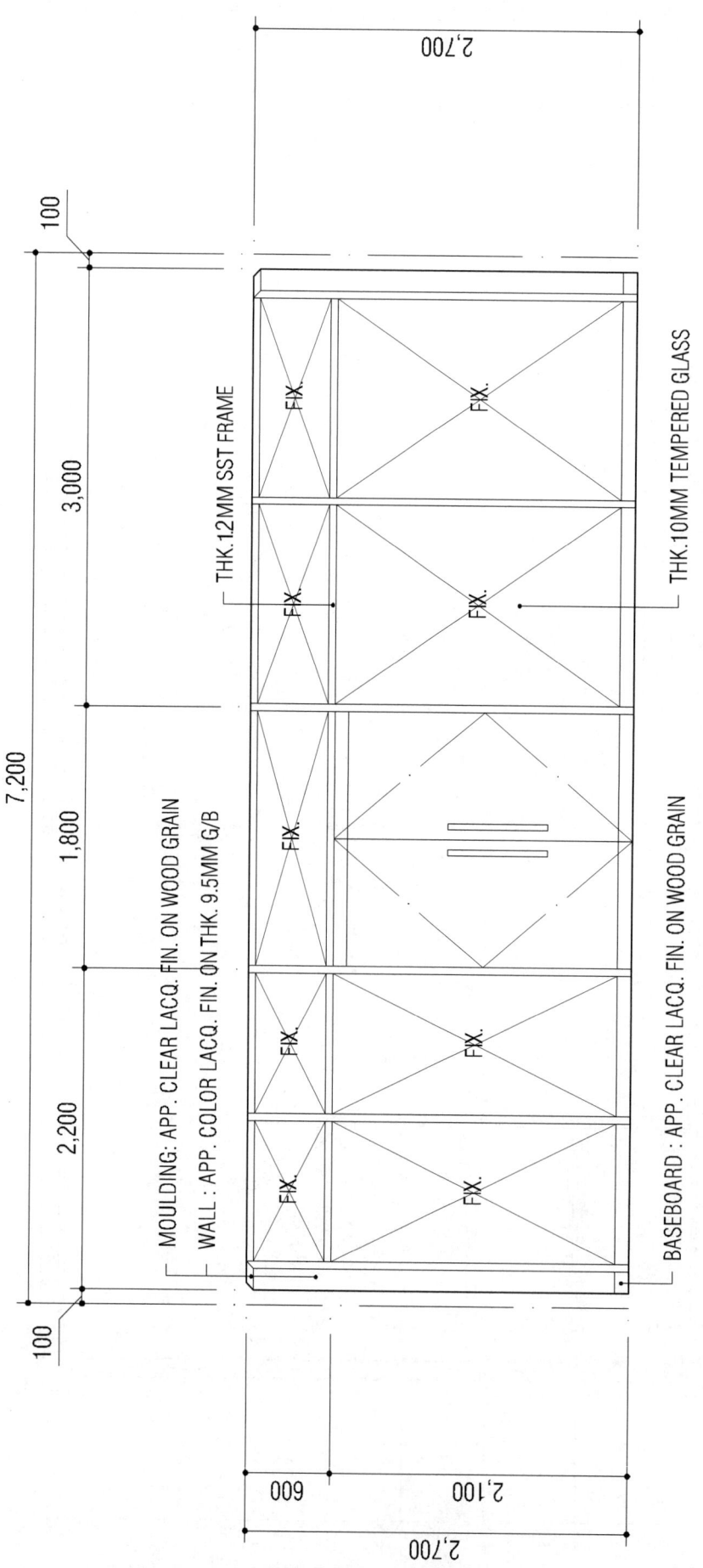

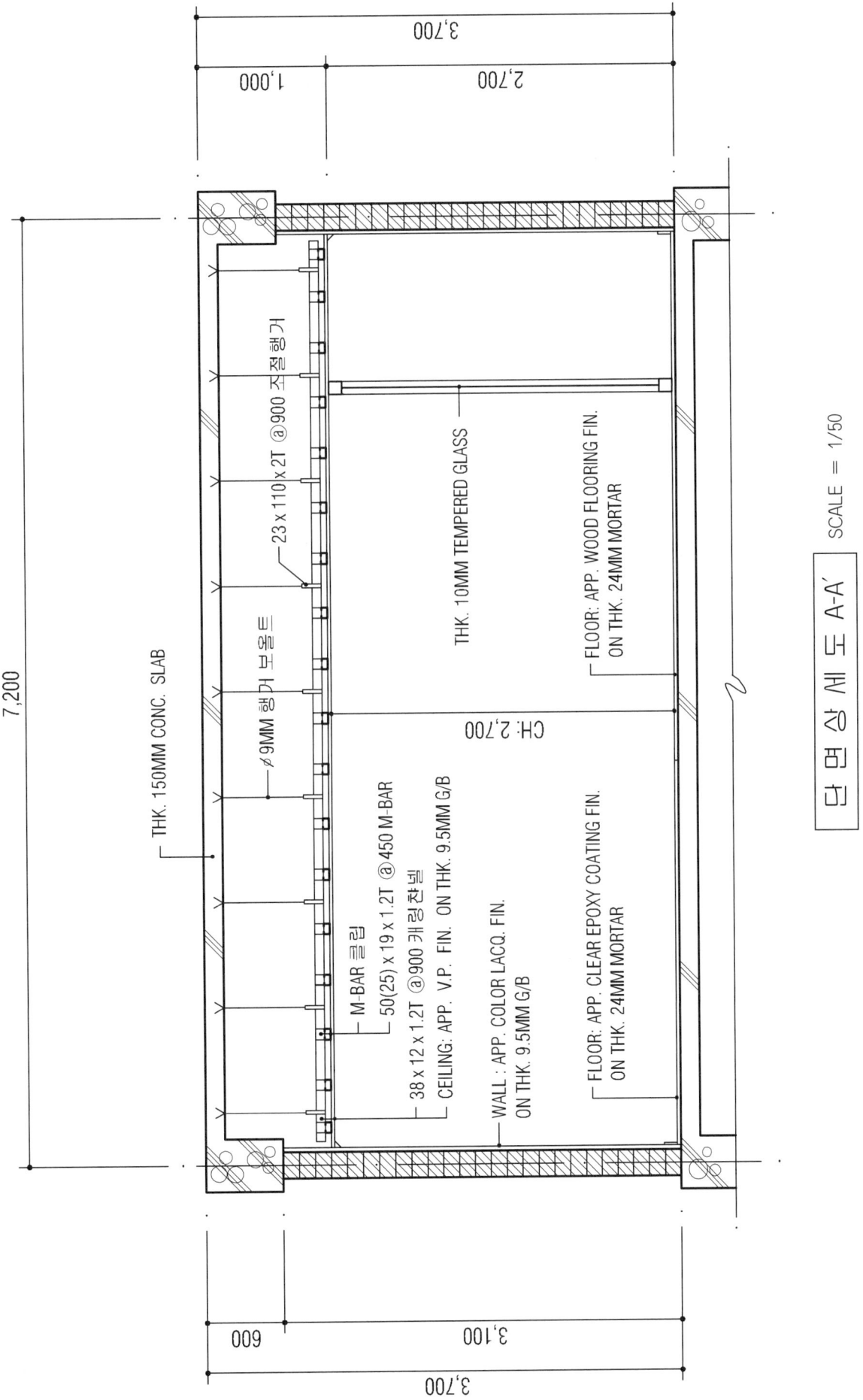

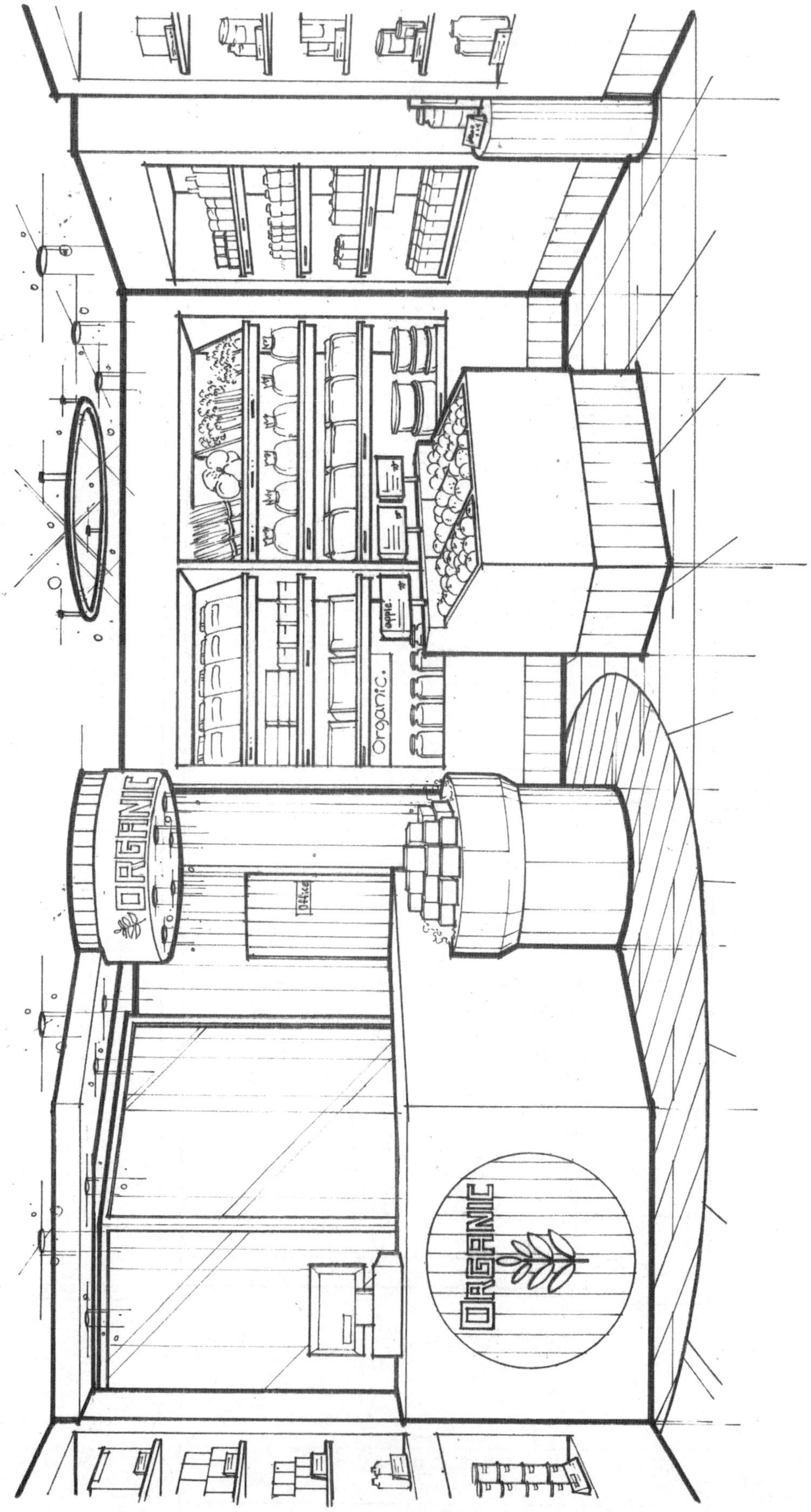

실내투시도 SCALE = N.S

(2011. 11. 13 시행)

제63회 실내건축기사
시공실무

문제 1) 테라쪼(Terazzo)현장갈기 시공순서를 〈보기〉에서 골라 쓰시오. (3점)
① 왁스칠   ② 시멘트 풀먹임   ③ 양생 및 경화   ④ 초벌갈기
⑤ 정벌갈기   ⑥ 테라쪼 종석바름   ⑦ 황동줄눈대 대기

【해설】 ⑦ → ⑥ → ③ → ④ → ② → ⑤ → ①

문제 2) 다음은 석고보드의 이음새 시공순서이다. 〈보기〉에서 골라 바르게 나열하시오. (3점)
〈보기〉 ① 조인트 테입 부착   ② 샌딩처리   ③ 상도   ④ 중도   ⑤ 하도

【해설】 ① → ⑤ → ④ → ③ → ②

문제 3) 다음 용어를 간략히 설명하시오. (3점)
① 짠마루   ② 막만든아치   ③ 거친아치

【해설】 ① 짠마루 : 간사이가 클 경우에 사용되며 큰 보위에 작은 보, 그 위에 장선을 걸고, 마루널을 깐 마루
② 막만든아치 : 보통벽돌을 쐐기모양으로 다듬어 쌓은 아치
③ 거친아치 : 현장에서 보통벽돌을 써서 줄눈을 쐐기모양으로 쌓은 아치

문제 4) 마루널의 쪽매 명칭 4가지를 쓰시오. (4점)
①   ②   ③   ④

【해설】 ① 반턱쪽매   ② 틈막이대쪽매   ③ 딴혀쪽매   ④ 제혀쪽매

문제 5) 다음 용어를 설명하시오. (4점)
① 훈연법
② 스티플칠

【해설】 ① 훈연법 : 목재의 수액제거 및 건조를 위한 방법으로 연소가마를 건조한 실내에 장치하고, 나무 부스러기, 톱밥 등을 태워 그 연기와 열을 이용하는 방법.
② 스티플칠 : 도료의 묽기를 이용하여 각종 기구를 써서 바름면에 요철무늬를 돋히게 하여 입체감을 내는 특수도장 마무리법.

문제 6) 타일 시공도 작성시 주의해야 할 사항 4가지를 쓰시오. (4점)
①
②
③
④

【해설】 ① 바름두께를 감안하여 실측하고 작성한다.
② 매수, 크기(마름질), 이형물, 매설물의 위치를 명시한다.
③ 타일규격과 줄눈을 포함한 값을 기준규격으로 한다.
④ 가능한 수전은 줄눈 교차부에 둔다.

문제 7) 다음은 네트워크공정표에 사용되는 용어이다. 괄호 안에 해당하는 용어를 찾아 넣으시오. (5점)

a. TF와 FF의 차
b. 프로젝트의 지연없이 시작 될 수 있는 작업의 최대 늦은 시간
c. 작업을 EST로 시작하고, LFT로 완료할 때 생기는 여유시간
d. 개시결합점에서 종료결합점에 이르는 가장 긴 패스
e. 후속작업의 EST에 영향을 주지 않는 범위 내에서 한 작업이 가질 수 있는 여유시간, 즉 각 작업의 지연가능일수

① TF-(　)　② FF-(　)　③ DF-(　)　④ CP-(　)　⑤ LST-(　)

【해설】 ① TF-(c)　② FF-(e)　③ DF-(a)　④ CP-(d)　⑤ LST-(b)

문제 8) 다음 횡선식 공정표와 사선식 공정표의 장점을 〈보기〉에서 고르시오. (4점)

〈보기〉 ㉮ 공사의 기성고를 표시하는데 편리하다.
㉯ 각 공정별 전체의 공정시기가 일목요연하다.
㉰ 각 공정별 착수 및 종료일이 명시되어 판단이 용이하다.
㉱ 공사의 지연에 조속히 대처할 수 있다.

횡선식 공정표 :　　　　사선식 공정표 :

【해설】 횡선식 공정표 : ㉯, ㉰　　사선식 공정표 : ㉮, ㉱

문제 9) 미장공사에서 회반죽으로 마감할 때 주의사항 2가지를 쓰시오. (2점)

①
②

【해설】 ① 실내온도가 2℃ 이하일 때는 공사를 중단하거나 난방하여 5℃ 이상으로 유지한다.
② 회반죽은 기경성이므로 통풍을 억제하고 강한 일사광선을 피한다.

문제 10) 타일의 종류 중 표면을 특수 처리한 타일의 종류 3가지 쓰시오. (3점)
①　　　　　　②　　　　　　③

【해설】 ① 스크랫치타일　② 태피스트리타일　③ 천무늬타일

문제 11) PERT기법에 의한 공정 관리에 있어서 기대시간 추정은 3점 추정에 의한 다음식으로 산정하는데 식에서 제시한 각 번호는 무슨시간에 해당하는가? (3점)

$$기대시간 = \frac{(①)+4(②)+(③)}{6}$$

【해설】① to : 낙관시간   ② tm : 정상시간   ③ tp : 비관시간

문제 12) 다음 괄호 안에 알맞은 용어를 쓰시오. (2점)

보통유리에 비하여 3~5배의 강도로써 내열성이 있어 200℃에서도 깨어지지 않고, 일단 금이 가면 전부 콩알만한 조각으로 깨어지는 유리를 (①)유리라고 한다.

5mm이상 유리에 파라핀을 바르고, 철필로 무늬를 새긴 후 그 부분을 부식시킨 유리를 (②) 유리라고 한다.

【해설】① 강화   ② 부식

실 내 디 자 인

[제63회 작품명] 커피숍

1. 요구사항 – 주어진 도면은 상업중심지역에 위치한 커피 전문점이다. 다음 요구조건에 따라 도면을 작성하시오.
2. 요구조건
   ① 설계면적 : 11,700×9,000×3,000mm(H)
   ② 요구공간 : 서비스 카운터 & CASHIER 카운터 (카운터 뒤에 주방공간을 간략히 표현하시오.)
      인터넷 검색대 2조 이상, 화장실(남녀공용), 6인조 테이블 1SET,
      4인조 테이블 2SET, 2인조 테이블 3SET, 1인조 테이블 2SET 이상, 창고
3. 요구도면
   ① 평면도 (가구배치 및 바닥마감재 표기) SCALE : 1/50
      - 평면도 주변의 여유공간에 설계개요(Design Concept)를 200자 이내로 작성하시오.
   ② 천정도(설비, 조명기구 배치 및 범례표 작성/천정마감재 표기) SCALE : 1/50
   ③ 내부입면도 C방향 1면(벽면재료 표기) SCALE : 1/50
   ④ 단면상세도(A-A′) SCALE : 1/50
   ⑤ 실내투시도(채색작업은 필수) SCALE : N.S
      (계획의 포인트가 좋은 지점에서 1소점 또는 2소점 투시법으로 작성하되, 작성과정의 투시보조선을 남길 것)

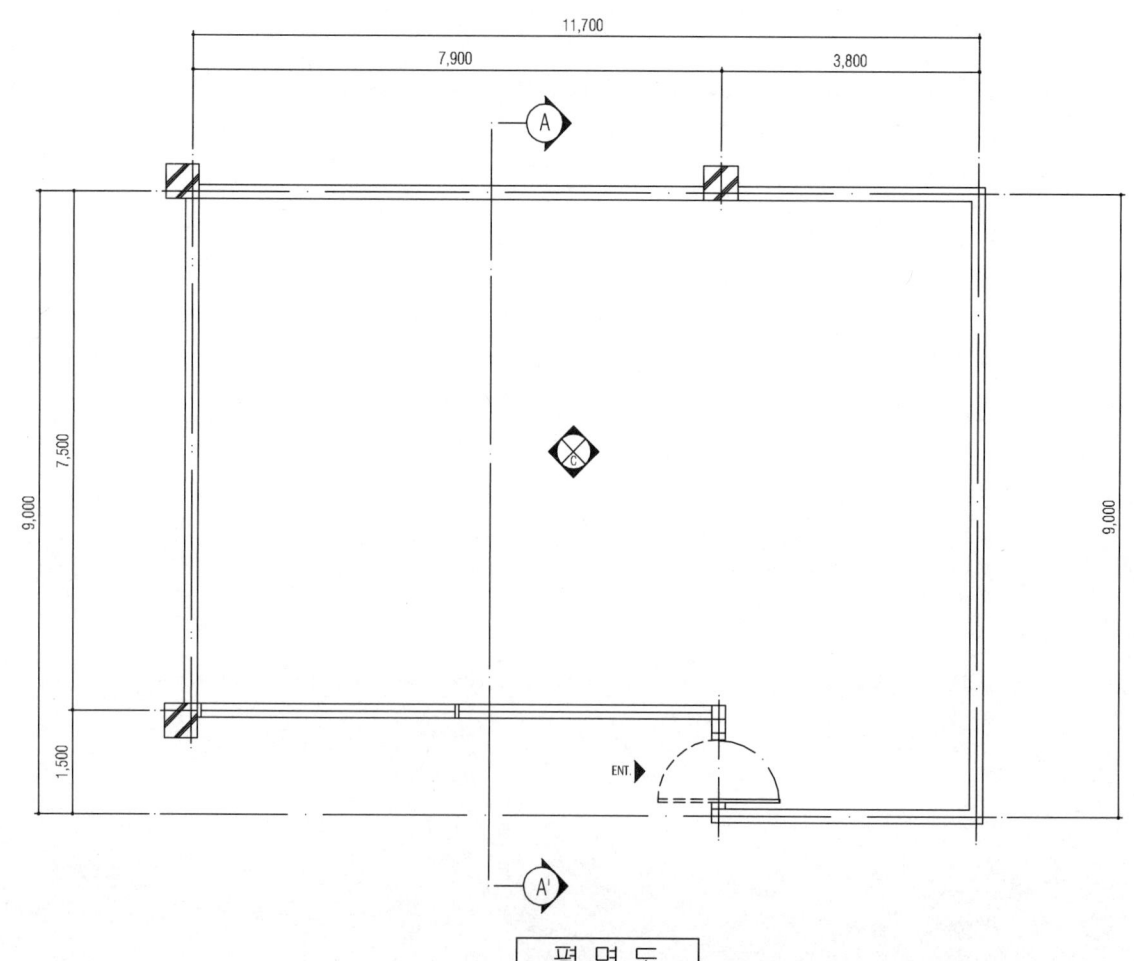

평면도

CONCEPT

상업중심지역에 위치한 커피전문점이다. 주출입구 부분에 대기공간을 두어 Display 및 Take out을 위한 공간을 두었고 가운터와 이 젓 배치하여 고객의 편의를 고려하고자 하였다. 전면 유리창이 있는 안쪽 홀에 음료를 마실수있는 공간을 두어 동선을 분리하고자 하였다. 또 자적 개방감을 주고자 하였다. 인터넷검색을 할수 있는 공간을 따로 구성하여 고객의 편의를 도모하고자 하였다.

평면도 SCALE = 1/50

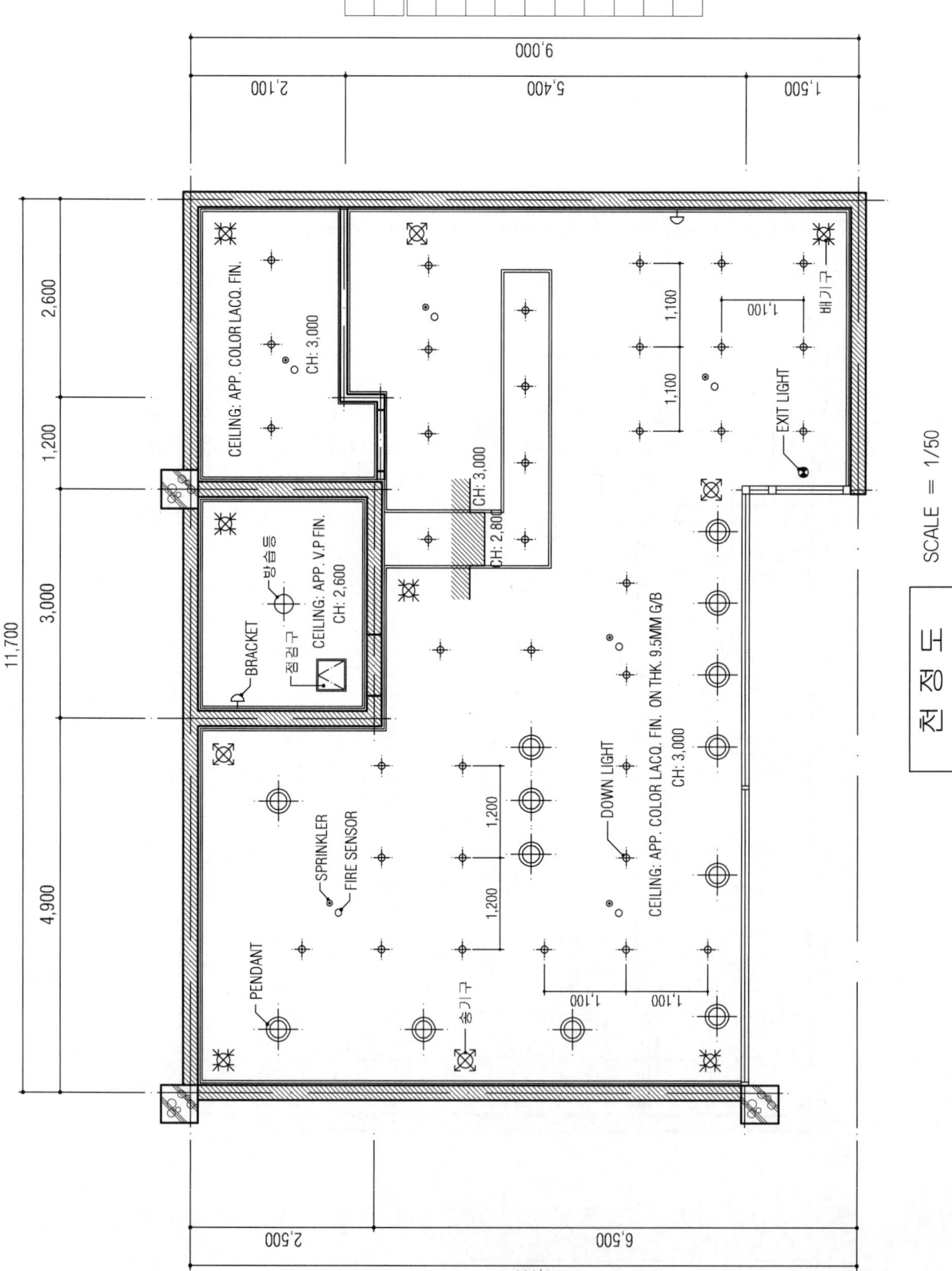

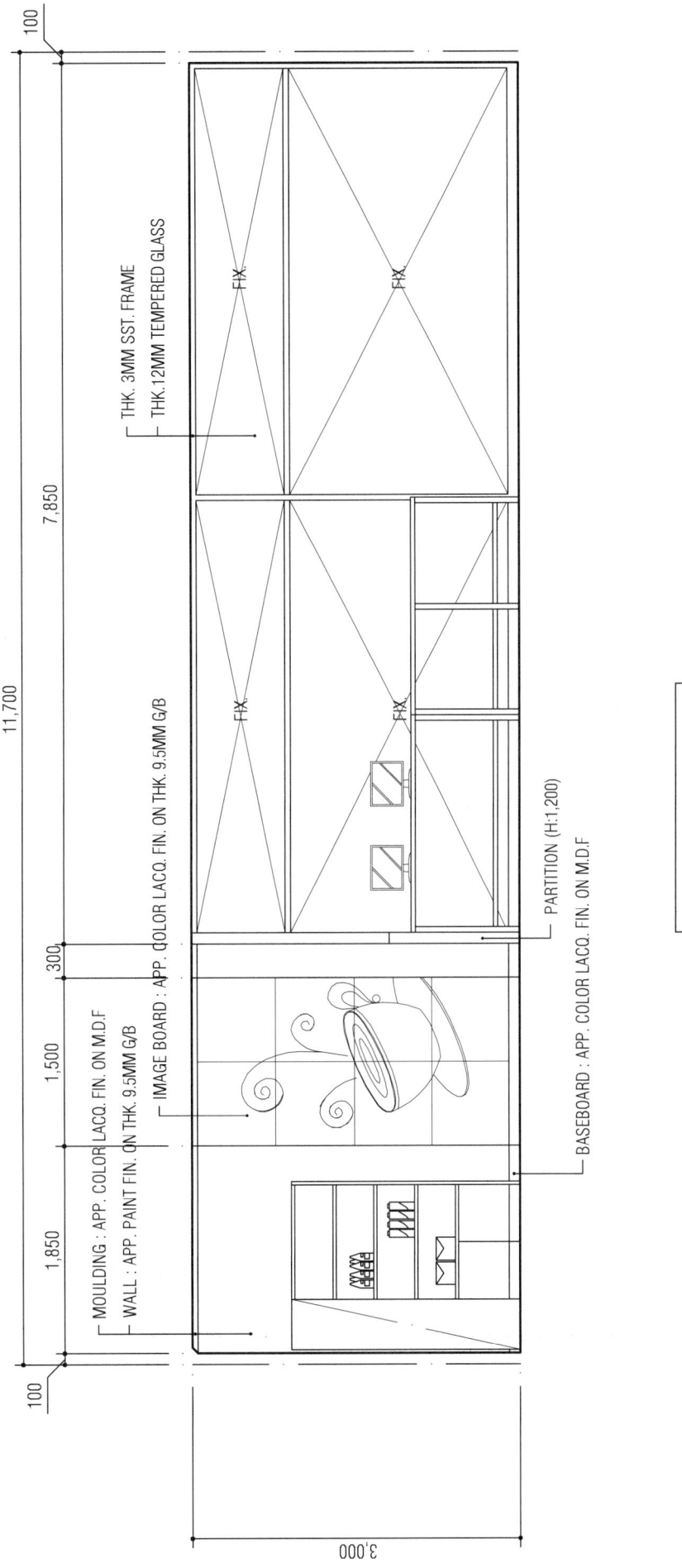

내부입면도 C SCALE = 1/50

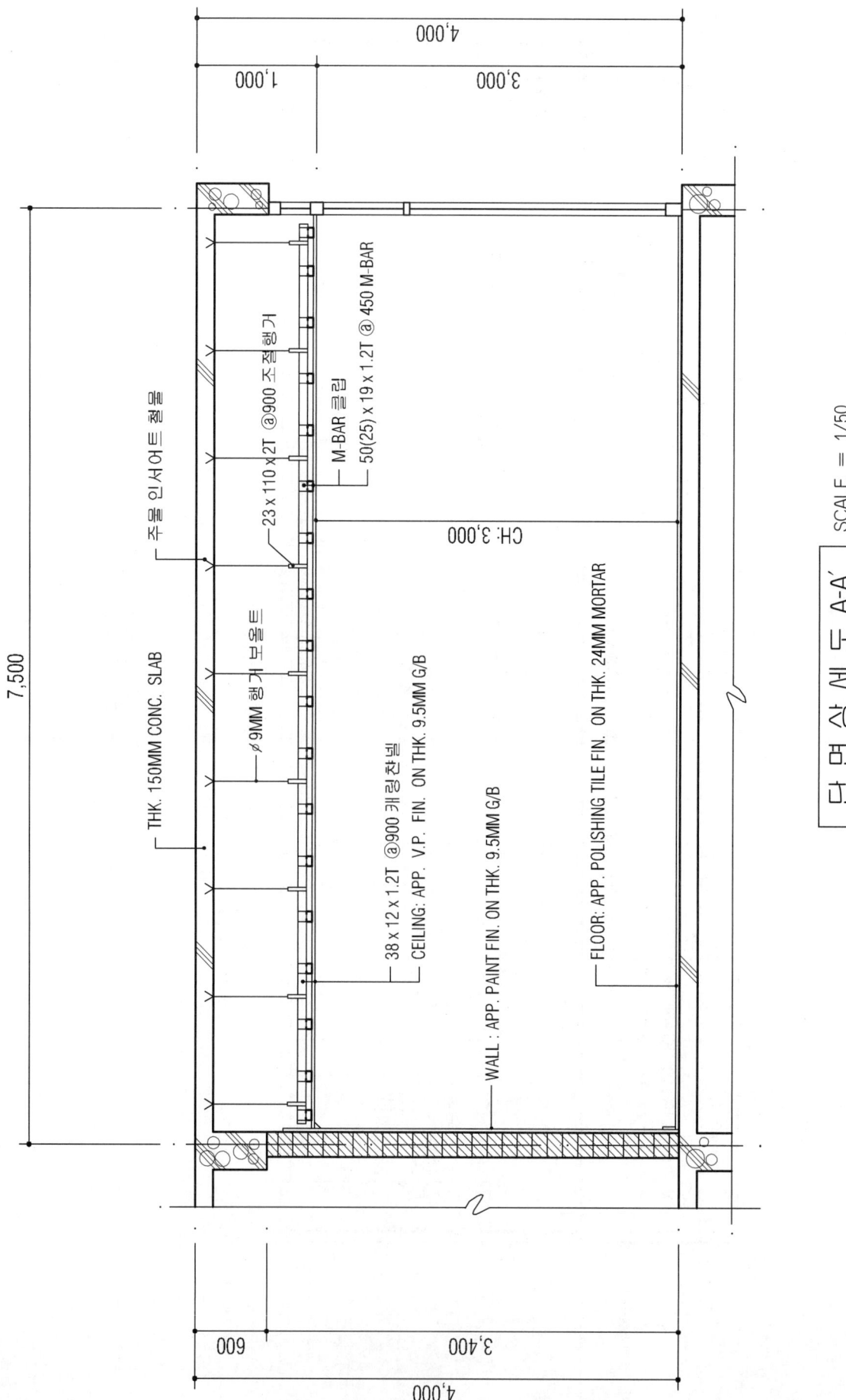

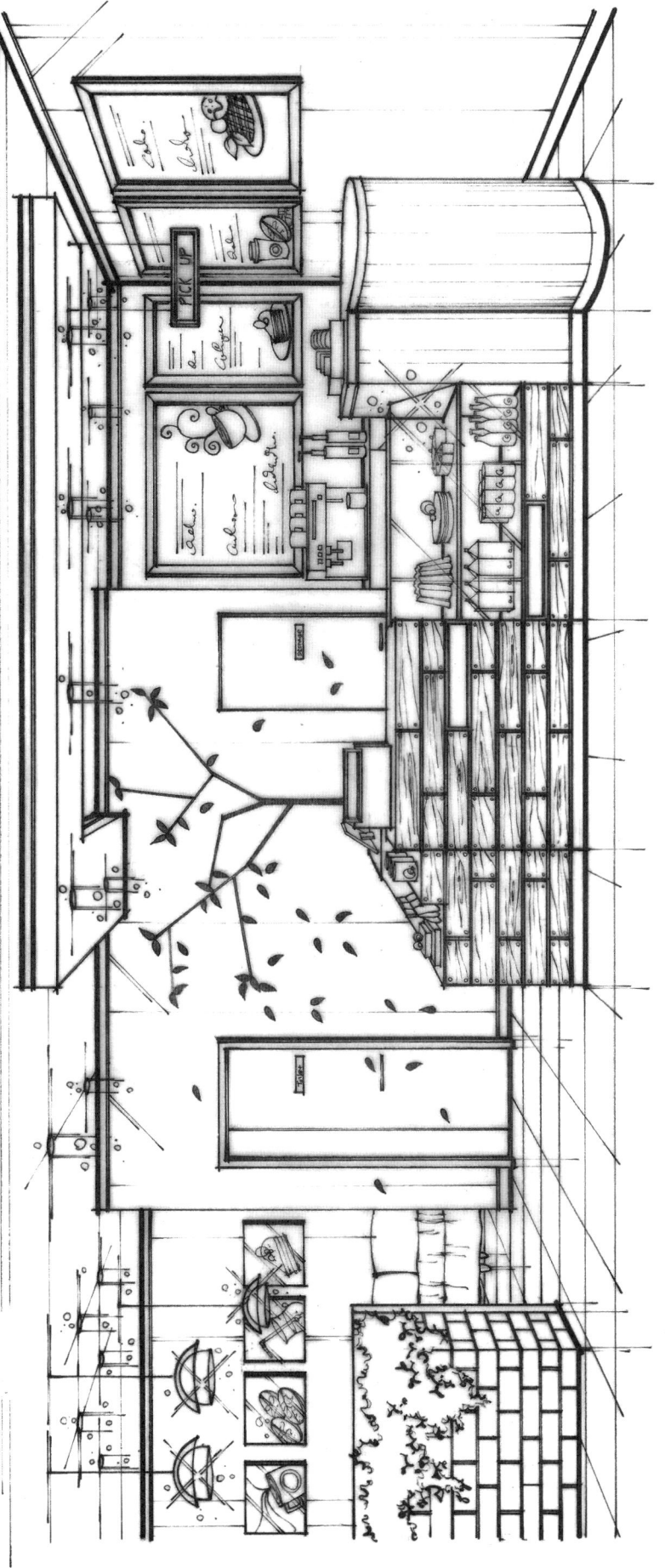

(2012. 4. 22 시행)

제64회 실내건축기사
시공실무

문제 1) 다음은 비닐페인트의 시공과정을 기술한 것이다. 시공순서에 맞게 번호를 바르게 나열하시오.(3점)
〈보기〉 ① 이음매부분에 대한 조인트 테이프를 붙인다.
② 샌딩작업을 한다.
③ 석고보드에 대한 면정화(표면정리 및 이어붙임)를 한다.
④ 조인트 테이프 위에 퍼티작업을 한다.
⑤ 비닐페인트를 도장한다.

【해설】 ③ → ① → ④ → ② → ⑤

문제 2) 시공기술의 품질관리로써 관리의 사이클을 4단계로 구분하여 쓰시오. (4점)
(①) → (②) → (③) → (④)

【해설】 ① 계획   ② 실시   ③ 검토   ④ 조치(=시정)

문제 3) 다음 공정표에 제시된 작업일수를 근거로 하여 공정표를 완성하시오. (5점)
〈보기〉

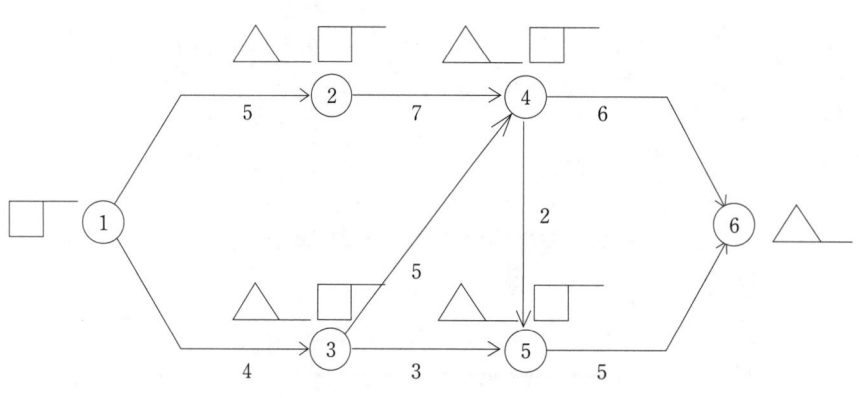

【해설】

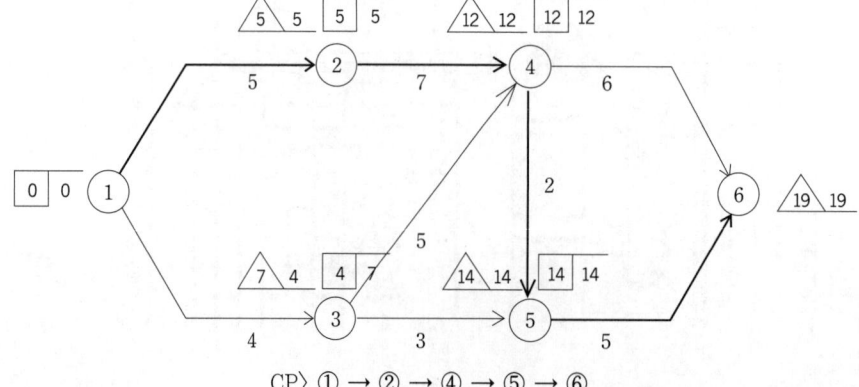

CP〉 ① → ② → ④ → ⑤ → ⑥

문제 4) 다음 아래 항목은 석재가공 마무리 순서이다. 알맞게 번호로 나열하시오. (4점)
〈보기〉 ① 잔다듬 ② 정다듬 ③ 도드락다듬 ④ 혹두기 또는 혹떼기 ⑤ 갈기

【해설】 ④ → ② → ③ → ① → ⑤

문제 5) 콘크리트 방수공사에 투수계수가 커져 방수성이 저하되는 경우에 해당하는 것을 모두 골라 번호로 쓰시오. (2점)
〈보기〉 ① 물시멘트비가 클수록
② 단위시멘트량이 많을수록
③ 굵은 골재의 최대치수가 클수록
④ 시멘트 경화제의 수화도가 클수록

【해설】 ①, ③

문제 6) 다음 아래 〈보기〉는 치장줄눈의 종류이다. 상호 관계있는 것을 고르시오. (5점)
〈보기〉 평줄눈, 볼록줄눈, 오목줄눈, 민줄눈, 내민줄눈

용도	의장성	형태
벽돌의 형태가 고르지 않은 경우	질감(Texture)의 거침.	(①)
면이 깨끗하고, 반듯한 벽돌	순하고 부드러운 느낌, 여성적 선의 흐름	(②)
벽면이 고르지 않은 경우	줄눈의 효과를 확실히 함.	(③)
면이 깨끗한 벽돌	약한 음영, 여성적느낌	(④)
형태가 고르고, 깨끗한 벽돌	질감을 깨끗하게 연출하며, 일반적인 형태	(⑤)

【해설】 ① 평줄눈 ② 볼록줄눈 ③ 내민줄눈 ④ 오목줄눈 ⑤ 민줄눈

문제 7) 다음 평면도에서 쌍줄비계를 설치할 때 외부비계 면적을 산출하시오. (단, H = 25m) (4점)

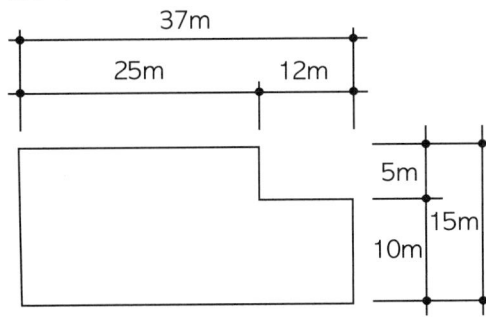

【해설】 $A = H\{2(a+b) + 0.9 \times 8\}$
$A = 25 \times \{2(37+15) + 7.2\}$
$A = 25 \times \{(2 \times 52) + 7.2\}$
$A = 25 \times (104 + 7.2)$
$A = 25 \times 111.2$
$A = 2,780 m^2$

문제 8) 경량기포콘크리트(ALC/Autoclaved Lightweight Concrete)에 대해 간략히 설명하시오. (4점)

【해설】 중량이 보통콘크리트의 1/4로 경량이며, 기포에 의한 단열성이 우수하여 단열재가 필요없고, 방음·차음·내화 성능이 우수하며, 정밀도가 높아 시공 후 변형이나 균열이 적다.

문제 9) 다음은 도장공사에 사용되는 재료이다. 녹방지를 위한 녹막이 도료를 모두 고르시오. (2점)
〈보기〉 ① 광명단   ② 아연분말 도료   ③ 에나멜 도료   ④ 멜라민수지 도료

【해설】 ① 광명단   ② 아연분말 도료

문제 10) 다음 아래 용어를 간략히 설명하시오. (4점)
① 메탈라스
② 인서트
③ 논슬립
④ 듀벨

【해설】 ① 얇은 강판에 자름금을 내어 늘린 마름모꼴 형태의 철망으로 천장, 벽, 처마 둘레 등의 미장바름 보호용으로 쓰인다.
② 반자틀 기타 구조물을 달아매고자 할 때 볼트 또는 달대의 걸침이 되는 철물로 콘크리트조 바닥판 밑에 설치한다.
③ 계단의 디딤판 모서리 끝 부분에 대어 오르내릴 때 미끄럼을 방지하고 시각적으로 계단의 디딤위치를 유도해 준다.
④ 목재에서 두재의 접합부에 끼워 보울트와 같이 써서 전단에 견디도록 하는 일종의 산지

문제 11) 취성(Brittle)을 보강할 목적으로 사용되는 유리 중 안전유리로 분류할 수 있는 유리의 명칭 3가지를 쓰시오. (3점)
①   ②   ③

【해설】 ① 접합유리   ② 강화유리   ③ 망입유리

실 내 디 자 인

[제64회 작품명] 약국

1. 요구사항 - 상업중심지역에 위치한 약국을 아래조건에 의해 설계하시오.

2. 요구조건
   ① 설계면적 : 9,000×6,600×2,700mm(H)
   ② 인적구성 : 2명
   ③ 요구공간 : 상담실, 조제실, 간단한 의약품 전시 판매공간, 환자 대기공간, 화장실
   ④ 필요집기 : 약품진열장, PC테이블 의자, 상담공간 필요집기, 대기자용 의자

3. 요구도면
   ① 평면도 SCALE : 1/50
      - 가구배치 포함, 평면 계획의 디자인 의도·방향 등을 200자 내외로 쓰시오.
   ② 천정도(설비, 조명기구 배치 및 범례표 작성/천장마감재 표기) SCALE : 1/50
   ③ 내부입면도 A방향 1면(벽면재료 표기) SCALE : 1/50
   ④ 단면상세도(A-A´) SCALE : 1/50
   ⑤ 실내투시도(채색작업은 필수) SCALE : N.S
      (계획의 포인트가 좋은 지점에서 1소점 또는 2소점 투시법으로 작성하되, 작성과정의 투시보조선을 남길 것)

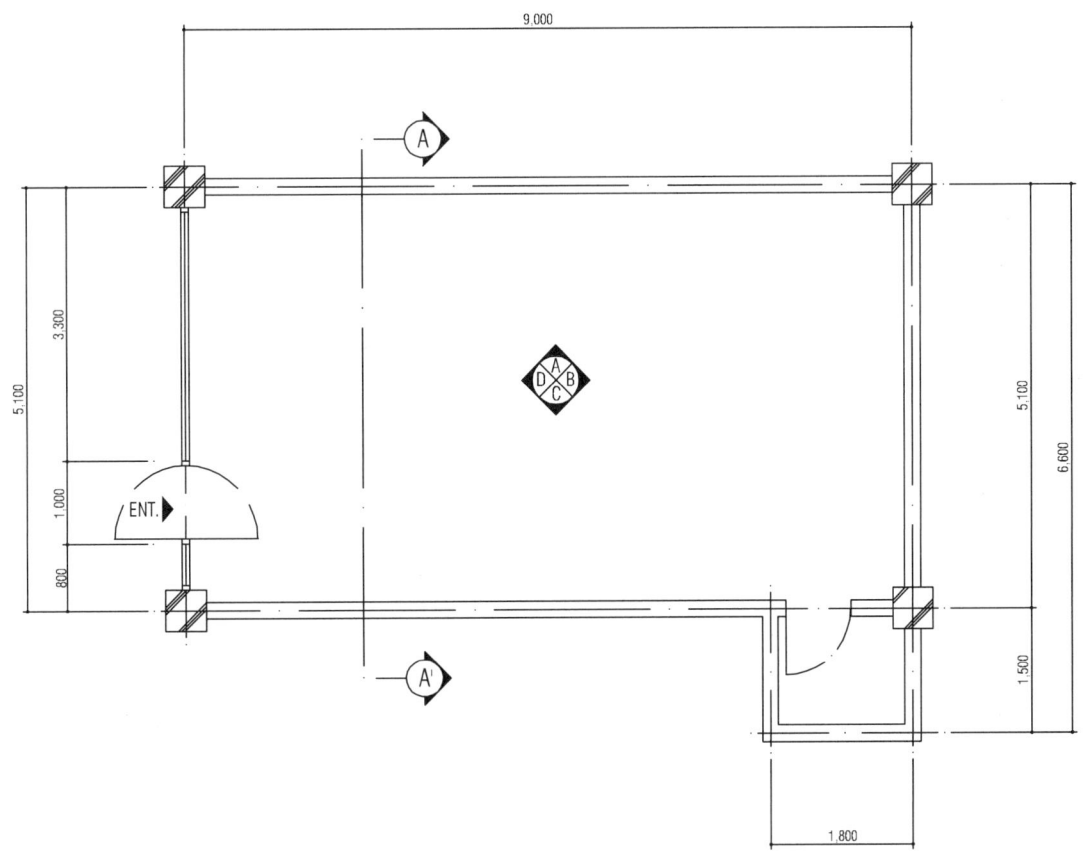

평 면 도

CONCEPT

고객에게 친근한 이미지로 다가갈 수 있도록 내추럴한 컬러들을 사용하여 전체적으로 편안하고 따뜻한 이미지를 공간에 나타내고자 하였다. 가운터 안쪽에 고객상담 테이블을 따로 두었으며, pc 공간과 Display Shelf, Display Table을 배치하여 의약품 진열공간을 별도로 마련하여 고객의 편의를 고려하였다.
주출입구 전면에 로고를 부착하여 약국의 아이덴티티를 나타내고 조제실 벽면에 고정창을 두어 개방감과 신뢰감을 주고자 하였다.

평 면 도 SCALE = 1/50

천 정 도

SCALE = 1/50

LEGEND		
TYPE	NAME	EA
✛	DOWN LIGHT	19
✦	SPOT LIGHT	5
⊕	PENDANT	3
⊕	방습등	1
⌐	BRACKET	1
●	EXIT LIGHT	1
⊠	송기구	2
⊠	배기구	6
⊙	SPRINKLER	4
○	FIRE SENSOR	4
▱	점검구	1
▦	4Way 시스템 냉난방기	1

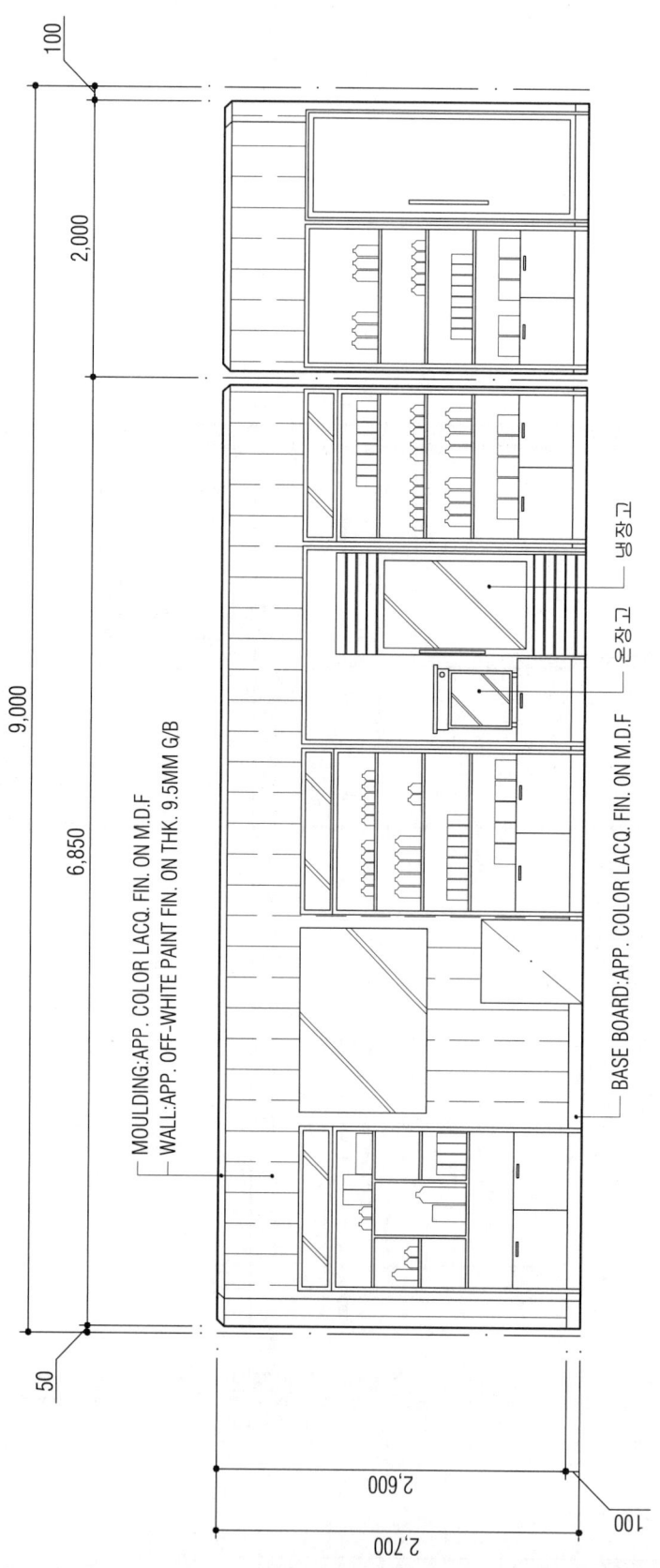

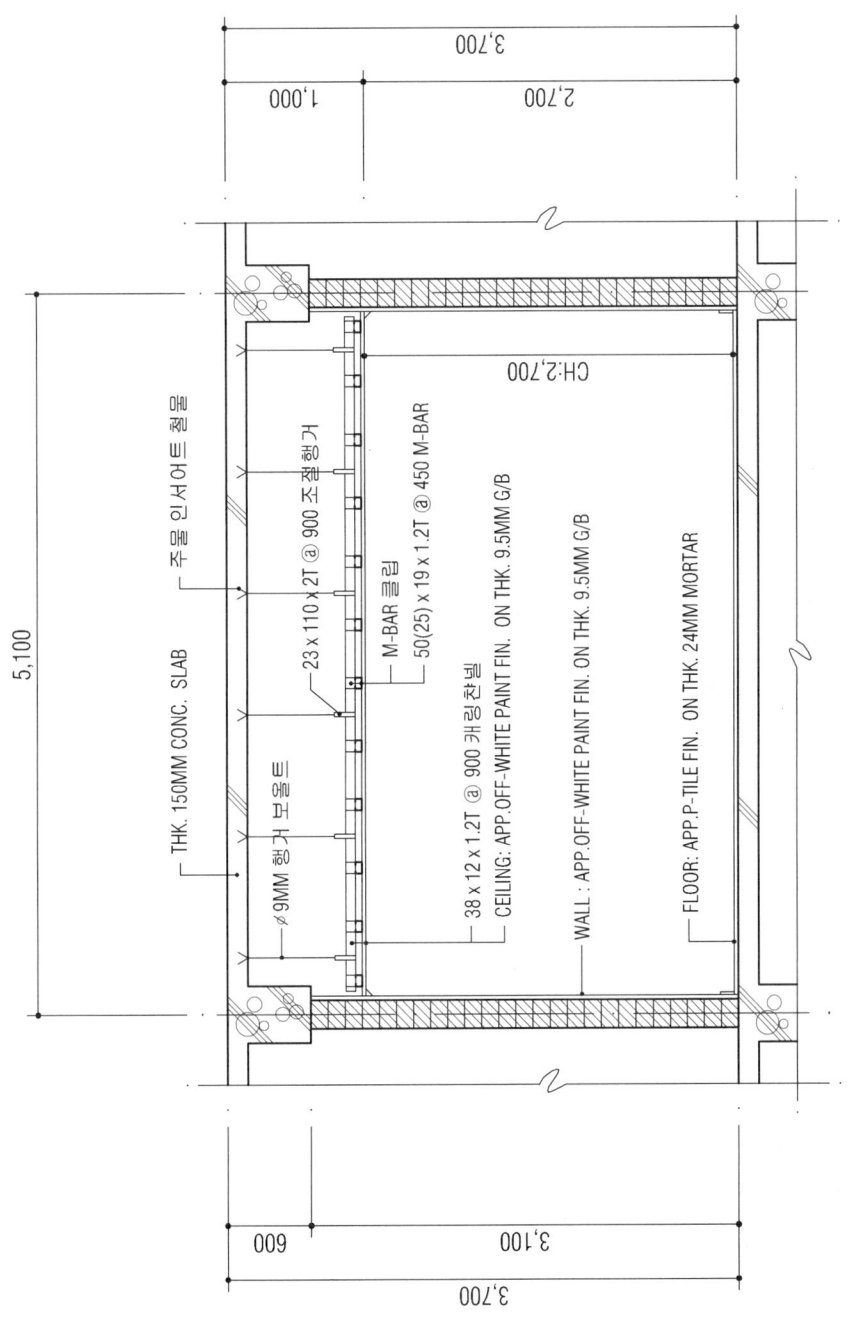

단면상세도 A-A' SCALE = 1/50

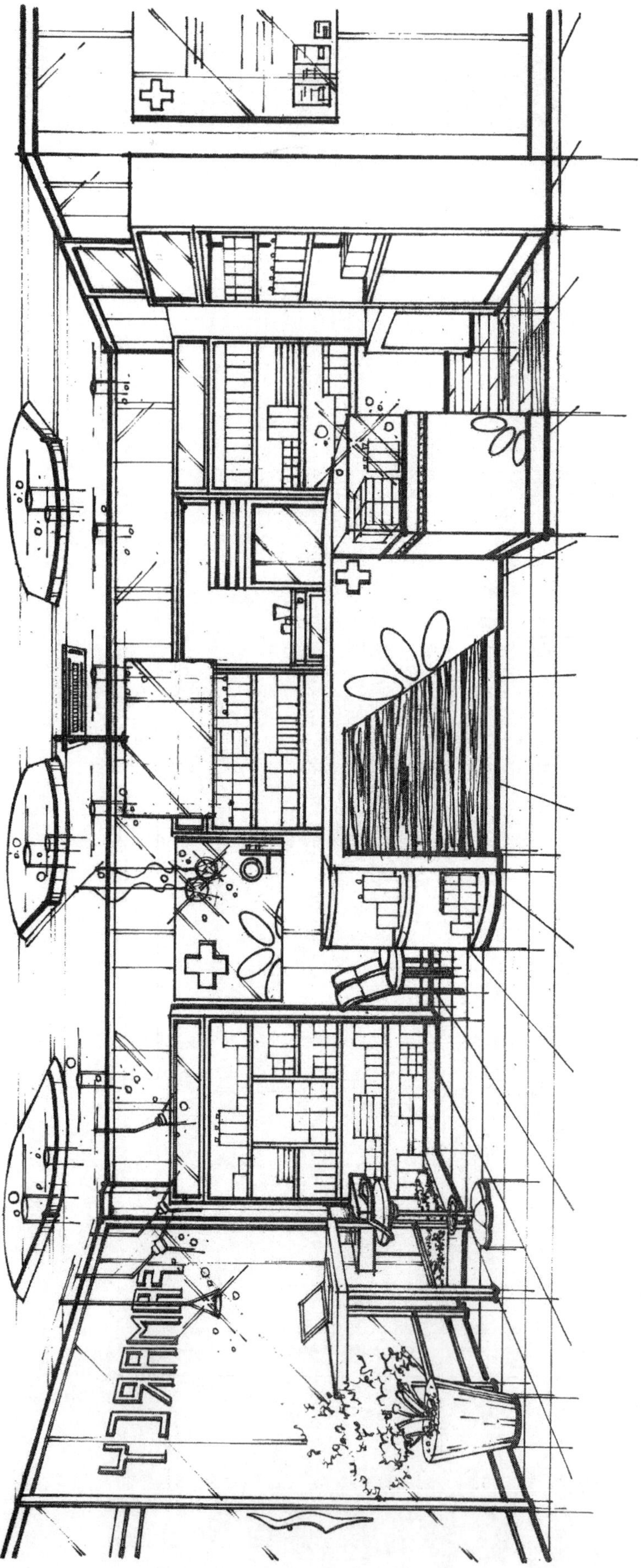

(2012. 7. 7 시행)

제65회 실내건축기사
시공실무

문제 1) 도장의 원료 중 안료의 조건 4가지를 쓰시오. (4점)
① ② ③ ④

【해설】 ① 내후성 ② 내광성 ③ 내약품성 ④ 은폐성

문제 2) 다음 용어를 간략히 설명하시오. (2점)
익스팬션 볼트 (Expansion Bolt)

【해설】 확장볼트 또는 팽창볼트라고 불리는 것으로 콘크리트, 벽돌 등의 면에 띠장, 문틀 등의 다른 부재를 고정하기 위하여 설치하는 특수 볼트

문제 3) 다음 〈보기〉는 합성수지 재료이다. 열가소성수지와 열경화성수지로 나누어 분리하시오. (3점)
〈보기〉 ① 아크릴수지 ② 에폭시수지 ③ 멜라민수지
④ 페놀수지 ⑤ 폴리에틸렌수지 ⑥ 염화비닐수지

【해설】 열가소성수지 : ①, ⑤, ⑥
열경화성수지 : ②, ③, ④

문제 4) 벽 타일붙이기 시공순서이다. 〈보기〉에서 골라 그 번호를 나열하시오. (3점)
〈보기〉 ① 타일나누기 ② 치장줄눈 ③ 보양 ④ 벽타일붙이기 ⑤ 바탕처리

【해설】 ⑤ → ① → ④ → ② → ③

문제 5) 다음 아래는 석재를 가공할 때 쓰이는 특수공법이다. 간략히 설명하시오. (3점)
① 모래분사법
② 버너구이법
③ 플래너마감법

【해설】 ① 모래를 고압증기로 분사시켜 석재 표면을 가공하는 마감법
② 버너로 표면을 달군 다음 찬물을 뿌려 급랭시켜 표면에 박리 현상을 만드는 마감법
③ 석재표면을 기계를 이용하여 매끄럽게 깎아내어 다듬는 마감법

문제 6) 다음 아래 내용은 목재의 결점 중 부식의 원인이 되는 환경조건에 대한 설명이다. 빈칸에 들어갈 알맞은 용어를 쓰시오. (3점)
균이 번식하기 위해서는 (①), (②), (③), 양분이 있어야 한다. 그것이 없으면 균은 절대 번식하지 않는다.

【해설】 ① 온도(or 온기) ② 습기(or 습도) ③ 공기

문제 7) 다음의 쪽매를 그림으로 그리시오. (단, 도구를 사용하지 않고 도시한다) (4점)
① 반턱쪽매 ② 딴혀쪽매 ③ 제혀쪽매 ④ 맞댄쪽매

【해설】 ① 반턱쪽매 ② 딴혀쪽매 ③ 제혀쪽매 ④ 맞댄쪽매

문제 8) 벽의 높이가 2.5m이고, 길이가 8m인 벽을 시멘트벽돌로 1.5B 쌓을 때 소요량을 구하시오. (단, 벽돌은 표준형 190mm×90mm×57mm) (4점)

【해설】 ① 벽면적 = 2.5 × 8 = 20m²
② 정미량 = 20 × 224 = 4,480매
③ 소요량 = 4,480 × 1.05 = 4,704매

문제 9) 보강블록조 시공에서 반드시 세로근을 넣어야 하는 위치 4개소를 쓰시오. (4점)
①   ②   ③   ④

【해설】 ① 벽끝 ② 모서리 ③ 교차부 ④ 개구부 주위

문제 10) 다음 아래 설명된 내용에 해당되는 용어를 쓰시오. (4점)
① 재의 길이 방향으로 부재를 길게 접합하는 것 또는 그 자리.
② 재와 서로 직각 또는 경사지게 부재를 접합하는 것 또는 그 자리.
③ 널재를 섬유방향과 평행으로 옆 대어 넓게 붙이는 것.
④ 상층기둥 위에 가로대어 지붕보 또는 양식 지붕틀의 평보를 받는 도리.
⑤ 변두리 기둥에 얹히고, 처마 서까래를 받는 도리.

【해설】 ① 이음 ② 맞춤 ③ 쪽매 ④ 깔도리 ⑤ 처마도리

문제 11) 다음 네트워크 공정표의 주공정선을 찾고, 공사완료에 필요한 최종일수를 구하시오. (4점)

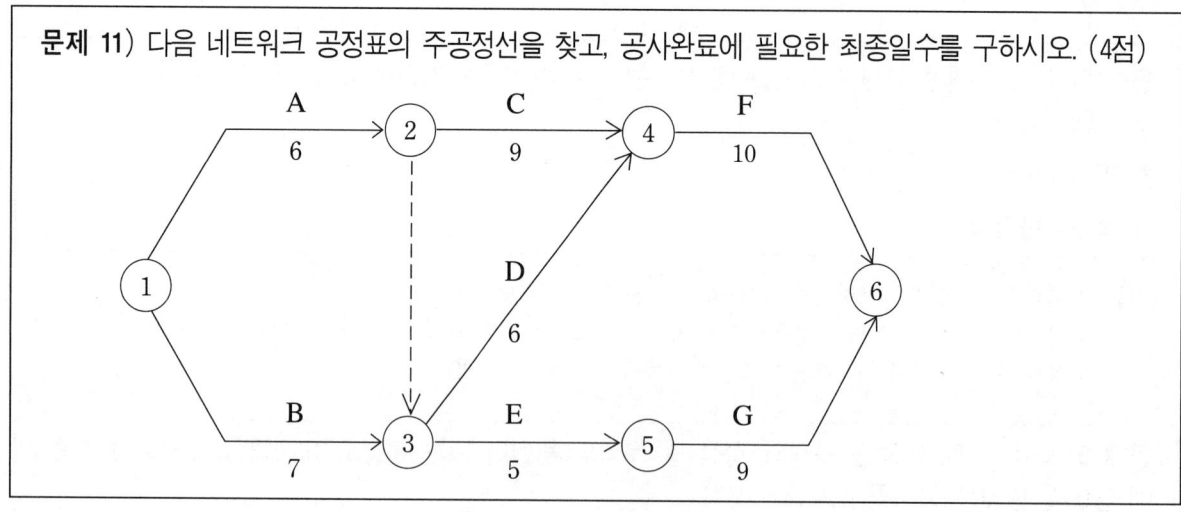

【해설】 CP〉 Activity : A → C → F Event : ① → ② → ④ → ⑥   총소요일수 : 25일

문제 12) 다음 설명에 해당하는 벽돌쌓기명을 쓰시오. (2점)

① 벽돌벽의 교차부에 벽돌 한 켜 거름으로 1/4B~1/2B정도 들여쌓는 것.

② 긴 벽돌벽 쌓기의 경우 벽 중간 일부를 쌓지 못하게 될 때 차츰 길이를 줄여오는 방법.

【해설】 ① 켜거름 들여쌓기 (= 켜걸음 들여쌓기)　　　② 층단 떼어쌓기

실 내 디 자 인

[제65회 작품명] 패스트푸드점

1. 요구사항 - 주어진 도면은 대학가에 위치한 패스트푸드점이다. 다음 요구조건에 따라 도면을 작성하시오.

2. 요구조건

   ① 설계면적 : 9,000×7,200×2,700mm(H)
   ② 요구공간 : 안내 및 계산대, 주방공간, 고객 식사공간, 대기석
   ③ 필요집기 : 싱크대, 냉난방기, 대기자용 의자, 안내 및 계산대, 고객용 테이블 및 의자

3. 요구도면

   ① 평면도 SCALE : 1/50
      - 가구배치 포함, 평면 계획의 디자인 의도·방향 등을 200자 내외로 쓰시오.
   ② 천정도(설비, 조명기구 배치 및 범례표 작성/천장마감재 표기) SCALE : 1/50
   ③ 내부입면도 B방향 1면(벽면재료 표기) SCALE : 1/50
   ④ 단면상세도(A-A′) SCALE : 1/50
   ⑤ 실내투시도(채색작업은 필수) SCALE : N.S
      (계획의 포인트가 좋은 지점에서 1소점 또는 2소점 투시법으로 작성하되, 작성과정의 투시보조선을 남길 것)

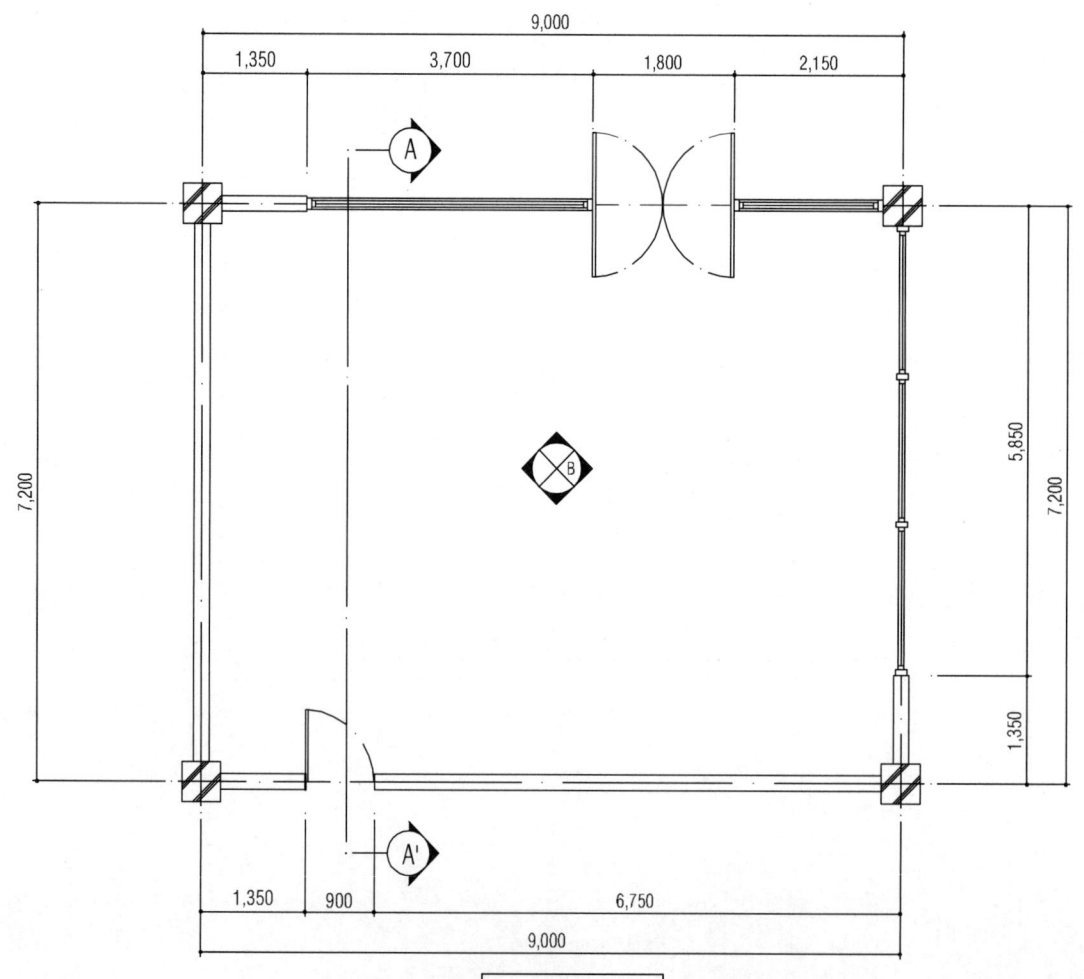

평 면 도

CONCEPT

회전율이 높고 많은 고객들이 이용하는 패스트푸드점으로 고객과 직원의 원활한 동선의 흐름을 위해 주출입문과 부출입문을 분리하여 조닝하였다. 주방은 다양한 주방기기를 원활히 사용할 수 있도록 안쪽 홀과 내부 주방을 분리하여 이용이 효율을 높이고자 하였고 전면 유리창부분에 테이블을 배치하여 고객들에게 오픈된 시야를 확보할 수 있도록 하였다.

고객이용 공간에는 빨강색을 주로 하여 식욕을 자극하고 즐거운 기분으로 식음을 할 수 있도록 계획하였다.

평 면 도   SCALE = 1/50

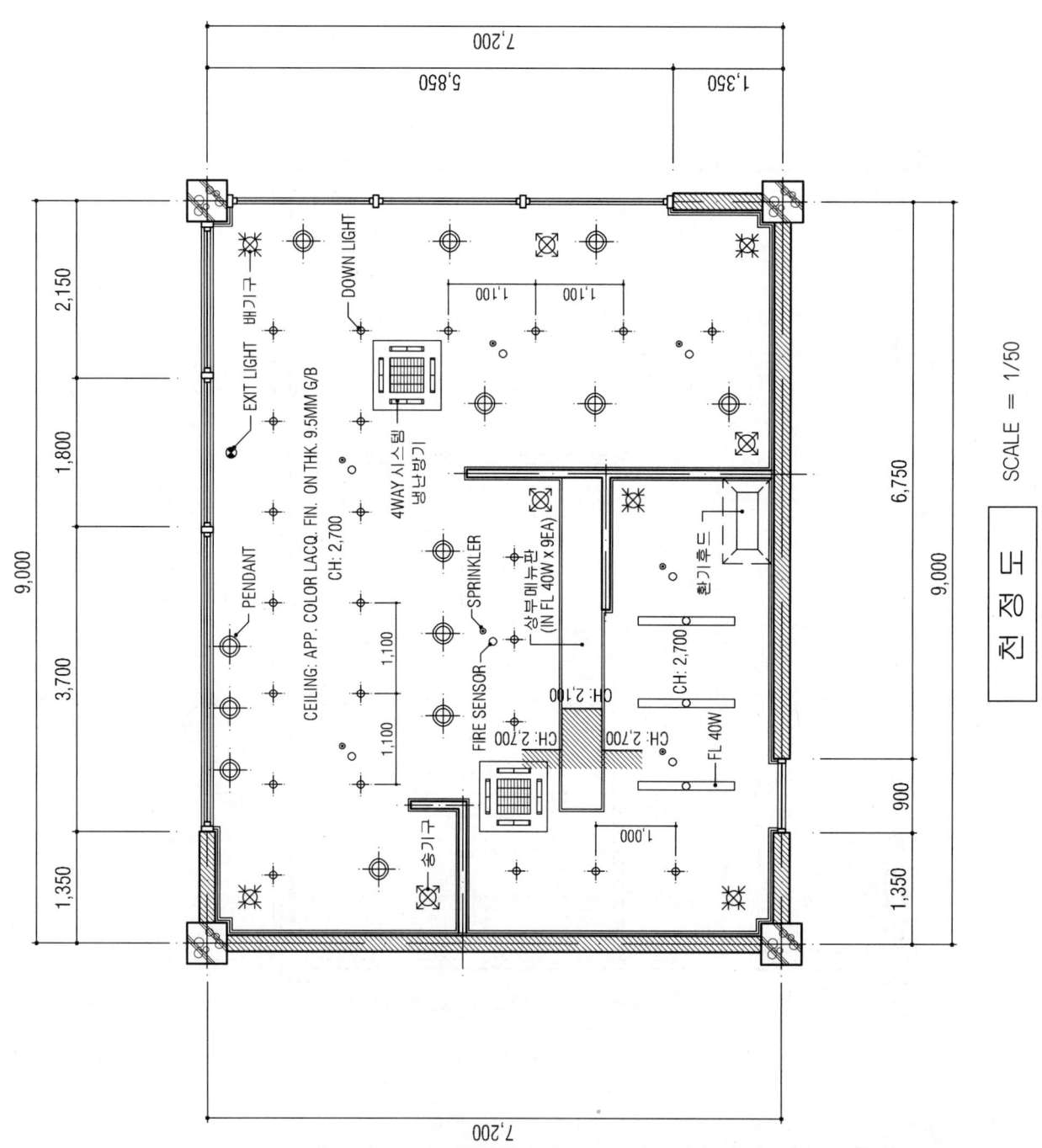

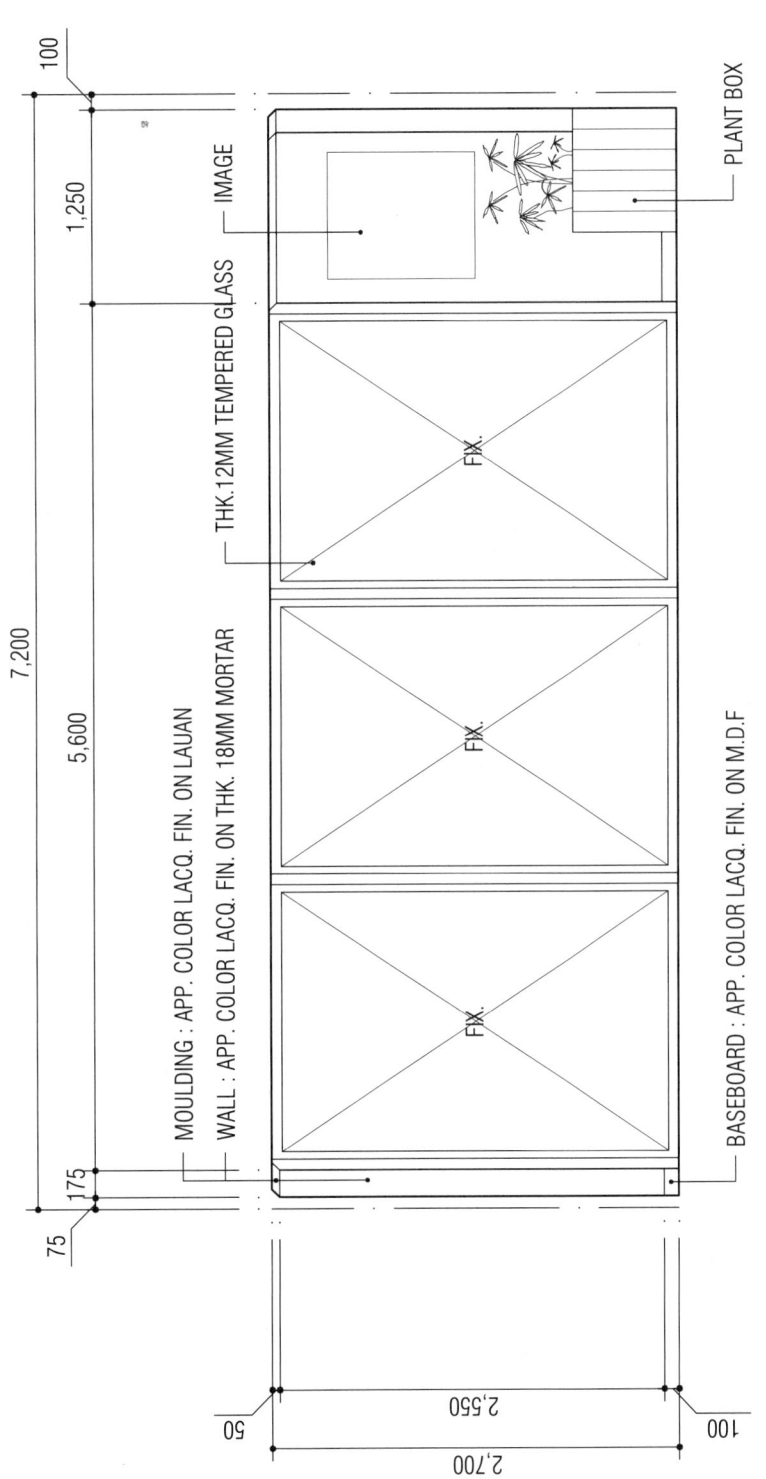

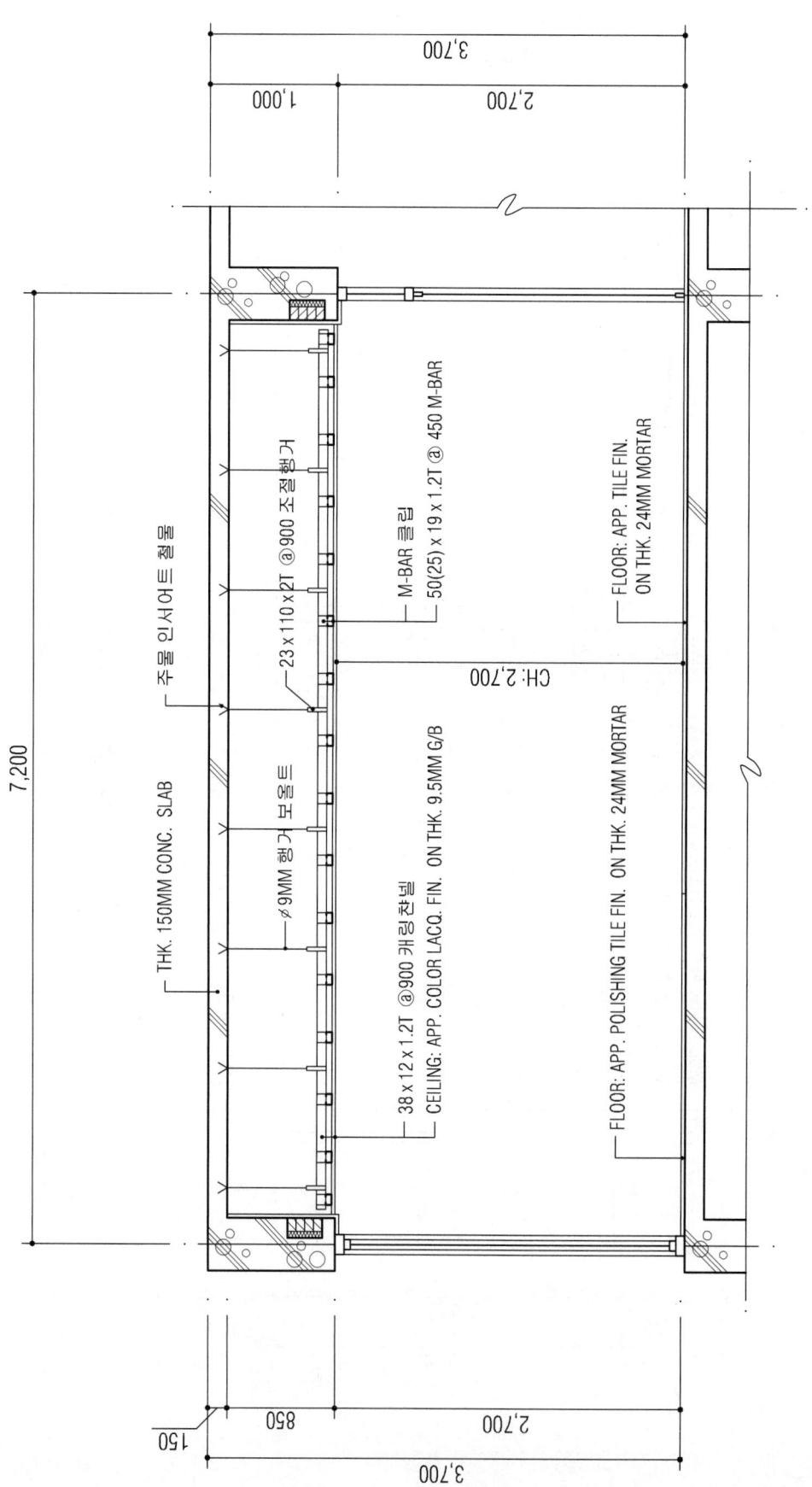

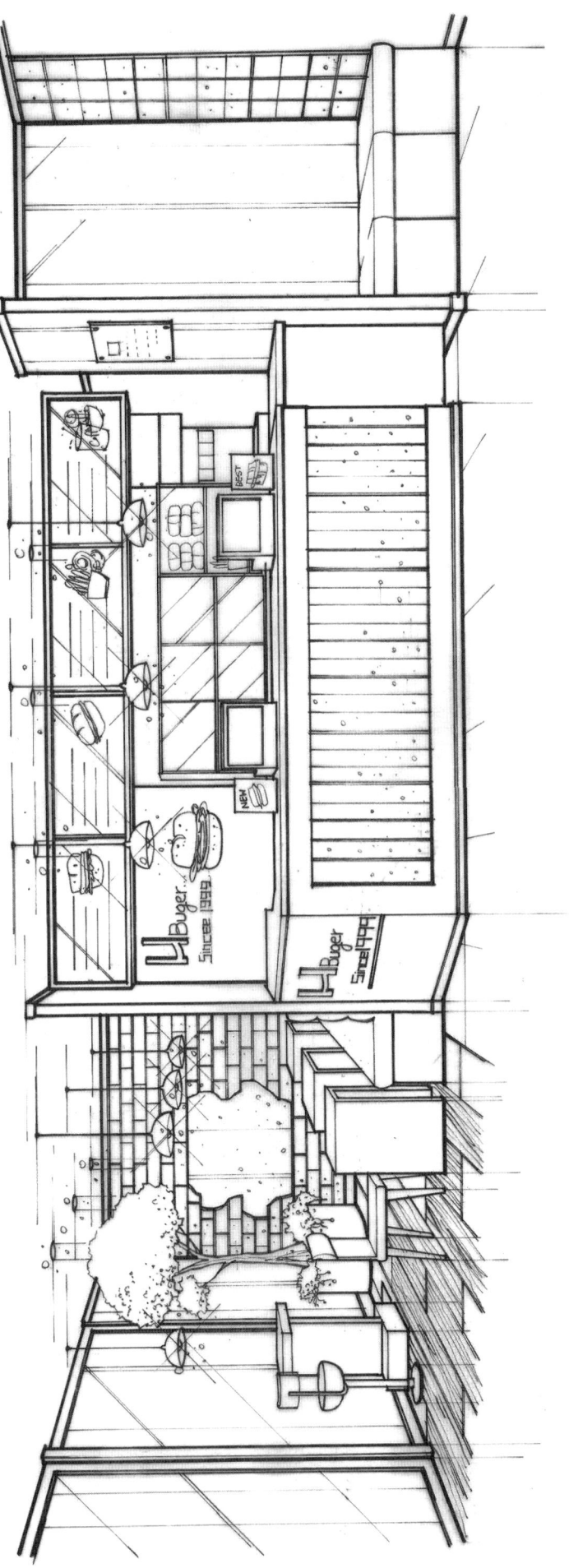

(2012. 11. 3 시행)

제66회 실내건축기사
시공실무

문제 1) 유리공사에서 서스펜션(suspension) 공법에 대하여 설명하시오. (3점)

【해설】 대형유리판을 멀리온(mullion) 없이 유리만으로 세우는 공법으로 유리상단에 특수철재를 끼우고 유리의 접합부에 고정재인 리브유리(stiffener)를 사용하여 연결된 개구부 형성이 가능하게 하며 유리사이의 연결(joint)은 실란트(sealant)로 메워 누름한다.

문제 2) 다음 용어를 설명하시오. (4점)
① 마름질
② 바심질

【해설】 ① 마름질 : 목재를 크기에 따라 각 부재의 소요길이로 잘라내는 것.
② 바심질 : 구멍뚫기, 홈파기, 면접기 및 대패질 등으로 목재를 다듬는 일.

문제 3) 다음 외부 쌍줄비계 면적이 얼마인가 산출하시오. (단, H=8m) (4점)

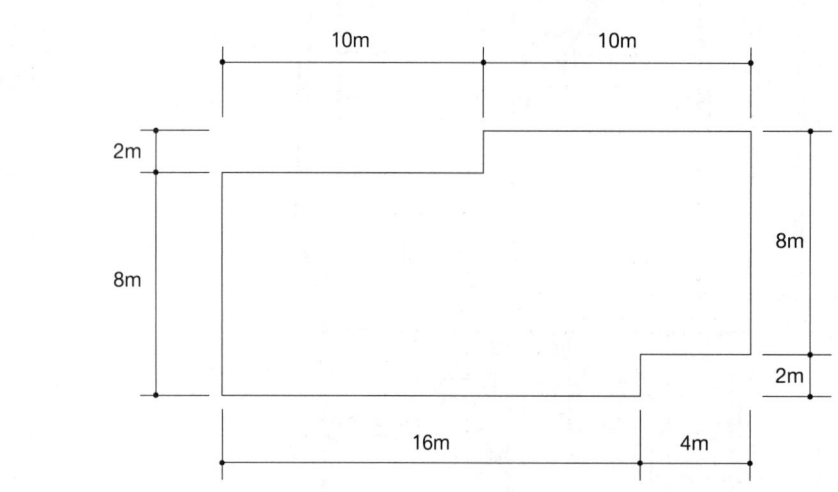

【해설】 A = H{2(a+b)+0.9×8}
A = 8{2(20+10)+0.9×8}
A = 8{(2×30)+7.2}
A = 8×(60+7.2)
A = 8×67.2
A = 537.6㎡

문제 4) 벽돌의 쌓기법에 대한 설명이다. 해당하는 답을 써넣으시오. (4점)
① 마구리쌓기와 길이쌓기를 번갈아 쌓으며, 이오토막과 반절이용
② 길이쌓기 5단, 마구리쌓기 1단

③ 한 켜에 마구리쌓기와 길이쌓기를 동시에 사용
④ 마구리쌓기와 길이쌓기를 번갈아 쌓으며, 칠오토막 이용하는 가장 일반적 방법

【해설】 ① 영식쌓기   ② 미식쌓기   ③ 불식쌓기   ④ 화란식쌓기

문제 5) 돌공사시 치장줄눈의 종류 4가지만 쓰시오. (4점)
① ② ③ ④

【해설】 ① 평줄눈   ② 민줄눈   ③ 볼록줄눈   ④ 오목줄눈

문제 6) 목구조의 횡력에 대한 변형, 이동 등을 방지하기 위한 보강방법 3가지를 쓰시오. (3점)
① ② ③

【해설】 ① 가새   ② 버팀대   ③ 귀잡이

문제 7) 표준형벽돌 1.0B벽돌쌓기시 벽돌량과 몰탈량을 산출하시오. (단, 벽길이 100m, 벽높이 3m, 개구부 1.8m×1.2m 10개, 줄눈두께 10mm, 정미량으로 산출) (3점)

【해설】 ① 벽면적 = (100×3)-(1.8×1.2×10) = 300-21.6 = 278.4㎡
② 정미량 = 278.4×149 = 41,482매
③ 몰탈량 = $\frac{41,482}{1,000} \times 0.33 = 13.69$㎥

문제 8) 다음 보기의 주어진 합성수지 재료를 열경화성 수지와 열가소성 수지로 분류하시오. (4점)
① 아크릴   ② 염화비닐   ③ 폴리에틸렌   ④ 멜라민   ⑤ 페놀   ⑥ 에폭시   ⑦ 스티롤수지

【해설】 열가소성수지 : ①, ②, ③, ⑦   열경화성수지 : ④, ⑤, ⑥

문제 9) 바닥 플라스틱재 타일 붙이기의 시공순서를 〈보기〉에서 골라 번호로 쓰시오. (3점)
〈보기〉 ① 타일 붙이기   ② 접착제 도포   ③ 타일면 청소   ④ 타일면 왁스먹임
⑤ 콘크리트 바탕건조   ⑥ 콘크리트 바탕마무리   ⑦ 프라이머 도포   ⑧ 먹줄치기

【해설】 ⑥ → ⑤ → ⑦ → ⑧ → ② → ① → ③ → ④

문제 10) 다음은 품질관리에 관한 QC도구의 설명이다. 해당하는 용어를 쓰시오. (3점)
① 계량치의 데이터가 어떠한 분포를 하고 있는지 알아보기 위하여 작성하는 그림.
② 결과에 원인이 어떻게 관계하고 있는가를 한눈에 알아보기 위하여 작성하는 그림.
③ 불량, 결점, 고장 등의 발생건수를 분류 항목별로 나누어 크기 순서대로 나열한 그림.

【해설】 ① 히스토그램   ② 특성요인도   ③ 파레토도

문제 11) 다음 코너비드철물의 사용목적 및 위치를 쓰시오. (2점)

【해설】 기둥, 벽 등 모서리 부분의 미장바름을 보호하기 위한 철물로 그 시공면의 각진 모서리에 대어 시공한다.

문제 12) 금속재의 도장 바탕처리 방법 중 화학적 방법을 3가지 쓰시오. (3점)
　① 　　　　　　　② 　　　　　　　③

【해설】 ① 탈지법　　② 세정법　　③ 피막법

참고〉① 탈지법 : 솔벤트, 나프타 등의 용제로 그리스, 오물, 기타 이물질을 제거하는 방법
　　　② 세정법 : 산의 용액 중에 재료를 침적하여 금속표면의 녹과 흑피를 제거하는 방법
　　　③ 피막법 : 인산염피막을 만들어 발청을 억제시키고, 도료의 밀착을 좋게 하는 방법

실내디자인

[제66회 작품명] PC방

1. 요구사항 - 주어진 도면은 대학가에 위치한 PC방이다. 다음의 요구조건에 따라 도면을 작성하시오.

2. 요구조건
   ① 설계면적 : 12,000×8,100×2,700mm(H)
   ② 요구공간 : 휴게공간, 주방공간(설비시설포함), 대기공간
   ③ 요구조건 : 카운터, 종업원 2명, 냉난방기

3. 요구도면
   ① 평면도 SCALE : 1/50
      - 가구배치 포함, 평면 계획의 디자인 의도·방향 등을 200자 내외로 쓰시오.
   ② 천정도(설비, 조명기구 배치 및 범례표 작성/천장마감재 표기) SCALE : 1/50
   ③ 내부입면도 A방향 1면(벽면재료 표기) SCALE : 1/50
   ④ 단면상세도(A-A´) SCALE : 1/50
   ⑤ 실내투시도(채색작업은 필수) SCALE : N.S
      (계획의 포인트가 좋은 지점에서 1소점 또는 2소점 투시법으로 작성하되, 작성과정의 투시보조선을 남길 것)

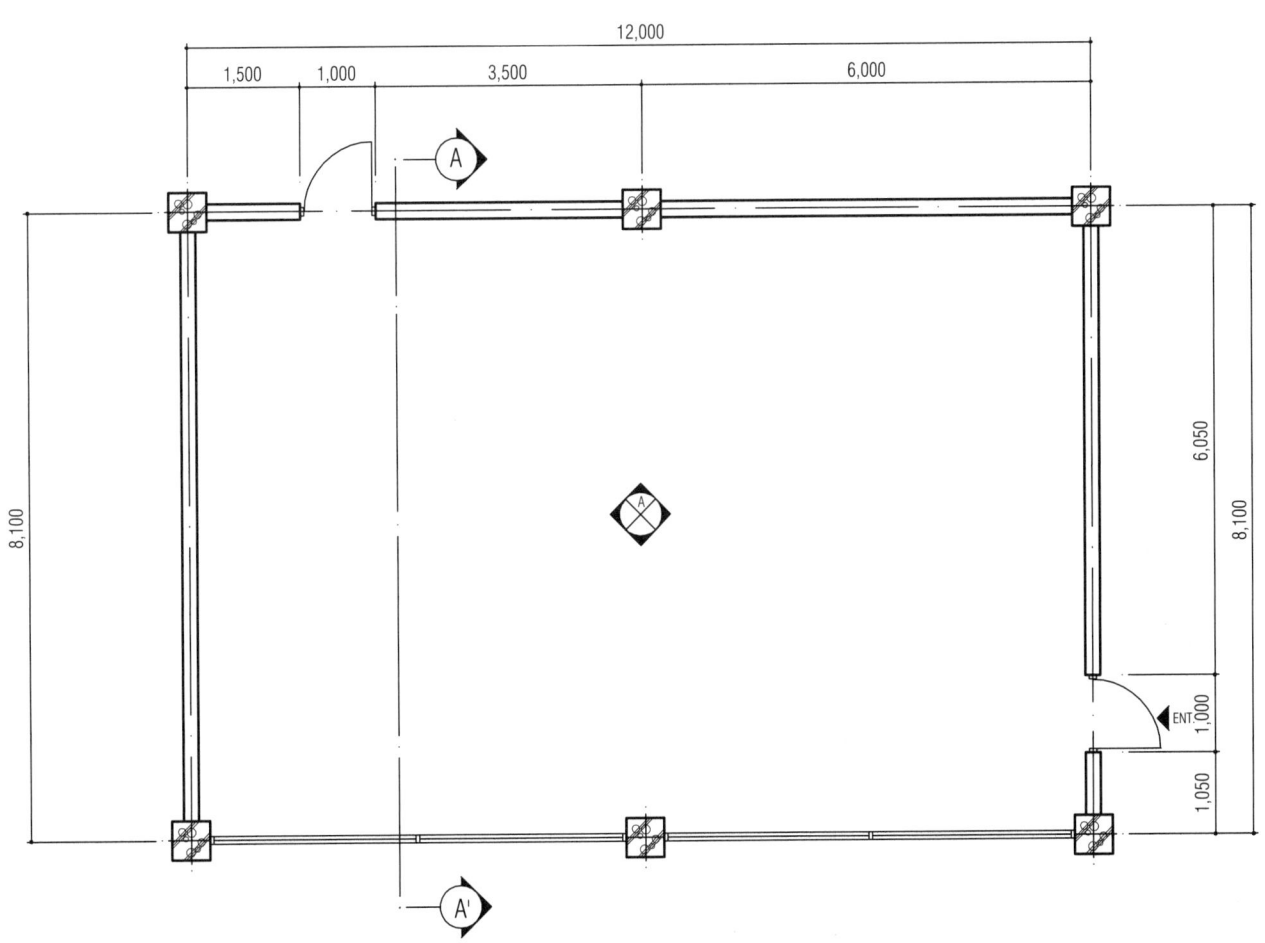

평면도

CONCEPT

대학가에 위치한 pc방으로 젊은 층을 대상으로 하여 오락 및 휴식을 즐길 수 있는 공간이 되도록 계획하였다. 전체적인 공간구성은 pc이용공간, 휴게공간, 안내 및 대기공간으로 구획하였으며, 출입구에서 자연스러운 동선의 흐름이 이어질 수 있도록 공간을 연속적으로 배치하였다. 창쪽에 휴게테이블을 구성하여 자연광을 이용한 채광효과를 고려하였고 전체적으로 우드 마감과 조경을 통해 편안하고 친근한 느낌을 가질 수 있도록 하였다.

평면도 SCALE = 1/50

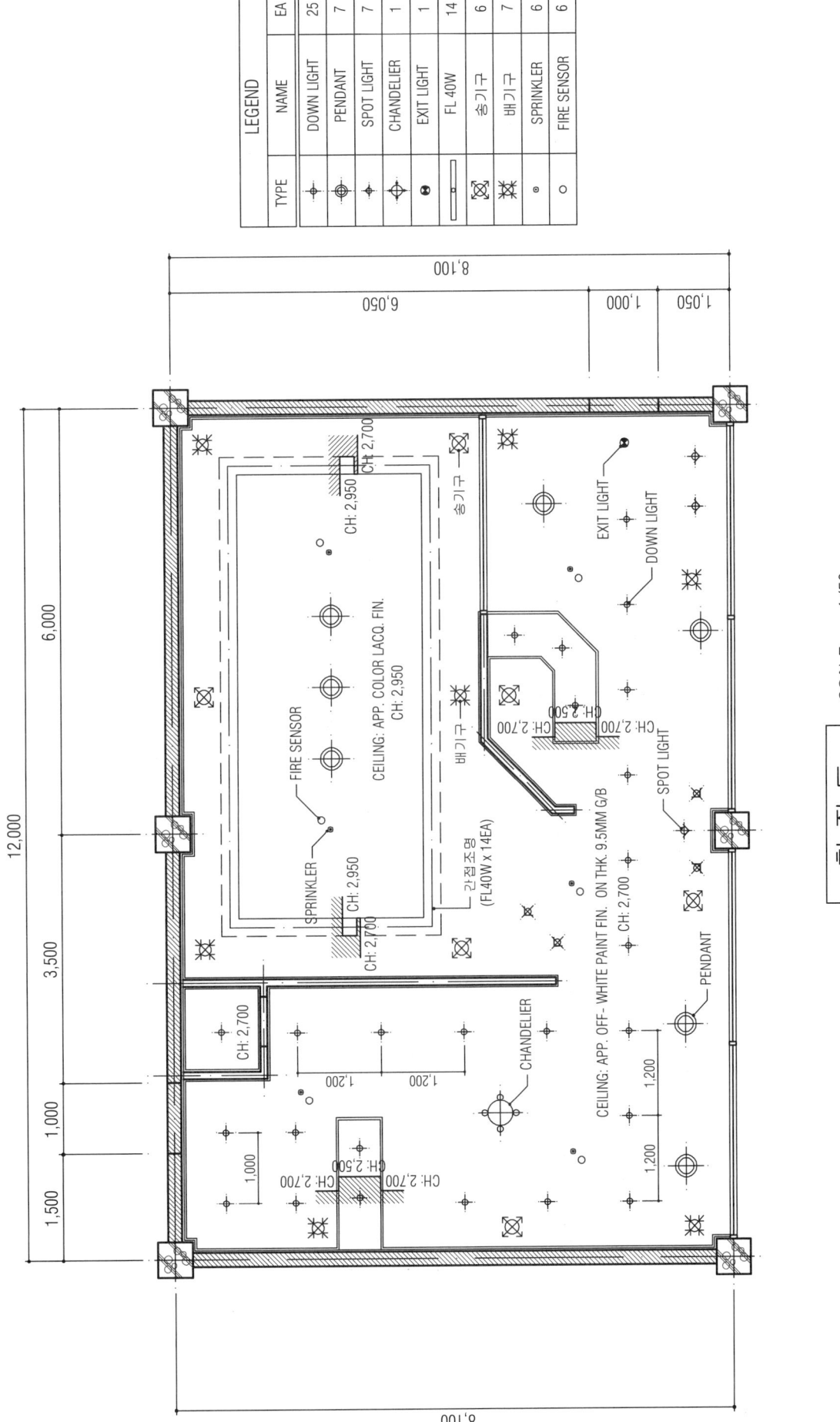

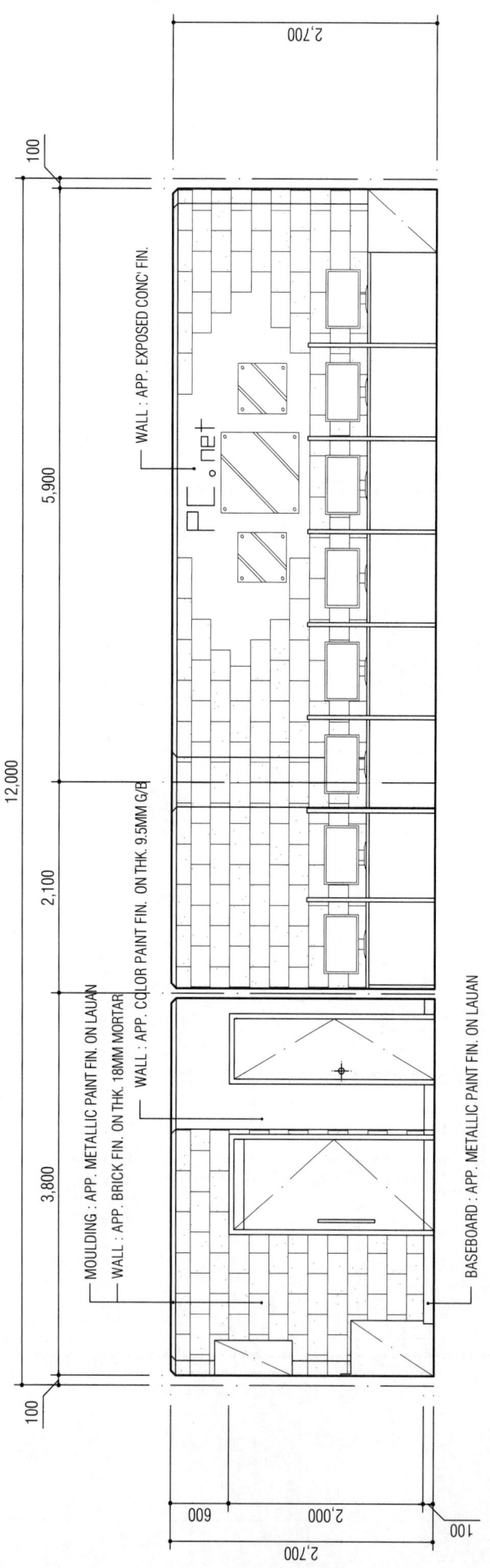

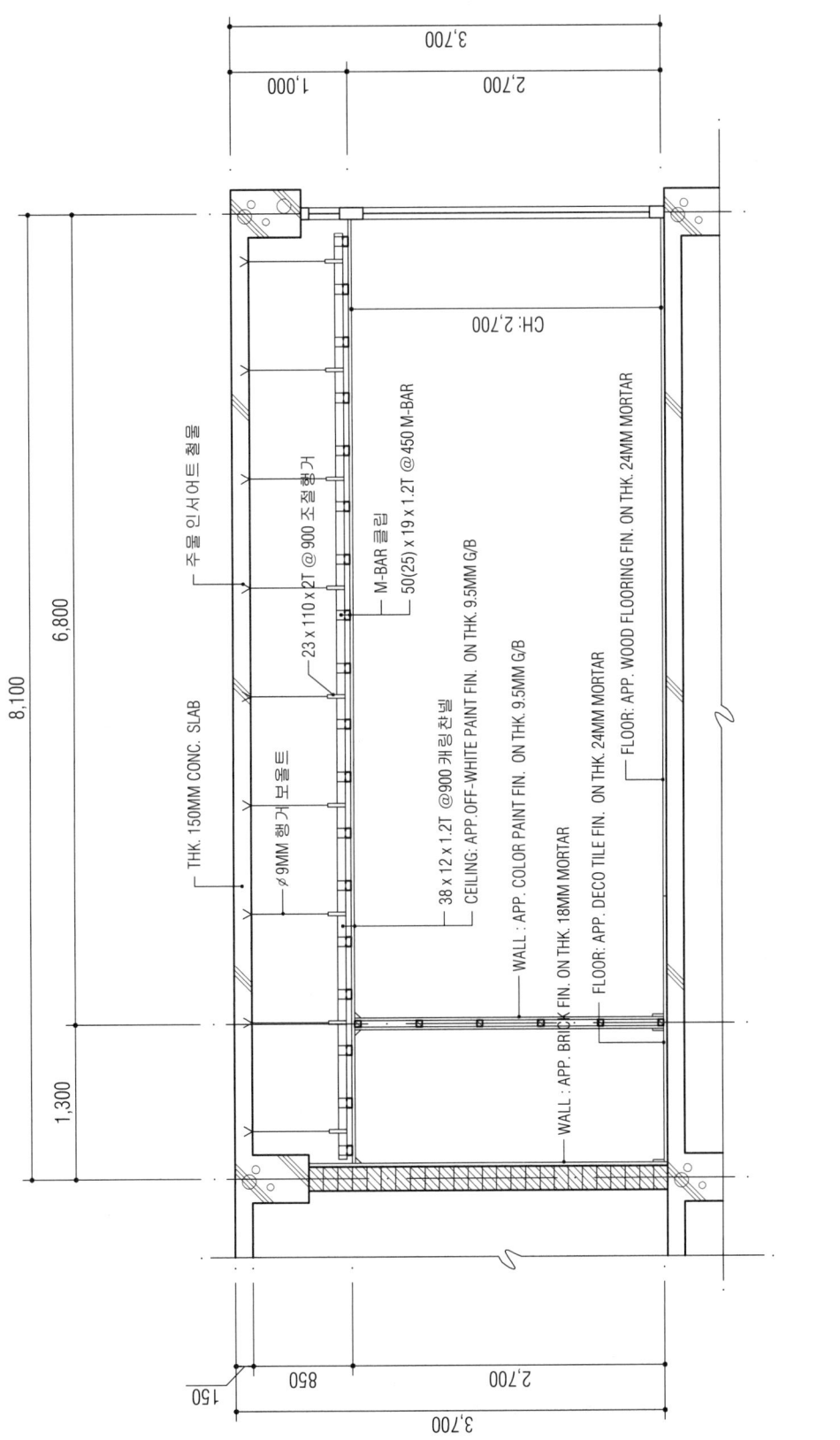

단면상세도 A-A' SCALE = 1/50

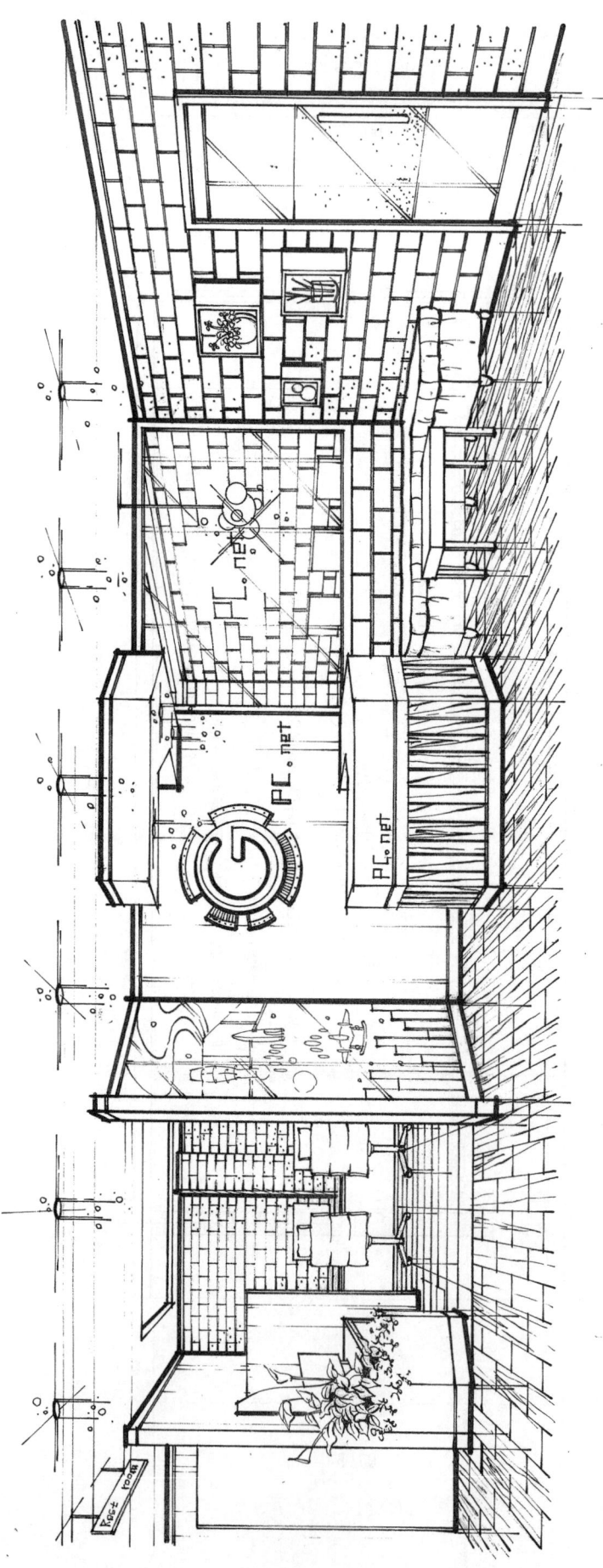

실내투시도 SCALE = N.S

(2013. 4. 21 시행)
제67회 실내건축기사
시공실무

문제 1) 다음은 석재의 가공순서이다. 각 단계별 필요공구를 괄호 안에 써넣으시오. (5점)
혹두기/(①) → 정다듬/(②) → 도드락다듬/(③) → 잔다듬/(④) → 물갈기/(⑤)

【해설】① 쇠메 ② 정 ③ 도드락망치 ④ 날망치 ⑤ 숫돌

문제 2) 조적공사시 테두리보를 설치하는 목적 3가지를 쓰시오. (3점)
① ② ③

【해설】① 수직하중을 균등하게 분포시킨다.
② 수직균열을 방지한다.
③ 집중하중 부분을 보강한다.

문제 3) 다음 〈보기〉의 미장재료 중 기경성 재료를 모두 고르시오. (3점)
① 진흙 ② 돌로마이트플라스터 ③ 아스팔트몰탈
④ 순석고 ⑤ 시멘트몰탈 ⑥ 인조석바름

【해설】①, ②, ③

문제 4) 조적조 공간쌓기에 대하여 설명하시오. (2점)

【해설】외벽에 방음, 방습, 단열 등의 목적으로 벽체 중간에 공간을 두어 이중으로 쌓는 벽으로 사이에 단열재를 넣어 차단의 효과를 높여준다.

문제 5) 공사시 사용되는 연귀맞춤의 종류 4가지를 쓰시오. (단, 연귀맞춤은 채점에서 제외) (4점)
① ② ③ ④

【해설】① 밖촉연귀 ② 안촉연귀 ③ 반혀연귀 ④ 사개연귀

문제 6) 석고보드에 대한 특징을 간략히 서술하시오. (3점)
① 장점
② 단점
③ 시공시 주의사항

【해설】① 내화성능과 단열 및 차단 성능이 우수하고, 표면이 고르기 때문에 마감바탕에 적합하다.
② 습윤에 약하고, 파손되기 쉬우며 강도가 약하다.
③ 시공시 30℃ 이하 상대습도 80%를 유지하며, 시공 전·중·후 통풍이 잘 되도록 한다.

문제 7) 다음은 수성페인트의 시공순서이다. 빈칸에 알맞은 공정을 써넣으시오. (3점)
〈공정〉 바탕만들기 → (①) → 초벌 → (②) → (③)

【해설】 ① 바탕누름   ② 연마지닦기   ③ 정벌

문제 8) 표준형 벽돌 1.0B벽돌쌓기시 벽돌량과 모르타르량을 산출하시오. (벽길이 50m, 벽높이 2.6m, 개구부 1.5m×2m 10개) (3점)

【해설】 ① 벽면적 = (50×2.6)-(1.5×2×10) = 130-30 = 100㎡
② 벽돌량 = 100×149 = 14,900매
③ 몰탈량 = $\dfrac{14,900}{1,000}$ × 0.33 = 4.917㎥   ∴ 4.92㎥

문제 9) 알루미늄 창호를 철재창호와 비교할 때의 장점 3가지를 쓰시오. (3점)
①
②
③

【해설】 ① 비중이 철재의 1/3로 경량이다.
② 녹슬지 않고, 사용연한이 길다.
③ 공작이 용이하다.

문제 10) 벽 타일붙이기 시공순서이다. 〈보기〉에서 골라 그 번호를 나열하시오. (3점)
〈보기〉 ① 타일나누기   ② 치장줄눈   ③ 보양   ④ 벽타일붙이기   ⑤ 바탕처리

【해설】 ⑤ → ① → ④ → ② → ③

문제 11) 다음 자료를 이용하여 네트워크(Network)공정표를 작성하시오. (5점)
(단, 주공정선은 굵은 선으로 표시한다)

작업명	작업일수	선행작업	비고
A	2	-	각 작업의 일정계산 표시방법은 아래 방법으로 한다.
B	1	-	
C	4	-	
D	3	A, B, C	
E	6	B, C	
F	5	C	

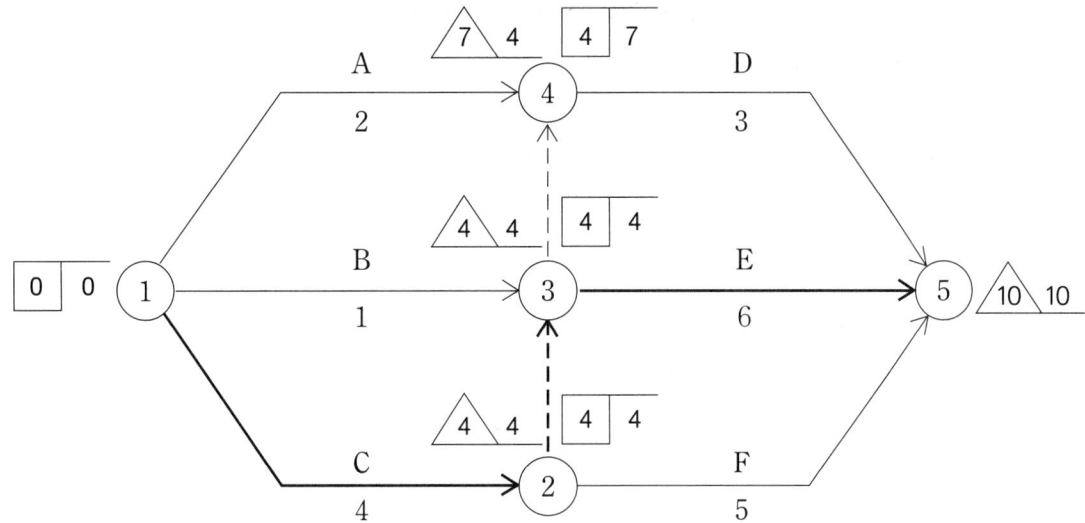

【해설】 CP〉 Activity : C → E   Event : ① → ② → ③ → ⑤

문제 12) 목재의 인공건조법 3가지를 쓰시오. (3점)
① ② ③

【해설】 ① 증기법   ② 열기법   ③ 진공법

실 내 디 자 인

[제67회 작품명] 자동차 판매 대리점

1. 요구사항 - 주어진 도면은 상업중심지역내에 위치한 자동차 판매 대리점이다.
   다음 요구조건에 따라 도면을 작성하시오.

2. 요구조건

   ① 설계면적 : 13,800×9,000×3,000mm(H)
   ② 인적구성 : 점장 1명, 점원 4명 근무
   ③ 요구공간 : 사무공간(오픈형으로 계획, 점원수 고려), 탕비실(별도의 공간 구획),
      상담공간, 판매 및 전시공간, 자동차 3대 이상, 점원용 책상 등 필요한 사무집기

3. 요구도면

   ① 평면도 SCALE : 1/50
      - 가구배치 포함, 평면 계획의 디자인 의도·방향 등을 200자 내외로 쓰시오.
   ② 천정도(설비, 조명기구 배치 및 범례표 작성/천장마감재 표기) SCALE : 1/50
   ③ 내부입면도 B방향 1면(벽면재료 표기) SCALE : 1/50
   ④ 단면상세도(A-A′) SCALE : 1/50
   ⑤ 실내투시도(채색작업은 필수) SCALE : N.S
      (계획의 포인트가 좋은 지점에서 1소점 또는 2소점 투시법으로 작성하되, 작성과정의 투시보조선을 남길 것)

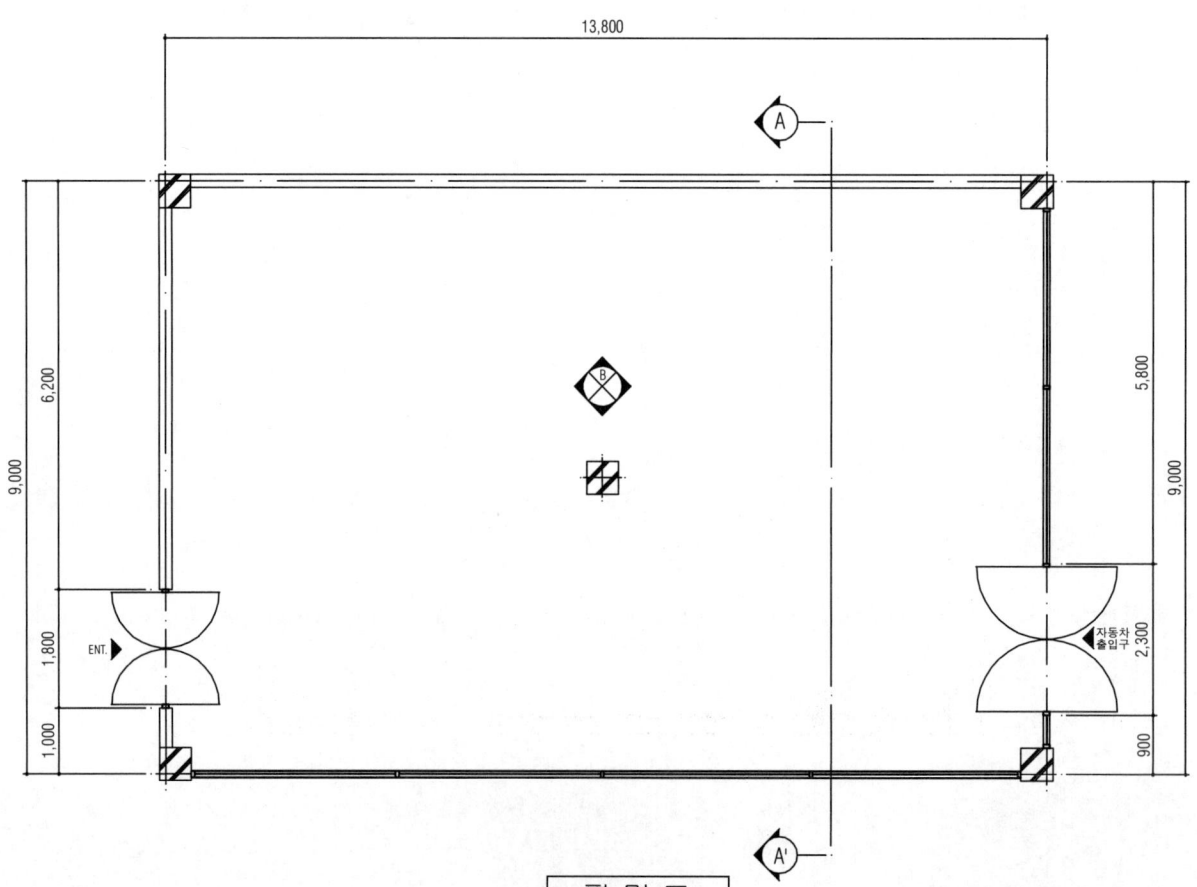

평면도

CONCEPT

자동차 판매 대리점 계획으로 본 과 기능뿐만 아니라, 시각적 만족 이 필요한 고객에게 차별화된 이 미지와 상품을 부각시키도록 계 획하였다. 상담공간을 중심으로 사무, 관리 영역과 판매, 전시 공 간을 분리하고 편안한 분위기의 상담 공간을 도모하였다. 또한 시 각 편의를 돋우기 마련하여 고 객 우위에 가능한 곳에 자동차를 디스플레이하여 전시대상을 휴과 적으로 연출함과 동시에 동선 흐 름을 유도하고 상품 홍보에서 판 매촉진, 브랜드 이미지 신장에 기 여할 수 있도록 하였다.

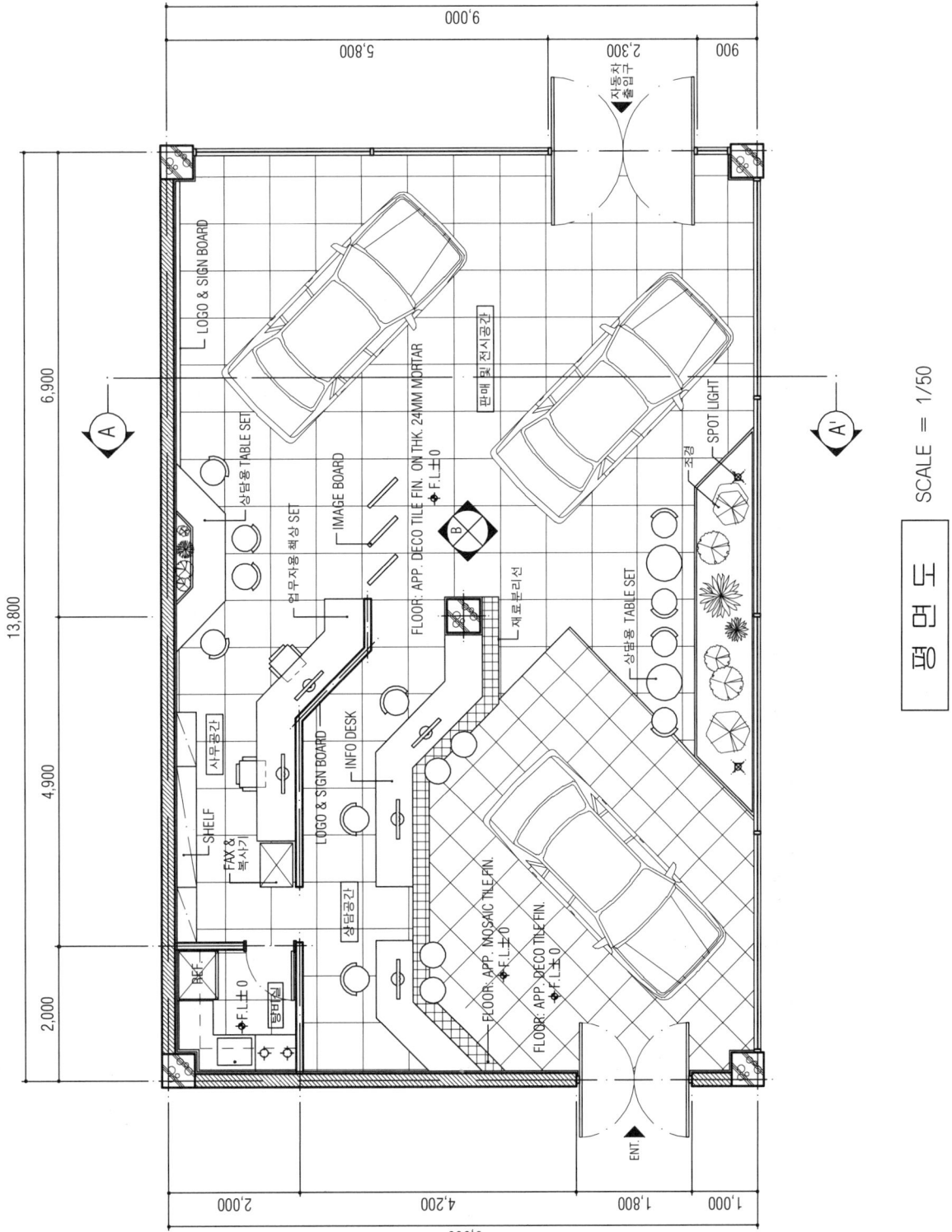

평 면 도
SCALE = 1/50

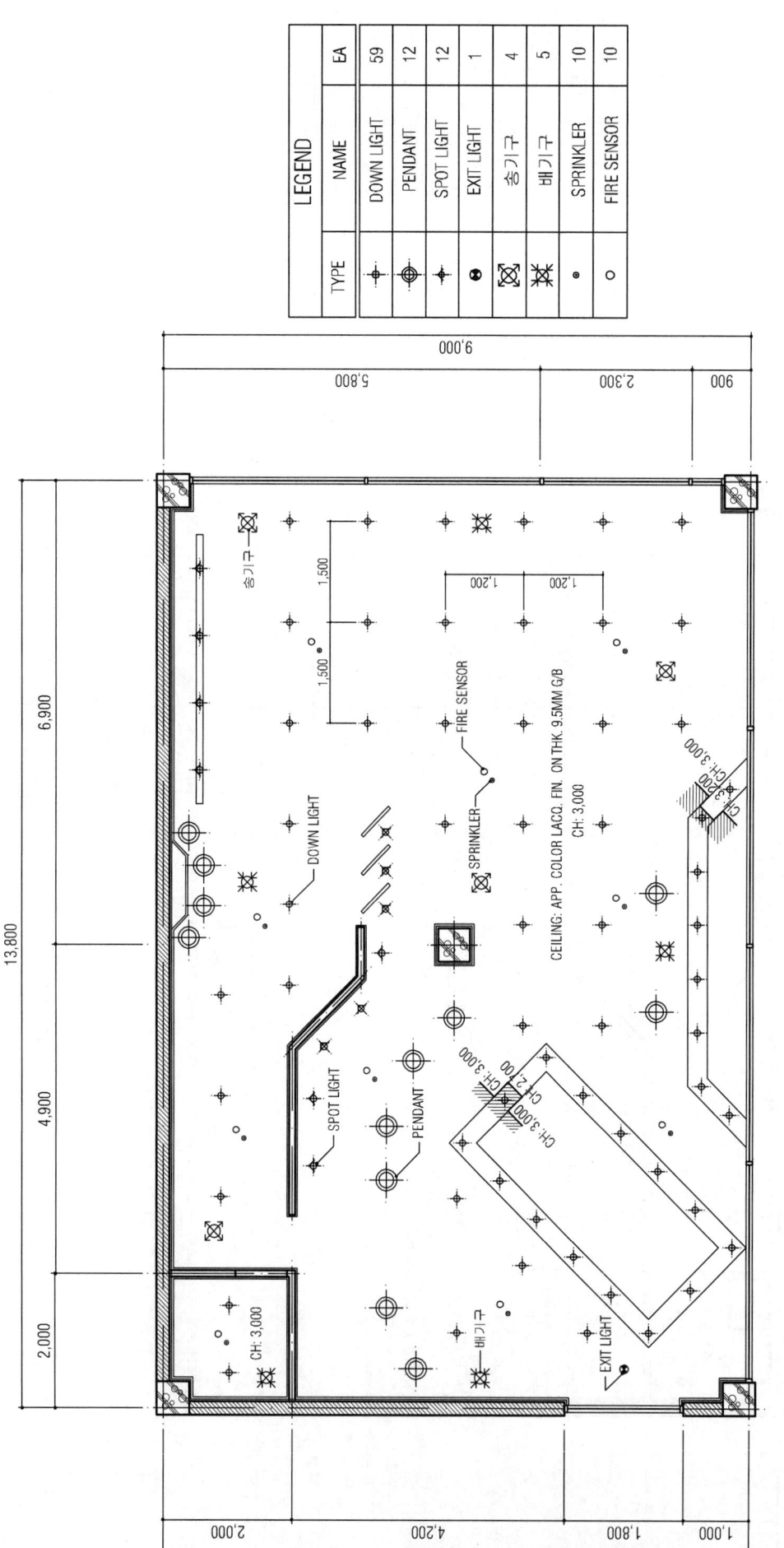

천 정 도   SCALE = 1/50

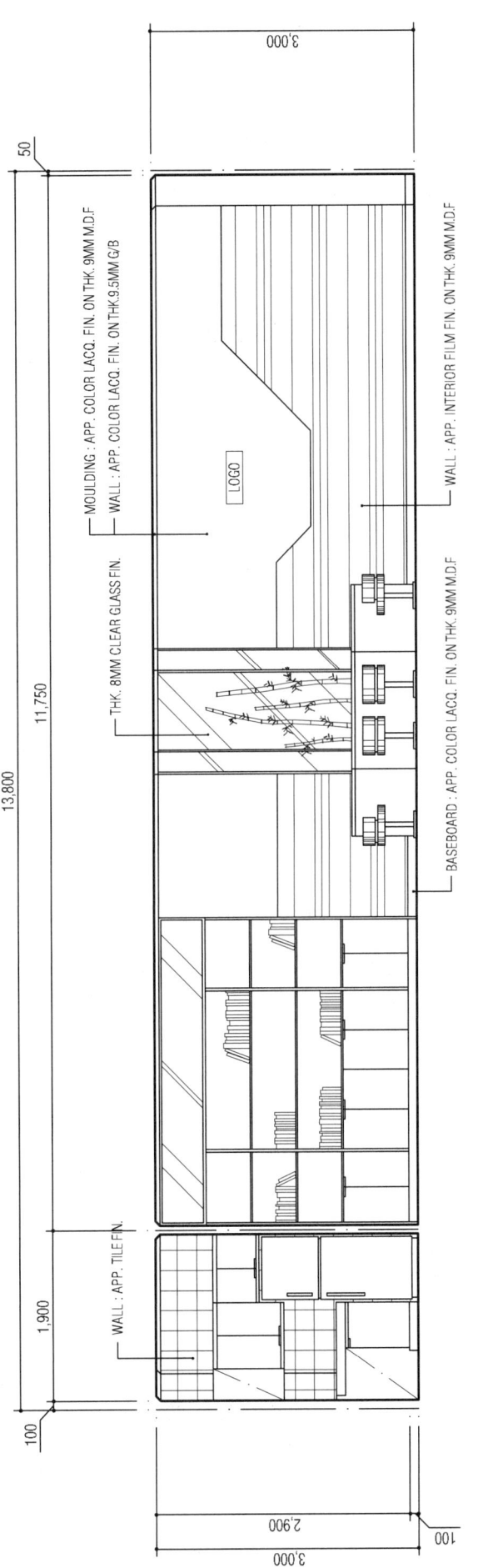

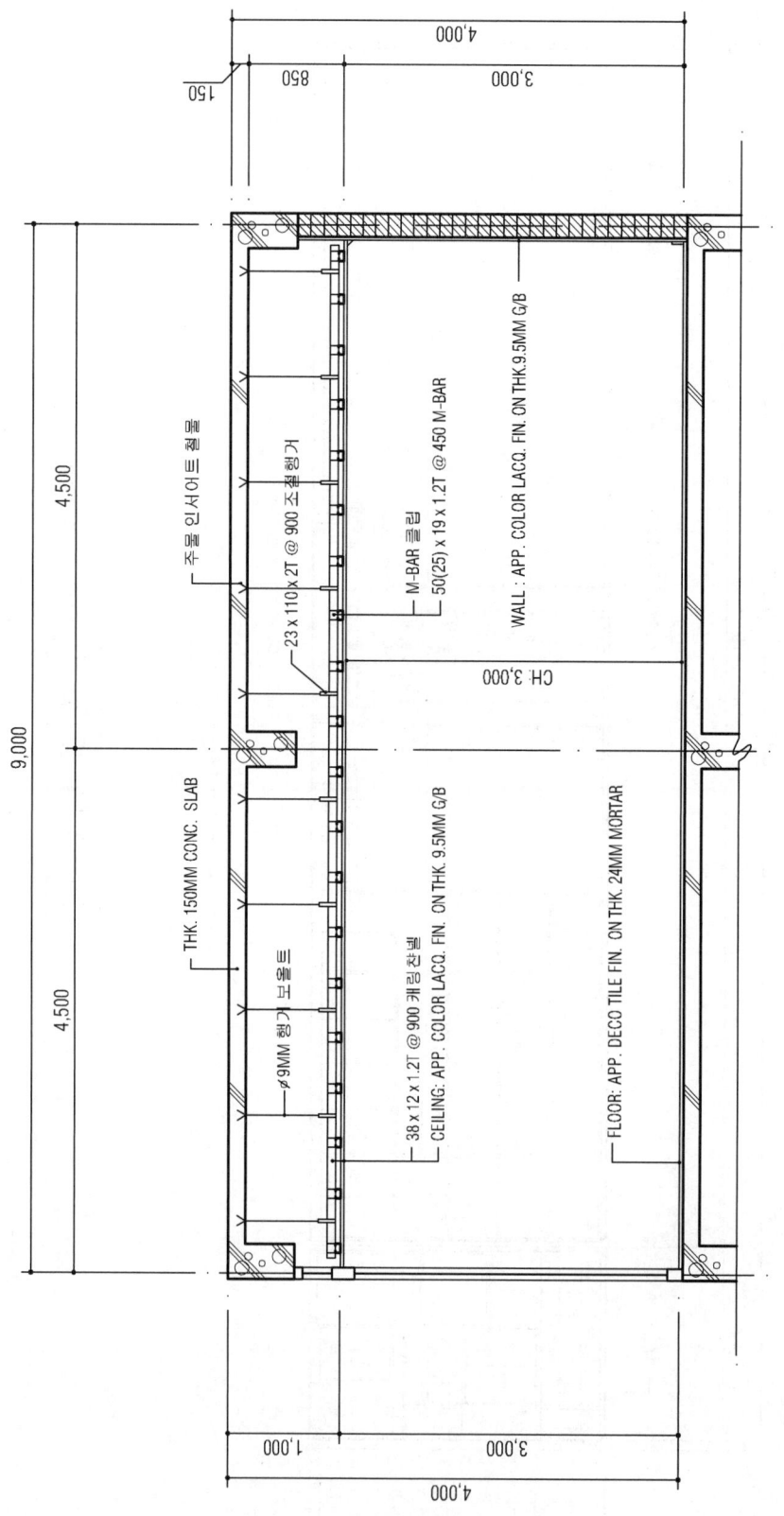

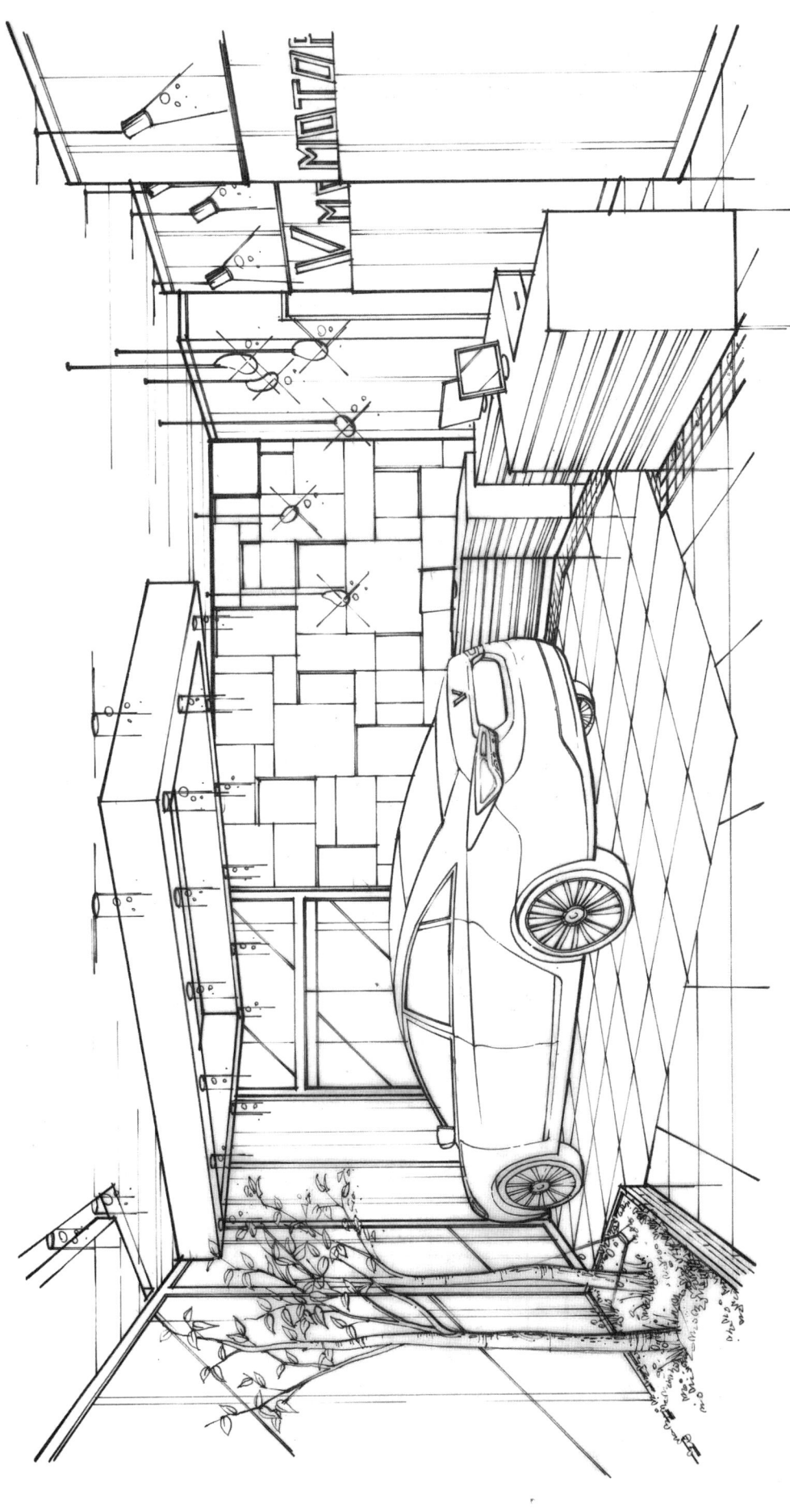

(2013. 7. 13 시행)

제68회 실내건축기사
시공실무

문제 1) 타일공사에서 OPEN TIME을 설명하시오. (2점)

【해설】 타일의 접착력을 확보하기 위해 모르타르를 바른 후 타일을 붙일 때까지 소요되는 붙임시간으로 보통 내장타일은 10분, 외장타일은 20분 정도의 open time을 갖는다.

문제 2) 벽 타일붙이기 시공순서이다. 〈보기〉에서 골라 그 번호를 나열하시오. (3점)
〈보기〉 ① 타일나누기 ② 치장줄눈 ③ 보양 ④ 벽타일붙이기 ⑤ 바탕처리

【해설】 ⑤ → ① → ④ → ② → ③

문제 3) 유리의 열손실을 막기 위한 방법을 2가지 정도로 설명하시오. (4점)
①
②

【해설】 ① 두장의 유리 사이에 건조공기를 넣어 밀봉한 복층유리로 열손실을 막는다.
② 로이유리와 같이 복사열을 반사시키는 특수표면유리로 열손실을 막는다.

문제 4) 다음은 목공사에 관한 설명이다. 맞는 용어를 쓰시오. (2점)
① 구멍뚫기, 홈파기, 면접기 및 대패질 등으로 목재를 다듬는 일.
② 목재를 크기에 따라 각 부재의 소요길이로 잘라 내는 것.

【해설】 ① 바심질   ② 마름질

문제 5) 건식 돌붙임공법에서 석재를 고정하거나 지탱하는 공법 3가지를 쓰시오. (3점)
①   ②   ③

【해설】 ① 앵글 지지법   ② 앵글+판 지지법   ③ 트러스 지지법

문제 6) 금속재의 도장시 사전 바탕처리 방법 중 화학적 방법을 3가지 쓰시오. (3점)
①   ②   ③

【해설】 ① 탈지법   ② 세정법   ③ 피막법

참고〉 ① 탈지법 : 솔벤트, 나프타 등의 용제로 그리스, 오물, 기타 이물질을 제거하는 방법
② 세정법 : 산의 용액 중에 재료를 침적하여 금속표면의 녹과 흑피를 제거하는 방법
③ 피막법 : 인산염피막을 만들어 발청을 억제시키고, 도료의 밀착을 좋게 하는 방법

문제 7) 목재의 결함 3가지를 열거하시오. (3점)
① ② ③

【해설】 ① 옹이 ② 썩음 ③ 갈라짐

문제 8) 다음 각 재료에 대한 할증률이 큰 순서대로 나열하시오. (3점)
① 블록 ② 시멘트벽돌 ③ 유리 ④ 타일

【해설】 ② → ① → ④ → ③

문제 9) 길이 100m, 높이 2m, 1.0B 벽돌벽의 정미량을 산출하시오. (단, 벽돌규격은 표준형임) (3점)

【해설】 ① 벽면적 = 100 × 2 = 200㎡
② 정미량 = 200 × 149 = 29,800매

문제 10) 어느 인테리어 공사의 한 작업이 정상적으로 시공될 때 공사기일은 10일, 공사비는 10,000,000원이고, 특급으로 시공할 때 공사기일은 6일, 공사비는 14,000,000원이라 할 때 이 공사의 공기단축시 필요한 비용구배(Cost slope)를 구하시오. (4점)

【해설】 비용구배 = $\dfrac{14,000,000 - 10,000,000}{10 - 6}$ = $\dfrac{4,000,000}{4}$ = 1,000,000원/일

문제 11) 싱크대 상판에 멜라민수지를 발랐을 때의 장점을 쓰시오. (2점)

【해설】 멜라민수지는 무색 투명하여 착색이 자유롭고, 내수성, 내마모성이 뛰어나며, 내열성은 120℃까지 견딜 수 있기 때문에 고온으로 음식물을 조리하는 싱크대 상판에 적합하다.

문제 12) 바닥면적 12m × 10m에 타일 180mm × 180mm, 줄눈간격 10mm로 붙일 때에 필요한 타일의 수량을 정미량으로 산출하시오. (4점)

【해설】 타일량 = $\dfrac{12 \times 10}{(0.18+0.01) \times (0.18+0.01)}$ = $\dfrac{120}{0.19 \times 0.19}$ = $\dfrac{120}{0.0361}$ = 3,324.099…… 매 ∴ 3,325매

문제 13) 다음은 미장공사 순서이다. 〈보기〉의 시공순서를 바르게 나열하시오. (4점)
〈보기〉 고름질, 초벌바름 및 라스먹임, 정벌바름, 바탕처리, 재벌바름

【해설】 바탕처리 → 초벌바름 및 라스먹임 → 고름질 → 재벌바름 → 정벌바름

실 내 디 자 인

[제68회 작품명] 제과 전문점

1. 요구사항 - 주어진 도면은 근린상업지역 내에 위치한 제과 전문점이다.
   다음의 요구조건에 따라 도면을 작성하시오.

2. 요구조건
   ① 설계면적 : 13,500×10,200×2,700mm(H)
   ② 인적구성 : 판매 및 제조종업인 4인, 비상시 종업원 2인(아르바이트)
   ③ 요구공간 : 판매 전시공간, 주방 및 제과 제조 작업실, 홀, 화장실(남여 각 1분리)
   ④ 필요집기 : 판매 및 전시공간 - 쇼케이스, 카운터, 진열장, 진열대
       주방 및 제과 제조 작업실 - 필수 기구 일체
       홀 - 2인용 TABLE(2SET), 4인용 TABLE(4SET), 6인용 TABLE(1SET)
       TV 및 음료대 등

3. 요구도면
   ① 평면도 SCALE : 1/50
      - 평면도 주변의 여유공간에 설계개요(DESIGN CONCEPT)를 200자 이내로 완성하시오.
   ② 천정도(설비, 조명기구 배치 및 범례표 작성/천장마감재 표기) SCALE : 1/50
   ③ 내부입면도 B방향 1면(벽면재료 표기) SCALE : 1/50
   ④ 단면상세도(A-A′) SCALE : 1/50
   ⑤ 실내투시도(채색작업은 필수) SCALE : N.S
      (계획의 포인트가 좋은 지점에서 1소점 또는 2소점 투시법으로 작성하되, 작성과정의 투시보조선을 남길 것)

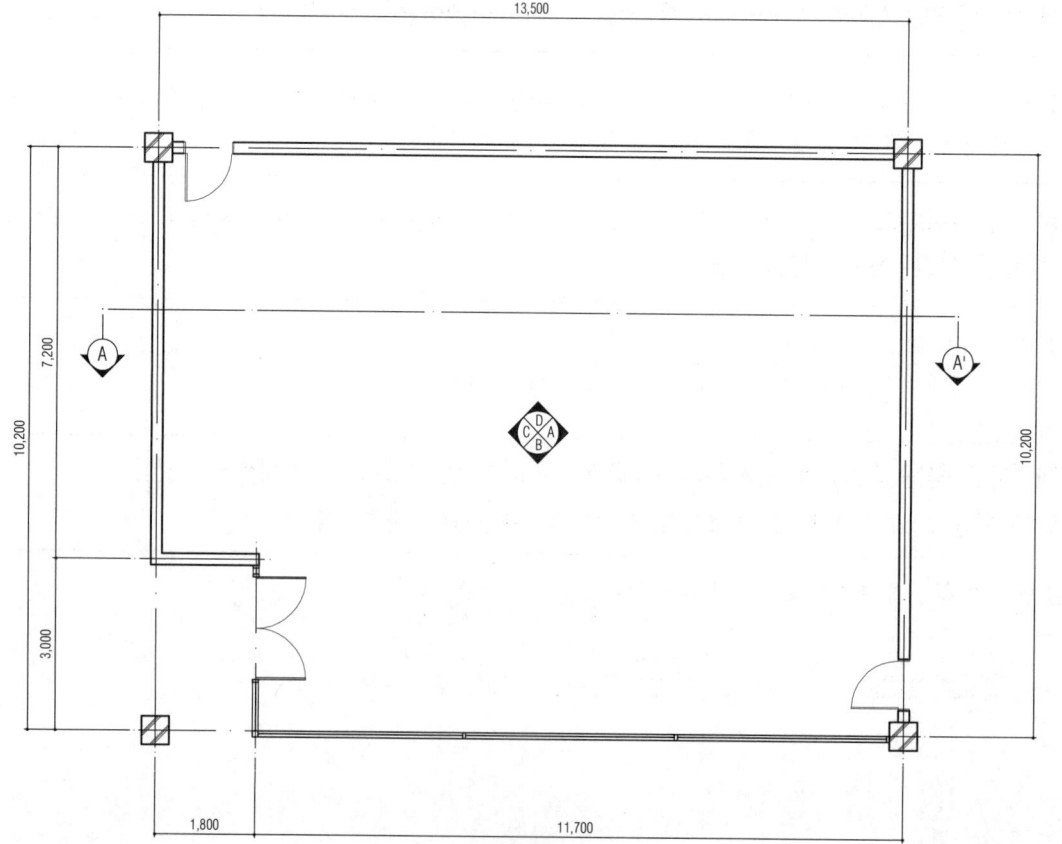

평면도

CONCEPT

근린상업지역 내에 위치한 제과에 대한 전문점이다. 맛있고 정직한 먹거리에 대한 관심이 많아지는 소비 형태를 감안하여 유기농 재료를 사용하는 제과 전문점의 특징을 드러내고자 한다. 자연 친화적인 이미지가 느껴지는 소재를 적극 활용하였으며 주출입구에서 자연스럽게 유입되는 공간 중앙을 진열 공간으로 계획하였다. 매장 한쪽으로 주문 공간과 주방을 배치하여 접객과 상품 공급이 원활하게 이뤄지도록 하였고, 공간의 가장자리에 홀을 두어 아늑한 분위기에서 머무를 수 있도록 하였다.

평면도 SCALE = 1/50

LEGEND		
TYPE	NAME	EA
⊕	DOWN LIGHT	4
⊕	PENDANT	14
+	HALOGEN	24
✦	SPOT LIGHT	2
⊏⊐	BRACKET	5
▬	FL 40W	3
⊠	EXIT LIGHT	2
※	송기구	4
※	배기구	13
·	SPRINKLER	12
○	FIRE SENSOR	12

천 정 도   SCALE = 1/50

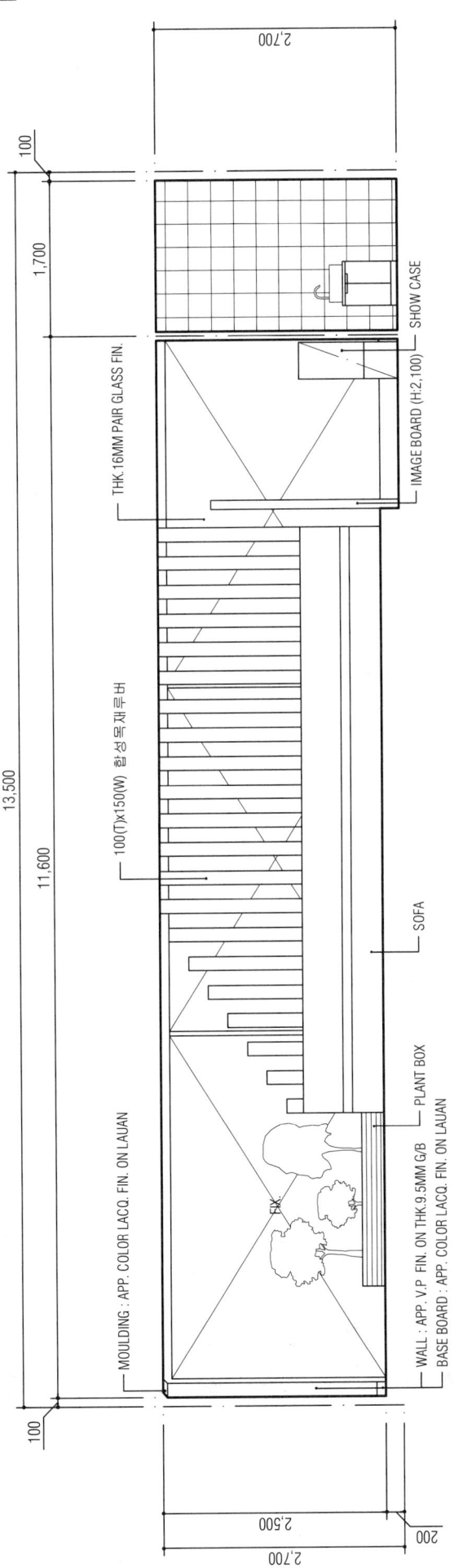

내부입면도 B SCALE = 1/50

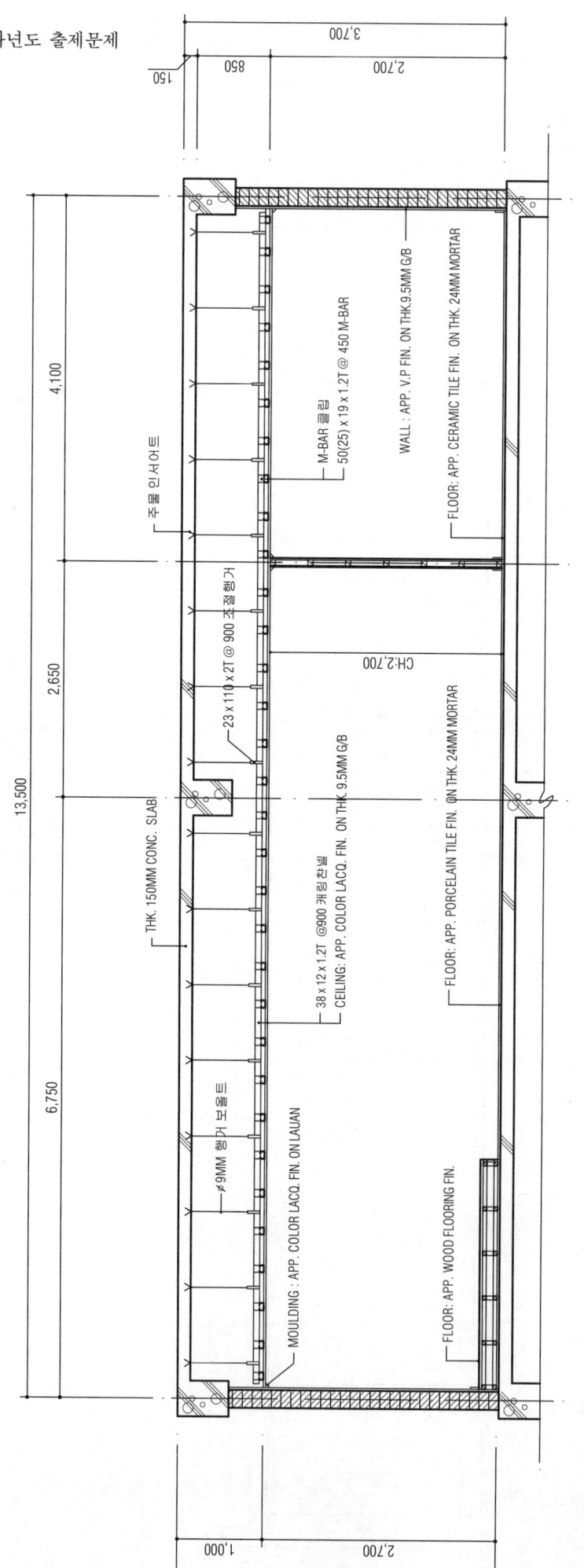

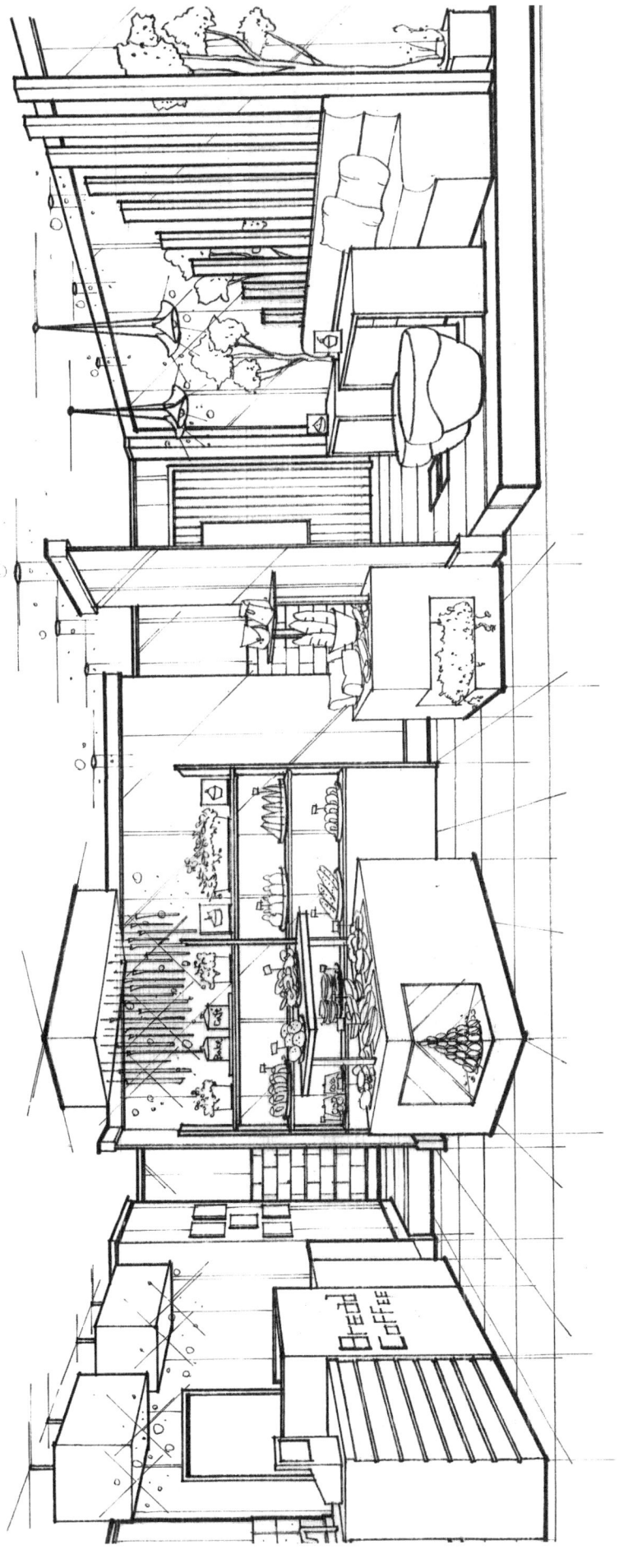

(2013. 11. 10 시행)

제69회 실내건축기사
시공실무

문제 1) 다음 석공사에 사용되는 손다듬기 방법 4가지를 쓰시오. (4점)
① ② ③ ④

【해설】 ① 혹두기 ② 정다듬 ③ 도드락다듬 ④ 잔다듬

문제 2) 다음 〈보기〉는 합성수지 재료이다. 열가소성수지와 열경화성수지로 나누어 나열하시오. (4점)
〈보기〉 ① 아크릴 ② 에폭시 ③ 멜라민 ④ 페놀 ⑤ 폴리에틸렌 ⑥ 염화비닐
　　　 열가소성수지 : (　　　　　　)　　　열경화성수지 : (　　　　　　　　)

【해설】 열가소성수지 : ①, ⑤, ⑥　　　열경화성수지 : ②, ③, ④

문제 3) 다음은 금속공사에 사용되는 재료이다. 간략히 기술하시오. (4점)
① 미끄럼막이(Non-slip)
② 익스펜션볼트(Expansion Bolt)

【해설】 ① 계단의 디딤판 모서리 끝 부분에 대어 오르내릴 때 미끄럼을 방지하고, 시각적으로 계단의 디딤위치를 유도해 준다.
② 확장볼트 또는 팽창볼트라고 불리는 것으로 콘크리트, 벽돌 등의 면에 띠장, 문틀 등의 다른 부재를 고정하기 위하여 설치하는 특수 볼트

문제 4) 다음 공사의 공기단축시 필요한 비용구배(Cost slope)를 구하시오. (4점)
조건 A) 표준공기 12일, 표준비용 8만원, 급속공기 8일, 급속비용 15만원
조건 B) 표준공기 10일, 표준비용 6만원, 급속공기 6일, 급속비용 10만원

【해설】 조건 A)　　비용구배 $= \dfrac{150,000 - 80,000}{12 - 8} = \dfrac{70,000}{4} = 17,500$원/일

　　　　 조건 B)　　비용구배 $= \dfrac{100,000 - 60,000}{10 - 6} = \dfrac{40,000}{4} = 10,000$원/일

문제 5) 다음 괄호 안을 알맞는 용어와 규격으로 채우시오. (2점)
벽돌조 조적공사시 창호 상부에 설치하는 (　①　)는 좌우 벽면에 (　②　)이상 걸치도록 한다.

【해설】 ① 인방보　　② 20cm

문제 6) 알루미늄 창호를 철재창호와 비교할 때의 장점 4가지를 쓰시오. (4점)
① ②
③ ④

【해설】 ① 비중이 철재의 1/3로 경량이다.
② 녹슬지 않는다.
③ 사용연한이 길다.
④ 공작이 용이하다.

문제 7) 출입문의 규격이 900mm×2,100mm이며 양판문이다. 전체 칠 면적을 산출하시오. (2점)
(문매수는 40개의 간단한 구조의 양면칠)

【해설】 $0.9(m) \times 2.1(m) \times 40(개) \times 3(배) = 226.8m^2$

문제 8) 다음 창호공사에 관한 용어에 대해 설명하시오. (2점)
① 풍소란
② 마중대

【해설】 ① 창호가 닫혔을 때 각종 선대 등 접하는 부분에 틈새가 나지 않도록 대어 주는 것.
② 미닫이, 여닫이 창호의 상호 맞댐면

문제 9) 다음 용어를 설명하시오. (3점)
① 가새
② 버팀대
③ 귀잡이

【해설】 ① 목조벽체를 수평횡력에 견디게 하기 위해 사선방향으로 경사지게 설치한 부재
② 목조기둥과 도리의 직각 연결부위에 경사지게 빗대어 설치한 횡력보강 부재
③ 토대, 보, 도리 등 가로재의 귀를 안정적 삼각구조로 보강한 횡력보강 부재

문제 10) 벽돌벽에서 발생할 수 있는 백화현상의 방지대책 4가지를 쓰시오. (4점)
①
②
③
④

【해설】 ① 소성이 잘된 양질의 벽돌과 모르타르를 사용한다.
② 파라핀 도료를 발라 염류방출을 방지한다.
③ 줄눈에 방수제를 사용하여 밀실 시공한다.
④ 벽면에 빗물이 침투하지 못하도록 비막이를 설치한다.

문제 11) 다음 각 재료의 할증률을 써넣으시오. (4점)
① 목재(판재) - (   )   ② 붉은벽돌 - (   )   ③ 유리 - (   )   ④ 크링커타일 - (   )

【해설】 ① 10%   ② 3%   ③ 1%   ④ 3%

문제 12) 다음은 목구조에 대한 설명이다. 괄호 안을 채우시오. (3점)
㉮ 바닥에서 1m정도 높이의 하부벽을 (   )(이)라 한다.
㉯ 상층기둥 위에 가로대어 지붕보 또는 양식 지붕틀의 평보를 받는 도리를 (   )라 한다.
㉰ 변두리 기둥에 얹히고, 처마 서까래를 받는 도리를 (   )라 한다.

【해설】 ㉮ 징두리   ㉯ 깔도리   ㉰ 처마도리

실 내 디 자 인

[제69회 작품명] 아웃도어 매장

1. 요구사항 - 주어진 도면은 근린상업지역 내에 위치한 아웃도어 매장이다.
   다음의 요구조건에 따라 도면을 작성하시오.

2. 요구조건
   ① 설계면적 : 13,200 × 9,000 × 2,700-3,300mm(H)
   ② 요구조건 : Hanger, Shelf, Storage, Display Table, Fitting Room, Counter, Show Case

3. 요구도면
   ① 평면도 (가구배치 및 바닥마감재 표기) SCALE : 1/50
   - 평면도 주변의 여유공간에 설계개요(DESIGN CONCEPT)를 200자 이내로 완성하시오.
   ② 천정도(설비, 조명기구 배치 및 범례표 작성/천장마감재 표기) SCALE : 1/50
   ③ 내부입면도 A방향 1면(벽면재료 표기) SCALE : 1/50
   ④ 단면상세도(A-A′) SCALE : 1/50
   ⑤ 실내투시도(채색작업은 필수) SCALE : N.S
   (계획의 포인트가 좋은 지점에서 1소점 또는 2소점 투시법으로 작성 및 작성과정의 투시보조선을 남길 것)

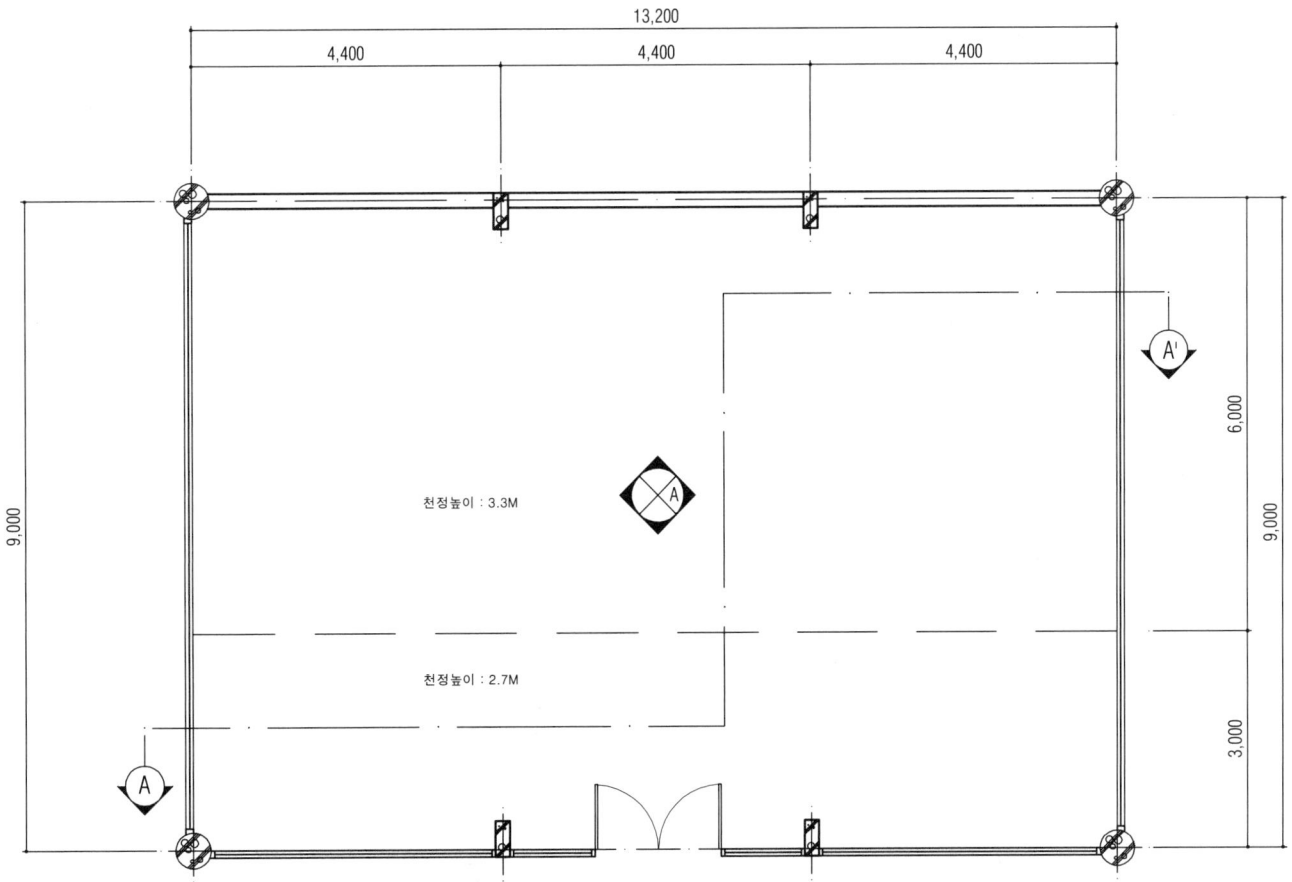

평면도

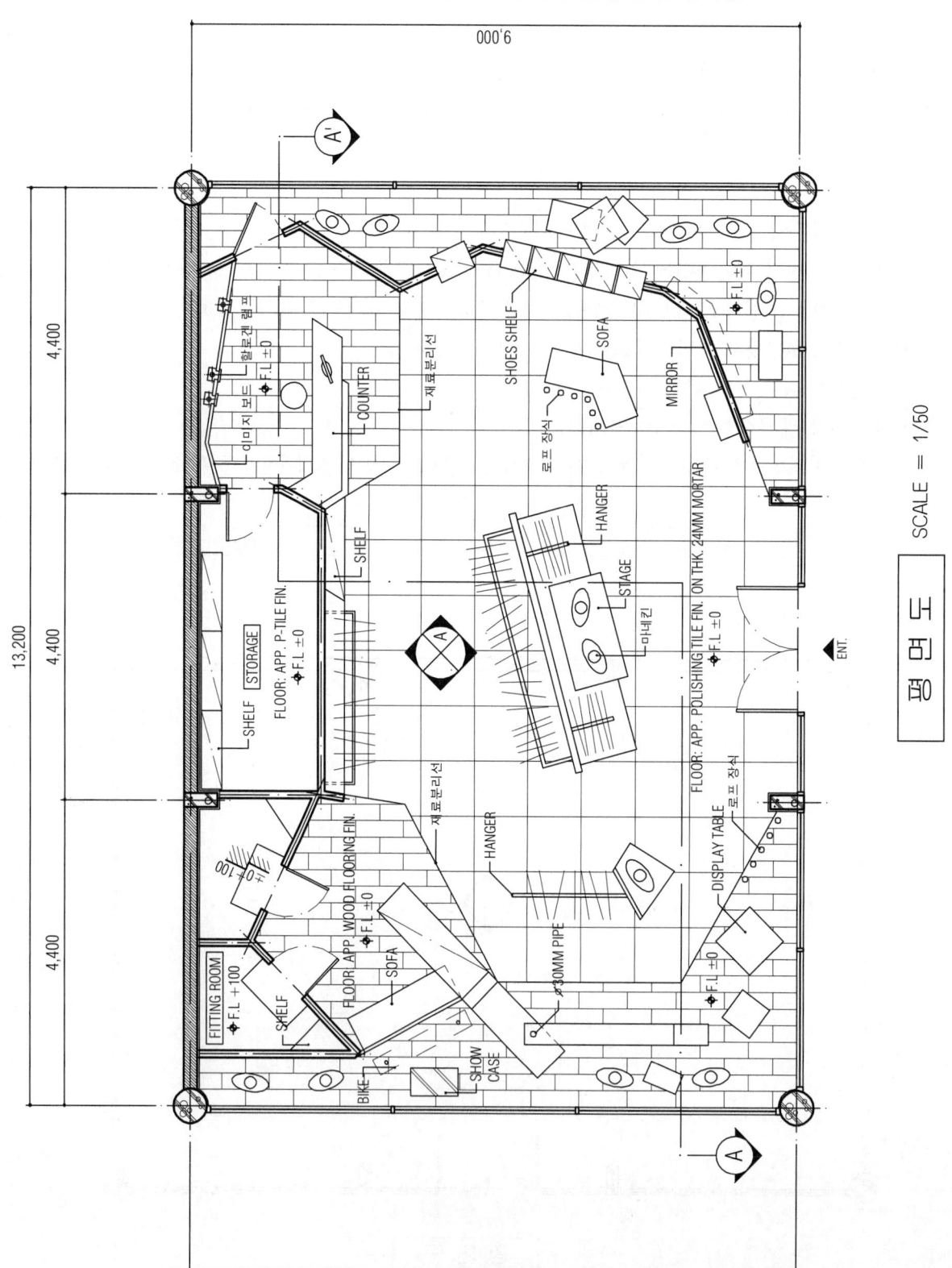

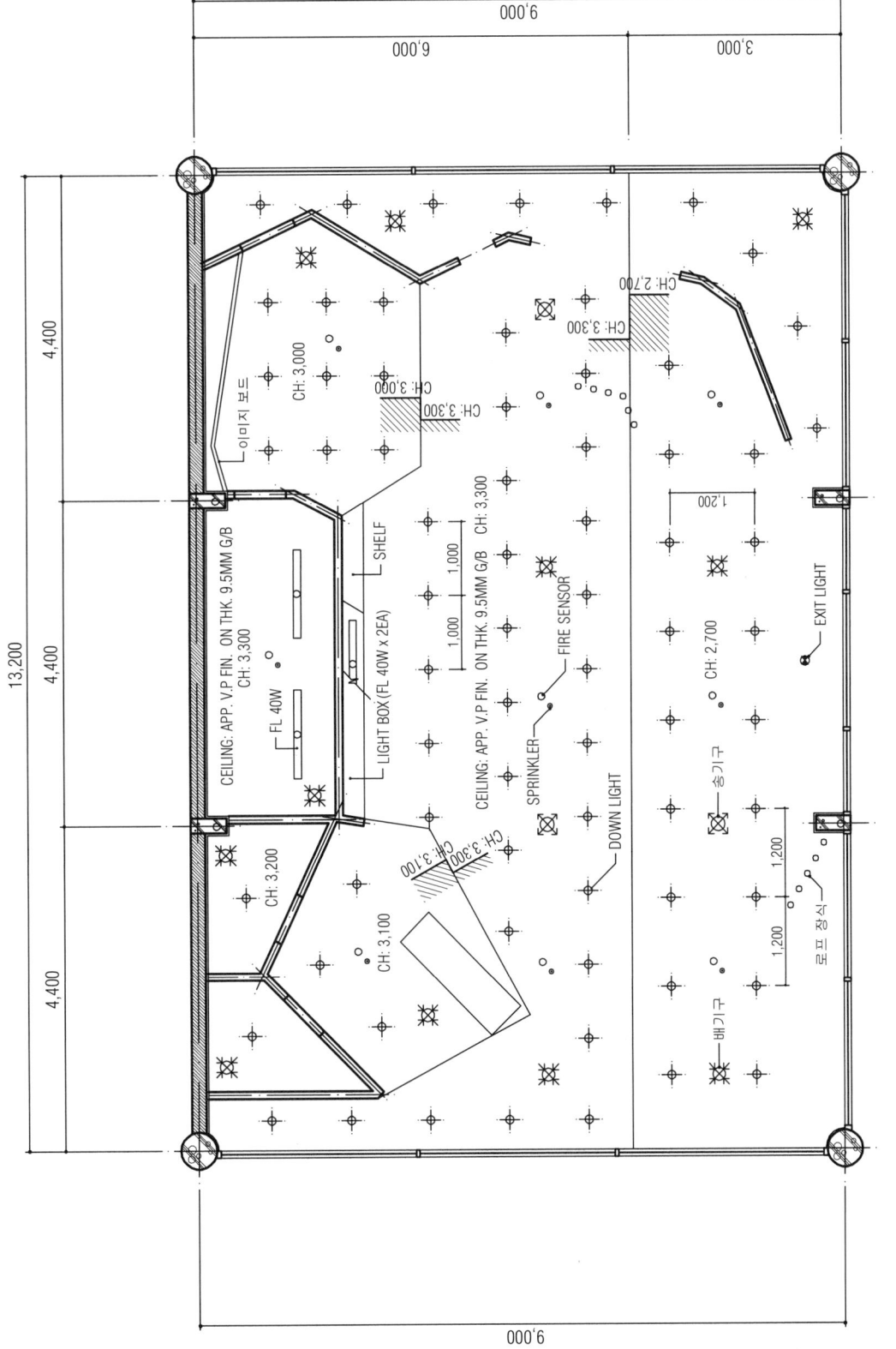

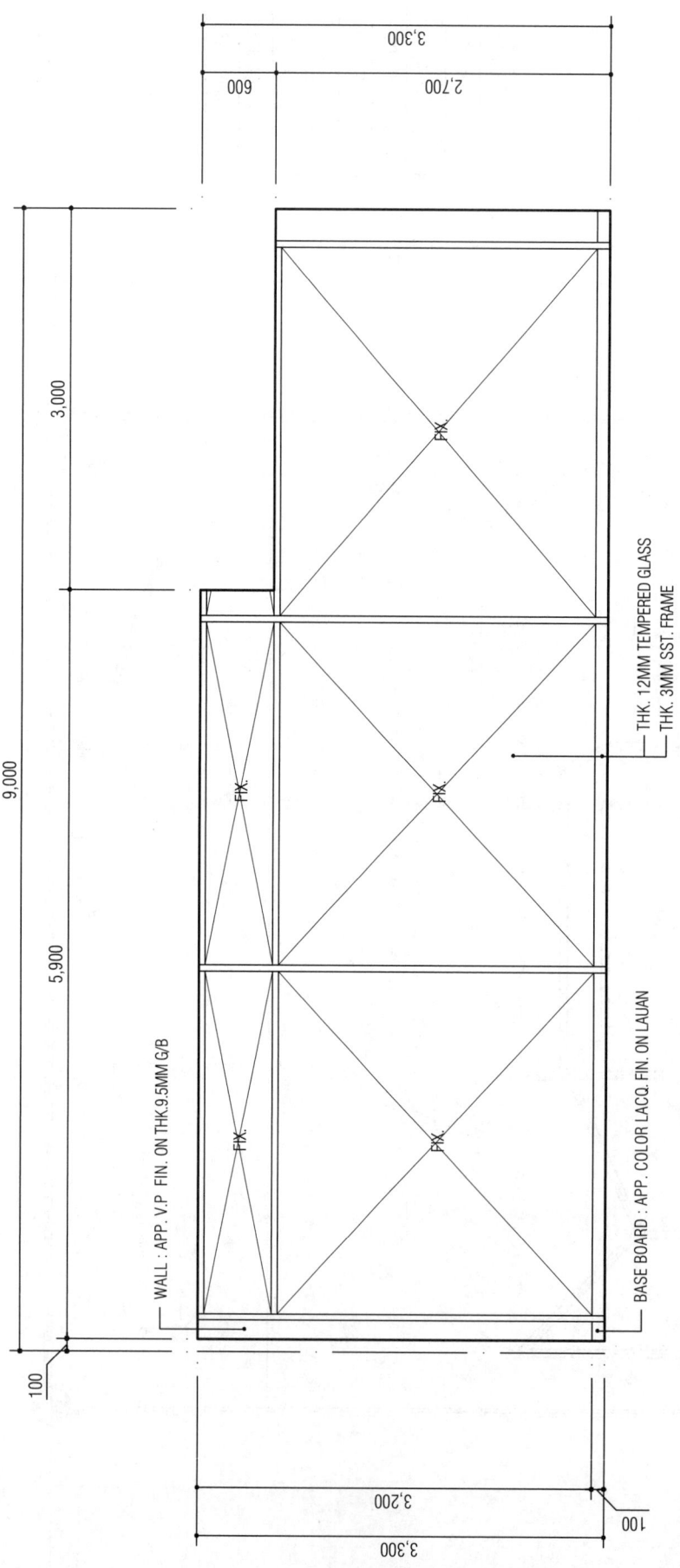

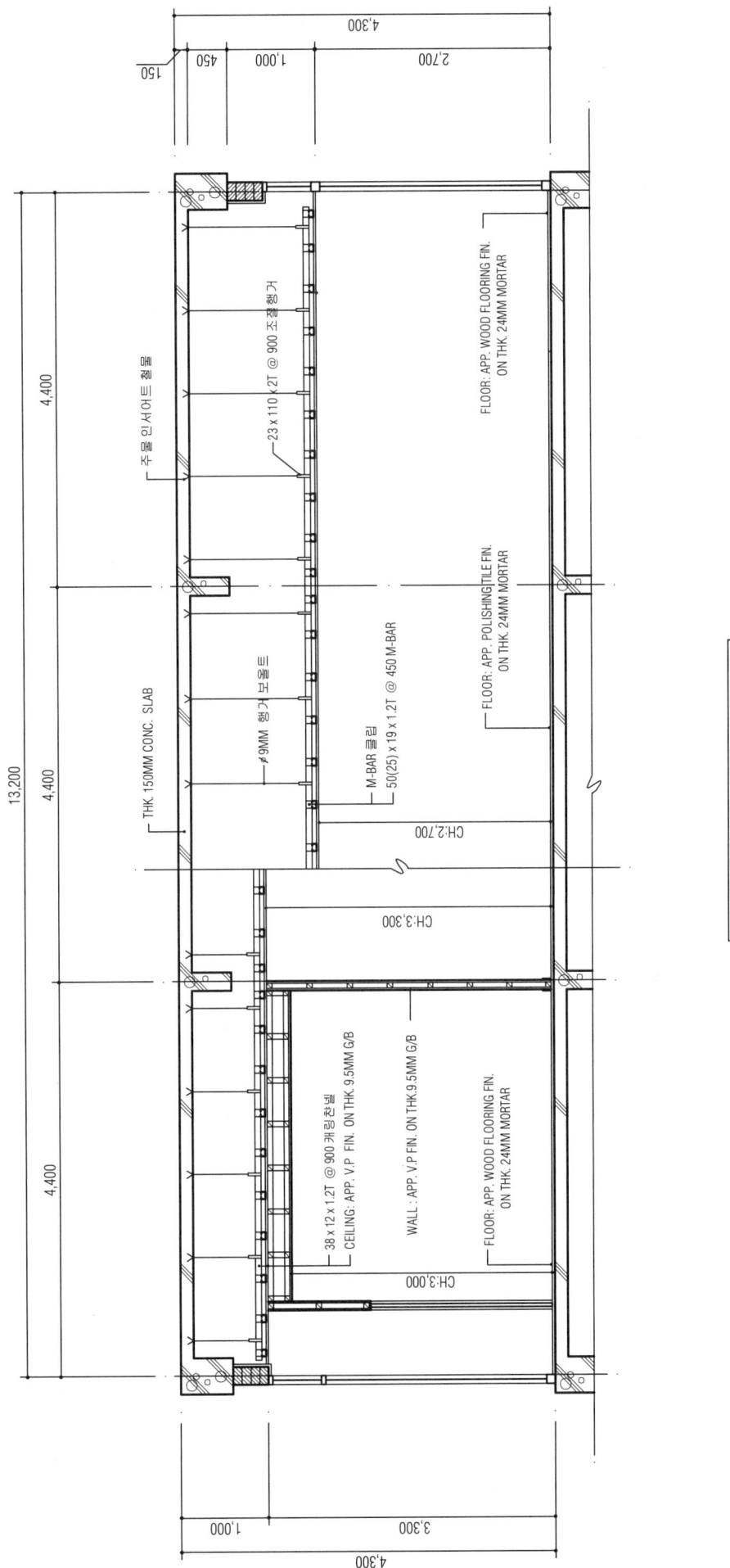

286 · 제4편 과년도 출제문제

실내투시도
SCALE = N.S

(2014. 4. 20 시행)

제70회 실내건축기사
시공실무

문제 1) 다음은 아치쌓기 종류이다. 괄호 안을 채우시오. (4점)

벽돌을 주문하여 제작한 것을 사용해서 쌓은 아치를 (①), 보통벽돌을 쐐기모양으로 다듬어 쓴 것을 (②), 현장에서 보통벽돌을 써서 줄눈을 쐐기모양으로 한 (③), 아치나비가 넓을 때에는 반장별로 층을 지어 겹쳐 쌓는 (④)가 있다.

①   ②   ③   ④

【해설】 ① 본아치   ② 막만든아치   ③ 거친아치   ④ 층두리아치

문제 2) 다음 용어를 간단히 설명하시오. (2점)
① 내력벽
② 장막벽

【해설】 ① 내력벽 : 벽체, 바닥, 지붕 등의 하중을 받아 기초에 전달하는 벽
      ② 장막벽 : 공간구분을 목적으로 상부하중을 받지 않고, 자체의 하중만을 받는 벽

문제 3) 벽돌쌓기 형식을 4가지 쓰시오. (4점)
①   ②   ③   ④

【해설】 ① 영식쌓기   ② 미식쌓기   ③ 화란식쌓기   ④ 불식쌓기

문제 4) 백화의 원인과 대책을 각각 2가지씩 쓰시오. (4점)

〈원인〉 ①
       ②
〈대책〉 ①
       ②

【해설】 〈원인〉 ① 모르타르에 포함되어 있는 소석회가 공기 중의 탄산가스와 화학반응하여 발생한다.
          ② 벽돌 중에 있는 황산나트륨이 공기 중의 탄산가스와 화학반응하여 발생한다.
    〈대책〉 ① 소성이 잘된 양질의 벽돌과 모르타르를 사용한다.
          ② 줄눈에 방수제를 사용하여 밀실시공 한다.

문제 5) 석재의 표면 가공방법 4가지를 쓰시오. (4점)
①   ②   ③   ④

【해설】 ① 정다듬(=쪼아내기)   ② 도드락다듬   ③ 잔다듬   ④ 물갈기

문제 6) 다음 〈보기〉에서 흡음재를 골라 번호로 기입하시오. (3점)

〈보기〉
① 탄화코르크 ② 암면 ③ 아코스틱타일 ④ 석면
⑤ 광재면 ⑥ 목재루버 ⑦ 알루미늄부 ⑧ 구멍합판

【해설】 ③, ⑥, ⑧

문제 7) 멤브레인 방수 공법 3가지를 쓰시오. (3점)
① ② ③

【해설】 ① 아스팔트방수 ② 도막방수 ③ 시이트방수

문제 8) 정사각형 타일 108mm에 줄눈 5mm로 시공을 할 때 바닥면적 8㎡에 필요한 타일수량을 산출하시오. (4점)

【해설】 $\dfrac{8㎡}{(0.108+0.005) \times (0.108+0.005)} = \dfrac{8㎡}{0.113 \times 0.113} = \dfrac{8㎡}{0.012769} = 626.517....장 \therefore 627장$

문제 9) 드라이비트(Dry-vit)특징 3가지를 쓰시오. (3점)
①
②
③

【해설】 ① 가공이 용이해 조형성이 뛰어나다.
② 다양한 색상 및 질감으로 뛰어난 외관구성이 가능하다.
③ 단열성능이 우수하고, 경제적이다.

문제 10) 다음은 금속공사에 사용되는 철물의 용어이다. 간략히 설명하시오. (4점)
① 와이어메쉬
② 펀칭메탈
③ 메탈라스
④ 와이어라스

【해설】 ① 연강철선을 정방형 또는 장방형으로 전기 용접하여 만든 것으로 콘크리트 바닥다짐의 보강용으로 쓰인다.
② 얇은 강판에 구멍을 뚫어 환기구 또는 방열기 커버 등에 쓰인다.
③ 얇은 강판에 자름금을 내어 늘린 마름모꼴 형태의 철망으로 천장, 벽, 처마 둘레 등의 미장바름 보호용으로 쓰인다.
④ 아연도금한 연강선을 엮어 그물같이 만든 철망으로 미장바탕용으로 쓰인다.

문제 11) 조적공사시 테두리보를 설치하는 이유 3가지를 쓰시오. (3점)
①

②
③

【해설】 ① 수직하중을 균등하게 분포시킨다.
② 수직균열을 방지한다.
③ 집중하중 부분을 보강한다.

문제 12) 어느 공사의 한 작업이 정상적으로 시공할 때 공사기일은 10일이 소요가 되고, 공사비는 100,000원이다. 특급으로 시공할 때 공사기일은 7일이 소요가 되며, 공사비는 30,000원이 추가가 될 때 이 공사의 공기 단축시 필요한 비용구배(Cost slope)를 구하시오. (2점)

【해설】 비용구배 $= \dfrac{130,000 - 100,000}{10 - 7} = \dfrac{30,000}{3} = 10,000$원/일

실 내 디 자 인

[제70회 작품명] 커피숍

1. 요구사항 - 주어진 도면은 상업중심지역내에 위치한 커피숍이다.
   다음의 요구조건에 따라 도면을 작성하시오.

2. 요구조건

   ① 설계면적 : 12,600×9,900×3,300mm(H)
   ② 요구공간 및 필요 집기 : 홀, 오픈형 주방, 캐시카운터, 서비스카운터, 종업원실,
      흡연실(유리월로 계획), 화장실(남여 각 1분리)
      그 외 필요한 설비는 추가해서 계획하시오.

3. 요구도면

   ① 평면도 (가구배치 및 바닥마감재 표기) SCALE : 1/50
      - 평면도 주변의 여유공간에 설계개요(DESIGN CONCEPT)를 200자 이내로 완성하시오.
   ② 천정도(설비, 조명기구 배치 및 범례표 작성/천장마감재 표기) SCALE : 1/50
   ③ 내부입면도 C방향 1면(벽면재료 표기) SCALE : 1/50
   ④ 단면상세도(A-A´) SCALE : 1/50
   ⑤ 실내투시도(채색작업은 필수) SCALE : N.S
      (계획의 포인트가 좋은 지점에서 1소점 또는 2소점 투시법으로 작성 및 작성과정의 투시보조선을 남길 것)

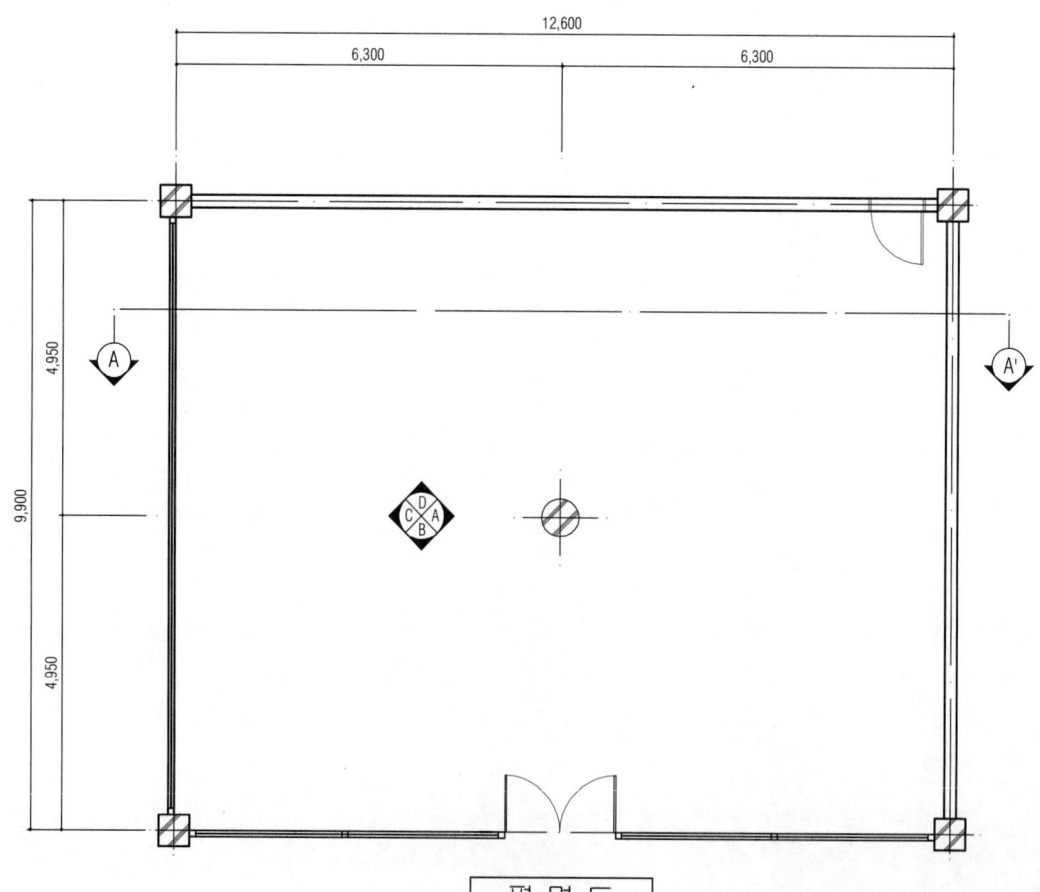

평면도

CONCEPT

상업중심지역에 위치한 커피숍으로 내츄럴 빈티지 컨셉을 적용하여 아늑하고 편안한 공간이 되도록 계획하였다. 매장 중앙에 어른 주방과 주문 카운터를 두어 공간 활용도를 높이고 TAKE OUT 고객을 위한 PICK-UP COUNTER를 별도로 두어 편의를 제공하고 매장내 혼잡을 줄이고자 하였다. 흡연실을 비흡연석과 다소 거리감이 느껴지는 매장 반대편에 두어 흡연자들이 편안하게 이용할 수 있도록 하였고 여러 형태의 테이블 구성을 통해 부부형태의 다양한 취향의 소비자들의 계획하도록 하였다.

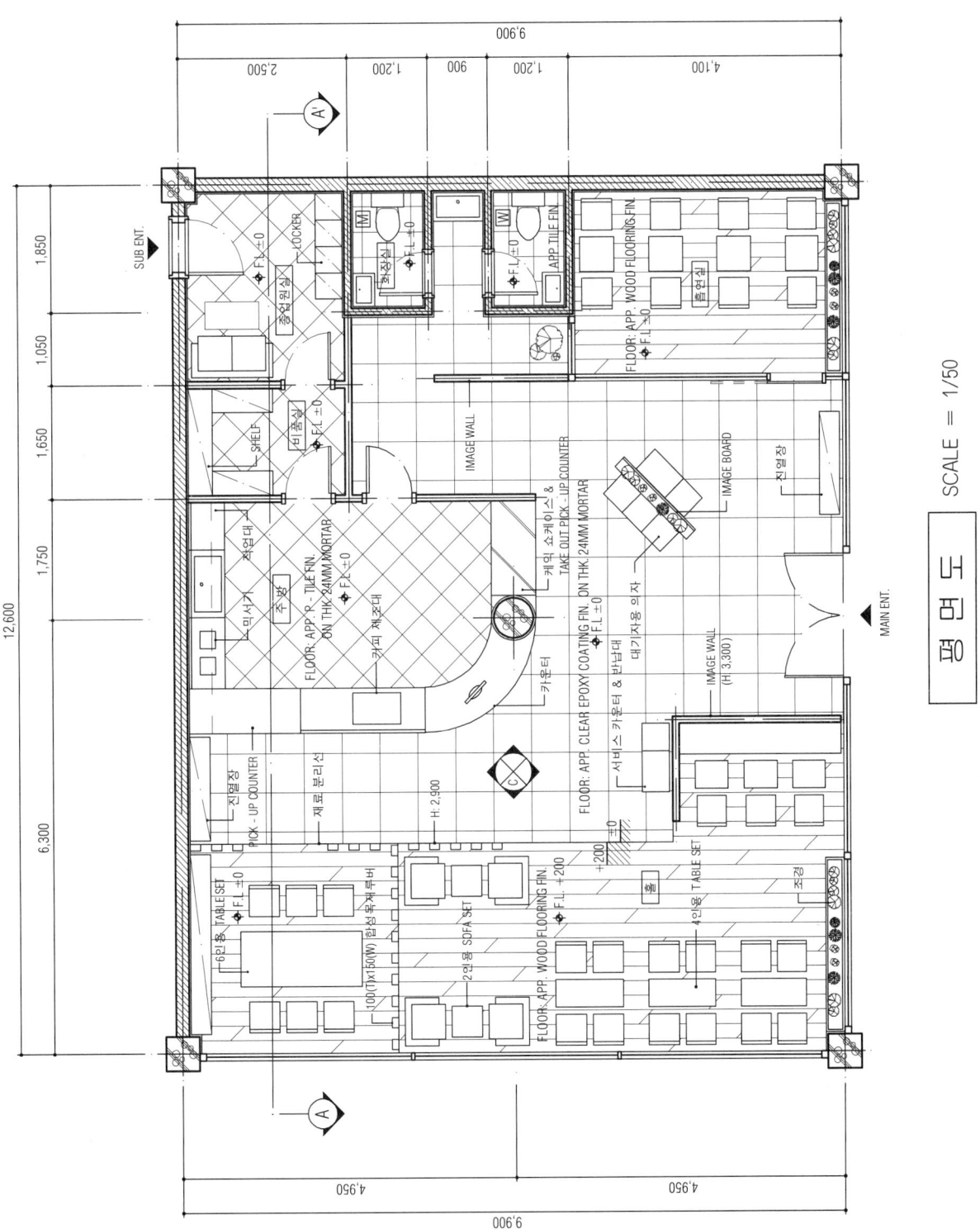

평 면 도 SCALE = 1/50

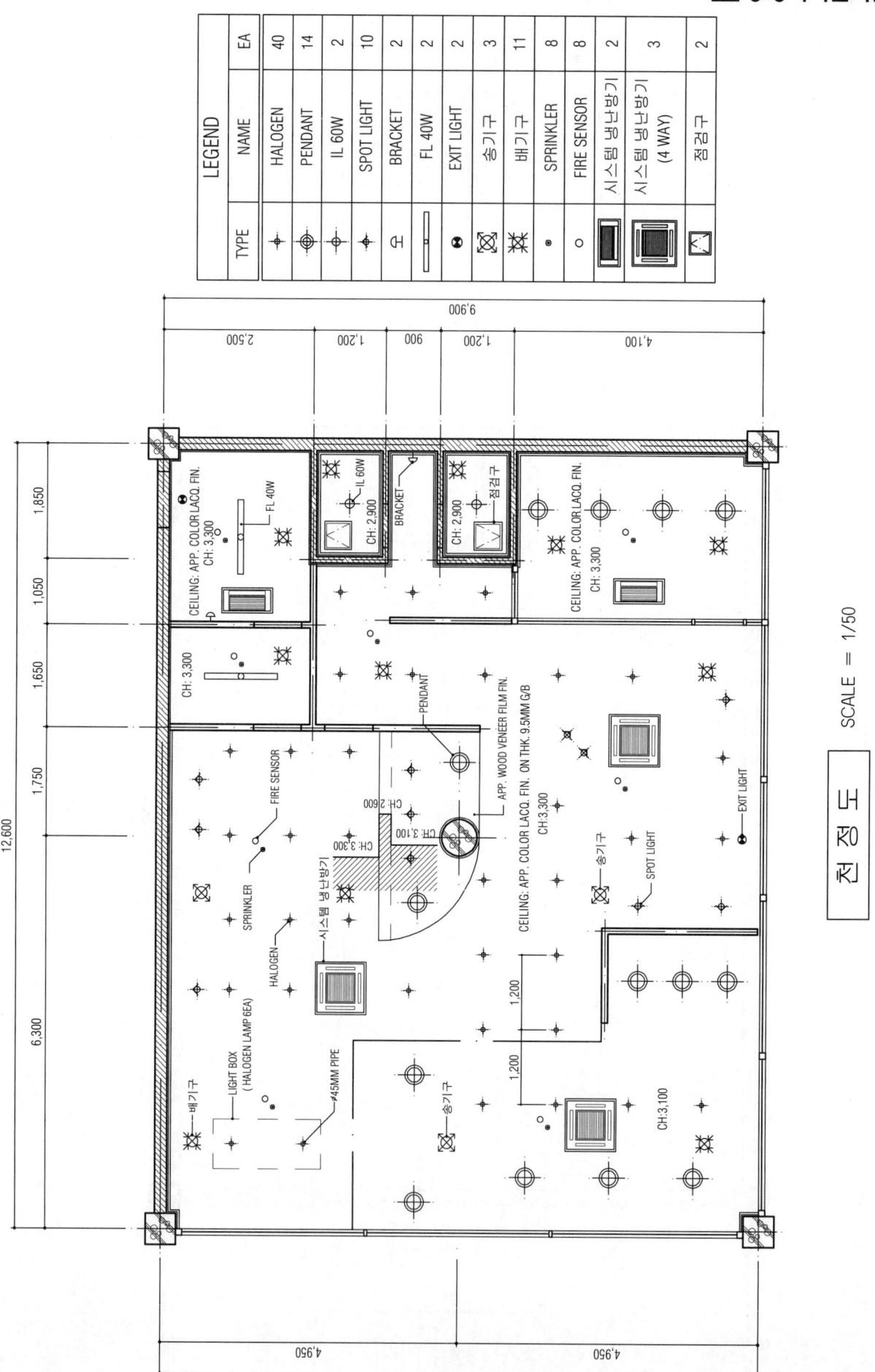

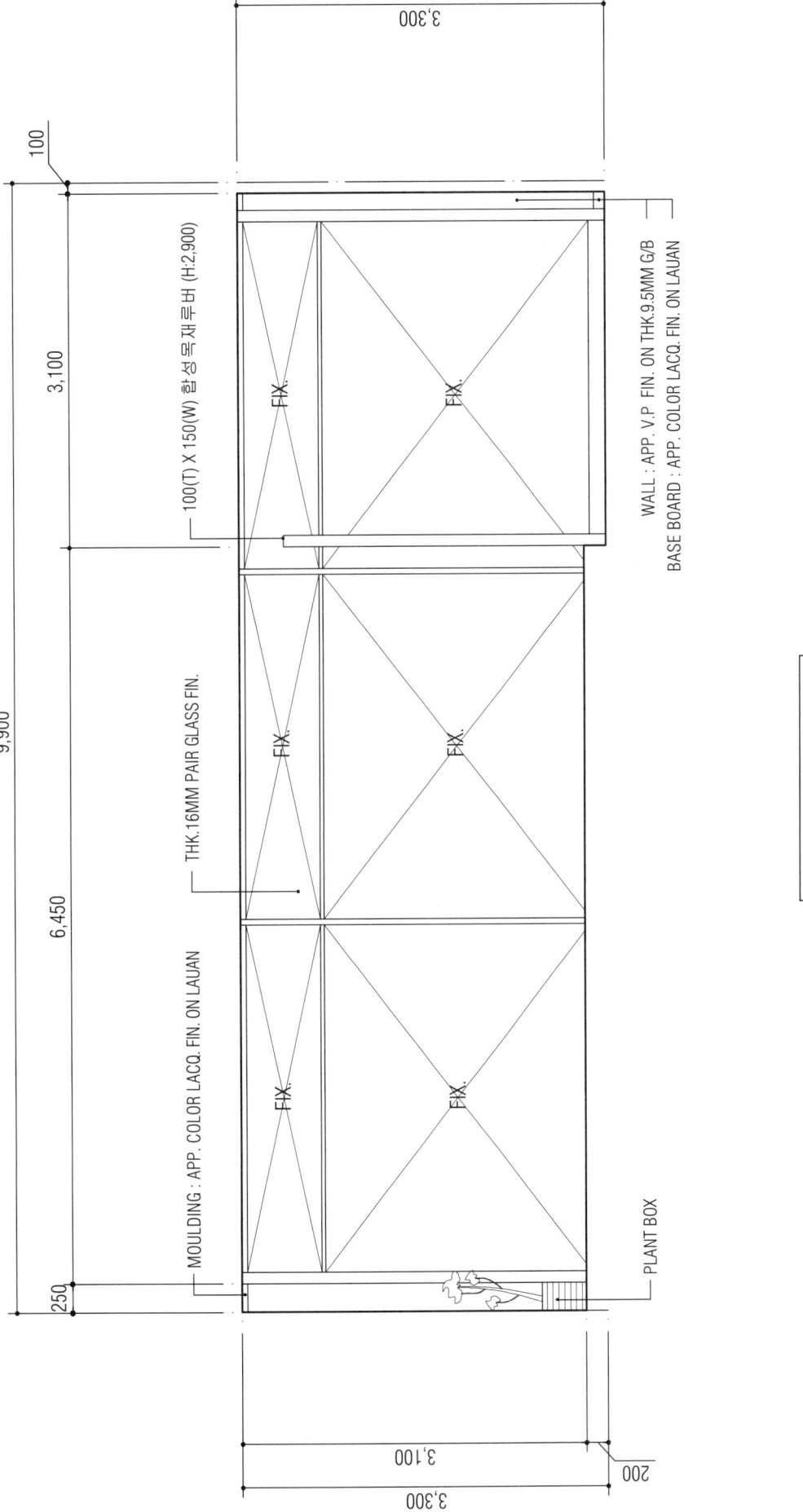

벽체 입면도 C SCALE = 1/50

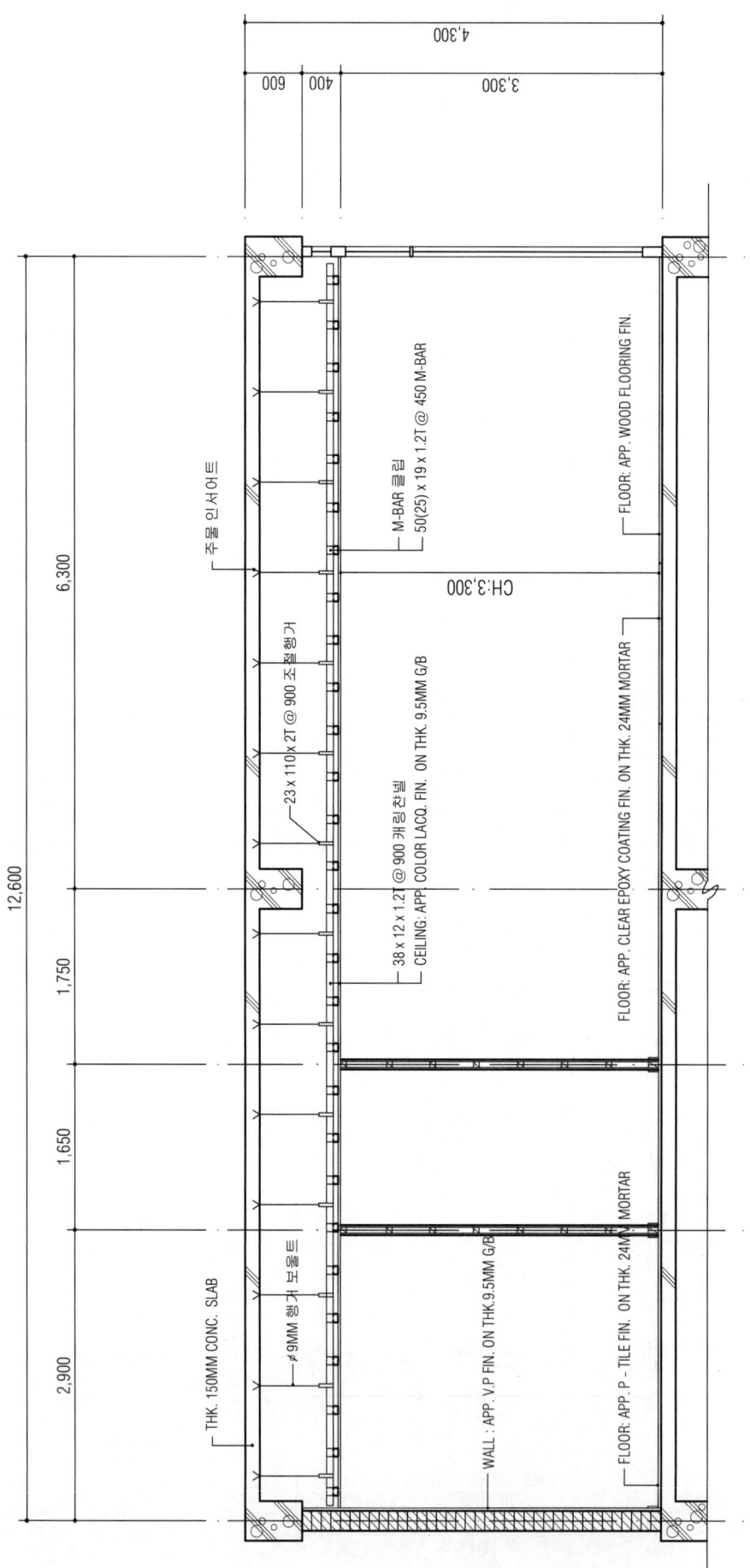

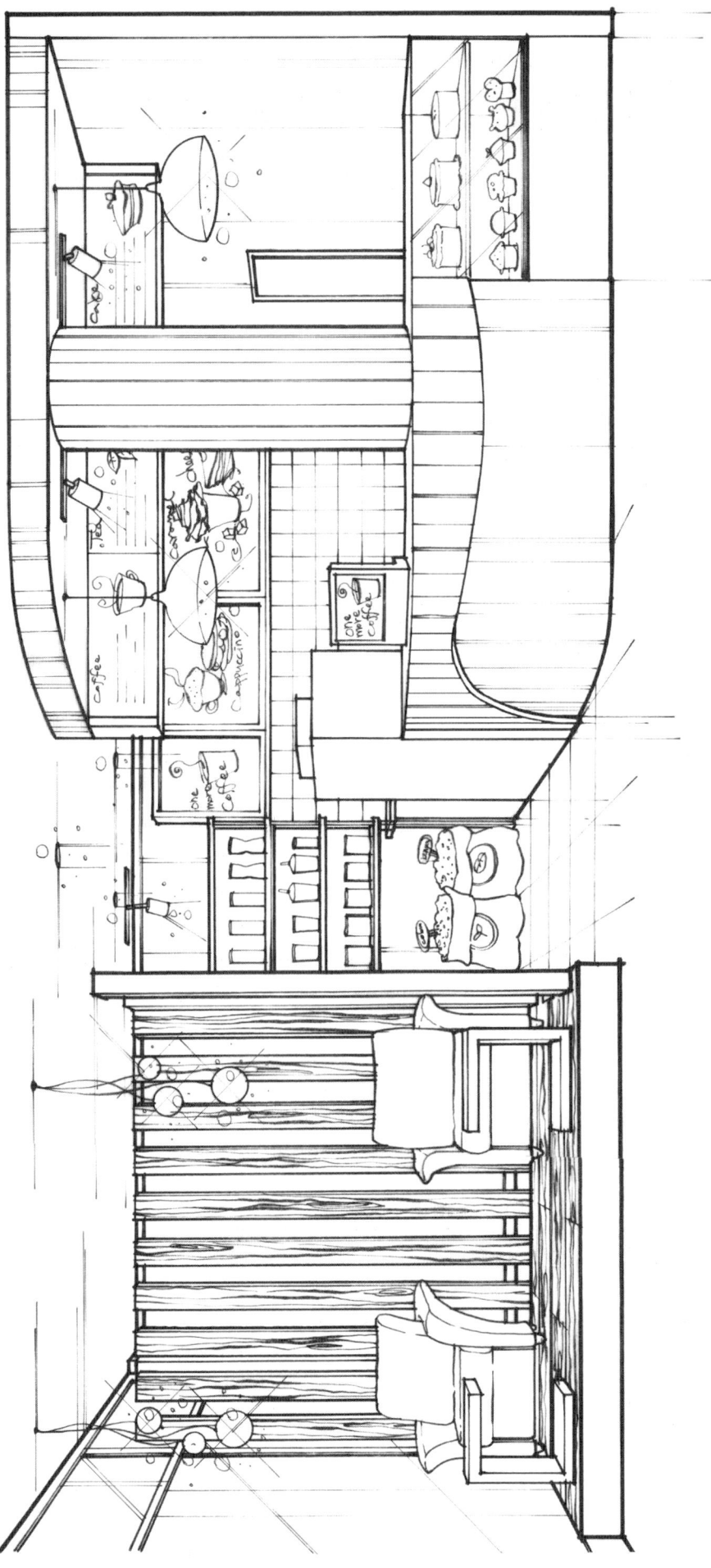

실내투시도
SCALE = N.S

(2014. 7. 5 시행)

제71회 실내건축기사
시공실무

문제 1) 다음 목재의 방부처리 방법 3가지를 쓰시오. (3점)
① ② ③

【해설】 ① 도포법 ② 표면탄화법 ③ 침지법

문제 2) 현장에서 절단이 가능한 다음 유리의 절단 방법에 대하여 서술하고, 현장에서 절단이 어려운 유리제품 2가지를 쓰시오. (4점)
① 접합유리
② 망입유리

【해설】 ① 접합유리 : 양면을 유리칼로 자르고, 필름은 면도칼로 절단한다.
② 망입유리 : 유리는 유리칼로 자르고, 꺾기를 반복하여 철을 절단한다.
③ 강화유리
④ 방탄유리

문제 3) 다음은 시이트 방수 공법이다. 순서에 맞게 나열하시오. (2점)
〈보기〉 ① 접착제칠 ② 프라이머칠 ③ 마무리 ④ 시이트붙이기 ⑤ 바탕처리

【해설】 ⑤ → ② → ① → ④ → ③

문제 4) 미장공사 중 셀프 레벨링재에 대해 설명하고, 혼합재료 두 가지를 쓰시오. (4점)
셀프 레벨링(self leveling)재 :
혼합재료 : ① ②

【해설】 셀프 레벨링재 : 자체 유동성을 갖고 있는 특수 모르타르로 시공면 수평에 맞게 부으면, 스스로 일매지는 성능을 가진 특수 미장재이다. 시공 후 통풍에 의해 물결무늬가 생기지 않도록 개구부를 밀폐하여 기류를 차단하고, 시공 전·중·후 기온이 5℃ 이하가 되지 않도록 한다.
혼합재료 : ① 유동화제 ② 경화지연제

문제 5) 다음 용어를 간략히 설명하시오. (4점)
① 방습층 ② 벽량

【해설】 ① 지면에 접하는 벽돌벽에 지중습기가 벽돌벽체로 상승하는 것을 막기 위해 설치
② 내력벽의 길이의 총 합계를 그 층의 바닥면적으로 나눈 값으로 단위 바닥면적에 대한 그 면적 내에 있는 벽 길이의 비이다.

문제 6) 출입구 및 창호의 평면 표기기호 중 여닫이문의 평면을 형태별로 구분하여 4가지로 작도하시오. (4점)

① ② ③ ④

【해설】 ① 외여닫이문   ② 쌍여닫이문   ③ 외여닫이자재문   ④ 쌍여닫이자재문

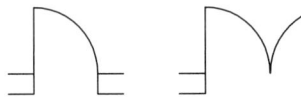
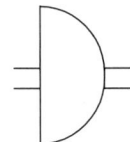
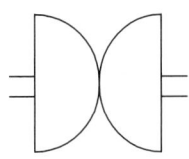

문제 7) 길이 10m, 높이 2.5m, 1.5B 벽돌벽의 정미량과 모르타르량을 구하시오. (2점)
(단, 표준형 시멘트벽돌임)

【해설】 ① 벽면적 = $10 \times 2.5 = 25m^2$

② 정미량 = $25 \times 224 = 5,600$매

③ 몰탈량 = $\dfrac{5,600}{1,000} \times 0.35 = 1.96m^3$

문제 8) 정상적으로 시공될 때 공사기일은 15일 공사비는 1,000,000원이고, 특급으로 시공할 때 공사기일은 10일 공사비는 1,500,000원이라면 공기단축시 필요한 비용구배(Cost slope)를 구하시오. (2점)

【해설】 비용구배 = $\dfrac{1,500,000 - 1,000,000}{15 - 10} = \dfrac{500,000}{5} = 100,000$원/일

문제 9) 다음은 네트워크공정표에 사용되는 용어이다. 괄호 안에 해당하는 용어를 찾아 넣으시오. (4점)

〈보기〉

a. TF와 FF의 차

b. 프로젝트의 지연없이 시작 될 수 있는 작업의 최대 늦은 시간

c. 작업을 EST로 시작하고, LFT로 완료할 때 생기는 여유시간

d. 개시결합점에서 종료결합점에 이르는 가장 긴 패스

e. 후속작업의 EST에 영향을 주지 않는 범위 내에서 한 작업이 가질 수 있는 여유시간, 즉 각 작업의 지연가능일수

① TF-( ) ② FF-( ) ③ DF-( ) ④ CP-( ) ⑤ LST-( )

【해설】 ① TF-(c) ② FF-(e) ③ DF-(a) ④ CP-(d) ⑤ LST-(b)

문제 10) 다음은 목공사에 관한 설명이다. 맞는 용어를 쓰시오. (3점)
① 구멍뚫기, 홈파기, 면접기 및 대패질 등으로 목재를 다듬는 일.
② 목재를 크기에 따라 각 부재의 소요길이로 잘라 내는 것.
③ 울거미재나 판재를 틀짜기나 상자짜기를 할 때 끝 부분을 각45°로 깎고, 이것을 맞대어 접합하는 것.

【해설】 ① 바심질   ② 마름질   ③ 연귀맞춤

문제 11) 다음은 유리재에 대한 설명이다. 괄호 안을 채우시오. (2점)
유리를 600℃로 고온 가열 후 급랭시킨 유리로 보통 유리의 충격강도보다 3~5배 정도 크고 200℃이상 고온에서도 형태 유지가 가능한 유리를 (①)유리라 하고, 파라핀을 바르고, 철필로 무늬를 새긴 후 부식처리한 유리를 (②)유리라 한다.

【해설】 ① 강화   ② 부식

문제 12) 멤브레인 방수 공법 3가지를 쓰시오. (3점)
①   ②   ③

【해설】 ① 아스팔트방수   ② 도막방수   ③ 시이트방수

문제 13) 다음은 도장공사에 관한 설명이다. ○ ×로 구분하시오. (3점)
① 도료의 배합비율 및 신너의 희석비율은 부피로 표시한다.
② 도장의 표준량은 평평한 면의 단위면적에 도장하는 도장재료의 양이고, 실제의 사용량은 도장하는 바탕면의 상태 및 도장재료의 손실 등을 참작하여 여분을 생각해 두어야 한다.
③ 롤러 도장은 붓 도장보다 도장속도가 빠르다. 그러나 붓 도장 같이 일정한 도막두께를 유지하기가 매우 어려우므로 표면이 거칠거나 불규칙한 부분에는 특히 주의를 요한다.

【해설】 ① ×   ② ○   ③ ○

실 내 디 자 인

[제71회 작품명] 일식 참치전문점

1. 요구사항 - 주어진 도면은 근린상업지역 내에 위치한 일식 참치전문점이다.
   다음의 요구조건에 따라 도면을 작성하시오.

2. 요구조건
   ① 설계면적 : 10,800 × 9,700 × 2,700mm(H)
   ② 요구조건 : 주방 오픈형, Bar table형식 필수, 주방공간(냉장고, 냉동고, 싱크대 외 필요집기)
               카운터, 2~4인용 테이블세트, 대기공간, 참치 캐릭터 필수, 천정형 냉난방기 설치
   ③ 인적구성 : 요리사 2명, 서빙홀 2명

3. 요구도면
   ① 평면도 (가구배치 및 바닥마감재 표기) SCALE : 1/50
      - 평면도 주변의 여유공간에 설계개요(DESIGN CONCEPT)를 200자 이내로 완성하시오.
   ② 천정도(설비, 조명기구 배치 및 범례표 작성/천장마감재 표기) SCALE : 1/50
   ③ 내부입면도 주방이 보이는 방향 1면(벽면재료 표기) SCALE : 1/50
   ④ 단면상세도(A-A´) SCALE : 1/50
   ⑤ 실내투시도(채색작업은 필수) SCALE : N.S
      (계획의 포인트가 좋은 지점에서 1소점 또는 2소점 투시법으로 작성 및 작성과정의 투시보조선을 남길 것)

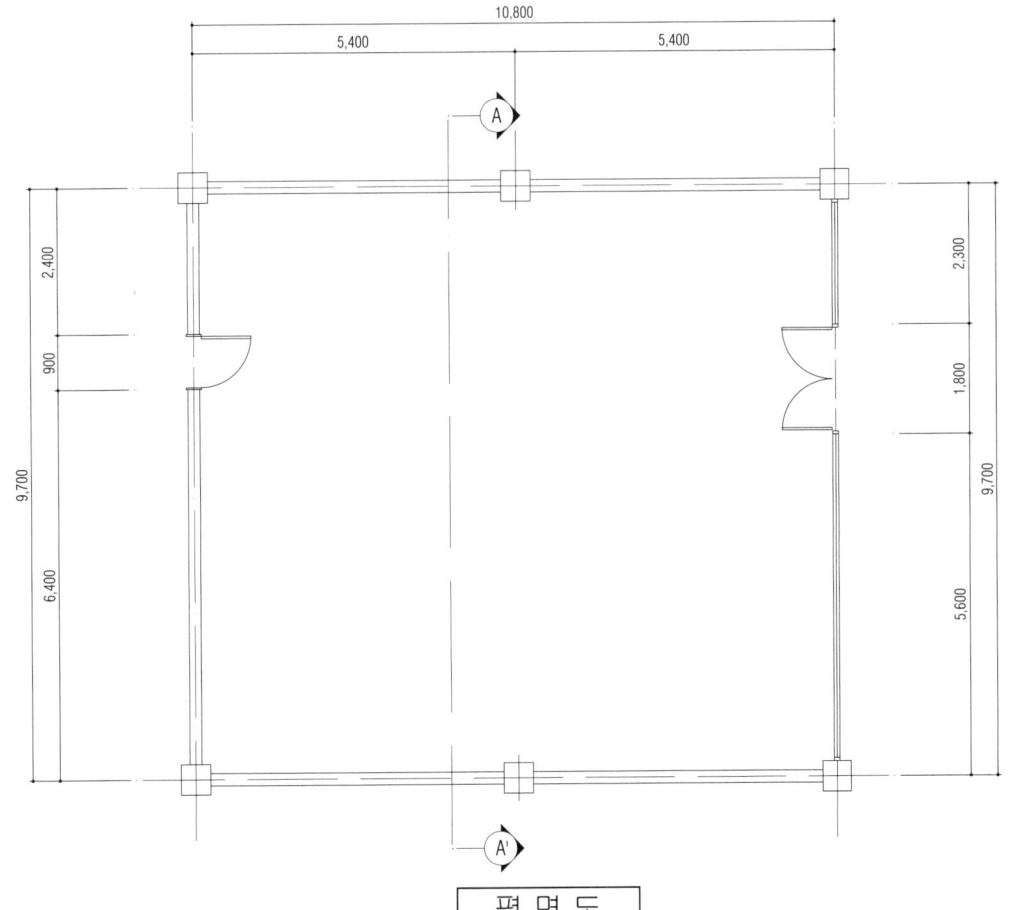

평 면 도

CONCEPT

근린상업지역에 위치한 일식 참치 전문점의 인테리어 계획이다. 전체적인 공간의 이미지는 격자형 모듈이나 일본풍의 독특한 장식을 이용하여 일식전문점의 분위기를 연출하고자 하였고 참치를 주재료로 하여 재료를 선택하였다.
고객의 식음공간은 다다미로 구현되는 일본 전통적인 좌식생활양식을 적용하여 일식전문점의 느낌을 살릴 수 있도록 하였다. 주방은 오픈형으로 두었고 이를 바와 연계하여 계획하였다. 참치 케터링을 전면에 두어 시각적으로 즐거움을 줌과 동시에 공간의 성격을 좀 더 크게 인지할 수 있도록 계획하였다.

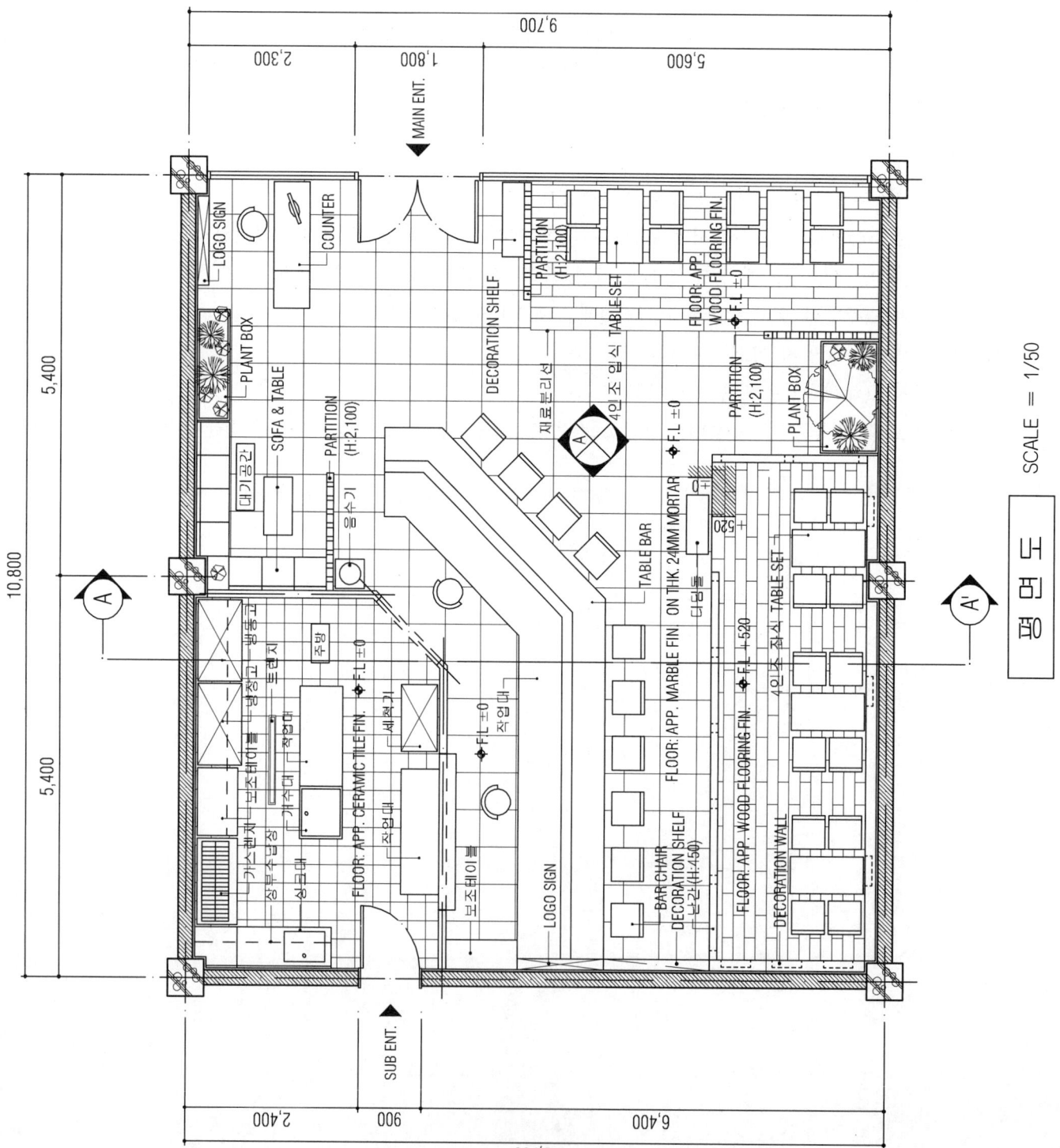

평 면 도 SCALE = 1/50

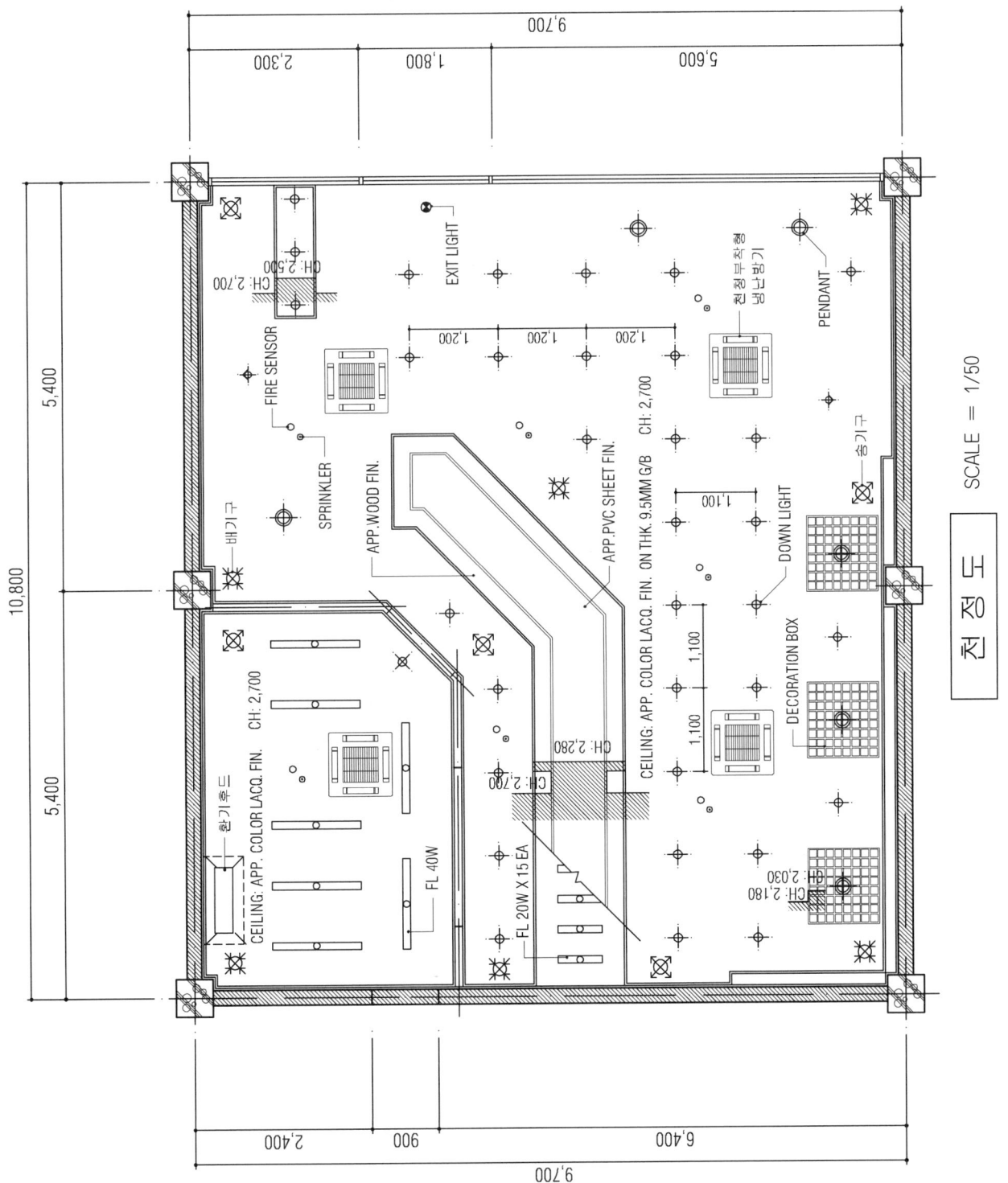

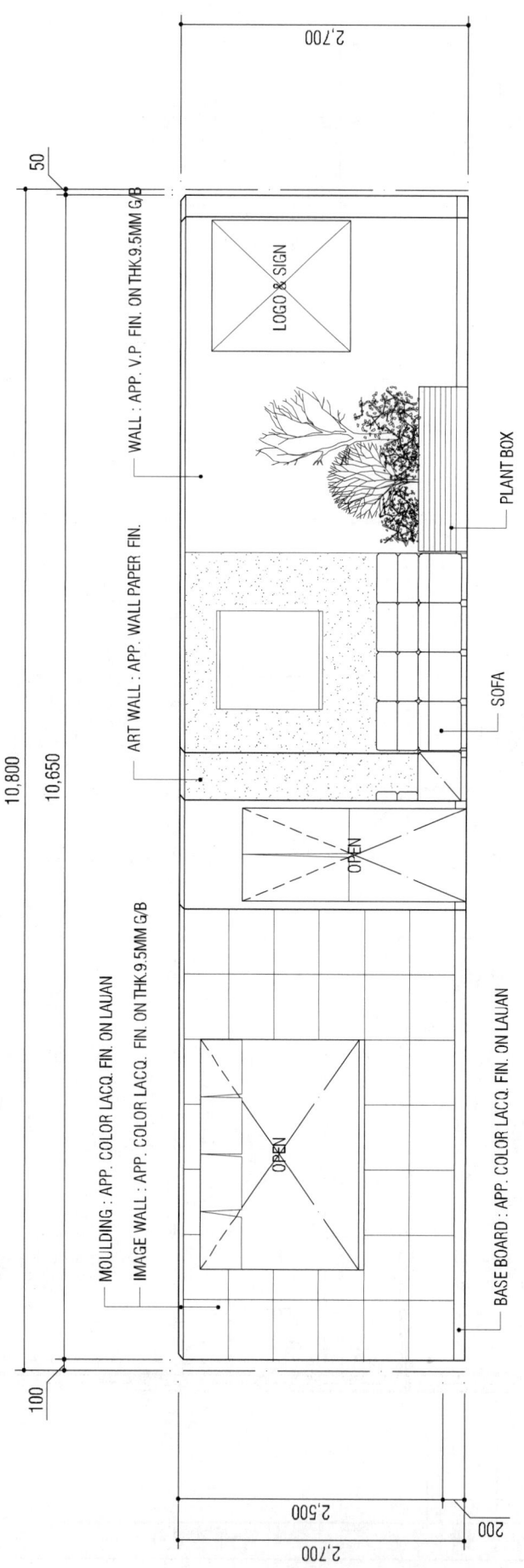

내부입면도 A SCALE = 1/50

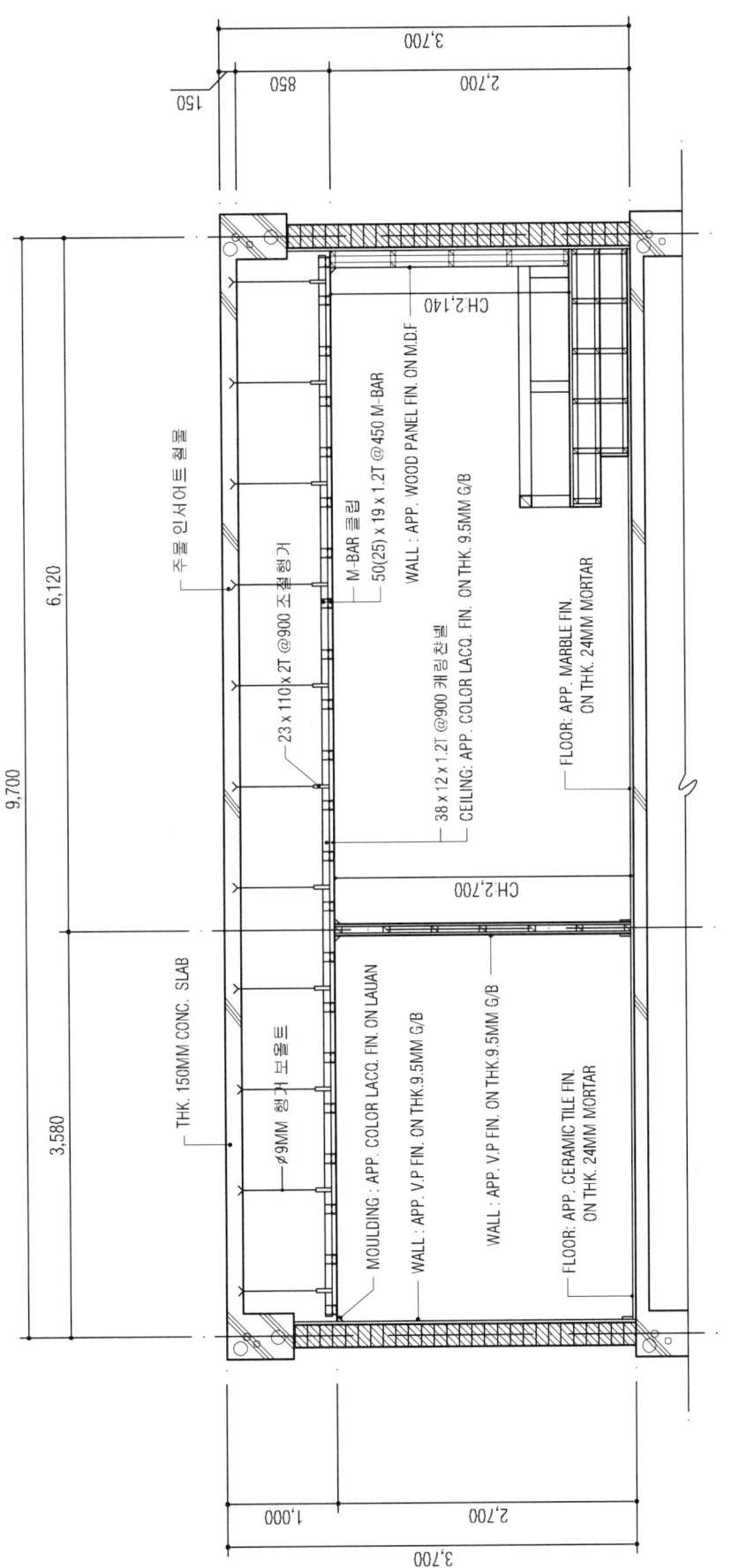

단면상세도 A-A' SCALE = 1/50

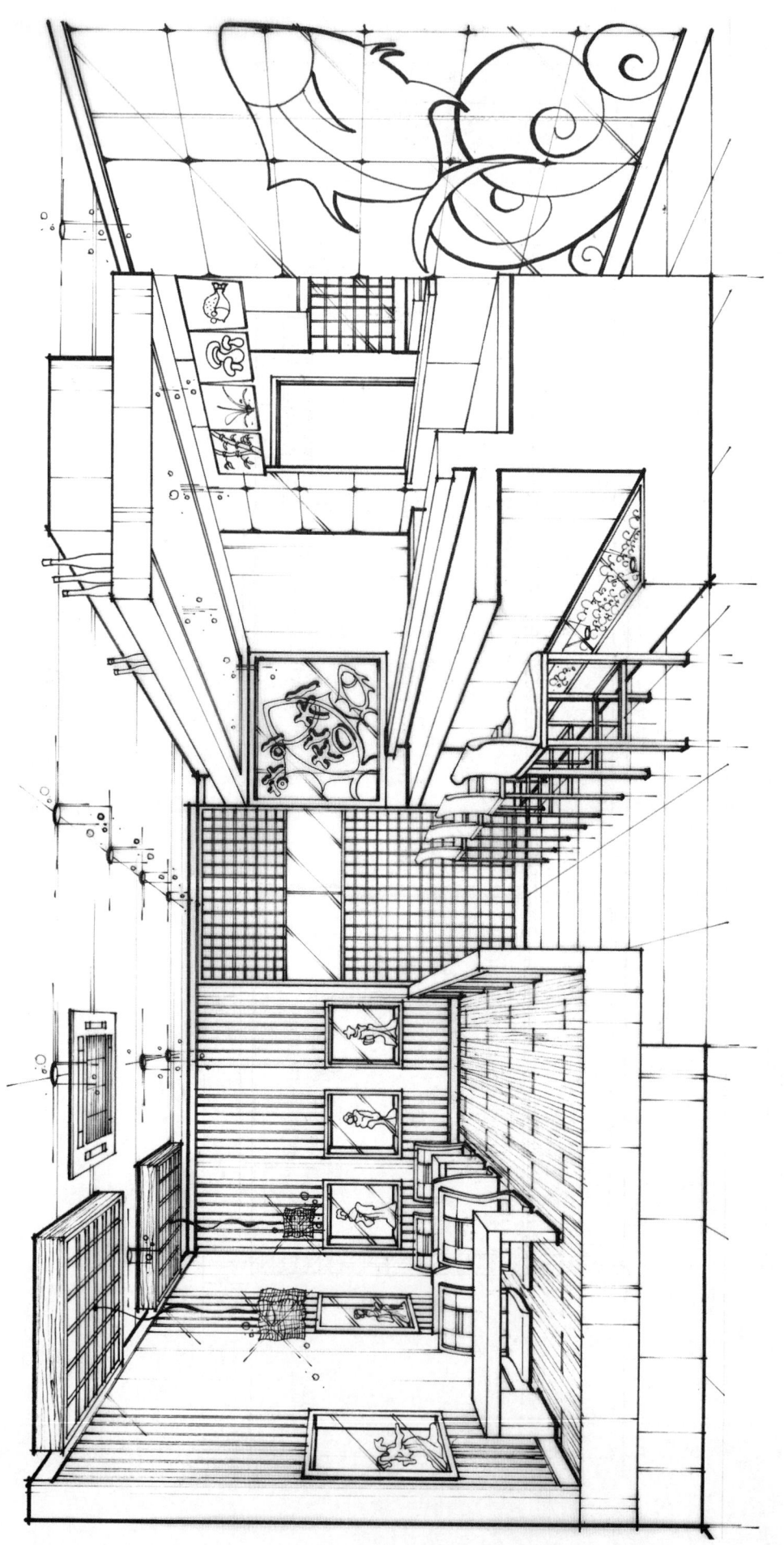

실내투시도 SCALE = N.S

(2014. 11. 1 시행)

제72회 실내건축기사
시공실무

문제 1) 다음은 금속공사에 사용되는 철물의 용어이다. 간략히 설명하시오. (4점)
① 와이어메쉬
② 메탈라스

【해설】 ① 연강철선을 정방형 또는 장방형으로 전기 용접하여 만든 것으로 콘크리트 바닥다짐의 보강용으로 쓰인다.
② 얇은 강판에 자름금을 내어 늘린 마름모꼴 형태의 철망으로 천장, 벽, 처마둘레 등의 미장바름 보호용으로 쓰인다.

문제 2) 다음 용어를 간략히 설명하시오. (2점)
익스팬션 볼트(Expansion Bolt)

【해설】 확장볼트 또는 팽창볼트라고 불리는 것으로 콘크리트, 벽돌 등의 면에 띠장, 문틀 등의 다른 부재를 고정하기 위하여 설치하는 특수 볼트

문제 3) 건식 돌붙임공법에서 석재를 고정하거나 지탱하는 공법 3가지를 쓰시오. (3점)
①   ②   ③

【해설】 ① 앵글 지지법   ② 앵글+판 지지법   ③ 트러스 지지법

문제 4) 1층 납작마루의 시공순서를 쓰시오. (3점)

【해설】 동바리돌 → 멍에 → 장선 → 마루널

문제 5) 복층유리의 특징 3가지만 쓰시오. (3점)
①
②
③

【해설】 ① 방음 효과가 뛰어나다.
② 단열 효과가 좋다.
③ 결로방지 효과가 우수하다.

문제 6) 다음 〈보기〉의 합성수지의 성질을 구분하여 번호로 기입하시오. (6점)

〈보기〉 ① 알키드   ② 실리콘   ③ 아크릴수지   ④ 셀룰로이드   ⑤ 프란수지
⑥ 폴리에틸렌수지   ⑦ 염화비닐수지   ⑧ 페놀수지   ⑨ 에폭시   ⑩ 불소

열가소성수지 :   열경화성수지 :

【해설】 열가소성수지 : ③, ④, ⑥, ⑦, ⑩   열경화성수지 : ①, ②, ⑤, ⑧, ⑨

문제 7) 다음 설명에 맞는 용어를 쓰시오. (3점)
① 나무나 석재의 면을 깎아 밀어서 두드러지게 또는 오목하게 하여 모양지게 하는 것.
② 모서리 구석 등에 표면 마구리가 보이지 않도록 45°각도로 빗잘라 대는 맞춤.
③ 재를 섬유방향과 평행으로 옆 대어 넓게 붙이는 것.

【해설】 ① 모접기　　② 연귀맞춤　　③ 쪽매

문제 8) 석재를 가공할 때 쓰이는 특수공법의 종류 3가지와 방법을 쓰시오. (3점)
①
②
③

【해설】 ① 모래분사법 : 모래를 고압증기로 분사시켜 석재 표면을 가공하는 마감법
② 버너구이법 : 버너로 표면을 달군 다음 찬물을 뿌려 급랭시켜 표면에 박리현상을 만드는 마감법
③ 플래너마감법 : 석재표면을 기계를 이용하여 매끄럽게 깎아내어 다듬는 마감법

문제 9) 벽 타일붙이기 시공순서이다. 〈보기〉에서 골라 그 번호를 나열하시오. (3점)
〈보기〉 ① 타일나누기　② 치장줄눈　③ 보양　④ 벽타일붙이기　⑤ 바탕처리

【해설】 ⑤ → ① → ④ → ② → ③

문제 10) 다음 아래 조건의 평면규격을 기준으로 쌍줄비계를 설치할 때 외부비계 면적을 산출하시오. (4점)

〈조건〉 가로=30m, 세로=15m, 높이=20m의 건물

【해설】 $A = H\{2(a+b) + 0.9 \times 8\}$
$A = 20\{2(30+15) + 0.9 \times 8\}$
$A = 20\{(2 \times 45) + 7.2\}$
$A = 20 \times (90 + 7.2)$
$A = 20 \times 97.2$
$A = 1,944 m^2$

문제 11) 다음 아래와 같은 공기단축계획을 비용구배가 가장 큰 작업부터 순서대로 나열하시오. (3점)

구분	표준공기	표준비용	급속공기	급속비용
A	4	6,000	2	9,000
B	15	14,000	14	16,000
C	7	5,000	4	8,000

【해설】 B → A → C

참고〉 $A = \dfrac{9,000 - 6,000}{4-2} = 1,500$원/일　　$B = \dfrac{16,000 - 14,000}{15 - 14} = 2,000$원/일　　$C = \dfrac{8,000 - 5,000}{7 - 4} = 1,000$원/일

문제 12) 다음 아래는 모르타르 배합비에 따른 재료량이다. 총 25㎥의 시멘트 모르타르를 필요로한다. 각 재료량을 구하시오. (3점)

배합용적비	시멘트(kg)	모래(㎥)	인부(인)
1:3	510	1.1	1.0

① 시멘트량 =

② 모래량 =

③ 인부수 =

【해설】 ① 시멘트량 = 510kg × 25㎥ = 12,750kg (12.75ton)

② 모래량 = 1.1㎥ × 25㎥ = 27.5㎥

③ 인부수 = 1인 × 25㎥ = 25인

실 내 디 자 인

[제72회 작품명] 중저가 화장품 매장

1. 요구사항 – 주어진 도면은 근린상업지역 내에 위치한 중저가 화장품 매장이다.
   다음의 요구조건에 따라 도면을 작성하시오.

2. 요구조건

   ① 설계면적 : 11,700×9,000×3,000mm(H)
   ② 요구공간 및 필요 집기 : 물품창고, DISPLAY TABLE 4EA, 네일아트 서비스공간,
      CASHIER COUNTER, 내부 조경(개수·크기 자유)

3. 요구도면

   ① 평면도 (가구배치 및 바닥마감재 표기) SCALE : 1/50
      - 평면도 주변의 여유공간에 설계개요(DESIGN CONCEPT)를 200자 이내로 완성하시오.
   ② 천정도(설비, 조명기구 배치 및 범례표 작성/천장마감재 표기) SCALE : 1/50
   ③ 내부입면도 C방향 1면(벽면재료 표기) SCALE : 1/50
   ④ 단면상세도(A-A´) SCALE : 1/50
   ⑤ 실내투시도(채색작업은 필수) SCALE : N.S
      (계획의 포인트가 좋은 지점에서 1소점 또는 2소점 투시법으로 작성 및 작성과정의 투시보조선을 남길 것)

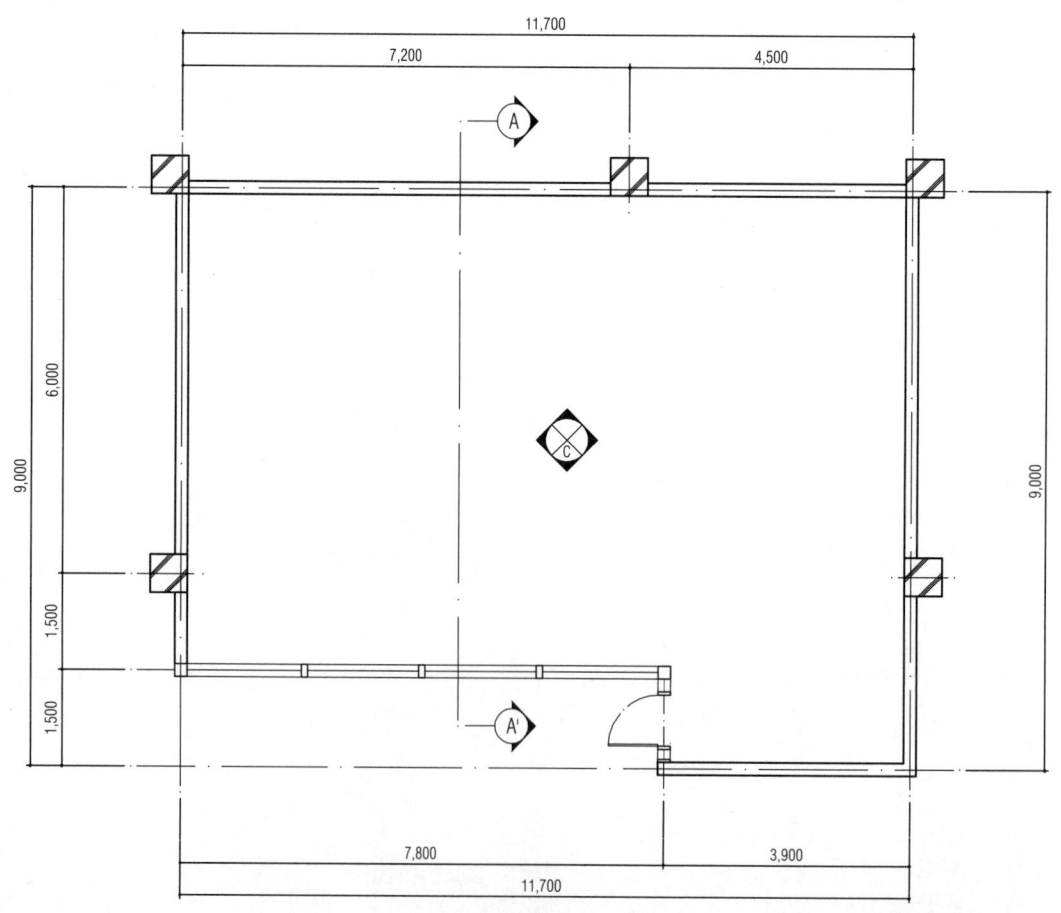

평 면 도

CONCEPT

근린 상업지역에 위치한 중정자가 있는 화장품 매장의 인테리어 계획이다. 화장품 매장을 판매하는 공간과 내일케어 공간을 조경으로 구분하였으며 하나의 게이트를 형성하여 공간의 기능적 구분 뿐만 아니라 내추럴한 공간을 연출할 수 있도록 계획하였다. 전체적인 마감 컬러는 패블과 그린의 조화로운 배색으로 향기로운 꽃밭의 이미지를 연상토록 하였으며 이를 통해 매장을 찾는 고객에게 공간적 시각적 이미지 제공 및 구매 욕구를 불러 일으키고 다른 공간과는 차별화된 중정자가 부각되는 아이덴티티를 부여하고자 하였다. 다소 비좁은 주진입 부에는 조경과 로고사인을 두어 매장의 성격을 알리고자 하였다.

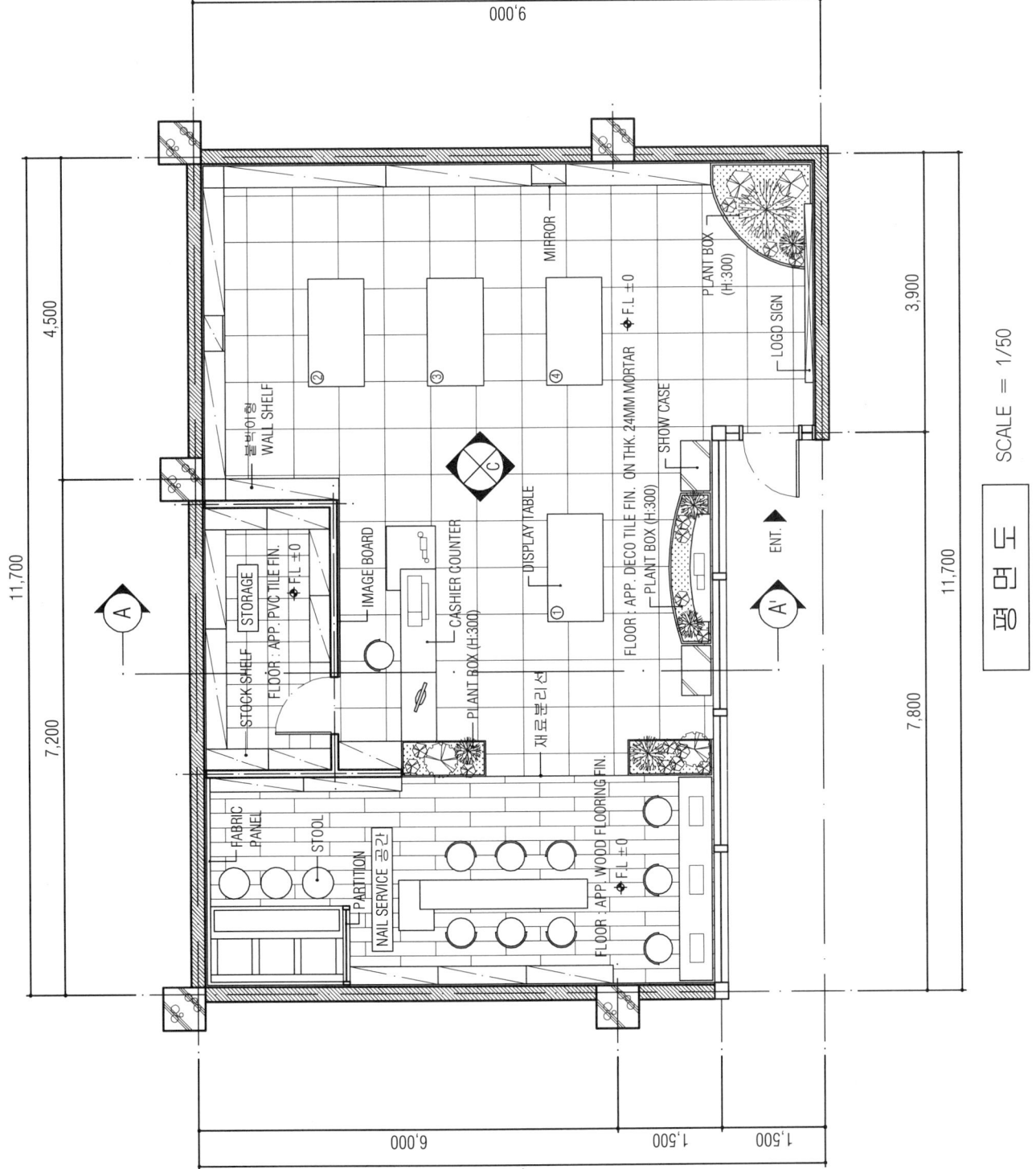

평면도 SCALE = 1/50

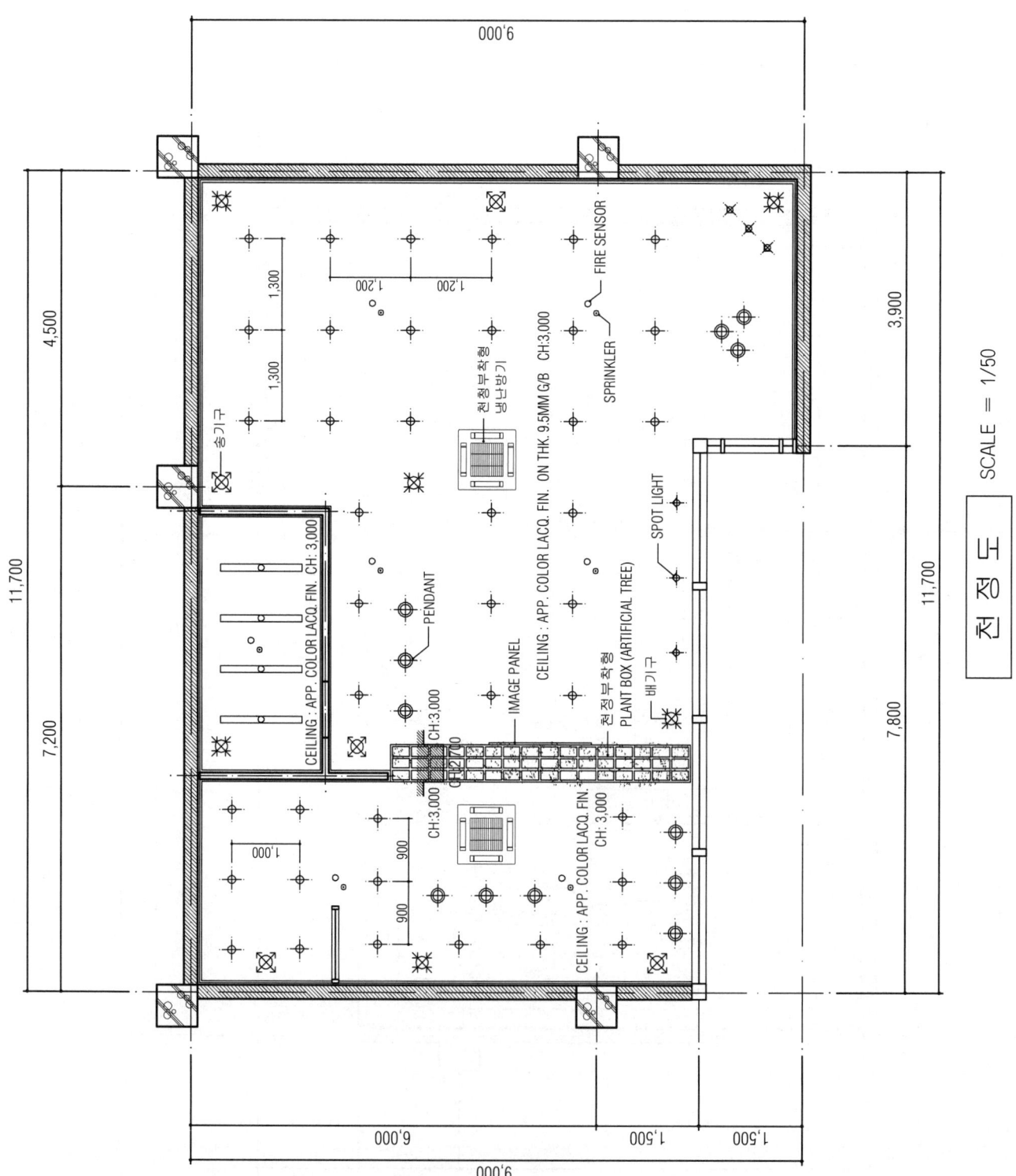

천 정 도   SCALE = 1/50

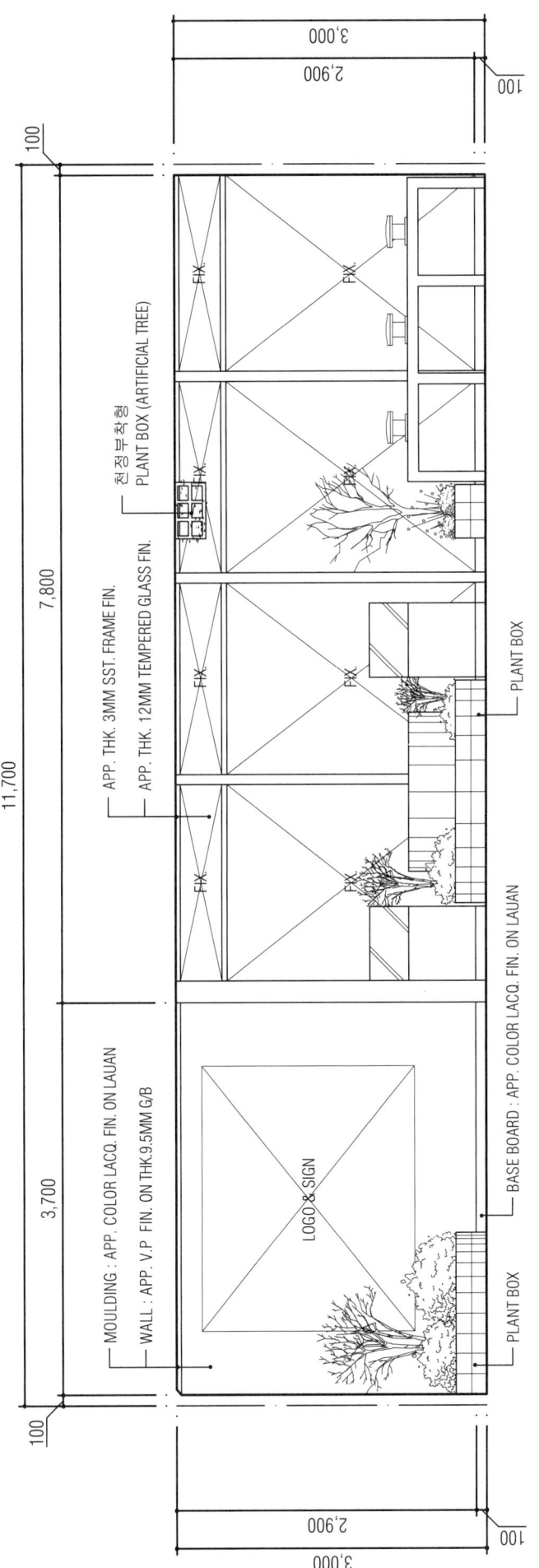

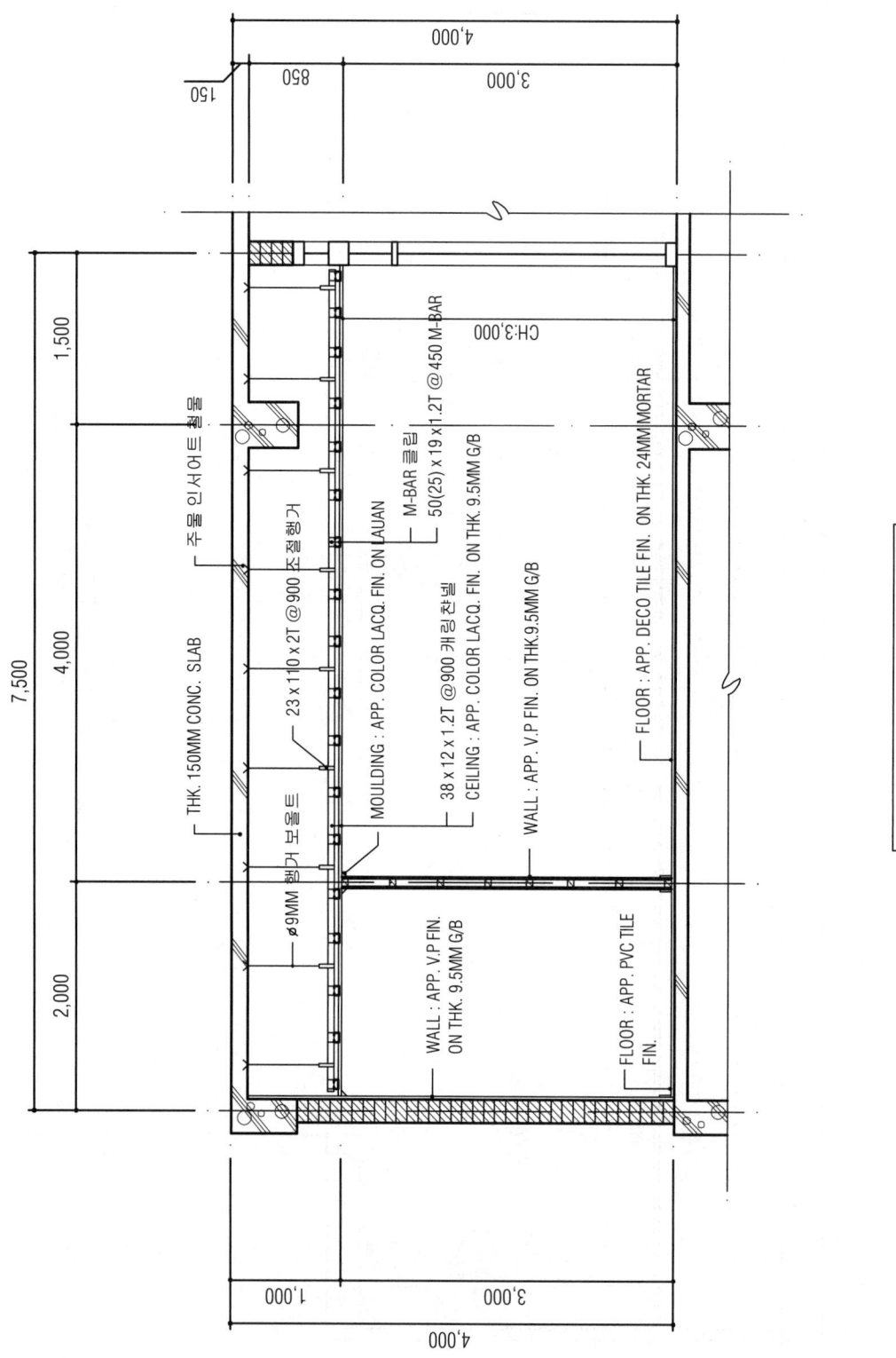

단면상세도 A-A' SCALE = 1/50

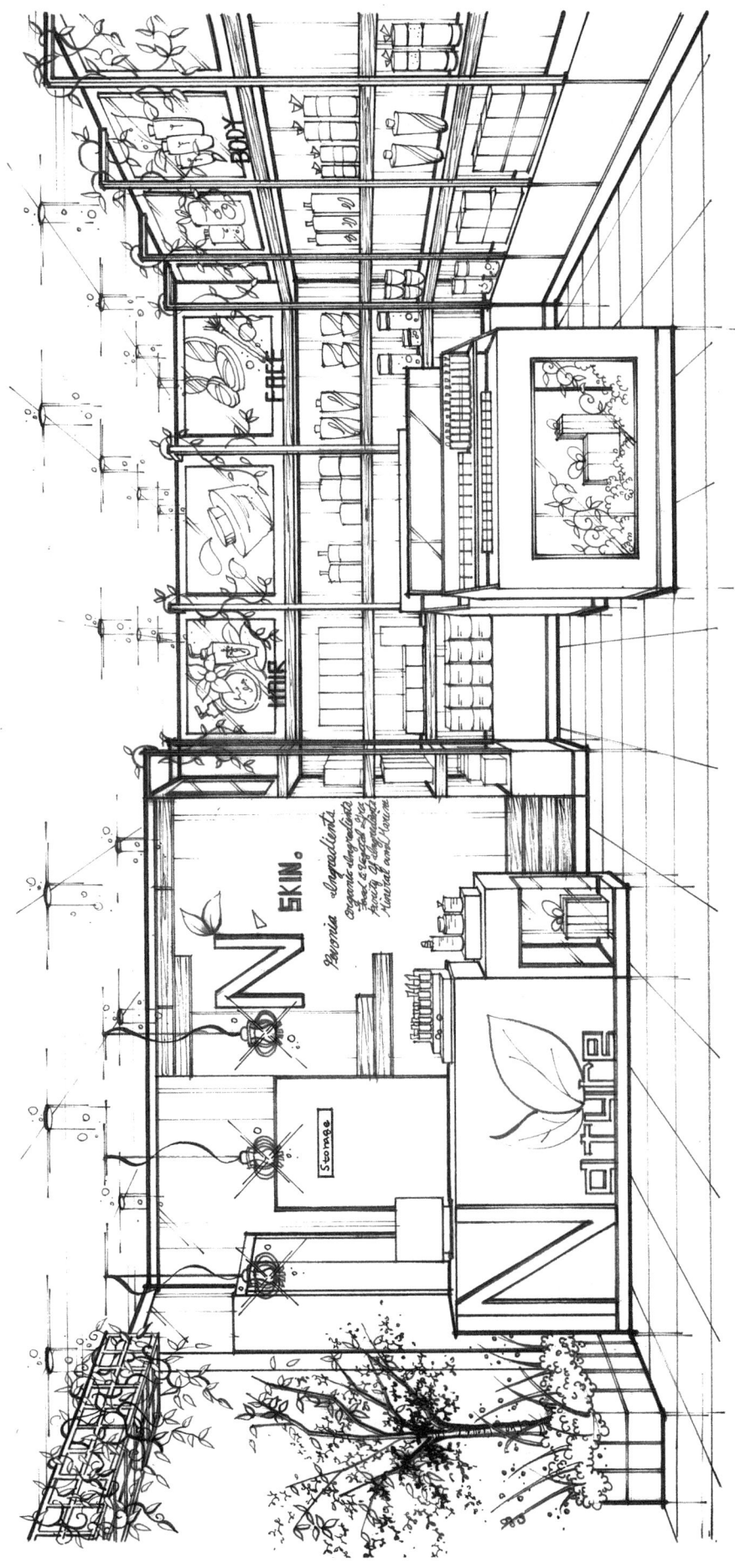

(2015. 4. 18 시행)

제73회 실내건축기사
시공실무

문제 1) 미장공사 중 셀프 레벨링(self leveling)재에 대해 간략히 설명하시오. (3점)

【해설】 자체 유동성을 갖고 있는 특수 모르타르로 시공면 수평에 맞게 부으면, 스스로 일매지는 성능을 가진 특수 미장재이다. 시공 후 통풍에 의해 물결무늬가 생기지 않도록 개구부를 밀폐하여 기류를 차단하고, 시공 전·중·후 기온이 5℃이하가 되지 않도록 한다.

문제 2) 벽돌조 건물에서 시공상 결함에 의해 생기는 균열원인을 4가지 쓰시오. (4점)
①
②
③
④

【해설】 ① 벽돌 및 모르타르의 강도부족
② 온도 및 흡수에 따른 재료의 신축성
③ 이질재와의 접합부의 시공결함
④ 모르타르 바름의 신축 및 들뜨임 (박리)

문제 3) 타일의 동해방지법 4가지를 쓰시오. (4점)
①
②
③
④

【해설】 ① 붙임용 모르타르 배합비를 정확히 준수한다.
② 소성온도가 높은 양질의 타일을 사용한다.
③ 타일은 흡수성이 낮은 것을 사용한다.
④ 줄눈 누름을 충분히 하여 빗물의 침투를 방지한다.

문제 4) 목재 바니쉬칠 공정 작업순서를 바르게 나열하시오. (4점)
〈보기〉 ① 색올림   ② 왁스문지름   ③ 바탕처리   ④ 눈먹임

【해설】 ③ → ④ → ① → ②

문제 5) 다음 평면도와 같은 건물에 외부 외줄비계를 설치하고자 한다. 비계면적을 산출하시오. (4점)
(건물높이 : 12m)

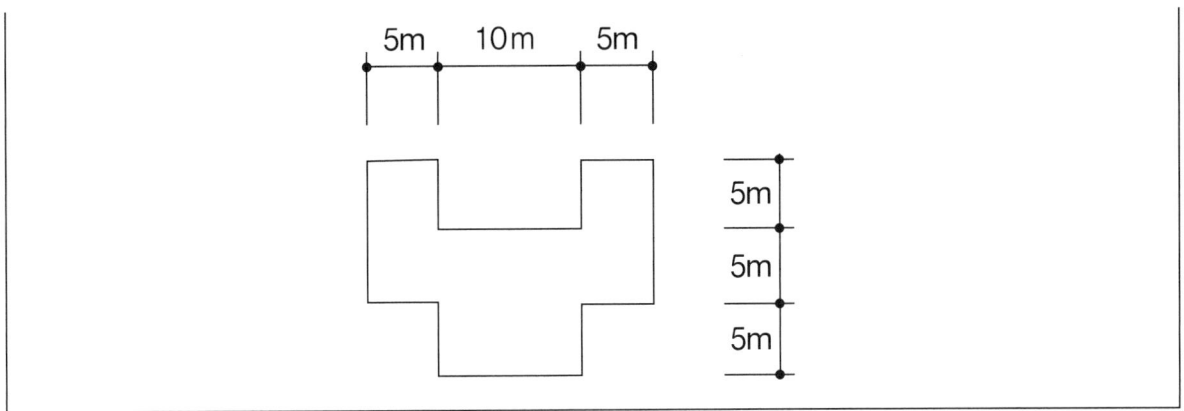

【해설】 A = H{2(a + b + b') + 0.45×8}
A = 12 × {2(20 + 15 + 5) + 0.45×8}
A = 12 × {(2×40) + 3.6}
A = 12 × (80 + 3.6)
A = 12 × 83.6
A = 1,003.2m²

문제 6) 도배시공에 관한 내용이다. 초배지 1회 바름시 필요한 도배면적을 산출하시오. (4점)
〈보기〉 바닥면적 : 4.5×6.0m, 높이 : 2.6m, 문크기 : 0.9×2.1m, 창문크기 : 1.5×3.6m

【해설】 ① 천장 = 4.5×6.0 = 27m²
② 벽면 = {2(4.5 + 6.0)×2.6} − {(0.9×2.1) + (1.5×3.6)}
     = (21×2.6) − (1.89 + 5.4) = 54.6 − 7.29 = 47.31m²
③ 합계 = 27 + 47.31 = 74.31m²
∴ 초배지 1회 바름 정미면적 = 74.31m²

문제 7) 다음은 비닐페인트의 시공과정을 기술한 것이다. 시공순서에 맞게 번호를 나열하시오. (4점)
〈보기〉 ① 이음매부분에 대한 조인트 테이프를 붙인다.
② 샌딩작업을 한다.
③ 석고보드에 대한 면정화(표면정리 및 이어붙임)를 한다.
④ 조인트 테이프 위에 퍼티작업을 한다.
⑤ 비닐페인트를 도장한다.

【해설】 ③ → ① → ④ → ② → ⑤

문제 8) MCX (Minimum cost expediting) 이론에 대하여 간략히 설명하시오. (2점)

【해설】 최소비용으로 최적의 공기를 구하는 것으로 최적시공속도 또는 경제속도를 구하는 이론체계이다.

문제 9) 다음은 화살형 네트워크에 관한 설명이다. 해당되는 용어를 쓰시오. (2점)
〈보기〉 ① 작업의 여유시간   ② 결합점이 가지는 여유시간

【해설】 ① 플로트(Float)   ② 슬랙(Slack)

문제 10) 품질관리 기법에 관한 설명이다. 해당되는 설명에 관계되는 용어를 쓰시오. (4점)

〈보기〉 ① 모집단의 분포상태 막대 그래프 형식
② 층별요인 특성에 대한 불량 점유율
③ 특성요인과의 관계 화살표
④ 점검 목적에 맞게 미리 설계된 시트

【해설】 ① 히스토그램   ② 층별   ③ 특성요인도   ④ 체크시이트

문제 11) 현장에서 주문목재 반입검수시 가장 중요한 확인 사항을 2가지만 쓰시오. (2점)
①
②

【해설】 ① 목재의 치수와 길이가 맞는지 알아본다.
② 목재에 옹이, 갈램 등의 흠이 있는지를 알아본다.

문제 12) 다음 용어 설명에 맞는 재료를 기입하시오. (3점)

〈보기〉 ① 3매 이상의 단판을 1매마다 섬유방향에 직교하도록 겹쳐 붙인 것.
② 목재의 부스러기를 합성수지와 접착제를 섞어 가열, 압축한 판재.
③ 표면은 평평하고 유공질판이어서 단열판, 열절연재로 사용.

【해설】 ① 합판   ② 파티클보드   ③ 코르크판

실 내 디 자 인

[제73회 작품명] 동물병원

1. 요구사항 – 주어진 도면은 근린상업지역내 동물병원이다. 다음의 요구조건에 따라 도면을 작성하시오.

2. 요구조건
   ① 설계면적 : 12,000 × 9,600 × 2,700mm(H)
   ② 인적구성 : 수의사 1인, 동물간호복지사 2인, 애견미용사 1인
   ③ 요구공간 : 진료실, 수술실 및 조제실, 동물 미용실, 대기공간, 동물용품 전시 및 판매공간,
      애견호텔(애견호텔박스 설치)
   ④ 필요집기 : 서비스 카운터 & 계산대, 동물용품 진열장, 소파(대기공간 내 배치)
   (이상 제시된 집기는 필수적이며, 이외에 필요한 집기가 있다면 수험자가 임의로 추가할 수 있음)

3. 요구도면
   ① 평면도 (가구배치 및 바닥마감재 표기) SCALE : 1/50
      - 평면도 주변의 여유공간에 설계개요(DESIGN CONCEPT)를 200자 이내로 완성하시오.
   ② 천정도(설비, 조명기구 배치 및 범례표 작성/천장마감재 표기) SCALE : 1/50
   ③ 내부입면도 D방향 1면(벽면재료 표기) SCALE : 1/50
   ④ 단면상세도(A-A') SCALE : 1/50
   ⑤ 실내투시도(채색작업은 필수) SCALE : N.S
      (계획의 포인트가 좋은 지점에서 1소점 또는 2소점 투시법으로 작성 및 작성과정의 투시보조선을 남길 것)

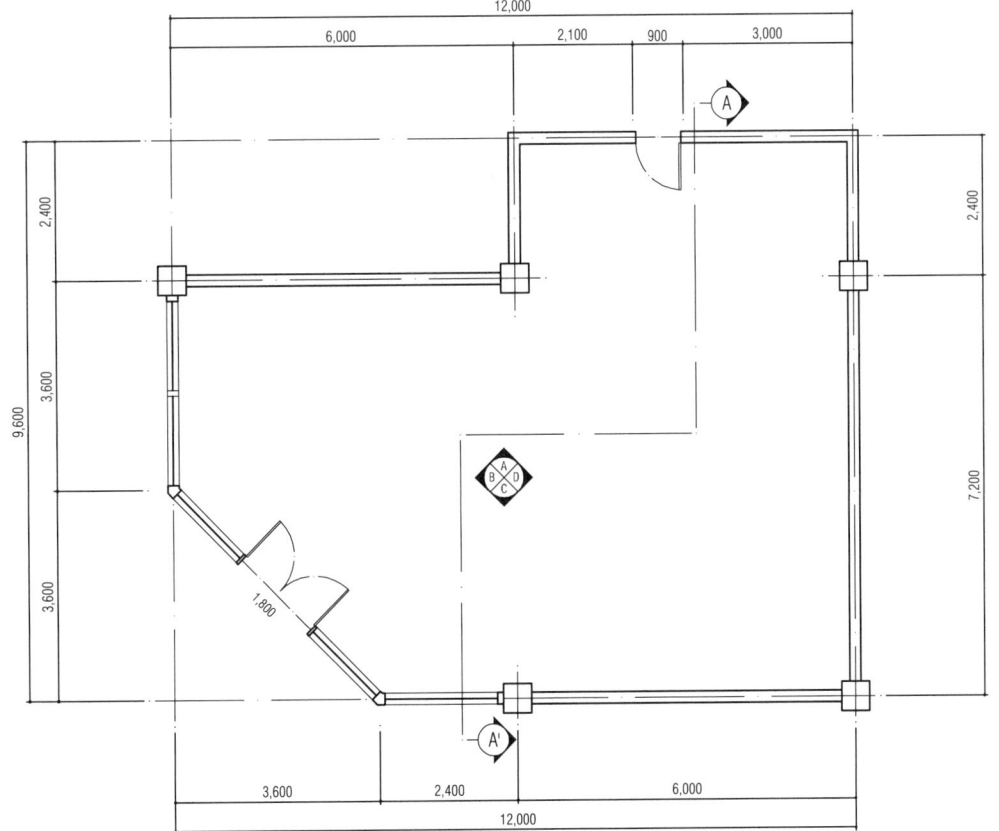

평 면 도

CONCEPT

근린상업지역 내에 위치한 동물병원이다. 병원 진입공간에 개방감을 주어 시각적으로 오픈시키고 고객 및 애완동물이 편안하게 대기할 수 있도록 계획하였다. 또 애견호텔 박스와 CAT PLAYGROUND를 두어 이용이 편리함을 주었고 동물 입양실을 따로 구성하여 애완동물이 빠르게 회복을 돕고 보호자의 편의를 도모하고자 하였다. 진료실과 수술실 및 동물 입양실을 연계하여 공간의 흐름성을 높이고 동선을 짧게 두어 신속히 대응할 수 있도록 하였다.
전체적인 컬러 컨셉은 밝고 따뜻한 분위기를 주고자 하였고 고객과 애완동물이 편안하고 안락한 분위기를 느낄 수 있도록 계획하였다.

평 면 도 SCALE = 1/50

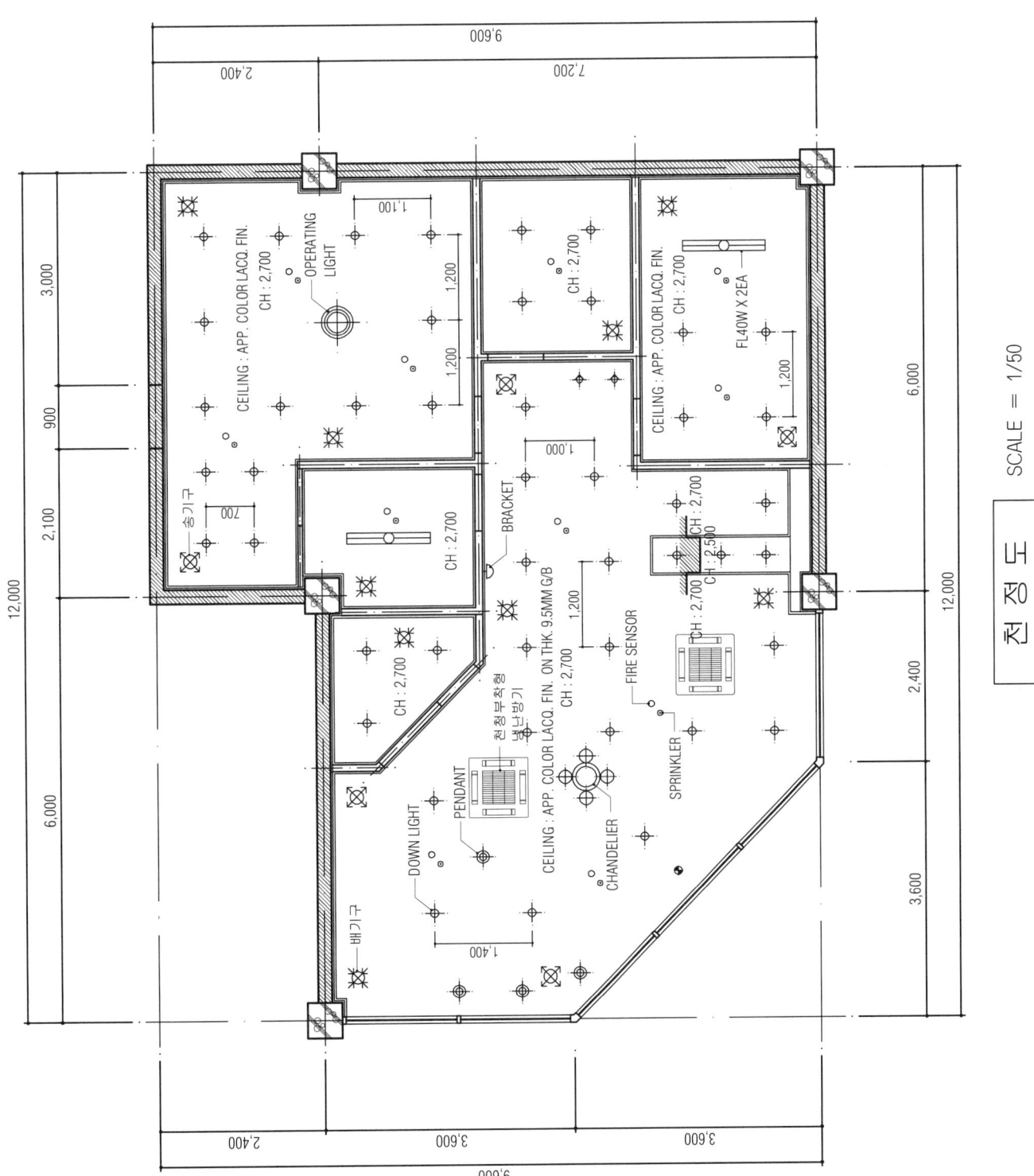

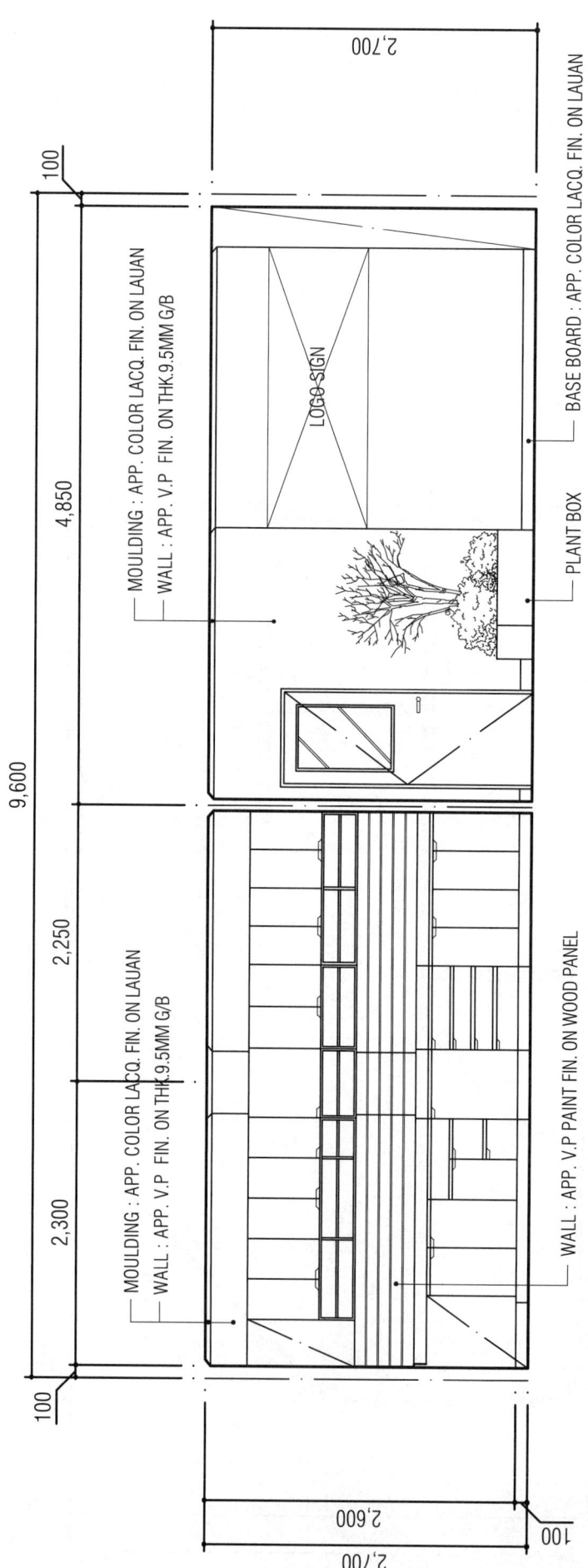

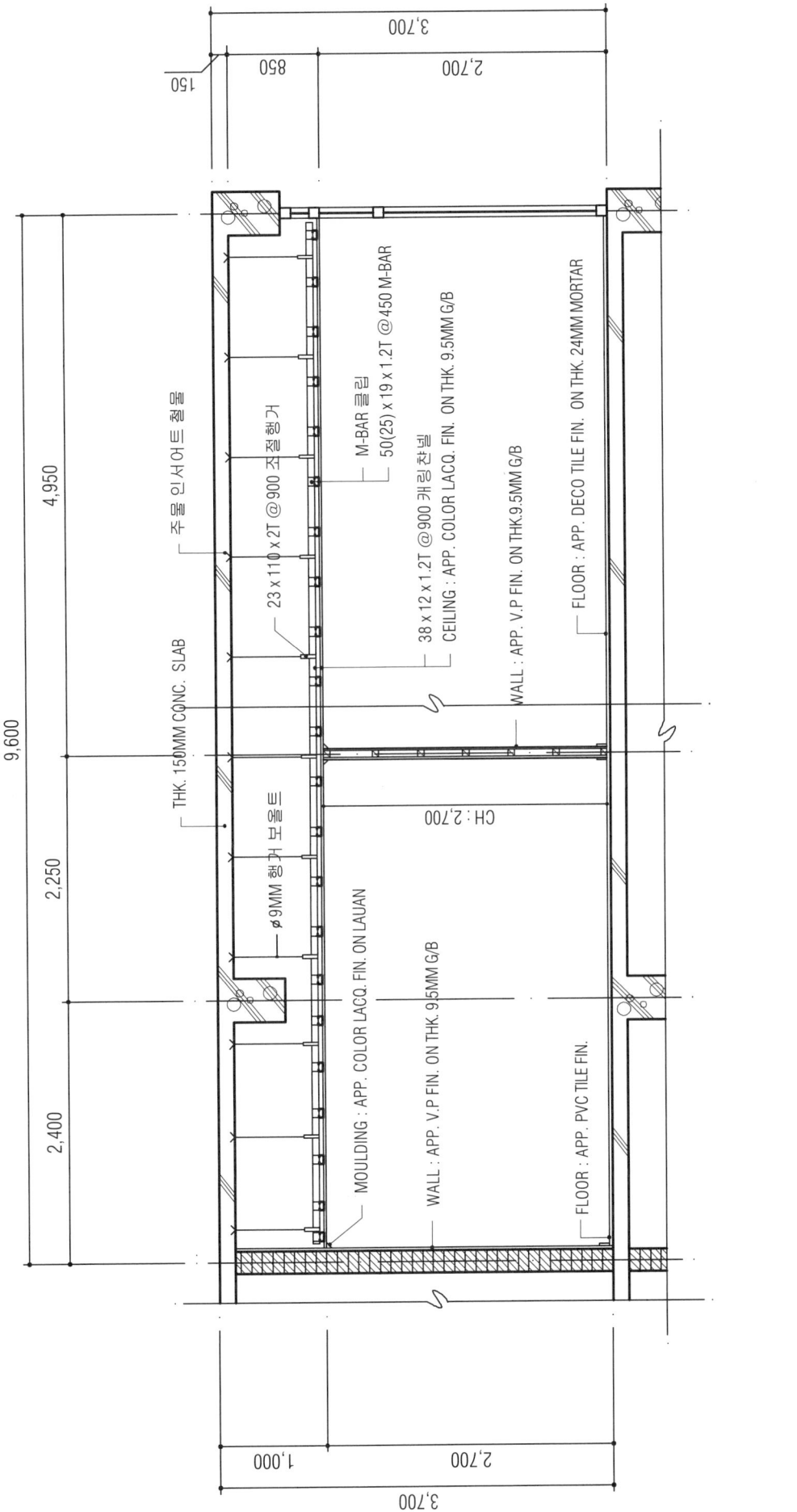

단면상세도 A-A' SCALE = 1/50

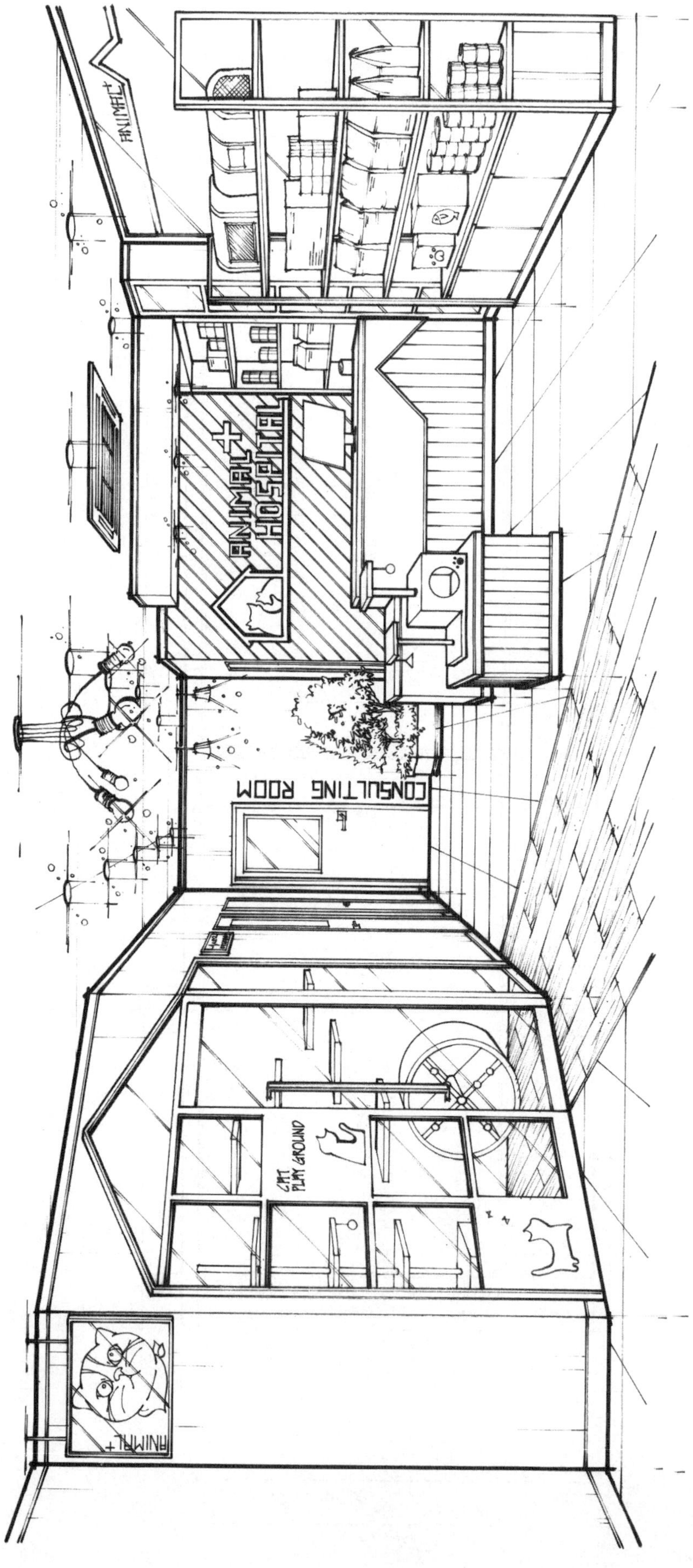

(2015. 7. 11 시행)

제74회 실내건축기사
시공실무

문제 1) 석재의 표면 가공방법 4가지를 쓰시오. (4점)
① ② ③ ④

【해설】 ① 혹두기 ② 정다듬 ③ 도드락다듬 ④ 잔다듬

문제 2) 시이트 방수재료를 붙이는 방법 4가지를 쓰시오. (4점)
① ② ③ ④

【해설】 ① 온통접착 ② 줄접착 ③ 점접착 ④ 갓접착

문제 3) 타일의 종류 중 표면을 특수 처리한 타일의 종류 3가지 쓰시오. (3점)
① ② ③

【해설】 ① 스크래치타일 ② 태피스트리타일 ③ 천무늬타일

문제 4) 10×10cm 각, 길이 6m인 나무의 무게가 15kg, 전건중량이 10.8kg이라면 이 나무의 함수율은 얼마인가? (3점)

【해설】 함수율 = $\dfrac{\text{나무무게} - \text{전건무게}}{\text{전건무게}} \times 100 = \dfrac{15 - 10.8}{10.8} \times 100 = \dfrac{4.2}{10.8} \times 100 = 38.888...\%$ ∴ 38.89%

문제 5) 다음은 목공사에 관한 설명이다. 맞는 용어를 쓰시오. (3점)
① 구멍뚫기, 홈파기, 면접기 및 대패질 등으로 목재를 다듬는 일.
② 목재를 크기에 따라 각 부재의 소요길이로 잘라 내는 것.
③ 올거미재나 판재를 틀짜기나 상자짜기를 할 때 끝 부분을 각45°로 깎고, 이것을 맞대어 접합하는 것.

【해설】 ① 바심질 ② 마름질 ③ 연귀맞춤

문제 6) 미장공사에서 회반죽으로 마감할 때 주의사항 2가지를 쓰시오. (2점)
①
②

【해설】 ① 실내온도가 2℃이하일 때는 공사를 중단하거나, 임시로 난방을 하여 5℃이상 유지한다.
② 회반죽은 기경성이므로 통풍을 억제하고 강한 직사광선을 피한다.

문제 7) 다음은 화살형 네트워크에 관한 설명이다. 해당되는 용어를 쓰시오. (3점)
① 공사 진행도중 공기단축시 드는 금액을 1일별 분할 계산한 것.
② 화살선으로 표현할 수 없는 작업의 상호관계를 표시하는 화살표
③ 결합점이 가지는 여유시간

【해설】 ① 비용구배(Cost slope)   ② 더미(Dummy)   ③ 슬랙(Slack)

문제 8) 유리공사에서 서스펜션(suspension) 공법에 대하여 설명하시오. (2점)

【해설】 대형유리판을 멀리온(mullion) 없이 유리만으로 세우는 공법으로 유리상단에 특수 철재를 끼우고 유리의 접합부에 고정재인 리브유리(stiffener)를 사용하여 연결된 개구부 형성이 가능하게 하며 유리사이의 연결(joint)은 실란트(sealant)로 메운다.

문제 9) 거푸집면 타일 먼저 붙이기 공법 3가지를 쓰시오. (3점)
①   ②   ③

【해설】 ① 타일시이트공법   ② 줄눈채우기공법   ③ 고무줄눈설치공법

문제 10) 길이 10m, 높이 3m의 건물에 2.0B쌓기시 몰탈량(m³)과 벽돌 사용량을 계산하시오. (3점)
(표준형 시멘트벽돌)

【해설】 ① 벽면적 = 10 × 3 = 30m²
② 벽돌량 = 30 × 298 = 8,940매
③ 몰탈량 = $\frac{8,940}{1,000} \times 0.36 = 3.2184 m^3$ ∴ 3.22m³

문제 11) 공사규모에 따른 외부비계의 종류를 3가지 쓰시오. (3점)
①   ②   ③

【해설】 ① 외줄비계   ② 겹비계   ③ 쌍줄비계

문제 12) 벽 타일붙이기 시공순서이다. 〈보기〉에서 골라 그 번호를 나열하시오. (2점)
〈보기〉 ① 타일나누기   ② 치장줄눈   ③ 보양   ④ 벽타일붙이기   ⑤ 바탕처리

【해설】 ⑤ → ① → ④ → ② → ③

문제 13) ALC(경량기포콘크리트/Autoclaved Lightweight Concrete)의 재료적 특징 3가지를 쓰시오. (3점)
①
②
③

【해설】 ① 중량이 보통콘크리트의 1/4로 경량이다.
② 기포에 의한 단열성이 우수하여 단열재가 필요 없다.
③ 방음, 차음, 내화성능이 우수하다.

문제 14) 다음 횡선식 공정표와 사선식 공정표의 장점을 〈보기〉에서 고르시오. (2점)

〈보기〉 ㉮ 공사의 기성고를 표시하는데 편리하다.
㉯ 각 공정별 전체의 공정시기가 일목요연하다.
㉰ 각 공정별 착수 및 종료일이 명시되어 판단이 용이하다.
㉱ 전체공사의 진척정도를 표시하는데 유리하다.

횡선식 공정표 :   사선식 공정표 :

【해설】 횡선식 공정표 : ㉯, ㉰   사선식 공정표 : ㉮, ㉱

실내디자인

[제74회 작품명] 헤어숍

1. 요구사항 - 주어진 도면은 20~30대 젊은 층을 대상으로 하는 1층에 위치한 헤어숍이다.
   다음의 요구조건에 따라 도면을 작성하시오.

2. 요구조건

   ① 설계면적 : 12,000×8,000×3,000mm(H)
   ② 요구공간 : ① 카운터(짐 보관 락커 포함)   ② 샴푸실   ③ 고객대기공간
   ③ 필요집기 : ① 대기공간 SOFA   ② 샴푸대 2EA
              ③ 미용의자 8EA   ④ 경대 8EA
      * 미용기구 공간 고려하여 배치(동선)

3. 요구도면

   ① 평면도(가구배치 및 바닥마감재 표기) SCALE : 1/50
      - 평면도 주변의 여유공간에 설계개요(DESIGN CONCEPT)를 200자 이내로 완성하시오.
   ② 천정도(설비, 조명기구 배치 및 범례표 작성/천장마감재 표기) SCALE : 1/50
   ③ 내부입면도 C방향 1면(벽면재료 표기) SCALE : 1/50
   ④ 단면상세도(A-A′) SCALE : 1/50
   ⑤ 실내투시도(채색작업은 필수) SCALE : N.S
      (계획의 포인트가 좋은 지점에서 1소점 또는 2소점 투시법으로 작성 및 작성과정의 투시보조선을 남길 것)

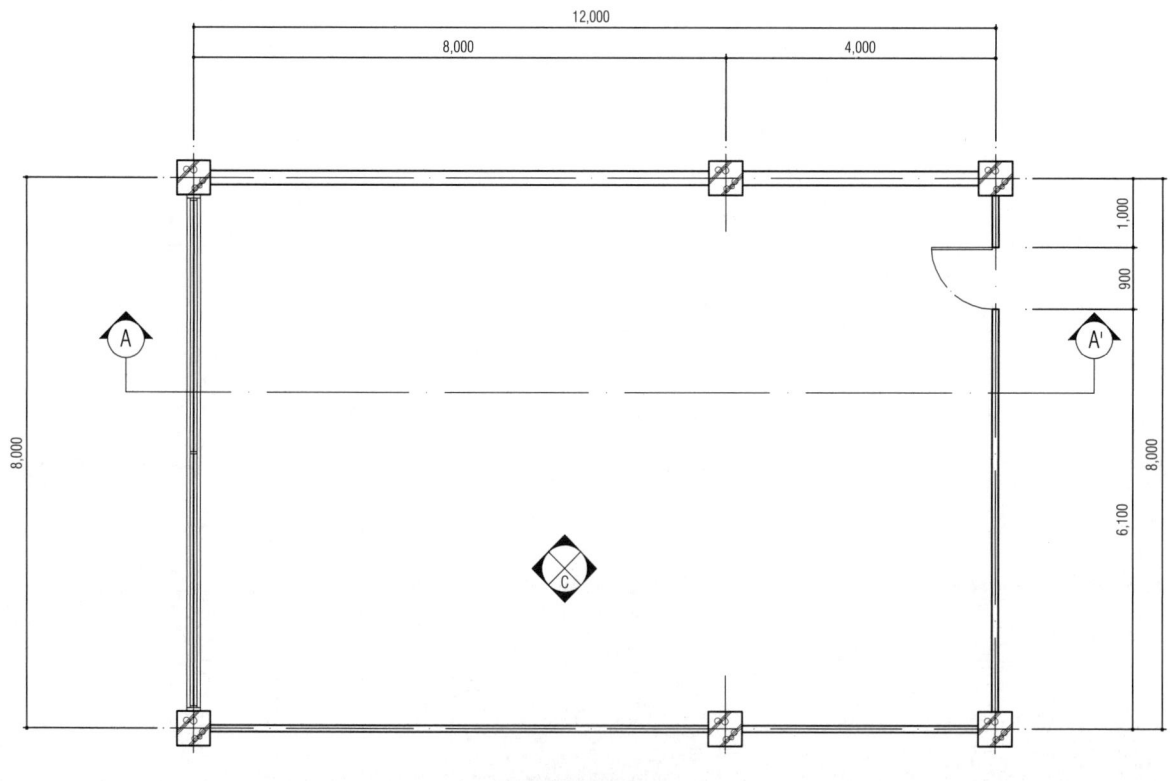

평면도

CONCEPT

20~30대 젊은 층을 대상으로 하는 헤어숍이다. 보다 감각적인 공간을 연출하기 위해 변화감있는 패턴과 젊은 층이 활동성을 부여할 수 있는 사선을 이용하여 평면을 계획하였다. 공간구성은 매장 입구에 카운터를 배치하여 이용자들의 편의를 돕고 바로 고객 응대가 가능하도록 하였다. 입구 좌측에는 고객을 위한 대기 공간을 배치하였고, 쾌적한 실내조경을 설치하였다. 미용 공간은 창가 쪽으로 배치하여 시각적으로 개방감이 들도록 하였으며, 샴푸실은 인접배치하여 동선의 흐름을 고려하였다. 가운데 대기공간의 마음을 머리 석 바닥과 나무 재질을 사용하여 고급스러우면서도 편안한 공간이 되도록 하였다.

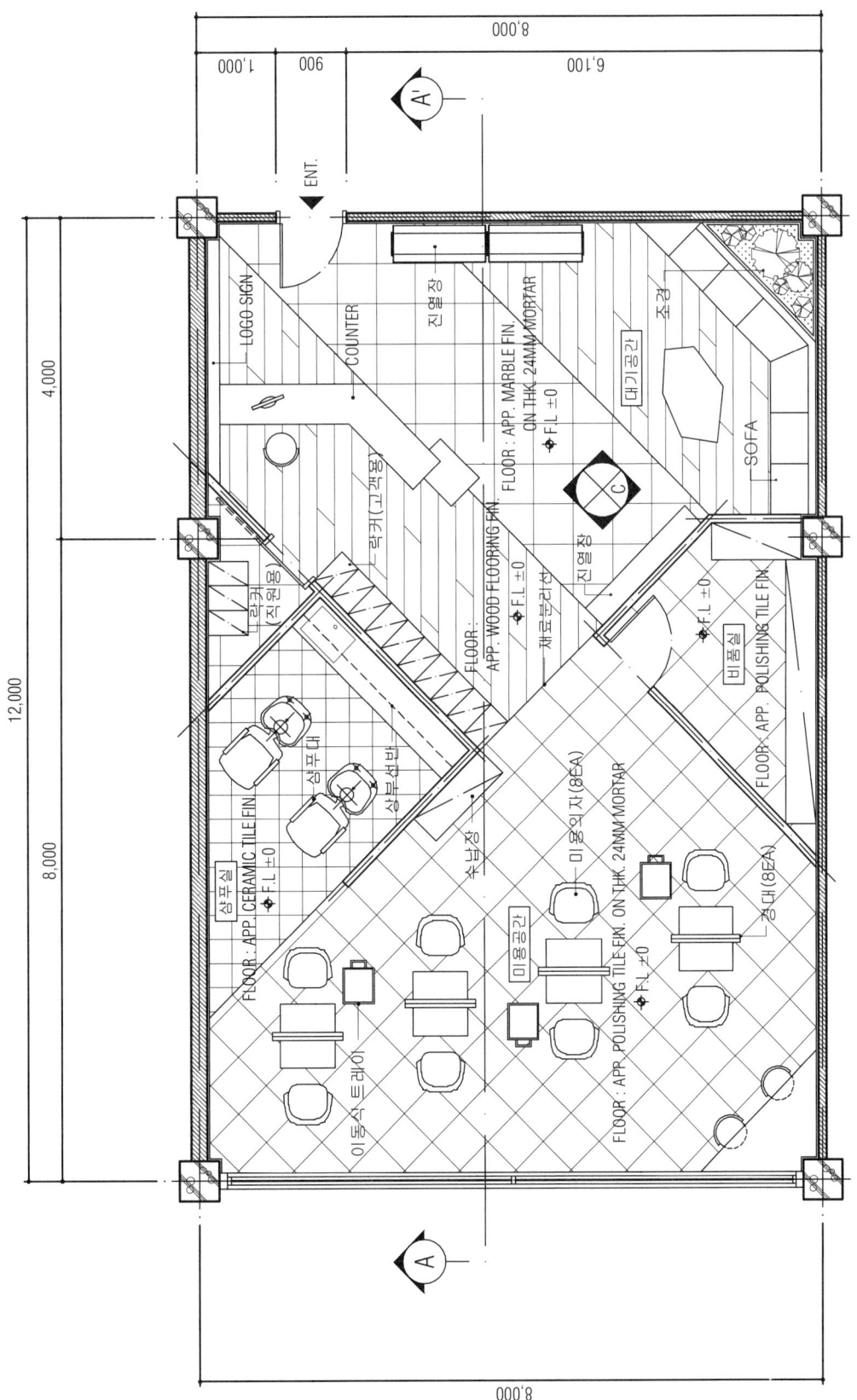

평 면 도 SCALE = 1/50

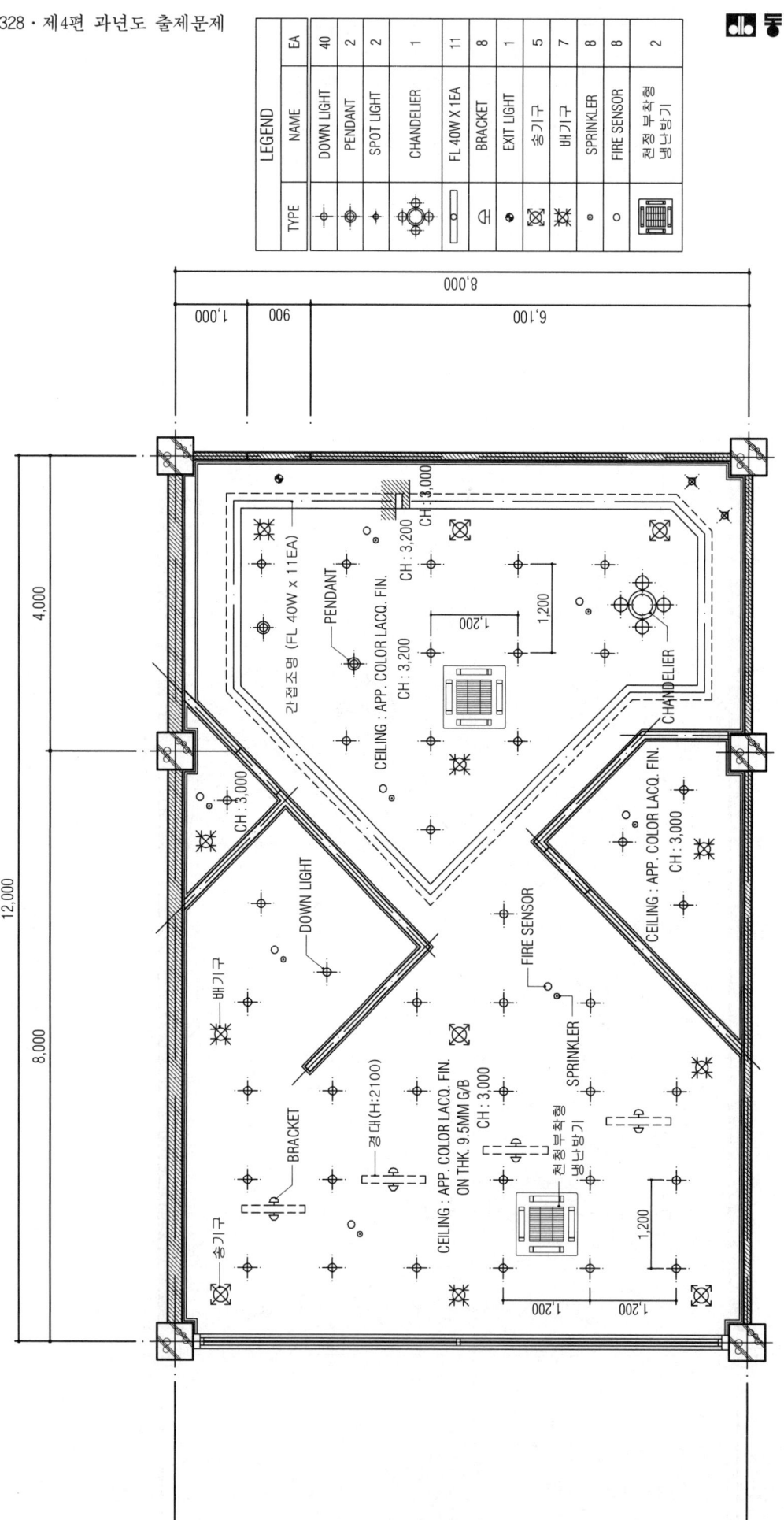

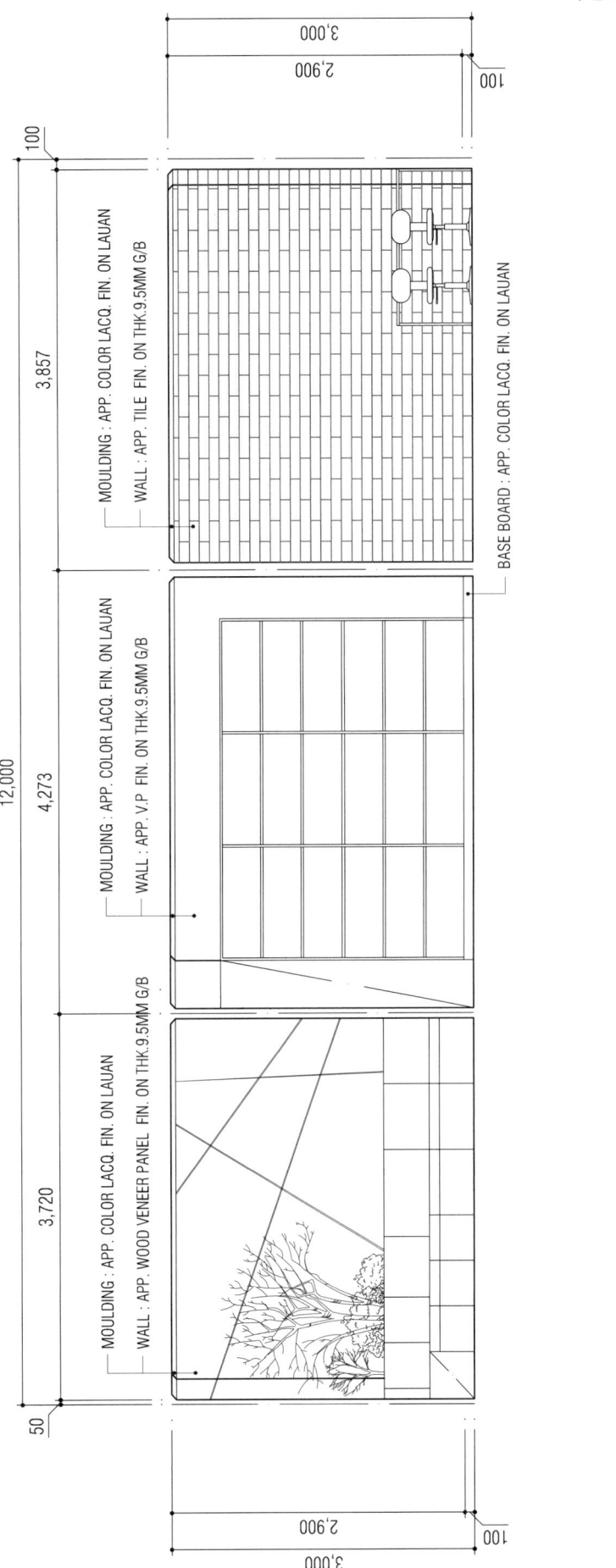

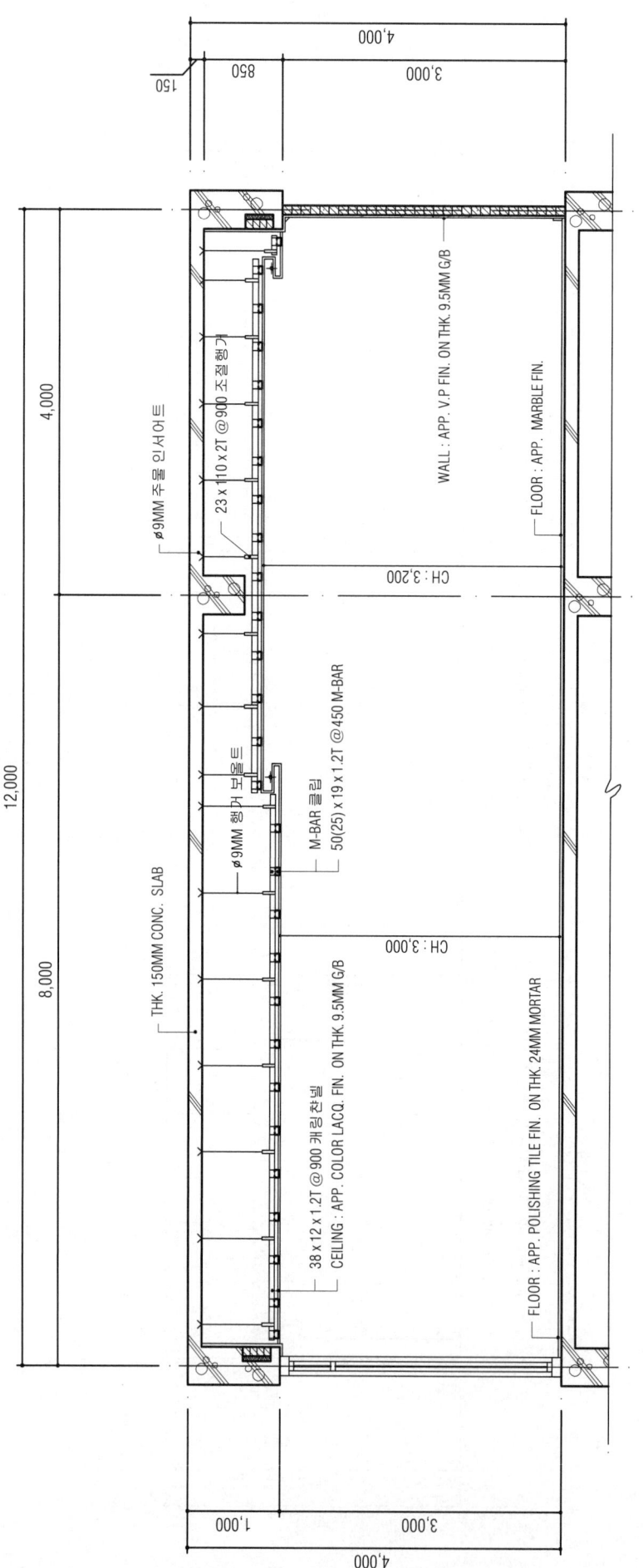

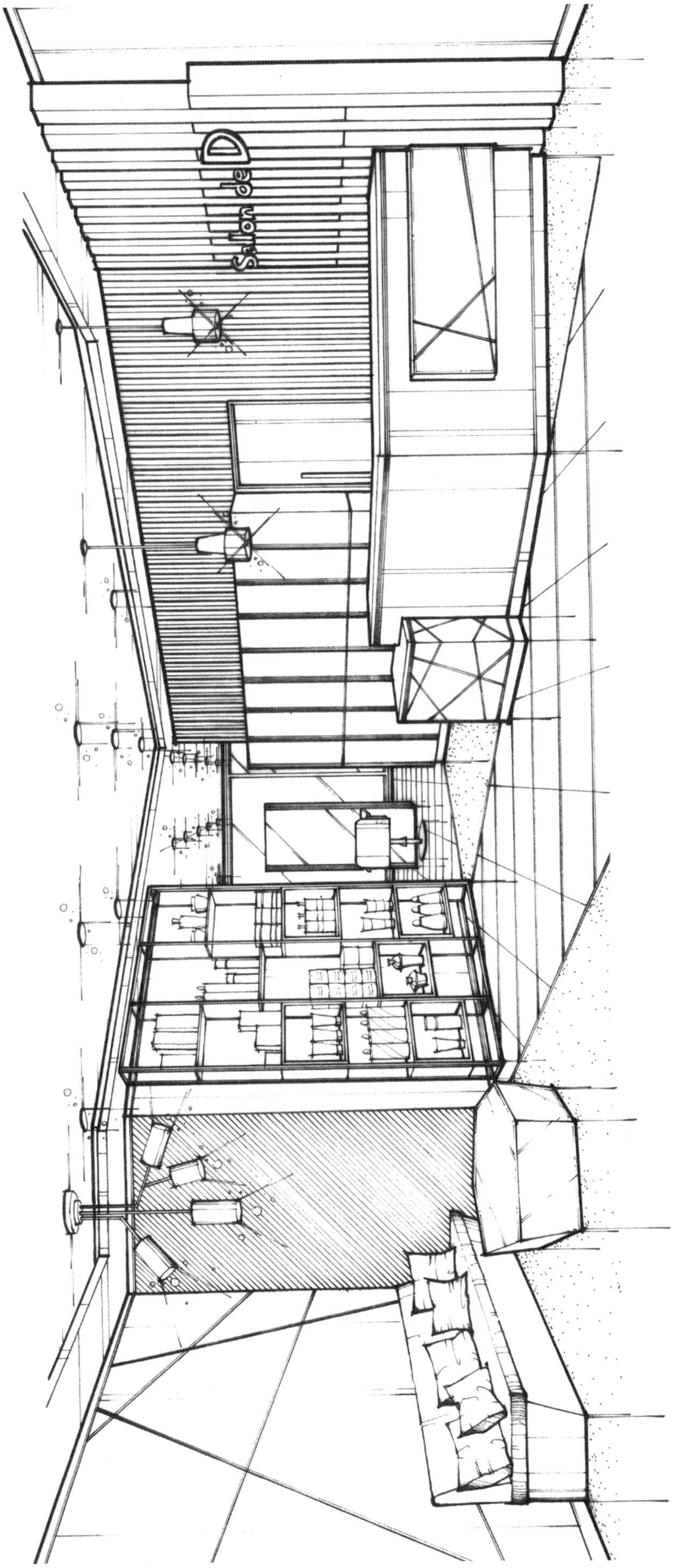

(2015. 11. 7 시행)

제75회 실내건축기사
시공실무

문제 1) 다음 아래의 조건을 토대로 공정표를 작성하시오. (4점)

작업명	작업일수	선행작업	비고
A	4	-	각 작업의 일정계산 표시방법은 아래 방법으로 한다.
B	2	-	
C	3	-	
D	2	A, B	EST LST LFT EFT
E	4	A, B, C	작업명
F	3	A, C	i ─작업일수─ j

【해설】

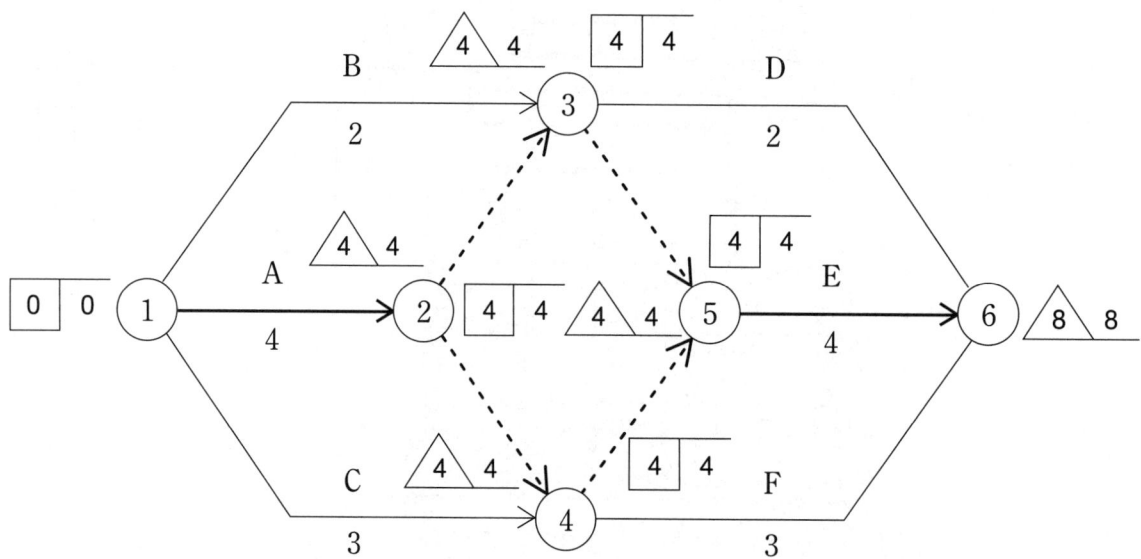

CP〉 Activity : A → E   Event : ① → ② → ③ → ⑤ → ⑥ and ① → ② → ④ → ⑤ → ⑥

문제 2) 현장에서 절단이 가능한 다음 유리의 절단 방법에 대하여 서술하고, 현장에서 절단이 어려운 유리제품 2가지를 쓰시오. (4점)
① 접합유리   ② 망입유리

【해설】 ① 접합유리 : 양면을 유리칼로 자르고, 필름은 면도칼로 절단한다.
② 망입유리 : 유리는 유리칼로 자르고, 꺾기를 반복하여 철을 절단한다.

문제 3) 주방 싱크대 상판에 멜라민수지를 발랐을 때의 장점을 3가지 쓰시오. (3점)
① ② ③

【해설】 ① 무색투명하여 착색이 자유롭다.
② 내마모성이 뛰어나다.
③ 내열성이 우수하다.

문제 4) 1일에 벽돌 5,000장을 편도거리 90m 운반하려한다. 필요한 인부수를 계산하시오. (3점)
(단, 질통용량 60kg, 보행속도 60m/분, 상하차 시간 3분, 1일 8시간 작업, 벽돌 1장의 무게 1.9kg)

【해설】 1회 왕복거리 = 편도거리×2회 = 90m×2회 = 180m
1회 운반량 = 질통용량 60kg/벽돌 1장의 무게 1.9kg = 31.57장 ≒ 31장(질통용량을 초과하지 않도록 절사하여 31장)
1회 순 운반시간 = 1회 왕복거리/보행속도(60m/분) = 180m/(60m/분) = 3분
1회 총 운반시간 = 1회 순 운반시간 + 1회 상하차시간 = 3분 + 3분 = 6분
1일 작업시간 = 8시간 = 480분
1일 작업시간당 왕복횟수 = 1일 작업시간/1회 총 운반시간 = 480분/6분 = 80회
1일 1인 총 운반량 = 1회 운반량 × 1일 작업시간 당 왕복횟수 = 31장 × 80회 = 2,480장
∴ 인부수 = 5,000장/2,480장 = 2.016129인 ≒ 3인

문제 5) 다음 설명에 알맞은 목재의 가공제품명을 기입하시오. (4점)
① 3매 이상의 얇은 나무판을 1매마다 섬유 방향에 직교시켜 접착제로 겹쳐서 붙여 놓은 것. (㉮)
② 식물 섬유질을 주원료로 하여 이를 섬유화, 펄프화하여 접착제를 섞어 판으로 만든 것.(㉯)
③ 목재의 작은 조각(㉰)로 합성수지 접착제를 첨가하여 열압 제판한 보드는 (㉱)이다.

【해설】 ㉮ 합판   ㉯ 화이버보드   ㉰ 부스러기   ㉱ 파티클보드

문제 6) 보강블록조에서 반드시 세로철근을 넣는 부위를 4가지 쓰시오. (4점)
① ② ③ ④

【해설】 ① 벽끝   ② 모서리   ③ 교차부   ④ 개구부 주위

문제 7) 가설공사에서 낙하물에 대한 안전을 고려한 위험 방지물 2가지를 쓰시오. (2점)
① ②

【해설】 ① 방호철망   ② 방호선반

문제 8) 다음은 특수미장공법이다. 설명하는 내용의 공법을 쓰시오. (2점)
① 시멘트, 모래, 잔자갈, 안료 등을 반죽하여 바탕바름이 마르기 전에 뿌려 바르는 거친벽 마무리로 일종의 인조석 바름이다.
② 돌로마이트에 화강석 부스러기, 색모래, 안료 등을 섞어 정벌바름하고 충분히 굳지 않은 상태에서 표면을 거친 솔, 얼레빗 같은 것으로 긁어 거친 면으로 마무리한 것.

【해설】 ① 러프코트(rough coat)   ② 리신바름(lithin coat)

문제 9) 건식 돌붙임공법에서 석재를 고정하거나 지탱하는 공법 3가지를 쓰시오.(3점)
① ② ③

【해설】 ① 앵글 지지법　　② 앵글+판 지지법　　③ 트러스 지지법

문제 10) 어느 건설공사의 한 작업이 정상적으로 시공할 때 공사기일은 13일, 공사비는 170,000원이고, 특급으로 시공할 때 공사기일은 10일, 공사비는 320,000원이라 할 때 이 공사의 공기단축시 필요한 비용구배(Cost slope)를 구하시오. (2점)

【해설】 ∴ 비용구배 = $\dfrac{320,000 - 170,000}{13 - 10} = \dfrac{150,000}{3} = 50,000$원/일

문제 11) 다음은 도배공사에 사용되는 특수벽지이다. 관계 있는 것끼리 연결하시오. (3점)
〈보기〉 가. 지사벽지　나. 유리섬유벽지　다. 직물벽지　라. 코르크벽지　마. 발포벽지　바. 갈포벽지
① 종이벽지　② 비닐벽지　③ 섬유벽지　④ 초경벽지　⑤ 목질계벽지　⑥ 무기질벽지

【해설】 ① → 가　② → 마　③ → 다　④ → 바　⑤ → 라　⑥ → 나

문제 12) 다음은 조적공사의 설명이다. 해당 명칭을 쓰시오. (2점)
① 길이면이 보이게 쌓는 쌓기 법
② 창문틀의 위에 쌓아 철근과 콘크리트를 다져 넣어 보강하게 된 U자형 블록

【해설】 ① 길이쌓기　　② 인방블록

문제 13) 다음 괄호 안에 알맞은 용어를 쓰시오. (4점)
적산은 공사에 필요한 재료 및 수량 즉, (①)을 산출하는 기술활동이고, 견적은(②)에 (③)를 곱하여 (④)를 산출하는 기술활동이다.

【해설】 ① 공사량　　② 공사량　　③ 단가　　④ 공사비

실 내 디 자 인

[제75회 작품명] 정형외과

1. 요구사항 - 주어진 도면은 정형외과의 평면도이다. 다음의 요구조건에 따라 도면을 작성하시오.

2. 요구조건
   ① 설계면적 : 13,200 × 9,000 × 2,700(H)
   ② 물리치료실 : 침대 6EA
   ③ 첨단의료장비를 설치할 수 있는 공간확보(사이즈없이)
   ④ 주사실
   ⑤ 조제실 및 비품실
   ⑥ 원장실 겸 상담실
   ⑦ 안내 및 계산대(사이즈 없이)
   ⑧ 고객대기공간 - TV, 음료대, 소파, 테이블

3. 요구도면
   ① 평면도(가구배치 및 바닥마감재 표기) SCALE : 1/50
      - 평면도 주변의 여유공간에 설계개요(DESIGN CONCEPT)를 200자 이내로 완성하시오.
   ② 천정도(설비, 조명기구 배치 및 범례표 작성/천장 마감재 표기) SCALE : 1/50
   ③ 내부입면도 B방향 1면(벽면재료 표기) SCALE : 1/50
   ④ 단면상세도(A-A') SCALE : 1/50
   ⑤ 실내투시도(채색작업은 필수) SCALE : N.S
      (계획의 포인트가 좋은 지점에서 1소점 또는 2소점 투시법으로 작성 및 작성과정의 투시보조선을 남길 것)

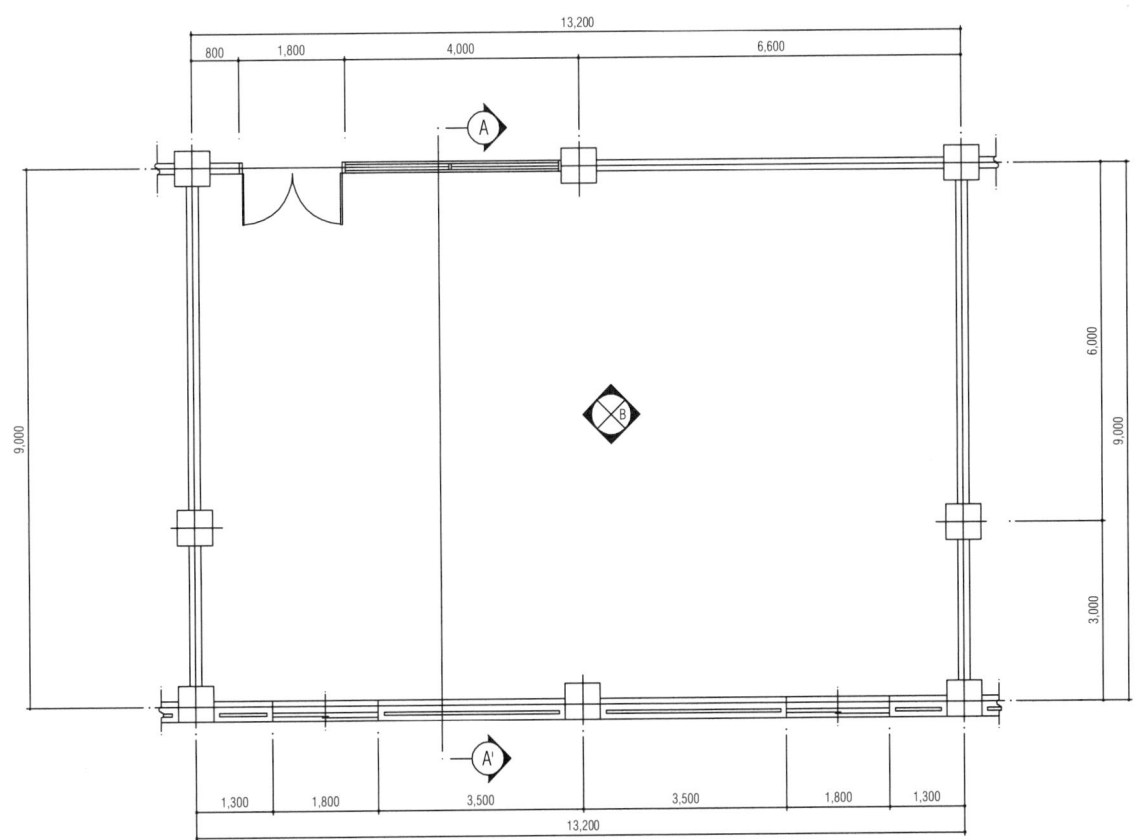

평 면 도

CONCEPT

진료를 하는 의료공간으로 환자들이 심리적 안정과 편의를 돕고자 공간 계획하였다. 공간구성으로는 크게 대기공간과 의료공간으로 누고 대기공간은 입구에 가운데 배치하여 이용객들이 빠른 고객에 대기 가능하도록 하였다. 또한 한쪽에 의료공간을 배치하여 환자들의 집중도를 높여 보다 편한 진료가 가능하도록 공간 계획하였다. 색채 계획으로는 활었으로써 고급스러움과 차분한 느낌을 주고 주황을 소파에 적용하여 진근하면서 편안한 느낌이 들도록 하였다. 또한 골드를 강조색으로 배색하여 의료공간의 긍정적인 이미지가 되도록 색채계획 하였다.

평 면 도 SCALE = 1/50

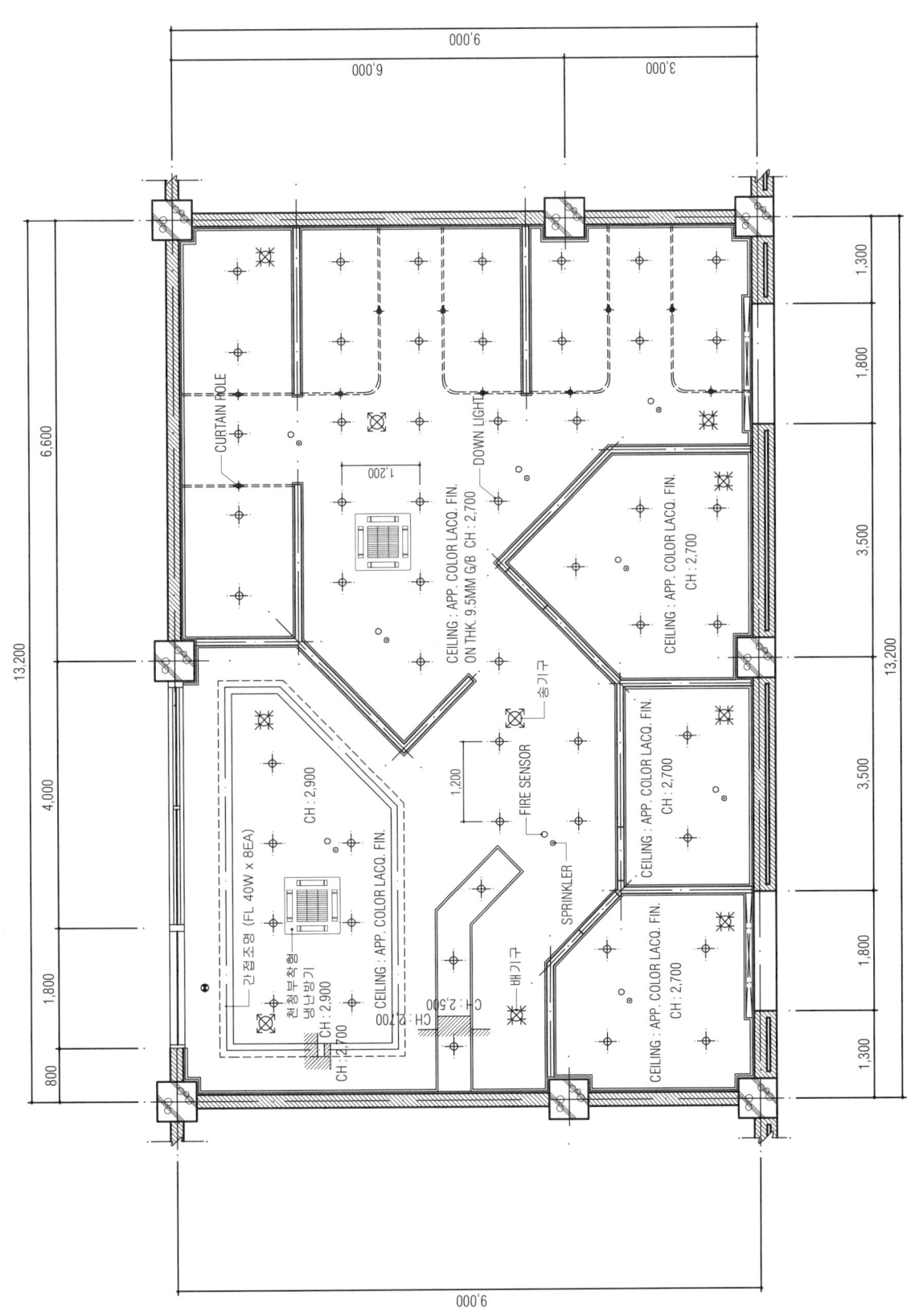

천 정 도   SCALE = 1/50

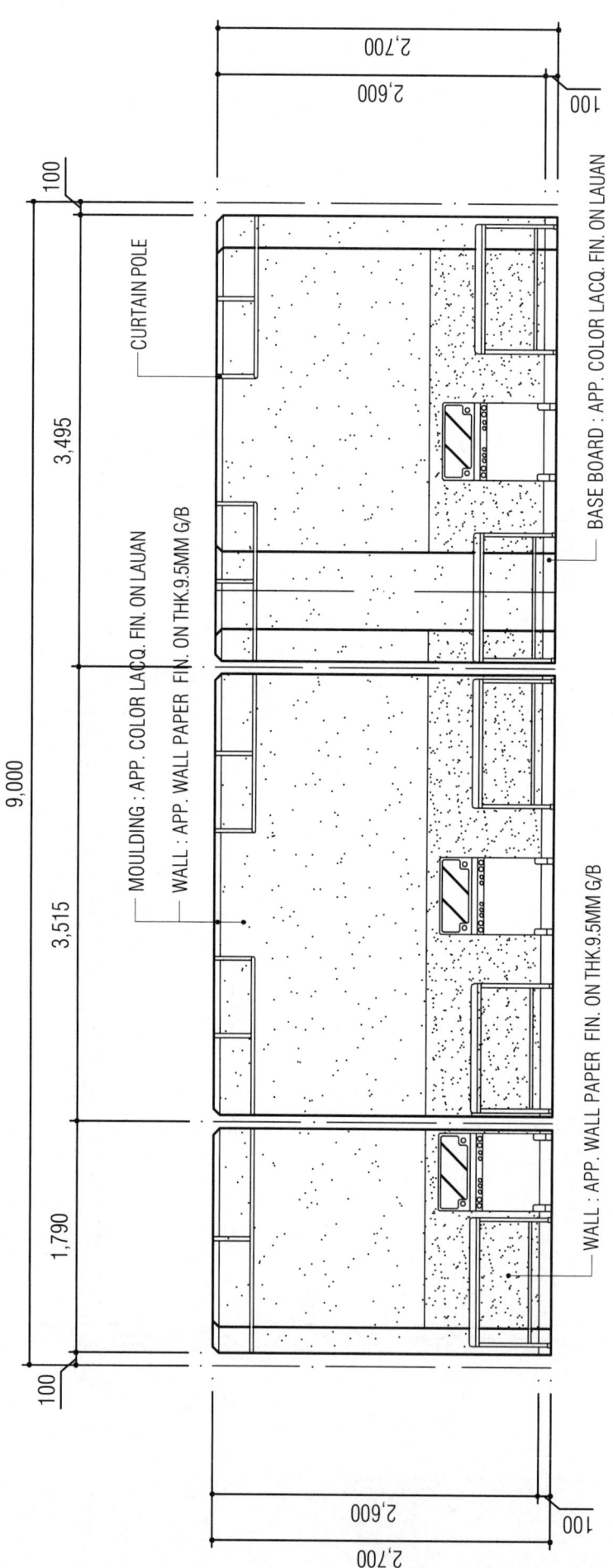

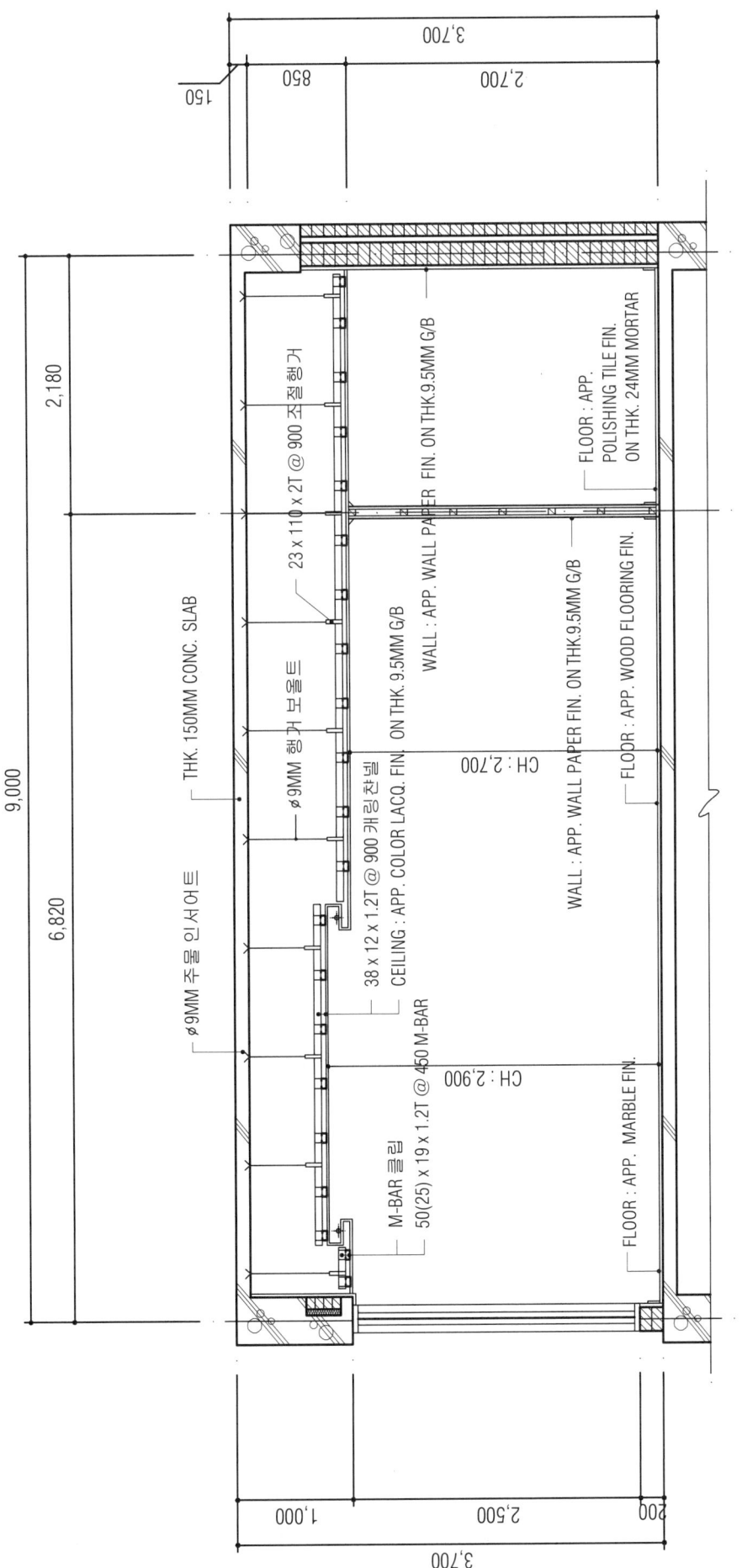

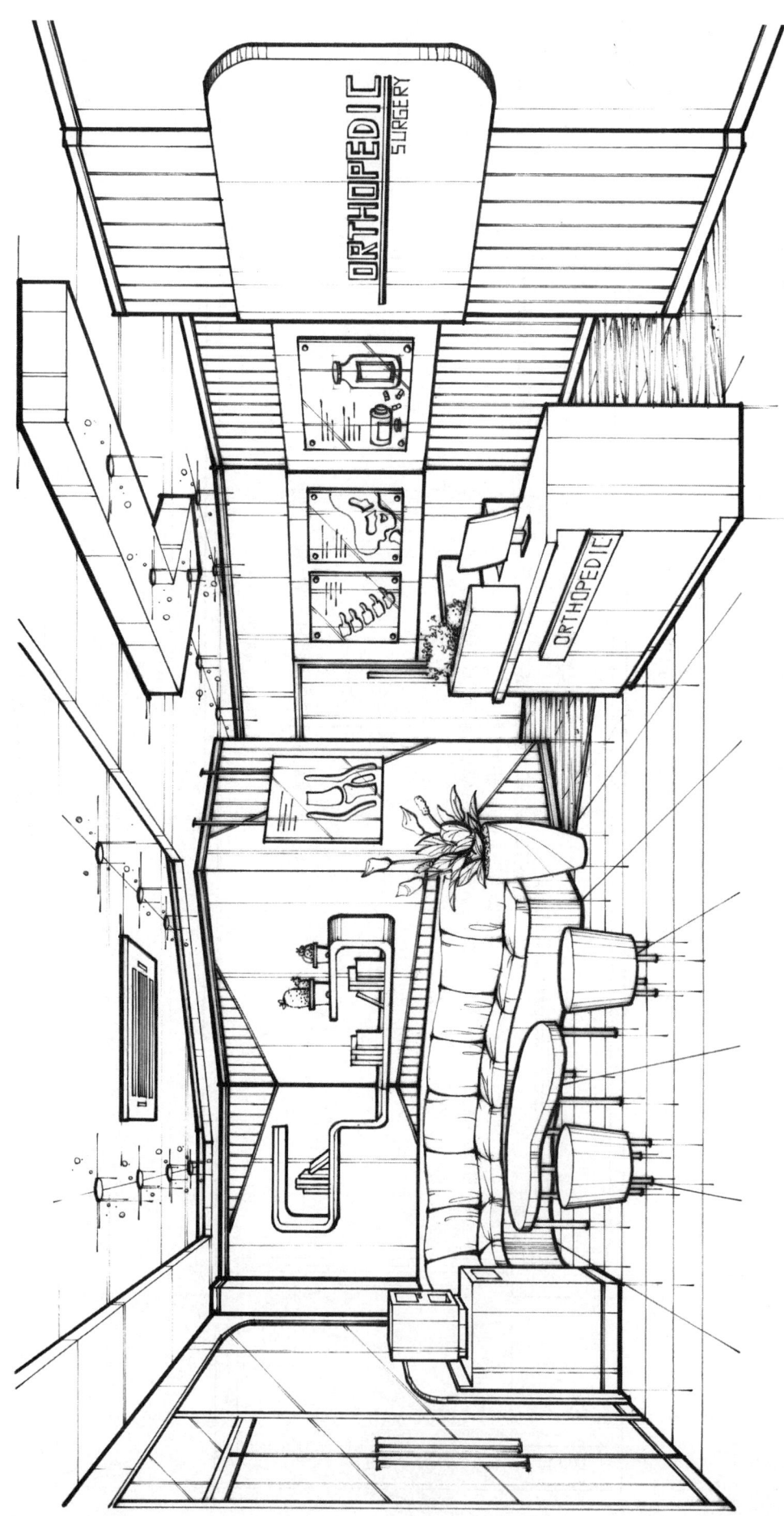

(2016. 4. 16 시행)

제76회 실내건축기사
시공실무

문제 1) 다음과 같은 건물의 외부비계 면적을 산출하시오. (3점)

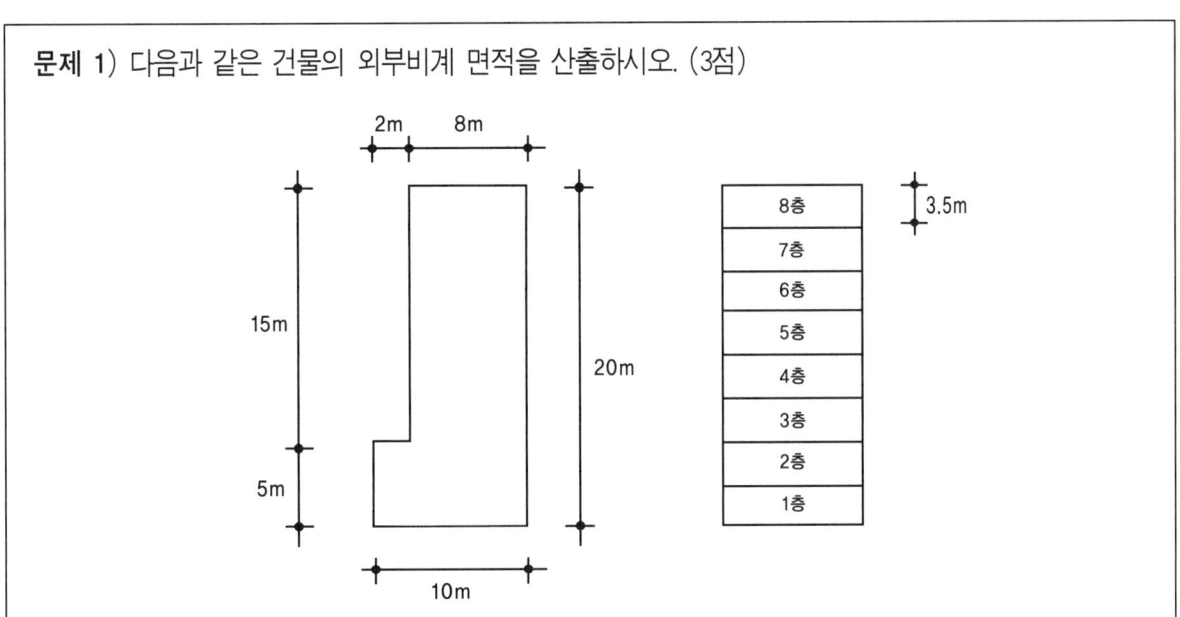

【해설】 A = H{2(a+b)+0.9×8}
A = 28{2(10+20)+0.9×8}
A = 28{(2×30)+7.2}
A = 28 × (60+7.2)
A = 28 × 67.2
A = 1,881.6㎡

문제 2) 어느 공사의 한 작업이 정상적으로 시공할 때 공사기일은 13일, 공사비는 200,000원이고, 특급으로 시공할 때 공사기일은 10일, 공사비는 350,000원이라 할 때 이 공사의 공기단축시 필요한 비용구배(Cost slope)를 구하시오. (2점)

【해설】 비용구배 = $\dfrac{350,000 - 200,000}{13 - 10}$ = $\dfrac{150,000}{3}$ = 50,000원/일

문제 3) 다음 아래는 목공사에 쓰이는 쪽매형식이다. 그 이름을 쓰시오. (4점)

① 　② 　③ 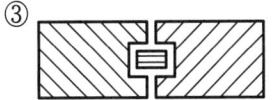　④

【해설】 ① 반턱쪽매　② 틈막이대쪽매　③ 딴혀쪽매　④ 제혀쪽매

문제 4) 다음은 금속공사에 사용되는 철물이다. 해당 철물을 간략히 기술하시오. (3점)
① 메탈라스　　　② 코너비드　　　③ 인서어트

【해설】 ① 얇은 강판에 자름금을 내어 늘린 마름모꼴 형태의 철망으로 천장, 벽, 처마둘레 등의 미장바름 보호용으로 쓰인다.
② 기둥, 벽 등의 모서리에 대어 미장바름을 보호하기 위한 철물로 각진 모서리에 대어 시공한다.
③ 콘크리트조 바닥판 밑에 반자틀 기타 구조물을 달아매고자 할 때 볼트 또는 달대의 걸침이 되는 것.

문제 5) 벽돌벽에서 발생할 수 있는 백화현상의 방지대책 4가지를 쓰시오. (4점)

【해설】 ① 소성이 잘된 양질의 벽돌을 사용한다.
② 파라핀도료를 발라 염류 방출을 방지한다.
③ 줄눈에 방수제를 사용하여 밀실시공 한다.
④ 벽면에 빗물이 침투하지 못하도록 비막이를 설치한다.

문제 6) 미장공사시 균열을 방지하기 위한 대책을 간략히 쓰시오. (4점)
①　　　②　　　③　　　④

【해설】 ① 철망 매립　② 배합비 준수　③ 혼화재 사용　④ 줄눈 설치

문제 7) 다음 용어에 대한 설치법 및 사용목적을 기술하시오. (4점)
① 논슬립　　　② 익스펜션볼트

【해설】 ① 계단의 디딤판 모서리 끝 부분에 대어 오르내릴 때 미끄럼을 방지하고, 시각적으로 계단의 디딤위치를 유도해 준다.
② 확장볼트 또는 팽창볼트라고 불리는 것으로 콘크리트, 벽돌 등의 면에 띠장, 문틀 등의 다른 부재를 고정하기 위하여 설치하는 특수 볼트

문제 8) 테라쪼(Terrazzo)현장갈기의 시공순서를 〈보기〉에서 골라 기호를 쓰시오. (2점)
〈보기〉 ① 왁스칠　② 시멘트 풀먹임　③ 양생 및 경화　④ 초벌갈기
⑤ 정벌갈기　⑥ 테라쪼 종석바름　⑦ 황동줄눈대 대기

【해설】 ⑦ → ⑥ → ③ → ④ → ② → ⑤ → ①

문제 9) 석재를 가공할 때 쓰이는 특수공법의 종류 3가지를 쓰시오. (3점)
①　　　②　　　③

【해설】 ① 모래분사법　② 버너구이법　③ 플래너마감법

문제 10) 안전유리로 분류할 수 있는 유리의 명칭 3가지를 쓰시오. (3점)
①　　　②　　　③

【해설】 ① 접합유리　② 강화유리　③ 망입유리

문제 11) 석재가공 시공순서를 5단계로 쓰시오. (3점)
(①) → (②) → (③) → (④) → (⑤)

【해설】 ① 혹두기   ② 정다듬기   ③ 도드락다듬기   ④ 잔다듬기   ⑤ 갈기 및 광내기

문제 12) 목구조체의 횡력에 대한 변형, 이동 등을 방지하기 위한 대표적인 보강 방법을 3가지만 쓰시오. (3점)

【해설】 ① 가새   ② 버팀대   ③ 귀잡이(또는 귀잡이보)

문제 13) 다음은 경량철골 천정틀 설치순서이다. 시공순서에 맞게 나열하시오. (2점)
① 달대설치   ② 앵커설치   ③ 텍스붙이기   ④ 천정틀설치

【해설】 ② → ① → ④ → ③

실 내 디 자 인

[제76회 작품명] 귀금속 전문점

1. 요구사항 - 주어진 도면은 상업중심지역에 위치한 귀금속 전문점이다.
   다음의 요구조건에 따라 도면을 작성하시오.

2. 요구조건
   ① 설계면적 : 9,000×6,600×2,700mm(H)
   ② 인적구성 : 6명
   ③ 요구공간 및 필요 집기 : 판매공간, 쇼윈도우, 서비스실(보석 수리 및 감정)
   　　　　　　　　　　　　 쇼케이스, 귀금속진열장, 상담좌석

3. 요구도면
   ① 평면도(가구배치 및 바닥마감재 표기) SCALE : 1/50
   　- 가구배치 포함, 평면 계획의 디자인 의도·방향 등을 200자 이내로 완성하시오.
   ② 천정도(설비, 조명기구 배치 및 범례표 작성/천장마감재 표기) SCALE : 1/50
   ③ 내부입면도 A방향 1면(벽면재료 표기) SCALE : 1/50
   ④ 단면상세도(A-A') SCALE : 1/50
   ⑤ 실내투시도(채색작업은 필수) SCALE : N.S
   　(계획의 포인트가 좋은 지점에서 1소점 또는 2소점 투시법으로 작성 및 작성과정의 투시보조선을 남길 것)

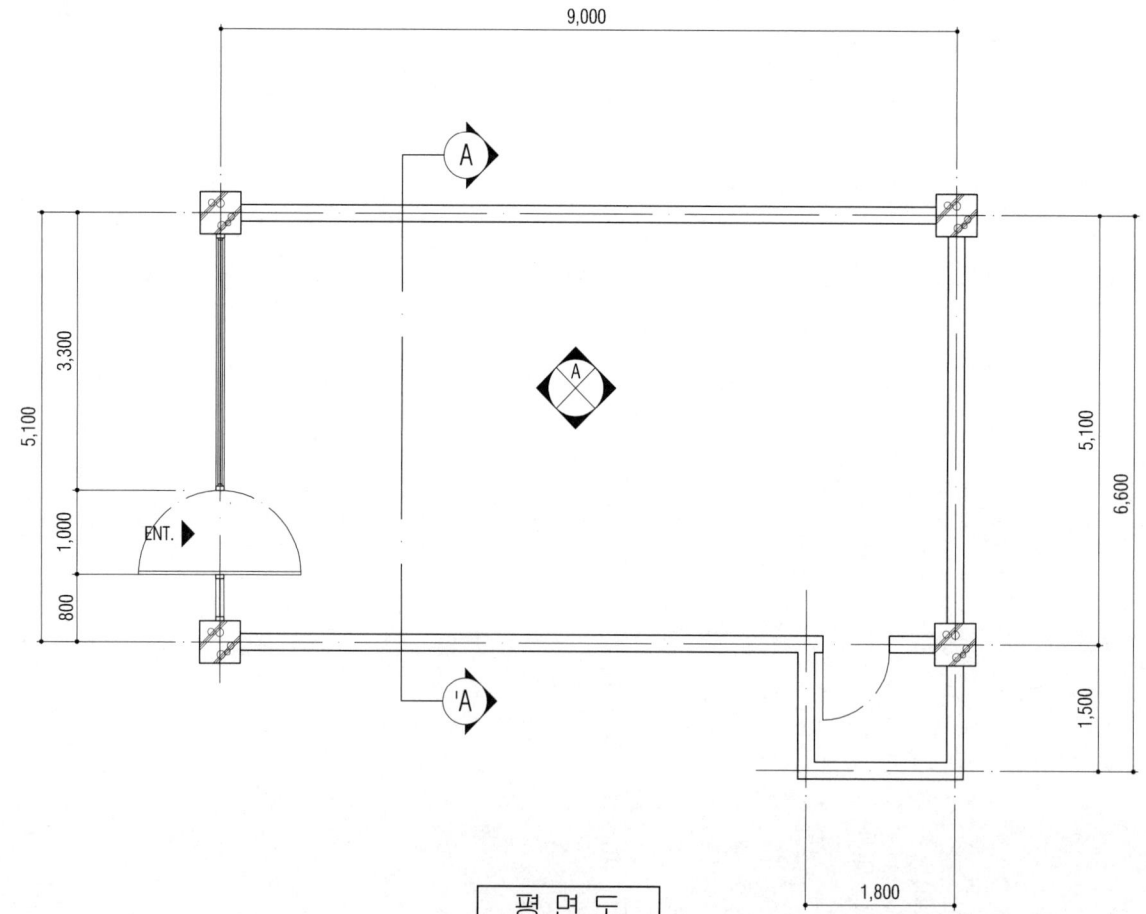

평면도

CONCEPT

상업중심지역에 위치한 귀금속을 판매 전시하는 공간이다. 공간 계획으로는 출입구 앞 전면창에 쇼윈도우를 배치하여 외부 고객들의 시선을 집중시켜 자연스럽게 상점으로 진입할 수 있도록 계획하였으며 고가의 상품을 판매하는 귀금속 전문점의 특성을 고려하여 섬세한 디스플레이와 충분한 상담을 통해 판매로 이루어질 수 있도록 대면판매를 위한 쇼케이스를 전면에 걸쳐 대각선 방향으로 가운데에 연결되도록 배치하였다. 또한 판매공간과 부대공간을 분리하여 직원의 관리가 용이하도록 하였다. 색채 계획으로는 가구를 하이글로시 재질의 블랙을 사용하고 귀금속의 고급스러운 느낌을 연출하고 커금속의 골드와 화려함을 연출하기 위하여 골드와 퍼플을 모티브가 느껴지도록 골드와 퍼플을 모티브가 느껴지도록 골드와 퍼플을 모티브인 컬러로 계획하였다.

평 면 도 SCALE = 1/50

천 정 도 SCALE = 1/50

TYPE	LEGEND	EA
✛	DOWN LIGHT	12
⊕	PENDANT	3
✦	SPOT LIGHT	18
✤	CHANDELIER	1
▭	FL 40W X 1EA	9
⊠	EXIT LIGHT	1
❋	송기구	2
●	배기구	5
○	SPRINKLER	7
	FIRE SENSOR	7
▦	천정부착형 냉난방기	1

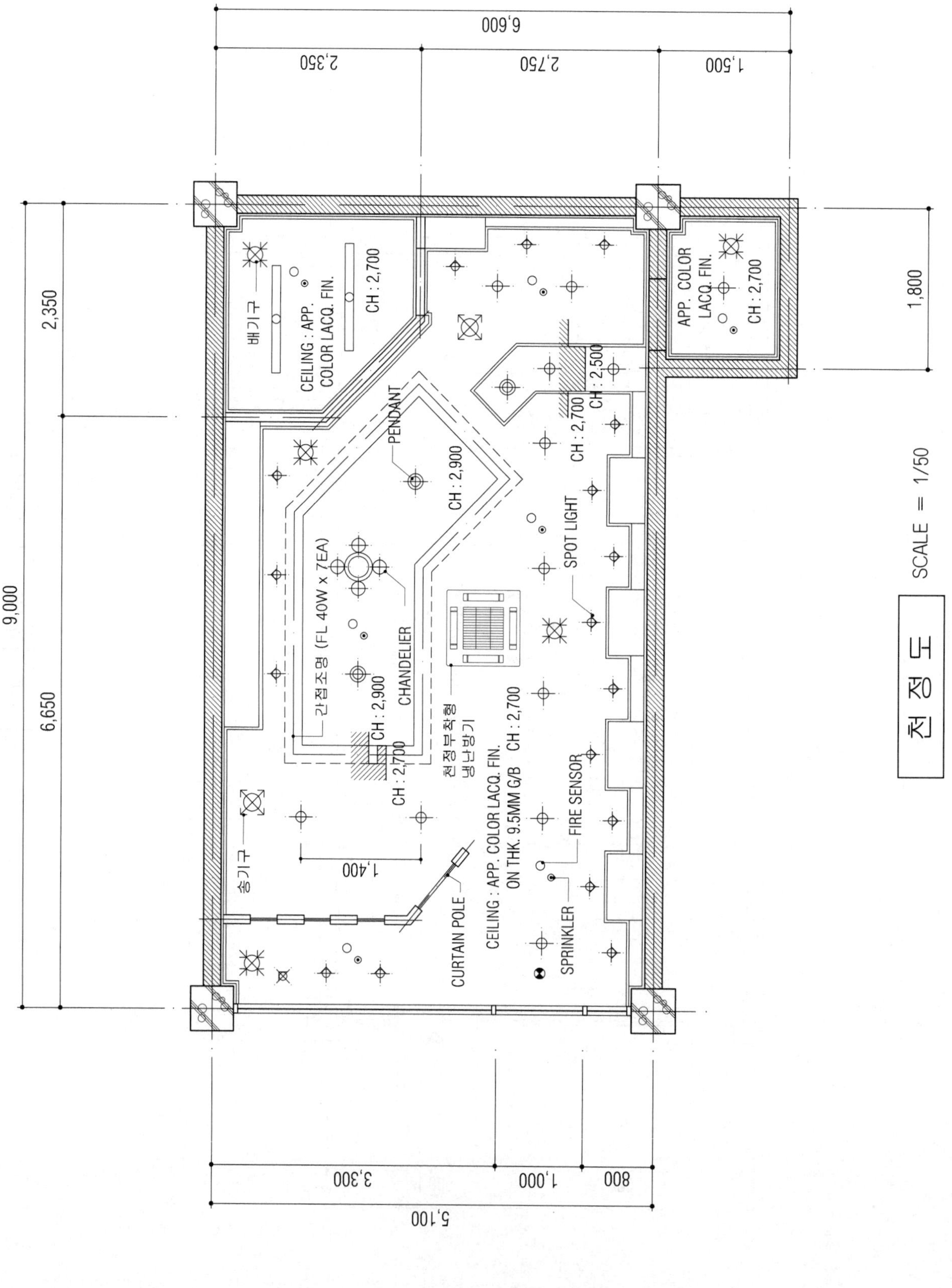

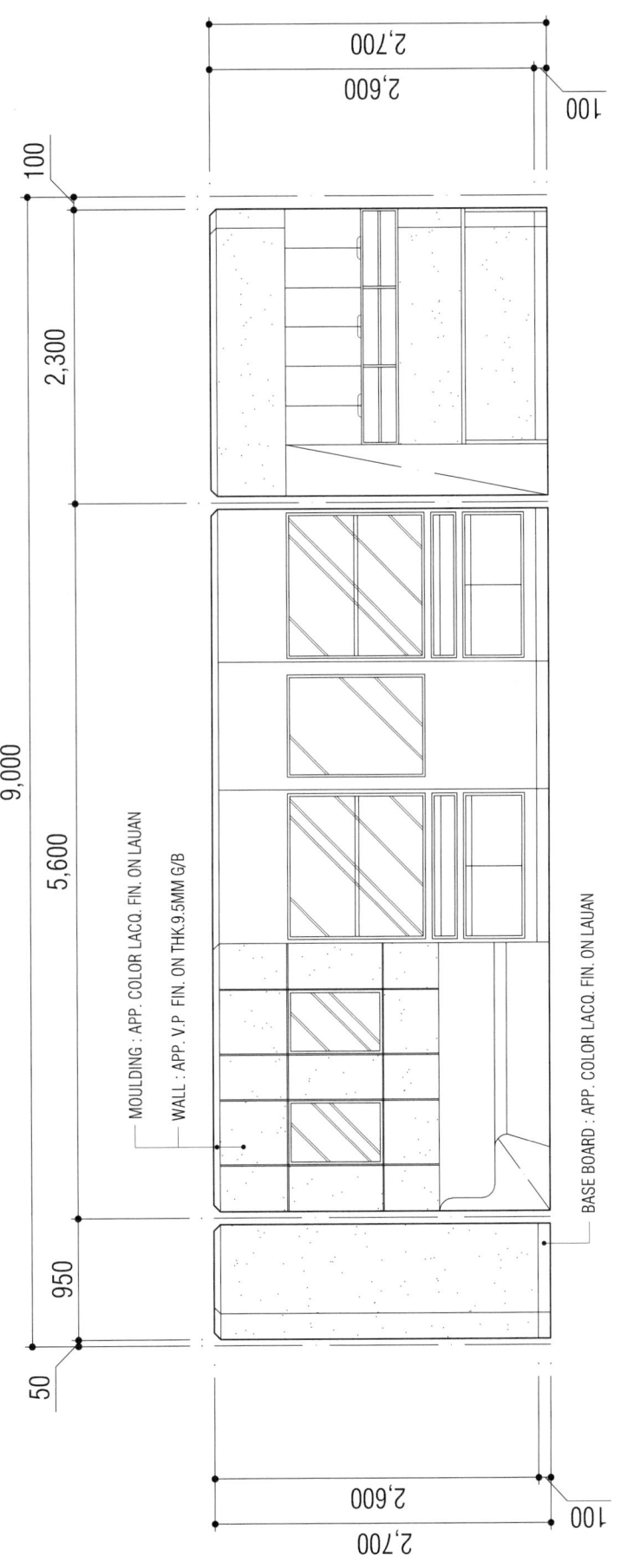

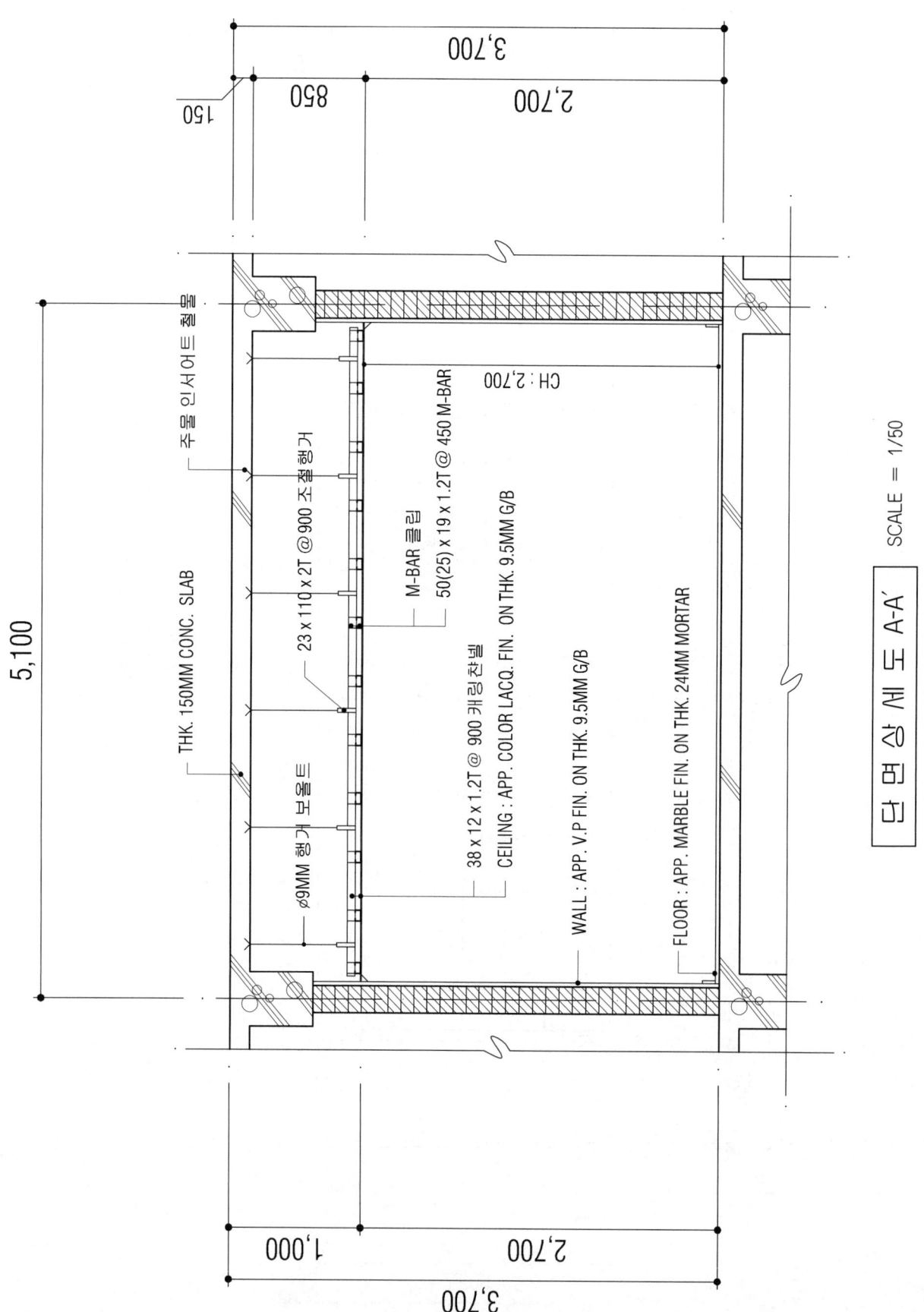

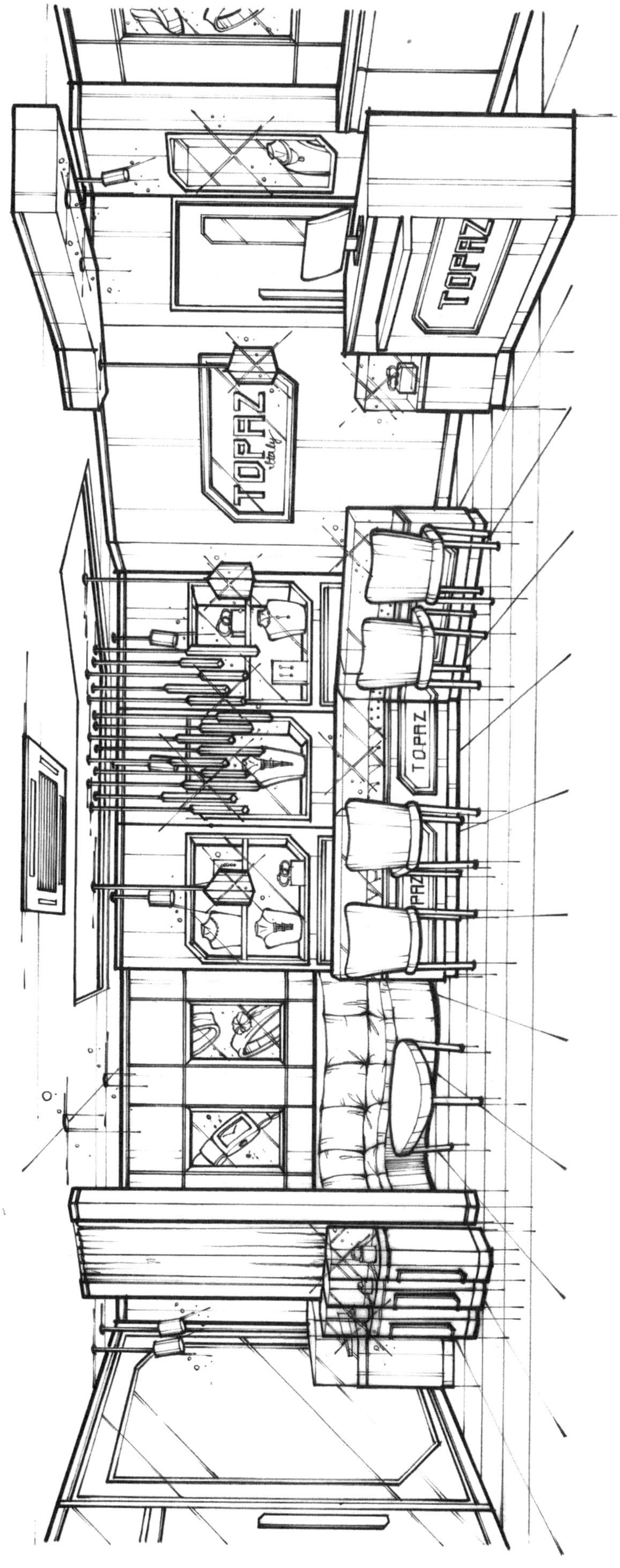

실내투시도 SCALE = N.S

(2016. 6. 26 시행)

제77회 실내건축기사
시공실무

문제 1) 목재의 건조법 중 훈연법에 대하여 설명하시오. (3점)

【해설】 목재의 수액제거 및 건조를 위한 방법으로 연소가마를 건조한 실내에 장치하고, 나무부스러기, 톱밥 등을 태워 그 연기와 열을 이용하는 방법.

문제 2) 길이 100m, 높이 2m, 1.0B 벽돌벽의 정미량을 산출하시오. (3점)
 (단, 벽돌규격은 표준형임)

【해설】 ① 벽면적 = 100×2 = 200m² ② 정미량 = 200×149 = 29,800매

문제 3) 다음 〈보기〉에서 수경성 미장재료를 고르시오. (3점)
〈보기〉 ① 돌로마이트플라스터 ② 인조석 바름 ③ 시멘트 모르타르 ④ 회반죽 ⑤ 킨즈시멘트

【해설】 ②, ③, ⑤

문제 4) 합판유리의 특성 3가지를 기술하시오. (3점)
①
②
③

【해설】 ① 2장 이상의 유리판을 합성수지로 겹 붙여 댄 것으로 강도가 크다.
② 충격에 의한 파손시 산란이 거의 없다.
③ 여러겹이라 다소 하중이 크지만 견고하다.

문제 5) 다음은 도장공사에 사용되는 재료이다. 녹방지를 위한 녹막이 도료를 고르시오. (2점)
〈보기〉 ① 광명단 ② 아연분말 도료 ③ 에나멜 도료 ④ 멜라민수지 도료

【해설】 ① 광명단 ② 아연분말 도료

문제 6) 다음은 아치쌓기 종류이다. 괄호 안을 채우시오. (4점)
벽돌을 주문하여 제작한 것을 사용해서 쌓은 아치를 (①), 보통벽돌을 쐐기모양으로 다듬어 쓴 것을 (②), 현장에서 보통벽돌을 써서 줄눈을 쐐기모양으로 한 (③), 아치나비가 넓을 때에는 반장별로 층을 지어 겹쳐 쌓는 (④)가 있다.

【해설】 ① 본아치 ② 막만든아치 ③ 거친아치 ④ 층두리아치

문제 7) 테라쪼(Terrazzo) 현장갈기의 시공순서를 〈보기〉에서 골라 기호를 쓰시오. (3점)

〈보기〉 ① 왁스칠   ② 시멘트 풀먹임   ③ 양생 및 경화   ④ 초벌갈기
　　　 ⑤ 정벌갈기   ⑥ 테라쪼 종석바름   ⑦ 황동줄눈대 대기

【해설】 ⑦ → ⑥ → ③ → ④ → ② → ⑤ → ①

문제 8) 다음 내용에 맞는 알맞은 용어를 〈보기〉에서 골라 기입하시오. (4점)

〈보기〉 ㉮ 시험체의 단면적   ㉯ 최대하중   ㉰ 시험체의 전단면적

① 벽돌압축강도 = ─────   ② 블록압축강도 = ─────

【해설】 ① 벽돌압축강도 = $\dfrac{㉯}{㉮}$ ② 블록압축강도 = $\dfrac{㉯}{㉰}$

문제 9) 벽 타일붙이기 시공순서이다. 〈보기〉에서 골라 그 번호를 나열하시오. (3점)

〈보기〉 ① 타일나누기   ② 치장줄눈   ③ 보양   ④ 벽타일붙이기   ⑤ 바탕처리

【해설】 ⑤ → ① → ④ → ② → ③

문제 10) 석재를 가공할 때 쓰이는 특수공법의 종류 3가지와 방법을 쓰시오. (3점)
①　　　　　　②　　　　　　③

【해설】 ① 모래분사법 : 모래를 고압증기로 분사시켜 석재 표면을 가공하는 마감법
　　　 ② 버너구이법 : 버너로 표면을 달군 다음 찬물을 뿌려 급랭시켜 표면에 박리현상을 만드는 마감법
　　　 ③ 플래너마감법 : 석재표면을 기계를 이용하여 매끄럽게 깎아내어 다듬는 마감법

문제 11) 다음 용어를 설명하시오. (3점)
① 입주상량   ② 듀벨   ③ 바심질

【해설】 ① 목재의 마름질, 바심질이 끝난 다음 기둥 세우기, 보, 도리의 짜맞추기를 하는 일.
　　　　 목공사의 40%가 완료된 상태이다.
　　　 ② 목재에서 두재의 접합부에 끼워 보울트와 같이 써서 전단에 견디도록 하는 일종의 산지.
　　　 ③ 구멍뚫기, 홈파기, 면접기 및 대패질 등으로 목재를 다듬는 일.

문제 12) 다음 각 재료에 대한 할증률이 큰 순서대로 나열하시오. (2점)
〈보기〉 ① 블록   ② 시멘트벽돌   ③ 유리   ④ 타일

【해설】 ② → ① → ④ → ③

문제 13) 다음 철물의 사용목적 및 위치를 쓰시오. (4점)
① 인서어트   ② 코너비드

【해설】 ① 반자틀 기타 구조물을 달아매고자 할 때 볼트 또는 달대의 걸침이 되는 철물로 콘크리트조 바닥판 밑에 설치한다.
　　　 ② 기둥, 벽 등 모서리 부분의 미장바름을 보호하기 위한 철물로 그 시공면의 각진 모서리에 대어 시공한다.

실내디자인

[제77회 작품명] 한의원

1. 요구사항 - 주어진 도면은 상업중심지역에 위치한 한의원의 평면도이다.
   다음의 요구조건에 따라 도면을 작성하시오.

2. 요구조건

   ① 설계면적 : 9,000×7,200×2,700mm(H)　② 인적구성 : 원장 1명, 간호사 2명
   ③ 안내 및 캐시카운터(사이즈없이)　　　④ 고객대기공간 - 대기소파, 음수대, 안마기
   ⑤ 원장실 겸 상담실 : 컴퓨터, 책상, 치료침대 1개　⑥ 치료실(침대실) : 침대 3개 이상
   ⑦ 조제실 및 탕전실　　　　　　　　　　⑧ 냉난방기(천장형)

3. 요구도면

   ① 평면도(가구배치 및 바닥마감재 표기) SCALE : 1/50
      - 가구배치 포함, 평면 계획의 디자인 의도·방향 등을 200자 이내로 완성하시오.
   ② 천정도(설비, 조명기구 배치 및 범례표 작성/천장마감재 표기) SCALE : 1/50
   ③ 내부입면도 B방향 1면(벽면재료 표기) SCALE : 1/50
   ④ 단면상세도(A-A') SCALE : 1/50
   ⑤ 실내투시도(채색작업은 필수) SCALE : N.S
      (계획의 포인트가 좋은 지점에서 1소점 또는 2소점 투시법으로 작성하되, 작성과정의 투시보조선을 남길 것)

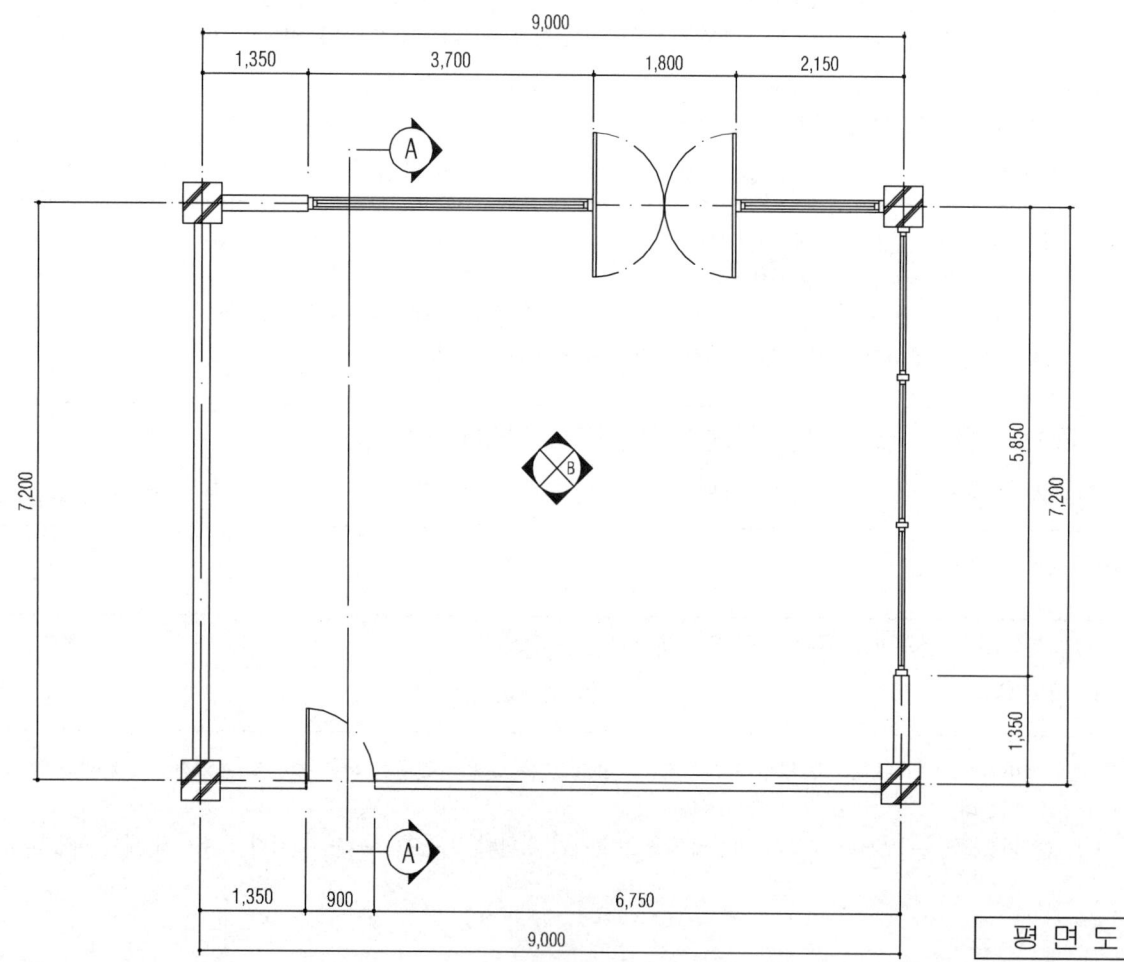

평면도

CONCEPT

상영중심지역에 위치한 한의원이다. 전체적인 공간은 대기공간과 치료공간, 조제 공간으로 구성하였다. 출입구에 카운터와 대기공간을 배치하여 고객의 편의를 도모하고 대기공간과 연계하여 치료공간 및 조제 공간을 구성하여 효율적인 진료와 치료가 가능하도록 배치하였다. 전반적인 분위기는 환자들이 편안하게 진료를 받을 수 있도록 안락하고 내추럴한 이미지를 연출하였다. 또한 한의학이라는 특성 및 한의원을 찾는 고객들의 심리와 정서를 반영하고자 한국적인 문양과 컬러를 사용하여 일반 의원과는 차별화를 주고자 하였다.

평 면 도 SCALE = 1/50

천 정 도

SCALE = 1/50

LEGEND		
TYPE	NAME	EA
⊕	DOWN LIGHT	22
⊕	PENDANT	2
▯	FL 40W	6
✦	CHANDELIER	1
●	EXIT LIGHT	1
⊠	송기구	5
✻	배기구	6
○	SPRINKLER	8
⊙	FIRE SENSOR	8
▦	천정부착형 냉난방기	1

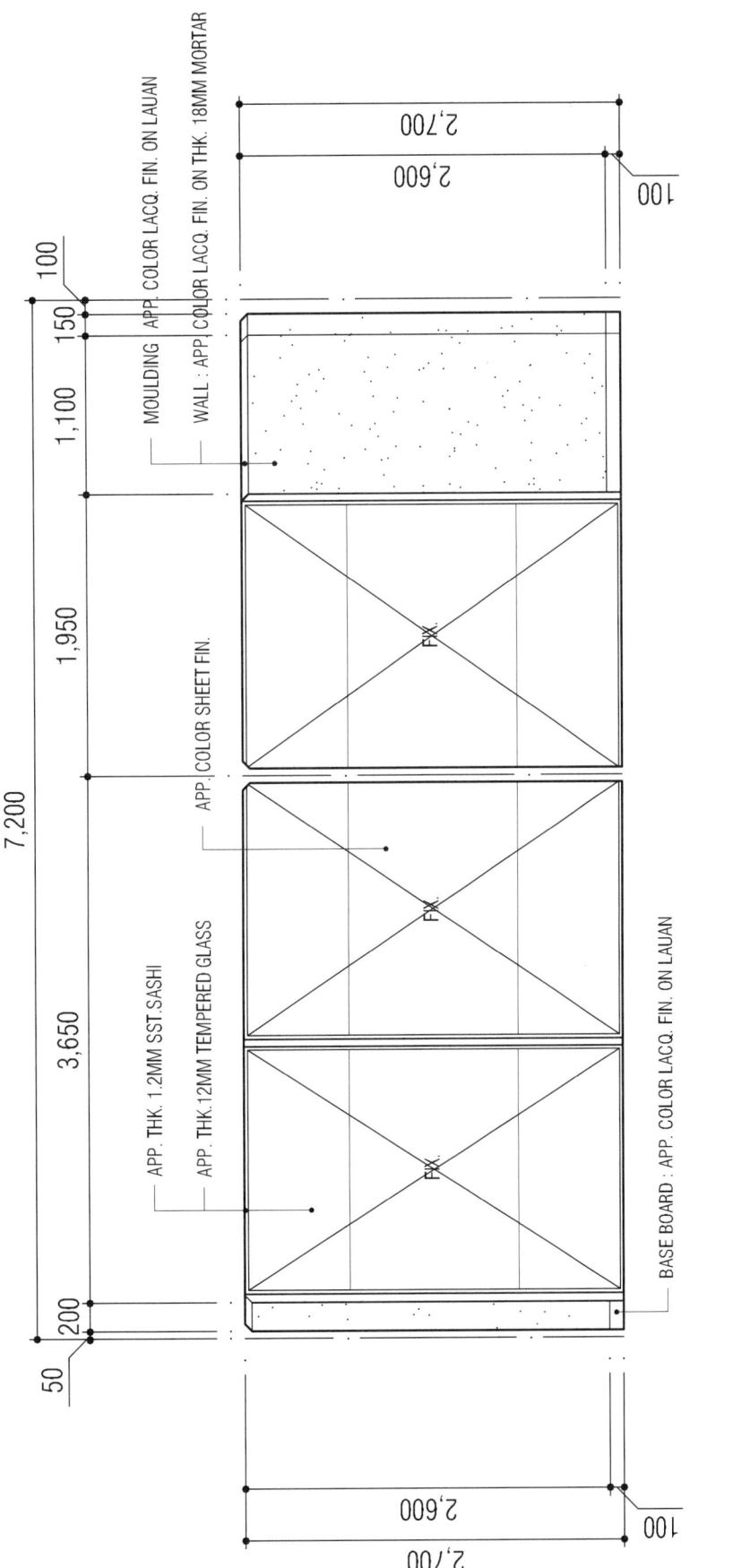

내외부 입면도 B SCALE = 1/50

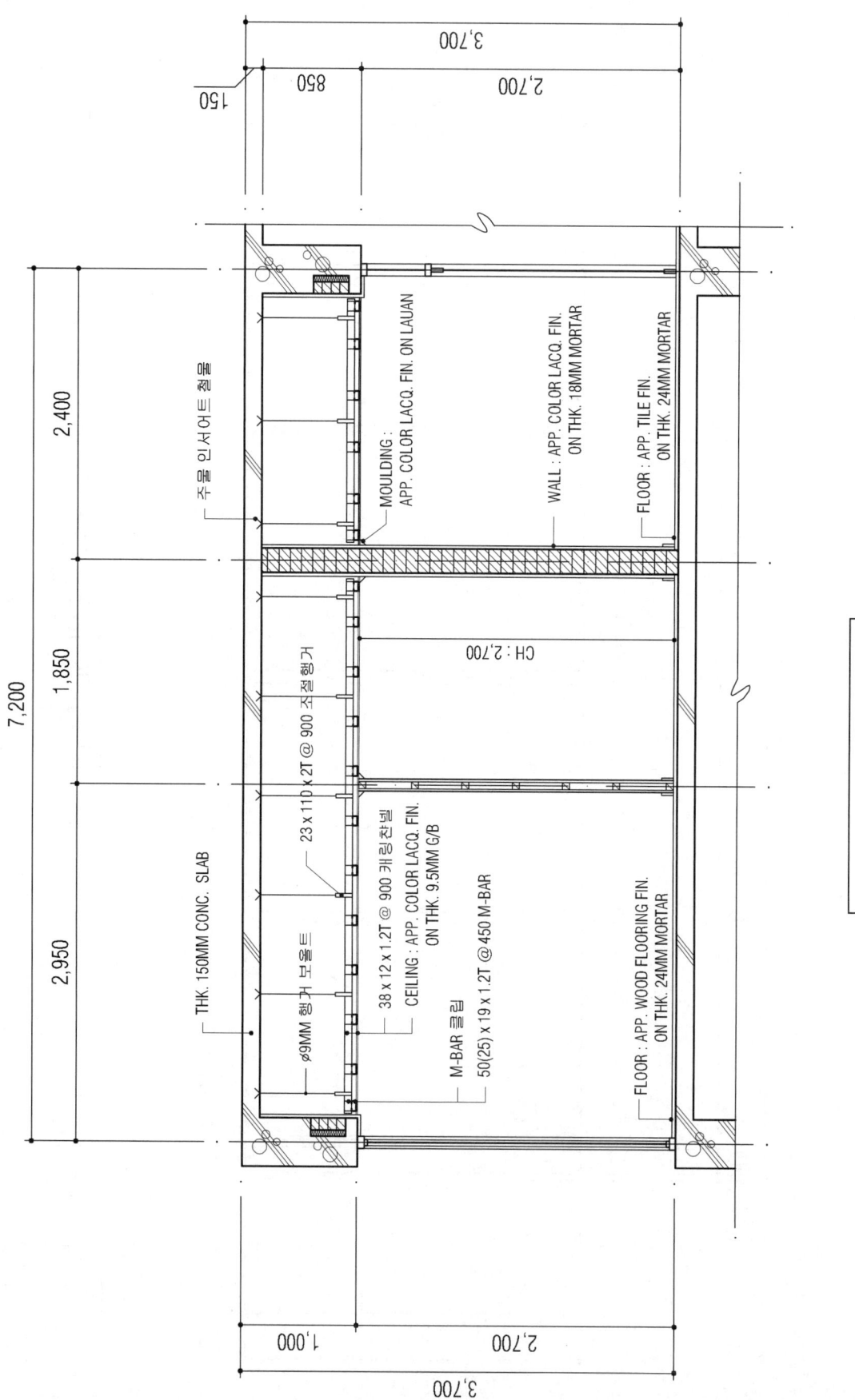

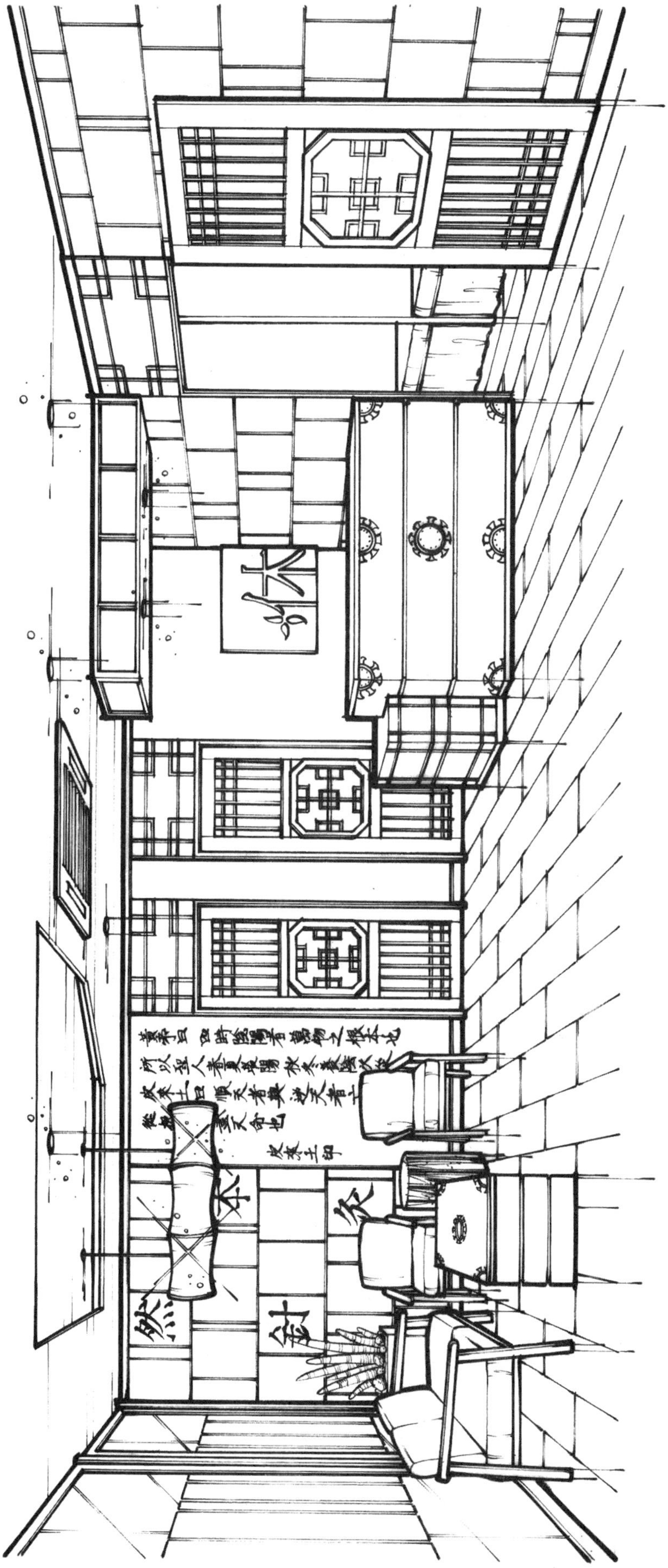

실내투시도

SCALE = N.S

(2016. 11. 12 시행)

제78회 실내건축기사
시공실무

문제 1) 벽의 높이가 2.5m이고, 길이가 8m인 벽을 시멘트벽돌로 1.5B 쌓을 때 소요량을 구하시오. (단, 벽돌은 표준형 190mm×90mm×57mm) (3점)

【해설】 ① 벽면적 = 2.5×8 = 20m²
② 정미량 = 20×224 = 4,480매
③ 소요량 = 4,480×1.05 = 4,704매

문제 2) 철골구조물의 내화피복 공법 4가지를 쓰시오. (4점)
① ② ③ ④

【해설】 ① 타설공법 ② 조적공법 ③ 미장공법 ④ 뿜칠공법

문제 3) 벽돌조 건물에서 시공상 결함에 의해 생기는 균열원인을 4가지 쓰시오. (4점)
① ② ③ ④

【해설】 ① 벽돌 및 모르타르의 강도부족
② 온도 및 흡수에 따른 재료의 신축성
③ 이질재와의 접합부의 시공결함
④ 모르타르 바름의 신축 및 들뜨임(박리)

문제 4) 경량기포콘크리트(ALC/Autoclaved Lightweight Concrete)에 대해 간략히 설명하시오. (4점)

【해설】 중량이 보통콘크리트의 1/4로 경량이며, 기포에 의한 단열성이 우수하여 단열재가 필요없고, 방음, 차음, 내화성능이 우수하며, 정밀도가 높아 시공 후 변형이나 균열이 적다.

문제 5) 자기질 타일과 도기질 타일의 특징을 쓰시오. (3점)
• 자기질 타일 : ① ②
• 도기질 타일 : ① ②

【해설】 • 자기질 타일 : ① 화학적 내구성과 내열성이 뛰어나다.
② 강도가 높아 주로 바닥타일과 외장타일 시공에 사용된다.
• 도기질 타일 : ① 색상과 외관이 미려하며, 강도가 다소 약하다.
② 외관이 미려하여 주로 내장타일 시공에 사용된다.

문제 6) 목재 바니쉬칠 공정 작업순서를 바르게 나열하시오. (4점)
〈보기〉 ① 색올림 ② 왁스문지름 ③ 바탕처리 ④ 눈먹임

【해설】 ③ → ④ → ① → ②

문제 7) 뿜칠(Spray) 공법에 의한 도장시 주의사항 3가지를 쓰시오. (3점)
① ② ③

【해설】 ① 30cm 정도 띄워서 뿜칠한다.
② 1/3 정도씩 겹쳐서 뿜칠한다.
③ 끊김없이 연속해서 뿜칠한다.

문제 8) 어느 건축공사의 한 작업이 정상적으로 시공할 때 공사기일은 10일, 공사비는 70,000원이고, 특급으로 시공할 때 공사기일은 7일, 공사비는 100,000원이라 할 때 이 공사의 공기단축시 필요한 비용구배(Cost slope)를 구하시오. (2점)

【해설】 ∴ 비용구배 = $\dfrac{100,000 - 70,000}{10 - 7} = \dfrac{30,000}{3} = 10,000$원/일

문제 9) 다음 〈보기〉에서 방음재료를 골라 번호로 기입하시오. (3점)
〈보기〉 ① 탄화코르크 ② 암면 ③ 아코스틱타일 ④ 석면
⑤ 광재면 ⑥ 목재루버 ⑦ 알루미늄부 ⑧ 구멍합판

【해설】 ③, ⑥, ⑧

문제 10) 석공사에 석재의 접합에 사용되는 연결철물의 종류 3가지를 쓰시오. (3점)
① ② ③

【해설】 ① 은장 ② 꺾쇠 ③ 촉

문제 11) 치장줄눈의 종류 4가지를 쓰시오. (4점)
① ② ③ ④

【해설】 ① 평줄눈 ② 볼록줄눈 ③ 빗줄눈 ④ 내민줄눈

문제 12) 목구조체의 횡력에 대한 변형, 이동 등을 방지하기 위한 보강 방법을 3가지만 쓰시오. (3점)
① ② ③

【해설】 ① 가새 ② 버팀대 ③ 귀잡이(또는 귀잡이보)

실 내 디 자 인

[제78회 작품명] 카페 & 제과제빵 전문점

1. 요구사항 - 주어진 도면은 상업중심지역에 위치한 카페 겸 제과제빵 전문점이다.
   다음의 요구조건에 따라 도면을 작성하시오.

2. 요구조건

   ① 설계면적 : 13,200×8,700×2,800mm(H)

   ② 인적구성 : 직원 5명

   ③ 요구공간 : 홀, 제과·제빵 제조실, 전시 및 판매공간, 카운터 겸 음료 제조 가능한 오픈형 주방

   ③ 필요집기 : 제과·제빵 전시 및 판매공간 - 쇼케이스, 카운터, 진열장, 진열대

   　　　　　　 주방 및 제과·제빵 제조 작업실 - 필수 가구 일체

   　　　　　　 홀 - 2인용 TABLE(6SET), 4인용 TABLE(2SET), 6인용 TABLE(1SET)

   　　　　　　 기타시설 - TV 및 음료대, 냉난방기 등

3. 요구도면

   ① 평면도(가구배치 및 바닥마감재 표기) SCALE : 1/50
   - 평면도 주변의 여유공간에 설계개요(DESIGN CONCEPT)를 200자 내외로 쓰시오.

   ② 천정도(설비, 조명기구 배치 및 범례표 작성/천장마감재 표기) SCALE : 1/50

   ③ 내부입면도 B방향 1면(벽면재료 표기) SCALE : 1/50

   ④ 단면상세도(A-A´) SCALE : 1/50

   ⑤ 실내투시도(채색작업은 필수) SCALE : N.S
   (계획의 포인트가 좋은 지점에서 1소점 또는 2소점 투시법으로 작성하되, 작성과정의 투시보조선을 남길 것)

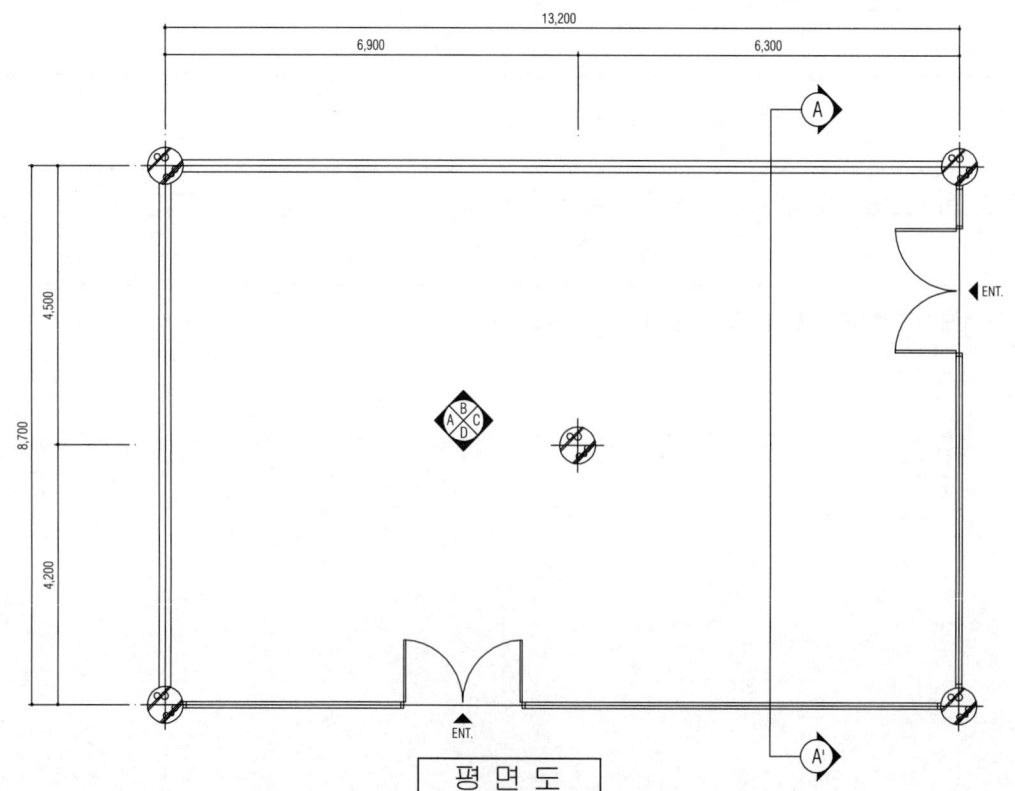

평면도

CONCEPT

상업중심지역에 위치한 제과&커피 전문점으로 쎄클을 메인으로 디자인하여 원활하고 활동적인 흐름의 동선을 유도하였다. 주 출입구 부분에 제과 전시 공간을 두고 전면 유리창이 있는 안쪽으로 음료를 마실 수 있는 공간으로 조성하여 시각적 개방감을 주고자 하였다. 유기적 활용을 고려한 식음공간의 재료를 사용하는 자연 친화적인 이미지를 고려하여 천연 소재를 사용하여 소비자에게 견고한 막거리를 줄 수 있도록 디자인하였다.

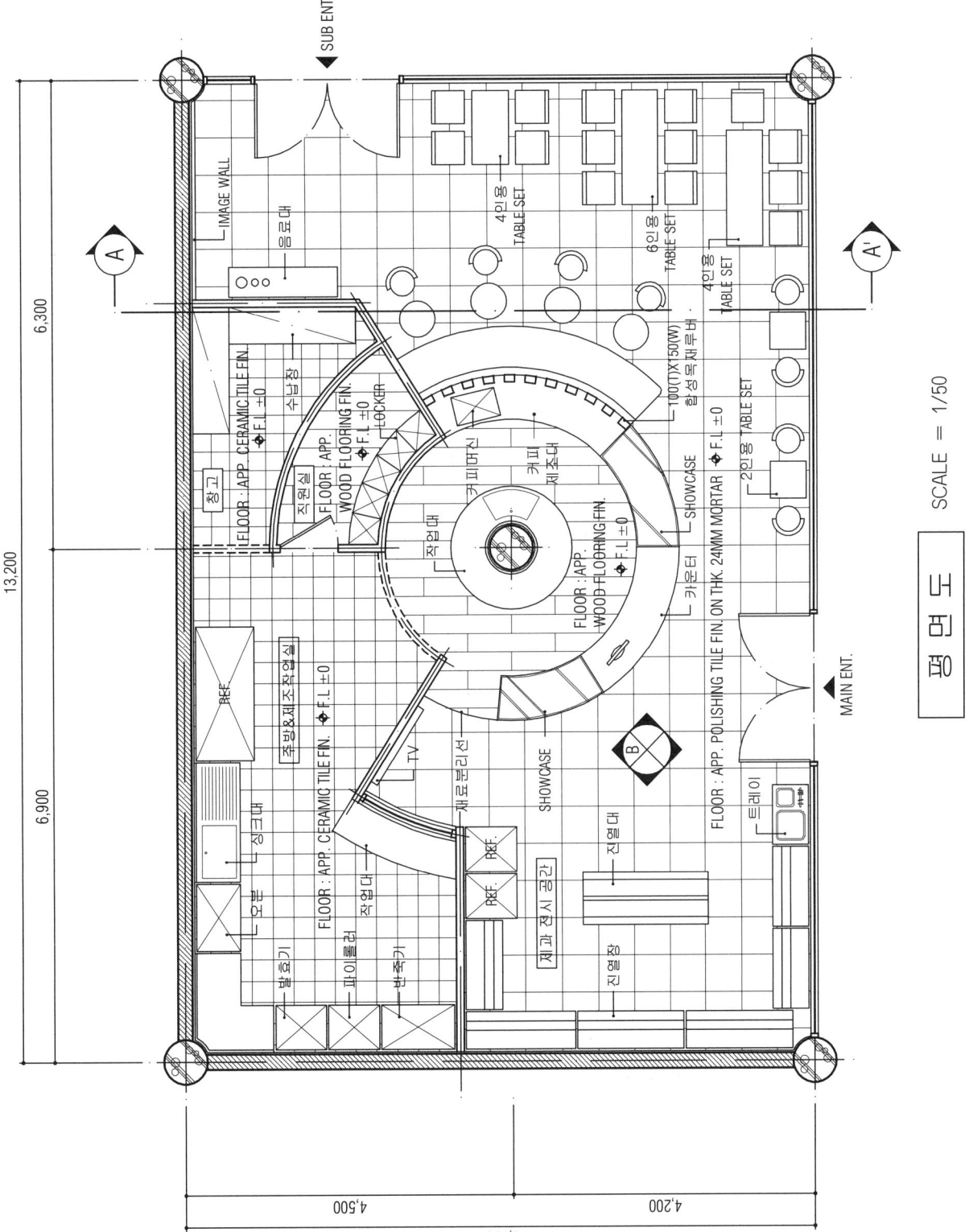

평 면 도 SCALE = 1/50

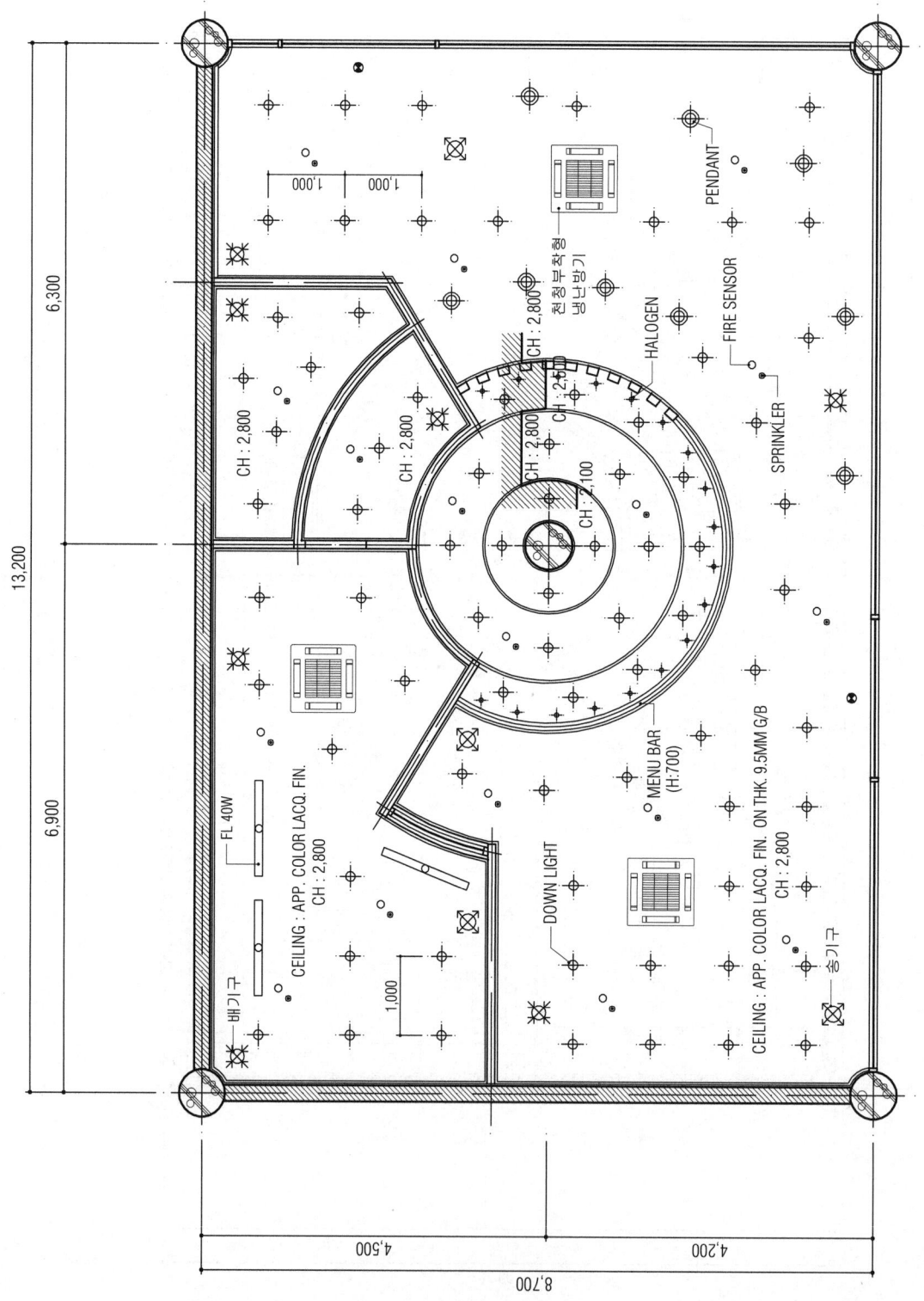

천 정 도   SCALE = 1/50

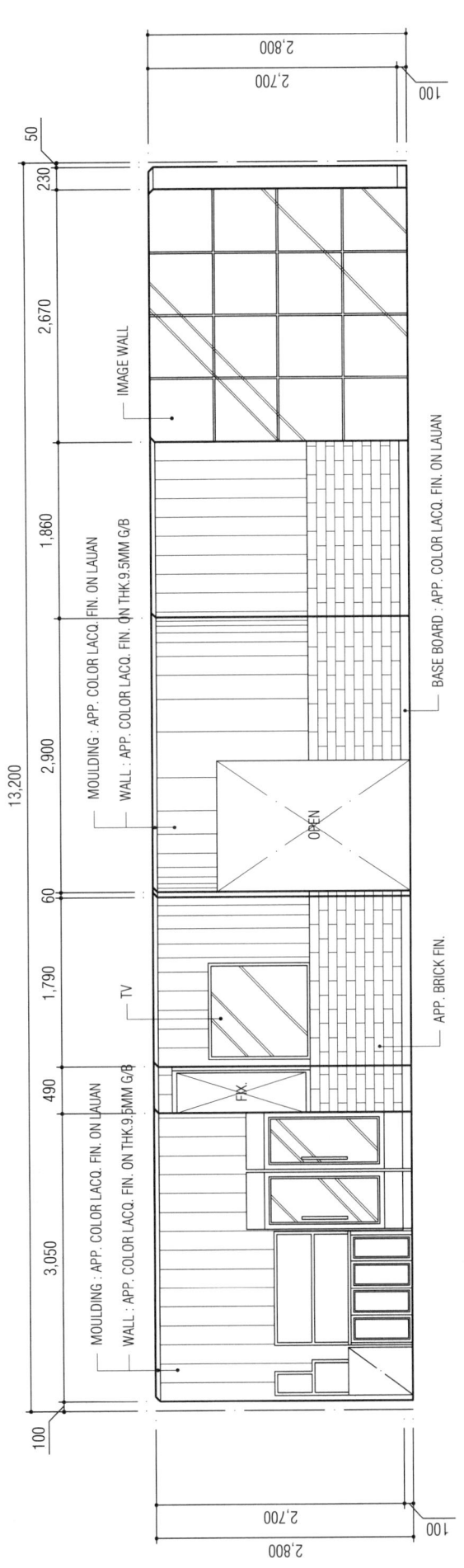

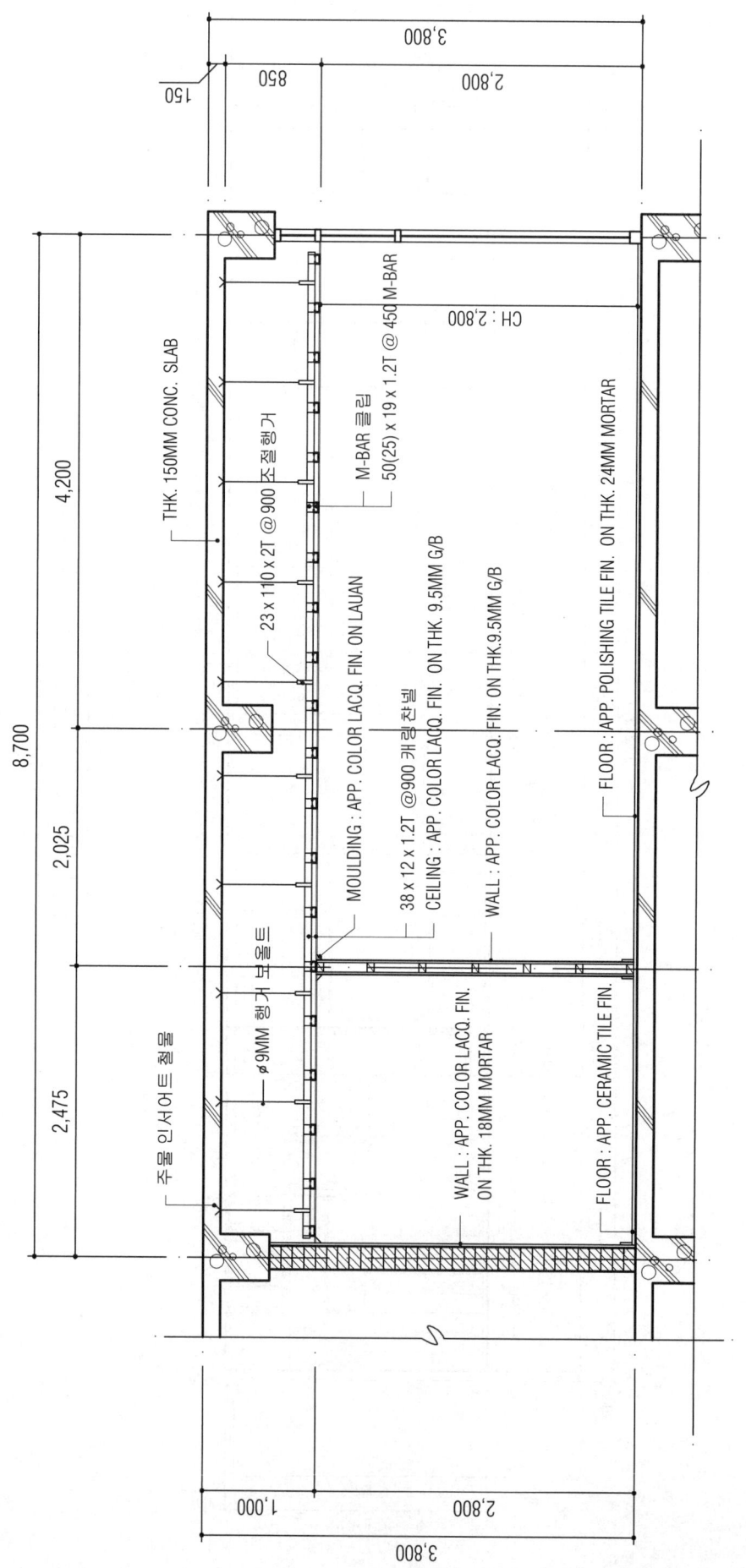

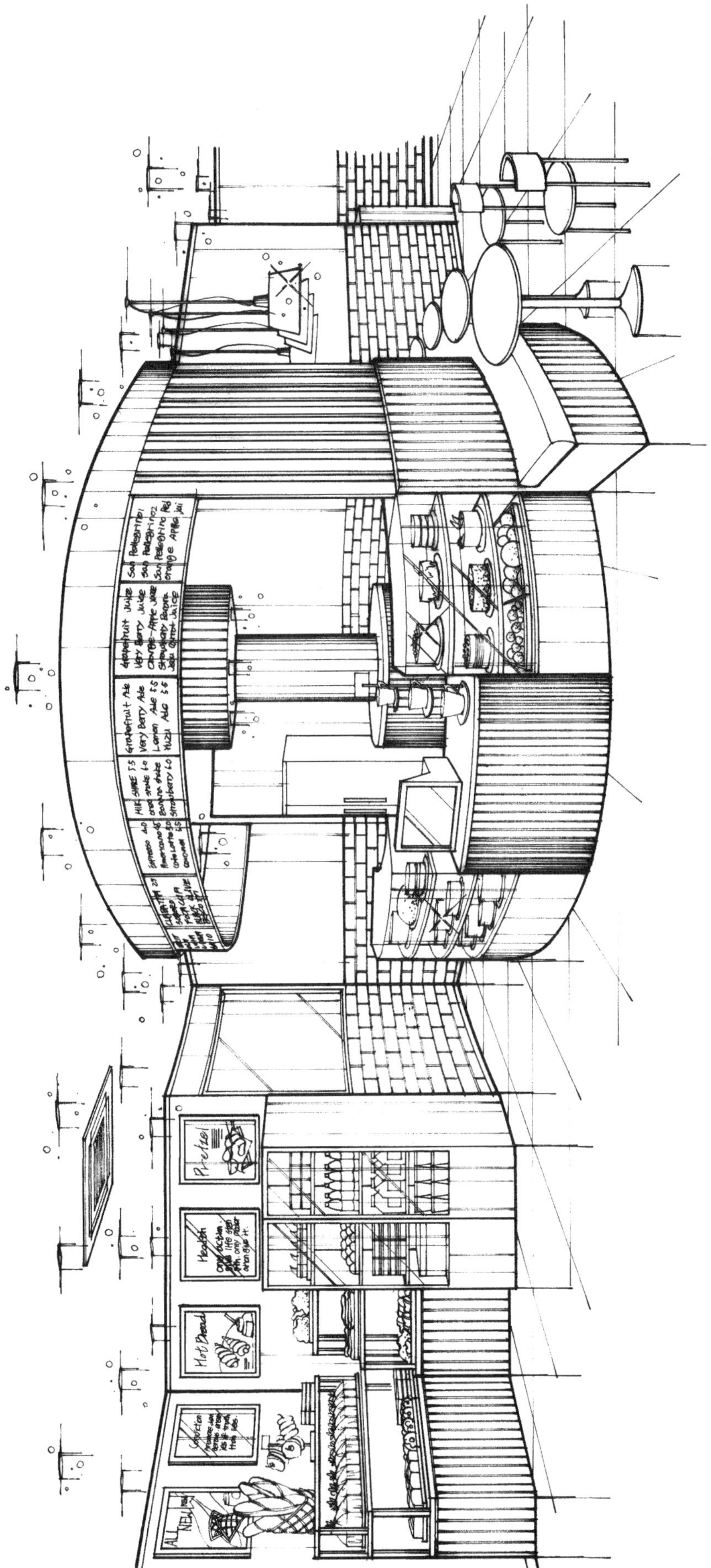

실내투시도 SCALE = N.S

(2017. 4. 15 시행)

제79회 실내건축기사
시공실무

문제 1) 다음 평면도에서 쌍줄비계를 설치할 때 외부비계 면적을 산출하시오. (H=25m) (3점)

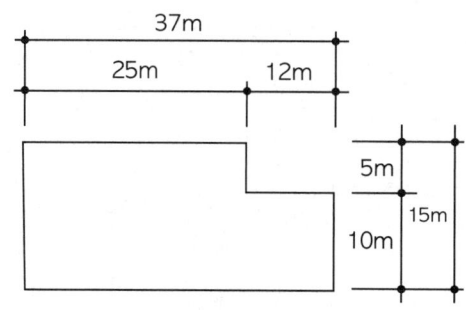

【해설】 A = H{2(a+b) + 0.9×8}
A = 25×{2(37+15) + 0.9×8}
A = 25×{(2×52) + 7.2}
A = 25×(104+7.2)
A = 25×111.2
A = 2,780m²

문제 2) 목재 부재의 연결철물 종류를 4가지만 쓰시오. (4점)
① ② ③ ④

【해설】 ① 못 ② 볼트 ③ 띠쇠 ④ 꺾쇠

문제 3) 알루미늄 창호를 철재창호와 비교할 때의 장점 3가지를 쓰시오. (3점)
①
②
③

【해설】 ① 비중이 철재의 1/3로 경량이다.
② 녹슬지 않고, 사용연한이 길다.
③ 공작이 용이하다.

문제 4) 다음에서 설명하는 철물의 명칭을 쓰시오 (4점)
① 콘크리트조 바닥판 밑에 달대의 걸침이 되는 것으로 거푸집 바닥에 고정시공함.
② 벽이나 기둥의 모서리를 보호하기 위하여 미장바름할 때 붙임.
③ 계단의 미끄럼 방지를 위해 설치함.
④ 천장, 벽 등의 이음새를 감추기 위해 사용함.

【해설】 ① 인서어트   ② 코너비드   ③ 논슬립   ④ 조이너

문제 5) 뿜칠(Spray) 공법에 의한 도장시 주의사항 3가지를 쓰시오. (3점)
①   ②   ③

【해설】 ① 30cm 정도 띄워서 뿜칠한다.
② 1/3 정도씩 겹쳐서 뿜칠한다.
③ 끊김없이 연속해서 뿜칠한다.

문제 6) 외부 바니쉬칠의 공정순서이다. 빈칸에 들어갈 공정을 쓰시오. (4점)
바탕정리 → (①) → 초벌착색 → (②) → (③) → (④)

【해설】 ① 눈먹임   ② 연마지닦기   ③ 정벌칠   ④ 왁스칠

문제 7) 다음 〈보기〉의 재료를 수경성과 기경성으로 구분하여 쓰시오. (4점)
㉮ 회반죽   ㉯ 진흙질   ㉰ 순석고 플라스터   ㉱ 돌로마이트 플라스터
㉲ 시멘트 모르타르   ㉳ 아스팔트 모르타르   ㉴ 소석회

① 기경성 :   ② 수경성 :

【해설】 ① 기경성 : ㉮, ㉯, ㉱, ㉳, ㉴   ② 수경성 : ㉰, ㉲

문제 8) 종합적 품질관리(TQC)도구의 종류 4가지를 나열하시오. (4점)
①   ②   ③   ④

【해설】 ① 히스토그램   ② 파레토도   ③ 체크시이트   ④ 특성요인도

문제 9) 폴리퍼티(Poly putty)에 대하여 설명하시오. (3점)

【해설】 불포화 폴리에스테르 퍼티로 건조가 빠르고, 시공성, 후도막성이 우수하며, 기포가 거의 없어 작업 공정을 크게 줄일 수 있는 경량퍼티이다. 특히, 후도막성이 우수하여 금속표면 도장시 바탕 퍼티작업에 주로 사용된다.

문제 10) 다음은 시이트 방수 공법이다. 순서에 맞게 나열하시오. (3점)
① 접착제칠   ② 프라이머칠   ③ 마무리   ④ 시이트붙이기   ⑤ 바탕처리

【해설】 ⑤ → ② → ① → ④ → ③

문제 11) 다음 공정표를 작성하시오. (5점)

작업명	A	B	C	D	E	F
선행작업	None	None	None	None	A, B	B
작업일수	5	4	3	8	3	2

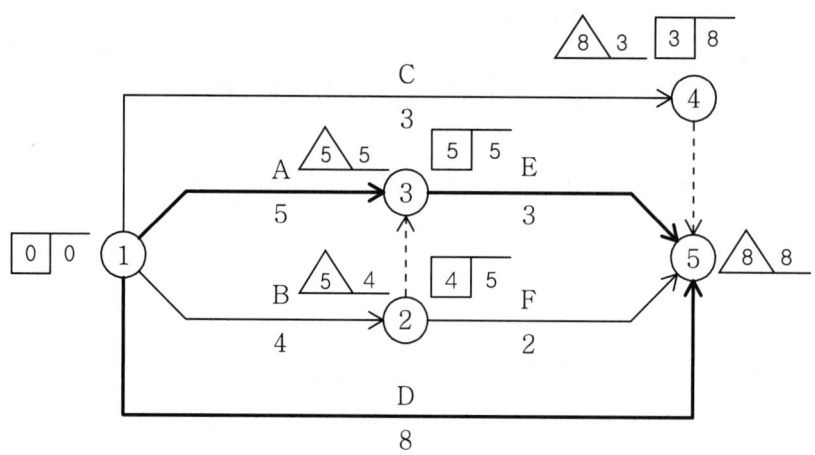

【해설】 CP 〉 Activity : D and A → E   Event : ① → ⑤ and ① → ③ → ⑤

실 내 디 자 인

[제79회 작품명] 스터디룸 카페

1. 요구사항 - 주어진 도면은 상업중심지역에 위치한 스터디룸 카페이다.
   다음의 요구조건에 따라 도면을 작성하시오.

2. 요구조건
   ① 설계면적 : 13,000×10,100×3,000mm(H)
   ② 요구공간 및 필요집기 : 카운터, 조리대, 음료제조가능한 간이주방, 창고, 화장실, 12인실 룸 1개, 8인실 룸 1개, 6인실 룸 1개, 4인실 룸 2개, 1인좌석 5개, 열린공간(열린공간 의자 최소 6개), 인터넷검색대 2곳

3. 요구도면
   ① 평면도(가구배치 및 바닥마감재 표기) SCALE : 1/50
      - 평면도 주변의 여유공간에 설계개요(DESIGN CONCEPT)를 200자 내외로 쓰시오.
   ② 천정도(설비, 조명기구 배치 및 범례표 작성/천장마감재 표기) SCALE : 1/50
   ③ 내부입면도 C방향 1면(벽면재료 표기) SCALE : 1/50
   ④ 단면상세도(A-A') SCALE : 1/50
   ⑤ 실내투시도(채색작업은 필수) SCALE : N.S
      (계획의 포인트가 좋은 지점에서 1소점 또는 2소점 투시법으로 작성하되, 작성과정의 투시보조선을 남길 것)

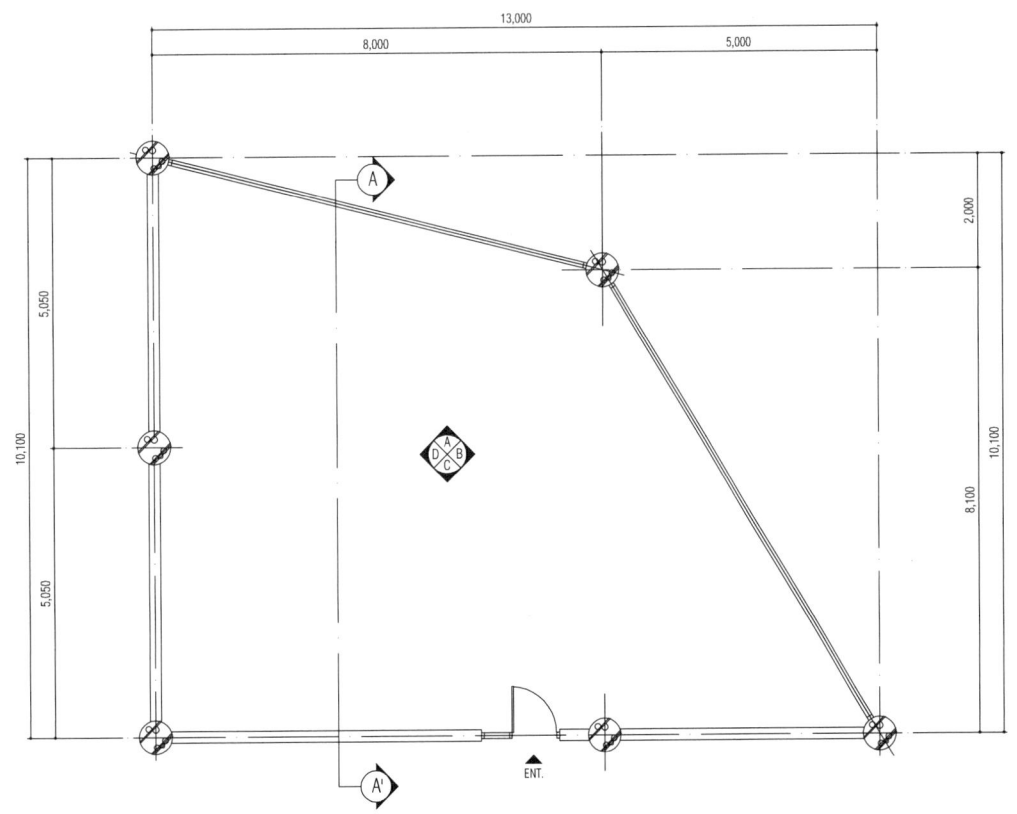

평 면 도

CONCEPT

상업중심지역에 위치한 스타들 카페이다. 전체적인 공간을 크게 카운터, 홀, 스타디움으로 나누고 출입구 앞으로 카운터와 대기공간을 배치하여 카페 작업이 빠르게 고객응대가 가능하도록 하였다. 또한 스타디움을 안쪽으로 배치하여 스타디움 이용객들의 집중도를 높여주어 학습이 효과를 중진시킬 수 있도록 하였다. 전반적인 분위기는 이용객들에게 편안함과 친근함을 주기를 유도할 수 있도록 차연 내추럴한 우드를 주로 사용하여 내추럴한 위기를 주고 차연 소재인 돌과 크리트로 사용하여 세련되고 모던한 이미지를 연출하였다.

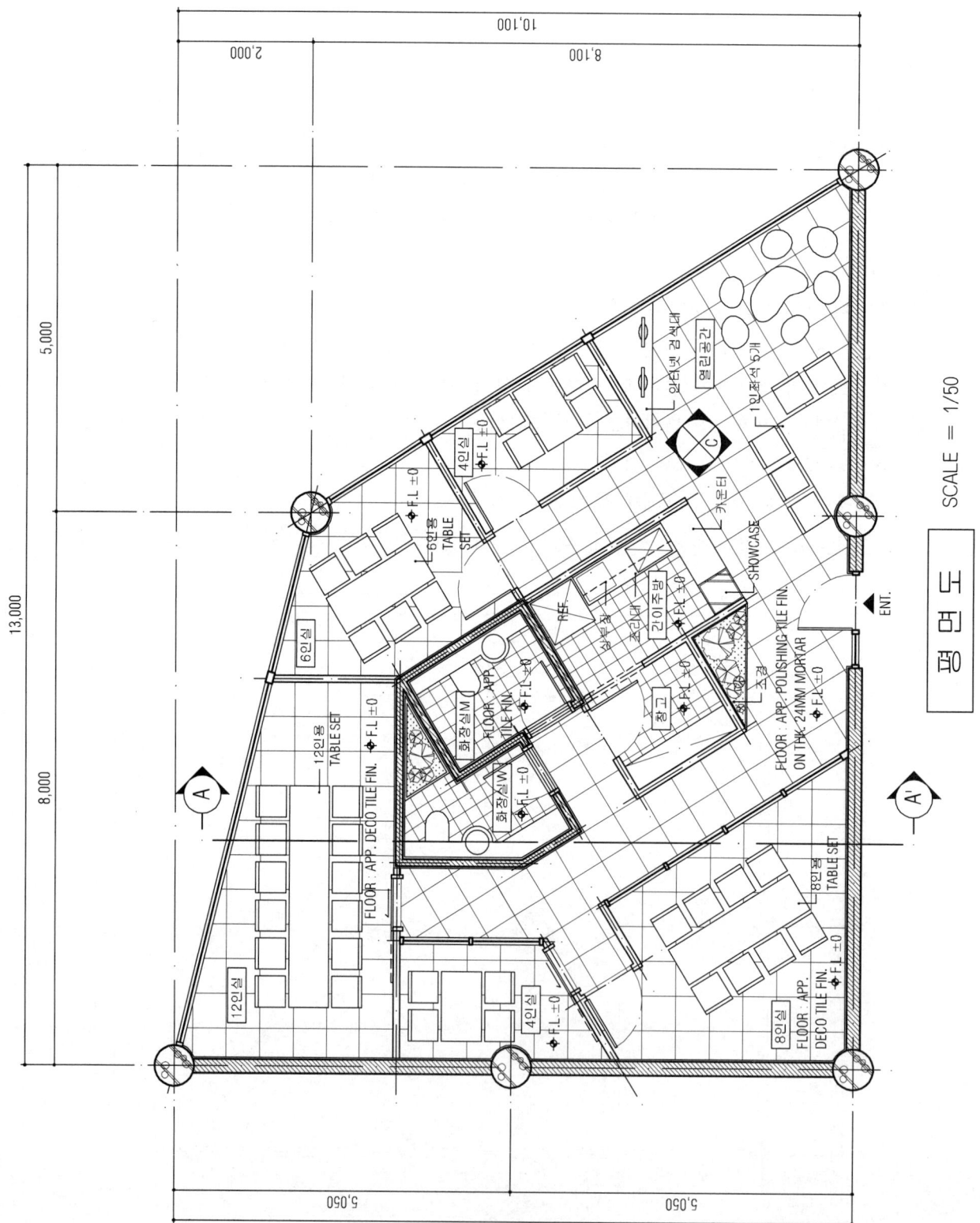

평면도 SCALE = 1/50

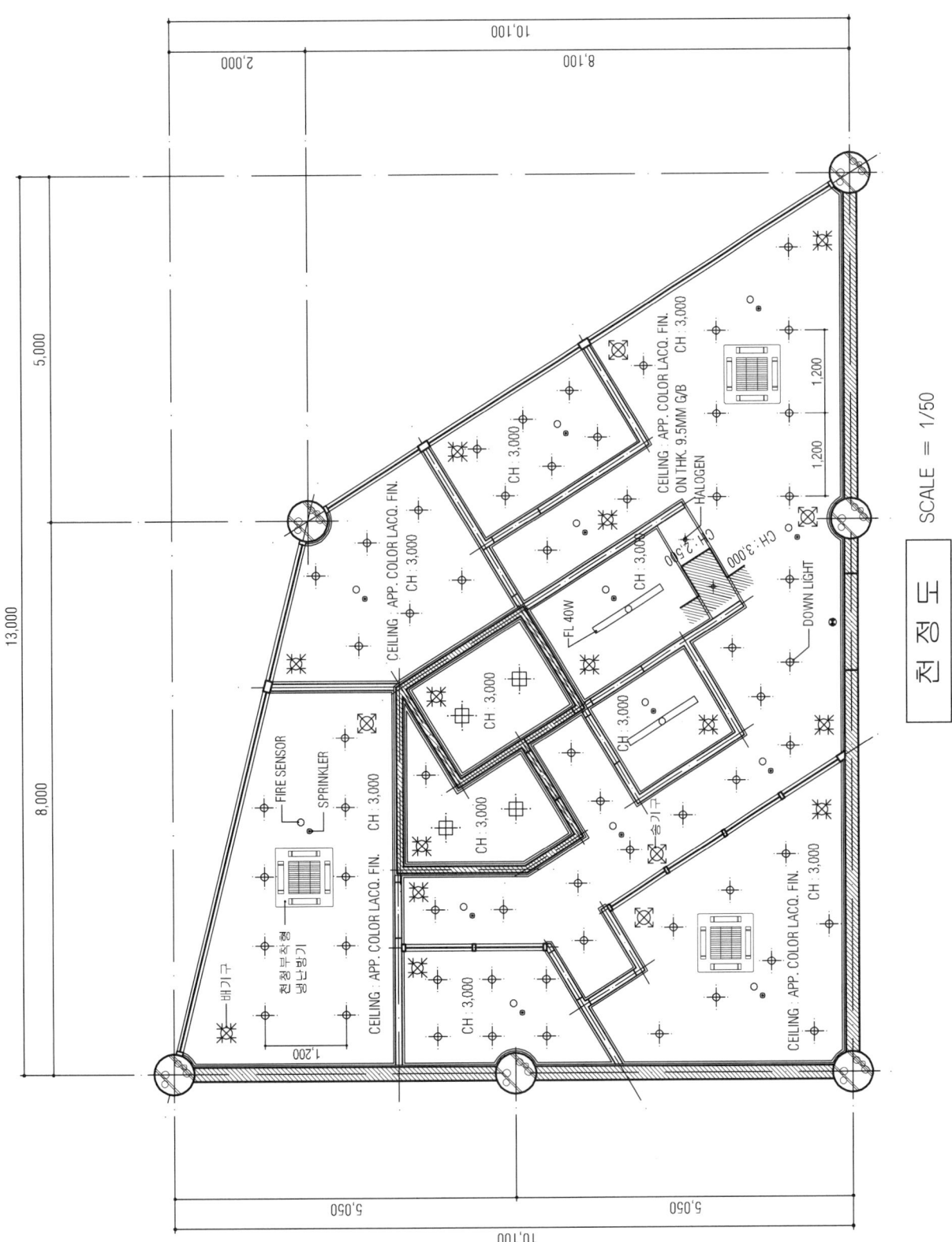

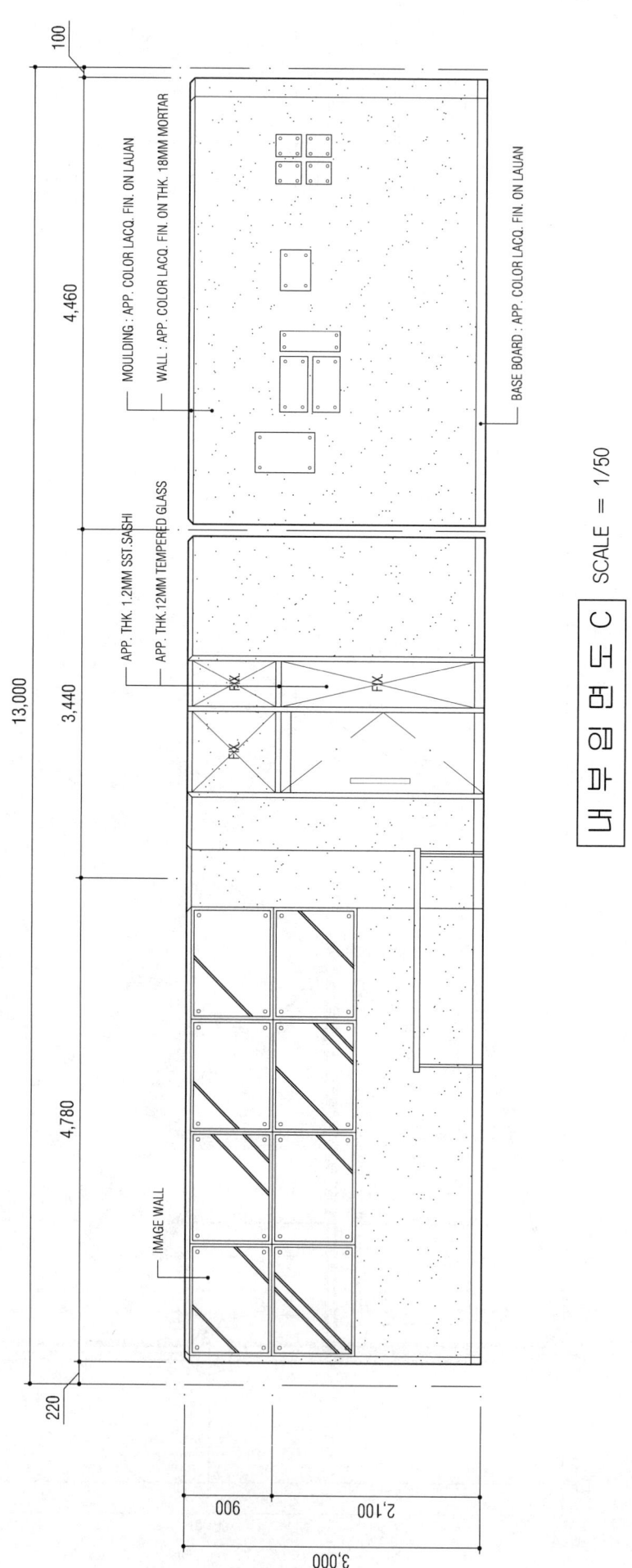

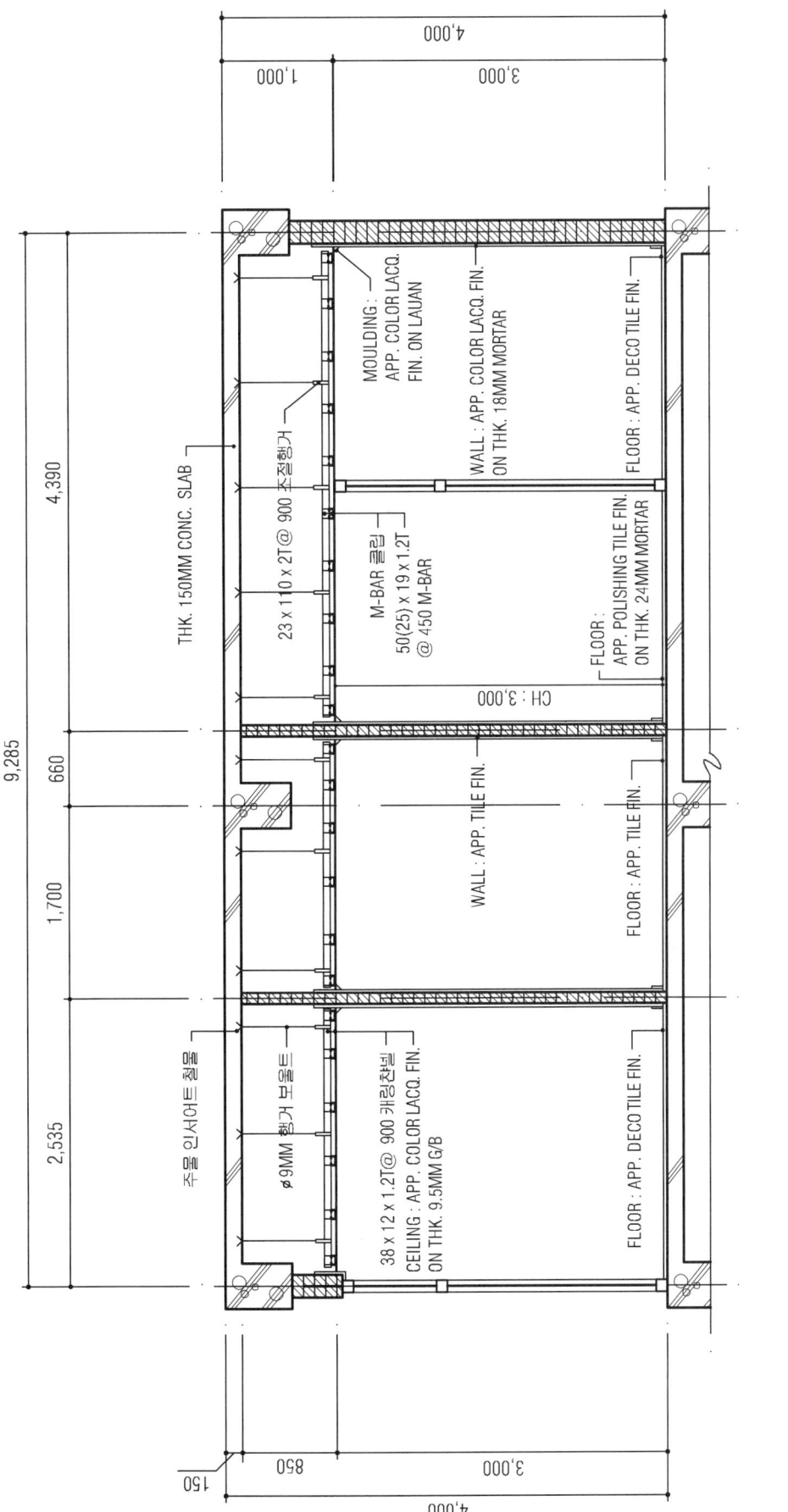

단면상세도 A-A' SCALE = 1/50

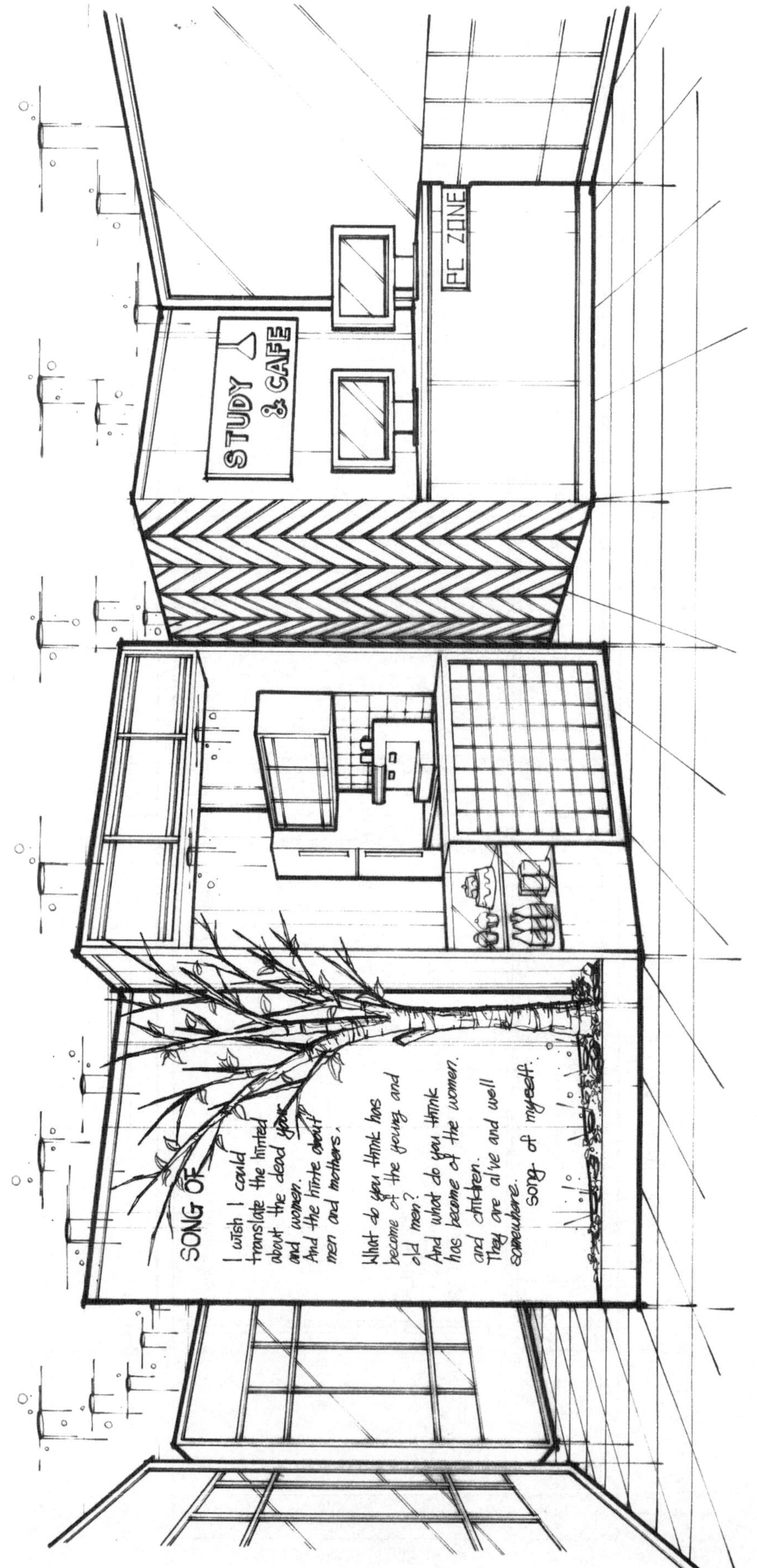

(2017. 6. 24 시행)

제80회 실내건축기사
시공실무

문제 1) 테라쪼(Terrazzo) 현장갈기의 시공순서를 〈보기〉에서 골라 기호를 쓰시오. (4점)
〈보기〉 ① 왁스칠   ② 시멘트 풀먹임   ③ 양생 및 경화   ④ 초벌갈기
⑤ 정갈기   ⑥ 테라쪼 종석바름   ⑦ 황동줄눈대 대기

【해설】 ⑦ → ⑥ → ③ → ④ → ② → ⑤ → ①

문제 2) 다음 보기에서 품질관리(Q,C)에 의한 검사순서를 나열하시오. (4점)
〈보기〉 ① 검토(Check)   ② 실시(Do)   ③ 시정(Action)   ④ 계획(Plan)

【해설】 ④ → ② → ① → ③

참고〉 계획(Plan) → 실시(Do) → 검토(Check) → 조치(Action)

문제 3) 표준형벽돌 1.0B 벽돌쌓기시 벽돌량과 몰탈량을 산출하시오. (3점)
(벽길이 100m, 벽높이 3m, 개구부 1.8m×1.2m 10개, 줄눈 10mm, 정미량으로 산출)

【해설】 ① 벽면적 = (100×3) − (1.8×1.2×10) = 300 − 21.6 = 278.4m²
② 정미량 = 278.4×149 = 41,481.6매   ∴ 41,482매
③ 몰탈량 = $\frac{41,482}{1,000}$ × 0.33 = 13.68906m³   ∴ 13.69m³

문제 4) 알루미늄 창호를 철재창호와 비교할 때의 장점 3가지를 쓰시오. (3점)
①
②
③

【해설】 ① 비중이 철재의 1/3로 경량이다.
② 녹슬지 않고, 사용연한이 길다.
③ 공작이 용이하다.

문제 5) 벽돌의 쌓기법에 대한 설명이다. 해당하는 답을 써넣으시오. (4점)
① 한 켜는 마구리쌓기, 다음 켜는 길이쌓기로 하고, 마구리쌓기 층의 모서리에 이오토막을 사용한다.
② 길이쌓기 5단, 마구리쌓기 1단을 번갈아 쌓는다.
③ 매 켜에 길이쌓기와 마구리쌓기가 번갈아 나오게 쌓는 방식이다.
④ 영식쌓기와 같으나, 길이 층 모서리에 칠오토막을 사용하는 가장 일반적인 방법이다.

【해설】 ① 영식쌓기   ② 미식쌓기   ③ 불식쌓기   ④ 화란식쌓기

문제 6) 어느 인테리어 공사의 한 작업이 정상적으로 시공될 때 공사기일은 10일, 공사비는 10,000,000원이고, 특급으로 시공할 때 공사기일은 6일, 공사비는 14,000,000원이라 할 때 이 공사의 공기단축시 필요한 비용구배(Cost slope)를 구하시오. (3점)

【해설】
$$비용구배 = \frac{14,000,000 - 10,000,000}{10 - 6} = \frac{4,000,000}{4} = 1,000,000원/일$$

문제 7) 건축공사에서 사용되는 재료의 소요량은 손실량을 고려하여 할증률을 사용하고 있는데 재료의 할증률이 다음에 해당되는 것을 보기에서 모두 골라 (　)안에 번호로 써넣으시오.(2점)
〈보기〉 ① 타일 ② 붉은벽돌 ③ 원형철근 ④ 이형철근 ⑤ 시멘트벽돌 ⑥ 기와
가. 3%할증률 : (　　　　　)　　　나. 5%할증률 : (　　　　　　)

【해설】 가. 3%할증률 : ①, ②, ④　　　나. 5%할증률 : ③, ⑤, ⑥

문제 8) 금속재의 도장시 사전 바탕처리 방법 중 화학적 방법을 3가지 쓰시오. (3점)
①　　　　　　②　　　　　　③

【해설】 ① 탈지법　　② 세정법　　③ 피막법

참고〉 ① 탈지법 : 솔벤트, 나프타 등의 용제로 그리스, 오물, 기타 이물질을 제거하는 방법
　　② 세정법 : 산의 용액 중에 재료를 침적하여 금속표면의 녹과 흑피를 제거하는 방법
　　③ 피막법 : 인산염피막을 만들어 발청을 억제시키고, 도료의 밀착을 좋게 하는 방법

문제 9) 다음은 특수미장 공법이다. 설명하는 내용의 공법을 쓰시오. (2점)
① 시멘트, 모래, 잔자갈, 안료 등을 반죽하여 바탕바름이 마르기 전에 뿌려 바르는 거친벽 마무리로 일종의 인조석 바름이다.
② 돌로마이트에 화강석 부스러기, 색모래, 안료 등을 섞어 정벌바름하고 충분히 굳지 않은 상태에서 표면을 거친 솔, 얼레빗 같은 것으로 긁어 거친 면으로 마무리한 것.

【해설】 ① 러프코트(rough coat)　　② 리신바름(lithin coat)

문제 10) 다음은 방수공법에 대한 설명이다. 알맞은 것끼리 서로 연결하시오. (4점)
〈보기〉 ㉮ 시이트방수　　㉯ 도막방수　　㉰ 시멘트액체방수　　㉱ 아스팔트방수

① 시공비가 고가이며, 보호누름이 필요하다. － (　　　)
② 시공이 간소하고 저렴하며, 결함부 발견이 용이하다. － (　　　)
③ 바탕면에 여러 번 발라 도막을 형성한다. － (　　　)
④ 신축과 내후성이 좋고, 보호누름이 필요하며, 결함부 발견이 어렵다. － (　　　)

【해설】 ① → ㉱, ② → ㉰, ③ → ㉯, ④ → ㉮

문제 11) 유리의 열파손에 대한 이유와 특징을 설명하시오. (4점)

① 열파손 이유

② 열파손 특징

【해설】 ① 태양광에 의해 열을 받게 되면 유리의 중앙부는 팽창하는 반면 단부는 인장응력과 수축상태를 유지하기 때문에 파손이 발생한다.

② 주로 열흡수가 많은 색유리에 많이 발생하며, 실내와 실외의 온도차가 급격한 동절기에 많이 발생한다.

문제 12) 내부 바닥타일이 가져야 할 성질 4가지를 쓰시오. (4점)

①

②

③

④

【해설】 ① 강하고, 내구성이 강한 것.

② 재료의 흡수성이 적은 것.

③ 무유로 표면이 미끄럽지 않은 것.

④ 내마모성이 좋고, 충격에 강한 것.

실 내 디 자 인

[제80회 작품명] 체인형 커피숍

1. 요구사항 - 주어진 도면은 쇼핑센터 내에 위치한 체인형 커피숍이다.
   다음의 요구조건에 따라 도면을 작성하시오.

2. 요구조건

   ① 설계면적 : 13,300×11,000×2,900mm(H)
   ② 요구공간 : 비품 및 자재창고실, 간단히 조리를 할 수 있는 주방, 화장실(남녀공용)
   ③ 필요집기 : 6인용 테이블 2세트, 4인용 테이블 3세트, 2인용 테이블 5세트, 1인석 2조 이상, 커피 제조대 임의 사이즈, 캐셔 카운터

3. 요구도면

   ① 평면도(가구배치 및 바닥마감재 표기) SCALE : 1/50
   - 평면도 주변의 여유공간에 설계개요(DESIGN CONCEPT)를 200자 내외로 쓰시오.
   ② 천정도(설비, 조명기구 배치 및 범례표 작성/천장마감재 표기) SCALE : 1/50
   ③ 내부입면도 C방향 1면(벽면재료 표기) SCALE : 1/50
   ④ 단면상세도(A-A') SCALE : 1/50
   ⑤ 실내투시도(채색작업은 필수) SCALE : N.S
   (계획의 포인트가 좋은 지점에서 1소점 또는 2소점 투시법으로 작성하되, 작성과정의 투시보조선을 남길 것)

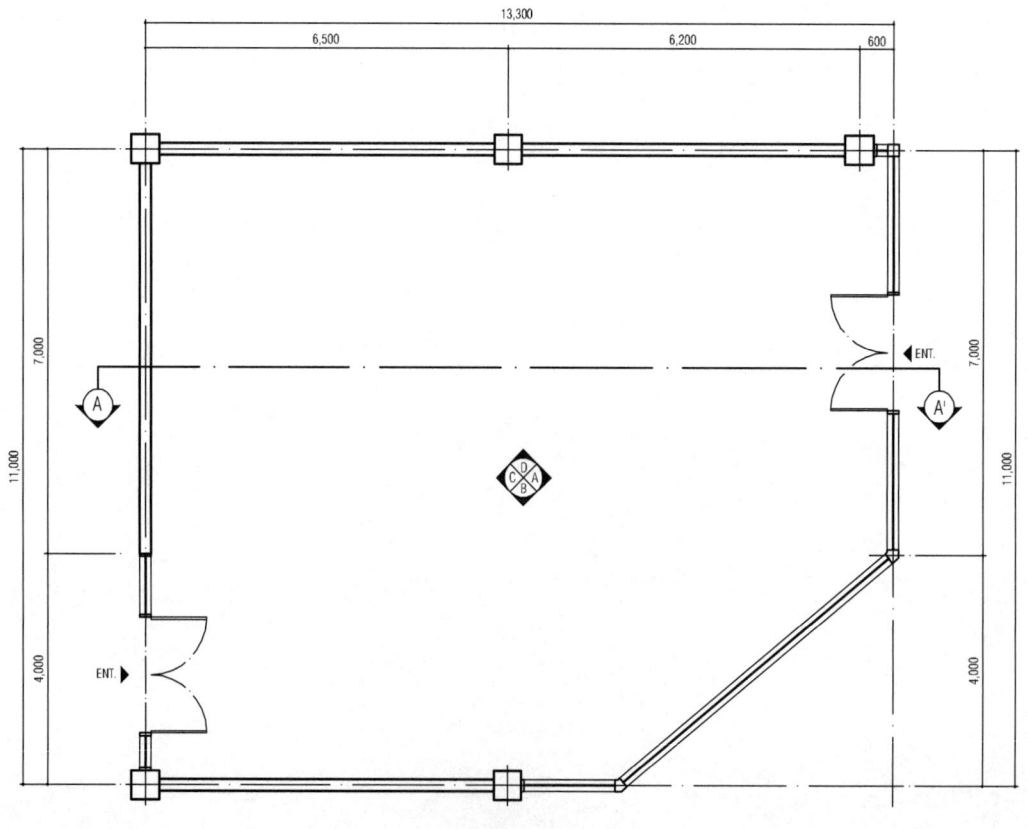

평 면 도

CONCEPT

쇼핑센터내에 위치한 체인형 커피숍으로 내추럴한 소재인 원목을 사용하여 전체적으로 편안하고 아늑한 공간에 모던한 느낌의 철재프레임을 디스플레이로 사용하여 디자인에 무게감을 더하였다. 주문 공간과 식음공간을 바닥 패턴으로 분리시키고 주출입구에서 카운터로 유도동선을 만들어 고객의 빠른 주문과 음료대기공간에 디스플레이 공간을 배치하여 주문을 기다리는 고객에게 상품이 구매까지 유도할 수 있도록 디자인하였다.

평 면 도 SCALE = 1/50

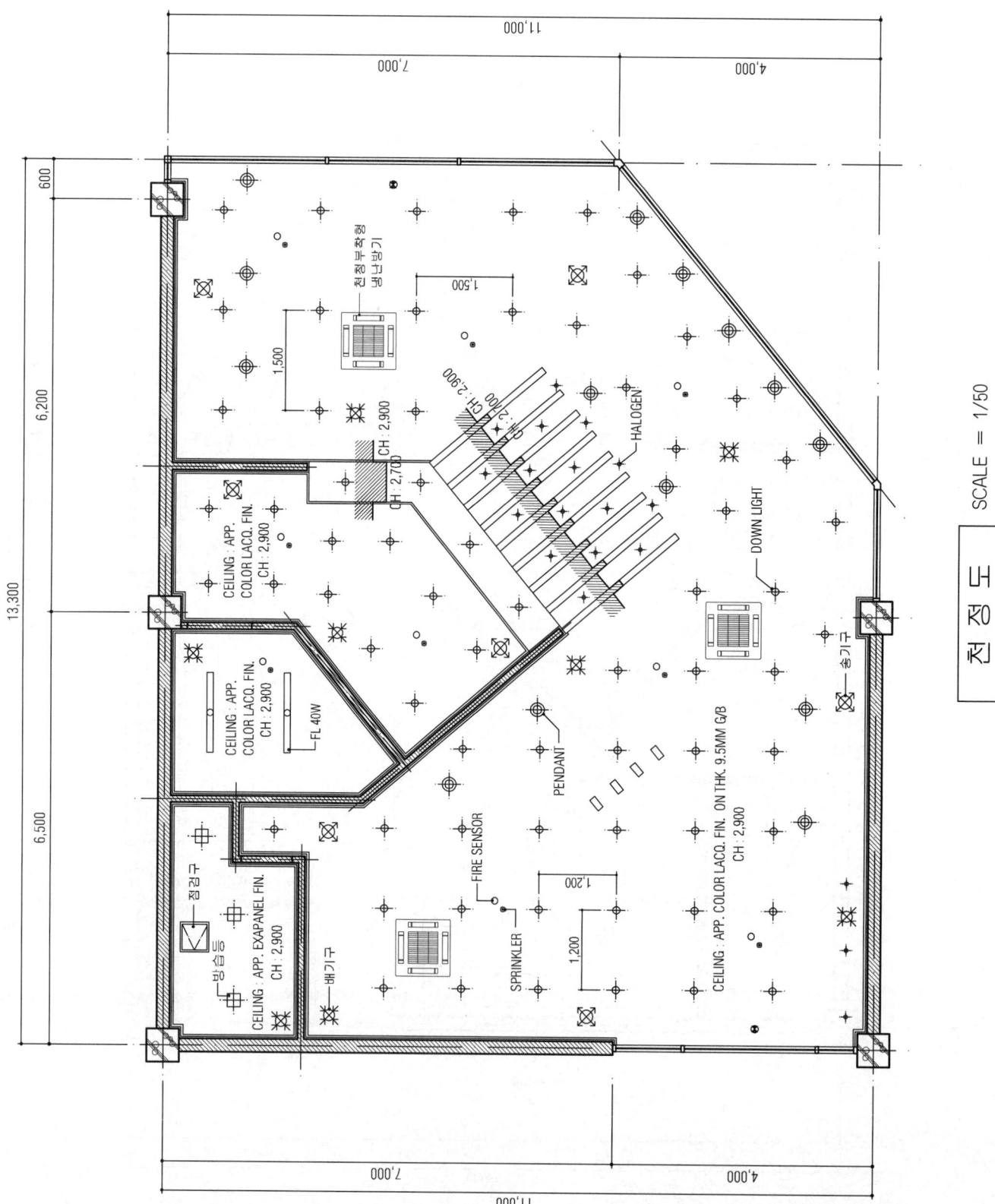

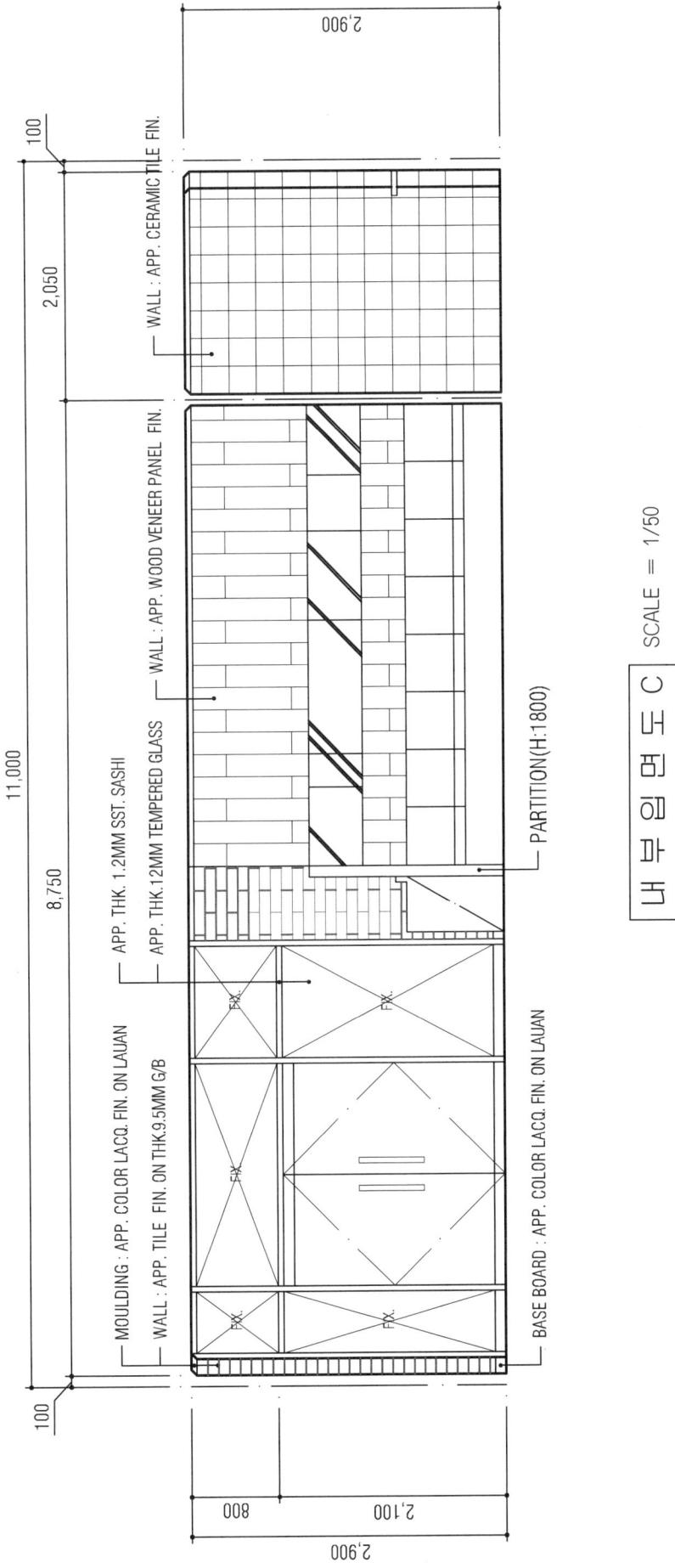

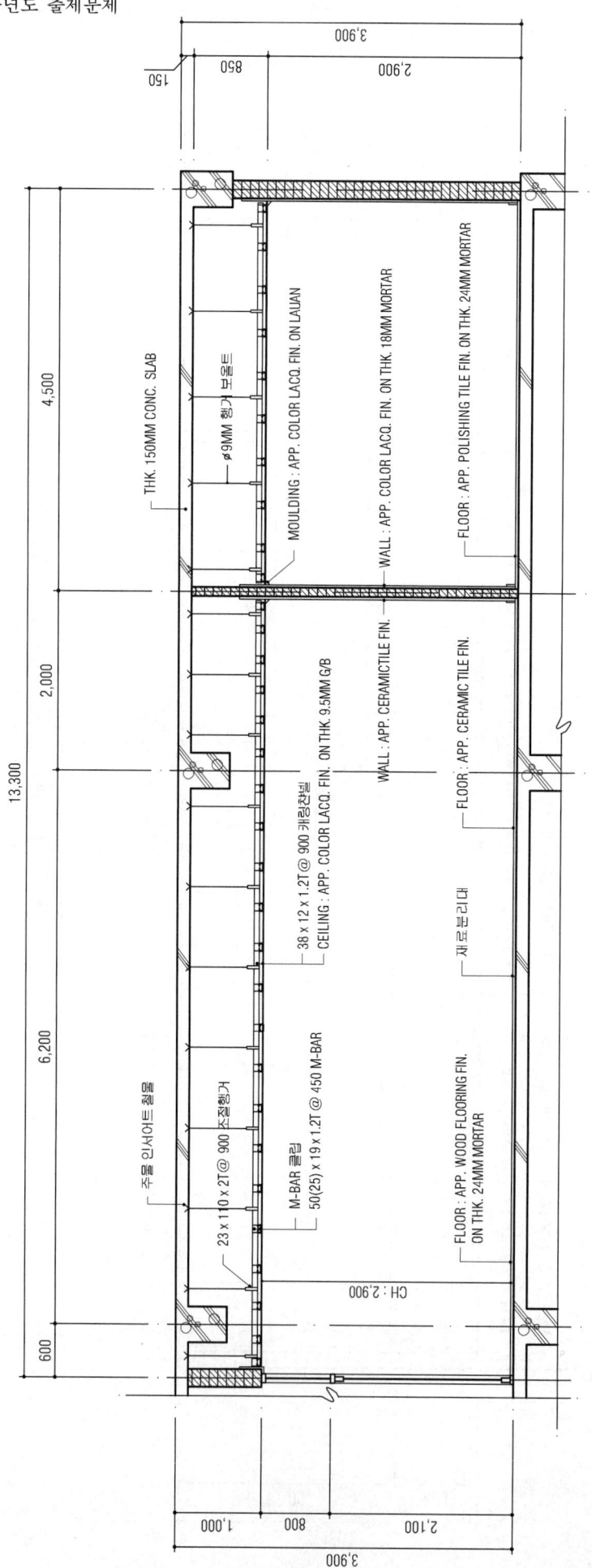

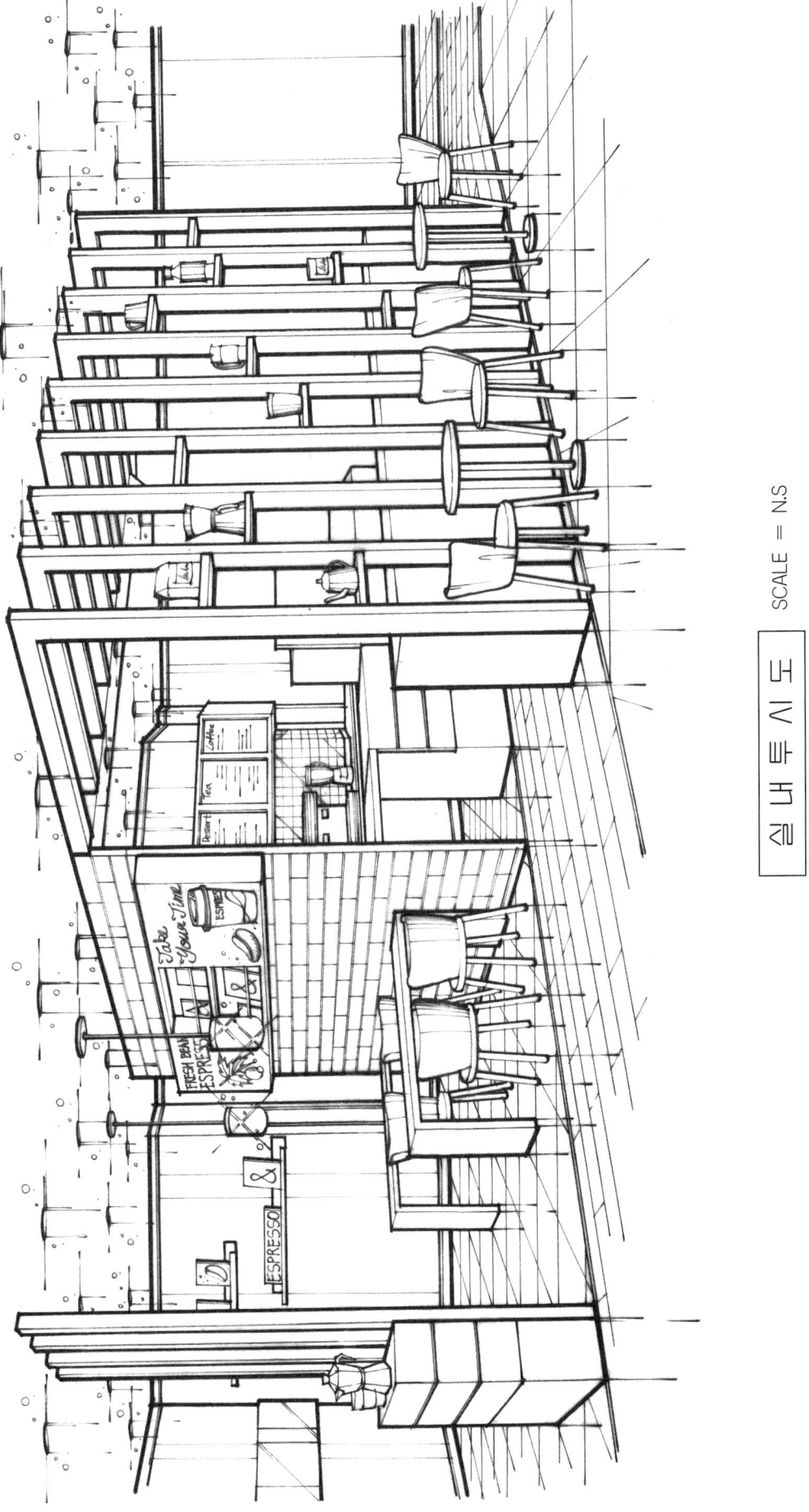

(2017. 11. 11 시행)

제81회 실내건축기사
시공실무

문제 1) 타일의 박락을 방지하기 위해 시공 중 검사와 시공 후 검사가 있는데, 시공 후 검사 2가지를 쓰시오. (2점)
① ②

【해설】 ① 주입시험검사 ② 인장시험검사

문제 2) 다음 아래 내용은 수성페인트의 바르는 순서이다. 바르게 나열하시오. (3점)
〈보기〉 ① 페이퍼문지름(연마지 닦기) ② 초벌 ③ 정벌 ④ 바탕누름 ⑤ 바탕만들기

【해설】 ⑤ → ④ → ② → ① → ③

문제 3) 다음 철물의 사용목적 및 위치를 쓰시오. (3점)
코너비드

【해설】 기둥, 벽 등 모서리 부분의 미장바름을 보호하기 위한 철물로 그 시공면의 각진 모서리에 대어 시공한다.

문제 4) 다음 〈보기〉의 합성수지 재료 중 열경화성수지를 모두 골라 번호를 쓰시오. (4점)
〈보기〉 ① 아크릴수지 ② 에폭시수지 ③ 멜라민수지 ④ 페놀수지
⑤ 폴리에틸렌수지 ⑥ 염화비닐수지 ⑦ 요소수지

【해설】 ②, ③, ④, ⑦

문제 5) 목재건조법 중 인공건조법 3가지를 쓰시오. (3점)
① ② ③

【해설】 ① 증기법 ② 열기법 ③ 진공법

문제 6) 벽돌조 건물에서 시공상 결함에 의해 생기는 균열원인을 3가지 쓰시오. (3점)
①
②
③

【해설】 ① 벽돌 및 모르타르의 강도부족
② 온도 및 흡수에 따른 재료의 신축성
③ 이질재와의 접합부의 시공결함

문제 7) 다음은 비계공사에 사용되는 비계의 종류이다. 간단히 기술하시오. (4점)
① 달비계 :
② 수평비계 :

【해설】 ① 달비계 : 건물 구조체가 완성된 다음에 작업대를 로프로 달아 내린 것.
② 수평비계 : 실내에서 작업하는 높이의 위치에 발판을 수평으로 매는 것.

문제 8) 다음은 미장공사에 대한 용어이다. 간략히 기술하시오. (4점)
① 바탕처리
② 덧먹임

【해설】 ① 바탕은 깨끗이 청소하고, 부실한 곳은 보수하며, 우묵한 곳은 덧바르고, 들어간 곳은 살을 붙이며, 매끄러운 곳은 정으로 쪼아 거칠게 한다.
② 미장시 균열의 틈새, 구멍 등에 미장 반죽재를 밀어 넣는 작업

문제 9) 다음 ( ) 안에 알맞은 용어를 써넣으시오. (3점)
재의 길이 방향으로 두 재를 길게 접합하는 것 또는 그 자리를 (㉮)(이)라 하고, 재와 서로 직각으로 접합하는 것 또는 그 자리를 (㉯)(이)라 한다. 또 재를 섬유방향에 평행으로 옆 대어 넓게 붙이는 것을 (㉰)(이)라 한다.

【해설】 ㉮ 이음 ㉯ 맞춤 ㉰ 쪽매

문제 10) 금속재의 도장시 사전 바탕처리 방법 중 화학적 방법을 3가지 쓰시오. (3점)
①　　　　　　②　　　　　　③

【해설】 ① 탈지법 ② 세정법 ③ 피막법

참고 〉 ① 탈지법 : 솔벤트, 나프타 등의 용제로 그리스, 오물, 기타 이물질을 제거하는 방법
② 세정법 : 산의 용액 중에 재료를 침적하여 금속표면의 녹과 흑피를 제거하는 방법
③ 피막법 : 인산염피막을 만들어 발청을 억제시키고, 도료의 밀착을 좋게 하는 방법

문제 11) 다음 자료를 이용하여 네트워크(Network)공정표를 작성하시오. (4점)(단, 주공정선은 굵은 선으로 표시한다)

작업명	작업일수	선행작업	비고
A	4	-	각 작업의 일정계산 표시방법은 아래 방법으로 한다.
B	2	-	
C	3	-	
D	2	A, B	
E	4	A, B, C	
F	3	A, C	

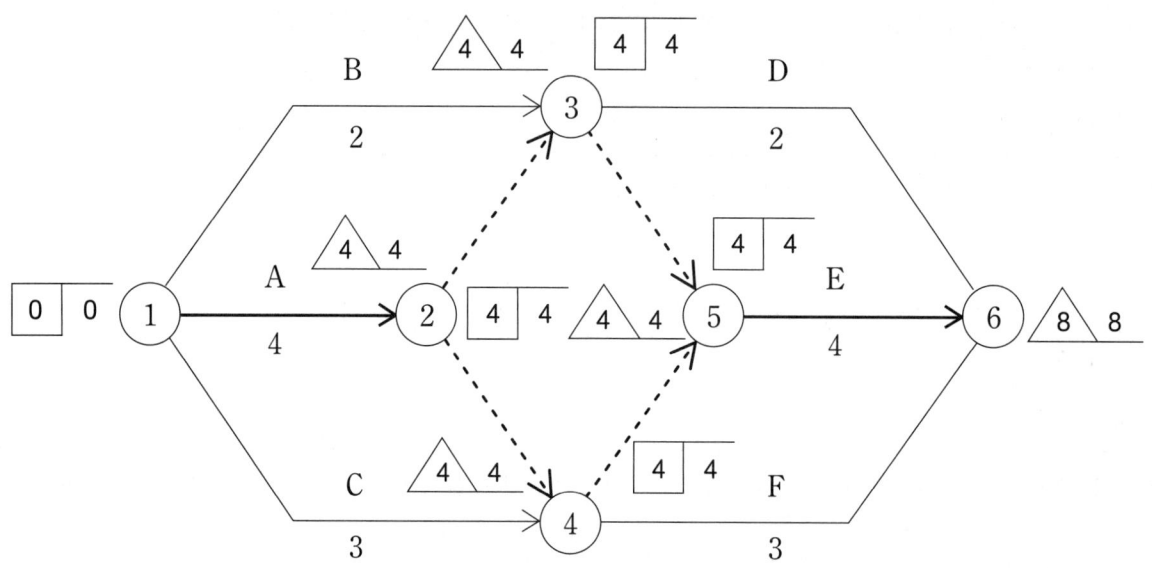

【해설】
CP〉 Activity : A → E   Event : ① → ② → ③ → ⑤ → ⑥ and ① → ② → ④ → ⑤ → ⑥

문제 12) 다음 아래 도면을 보고 목재량을 산출하시오. (4점)(단, 마루판 높이는 지면에서 60cm)

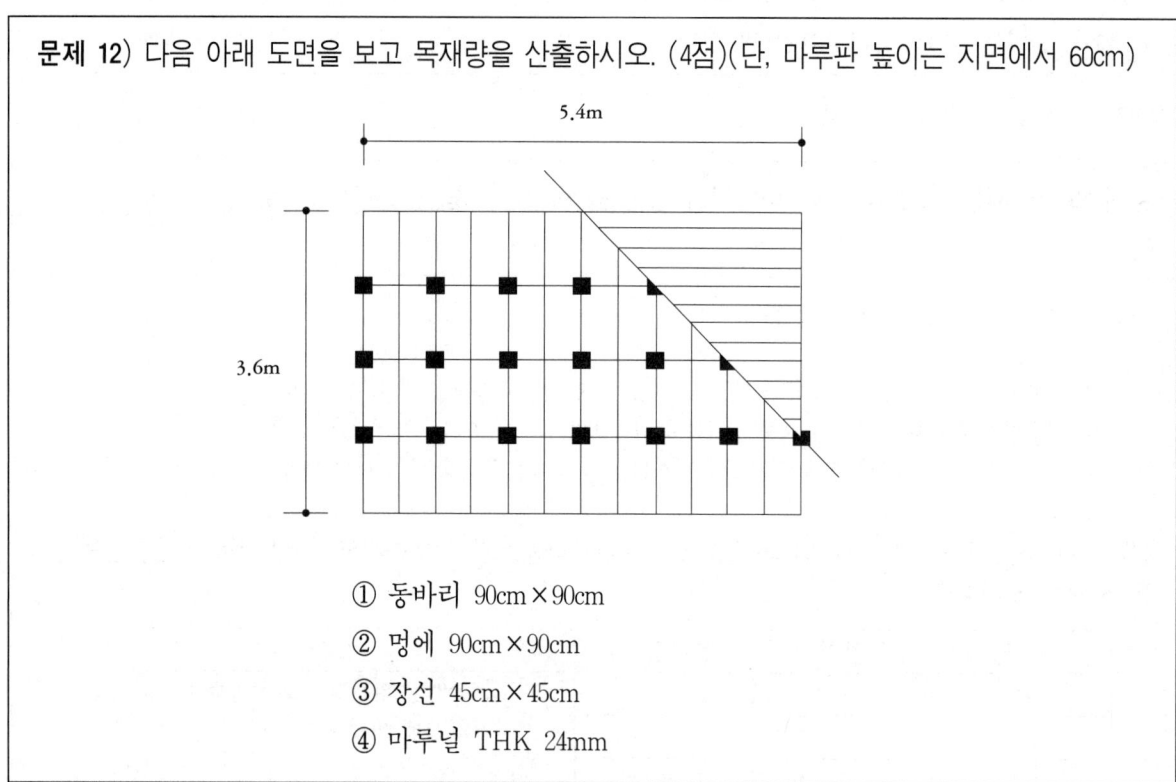

① 동바리 90cm×90cm
② 멍에 90cm×90cm
③ 장선 45cm×45cm
④ 마루널 THK 24mm

【해설】 ① 동바리 = 0.9m×0.9m×0.6m×21개 = 10.206㎥
② 멍에 = 0.9m×0.9m×5.4m×5개 = 21.87㎥
③ 장선 = 0.45m×0.45m×3.6m×13개 = 9.48㎥
④ 마루널 = 5.4m×3.6m×0.024m = 0.47㎥

실 내 디 자 인

[제81회 작품명] 어린이 도서관

1. 요구사항 - 주어진 도면은 준주거 지역에 위치한 소규모의 어린이 도서관이다.
   다음의 요구조건에 따라 도면을 작성하시오.

2. 요구조건

   ① 설계면적 : 15,100 × 9,000 × 3,000mm(H)
   ② 인적구성 : 운영자 1인 및 자원봉사자 2인
   ③ 요구공간 : 대출 및 반납 카운터, 서고 및 개가식 열람공간, 이야기방, 만화방, 어린이 놀이방,
      사무실 및 자원봉사자 휴게실, 어린이 도서관에 필요한 집기류, 화장실

3. 요구도면

   ① 평면도(가구배치 및 바닥마감재 표기) SCALE : 1/50
      - 평면도 주변의 여유공간에 설계개요(DESIGN CONCEPT)를 200자 내외로 쓰시오.
   ② 천정도(설비, 조명기구 배치 및 범례표 작성/천장마감재 표기) SCALE : 1/50
   ③ 내부입면도 A방향 1면(벽면재료 표기) SCALE : 1/50
   ④ 단면상세도(A-A′) SCALE : 1/50
   ⑤ 실내투시도(채색작업은 필수) SCALE : N.S
      (계획의 포인트가 좋은 지점에서 1소점 또는 2소점 투시법으로 작성하되, 작성과정의 투시보조선을 남길 것)

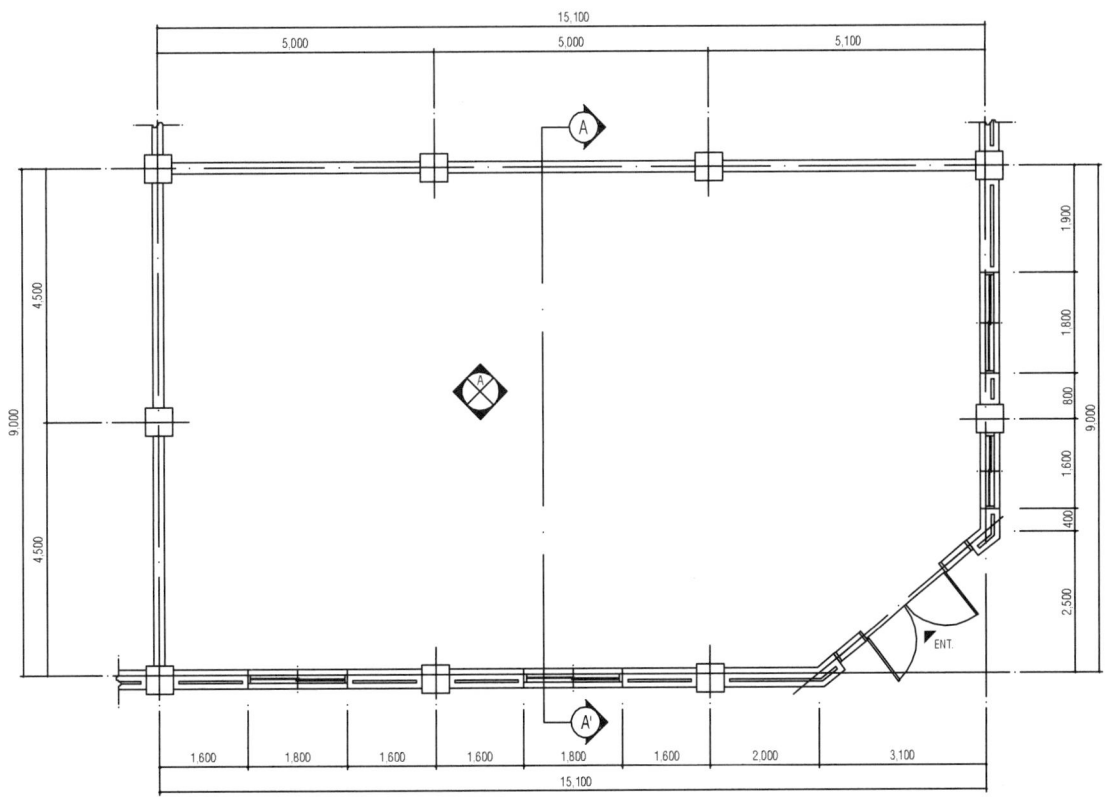

평 면 도

CONCEPT

주거지역에 위치한 어린이 도서관으로 원을 중심으로 각 공간별로 유동적이며 활동적인 동선이 되도록 디자인하였다. 메인공간은 서고 및 열람공간에 자연을 느낄 수 있는 목재로 조경을 사용하여 눈의 피로를 줄이면 집중력을 향상시킬 수 있도록 하고 블럭과 벤치를 겸한, 비치 등을 활용하여 놀이를 통한 학습효과를 높일 수 있도록 하였다. 공간의 포인트색채로 발랄하고 누구나 사용하여 활기찬 주황을 연두를 통한 상상력과 창의력을 기를 수 있도록 색채계획하였다.

평 면 도 SCALE = 1/50

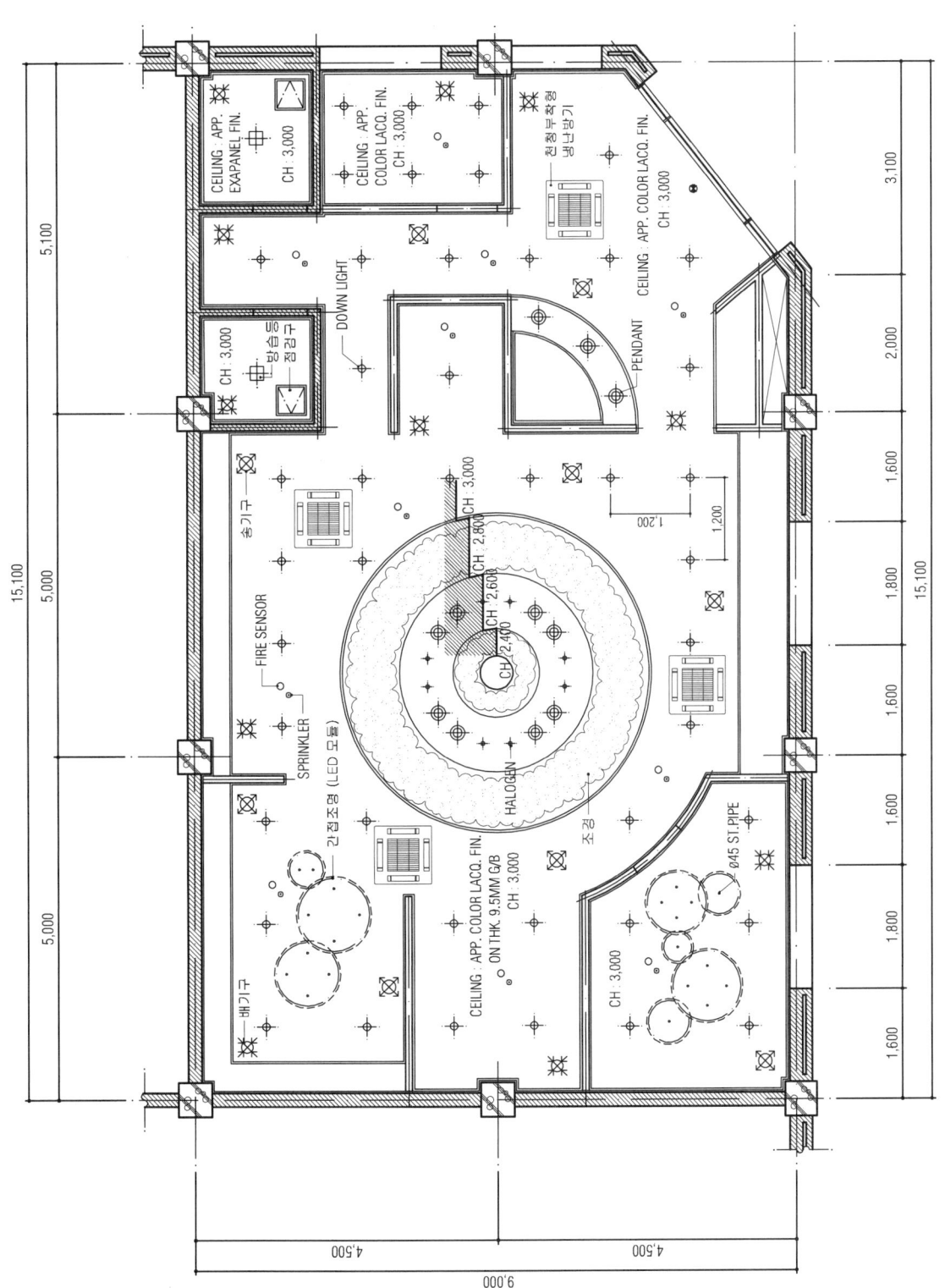

천 정 도 SCALE = 1/50

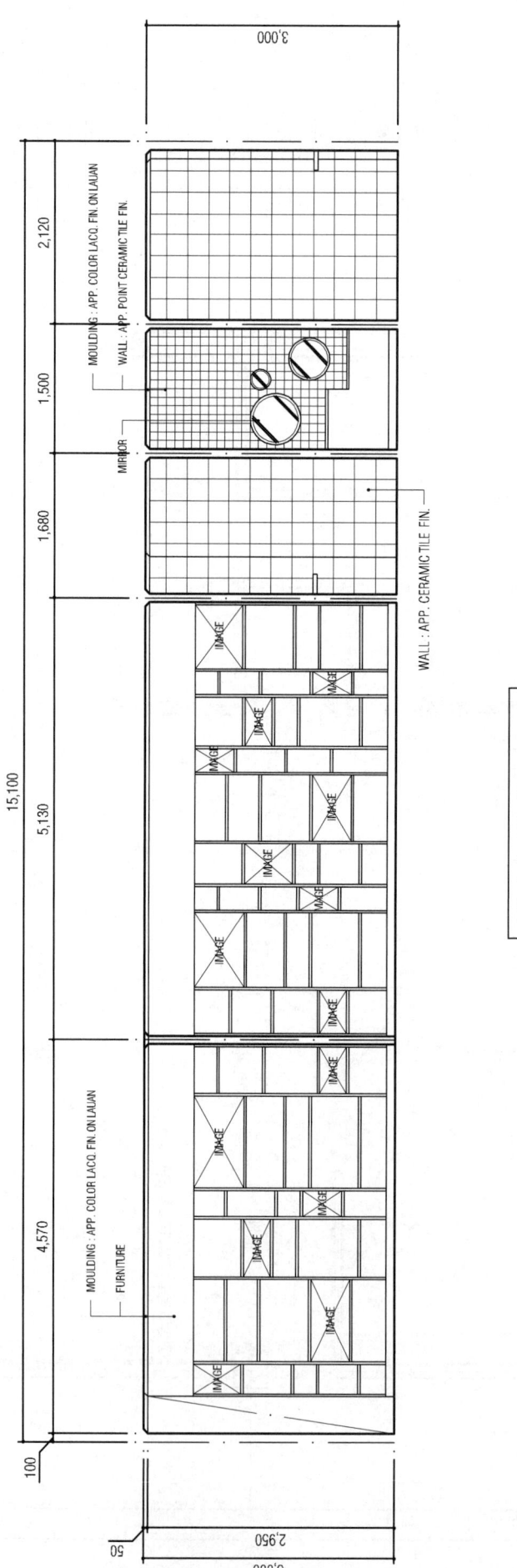

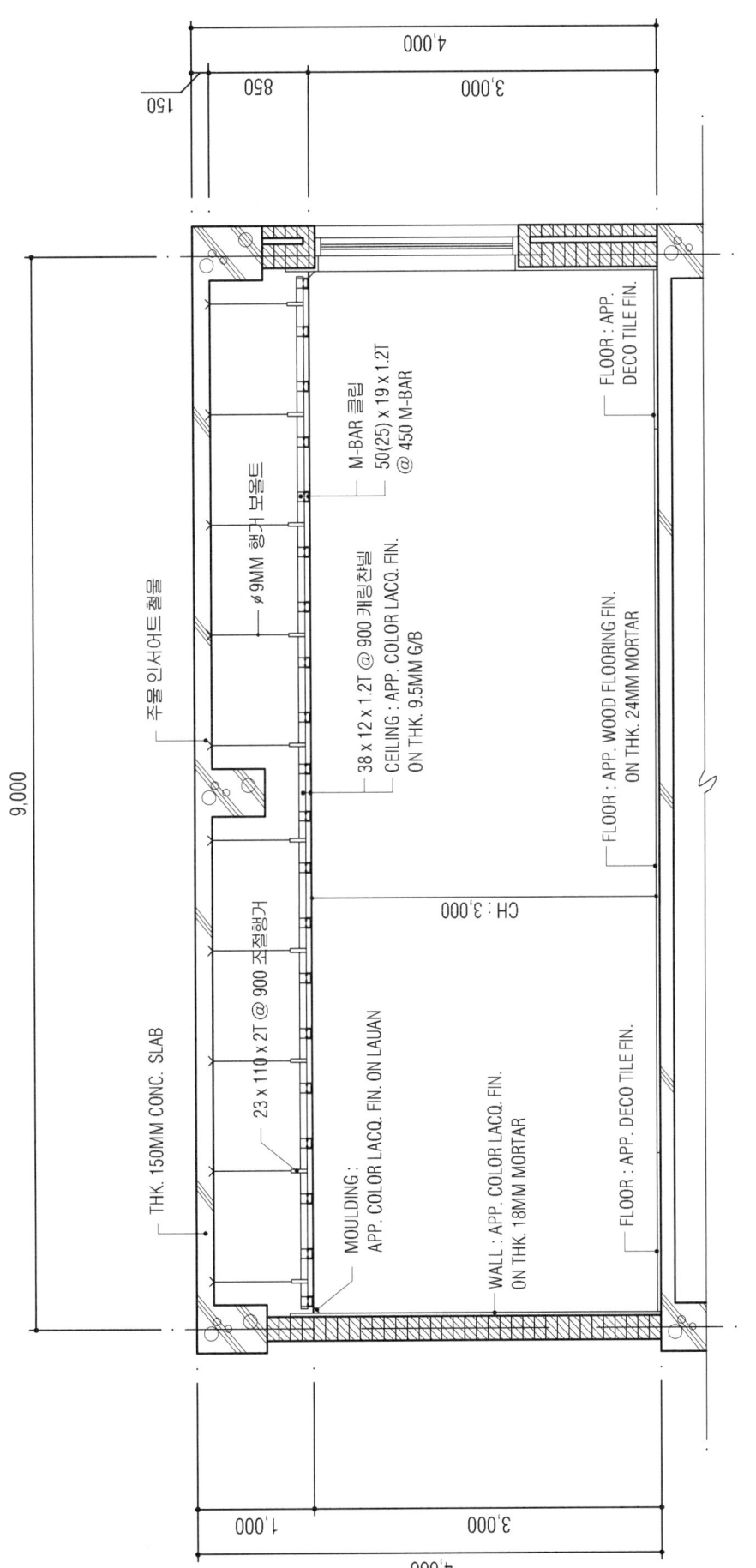

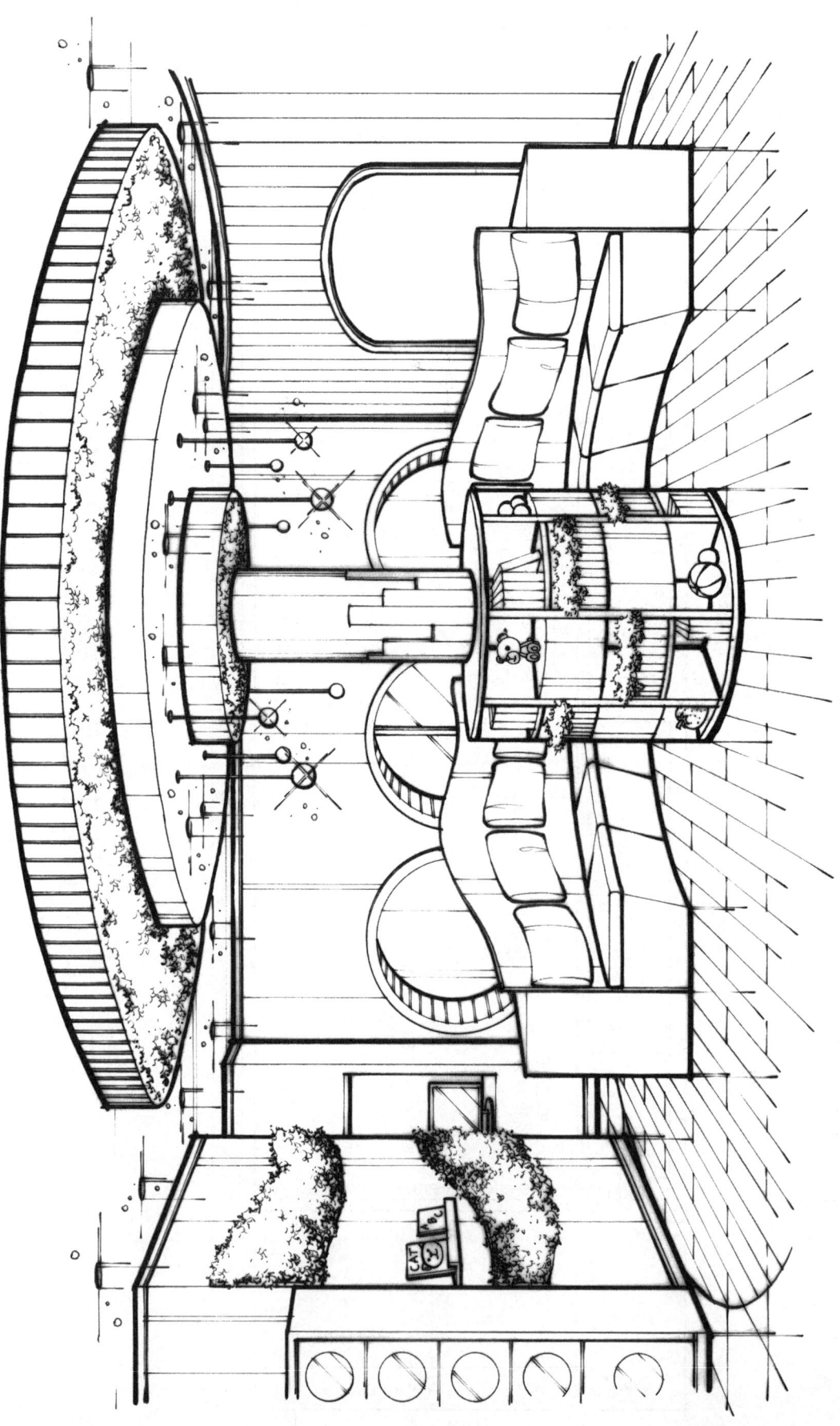

실내투시도
SCALE = N.S

(2018. 4. 14 시행)

제82회 실내건축기사
시공실무

문제 1) 거푸집면 타일 먼저 붙이기 공법 2가지를 쓰시오. (4점)
① ②

【해설】 ① 타일시이트공법   ② 줄눈채우기공법 (고무줄눈설치공법)

문제 2) 다음에서 설명하고 있는 석재를 〈보기〉에서 골라 쓰시오. (3점)
〈보기〉 화강암   안산암   사문암   사암   대리석   화산암

㉮ 석회석이 변화되어 결정화한 것으로 강도는 높지만 내화성이 낮고 풍화되기 쉬우며 산에 약하기 때문에 실외용으로 적합하지 않다.
㉯ 수성암의 일종으로 함유광물의 성분에 따라 암석의 질, 내구성, 강도에 현저한 차이가 있다.
㉰ 강도, 경도, 비중이 크고, 내화력도 우수하여 구조용 석재로 쓰이지만 조직 및 색조가 균일하지 않고 석리가 있기 때문에 채석 및 가공이 용이하지만 대재를 얻기 어렵다.

【해설】 ㉮ 대리석   ㉯ 사암   ㉰ 안산암

문제 3) 다음 용어를 차이점에 근거하여 설명하시오. (4점)
① 내력벽
② 장막벽

【해설】 ① 내력벽 : 벽체, 바닥, 지붕 등의 하중을 받아 기초에 전달하는 벽
② 장막벽 : 공간구분을 목적으로 상부하중을 받지 않고, 자체의 하중만을 받는 벽

문제 4) 단열공법중 주입단열공법과 붙임단열공법을 설명하시오. (2점)
① 주입단열공법
② 붙임단열공법

【해설】 ① 주입단열공법 : 단열이 필요한 곳에 단열공간을 만들고 주입구멍과 공기구멍을 뚫어 발포성 단열재를 주입·충전하는 방법
② 붙임단열공법 : 단열이 필요한 곳에 일정하게 성형된 단열재를 붙여서 단열성능을 발휘하도록 하는 방법

문제 5) 다음 용어를 설명하시오. (3점)
① 짠마루
② 막만든아치
③ 거친아치

【해설】 ① 짠마루 : 간사이가 클 경우에 사용되며 큰 보위에 작은 보, 그 위에 장선을 걸고, 마루널을 깐 마루
② 막만든아치 : 보통벽돌을 쐐기모양으로 다듬어 쌓은 아치
③ 거친아치 : 현장에서 보통벽돌을 써서 줄눈을 쐐기모양으로 쌓은 아치

문제 6) 다음 용어를 설명하시오. (2점)
① 와이어메쉬
② 조이너

【해설】 ① 와이어메쉬 : 연강철선을 정방형 또는 장방형으로 전기 용접하여 만든 것으로 콘크리트 바닥다짐의 보강용으로 쓰인다.
② 조이너 : 천장, 벽 등의 이음새를 감추기 위해 사용함.

문제 7) 금속부식방지법 3가지를 쓰시오. (3점)
①
②
③

【해설】 ① 상이한 금속은 인접·접촉시키지 않는다.
② 표면을 평활하고 깨끗한 건조상태로 유지한다.
③ 도료나 내식성이 큰 재료나 또는 방청재로 보호피막을 실시한다.

문제 8) 도장공사에서 본타일붙이기를 1~5단계로 설명하시오. (5점)
①
②
③
④
⑤

【해설】 ① 바탕처리 : 바탕면의 양생·수분·요철 등의 상태 도장에 적합하게 처리
② 하도 1회(초벌) : 바탕처리 후 하도용 재료를 붓·로울러·건 등을 사용하여 도장
③ 중도 1회(재벌) : 무늬의 크기에 따라 노즐의 구경과 압력을 정하여 무늬용 본타일 재료를 분사하여, 필요에 따라 표면 누르기 및 연마 시행
④ 상도 1회(정벌 1회) : 중도 24시간 후 표면 마감재를 선정하여 주제와 경화제를 섞어 붓·로울러·건 등을 사용하여 도장
⑤ 상도 2회(정벌 2회) : 상도 1회 24시간 경과 후 표면 마감재 재도장

문제 9) 190×90×57 크기 표준형벽돌로 15㎡를 2.0B 쌓기시 몰탈량과 벽돌 사용량을 계산하시오. (할증은 고려하지 않는다) (4점)
① 벽돌량 : (계산식)
  (정답)
② 몰탈량 : (계산식)
  (정답)

【해설】 ① 벽돌량 : (계산식) 15×298 = 4,470(매)
　　　　　　　　　(정답) 4,470매
　　　　② 몰탈량 : (계산식) (4,470/1,000)×0.36 = 1.61(㎥)
　　　　　　　　　(정답) 1.61㎥
　　　　※ 표준형벽돌 2.0B일 경우 단위면적수량은 298매, 1,000매당 몰탈량은 0.36㎥임.

문제 10) 타일의 동해방지를 위해 해야 할 조치 4가지를 쓰시오. (4점)
①
②
③
④

【해설】 ① 붙임용 모르타르 배합비를 정확히 준수한다.
　　　　② 소성온도가 높은 양질의 타일을 사용한다.
　　　　③ 타일은 흡수성이 낮은 것을 사용한다.
　　　　④ 줄눈 누름을 충분히 하여 빗물의 침투를 방지한다.

문제 11) 다음 아래는 공기단축의 공사계획이다. 비용구배가 가장 큰 작업순서대로 나열하시오. (3점)

구분	표준공기	표준비용	급속공기	급속비용
A	4	6,000	2	9,000
B	15	14,000	14	16,000
C	7	5,000	4	8,000

【해설】 B → A → C

참고〉 $A = \dfrac{9,000-6,000}{4-2} = 1,500$원/일　$B = \dfrac{16,000-14,000}{15-14} = 2,000$원/일　$C = \dfrac{8,000-5,000}{7-4} = 1,000$원/일

문제 12) 미장공사 중 셀프 레벨링(self leveling)재에 대해 설명하시오. (3점)

【해설】 자체 유동성을 갖고 있는 특수 모르타르로 시공면 수평에 맞게 부으면, 스스로 일매지는 성능을 가진 특수 미장재이다. 시공 후 통풍에 의해 물결무늬가 생기지 않도록 개구부를 밀폐하여 기류를 차단하고, 시공 전, 중, 후 기온이 5℃ 이하가 되지 않도록 한다.

실 내 디 자 인

[제82회 작품명] 치과의원

1. 요구사항 – 주어진 도면은 치과의원의 평면도이다.
   다음의 요구조건에 따라 도면을 작성하시오.

2. 요구조건
   ① 설계면적 : 12,900 × 10,600 × 2,800mm(H)
   ② 인적구성 : 원장(2인), 간호사(3인)
   ③ 요구조건 : 안내 데스크&서비스 테이블, 대기공간:오픈형, 손님대기용 의자(쇼파), 원장실, 치기공실, 치료대 4대, 남녀분리화장실, 공용세면대, 천정형 시스템 냉난방기

3. 요구도면
   ① 평면도(가구배치 및 바닥마감재 표기) SCALE : 1/50
      - 평면도 주변의 여유공간에 설계개요(DESIGN CONCEPT)를 200자 내외로 쓰시오.
   ② 천정도(설비, 조명기구 배치 및 범례표 작성/천장마감재 표기) SCALE : 1/50
   ③ 내부입면도 A방향 1면(벽면재료 표기) SCALE : 1/50
   ④ 단면상세도(A-A') SCALE : 1/50
   ⑤ 실내투시도(채색작업은 필수) SCALE : N.S
      (계획의 포인트가 좋은 지점에서 1소점 또는 2소점 투시법으로 작성하되, 작성과정의 투시보조선을 남길 것)

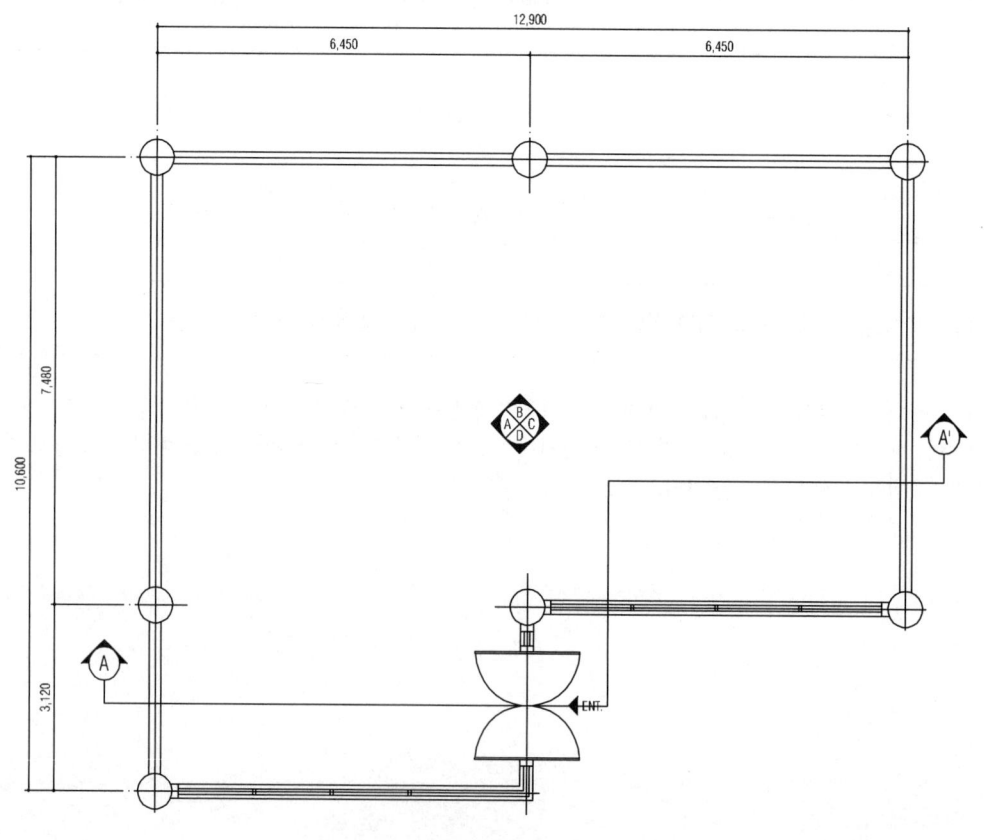

평 면 도

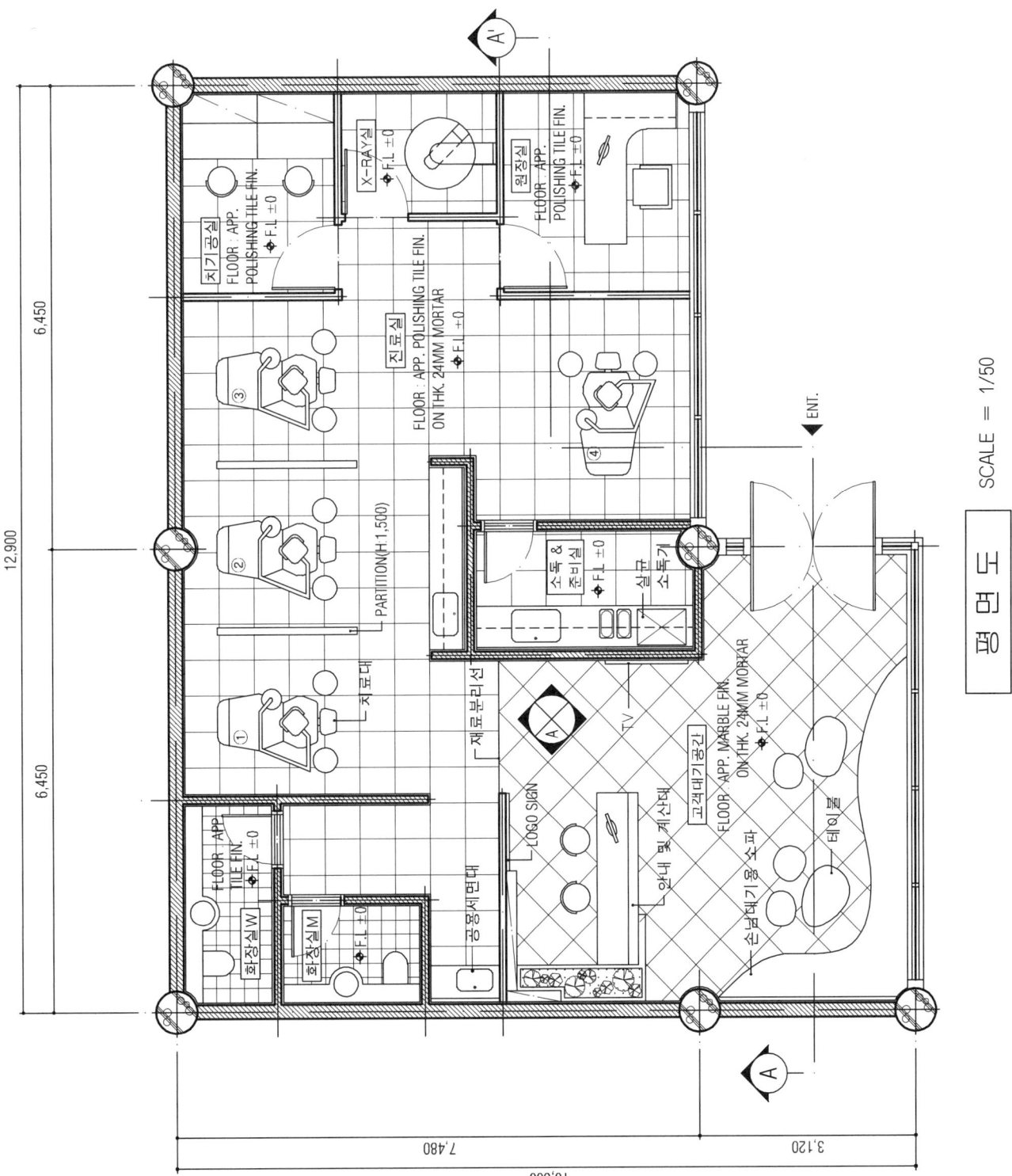

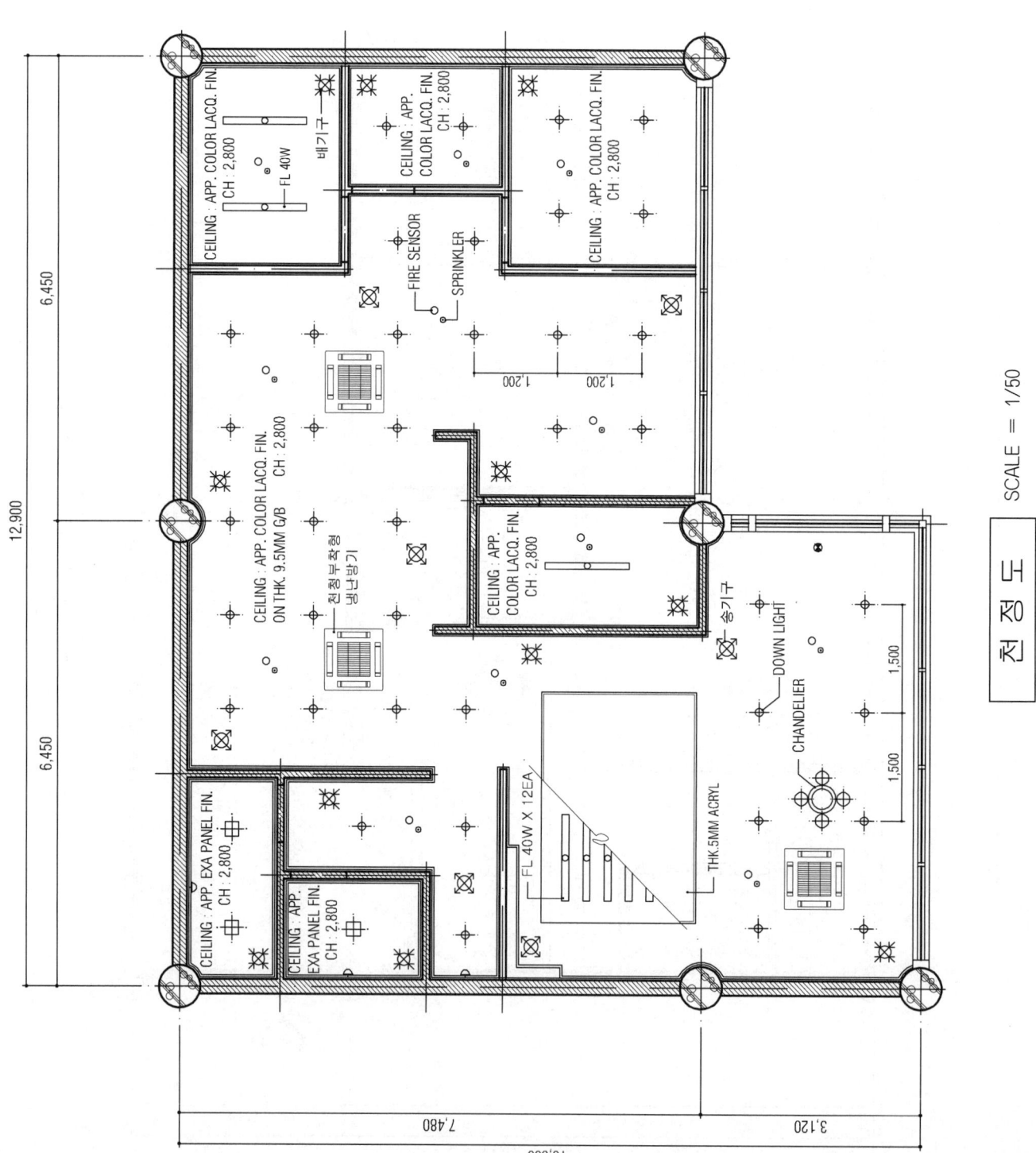

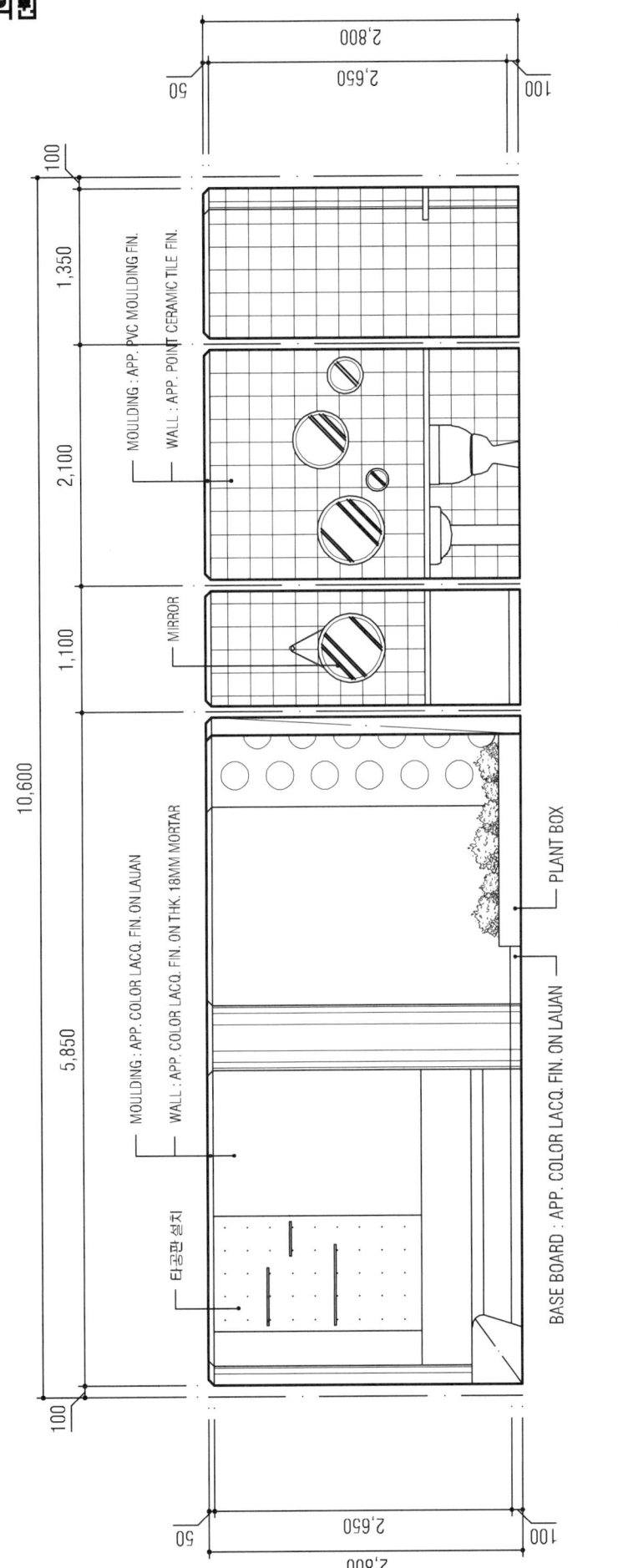

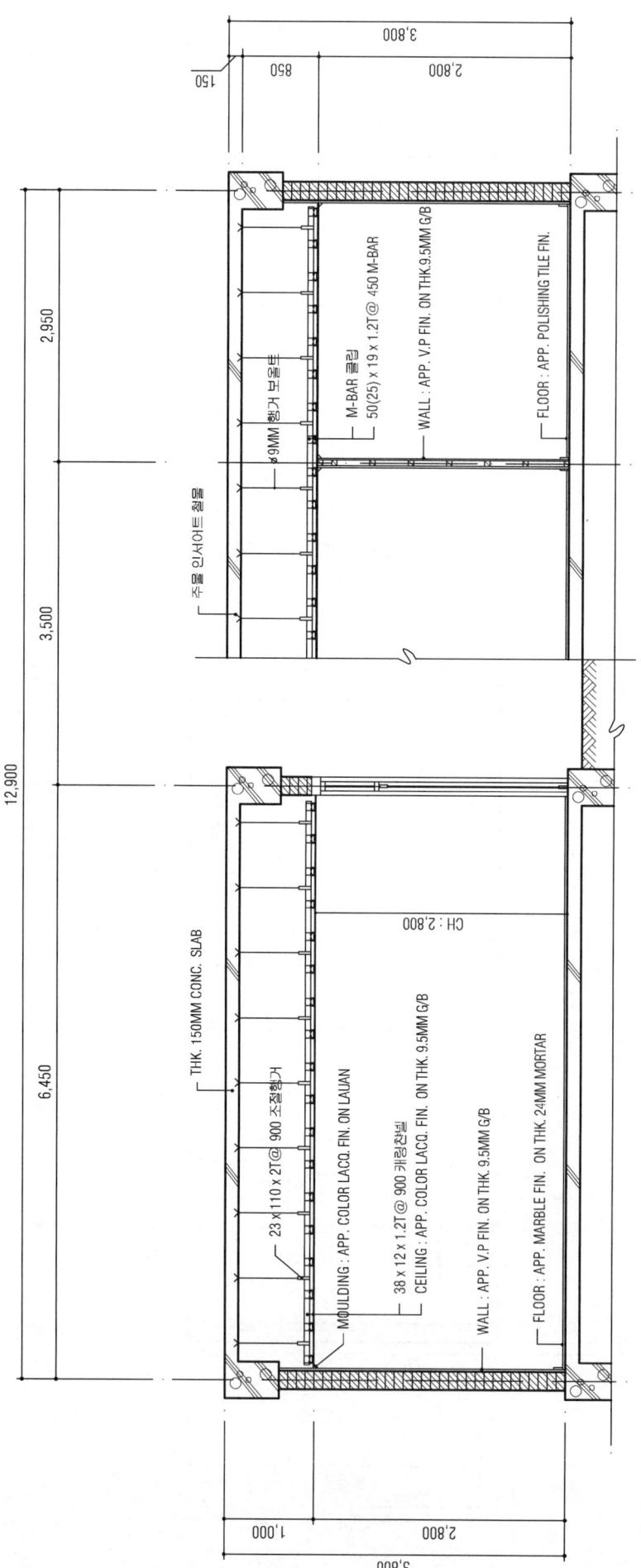

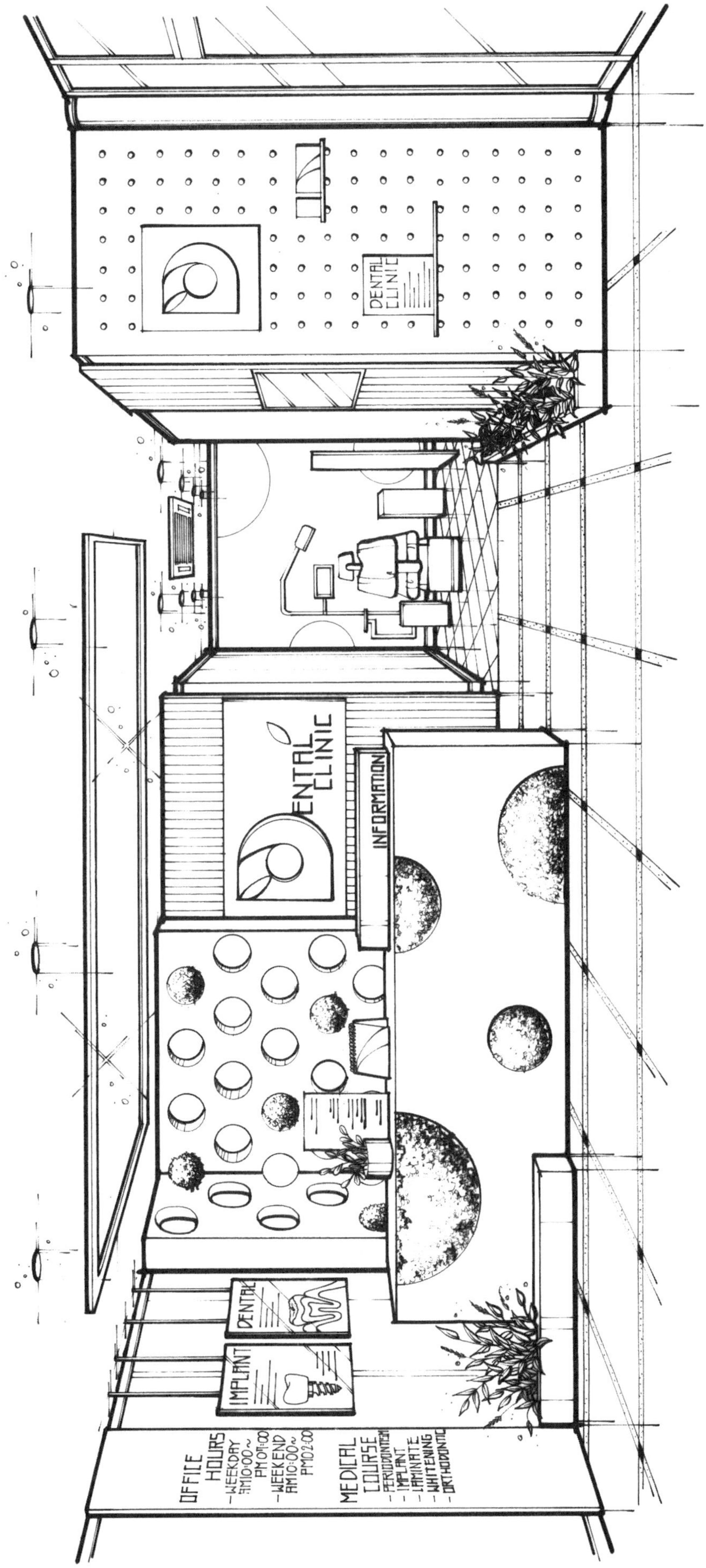

(2018. 6. 30 시행)

제83회 실내건축기사
시공실무

문제 1) 150mm×270mm×4800mm 각재 1000개의 체적(㎥)을 구하시오. (3점)

【해설】 0.15m × 0.27m × 4.8m × 1000(개) = 194.4㎥

문제 2) 조적조에서 내력벽과 장막벽을 구분하여 기술하시오. (4점)
① 내력벽
② 장막벽

【해설】 ① 내력벽 : 벽체, 바닥, 지붕 등의 하중을 받아 기초에 전달하는 벽
② 장막벽 : 공간구분을 목적으로 상부하중을 받지 않고, 자체의 하중만을 받는 벽

문제 3) 인조석 표면 마감 방법 3가지를 설명하시오. (3점)

【해설】 ① 씻어내기 : 주로 외벽의 마무리에 사용되며, 솔로 2회 이상 씻어낸 후 물로 씻어 마감한다.
② 물갈기 : 인조석이 경화된 후 갈아내기를 반복하여 금강석 숫돌, 마감숫돌의 광내기로 마감한다.
③ 잔다듬 : 인조석바름이 경화된 후 정, 도드락망치, 날망치 등으로 두들겨 마감한다.

문제 4) 다음 설명하는 도료를 쓰시오. (3점)
① 안료, 건성유, 희석제, 건조제를 조합해서 만든 페인트이다.
② 철재 등에 녹슬지 않게 도료를 칠하는 것으로, 철의 표면을 칠하고 그 위에 다시 페인팅을 한 것.
③ 천연수지와 휘발성용제를 섞은 것으로 밑바탕이 보이는 투명한 도장재로 천연수지, 오일, 합성수지 등이 있다.

【해설】 ① 유성페인트 ② 녹막이칠 ③ 바니쉬

문제 5) 다음 쪽매의 명칭을 써 넣으시오. (4점)

①  ② 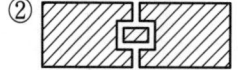 ③  ④

【해설】 ① 틈막이대쪽매 ② 딴혀쪽매 ③ 제혀쪽매 ④ 반턱쪽매

문제 6) 다음은 도배공사에 있어서 온도의 유지에 관한 내용이다. ( ) 안에 알맞은 수치를 넣으시오. (4점)
도배지의 평상시 보관온도는 (①)℃ 이어야 하고, 시공 전 (②)시간전 부터는 (③)℃ 정도를 유지해야 하며, 시공 후 (④)시간 까지는 (⑤)℃ 이상의 온도를 유지하여야 한다.

【해설】 ① 4 ② 72 ③ 5 ④ 48 ⑤ 16

문제 7) 다음 공사의 공기단축시 필요한 비용구배(cost slope)를 구하시오. (3점)
A : 표준공기 4일, 표준비용 6,000원, 급속공기 2일, 급속비용 9,000원이다.
B : 표준공기 15일, 표준비용 14,000원, 급속공기 14일, 급속비용 16,000원이다.
C : 표준공기 7일, 표준비용 5,000원, 급속공기 4일, 급속비용 8,000원이다.

【해설】 A : $\dfrac{9,000-6,000}{4-2}=1,500$원/일   B : $\dfrac{16,000-14,000}{15-14}=2,000$원/일   C : $\dfrac{8,000-5,000}{7-4}=1,000$원/일

문제 8) 벽돌 백화 현상의 원인 1가지와 방지대책 2가지를 쓰시오. (3점)
〈원인〉 ①
〈대책〉 ①
     ②

【해설】〈원인〉① 모르타르에 포함되어 있는 소석회가 공기 중의 탄산가스와 화학반응하여 발생한다.
     〈대책〉① 소성이 잘된 양질의 벽돌과 모르타르를 사용한다.
         ② 줄눈에 방수제를 사용하여 밀실시공 한다.

문제 9) 장식용 테라코타의 용도 3가지를 쓰시오. (3점)
①   ②   ③

【해설】 ① 난간벽   ② 돌림띠   ③ 창대

문제 10) 다음은 석재 가공순서의 공정이다. 바르게 나열하시오. (4점)
① 잔다듬   ② 정다듬   ③ 도드락다듬   ④ 혹두기 or 혹떼기   ⑤ 갈기

【해설】 ④ → ② → ③ → ① → ⑤

문제 11) 다음 〈보기〉는 합성수지 재료이다. 열가소성수지와 열경화성수지로 나누어 분리하시오. (3점)
〈보기〉① 아크릴수지   ② 에폭시수지   ③ 멜라민수지
    ④ 페놀수지   ⑤ 폴리에틸렌수지   ⑥ 염화비닐수지

【해설】 열가소성수지 : ①, ⑤, ⑥ / 열경화성수지 : ②, ③, ④

문제 12) 아스팔트 프라이머(asphalt primer)에 대하여 설명하시오. (3점)

【해설】 아스팔트를 휘발성 용제로 녹인 흑갈색 액상으로 바탕 등에 칠하여 아스팔트 등의 접착력을 높이기 위한 밑도료로 쓰인다.

실내디자인

[제83회 작품명] 프랜차이즈 제과점

1. 요구사항 - 주어진 도면은 상업지구에 위치한 프랜차이즈 제과점의 평면도이다.
   다음의 요구조건에 따라 도면을 작성하시오.

2. 요구조건

   ① 설계면적 : 13,500×9,000×2,700(H)
   ② 인적구성 : 직원(4인)
   ③ 요구공간 :
      - 제조공간 : 냉장고, 냉동고, 오븐, 싱크대 및 기타 필요집기
      - 판매공간 : 서비스카운터, 쇼케이스(케이크, 냉동, 냉장, 음료), 수평진열대, 수직진열대
      - 테이블공간 : 4인용 TABLE 3세트
      - 그 외 추가적으로 필요한 것

3. 요구도면

   ① 평면도(가구배치 및 바닥마감재 표기) SCALE : 1/50
      - 평면도 주변의 여유공간에 설계개요(DESIGN CONCEPT)를 200자 이내로 완성하시오.
   ② 천장도(설비, 조명기구 배치 및 범례표 작성/천장마감재 표기) SCALE : 1/50
   ③ 내부입면도 A방향 1면(벽면재료 표기) SCALE : 1/50
   ④ 단면상세도(A-A') SCALE : 1/50
   ⑤ 실내투시도(채색작업은 필수) SCALE : N.S
      (계획의 포인트가 좋은 지점에서 1소점 또는 2소점 투시법으로 작성하되, 작성과정의 투시보조선을 남길 것)

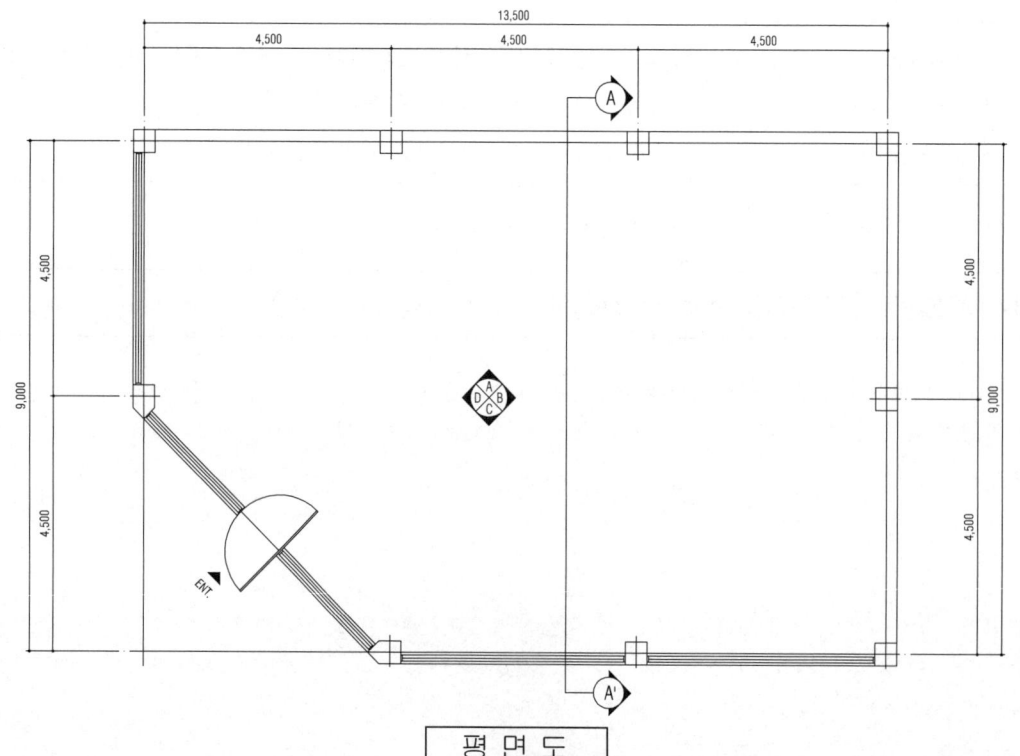

평 면 도

CONCEPT

상업지구에 위치한 프랜차이즈 제과점으로 유기농 식재료를 사용하여 바로 먹거리를 만드는 기업의 이미지를 자연소재와 따뜻한 색채를 사용하여 보여주고 북유럽풍의 디자인을 컨셉으로 하여 클래식하고 여유로운 감성으로 편안하고 아늑한 분위기에서 커피와 베이커리를 즐길 수 있도록 디자인하였다. 공간계획으로는 크게 커피·제빵제조 공간과 판매 및 테이블 공간으로 나누고, 고객의 시선이 닿지 않는 안쪽에 제조공간 및 창고유리창쪽에 테이블 공간, 판매공간쪽에 쇼핑공간과 판매공간을 배치하였으며 전면유리창쪽으로 테이블과 고객의 진입을 유도하였다.

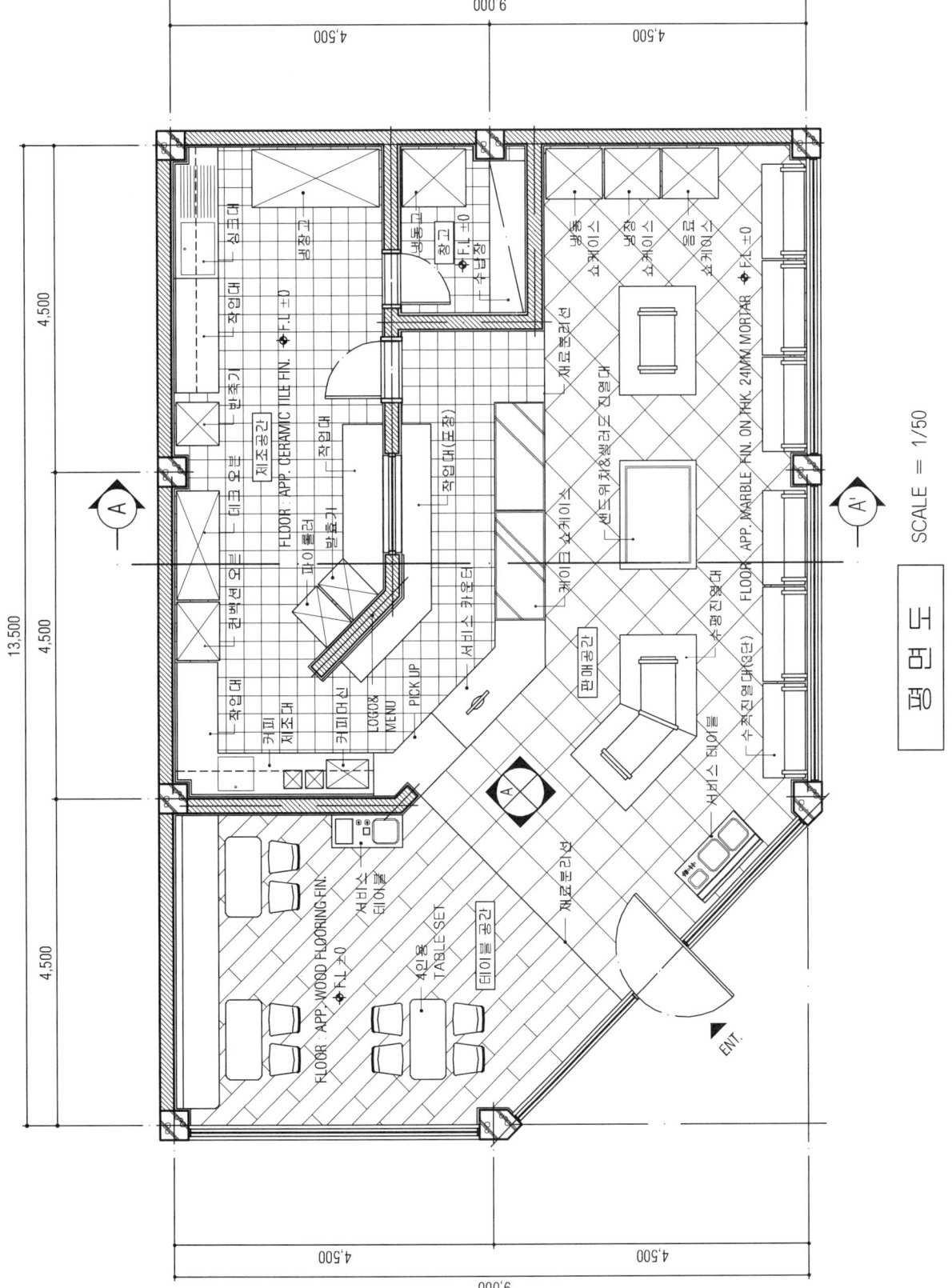

평 면 도   SCALE = 1/50

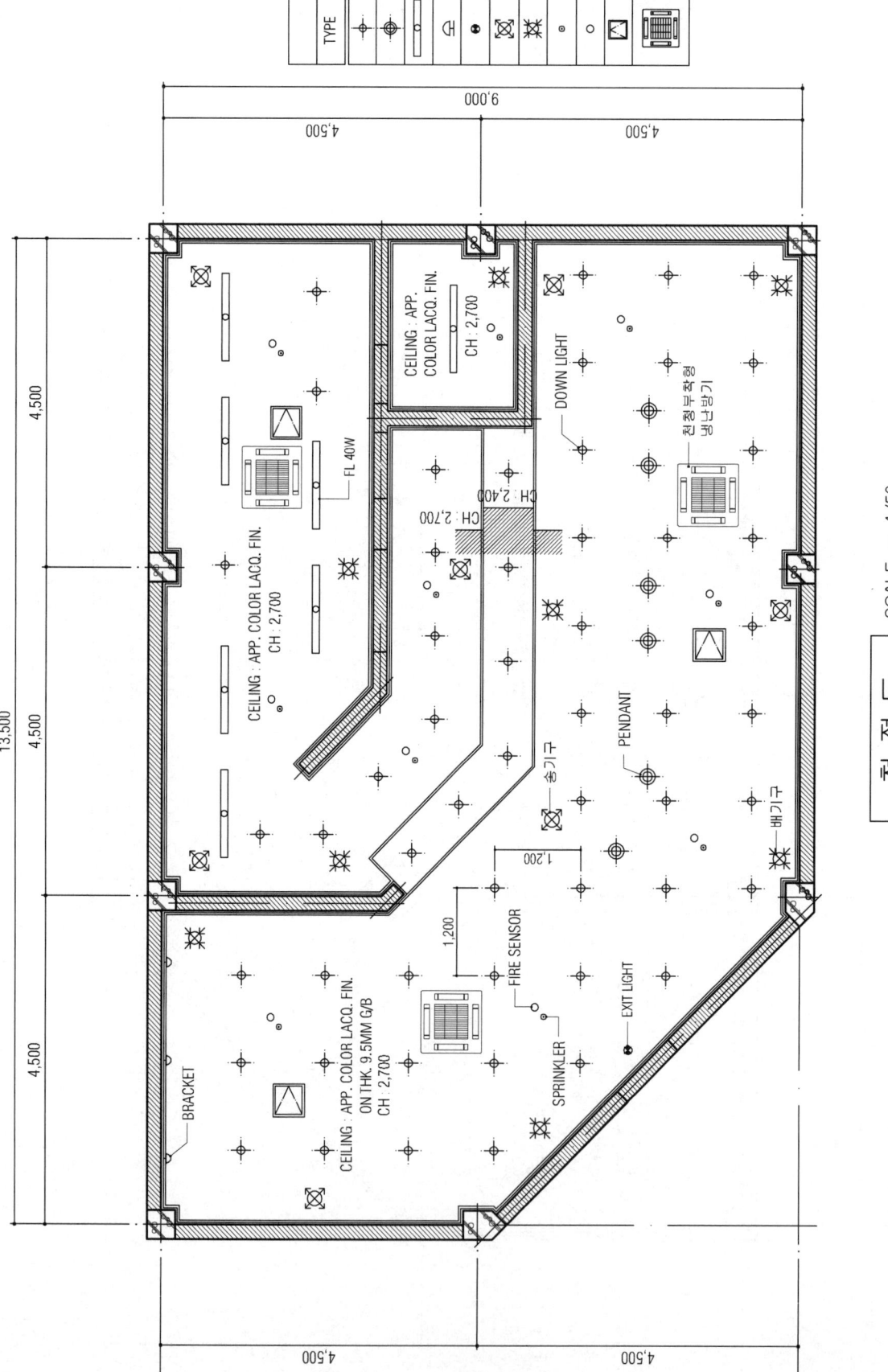

천 정 도 SCALE = 1/50

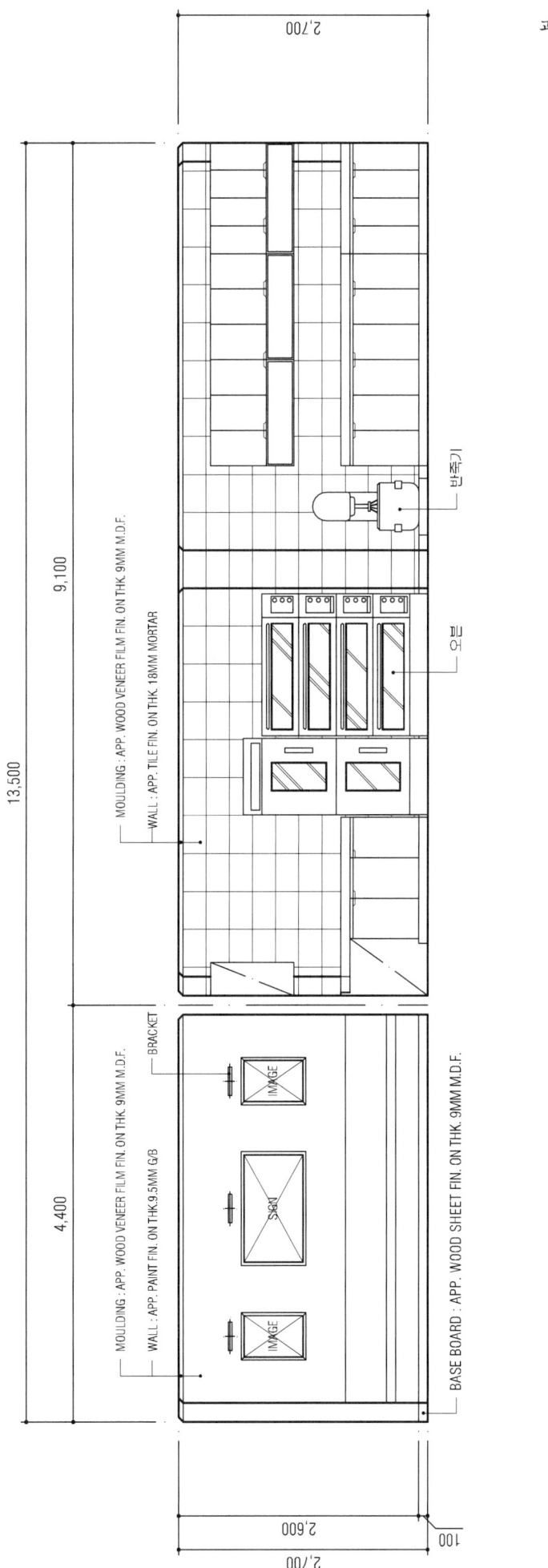

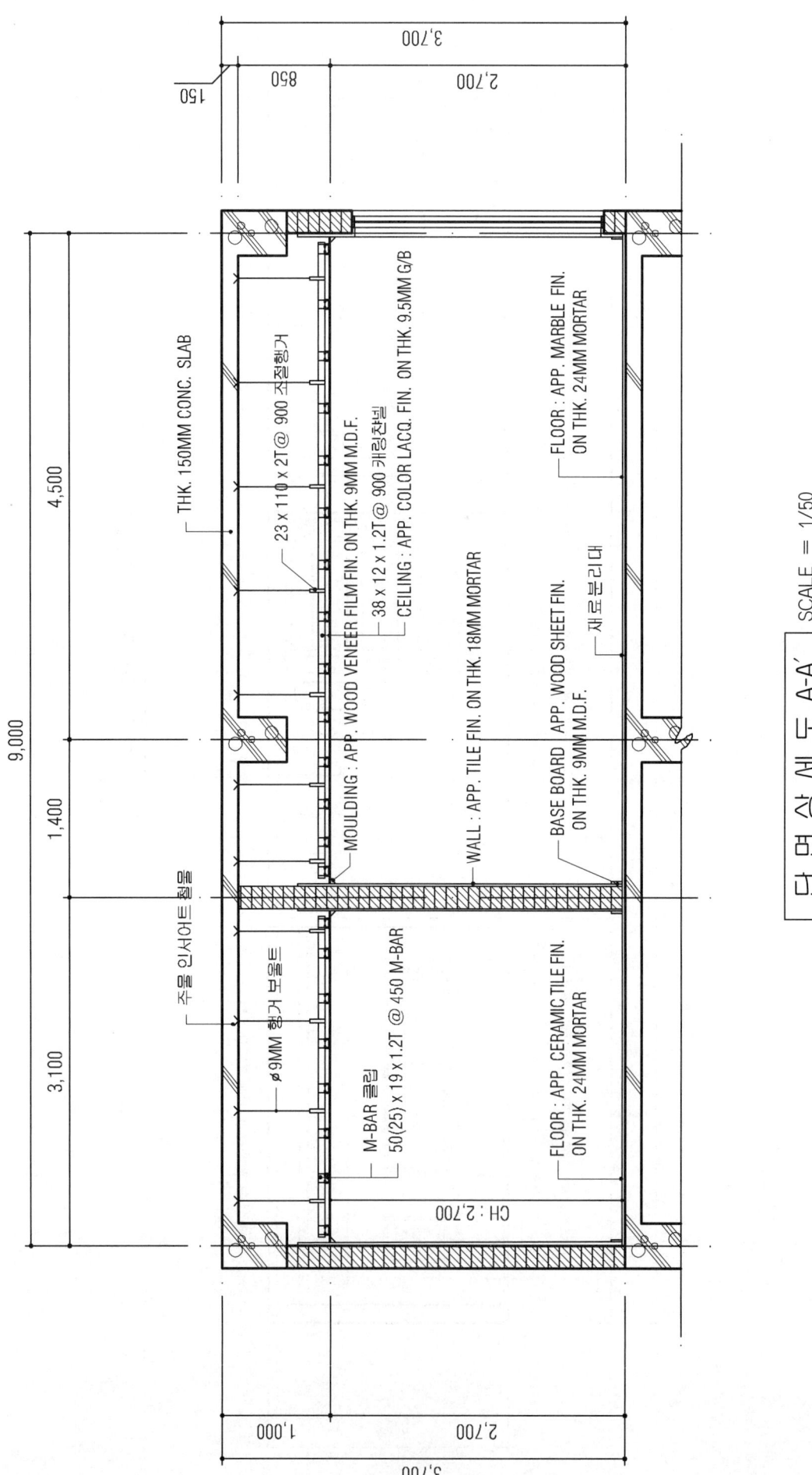

실내투시도 SCALE = N.S

(2018. 11. 10 시행)

제84회 실내건축기사
시공실무

문제 1) 다음 벽돌공사의 용어를 간단히 설명하시오. (3점)
㉮ 내력벽　　　　　　　㉯ 장막벽　　　　　　　㉰ 중공벽

【해설】 ㉮ 내력벽 : 벽체, 바닥, 지붕 등의 하중을 받아 기초에 전달하는 벽
　　　　㉯ 장막벽 : 공간구분을 목적으로 상부하중을 받지 않고, 자체의 하중만을 받는 벽, 칸막이벽이라고도 한다.
　　　　㉰ 중공벽 : 주로 외벽에 방음, 방습, 단열 등의 목적으로 벽체의 중간에 공간을 두어 이중으로 쌓는 벽

문제 2) 타일나누기 작업 시 주의사항 3가지를 설명하시오. (3점)
①　　　　　　　　② 　　　　　　　　③

【해설】 ① 가능한 온장을 사용할 수 있도록 계획한다.
　　　　② 벽과 바닥을 동시에 계획하여 가능한 줄눈을 맞추도록 한다.
　　　　③ 수전 및 매설물 위치를 파악한다.

문제 3) 조적조에서 공간쌓기에 대하여 설명하시오. (3점)

【해설】 외벽에 방음, 방습, 단열 등의 목적으로 벽체 중간에 공간을 두어 이중으로 쌓는 벽으로 5cm의 공간을 확보하고 연결재는 수평 90cm, 수직 40cm 이하의 간격으로, 아연도금, 철선 #8 또는 지름 6mm 이상의 철근을 꺾쇠형으로 사용한다.

문제 4) 바닥면적 10m×20m, 크링커 타일 180mm×180mm, 줄눈간격 10mm로 붙일 때에 필요한 타일의 수량을 구하시오. (할증은 고려하지 않음) (4점)

【해설】 타일량 $= \dfrac{10 \times 20}{(0.18+0.01) \times (0.18+0.01)} = \dfrac{200}{0.19 \times 0.19} = \dfrac{200}{0.0361} = 5,540$매

문제 5) 멤브레인 방수 공법 3가지를 쓰시오. (3점)
①　　　　　　　　②　　　　　　　　③

【해설】 ① 아스팔트방수　　② 도막방수　　③ 시이트방수

문제 6) 다음은 벽돌쌓기에 관한 설명이다. 괄호 안에 알맞은 용어를 쓰시오. (2점)
- 한켜에 마구리는 길이를 번갈아 쌓고, 끝을 이오토막처리한 쌓기방법 (　①　)
- 한켜에 마구리, 한켜에 길이를 쌓고, 끝은 이오토막으로 처리한 방법 (　②　)

【해설】 ① 불식쌓기　　　② 영식쌓기

문제 7) 다음 각종 미장재료를 기경성 및 수경성 미장재료로 분류할 때 해당되는 재료명을 〈보기〉에서 골라 쓰시오. (4점)

〈보기〉 ① 진흙   ② 순석고플라스터   ③ 회반죽   ④ 돌로마이트플라스터
       ⑤ 킨즈시멘트   ⑥ 인조석바름   ⑦ 시멘트모르타르

가. 기경성 미장재료 :
나. 수경성 미장재료 :

【해설】 가. 기경성 미장재료 : ①, ③, ④
       나. 수경성 미장재료 : ②, ⑤, ⑥, ⑦

문제 8) 다음 공사의 공기단축시 필요한 비용구배(Cost slope)를 구하시오. (4점)

조건 A) 표준공기 12일, 표준비용 8만원, 급속공기 8일, 급속비용 15만원
조건 B) 표준공기 10일, 표준비용 6만원, 급속공기 6일, 급속비용 10만원

【해설】 조건 A) 비용구배 $= \dfrac{150,000 - 80,000}{12 - 8} = \dfrac{70,000}{4} = 17,500$원/일

       조건 B) 비용구배 $= \dfrac{100,000 - 60,000}{10 - 6} = \dfrac{40,000}{4} = 10,000$원/일

문제 9) 다음 용어를 설명하시오. (4점)
① 훈연법
② 스티플칠

【해설】 ① 훈연법 : 목재의 수액제거 및 건조를 위한 방법으로 연소가마를 건조한 실내에 장치하고, 나무 부스러기, 톱밥 등을 태워 그 연기와 열을 이용하는 방법.
       ② 스티플칠 : 도료의 묽기를 이용하여 각종 기구를 써서 바름면에 요철무늬를 돋히게 하여 입체감을 내는 특수도장 마무리법.

문제 10) 마루공사 시공순서를 〈보기〉에서 골라 나열하시오. (4점)
〈보기〉 바탕합판, 장선, 멍에, 동바리, 마루널(상부합판)

【해설】 동바리 - 멍에 - 장선 - 바탕합판 - 마루널(상부합판)

문제 11) 석재 백화현상 발생 원인 3가지를 쓰시오. (3점)

【해설】 ① 설계미비 원인   ② 재료결함 원인   ③ 시공불량 원인

문제 12) 다음 아래 내용은 조적공사시의 방습층에 대한 내용이다. 괄호 안을 채우시오. (3점)
(①)줄눈 아래에 방습층을 설치하며, 시방서가 없을 경우 현장에서 현장관리 감독하는 책임자에게 허락을 맡아 (②)를 혼합한 모르타르를 (③)mm로 바른다.

【해설】 ① 수평   ② 액체방수제   ③ 10

실내디자인

[제84회 작품명] 프랜차이즈 커피숍

1. 요구사항 - 주어진 도면은 도심 업무지역 1층에 위치한 프랜차이즈 커피숍의 평면도이다.
   다음의 요구조건에 따라 도면을 작성하시오.

2. 요구조건
   ① 설계면적 : 13,500×9,000×2,700-3,500(H)
   ② 인적구성 : 직원 3명
   ③ 요구조건 : - 오픈형 주방 : 바리스타 작업공간
                - 사무실(장비 및 물품보관 겸용)
                - 직원휴게실
                - 냉장쇼케이스 및 서비스카운터
                - MD상품 진열공간
                - 6인 테이블 1EA, 4인 테이블 6EA, 2인 테이블 3EA, 1인 테이블 6EA 이상

3. 요구도면
   ① 평면도(가구배치 및 바닥마감재 표기) SCALE : 1/50
      - 평면도 주변의 여유공간에 설계개요(DESIGN CONCEPT)를 200자 이내로 완성하시오.
   ② 천장도(설비, 조명기구 배치 및 범례표 작성/천장마감재 표기) SCALE : 1/50
   ③ 내부입면도 A방향 1면(벽면재료 표기) SCALE : 1/50
   ④ 단면상세도(A-A') SCALE : 1/50
   ⑤ 실내투시도(채색작업은 필수) SCALE : N.S
      (계획의 포인트가 좋은 지점에서 1소점 또는 2소점 투시법으로 작성하되, 작성과정의 투시보조선을 남길 것)

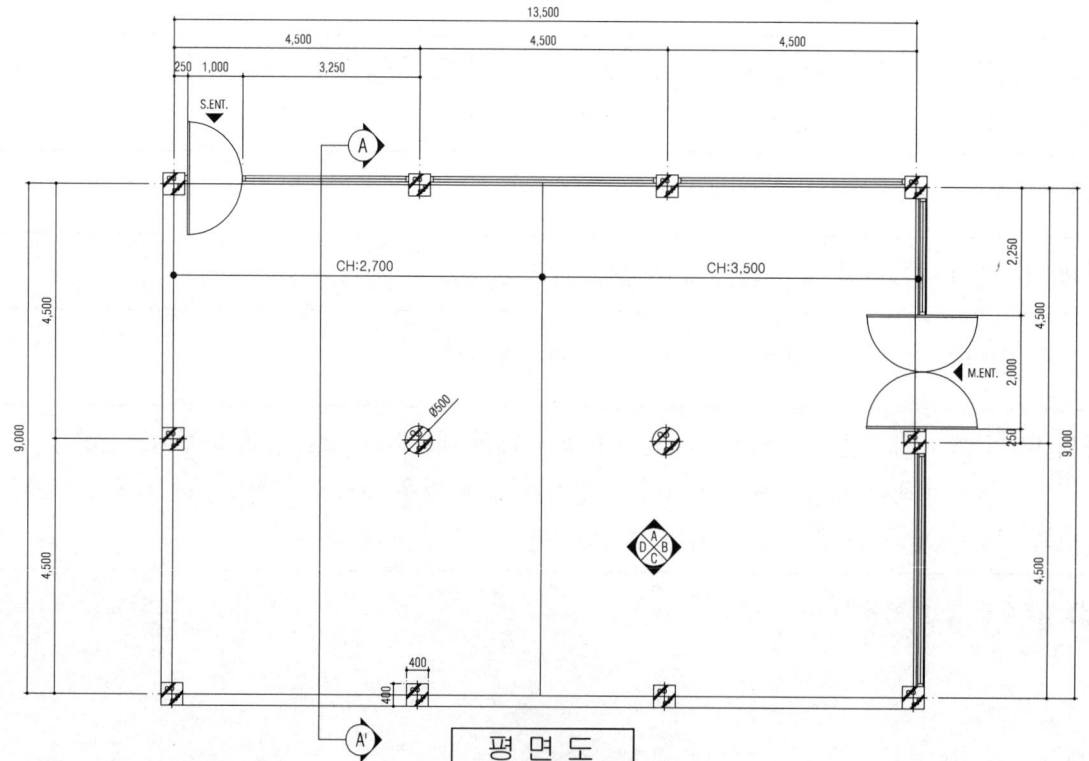

평면도

CONCEPT

도심업무지역 1층에 위치한 프랜차이즈 커피숍이다. 주출입구 앞에 MD상품 진열대를 배치하여 고객의 구매를 유도하고, 고객의 동선이 가운데로 자연스럽게 연결되도록 계획 하였다. 도한 TAKE OUT 고객들을 위한 BAR TABLE을 카운터 주변에 배치하여 고객의 편의를 제공하도록 매장 나의 혼잡을 줄이도록 디자인하였다. 메인컬러로는 화이트와 블랙, 부드러운 붉은색으로 모던하면서도 커피 향이 느껴지는 편안하고 아늑하며 고풍스러운 공간이 되도록 색채계획 하였다.

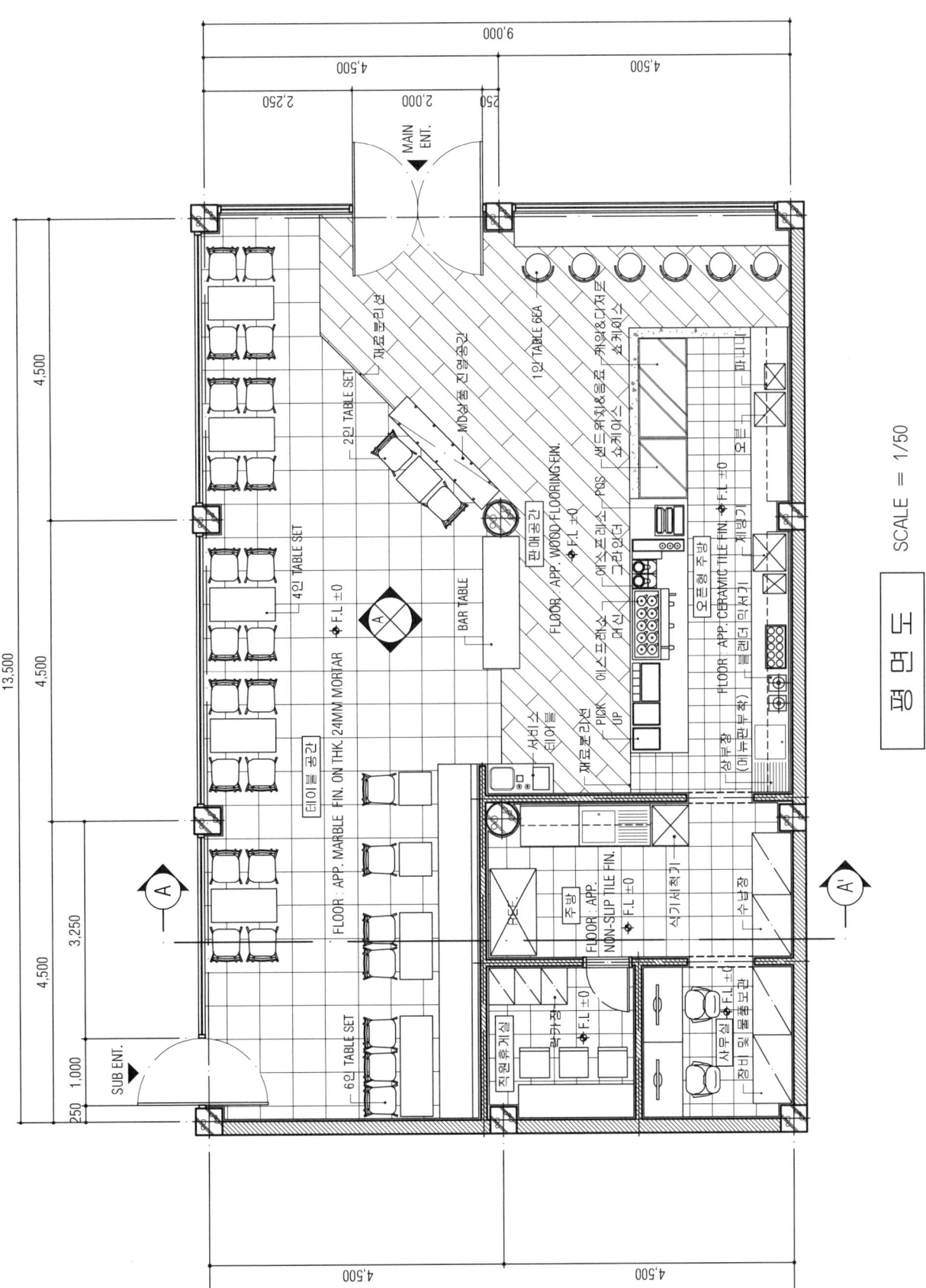

평면도 SCALE = 1/50

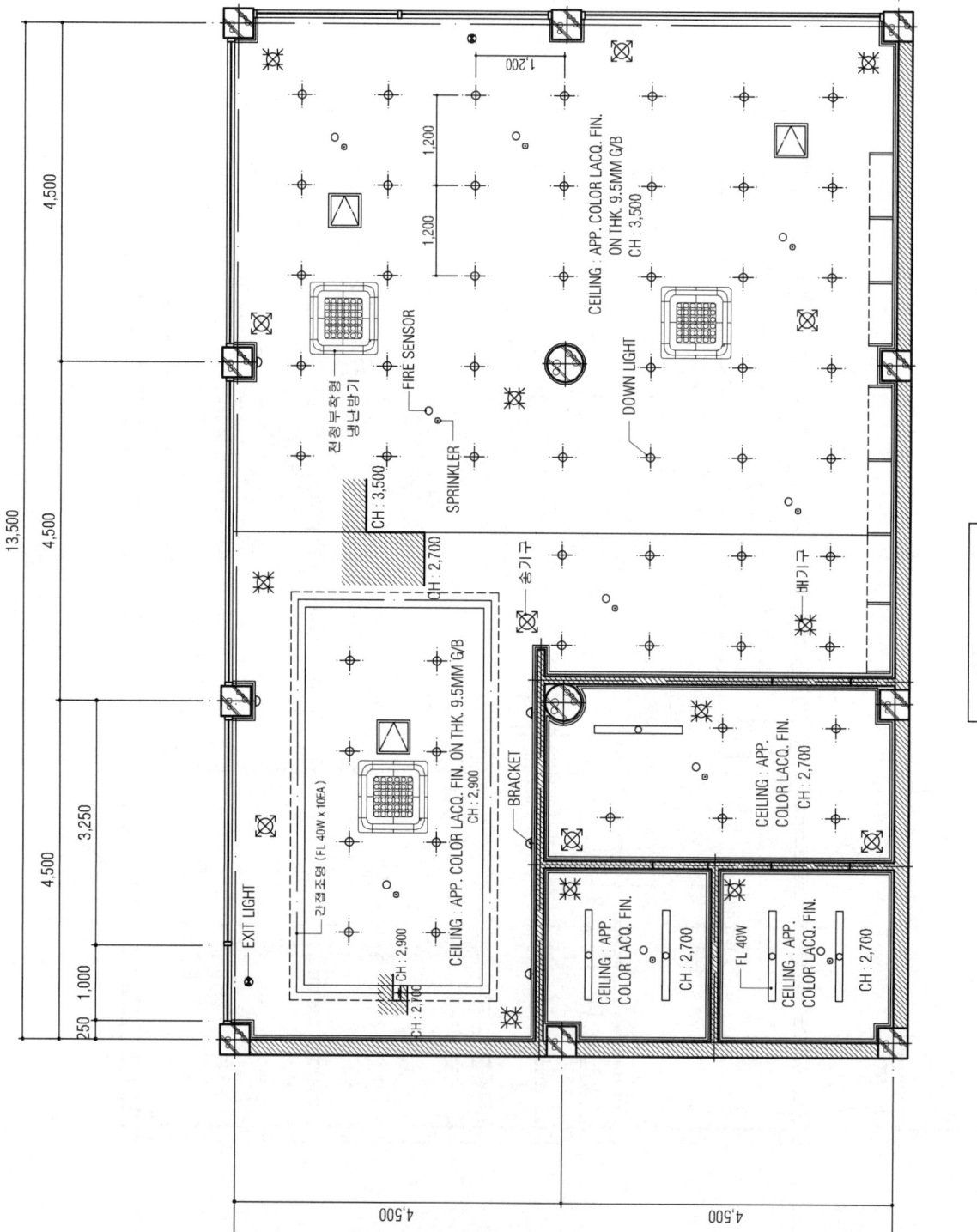

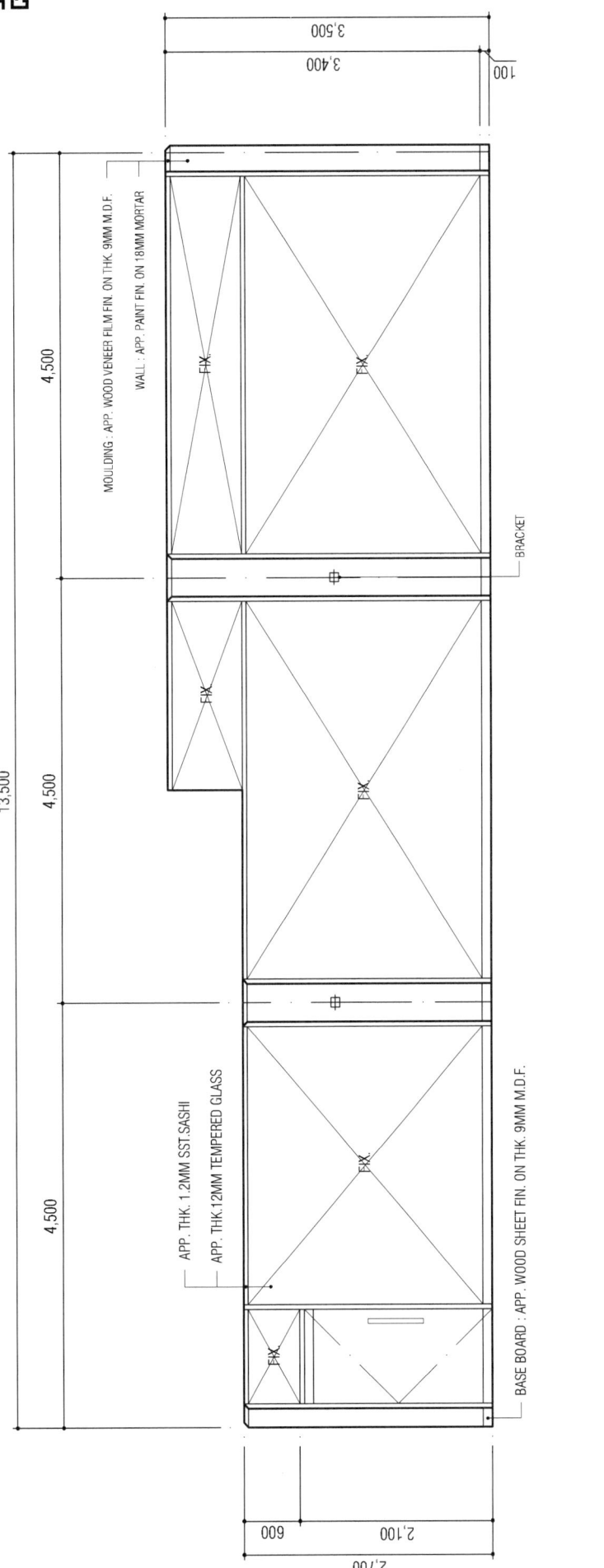

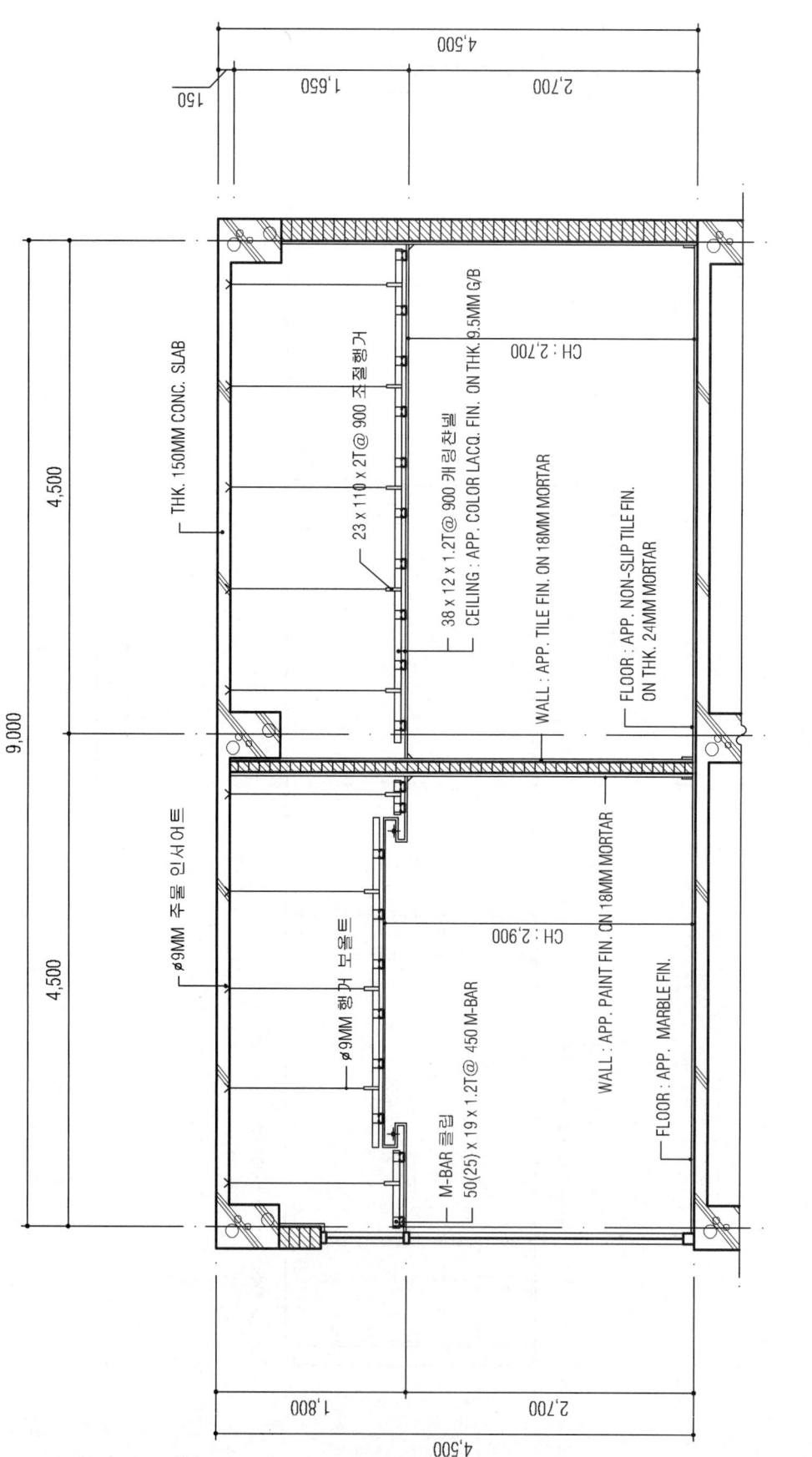

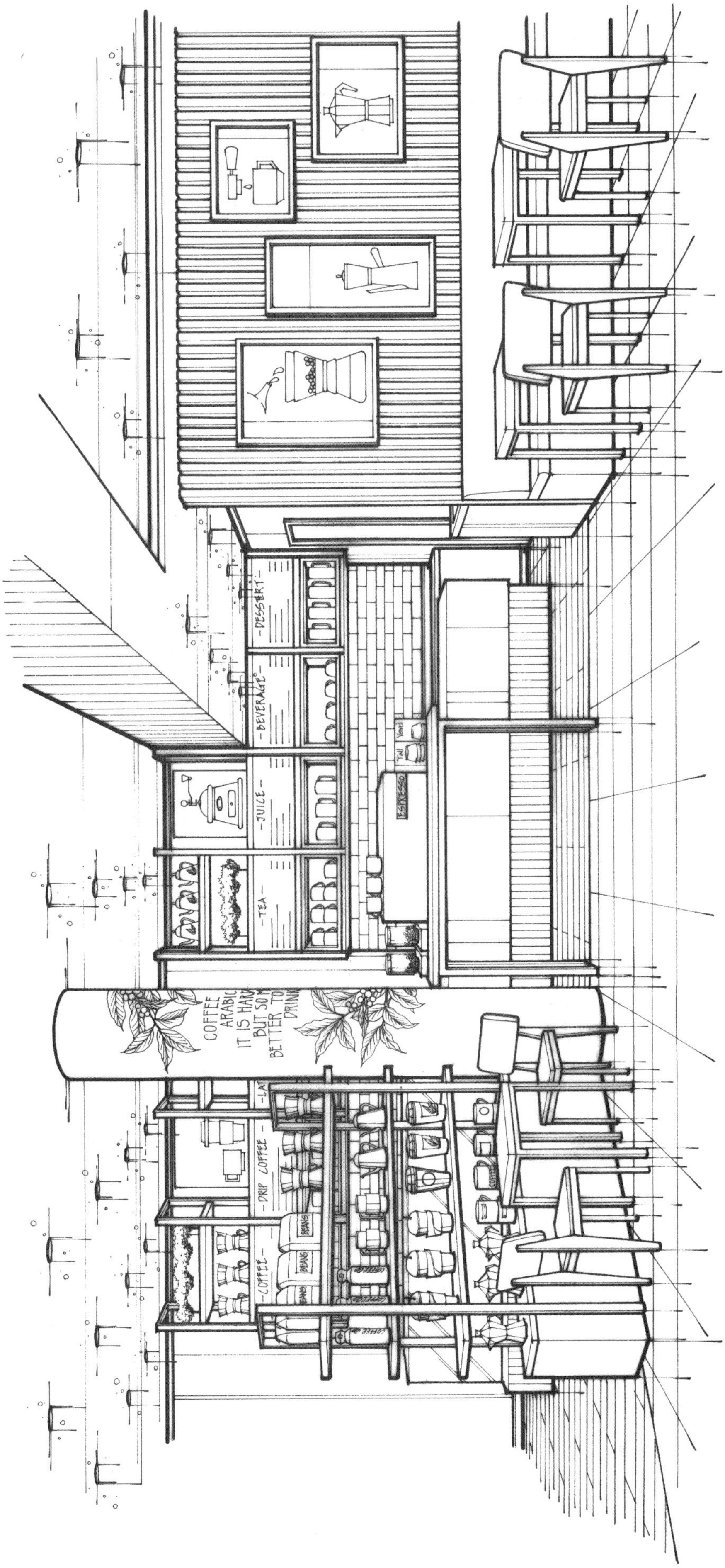

실내투시도 SCALE = N.S

(2019. 4. 21 시행)

제85회 실내건축기사
시공실무

문제 1) 다음 설명에 맞는 용어를 쓰시오. (2점)
① 목재의 크기에 따라 각 부재의 소요길이로 잘라내는 것
② 구멍뚫기, 홈파기, 면접기 및 대패질 등으로 목재를 다듬는 일

【해설】 ① 마름질 ② 바심질

문제 2) 다음 설명에 맞는 용어를 쓰시오. (3점)
① 인원이나 비용을 추가적으로 증가하여도 단축되지 않는 공사시간
② 공기 단축시 추가되는 공가비용
③ 네트워크에서 직접 표현할 수 없는 상호관계 표시의 시선

【해설】 ① 특급점, 슬랙 ② 비용구배 ③ 더미

문제 3) 다음 벽돌에 관한 설명 중 괄호 안에 알맞은 숫자를 쓰시오. (4점)
현재 사용하고 있는 표준형 벽돌의 치수는 190mm×90mm×(①)mm이고, 벽돌 소요 매수는 줄눈간격 10mm로 1.0B 쌓기 할 때 정미량으로 벽면적 1㎡당 (②)매 이다.

【해설】 ① 57 ② 149

문제 4) 조적공사에서 세로 규준틀에 기입해야 할 사항 4가지를 쓰시오. (4점)

【해설】 ① 쌓기단수 및 줄눈표시 ② 매립철물의 위치 ③ 창문틀의 위치 및 규격
④ 내부벽돌의 위치 ⑤ 테두리보 설치위치

문제 5) 인조석바름 주요재료 4가지를 쓰시오. (4점)

【해설】 ① 벽시멘트(백시멘트) ② 돌가루(종석) ③ 안료 ④ 물

문제 6) 아스팔트 타일의 시공순서대로 기호를 골라 쓰시오. (2점)
① 플라이머 바르기 ② 타일붙이기 ③ 바탕청소 ④ 닦기 및 보양

【해설】 ③ → ① → ② → ④

문제 7) 멜라민수지의 재료적 특징 3가지를 쓰시오. (3점)
①
②
③

【해설】 ① 내수성이 우수하여 내수합판용에 사용
② 외관이 미려하여 광택이 남
③ 열경화성 수지

문제 8) 녹막이 도료 중에 알루미늄 녹막이칠에 적합한 도료를 1가지 쓰시오. (2점)

【해설】 징크로메이트 도료

문제 9) 도배시공에 관한 내용이다. 초배지 1회 바름시 필요한 도배면적을 구하시오. (4점)
(문과 창문은 1개소)
바닥면적 4.5×6.0m, 높이 2.6m, 문크기 0.9m×2.1m, 창문크기 1.5×3.6m

【해설】 ① 천장 = 4.5×6.0 = 27m²
② 벽면 = {2(4.5+6.0)×2.6}-{(0.9×2.1)+(1.5×3.6)-(21×2.6)-(1.89+5.4) = 54.6-7.29 = 47.31m²
③ 합계 = 27+47.31 = 74.31m²   초배지 1회 바름 정미면적 = 74.31m²

문제 10) 다음 용어에 맞는 설명을 간략히 기입하시오. (4점)
① 메쌓기
② 찰쌓기

【해설】 ① 메쌓기 : 건성쌓기(돌과 돌사이를 서로 맞물려가며 메워나가듯이 쌓는 방법)
② 찰쌓기 : 돌과 돌사이의 간격(줄눈)에 모르타르를 바르고 돌 뒷부분에 콘크리트로 돌을 사이사이를 채우는 방법

문제 11) 다음 용어에 맞는 설명을 기입하시오. (4점)
① 버너구이법
② 플래너마감법

【해설】 ① 버너구이법 : 버너로 표면을 달군 다음 찬물을 뿌려 급냉시켜 표면에 박리현상을 만드는 마감법
② 플래너마감법 : 석재표면을 기계를 이용하여 매끄럽게 깎아내어 다듬는 마감법

문제 12) 다음 용어에 맞는 설명을 기입하시오. (4점)
① 코너비드
② 조이너

【해설】 ① 코너비드 : 기둥, 벽 등의 모서리에 대어 미장바름을 보호하기 위한 철물로 각진 모서리에 대어 시공한다.
② 조이너 : 천장, 벽 등에 보드, 합판 등을 붙이고 그 이음새를 감추어 누르는데 쓰이는 철물

실 내 디 자 인

[제85회 작품명] 중저가 화장품 매장

1. 요구사항 - 주어진 도면은 근린상업지역 내에 위치한 중저가 화장품 매장이다.
   다음의 요구조건에 따라 도면을 작성하시오.

2. 요구조건
   ① 설계면적 : 11.7m × 9.0m × 3.3m(H)
   ② 인적구성 : 상시종업원 2인, 아르바이트 1인
   ③ 요구조건 : 물품창고, DISPLAY TABLE 4EA, 네일아트 서비스공간, CASHIER COUNTER, WALL SHELF, 실내조경필수(조경 개수 크기 자유)

3. 요구도면
   ① 평면도(가구배치 및 바닥마감재 표기) SCALE : 1/50
      - 평면도 주변의 여유공간에 설계개요(DESIGN CONCEPT)를 200자 이내로 완성하시오.
   ② 천장도(설비, 조명기구 배치 및 범례표 작성/천장마감재 표기) SCALE : 1/50
   ③ 내부입면도 1면(벽면재료 표기) SCALE : 1/50
   ④ 단면상세도(A-A') SCALE : 1/50
   ⑤ 실내투시도(채색작업은 필수) SCALE : N.S
      (계획의 포인트가 좋은 지점에서 1소점 또는 2소점 투시법으로 작성하되, 작성과정의 투시보조선을 남길 것)

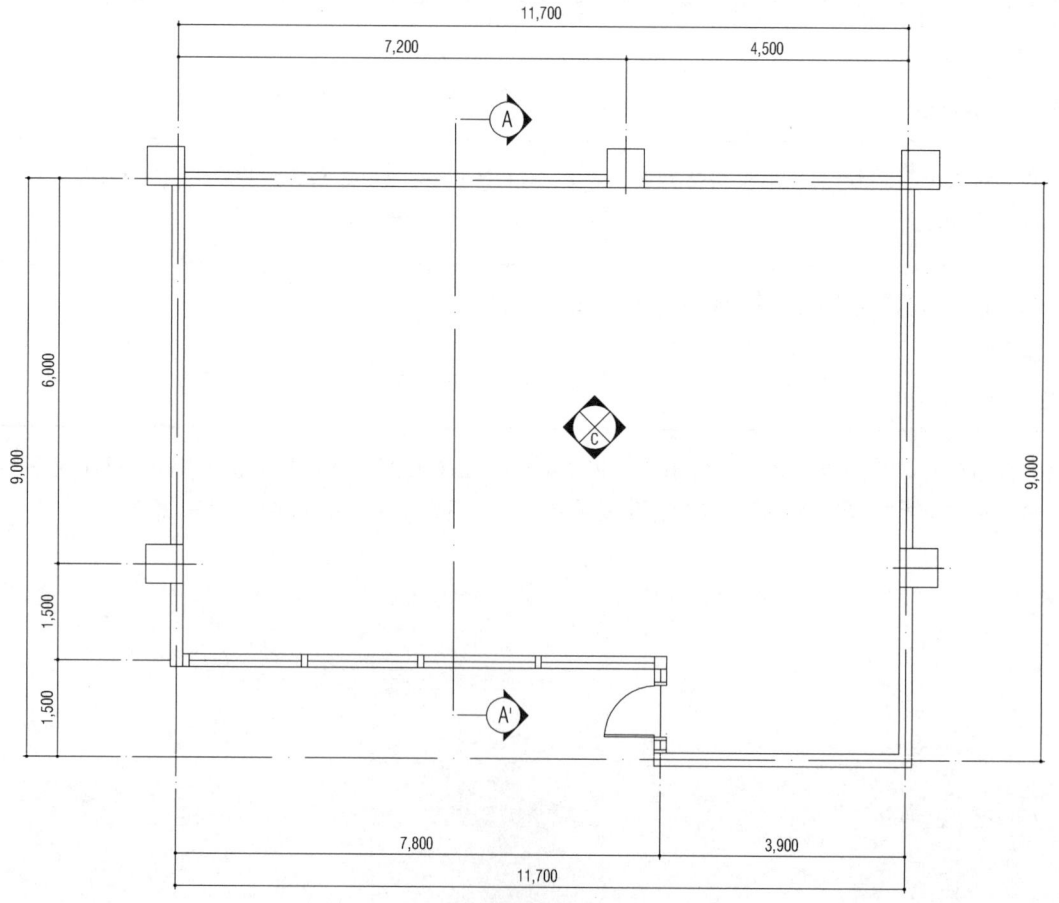

평 면 도

CONCEPT

근린상업지역에 위치한 자연주의 컨셉의 종자가 화장품 매장으로 공간구성으로는 크게 화장품 판매공간과 네일아트 공간으로 구분하였다. 화장품 판매공간이 매장도입부에 주력상품을 블랜드박스와 함께 디스플레이하여 고객들이 시선을 유도할 수 있도록 하였다. 매장 안쪽에는 메이크업과 네일아트 체험공간을 구분하여 디스플레이하고 체험공간들 따로 두어 고객들이 직접 제품을 테스트하고 구매할 수 있도록 컨셉을 가졌다. 또한 자연주의 아이덴티티를 명확히 하여 다른 공간과 차별화되도록 디자인하였다.

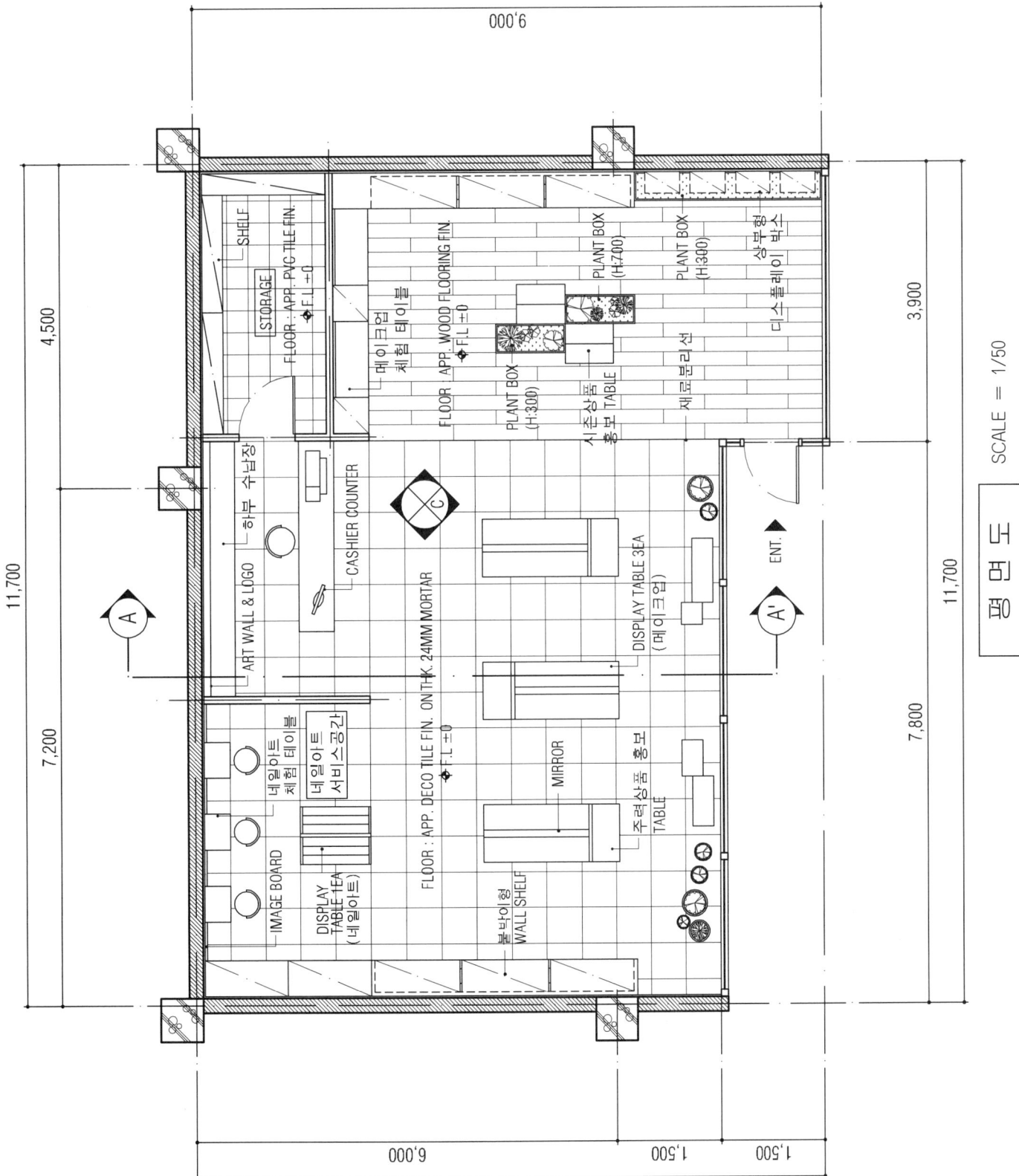

평 면 도   SCALE = 1/50

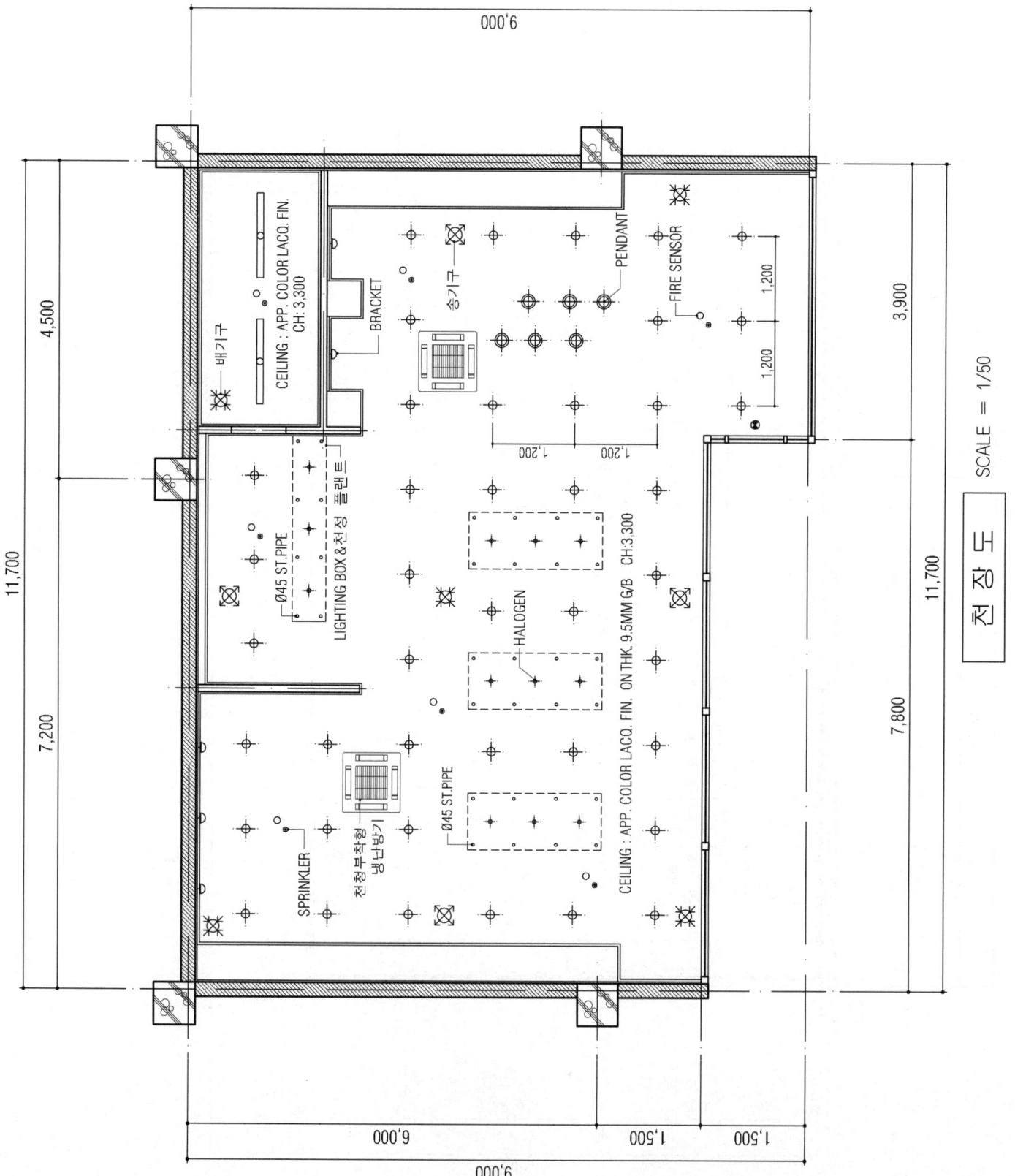

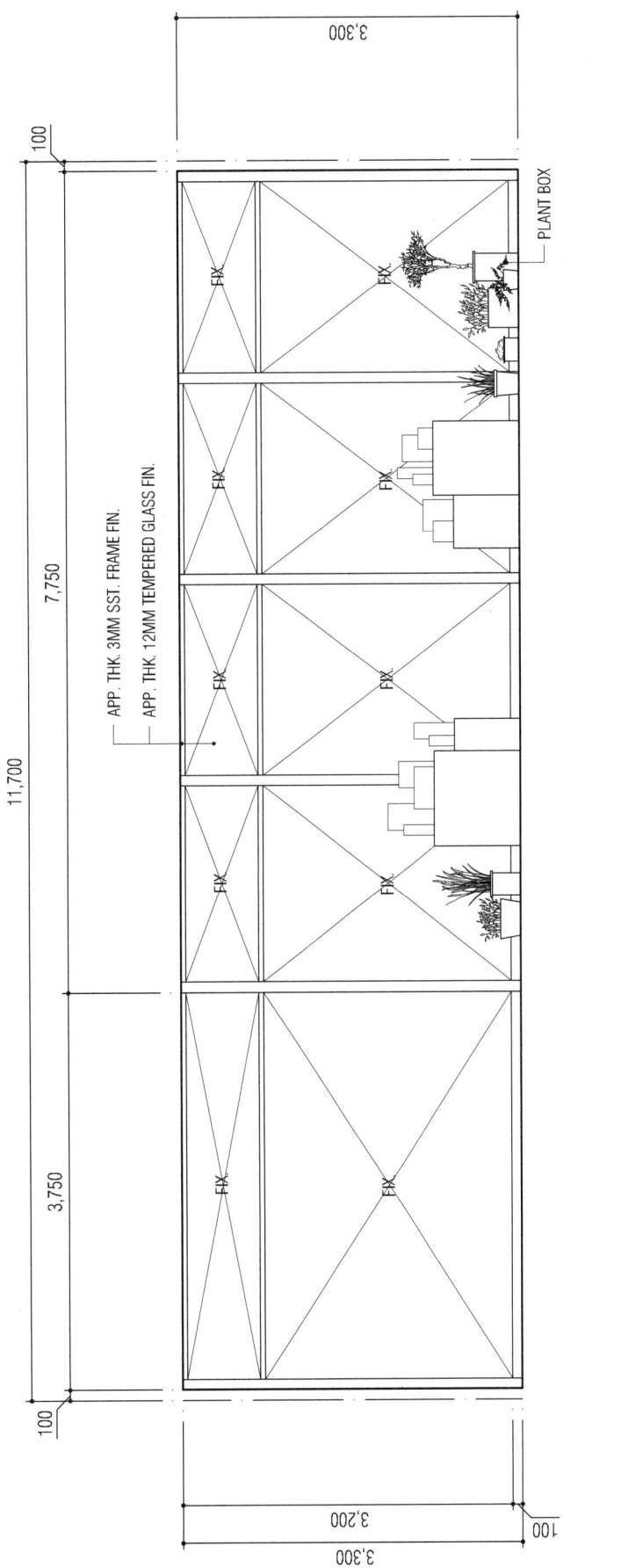

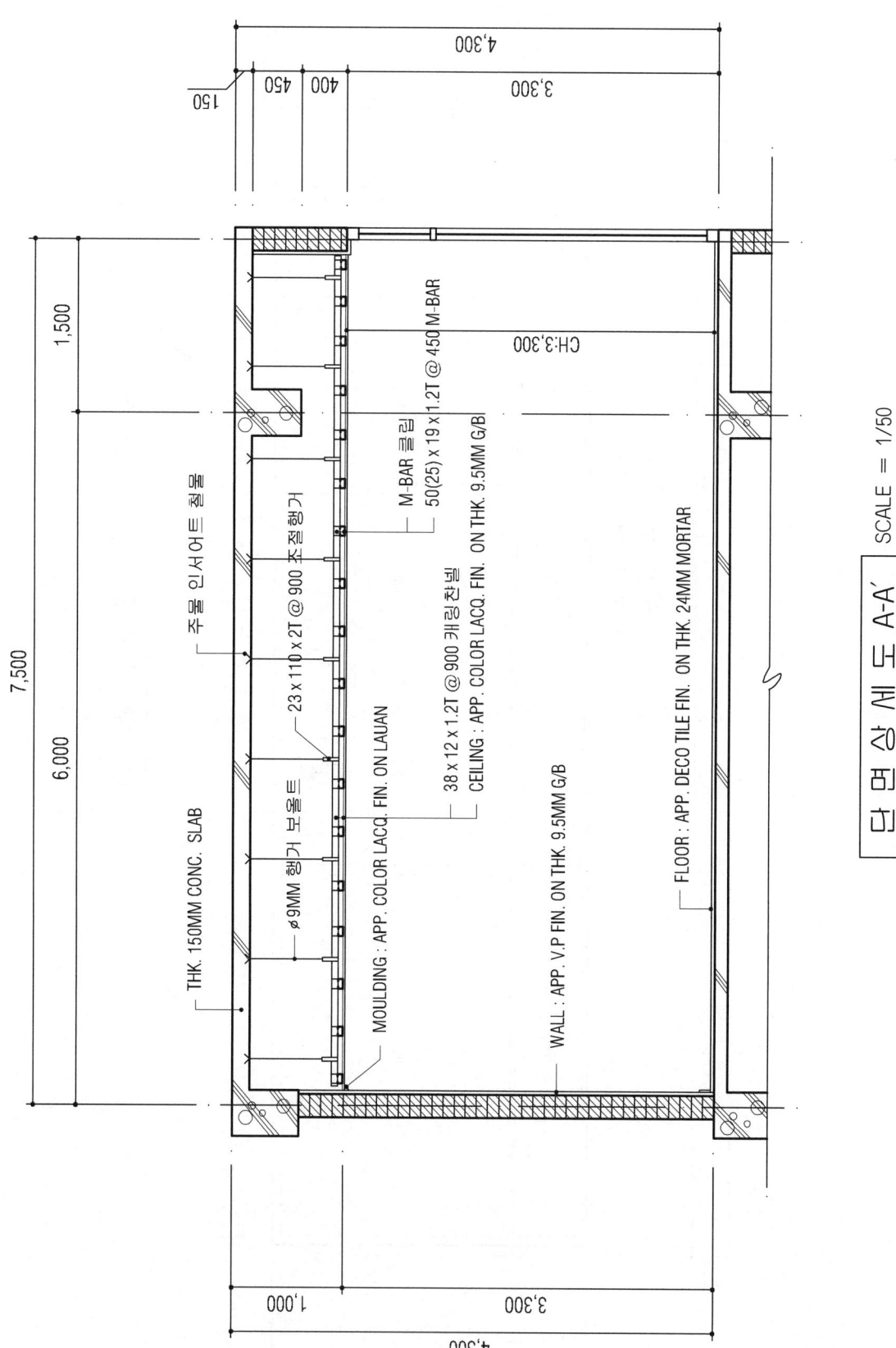

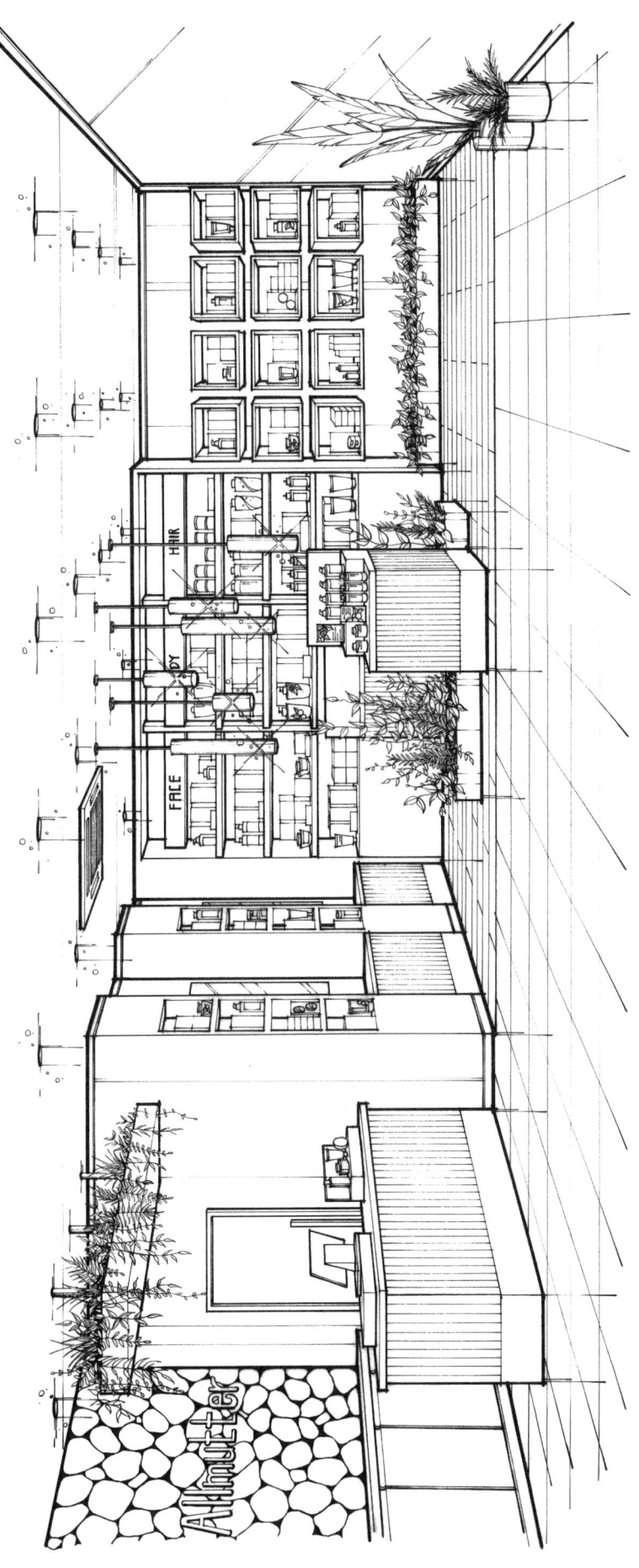

실내투시도 SCALE = N.S

(2019. 6. 30 시행)

제86회 실내건축기사
시공실무

문제 1) 다음 유리에 대해 설명하시오. (3점)
Low-e 유리

【해설】 유리표면에 금속 또는 금속산화물을 얇게 코팅한 것으로 가시광선(빛)은 투과시키고, 적외선(열선)은 방사하여 냉난방의 효율을 극대화 시켜주는 특수유리이다.

문제 2) 마루널 공사시 사용되는 쪽매 3가지를 쓰시오. (3점)
① ② ③

【해설】 ① 제혀쪽매 ② 딴혀쪽매 ③ 맞댄쪽매

문제 3) 다음 용어를 설명하시오. (4점)
① 논슬립(Non slip)
② 익스팬션 볼트(Expansion Bolt)

【해설】 ① 논슬립 : 계단의 디딤판 모서리 끝부분에 대어 오르내릴때 미끄럼을 방지하고 시각적으로 계단의 디딤위치를 유도해준다.
② 익스팬션 볼트 : 확장볼트 또는 팽창볼트라고 불리는 것으로 콘크리트, 벽돌 등의 면에 띠장, 문틀 등의 다른 부재를 고정하기 위하여 설치하는 특수 볼트

문제 4) 표준형벽돌 1.0B 벽돌 쌓기시 정미량을 산출하시오. (3점)
(벽길이 100m, 벽높이 3m, 개구부 1.8m×1.2m 10개)

【해설】 ① 벽면적 = (100×3)-(1.8×1.2×10) = 300-21.6 = 278.4m²
② 정미량 = 278.4×149 = 41,481.6매 ∴ 41,482매

문제 5) 목구조체의 횡력에 대한 변형, 이동 등을 방지하기 위한 대표적인 보강 방법을 3가지만 쓰시오. (3점)
① ② ③

【해설】 ① 가새 ② 버팀대 ③ 귀잡이(또는 귀잡이보)

문제 6) 타일붙임공법 종류 3가지와 타일붙이기 시공순서를 나열하시오. (5점)
1) 타일붙임공법 : ① ② ③
2) 시공순서 : 〈보기〉 ① 타일나누기 ② 치장줄눈 ③ 보양 ④ 벽타일붙이기 ⑤ 바탕처리 ⑥ 청소
답 : _____

【해설】 1) 타일붙임공법 : ① 떠붙임공법 ② 압착공법 ③ 판형붙임공법 (④ 밀착공법)
  2) 시공순서 : ⑤ → ① → ④ → ② → ③ → ⑥

문제 7) 시멘트 모르타르 미장공사 중 벽체 바름의 시공 순서를 나열하시오. (6점)

〈보기〉 ① 재료비빔   ② 고름질   ③ 바탕처리   ④ 정벌   ⑤ 바탕청소
   ⑥ 초벌·라스 먹임   ⑦ 재벌   ⑧ 마무리 및 보양

【해설】 ③ → ⑤ → ① → ⑥ → ② → ⑦ → ④ → ⑧

문제 8) 석재 가공시 손다듬 방법 4가지를 쓰시오. (4점)
① ② ③ ④

【해설】 ① 혹두기   ② 정다듬   ③ 도드락다듬   ④ 잔다듬

문제 9) 조적 공사시 테두리보를 설치하는 목적 3가지를 쓰시오. (3점)
① ② ③

【해설】 ① 수직하중을 균등하게 분포시킨다.
  ② 수직 균열을 방지한다.
  ③ 집중하중 부분을 보강한다.

문제 10) 도배지 보관 시 유의사항 두가지를 쓰시오. (2점)
①
②

【해설】 ① 도배지의 평상시 보관온도는 4℃ 이상이어야 하고, 도배 시공 전 72시간 전부터는 5℃ 정도를 유지해야 한다.
  ② 도배 시공 후 48시간까지는 16℃ 이상의 온도를 유지하여야 한다.

문제 11) 다음 네트워크 공정표의 주공정선을 찾고, 공사완료에 필요한 최종일수를 구하시오. (4점)

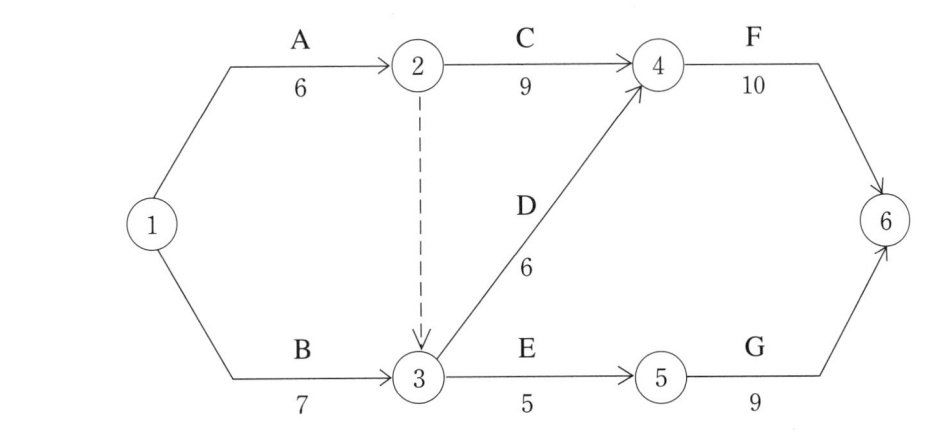

【해설】 CP〉 Activity : A → C → F   Event : ① → ② → ④ → ⑥   총소요일수 : 25일

실 내 디 자 인

[제86회 작품명] 휴대폰 판매점

1. 요구사항 - 주어진 도면은 근린상업지역 내에 위치한 휴대폰 판매점이다.
   다음의 요구조건에 따라 도면을 작성하시오.

2. 요구조건

   ① 설계면적 : 12,000 × 9,600 × 3,000(H)
   ② 인적구성 : 점장 1명, 상시종업원 4명
   ③ 요구공간 : 고객휴게공간, 판매공간, 휴대폰 전시공간, 직원휴게공간&창고
   ④ 필요집기 : 1) 고객휴게공간 : 소파테이블 세트, 커피제조 및 음료대, TV
                2) 판매공간 : 카운터(상담 및 판매), 아일랜드형 쇼케이스
                3) 휴대폰 전시공간 : 휴대폰 대리점 상징 구조물
                4) 직원휴게공간&창고 : 진열장, 쇼파, 의자, 옷장

3. 요구도면

   ① 평면도(가구배치 및 바닥마감재 표기) SCALE : 1/50
      - 평면도 주변의 여유공간에 설계개요(DESIGN CONCEPT)를 200자 이내로 완성하시오.
   ② 천정도(설비, 조명기구 배치 및 범례표 작성/천장마감재 표기) SCALE : 1/50
   ③ 내부입면도 C방향 1면(벽면재료 표기) SCALE : 1/50
   ④ 단면상세도(A-A') SCALE : 1/50
   ⑤ 실내투시도(채색작업은 필수) SCALE : N.S
      (계획의 포인트가 좋은 지점에서 1소점 또는 2소점 투시법으로 작성하되, 작성과정의 투시보조선을 남길 것)

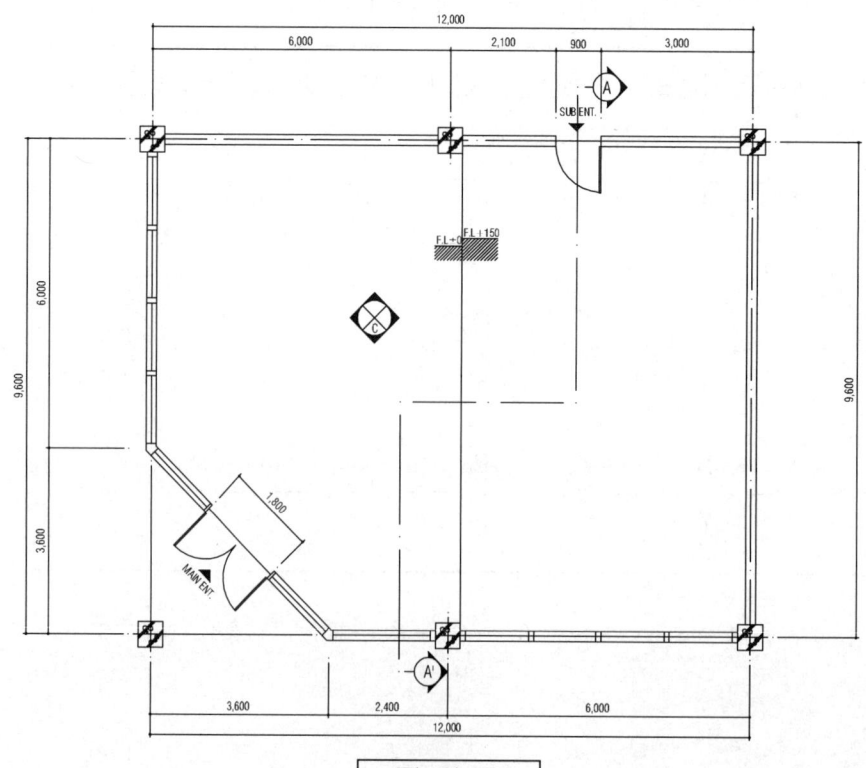

평 면 도

CONCEPT

근린상업지역 내에 위치한 핸드폰 전시 판매 공간이다. 전면 유리부분에 쇼케이스와 판넬 등으로 Display Zone을 배치하여 고객이 상품을 머문 공간 내부로 유입될 수 있도록 하였다. 또한 출입구에서 제품 홍보 쇼케이스로 유도 동선을 만들고, 주변에 수납가운터와 상담가운터를 함께 배치하여 고객과 직원과의 원활한 소통이 이루어짐으로써 서비스의 만족도를 높일 수 있도록 디자인 하였다. 매장 색채계획으로는 'N TELECOM' 만의 미래지향적이고 하이테크적인 Identity가 느껴지도록 White, Blue, Purple의 조합으로 매장을 배색하고 Blue의 반대색인 Yellow를 로고에 배색하여 소통과 변화의 이미지를 주었다.

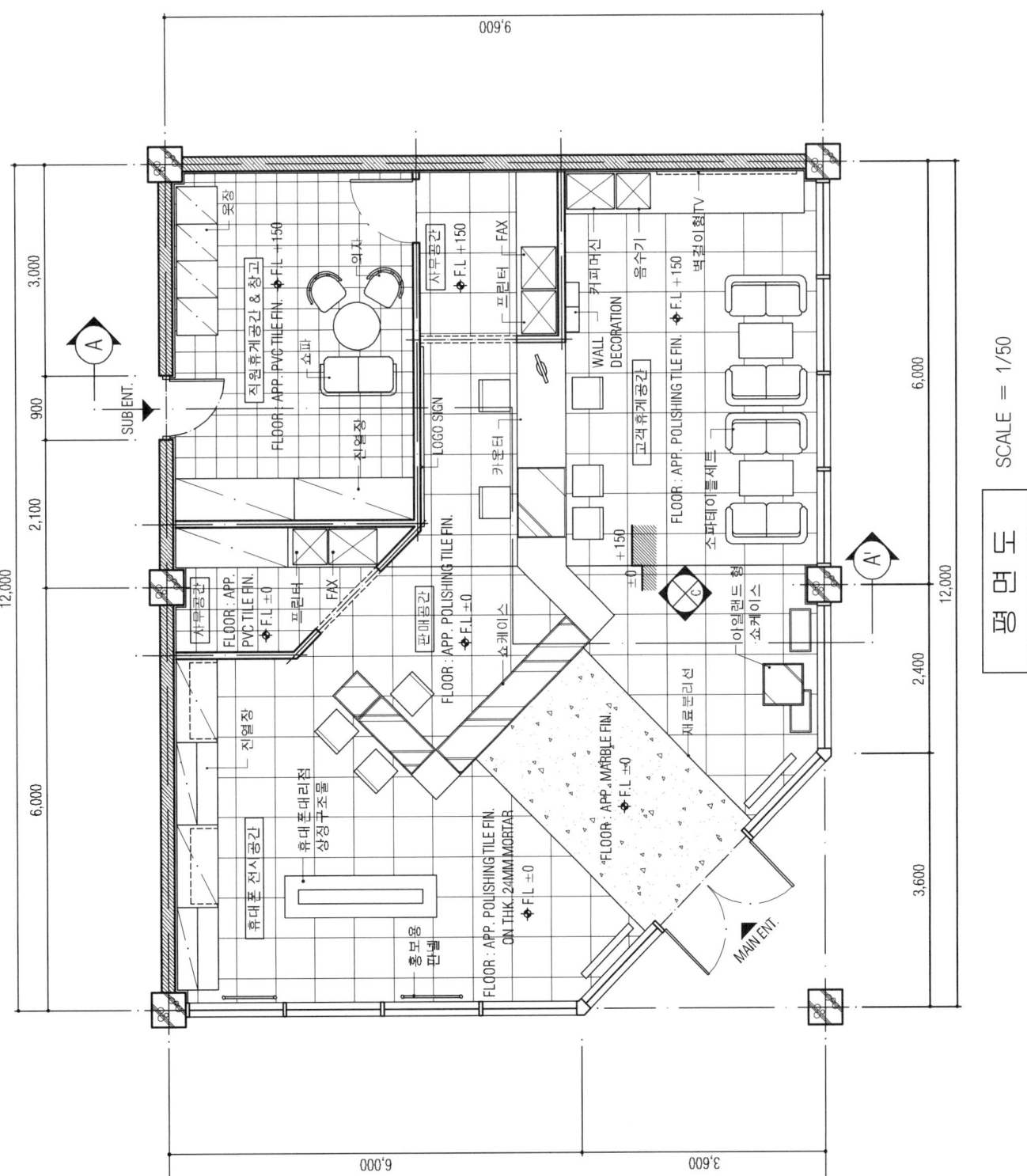

평 면 도   SCALE = 1/50

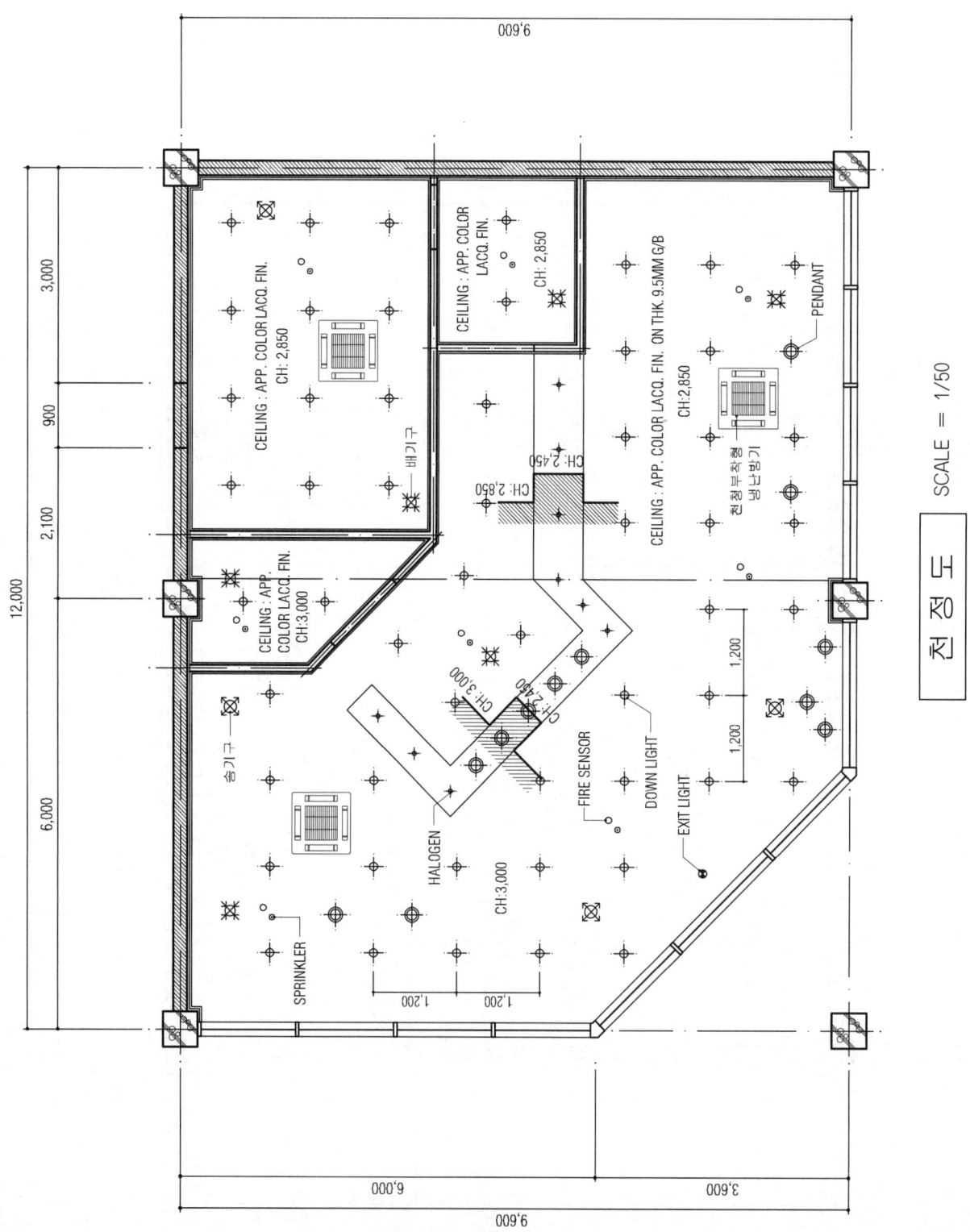

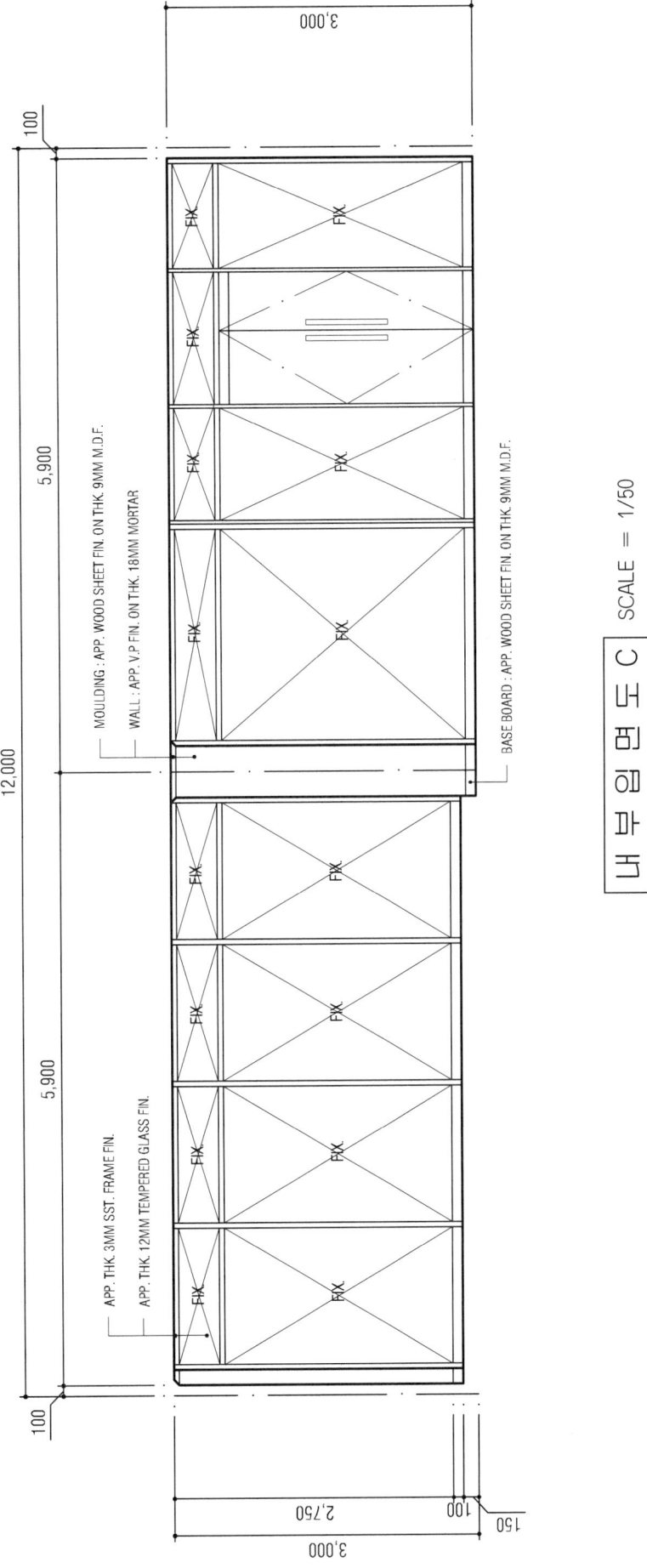

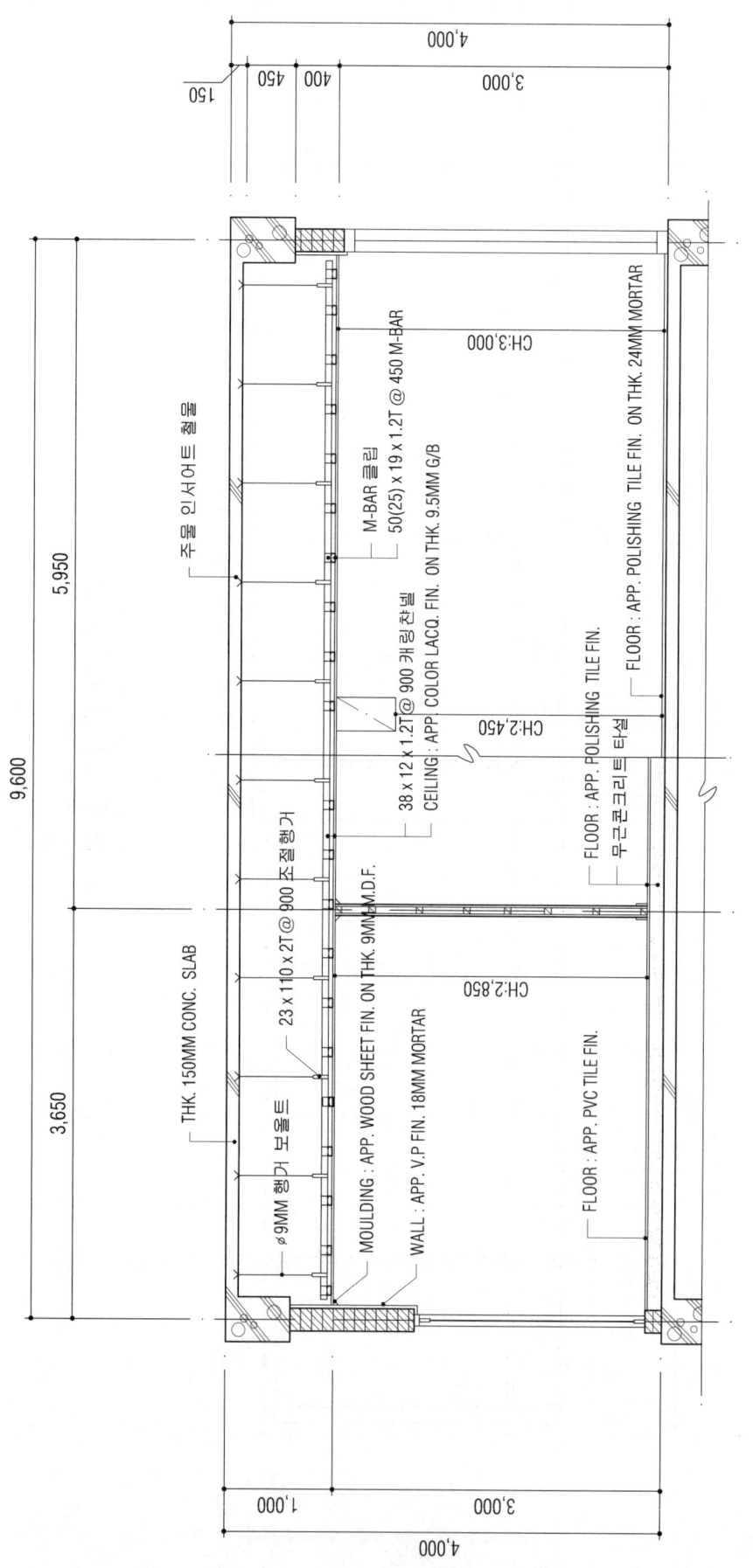

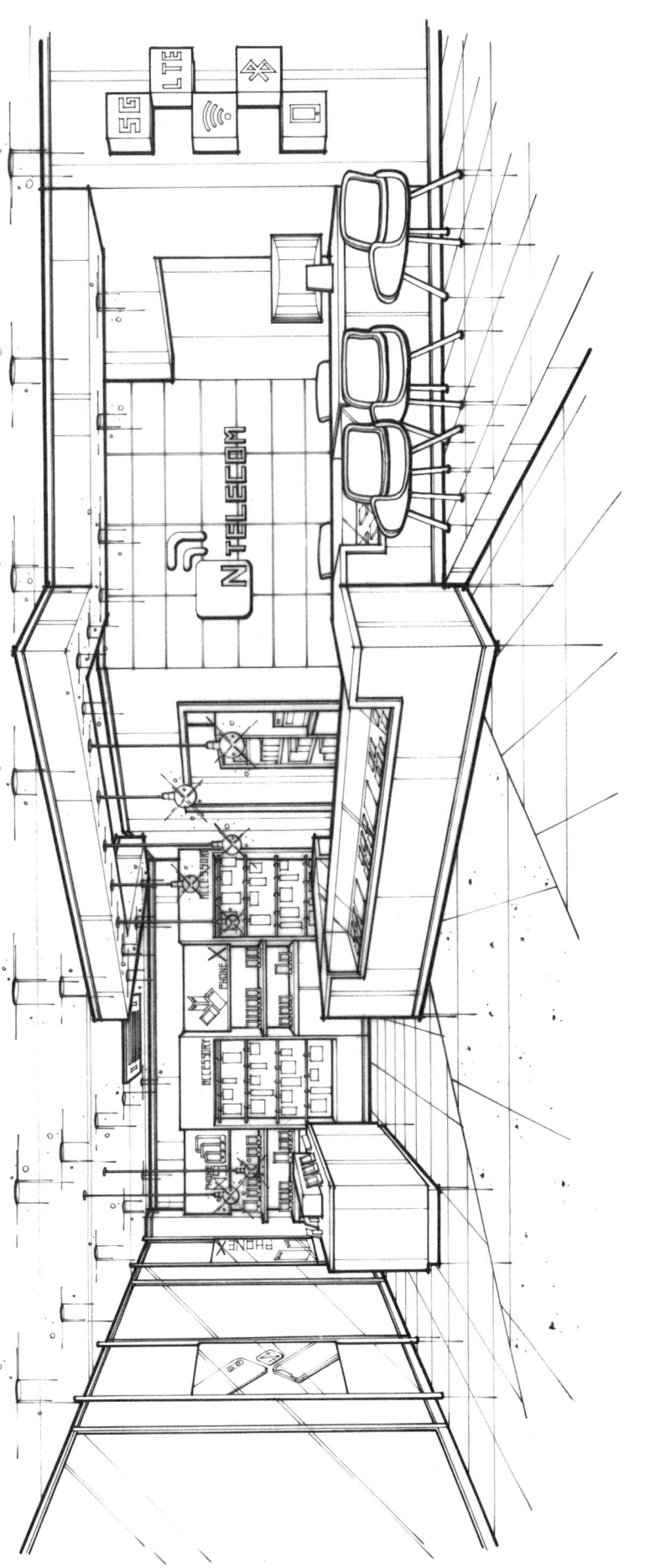

실내투시도 SCALE = N.S

(2019. 11. 9 시행)

제87회 실내건축기사
시공실무

문제 1) ALC(경량기포콘크리트)의 일반적인 특징에 대하여 3가지만 쓰시오. (3점)
① ② ③

【해설】 ① 방음, 차음, 단열, 내화성능이 우수하다.
② 평활성이 우수하며, 경량이다.
③ 사용 후 변형이나 균열이 적다.

문제 2) 바닥 플라스틱재 타일 붙이기의 시공순서를 〈보기〉에서 골라 번호로 쓰시오. (4점)
〈보기〉 ① 타일 붙이기   ② 접착제 도포   ③ 타일면 청소   ④ 타일면 왁스먹임
⑤ 콘크리트 바탕건조   ⑥ 콘크리트 바탕마무리   ⑦ 프라이머 도포   ⑧ 먹줄치기

【해설】 ⑥ → ⑤ → ⑦ → ⑧ → ② → ① → ③ → ④

문제 3) 조적조 백화현상의 원인 1가지와 방지대책 2가지를 쓰시오. (4점)
〈원인〉 ①
〈대책〉 ①
②

【해설】 〈원인〉 ① 모르타르에 포함되어 있는 소석회가 공기 중의 탄산가스와 화학반응하여 발생한다.
〈대책〉 ① 소성이 잘된 양질의 벽돌과 모르타르를 사용한다.
② 줄눈에 방수제를 사용하여 밀실시공 한다.

문제 4) 멤브레인 방수 공법 2가지를 쓰시오. (2점)
① ②

【해설】 ① 아스팔트방수   ② 도막방수(에폭시계 도막방수 or 시이트방수)

문제 5) 길이 100m, 높이 2m, 1.0B 벽돌벽의 정미량을 산출하시오. (단, 벽돌규격은 표준형임) (3점)

【해설】 ① 벽면적 = 100 × 2 = 200㎡
② 정미량 = 200 × 149 = 29,800매

문제 6) 미장공사에서 회반죽으로 마감할 때 주의사항 2가지를 쓰시오. (4점)
①
②

【해설】 ① 실내온도가 2℃ 이하일 때는 공사를 중단하거나 난방하여 5℃ 이상으로 유지한다.
② 회반죽은 기경성이므로 통풍을 억제하고 강한 일사광선을 피한다.

문제 7) 다음 철물의 사용목적 및 위치를 쓰시오. (4점)
① 코너비드
② 인서어트

【해설】 ① 코너비드 : 기둥, 벽 등 모서리 부분의 미장바름을 보호하기 위한 철물로 그 시공면의 각진 모서리에 대어 시공한다.
② 인서어트 : 반자틀 기타 구조물을 달아매고자 할 때 볼트 또는 달대의 걸침이 되는 철물로 콘크리트조 바닥판 밑에 설치한다.

문제 8) 다음 그림에 맞는 돌쌓기의 종류를 쓰시오. (4점)

① 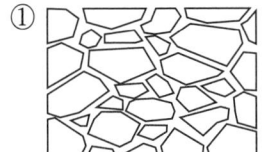   ② 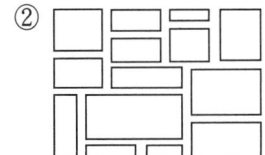   ③ 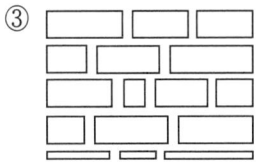   ④

【해설】 ① 막돌쌓기   ② 마름돌쌓기   ③ 바른층쌓기   ④ 허튼층쌓기

문제 9) 유리공사시 친환경 측면(에너지보호)에서 재료를 선정시 고려할 점 3가지를 쓰시오. (3점)
①   ②   ③

【해설】 ① 실내보온 단열 및 태양복사열 차단이 가능한지를 고려해야 한다.
② 채광의 관점에서 조명 전력소비를 줄일 수 있는지 고려해야 한다.
③ 경제성과 내구성을 고려하여 지나친 재생산을 줄일 수 있는지 고려해야 한다.

문제 10) 다음은 목공사에 관한 설명이다. 맞는 용어를 쓰시오. (3점)
① 마름질, 바심질을 하기 위해 먹줄 및 표시도구를 사용하여 가공형태를 도시(圖示)화 하는 것.
② 목재를 크기에 따라 각 부재의 소요길이로 잘라 내는 것.
③ 구멍뚫기, 홈파기, 면접기 및 대패질 등 목재를 다듬는 것.

【해설】 ① 먹매김   ② 마름질   ③ 바심질

문제 11) 타일붙이기 시공방법 가운데 하나인 개량압착공법의 시공법을 설명하시오. (3점)

【해설】 평탄한 바탕 모르타르 위에 붙임몰탈을 바르고, 타일 뒷면에 붙임몰탈을 얇게 발라 두드려 누르거나, 비벼 넣으면서 붙이는 공법이다.

문제 12) 어느 공사의 한 작업이 정상적으로 시공할 때 공사기일은 10일이 소요가 되고, 공사비는 100,000원이다. 특급으로 시공할 때 공사기일은 7일이 소요가 되며, 공사비는 30,000원이 추가가 될 때 이 공사의 공기 단축시 필요한 비용구배(Cost slope)를 구하시오. (3점)

【해설】 비용구배 $= \dfrac{130,000 - 100,000}{10 - 7} = \dfrac{30,000}{3} = 10,000$원/일

실 내 디 자 인

[제87회 작품명] 광고기획 디자인회사 사무실

1. 요구사항 - 주어진 도면은 상업지역내에 위치한 광고기획 디자인회사 사무실 평면도이다.
   다음의 요구조건에 따라 도면을 작성하시오.

2. 요구조건
   ① 설계면적 : 11,400×9,000×3,000mm(H)
   ② 인적구성 : 대표1명, 실장1명, 직원4명
   ③ 요구공간 : 대표실, 회의실, 업무공간, 탕비실 및 휴게공간, 대기공간
   ④ 필요집기 : 1) 대표실 : 책상, 의자, 책장, 4인 회의테이블 및 의자
              2) 회의실 : 6인 회의테이블 및 의자, 책장
              3) 업무공간 : 인원구성에 필요한 사무용 책상, 의자, 책장, 소형회의테이블 및 의자
              4) 탕비실 및 휴게공간 : 4인 테이블 및 의자, 필요집기
              5) 대기공간 : 테이블, 대기의자

3. 요구도면
   ① 평면도(가구배치 및 바닥마감재 표기) SCALE : 1/50
      - 평면도 주변의 여유공간에 설계개요(DESIGN CONCEPT)를 200자 이내로 완성하시오.
   ② 천장도(설비, 조명기구 배치 및 범례표 작성/천장마감재 표기) SCALE : 1/50
   ③ 내부입면도 A방향 1면(벽면재료 표기) SCALE : 1/50
   ④ 단면상세도(A-A') SCALE : 1/50
   ⑤ 실내투시도(채색작업은 필수) SCALE : N.S
      (계획의 포인트가 좋은 지점에서 1소점 또는 2소점 투시법으로 작성하되, 작성과정의 투시보조선을 남길 것)

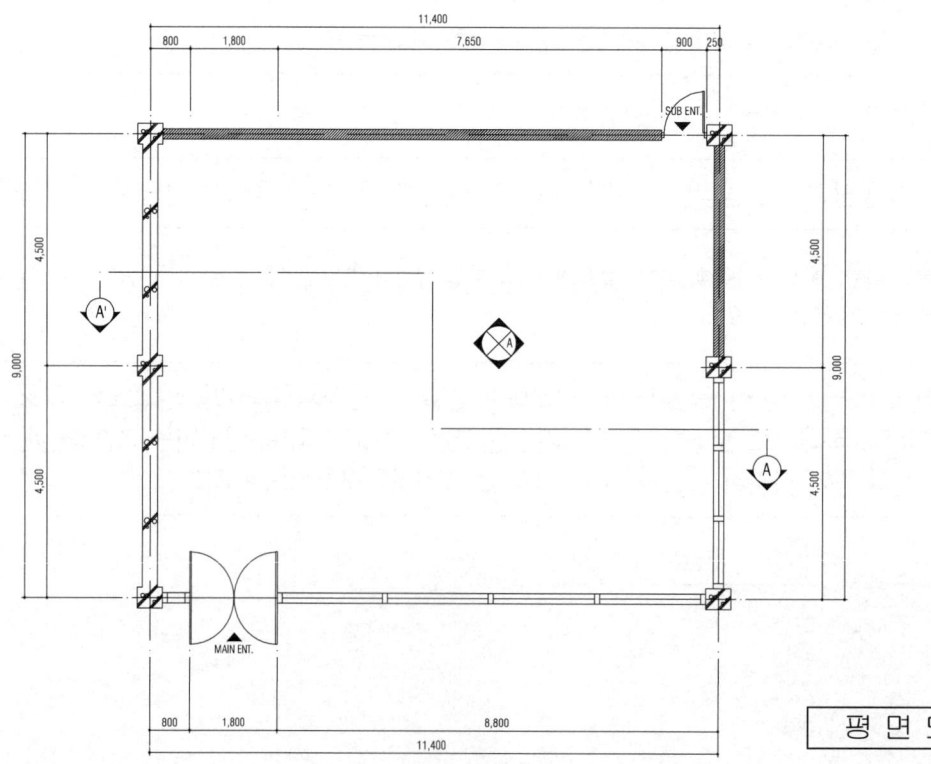

평면도

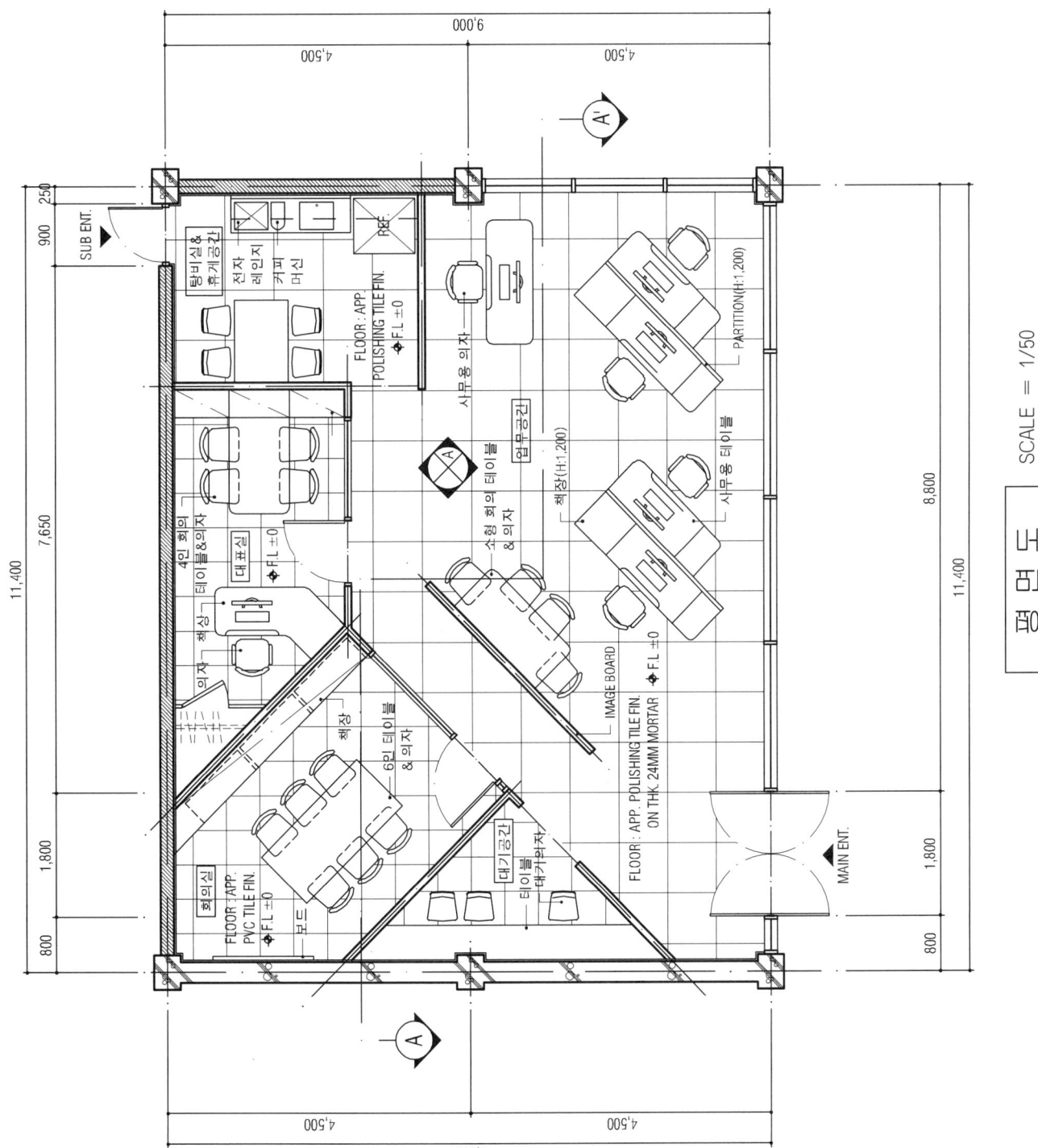

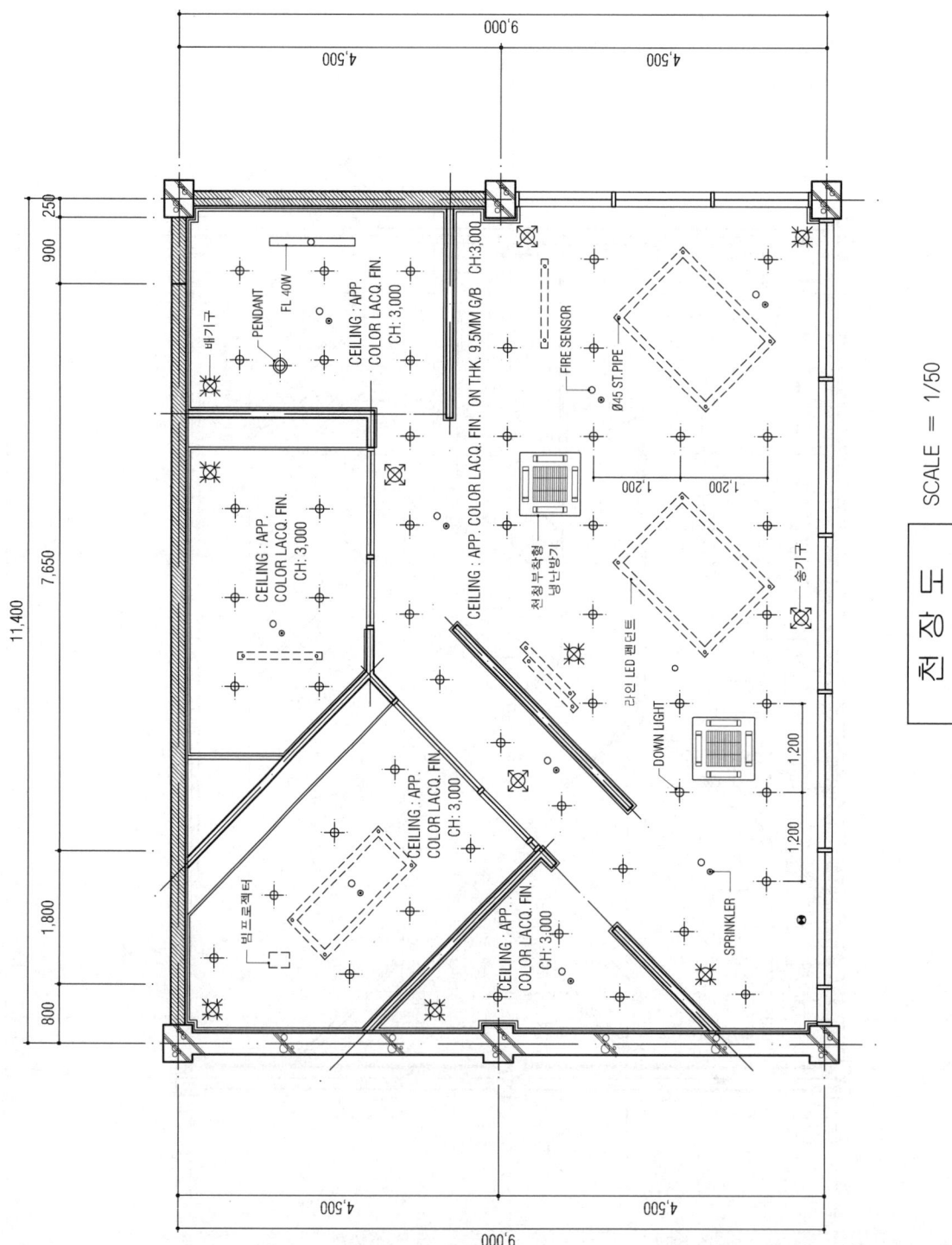

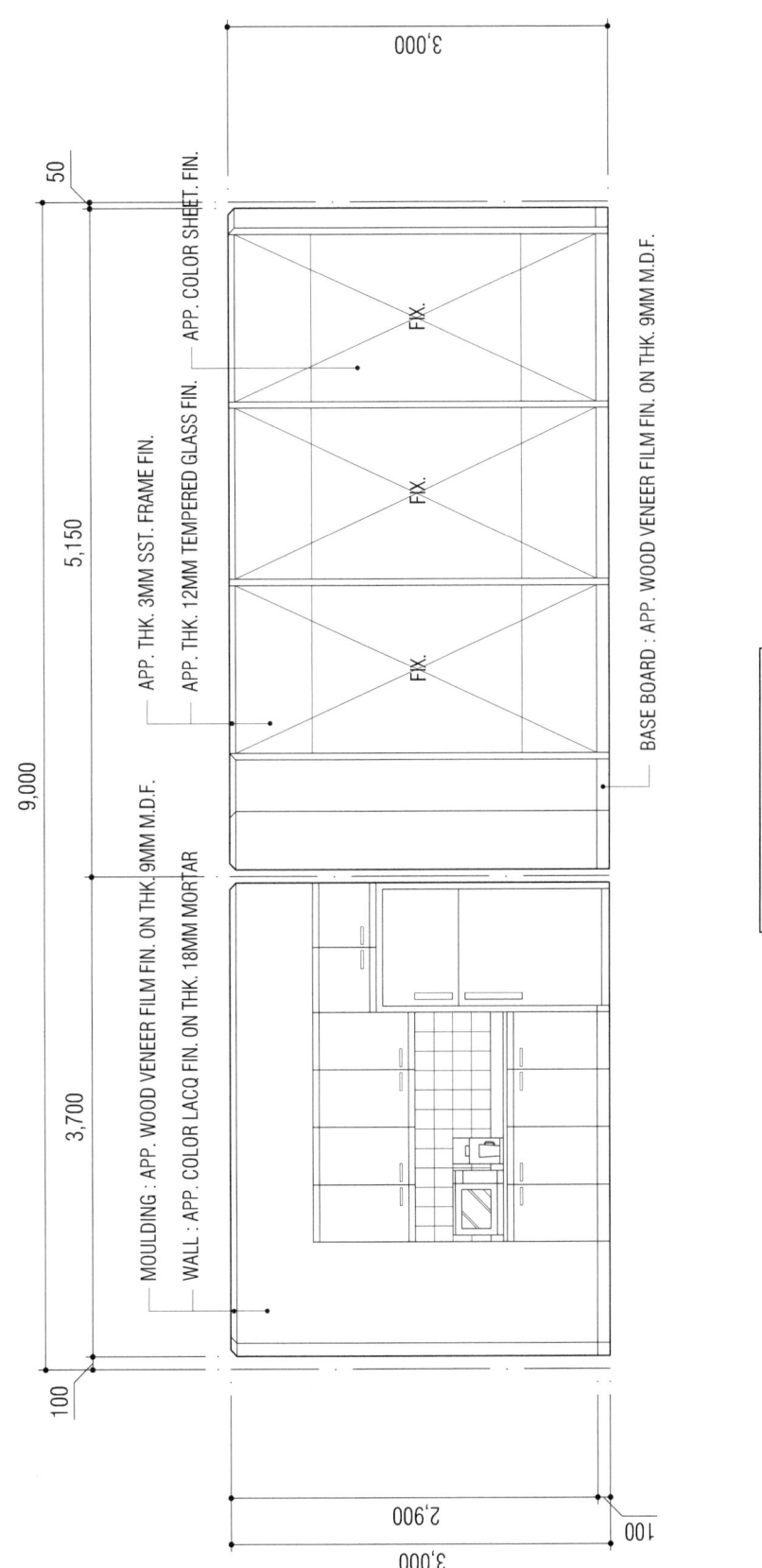

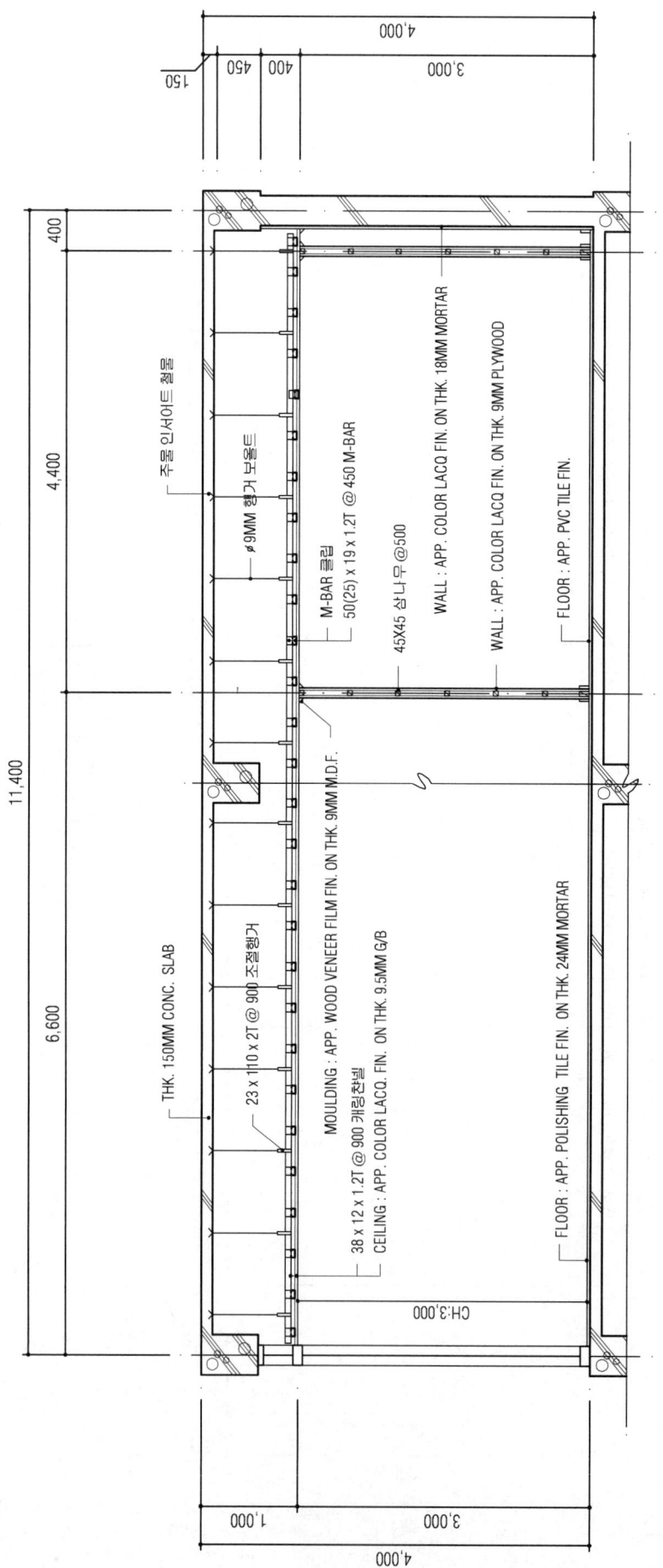

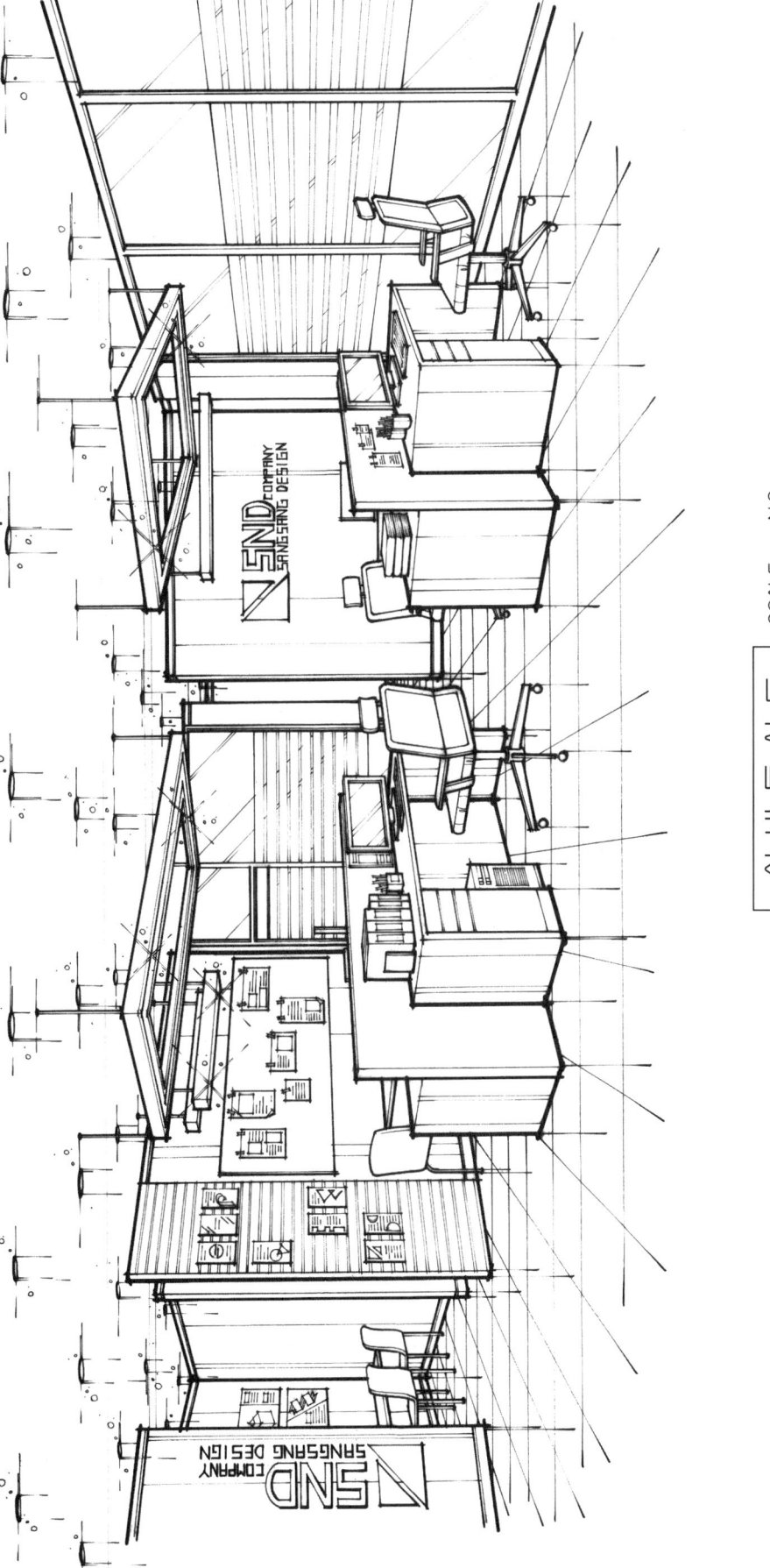

(2020. 5. 24 시행)

제88회 실내건축기사
시공실무

문제 1) 길이 10m, 높이 2.5m, 벽돌벽 1.5B의 실제 소요량(할증고려)과 정미량, 모르타르량을 구하시오. (3점) (단, 표준형 시멘트벽돌임)

【해설】 벽면적 = 10 × 2.5 = 25m²

① 정미량 = 25 × 224 = 5,600매

② 몰탈량 = $\frac{5,600}{1,000} \times 0.35 = 1.96m^3$

③ 소요량 = 5,600 × 1.05 = 5,880매

문제 2) 모르타르나 회반죽 등에 유성페인트나 산성도료를 이용하여 도장작업할 때 완전히 건조하여 수분이 없는 상태에서 도장해야 하는 이유를 설명하시오. (3점)

【해설】 페인트가 정상적으로 부착, 경화될 수 있는 수준은 함수율 6% 이하로 완전히 되지 않은 상태에서는 도료의 수지 성분과 모르타르나 회반죽의 수분이 반응하여 정상적인 건조를 방해하여 끈적임을 유발시키고(부착불량), 부풀음이나 갈라짐이 발생(경화불량)될 수 있고 건조도막이 하얗게 변하는 백화 현상이 발생할 수 있다.

문제 3) 익스펜션볼트(Expansion Bolt)에 대해 간략히 설명하시오. (4점)

【해설】 확장볼트 또는 팽창볼트라고 불리는 것으로 콘크리트, 벽돌 등의 면에 띠장, 문틀 등의 다른 부재를 고정하기 위하여 묻어두는 특수 볼트

문제 4) 다음 공정표에 제시된 작업일수를 근거로 하여 공정표를 완성하시오. (5점)

〈보기〉

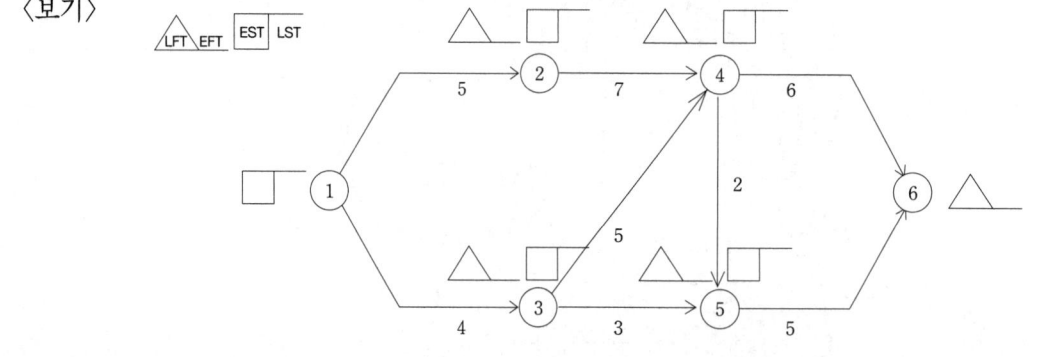

【해설】
CP〉 ① → ② → ④ → ⑤ → ⑥

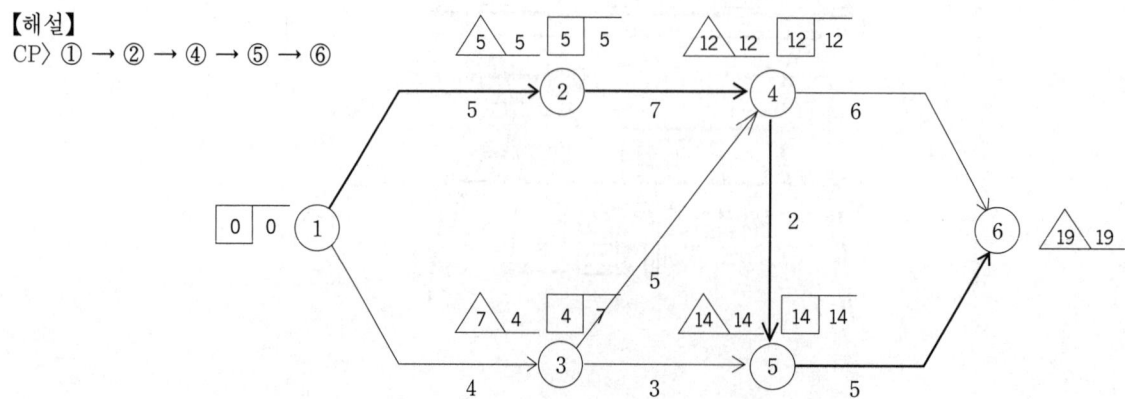

문제 5) 유리공사에서 현장에서 절단이 가능한 유리의 절단 방법에 대하여 서술하고, 현장에서 절단이 어려운 유리제품 2가지를 쓰시오. (4점)

【해설】 ① 접합유리 : 양면을 유리칼로 자르고, 필름은 면도칼로 절단한다.
② 망입유리 : 유리는 유리칼로 자르고, 꺾기를 반복하여 철을 절단한다.
③ 강화유리
④ 방탄유리

참고〉 일반접합유리와 방탄유리의 기본적인 제법은 비슷하지만, 방탄유리는 후판유리를 사용하고 기본 3장을 접합하며, 폴리카보네이트를 접합재로 사용하기 때문에 현장에서 절단하기에는 적합하지 않다.

문제 6) 목공사에 대한 다음 설명에 해당되는 용어를 쓰시오. (3점)
① 목재를 소요치수로 자르는 일
② 목재의 구멍뚫기, 홈파기, 대패질, 기타 다듬질 하는 일
③ 모서리 등에 나무 마구리가 보이지 않게 귀 부분을 45°각도로 빗잘라 대는 맞춤

【해설】 ① 마름질 ② 바심질 ③ 연귀맞춤

문제 7) 도장공사시 스프레이 도장방법을 설명하시오. (3점)

【해설】 뿜칠하는 면과 직각이 되게 사용하고, 거리는 30cm정도를 유지한다. 도장시 칠면은 1/3정도를 겹쳐서 끊김없이 연속적으로 사용하며, 적절한 압력을 일정하게 유지하도록 한다.

문제 8) 벽돌공사시 지면에 접촉되는 부분의 벽돌벽에 방습층을 설치해야 하는 목적과 설치위치, 사용재료를 설명하시오. (3점)

【해설】 목적 - 지면에서부터 벽돌이나 모르타르를 통하여 상승하는 지중습기가 1층벽 낮은 부분을 습하게 하는 것을 억제하기 위해
위치 - 1층 바닥높이의 벽돌벽에 설치
재료 - 동판, 납판, 아스팔트펠트, PVC 등

문제 9) 벽돌벽에서 발생할 수 있는 백화현상의 방지방법 3가지를 쓰시오. (3점)

【해설】 ① 소성이 잘된 양질의 벽돌을 사용한다.
② 파라핀 도료를 발라 염류방출을 방지한다.
③ 줄눈에 방수제를 사용하여 밀실 시공한다.

문제 10) 타일의 박락을 방지하기 위해 시행하는 검사중, 시공 후 검사 2가지를 쓰시오. (2점)

【해설】 ① 주입시험검사 ② 인장시험검사

참고〉 ① 주입시험검사 : 박락되었다고 판단되는 타일면 내부에 에폭시수지 및 폴리머 시멘트 등을 주입해서 박락된 범위와 두께를 판단하는 검사방법.

② 인장시험검사 : 접착력 시험기로 타일을 떼어내는 방법으로 시험방법은 타일의 접착력 시험과 동일하다. 이 조사방법은 시험면을 파단하므로 대표적인 시험체를 선출해서 검사한다.

※ 시공 중 검사법 : ① 시험체확인법, ② 검사봉타음법 (=시공 후 검사에도 이용됨)

문제 11) 벽타일 붙이기 시공순서를 쓰시오. (3점)

바탕처리 → (①) → (②) → (③) → 보양

【해설】 ① 타일나누기 ② 타일붙이기 ③ 치장줄눈

문제 12) 도배공사에서 종이에 풀칠하여 붙이는 방법 2가지를 쓰시고 설명하시오. (4점)

【해설】 ① 봉투바름 : 종이 주위에 풀칠하여 붙이고, 주름은 물을 뿜어둔다.
② 온통바름 : 종이 전부에 풀칠하며, 순서는 중간부터 갓 둘레로 칠해 나간다.

실 내 디 자 인

[제88회 작품명] 정형외과

1. 요구사항 - 주어진 도면은 정형외과의 평면도이다.
   다음의 요구조건에 따라 도면을 작성하시오.

2. 요구조건

   ① 설계면적 : 13,200 × 9,000 × 2,700mm(H)
   ② 요구공간 : 1) 물리치료실 : 침대 6EA
   　　　　　　 2) 첨단의료장비를 설치할 수 있는 공간확보(사이즈 자유)
   　　　　　　 3) 주사실
   　　　　　　 4) 비품실
   　　　　　　 5) 원장실 겸 상담실
   　　　　　　 6) 안내데스크
   　　　　　　 7) 고객대기공간

3. 요구도면

   ① 평면도(가구배치 및 바닥마감재 표기) SCALE : 1/50
   　- 평면도 주변의 여유공간에 설계개요(DESIGN CONCEPT)를 200자 이내로 완성하시오.
   ② 천장도(설비, 조명기구 배치 및 범례표 작성/천장마감재 표기) SCALE : 1/50
   ③ 내부입면도 B방향 1면(벽면재료 표기) SCALE : 1/50
   ④ 단면상세도(A-A′) SCALE : 1/50
   ⑤ 실내투시도(채색작업은 필수) SCALE : N.S
   　(계획의 포인트가 좋은 지점에서 1소점 또는 2소점 투시법으로 작성하되, 작성과정의 투시보조선을 남길 것)

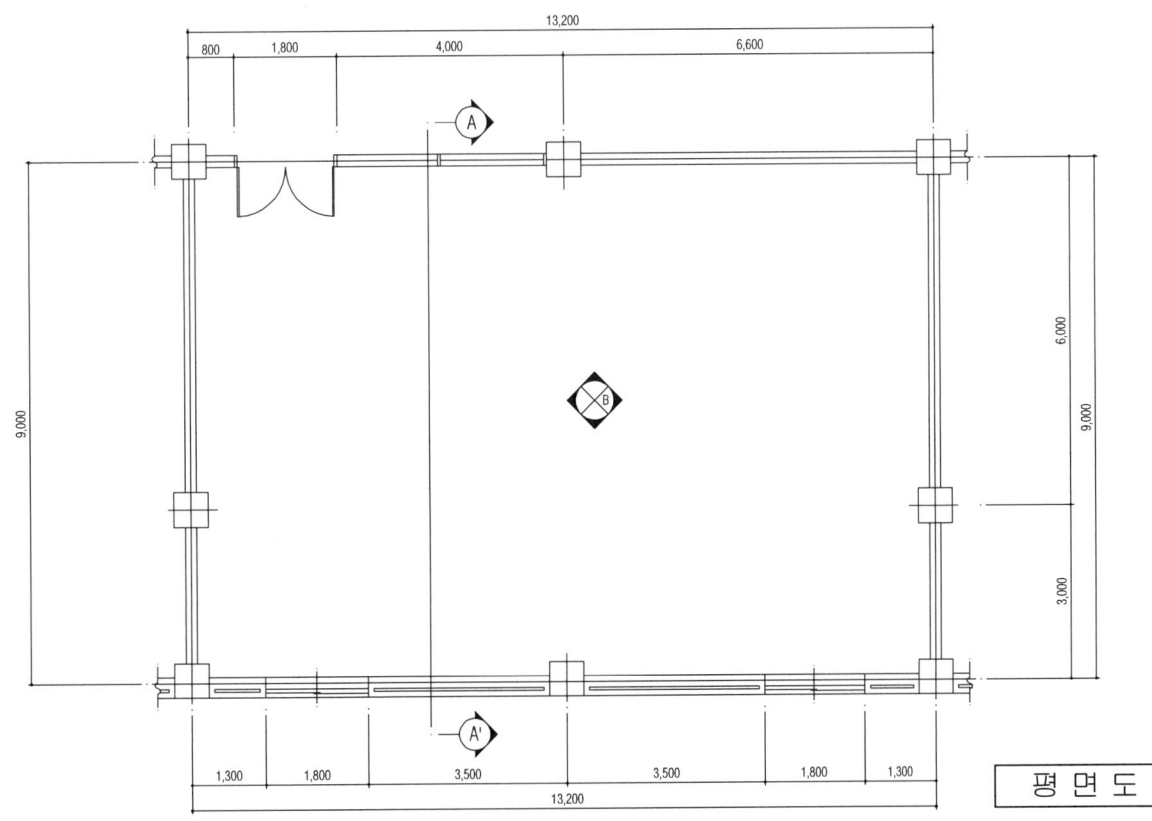

평면도

CONCEPT

진료를 하는 의료공간으로 각 치료 안정과 편의를 위한 공간 구성으로는 주목표로 하였다. 공간 의료공간으로는 크게 대기공간과 같은 입구에 안내 데스크와 소파 등을 배치하여 이용객들이 빠른 고객응대와 편의를 도모 하였다. 안쪽에 의료공간을 두어 치과에 환자와 의료진의 동선이 경쳐지지 않도록 하여 의료 집중도를 높일 수 있도록 계획 하였다. 밝고 쾌적한 색채이미 지 및 부분적으로 우드 재질을 작용한 차분함이 돋보이는 이 미지 배색으로 친근하면서 편 안한 느낌이 전해질 수 있도록 색채계획 하였다.

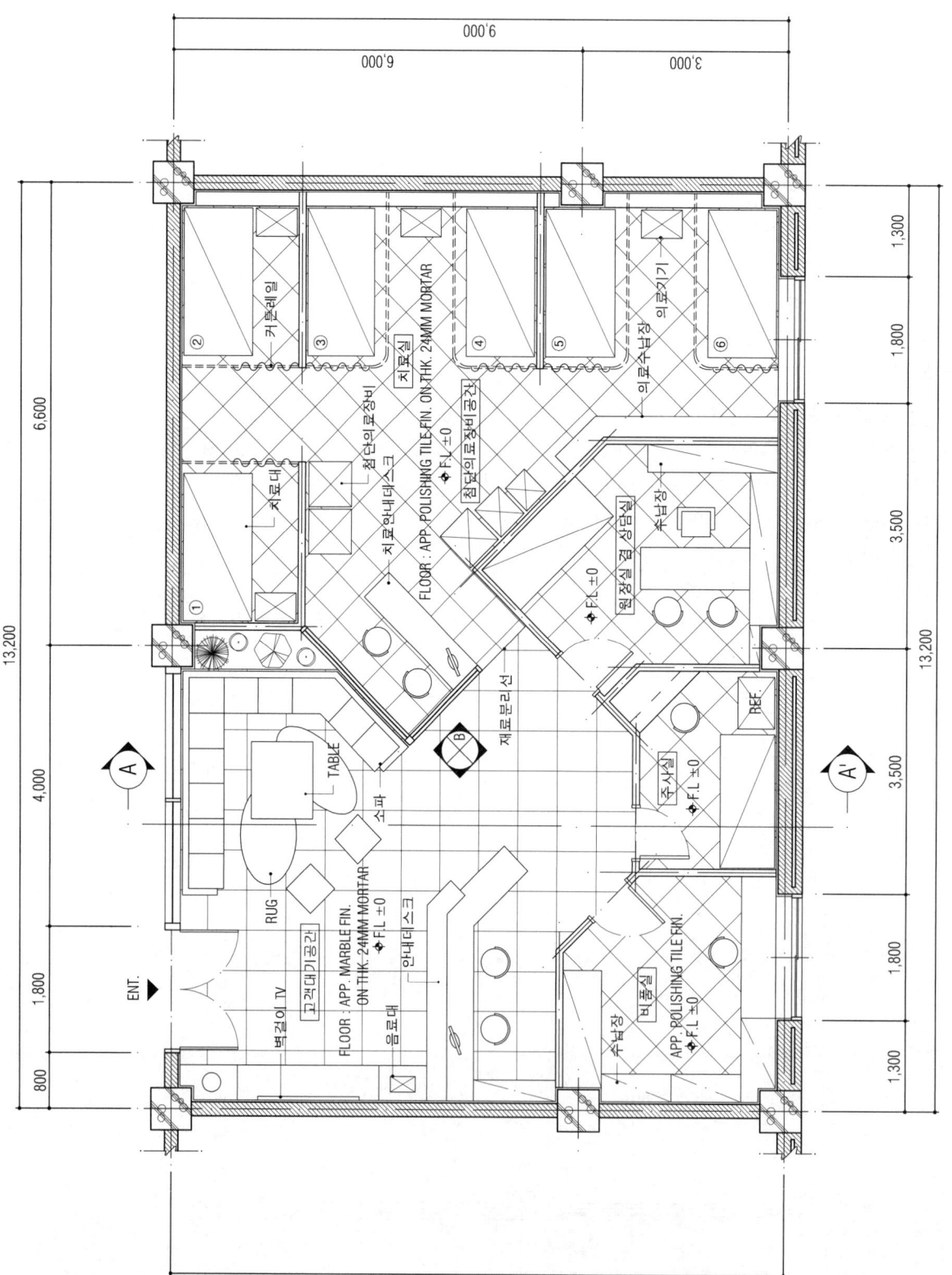

평 면 도   SCALE = 1/50

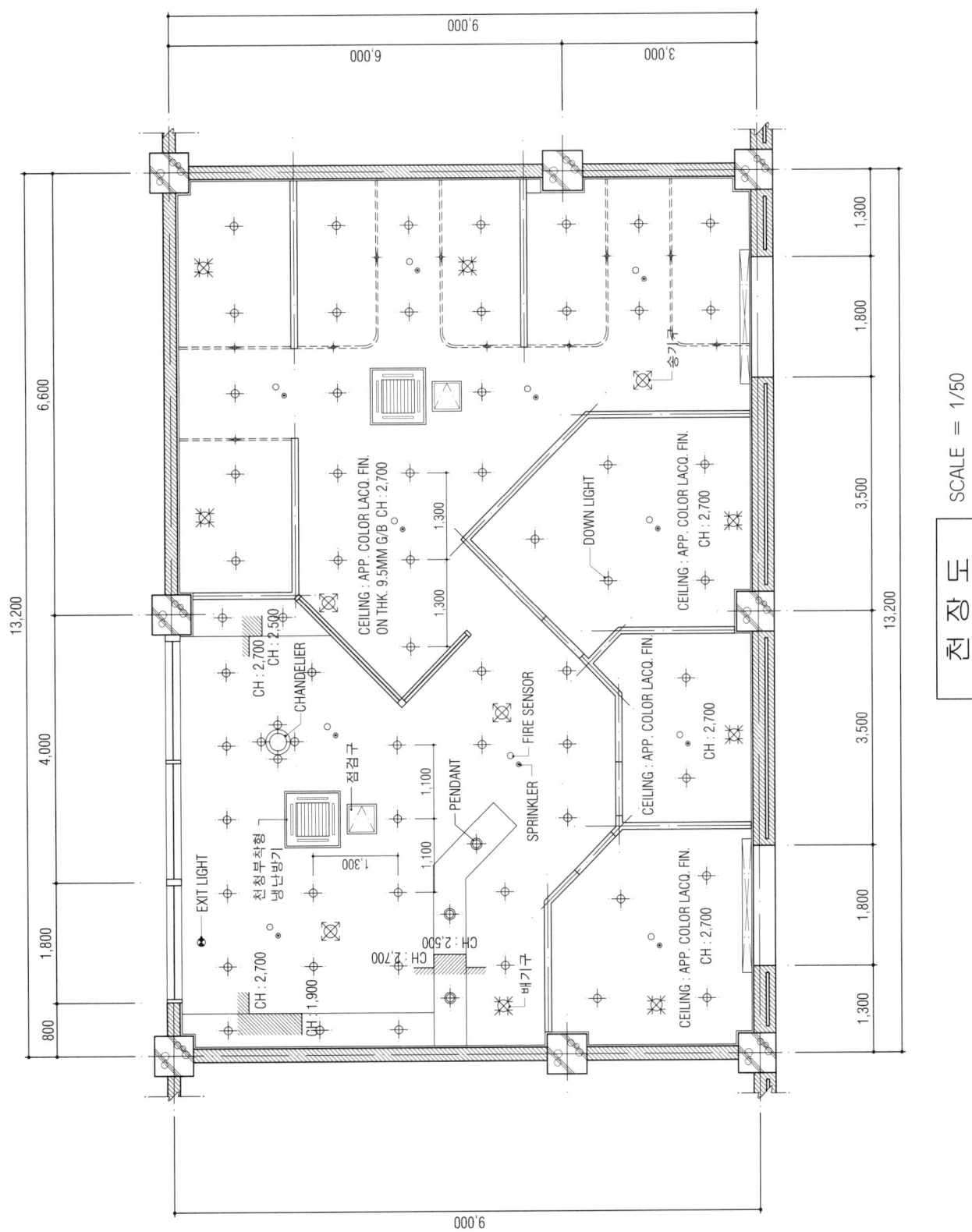

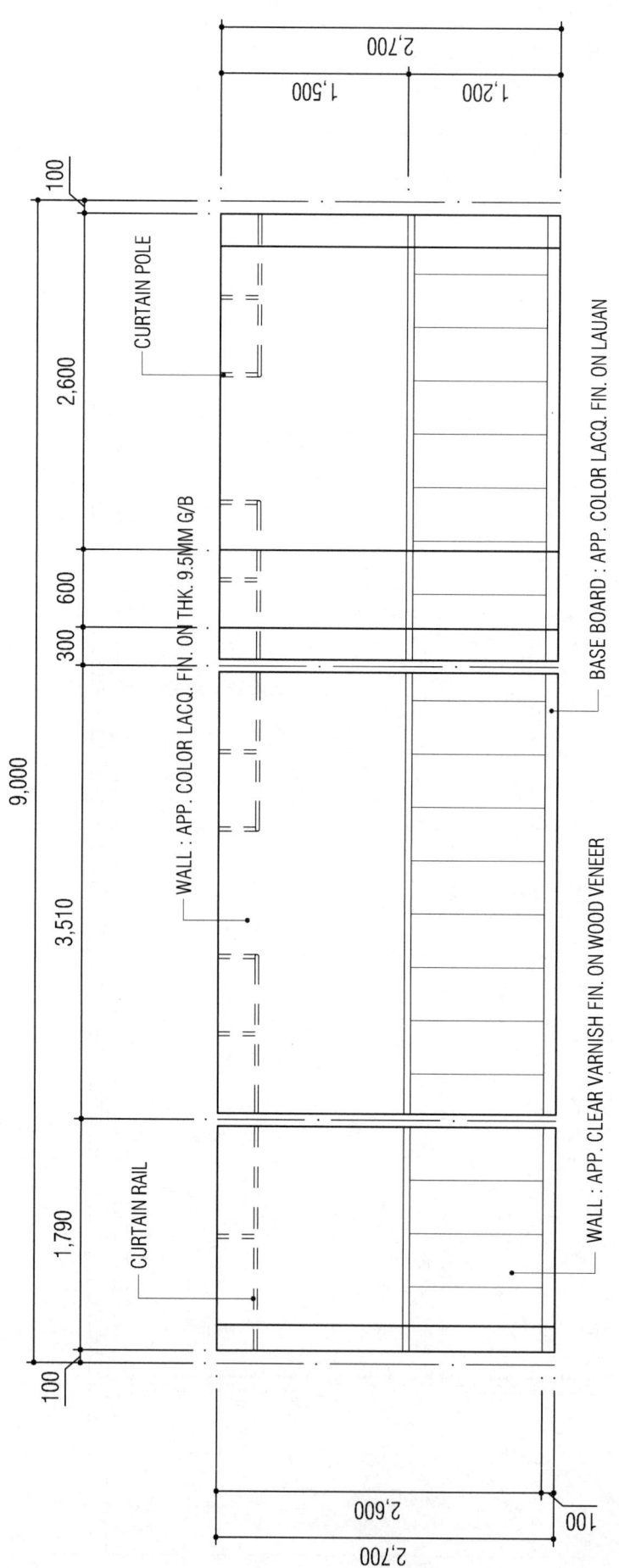

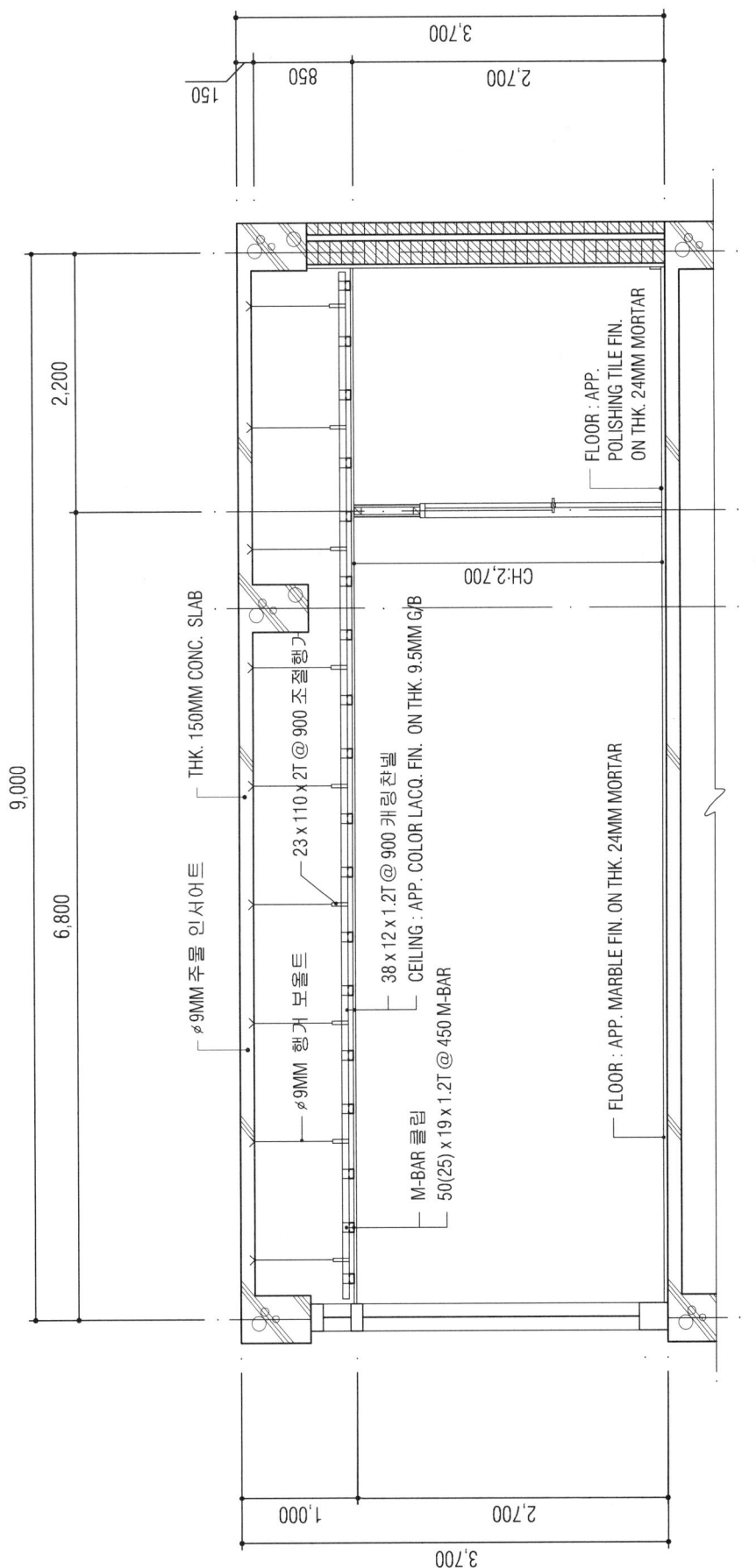

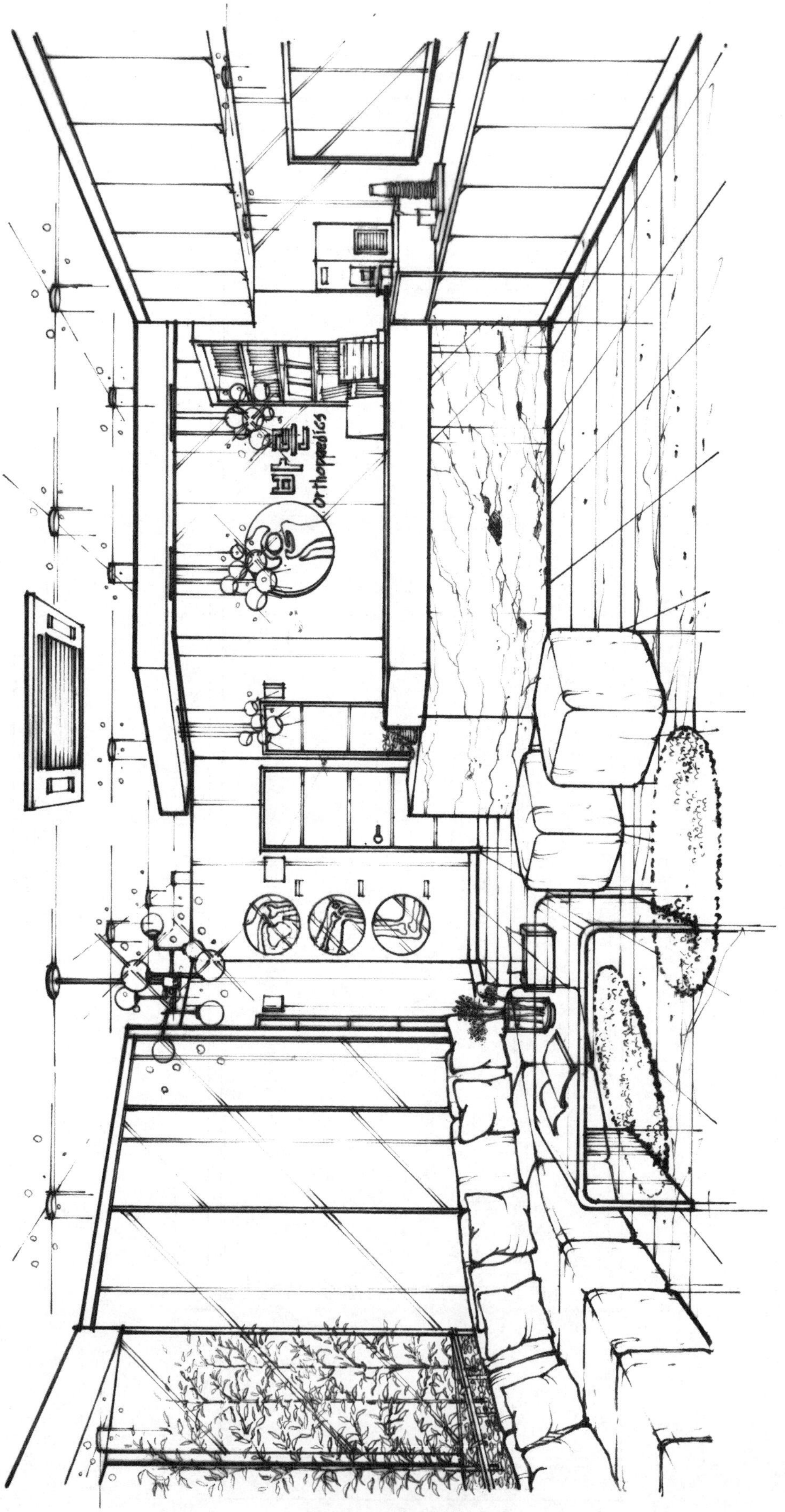

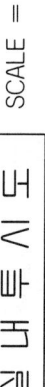

(2020. 7. 25 시행)
제89회 실내건축기사
시공실무

문제 1) 다음 합성수지 재료를 열가소성수지와 열경화성 수지로 구분하시오. (4점)

〈보기〉 ① 에폭시수지   ② 멜라민수지   ③ 페놀수지
       ④ 폴리에틸렌수지   ⑤ 염화비닐수지   ⑥ 아크릴수지

㉮ 열경화성수지 :

㉯ 열가소성수지 :

【해설】 ㉮ 열경화성수지 : ①, ②, ③   ㉯ 열가소성수지 : ④, ⑤, ⑥

문제 2) 목조주택에 주로 사용되는 OSB(Oriented Strand Board)합판에 대하여 설명하시오. (3점)

【해설】 비중이 낮고 직경이 6~12cm 정도 되는 소경목을 얇은 나무 조각(스트랜드)으로 절삭한 후 방수성 접착제를 사용하여 서로 직각으로 겹쳐 압착한 목재판넬로 일반합판에 비하여 전단강도와 경도가 크며 비용도 저렴하고 연속프레스 생산이 가능해 생산성이 높고 규격화된 제품을 표준화 할 수 있다. 주로 목조주택의 지붕, 벽, 바닥의 덮개 등 구조용 자재로 널리 쓰이며 작업선반대, 포장재, 수용재 등 산업용으로도 사용된다.

문제 3) 미장공사 중 회반죽 바름의 혼화재로 사용되는 여물의 종류 3가지를 쓰시오. (3점)

【해설】 ① 삼여물   ② 흰털여물   ③ 종이여물

문제 4) 다음은 도배공사에 사용되는 특수벽지이다. 서로 관계있는 것끼리 연결하시오. (3점)

① 종이벽지   ② 비닐벽지   ③ 섬유벽지   ④ 초경벽지   ⑤ 목질계벽지   ⑥ 무기질벽지

가. 지사벽지   나. 유리섬유벽지   다. 직물벽지   라. 코르크벽지   마. 발포벽지   바. 갈포벽지

【해설】 ① → 가   ② → 마   ③ → 다   ④ → 바   ⑤ → 라   ⑥ → 나

참고〉 지사(紙絲) : 종이를 실처럼 꼬아서 만든 것.
     초경(草莖) : 식물의 줄기로 가닥을 만든 것.
     갈포(葛布) : 칡덩굴의 껍질을 펴서 만든 것.

문제 5) 석재공사시 석재의 접합에 사용되는 연결철물의 종류 3가지를 쓰시오. (3점)

①   ②   ③

【해설】 ① 은장   ② 꺾쇠   ③ 촉

참고〉 은장 : 두 부재의 면을 파고 두 부재가 벌어지지 않게 끼워 넣는 나비모양의 긴결철물

문제 6) 다음 아래는 모르타르 배합비에 따른 재료량이다. 총 25㎥의 시멘트 모르타르를 필요로 한다. 각 재료량을 구하시오. (6점)

배합용적비	시멘트	모래	인부
1:3	510kg	1.10m³	1.0인

① 시멘트량 =

② 모래량 =

③ 인부수 =

【해설】 ① 시멘트량 = 510kg × 25㎥ = 12,750kg (12.75ton)
② 모래량 = 1.1㎥ × 25㎥ = 27.5㎥
③ 인부수 = 1인 × 25㎥ = 25인

문제 7) 석재공사시 치장줄눈의 종류 3가지를 쓰시오. (3점)
①   ②   ③

【해설】 ① 평줄눈 ② 민줄눈 ③ 볼록줄눈

문제 8) 다음 아래는 공기단축의 공사계획이다. 비용구배가 가장 큰 작업부터 나열하시오. (3점)

구분	표준공기	표준비용	급속공기	급속비용
A	4	6,000	2	9,000
B	15	14,000	14	16,000
C	7	5,000	4	8,000

【해설】 B → A → C

참고〉 A = $\dfrac{9,000-6,000}{4-2}$ = 1,500원/일   B = $\dfrac{16,000-14,000}{15-14}$ = 2,000원/일   C = $\dfrac{8,000-5,000}{7-4}$ = 1,000원/일

문제 9) 폴리퍼티(Poly putty)에 대하여 설명하시오. (3점)

【해설】 불포화 폴리에스테르 퍼티로 건조가 빠르고, 시공성, 후도막성이 우수하며, 기포가 거의 없어 작업 공정을 크게 줄일 수 있는 경량퍼티이다. 특히 후도막성이 우수하여 금속표면 도장시 바탕 퍼티작업에 주로 사용된다.

문제 10) 벽 타일붙이기 시공순서를 〈보기〉에서 골라 그 번호를 나열하시오. (3점)
〈보기〉 ① 타일나누기   ② 치장줄눈   ③ 보양   ④ 벽타일붙이기   ⑤ 바탕처리

【해설】 ⑤ → ① → ④ → ② → ③

문제 11) 벽돌 또는 벽돌이 접하는 구조체의 팽창, 수축에 따른 균열 등의 손상이 발생하지 않도록 미리 설치하여 탄력성을 갖게 한 줄눈은? (2점)

【해설】 신축줄눈

문제 12) 코너비드에 대한 설명에 답하고 ①은 보기에서 고르시오. (4점)

코너비드는 기둥이나 벽등 모서리 부분의 마장바름을 보호하기 위한 철물로 〈보기〉 황동, 아연도금철재, 스테인레스스틸을 사용하고 특히 시방서에 정한바가 없으면 (①)으로 하고 길이는 (②) mm로 한다.

【해설】 ① 아연도금철재 ② 1800

실 내 디 자 인

[제89회 작품명] 자동차 판매 대리점

1. 요구사항 - 주어진 도면은 근린상업지역내에 위치한 자동차 판매 대리점이다.
   다음 요구조건에 따라 도면을 작성하시오.

2. 요구조건
   ① 설계면적 : 13,800×9,000×3,000mm(H)
   ② 인적구성 : 점장 1명, 점원 4명 근무
   ③ 요구공간 : 사무공간(오픈형으로 계획, 점원수 고려), 탕비실(별도의 공간 구획),
      상담공간, 판매 및 전시공간, 자동차 3대 이상, 점원용 책상 등 필요한 사무집기

3. 요구도면
   ① 평면도 SCALE : 1/50
      - 가구배치 포함, 평면 계획의 디자인 의도·방향 등을 200자 내외로 쓰시오.
   ② 천정도(설비, 조명기구 배치 및 범례표 작성/천장마감재 표기) SCALE : 1/50
   ③ 내부입면도 D방향 1면(벽면재료 표기) SCALE : 1/50
   ④ 단면상세도(A-A´) SCALE : 1/50
   ⑤ 실내투시도(채색작업은 필수) SCALE : N.S
      (계획의 포인트가 좋은 지점에서 1소점 또는 2소점 투시법으로 작성하되, 작성과정의 투시보조선을 남길 것)

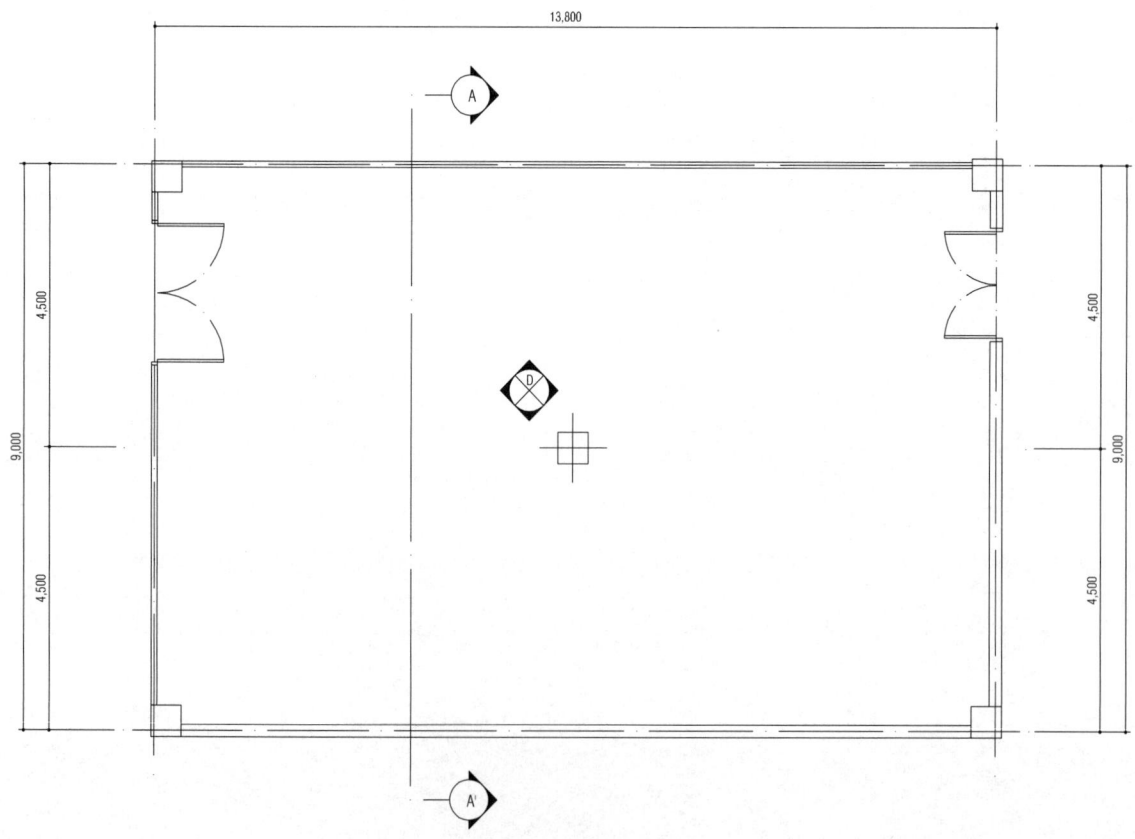

평 면 도

CONCEPT

근린상업지역 내에 위치한 자동차 판매 대리점이다. 외부에서도 자동차가 시선을 끌 수 있도록 전면유리 근방으로 자동차를 배치하고, 상담공간과 사무공간, 휴게실은 인접하게 배치하여 동선을 효율적으로 계획하였다. 자동차가 돋보일 수 있도록 모노톤 색상과 그래픽 디자인 요소를 사용하였고, 역동성과 율동감을 시각적으로 나타내고자 하였다. 전체적으로는 모던하고 고급스러운 느낌으로 컬러 및 재료를 구성하고 온화하고 밝게 조명계획을 하여 고객들이 구매욕을 자극할 수 있도록 하였다.

평 면 도   SCALE = 1/50

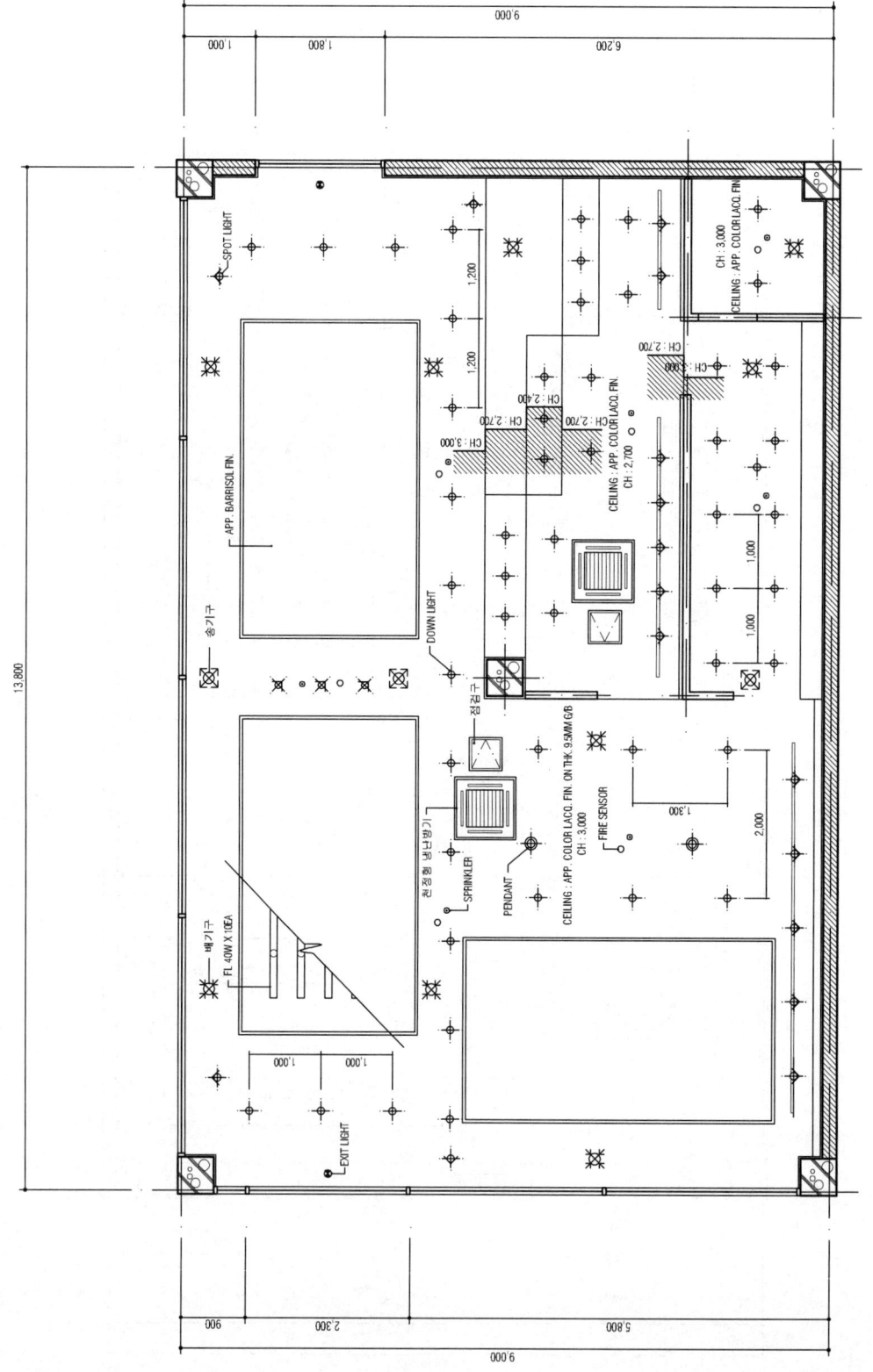

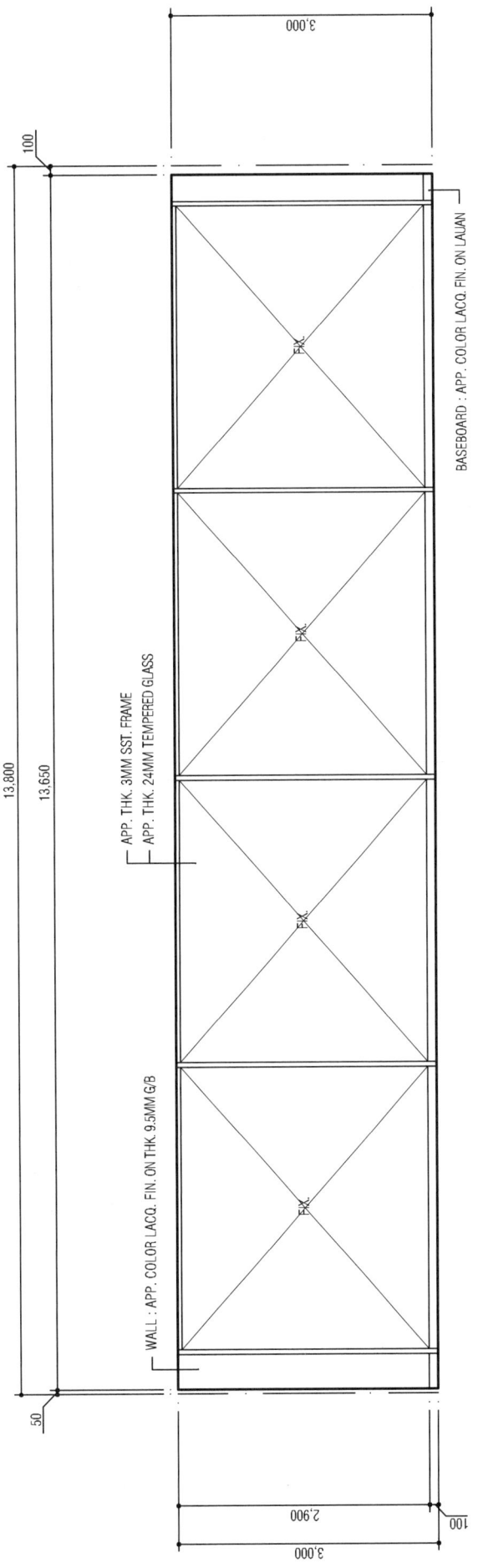

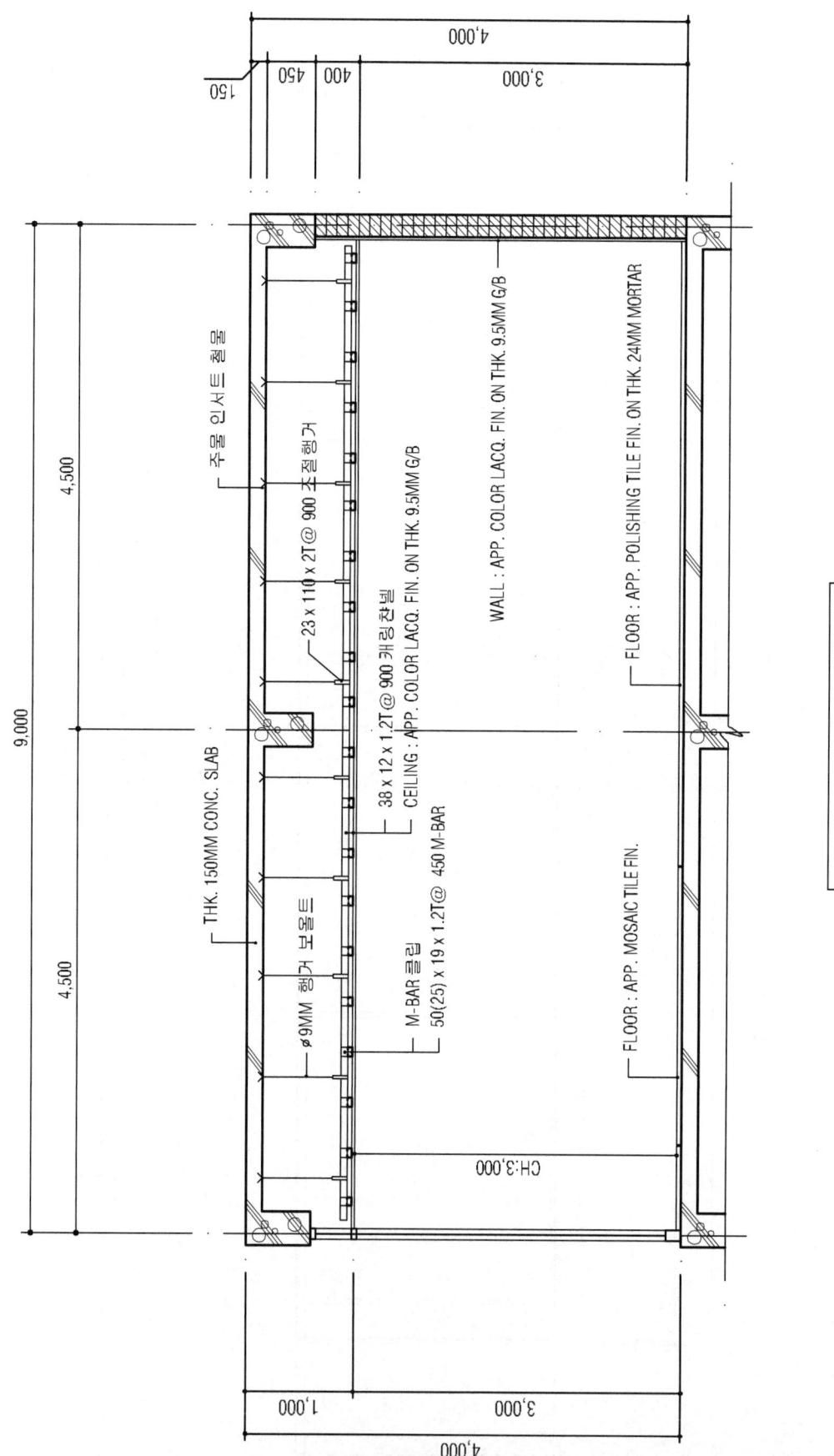

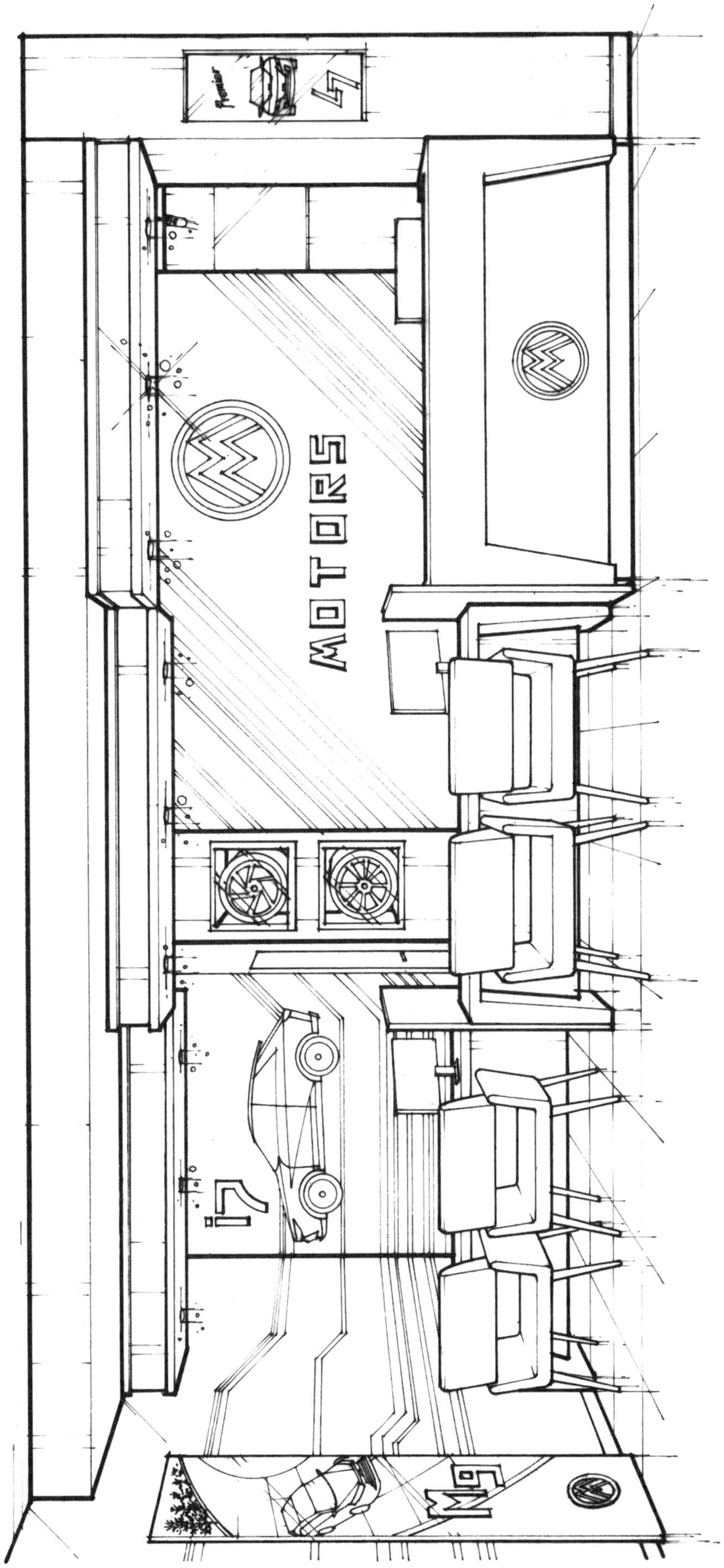

(2020. 10. 17 시행)

제90회 실내건축기사
시공실무

문제 1) 달대설치 순서를 배열하시오. (3점)
① 반자틀　　　② 달대　　　③ 반자틀받이　　　④ 달대받이

【해설】 ④ → ③ → ① → ②

문제 2) 다음은 네트워크공정표에 사용되는 용어이다. 괄호 안에 해당하는 용어를 찾아 넣으시오. (5점)
a. TF와 FF의 차
b. 프로젝트의 지연없이 시작 될 수 있는 작업의 최대 늦은 시간
c. 작업을 EST로 시작하고, LFT로 완료할 때 생기는 여유시간
d. 개시결합점에서 종료결합점에 이르는 가장 긴 패스
e. 후속작업의 EST에 영향을 주지 않는 범위 내에서 한 작업이 가질 수 있는 여유시간, 즉 각 작업의 지연가능일수

① TF-(　　)　② FF-(　　)　③ DF-(　　)　④ CP-(　　)　⑤ LST-(　　)

【해설】 ① TF-(c)　② FF-(e)　③ DF-(a)　④ CP-(d)　⑤ LST-(b)

문제 3) 싱크대 상판에 사용되는 재료로 무색투명, 착색자유, 내열성을 가지고 있는 열경화성 수지 중 주방에 사용되는 합성수지는? (2점)

【해설】 멜라민수지

문제 4) 셀프레벨링 시공 순서를 적으시오. (3점)

【해설】 바탕면 청소 및 보수 – 프라이머 – 수평몰탈시공 – 양생 – 에폭시하도 – 에폭시상도

문제 5) 다음 아래 〈보기〉는 치장줄눈의 종류이다. 줄눈 설명에 맞는 것을 고르시오. (5점)
〈보기〉 민줄눈, 평줄눈, 오목줄눈, 볼록줄눈, 내민줄눈

용　도	의　장　성	형　태
벽돌의 형태가 고르지 않은 경우	질감(Texture)의 거침.	(①)
면이 깨끗하고, 반듯한 벽돌	순하고 부드러운 느낌, 여성적 선의 흐름	(②)
벽면이 고르지 않은 경우	줄눈의 효과를 확실히 함.	(③)
면이 깨끗한 벽돌	약한 음영, 여성적 느낌	(④)
형태가 고르고, 깨끗한 벽돌	질감을 깨끗하게 연출하며, 일반적인 형태	(⑤)

【해설】 ① 평줄눈　② 볼록줄눈　③ 내민줄눈　④ 오목줄눈　⑤ 민줄눈

문제 6) 석재공사시 가공 및 시공상 주의사항 4가지를 쓰시오. (4점)
①
②
③
④

【해설】 ① 석재는 중량이 크기 때문에 최대치수는 운반상 문제를 고려해서 정한다.
② 휨강도와 인장강도가 약하기 때문에 압축응력을 받는 곳에만 사용한다.
③ 석재는 균일제품을 사용하기 때문에 공급계획 및 물량계획을 잘 세운다.
④ 1m² 이상 석재는 높은 곳에 사용하지 않는다.

문제 7) 벽돌벽의 균열이 생기는 이유 중 설계상, 시공상 결함의 이유를 각각 2개씩 설명하시오. (4점)
설계상의 결함   ①   ②
시공상의 결함   ①   ②

【해설】 설계상의 결함 ① 기초의 부동침하
② 건물의 평면·입면의 불균형 및 벽의 불합리 배치
시공상의 결함 ① 벽돌 및 모르타르의 강도부족
② 온도 및 흡수에 따른 재료의 신축성

문제 8) 타일공사에서 OPEN TIME을 설명하시오. (3점)

【해설】 타일의 접착력을 확보하기 위해 모르타르를 바른 후 타일을 붙일 때까지 소요되는 붙임시간으로 보통 내장타일은 10분, 외장타일은 20분 정도의 open time을 갖는다.

문제 9) 시공기술의 품질관리로써 관리의 사이클을 4단계로 구분하여 쓰시오. (2점)
(①   ) → (②   ) → (③   ) → (④   )

【해설】 ① 계획 ② 실시 ③ 검토 ④ 조치

문제 10) 다음 설명 중 괄호 안에 들어가는 정답을 적으시오. (3점)
영식쌓기에서 한켜는 (①)쌓기, 다음켜는 (②)쌓기로 하고, 모서리에 (③)을 사용한다.

【해설】 ① 마구리 ② 길이 ③ 이오토막

문제 11) 벽돌 1.0B 쌓기, 가로 15M, 높이(세로) 3M 범위에 벽돌 쌓을 시 정미량, 모르타르량을 산출하시오. (4점)

【해설】 ① 벽면적 = 15 × 3 = 45m²
② 벽돌정미량 = 45 × 149 = 6,705매   ∴ 6,705(매)
③ 모르타르량 = $\frac{6,705}{1,000}$ × 0.33 = 2.21265   ∴ 2.21m³

문제 12) 다음 괄호 안에 들어가는 답을 쓰시오. (2점)

( )는 규사, 장석, 탄산칼슘 등을 배합해서 3각추로 성형하여 가열했을 때 연화하여 각추가 머리쪽이 바닥에 휘어지는 온도를 연화점(용해 온도)이라 하며, 연화점 600~2000℃의 범위를 20~50℃의 간격으로 59종류로 나누고 각각의 번호를 매겨 내화도를 표시하는 것이다.

【해설】 제게르 추

참고〉 1886년에 독일의 제게르가 고안하였다. 제게르뿔, 제게르콘(Seger Cone), SK번호 라고도 한다. 번호가 클수록 내화도가 높아 고온에 견디는 정도가 좋다.

실내디자인

[제90회 작품명] 귀금속 전문점

1. 요구사항 – 주어진 도면은 상업중심지역내에 위치한 귀금속 전문점이다.
   다음 요구조건에 따라 도면을 작성하시오.

2. 요구조건

   ① 설계면적 : 9,000×6,600×2,700mm(H)
   ② 인적구성 : 3명
   ③ 요구공간 : 판매공간, 쇼윈도우, 서비스실(보석 수리 및 감정)
   ④ 필요집기 : 쇼케이스, 귀금속진열장, 상담좌석

3. 요구도면

   ① 평면도 SCALE : 1/50
      - 가구배치 포함, 평면 계획의 디자인 의도·방향 등을 200자 내외로 쓰시오.
   ② 천정도(설비, 조명기구 배치 및 범례표 작성/천장마감재 표기) SCALE : 1/50
   ③ 내부입면도 C방향 1면(벽면재료 표기) SCALE : 1/50
   ④ 단면상세도(A-A´) SCALE : 1/50
   ⑤ 실내투시도(채색작업은 필수) SCALE : N.S
      (계획의 포인트가 좋은 지점에서 1소점 또는 2소점 투시법으로 작성하되, 작성과정의 투시보조선을 남길 것)

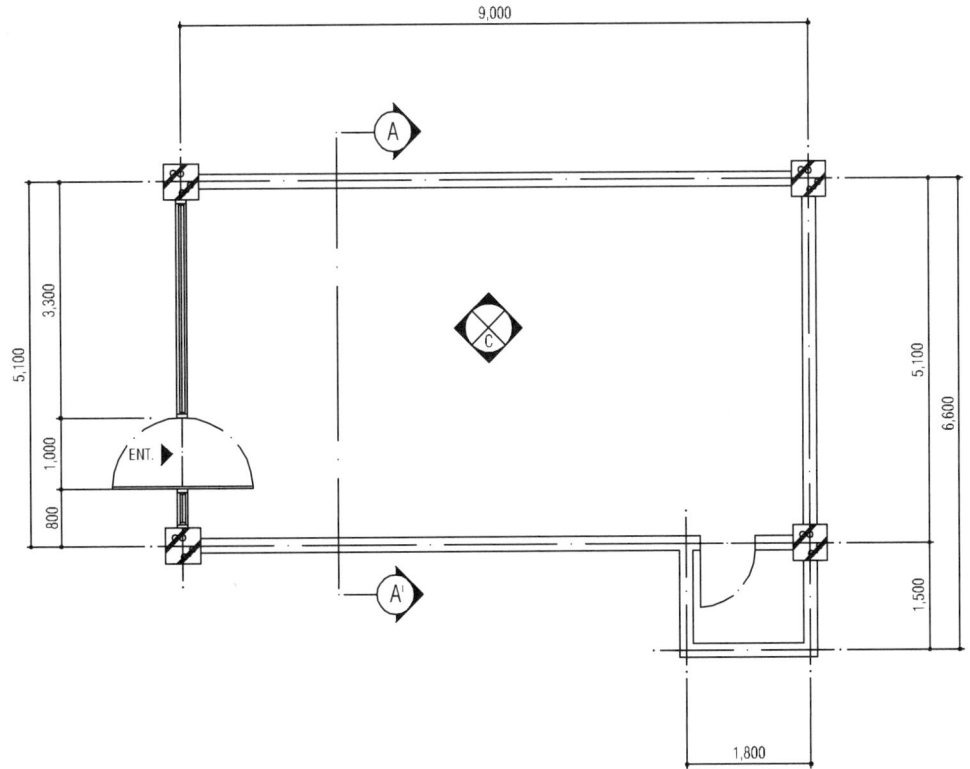

평면도

CONCEPT

도심 상업중심 지역에 위치한 귀금속 전문점이다. 공간계획으로 출입구 좌측 전면 유리벽에 쇼윈도우를 배치하여 외부 잠재적 고객의 호기심, 시선을 유도하여 자연스럽게 장 안으로 진입할 수 있도록 계획하였다. 또한, 고가의 상품을 전시, 판매하는 귀금속 전문점의 특성을 고려하여 섬세하고 대범한 디스플레이와 충분한 상담을 통해 판매를 위한 쇼케이스를 전면에 걸쳐 배치하였다. 색채계획으로 BLACK GLASS를 이용한 BLACK과 대리석 등의 무채색 배색으로 세련되고 고급스러운 이미지를 연출하였다.

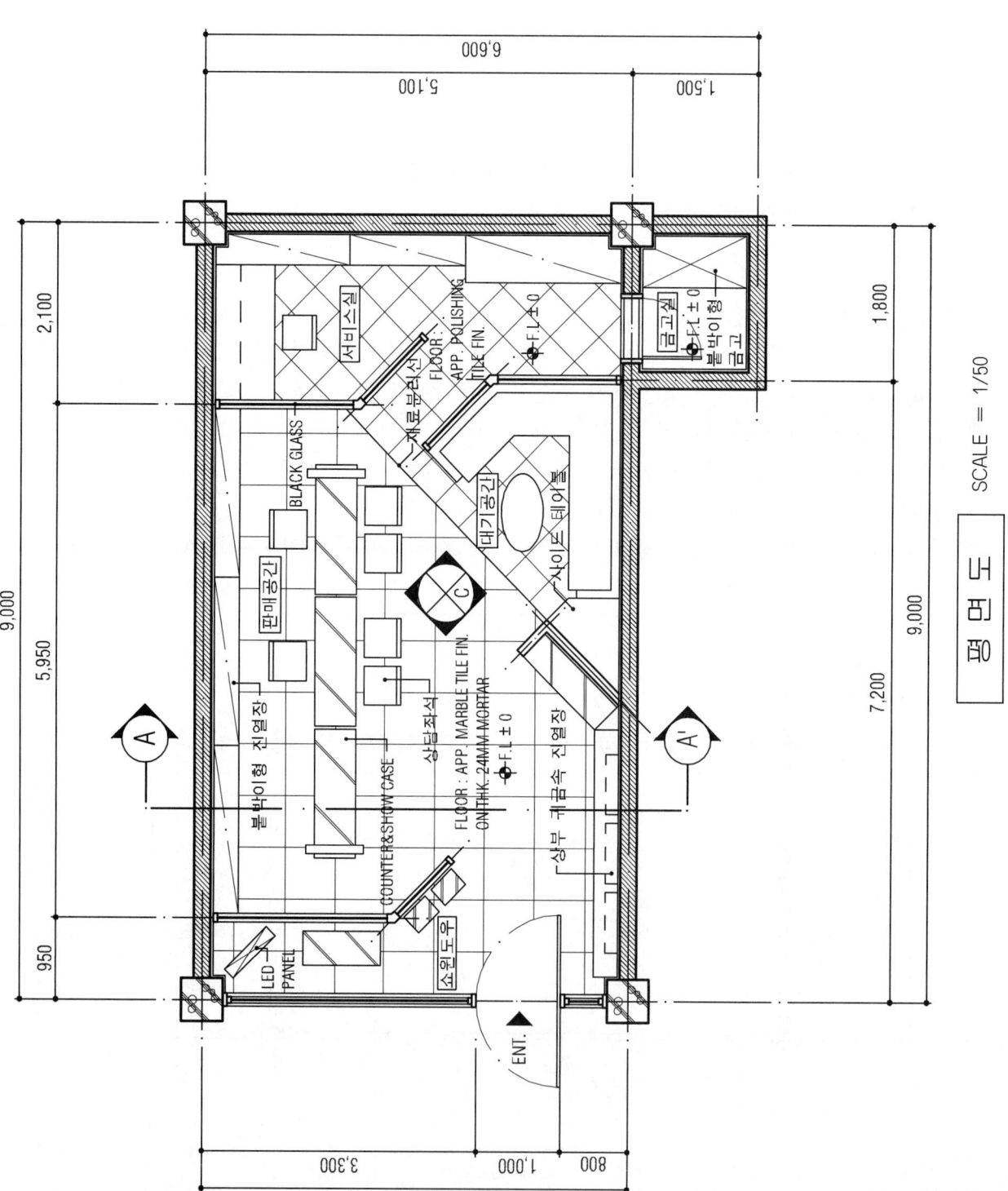

평면도 SCALE = 1/50

LEGEND		
TYPE	NAME	EA
✦	DOWN LIGHT	27
✦	PENDANT	5
▭	FL 20W	2
●	EXIT LIGHT	1
⊠	흡기구	2
✳	배기구	5
○	SPRINKLER	6
○	FIRE SENSOR	6
▣	천정 부착형 냉난방기	1

천 정 도   SCALE = 1/50

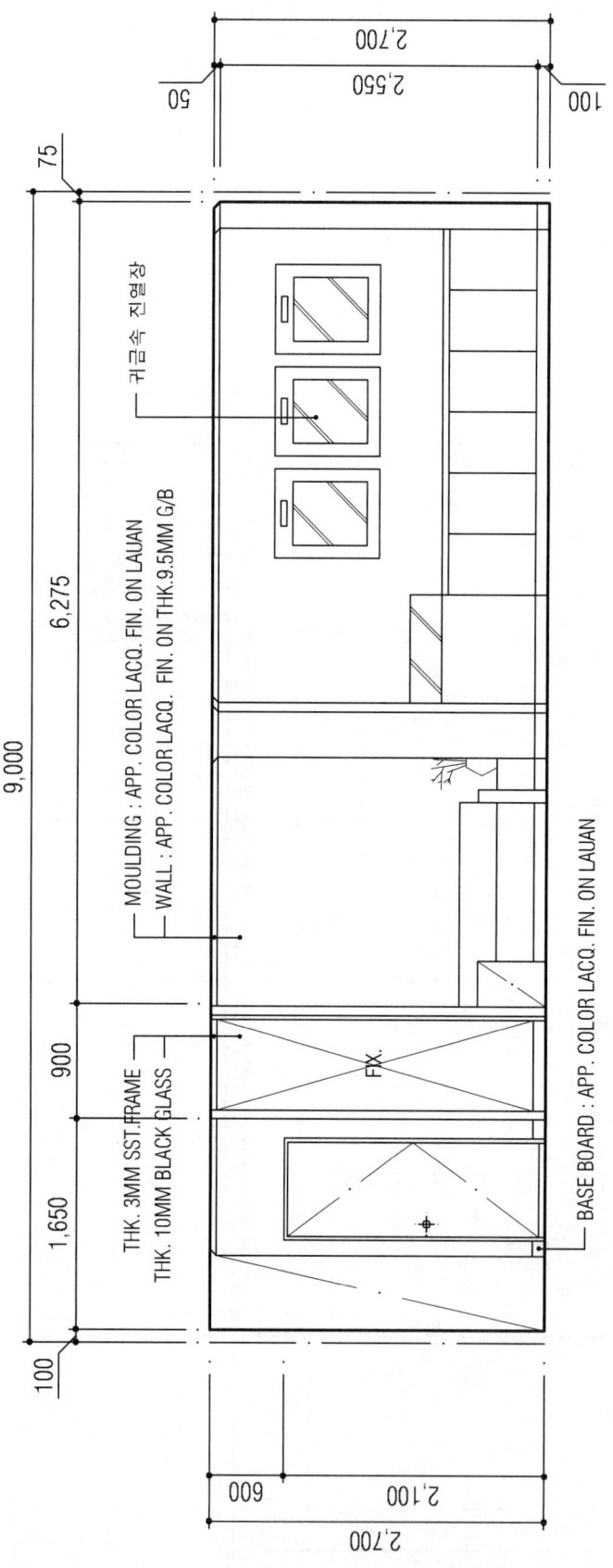

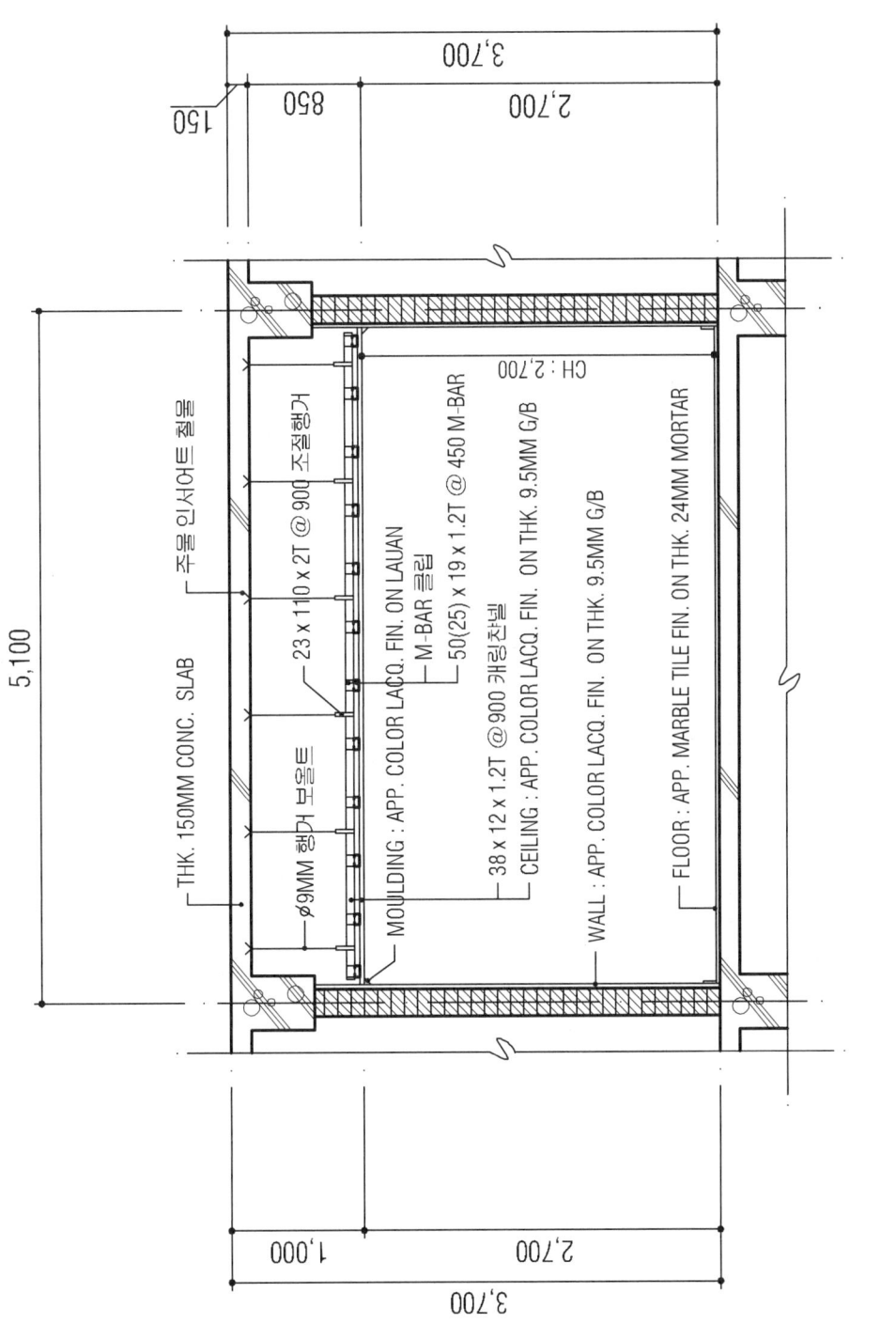

실내투시도
SCALE = N.S

(2020. 11. 29 시행)

제91회 실내건축기사
시공실무

문제 1) 다음 용어를 설명하시오. (4점)
① 바심질
② 마름질

【해설】 ① 바심질 : 구멍뚫기, 홈파기, 면접기 및 대패질 등으로 목재를 다듬는 일.
② 마름질 : 목재를 크기에 따라 각 부재의 소요길이로 잘라 내는 것.

문제 2) 정상적으로 시공될 때 표준공기는 15일 걸리고 공사비는 1,000,000원이다. 특급으로 시공할 때 공사기일은 10일 공사비는 1,500,000원이다. 공기단축 시 필요한 비용구배를 구하시오. (3점)

【해설】 비용구배 $= \dfrac{1,500,000 - 1,000,000}{15 - 10} = \dfrac{500,000}{5} = 100,000$원/일

문제 3) 10×10cm 각, 길이 6m인 나무의 무게가 15kg, 전건중량이 10.8kg이라면 이 나무의 함수율은 얼마인가? (3점)

【해설】 함수율 $= \dfrac{\text{목재중량} - \text{전건중량}}{\text{전건중량}} \times 100 = \dfrac{15 - 10.8}{10.8} \times 100 = 38.89\%$

문제 4) 벽 타일붙이기 시공순서이다. 〈보기〉에서 골라 그 번호를 나열하시오. (3점)
〈보기〉 ① 타일나누기 ② 치장줄눈 ③ 보양 ④ 벽타일붙이기 ⑤ 바탕처리

【해설】 ⑤ → ① → ④ → ② → ③

문제 5) 다음은 시이트 방수 공법이다. 순서에 맞게 나열하시오. (2점)
〈보기〉 ① 접착제칠 ② 프라이머칠 ③ 마무리 ④ 시이트 붙이기 ⑤ 바탕처리

【해설】 ⑤ → ② → ① → ④ → ③

문제 6) 조적조 백화현상의 원인 1가지와 제거방법 2가지를 쓰시오. (4점)
〈원   인〉 ①
〈제거방법〉 ①
②

【해설】 〈원   인〉 ① 모르타르에 포함되어 있는 소석회가 공기 중의 탄산가스와 화학반응하여 발생한다.
〈제거방법〉 ① 소성이 잘된 양질의 벽돌과 모르타르를 사용한다.
② 줄눈에 방수제를 사용하여 밀실시공 한다.

문제 7) 다음 각종 미장재료를 기경성 및 수경성 미장재료로 분류할 때 해당되는 재료명을 〈보기〉에서 골라 쓰시오. (4점)

〈보기〉 ① 진흙   ② 순석고플라스터   ③ 회반죽   ④ 돌로마이트플라스터
       ⑤ 킨즈시멘트   ⑥ 인조석바름   ⑦ 시멘트모르타르

가. 기경성 미장재료 :
나. 수경성 미장재료 :

【해설】 가. 기경성 미장재료 : ①, ③, ④
       나. 수경성 미장재료 : ②, ⑤, ⑥, ⑦

문제 8) 욕실 천정공사에서 천정틀 설치와 인서트 고정이 필요없이 벽타일 상부에 천정판을 거치 후 타일 접착부위에 실링마감하여 공기를 단축할 수 있는 공법의 명칭을 쓰시오. (3점)

【해설】 돔공법

참고〉 점검구(돔/평)가 들어가있는 중앙판과 점검구가 없고 평평하게 되어있는 사이드판을 욕실크기에 맞게 절단 후 연결시켜 시공하는 방식.

문제 9) 다음은 도장공사에 사용되는 재료이다. 녹방지를 위한 녹막이 도료를 모두 고르시오. (3점)

〈보기〉 ① 광명단   ② 징크로메이트 도료   ③ 아연분말 도료
       ④ 에나멜 도료   ⑤ 멜라민수지 도료

【해설】 ①, ②, ③

문제 10) 공동주택 발코니 주변 외부창호의 누수 원인 2가지를 쓰시오. (4점)

【해설】 ① 한여름의 직사광선과 한겨울의 온도차에서 발생되는 팽창과 수축
       ② 수성페인트 위에 실링 시공, 이물질 제거 부족

문제 11) 건식 돌붙임공법에서 석재를 고정하거나 지탱하는 공법 2가지를 쓰시오. (3점)
① ②

【해설】 ① 앵글 지지법   ② 앵글+판 지지법   ③ 트러스 지지법

문제 12) 다음 괄호 안에 들어가는 정답을 쓰시오. (4점)
보강콘크리트 블록공사시 세로근의 정착 길이는 철근 직경(d)의 (①)배 이상이어야 하고 그라우트 및 모르타르의 세로피복 두께는 (②)mm 이상으로 한다.

【해설】 ① 40   ② 20

참고〉 세로근은 구부리지 않고 기초에서 테두리보까지 잇지않고 사용하여야 하며, 테두리보 위에 쌓는 박공벽의 세로근은 테두리보에 40d 이상 정착하고 세로근 상단부는 180°의 갈고리를 내어 벽상부의 보강근에 걸치고 결속 선으로 결속한다.

실 내 디 자 인

[제91회 작품명] 아웃도어 매장

1. 요구사항 - 주어진 도면은 근린상업지역내에 위치한 아웃도어 매장이다.
   다음 요구조건에 따라 도면을 작성하시오.

2. 요구조건
   ① 설계면적 : 13,200×9,000×2,700mm-3,300mm(H)
   ② 필요집기 : Hanger, Shelf, Storage, Display Table, Fitting Room, Counter, Show Case

3. 요구도면
   ① 평면도 SCALE : 1/50
   - 가구배치 포함, 평면 계획의 디자인 의도·방향 등을 200자 내외로 쓰시오.
   ② 천정도(설비, 조명기구 배치 및 범례표 작성/천장마감재 표기) SCALE : 1/50
   ③ 내부입면도 D방향 1면(벽면재료 표기) SCALE : 1/50
   ④ 단면상세도(A-A′) SCALE : 1/50
   ⑤ 실내투시도(채색작업은 필수) SCALE : N.S
   (계획의 포인트가 좋은 지점에서 1소점 또는 2소점 투시법으로 작성하되, 작성과정의 투시보조선을 남길 것)

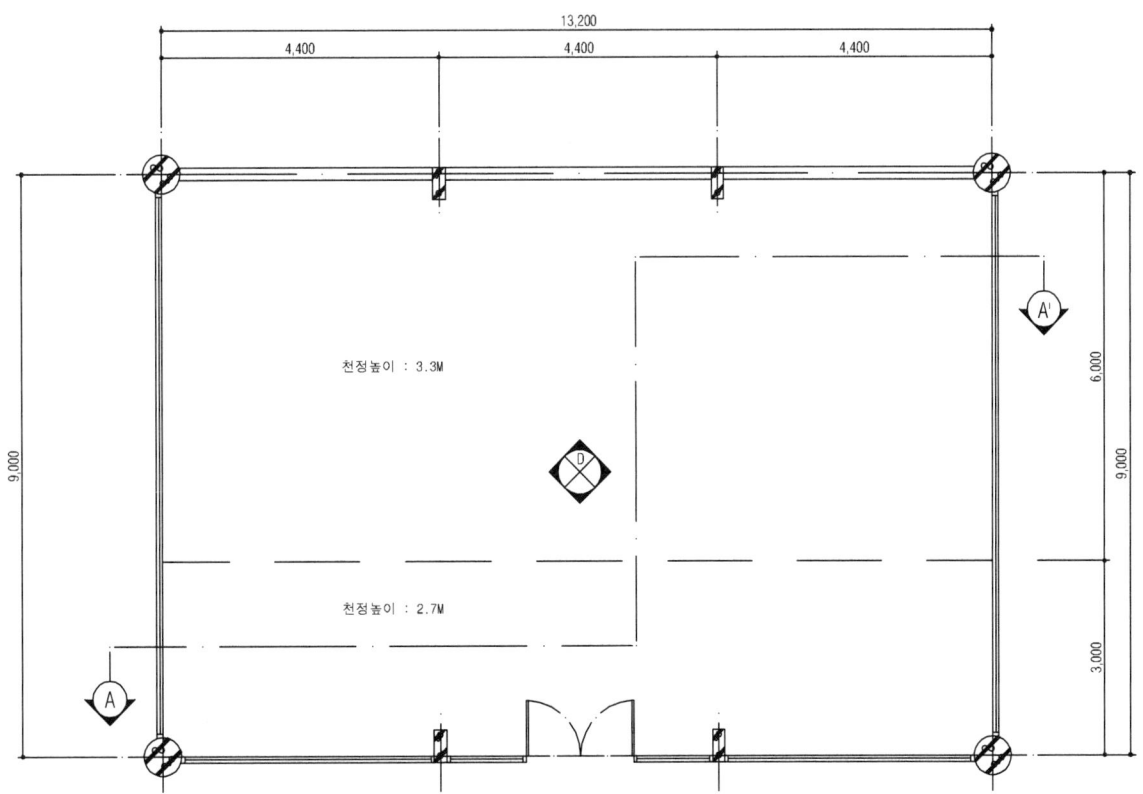

평 면 도

CONCEPT

근린상업지역내에 위치한 아웃도어 매장이다. 공간 컨셉은 아웃도어가 갖는 특성에 맞추어 생동감 넘치고, 다이내믹한 연출을 위해 가구와 바닥의 높낮이 변화를 주었다. 전면 창 부분은 쇼윈도우로 구성하여 흥보효과를 얻을 수 있도록 하였으며, 매장 안쪽에 창고와 피팅룸을 배치하여 안정감을 주면서 디스플레이 공간을 넓게 사용할 수 있도록 하였다. 매장 중앙 위치에 쇼스테이지를 두어 이를 중심으로 의류와 신발을 비롯한 품목과 컨셉에 따라 제품을 볼 수 있도록 하였다.

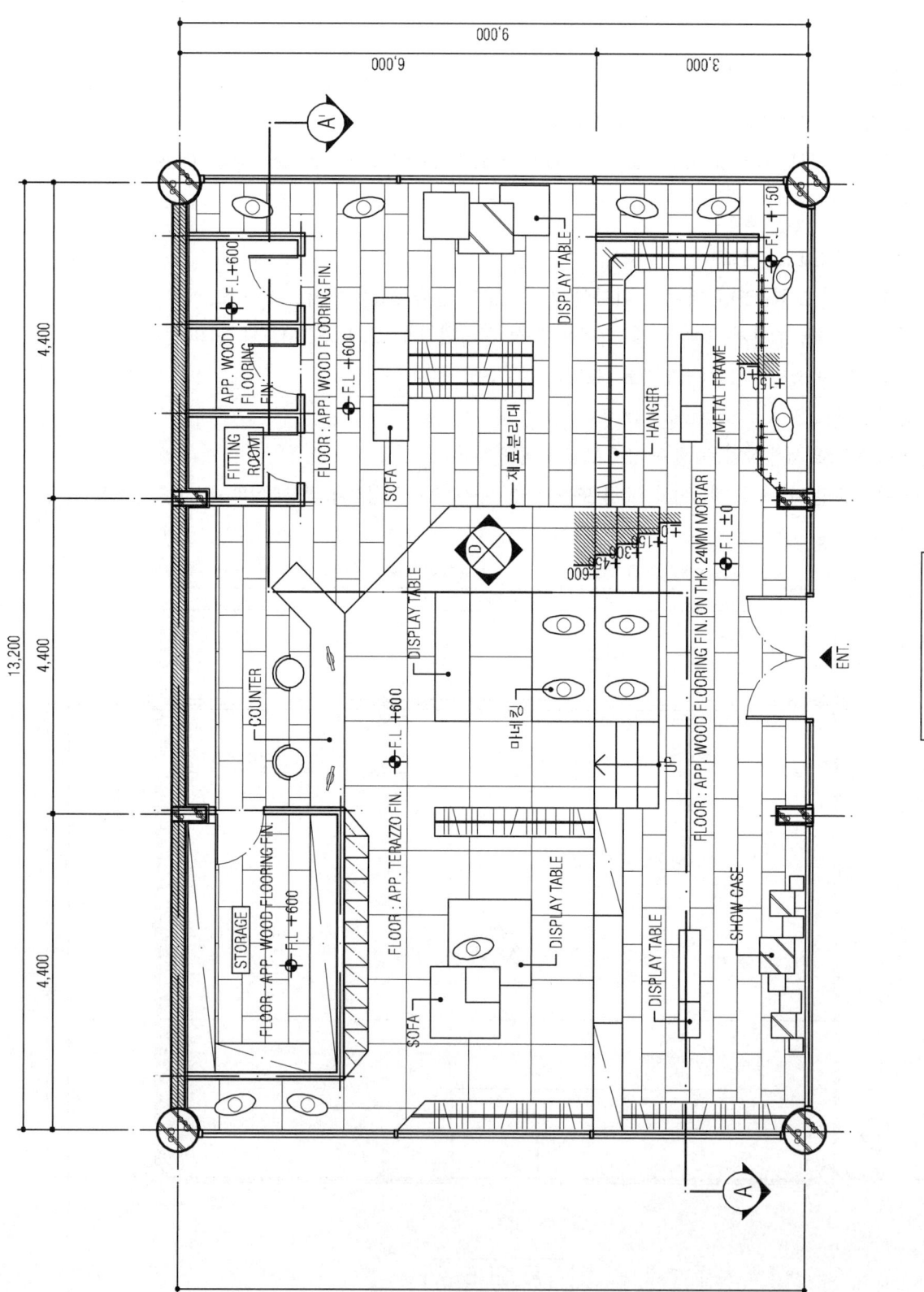

평 면 도 SCALE = 1/50

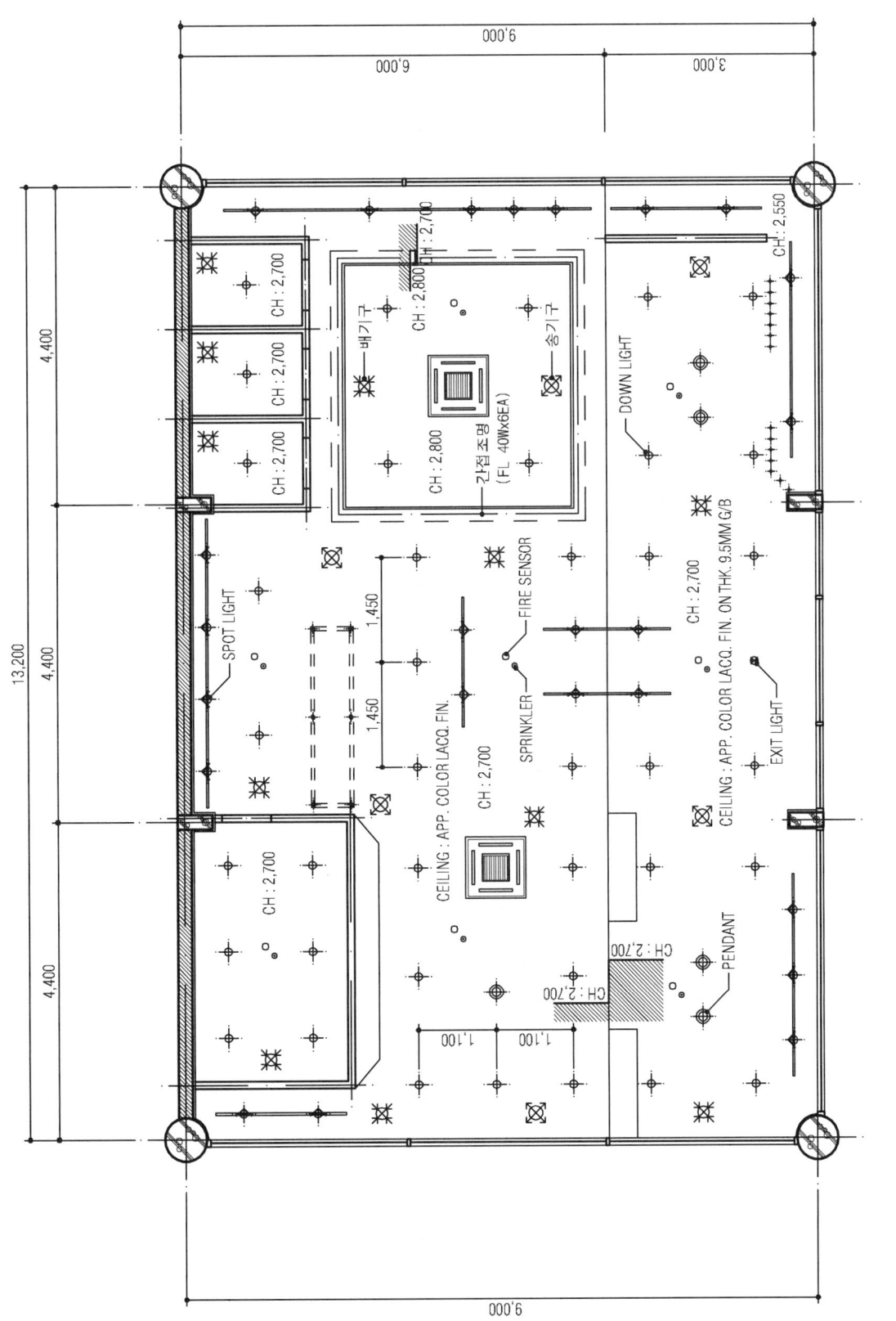

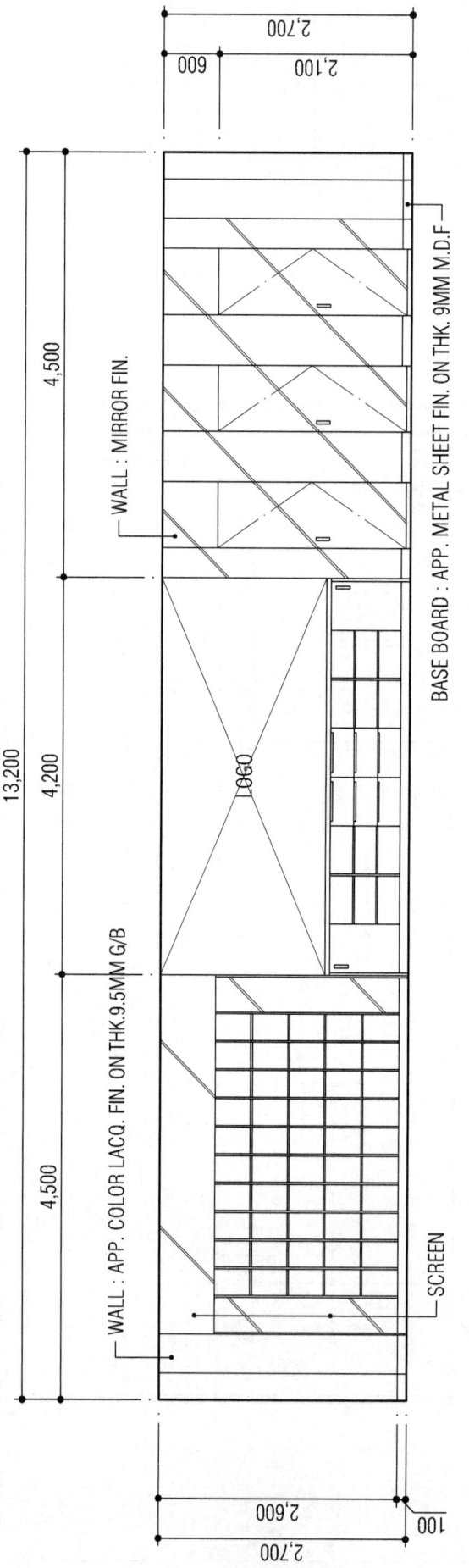

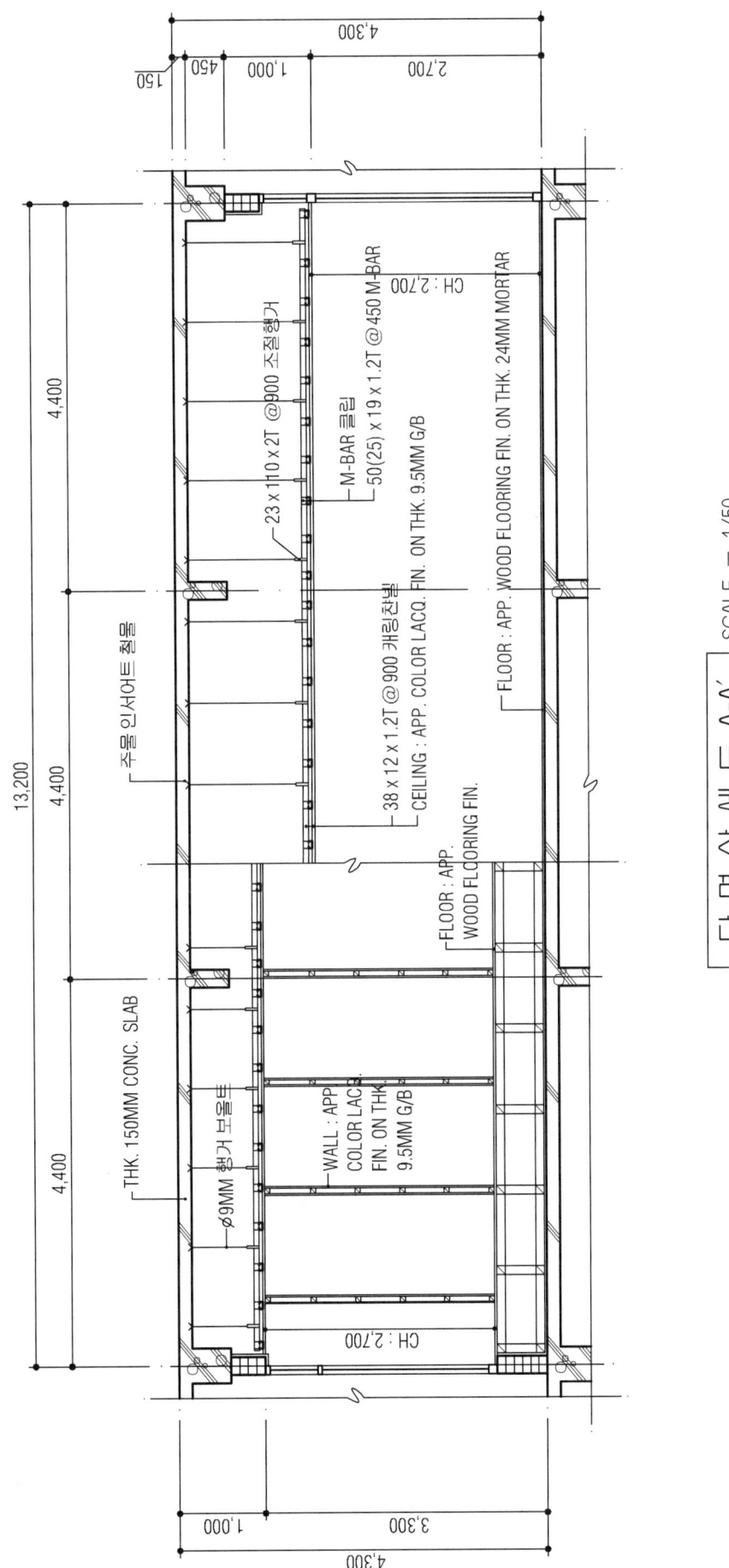

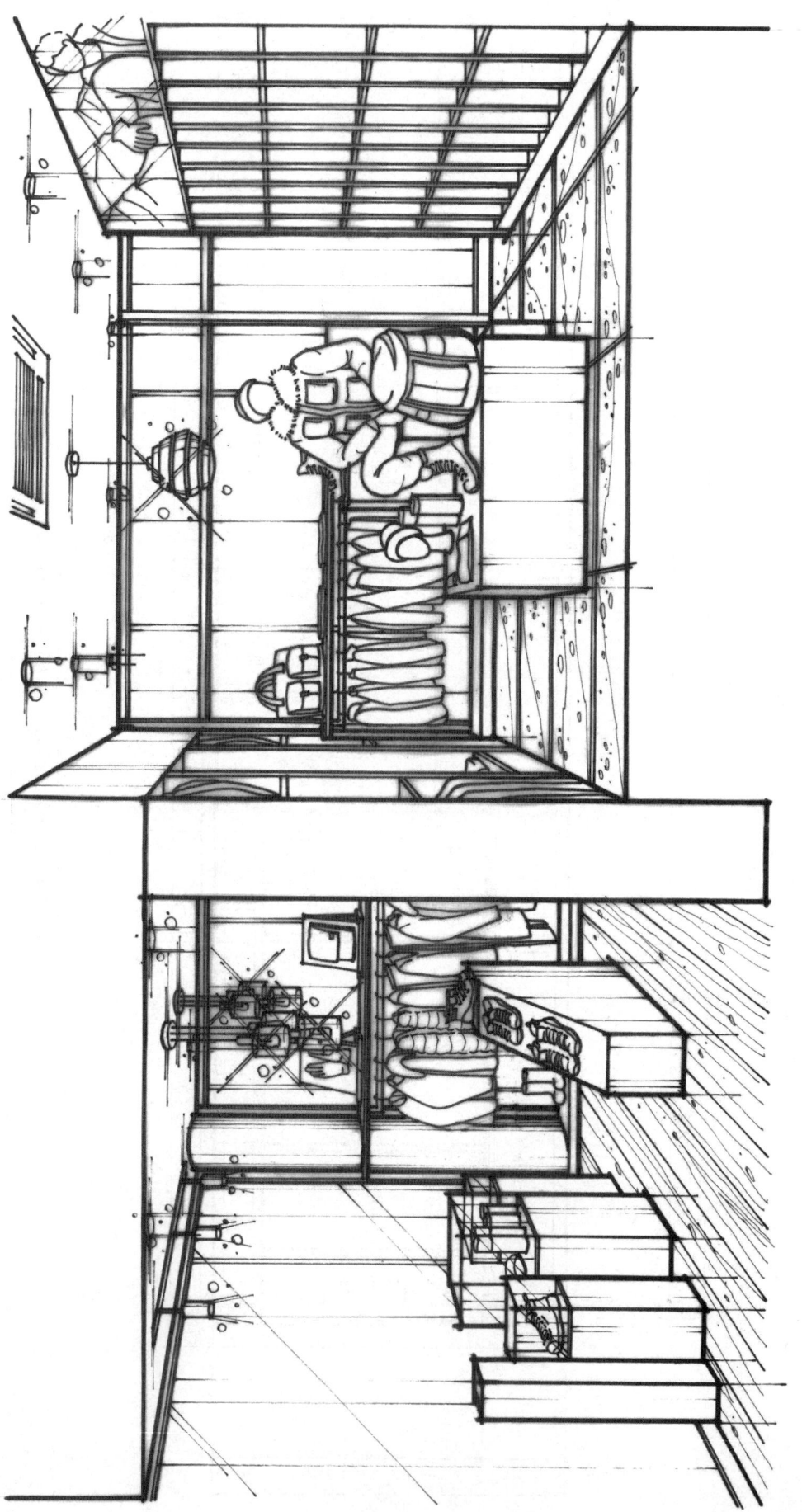

(2021. 4. 25 시행)
제92회 실내건축기사
시공실무

문제 1) 다음 용어를 설명하시오. (3점)
① 짠마루
② 막만든아치
③ 거친아치

【해설】 ① 짠마루 : 간사이가 클 경우에 사용되며 큰 보위에 작은 보, 그 위에 장선을 걸고, 마루널을 깐 마루
② 막만든아치 : 보통벽돌을 쐐기모양으로 다듬어 쌓은 아치
③ 거친아치 : 현장에서 보통벽돌을 써서 줄눈을 쐐기모양으로 쌓은 아치

문제 2) 석재공사시 시공상 유의사항 4가지를 쓰시오. (4점)
①
②
③
④

【해설】 ① 석재는 중량이 크기 때문에 최대치수는 운반상 문제를 고려해서 정한다.
② 휨강도와 인장강도가 약하기 때문에 압축응력을 받는 곳에만 사용한다.
③ 석재는 균일제품을 사용하기 때문에 공급계획 및 물량계획을 잘 세운다.
④ 1㎥이상 석재는 높은 곳에 사용하지 않는다.

문제 3) 공기단축 시 공사비의 비용구배(Cost Slope)를 산출하시오. (3점)
(단, 표준공기 30일, 급속공기 20일, 표준비용 1,000,000원, 급속비용 1,500,000원 이다.)

【해설】 비용구배 = $\dfrac{1,500,000-1,000,000}{30-20}$ = $\dfrac{500,000}{10}$ = 50,000원/일

문제 4) 다음 용어를 설명하시오. (3점)
① 이음
② 맞춤
③ 쪽매

【해설】 ① 이음 : 재의 길이 방향으로 부재를 길게 접합하는 것 또는 그 자리.
② 맞춤 : 재와 서로 직각 또는 경사지게 부재를 접합하는 것 또는 그 자리.
③ 쪽매 : 널재를 섬유방향과 평행으로 옆대어 넓게 붙이는 것.

문제 5) 다음은 도배공사에 있어서 온도의 유지에 관한 내용이다. (　　) 안에 알맞은 수치를 넣으시오. (3점)

도배지의 평상시 보관온도는 (①)℃ 이어야 하고, 도배 시공 전 (②)시간, 시공 후 (③) 시간 까지는 작업자의 지시에 따라 적정의 온도를 유지하여야 한다.

【해설】 ① 4　　② 72　　③ 48

문제 6) 다음은 조적조의 줄눈 형태이다. 그 명칭을 쓰시오. (3점)

① 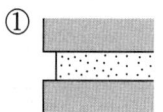　　② 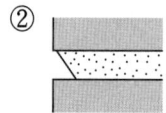　　③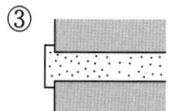

【해설】 ① 평줄눈　　② 엇빗줄눈　　③ 내민줄눈

문제 7) 다음 유리에 대해 설명하시오. (4점)
① Low-e유리
② 접합유리

【해설】 ① LOW-e유리 : 가시광선(빛)은 투과시키고, 적외선(열선)은 방사하여 냉난방의 효율을 극대화 시켜주는 특수 유리이다.
　　　② 접합유리 : 2장 이상의 판유리사이에 폴리비닐을 넣어 150℃의 고열로 접합한 유리로, 파손시 산란을 방지한다.

문제 8) 내력벽과 장막벽을 차이점에 근거하여 설명하시오. (4점)
① 내력벽
② 장막벽

【해설】 ① 내력벽 : 벽체, 바닥, 지붕 등의 하중을 받아 기초에 전달하는 벽
　　　② 장막벽 : 공간구분을 목적으로 상부하중을 받지 않고, 자체의 하중만을 받는 벽

문제 9) 다음 〈보기〉에서 수경성 미장재료를 고르시오. (3점)

〈보기〉 ① 진흙　　　　　　　② 회반죽　　　　　　　③ 순석고 플라스터
　　　 ④ 킨즈시멘트(경석고)　⑤ 시멘트모르타르　　　⑥ 돌로마이트 플라스터

【해설】 ③, ④, ⑤

문제 10) 건축공사에서 공사원가 구성에 직접공사비에 해당하는 비목의 종류 4가지를 쓰시오. (4점)

【해설】 ① 재료비　　② 노무비　　③ 외주비　　④ 경비

문제 11) 파티클보드의 특징을 2가지 쓰시오. (2점)

【해설】 ① 강도의 방향성이 없다.
　　　　② 큰 면적의 판을 제작할 수 있다.
　　　　③ 표면이 평탄하고, 경도가 크다.
　　　　④ 방충 및 방부성이 좋다.
　　　　⑤ 균질한 재료로 만들 수 있다.
　　　　⑥ 가공성이 양호하다.

문제 12) 속이 빈 콘크리트 블록의 최대 하중은 300 KN일 때 전단면적의 압축강도를 구하시오. (4점)
　　　　블록 길이 : 390mm, 높이 : 190mm, 너비 : 150mm
　　　　블록 살두께 : 25mm, 전면 살두께 : 25mm, 속빈부분 너비 : 70mm
　　　　블록 무게 : 150kg

【해설】 블록의 압축강도 : 최대하중/시험체의 전단면적(길이×두께)
　　　　　　　　= $300/3.9 \times 1.5 = 51.28 Kg/cm^2$

실 내 디 자 인

[제92회 작품명] 유기농 식료품 판매점

1. 요구사항 - 주어진 도면은 근린상업지역 내에 위치한 유기농 식료품 판매점이다.
   다음 요구조건에 따라 도면을 작성하시오.

2. 요구조건
   ① 설계면적 : 10,800×7,200×2,700mm
   ② 인적구성 : 판매원 2명
   ③ 요구공간 : 담소공간(2인용 소파 및 테이블), 사무실겸 저장실, 화장실(세면기, 변기 포함)
      계산대, 판매공간
   ④ 필요집기 : 카운터, 냉동고, 냉장고(내용물이 보일 수 있는 것), 판매전시대, 책상 및 의자

3. 요구도면
   ① 평면도(가구배치 및 바닥마감재 표기) SCALE : 1/50
      - 평면도 주변의 여유공간에 설계개요(DESIGN CONCEPT)를 200자 이내로 완성하시오.
   ② 천정도(설비, 조명기구 배치 및 범례표 작성/천장마감재 표기) SCALE : 1/50
   ③ 내부입면도 C방향 1면(벽면재료 표기) SCALE : 1/50
   ④ 단면상세도(A-A′) SCALE : 1/50
   ⑤ 실내투시도(채색작업은 필수) SCALE : N.S
      (계획의 포인트가 좋은 지점에서 1소점 또는 2소점 투시법으로 작성하되, 작성과정의 투시보조선을 남길 것)

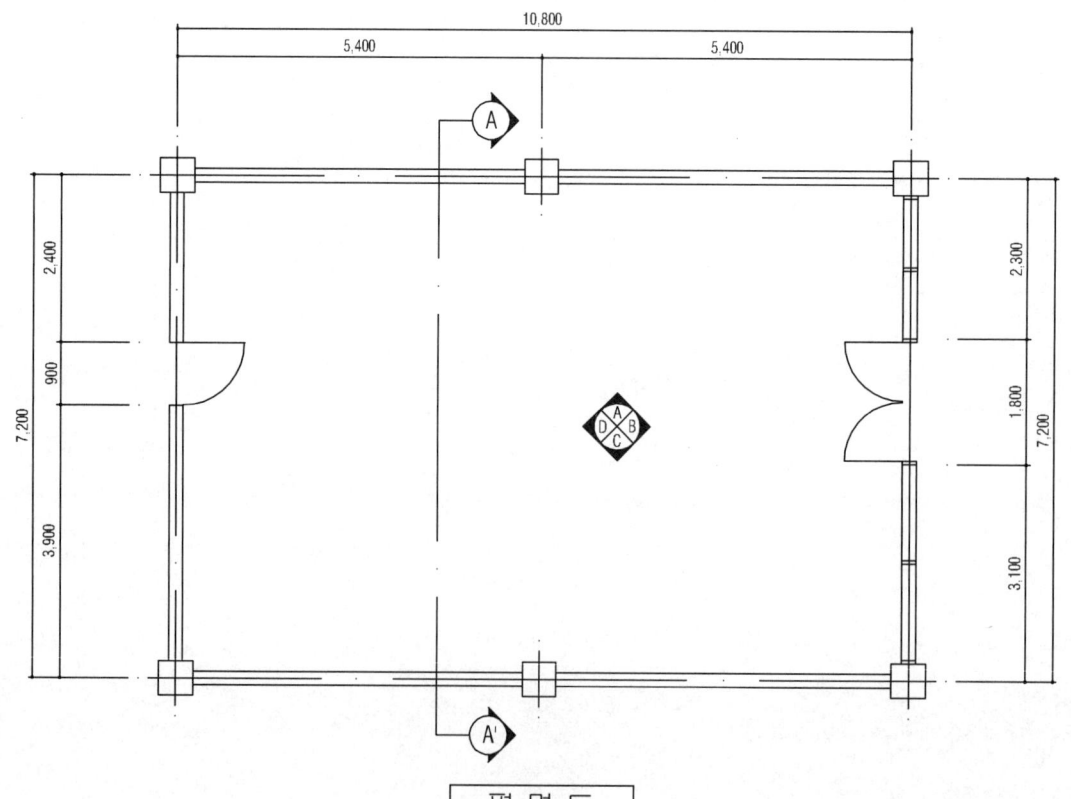

평 면 도

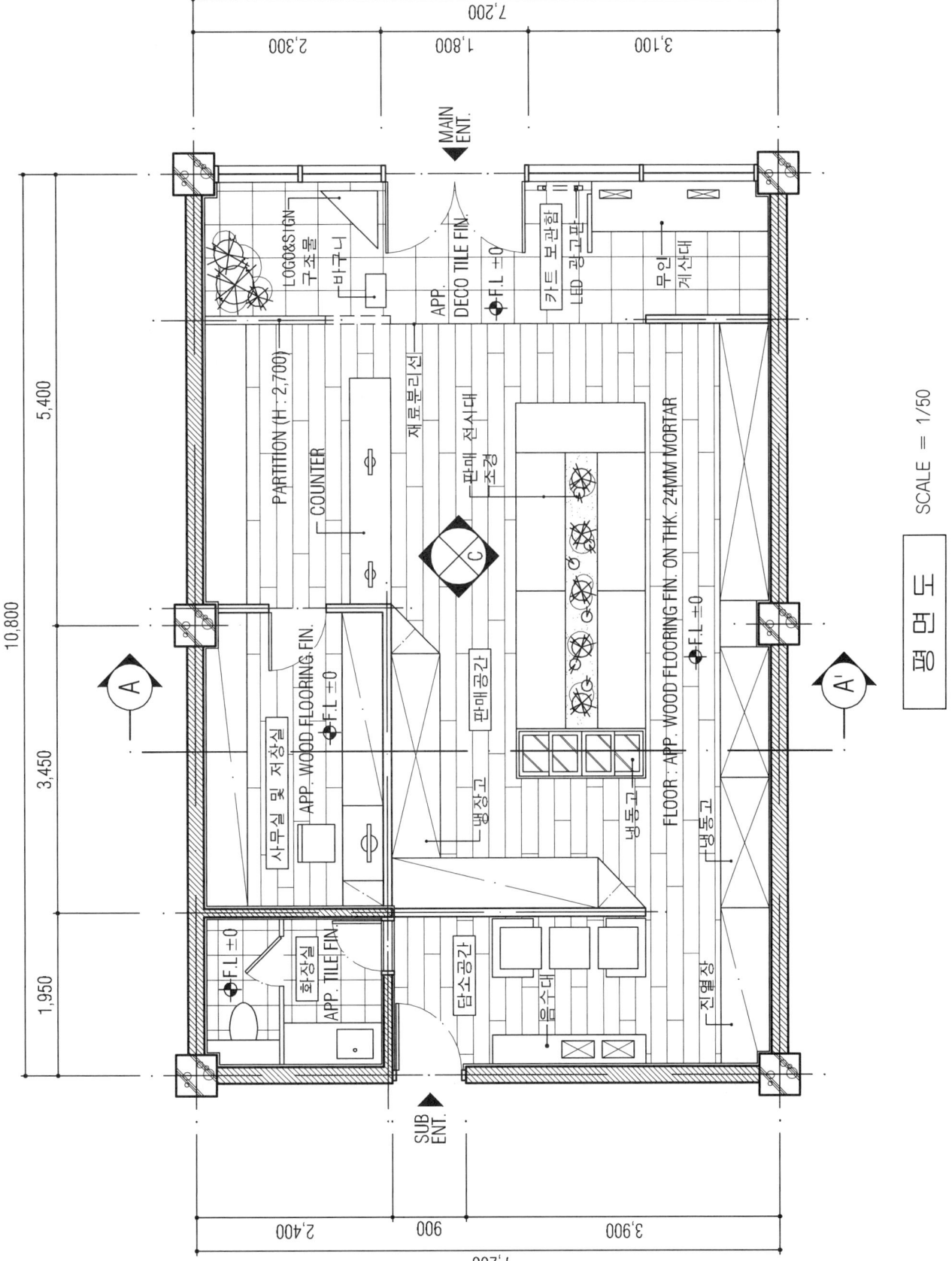

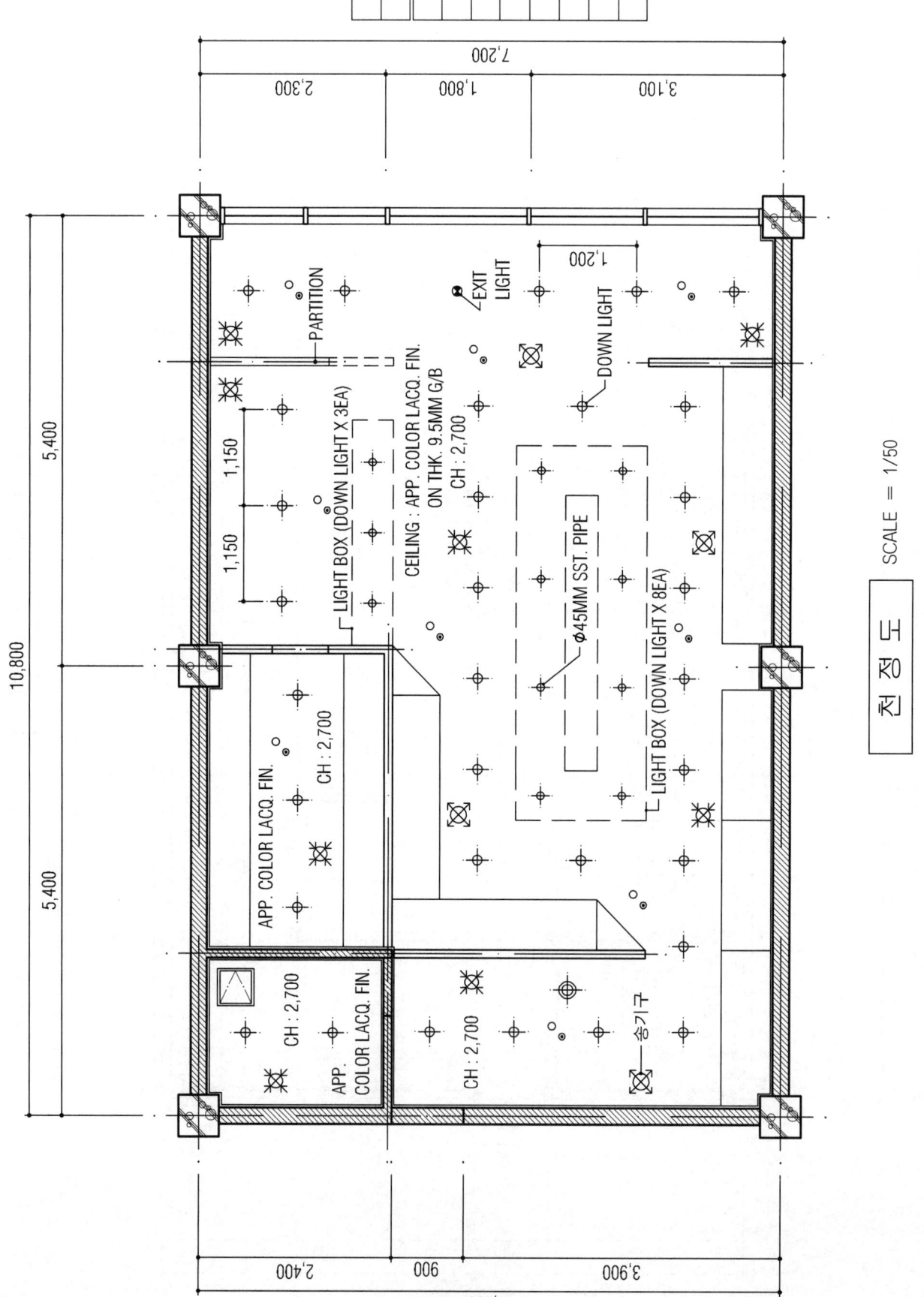

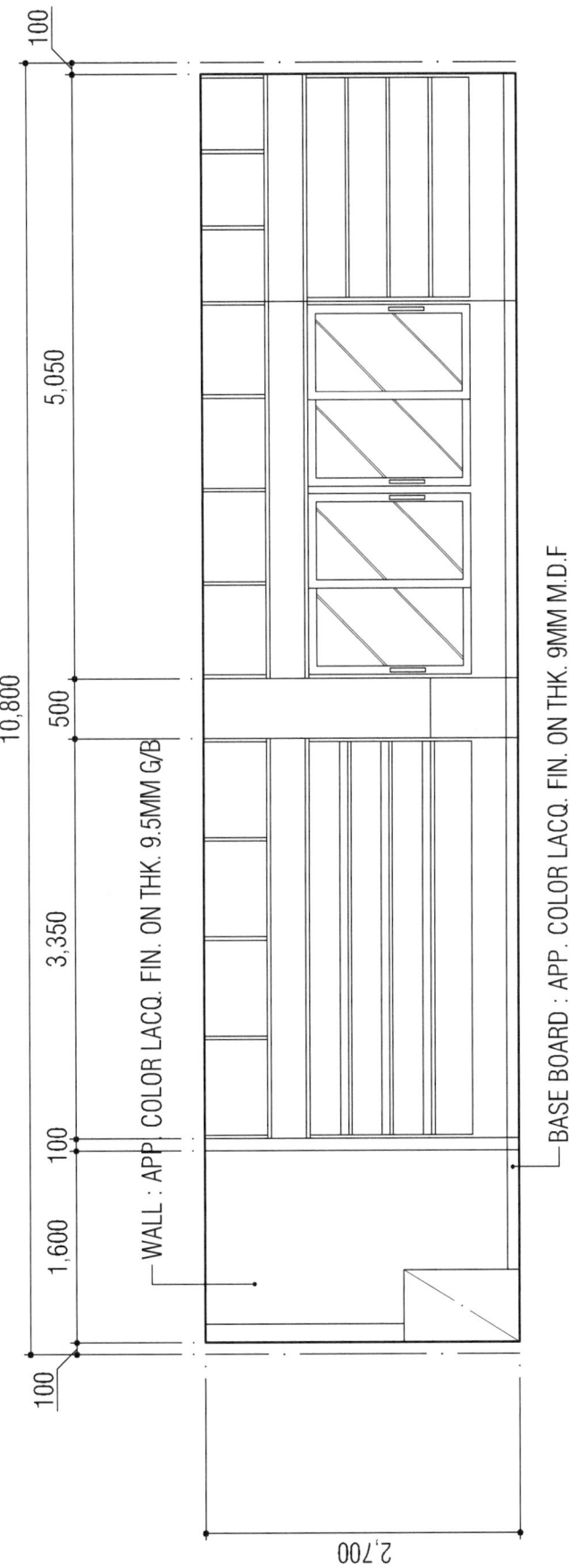

내부입면도 C SCALE = 1/50

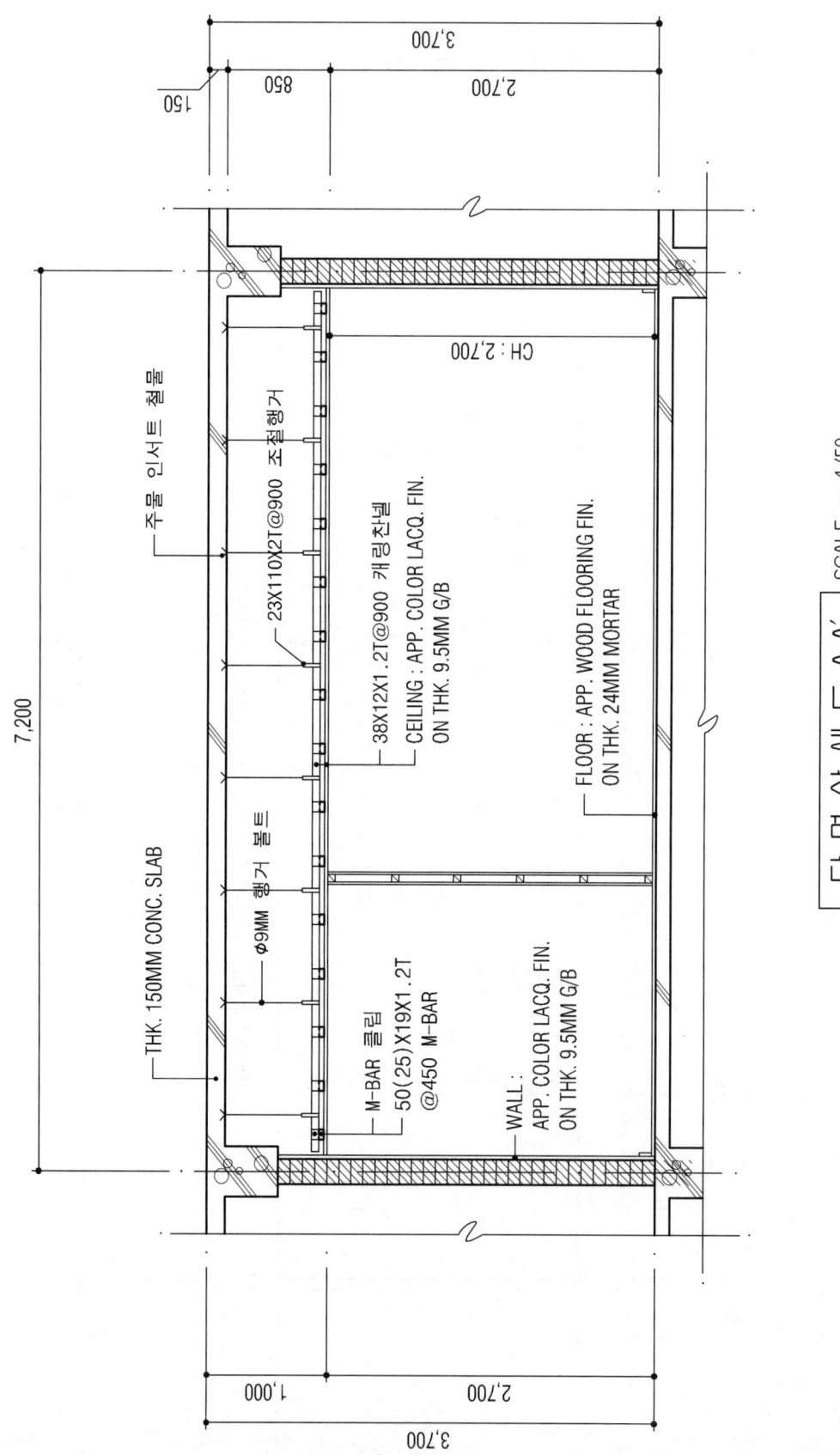

단면상세도 A-A' SCALE = 1/50

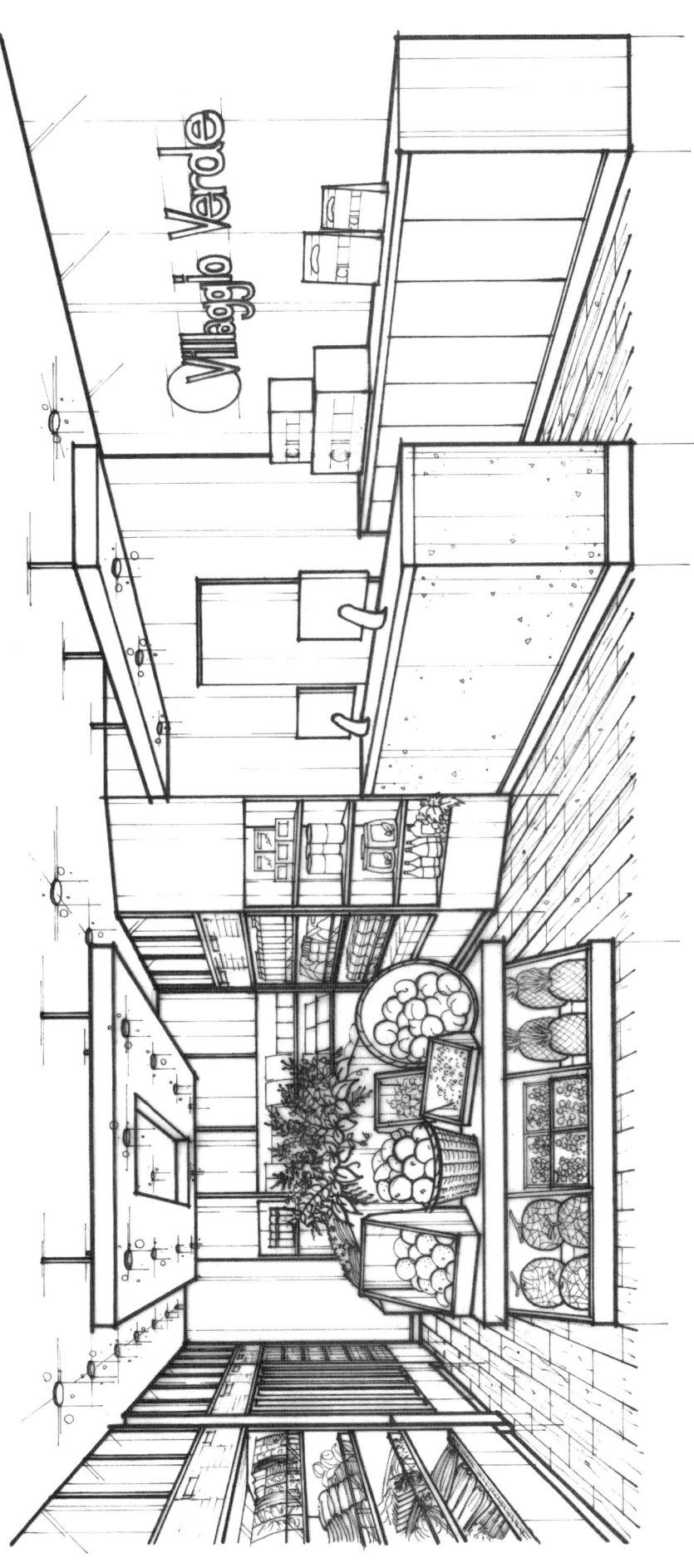

(2021. 7. 10 시행)

제93회 실내건축기사
시공실무

문제 1) 다음과 같은 신축건물의 외부 쌍줄비계의 면적을 구하시오. (5점)

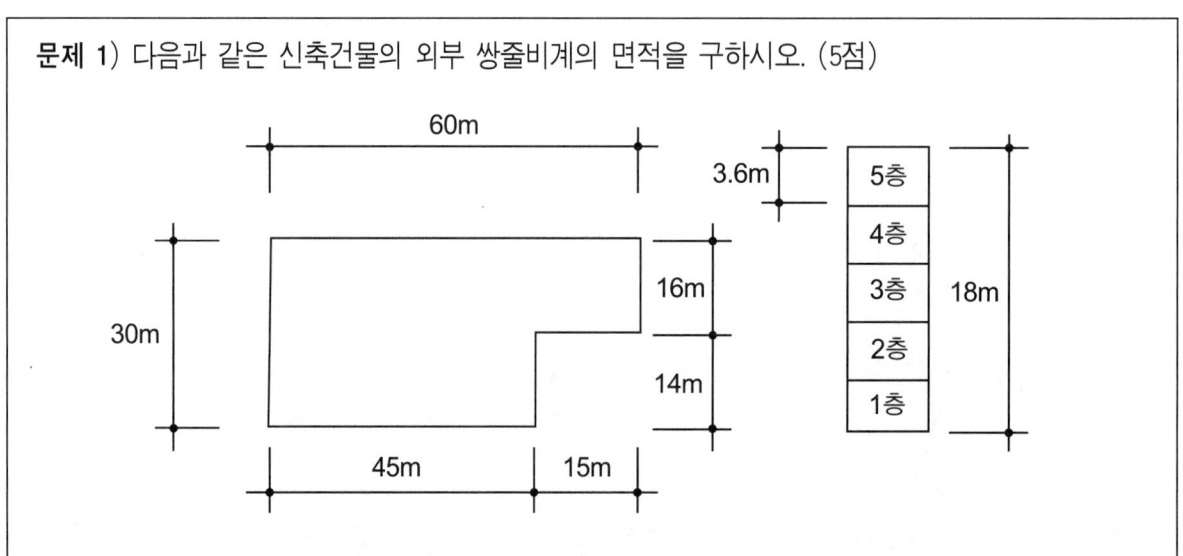

【해설】 A = H{2(a+b)+0.9×8}
A = 18{2(60+30)+7.2}
A = 18{(2×90)+7.2}
A = 18×(180+7.2)
A = 18×187.2
A = 3,369.6㎡
A = 3,370㎡

문제 2) 다음 횡선식 공정표와 사선식 공정표의 장점을 〈보기〉에서 고르시오. (2점)

〈보기〉 ㉮ 공사의 기성고를 표시하는데 편리하다.
㉯ 각 공정별 전체의 공정시기가 일목요연하다.
㉰ 각 공정별 착수 및 종료일이 명시되어 판단이 용이하다.
㉱ 공사의 지연에 조속히 대처할 수 있다.

횡선식 공정표 :   사선식 공정표 :

【해설】 횡선식 공정표 : ㉯, ㉰   사선식 공정표 : ㉮, ㉱

문제 3) 다음 〈보기〉에서 방음재료를 골라 번호를 기입하시오. (3점)

〈보기〉 ① 아코스틱 타일   ② 코펜하겐 리브   ③ 프리즘유리
④ 거품유리   ⑤ 구멍합판   ⑥ 경량 모르타르

【해설】 ①, ②, ⑤

문제 4) 취성을 보강할 목적으로 사용되는 유리 중 안전유리로 분류할 수 있는 유리의 명칭과 설명을 3가지 쓰시오. (3점)
①
②
③

【해설】 ① 접합유리 : 2장의 판유리 사이에 폴리비닐을 넣고 150°C의 고열로 강하게 접합한 유리로 파손시 산란을 방지한다.
② 망입유리 : 유리 내부에 금속망을 삽입하여 압착성형한 것으로 도난방지 및 산란의 위험을 방지한다.
③ 강화유리 : 판유리를 600°C로 고온 가열 후 급랭시킨 유리로 보통 유리의 충격 강도보다 3~5배 정도 크다. 200°C 이상 고온에서도 형태 유지가 가능하다. [=강화안전유리]

문제 5) 목재 방부처리방법 3가지를 쓰시오. (3점)
①　　　　　　　　　②　　　　　　　　　③

【해설】 ① 도포법　② 표면탄화법　③ 침지법

문제 6) 각 〈보기〉의 내용과 관련 있는 것을 고르시오. (4점)
〈보기〉 ① 빗장부　　② 안장　　③ 주먹장부　　④ 부채장부
가. 토대와 멍에맞춤　나. 중도리와 박공널　다. 평보와 ㅅ자보　라. 모서리 기둥과 토대

【해설】 가 → ③,　나 → ①,　다 → ②,　라 → ④

문제 7) 다음 용어를 간략히 설명하시오. (4점)
① 펀칭메탈
② 메탈라스

【해설】 ① 얇은 강판에 구멍을 뚫어 환기구 또는 방열기 커버 등에 쓰인다.
② 얇은 강판에 자름금을 내어 늘린 마름모꼴 형태의 철망으로 천정, 벽, 처마둘레 등의 미장바름 보호용으로 쓰인다.

문제 8) 다음 용어를 간단히 설명하시오. (3점)
① 방습층
② 벽량
③ 백화현상

【해설】 ① 지중습기가 벽체로 상승하는 것을 막기 위하여 설치한다.
② 내력벽의 길이의 총 합계를 그 층의 바닥면적으로 나눈 값.
③ 모르타르에 포함되어 있는 소석회가 공기 중의 탄산가스와 화학반응하여 발생한다.

문제 9) 도배공사에서 도배지에 풀칠하여 붙이는 방법 3가지를 쓰시오. (3점)
① ② ③

【해설】 ① 봉투바름 ② 온통바름 ③ 비늘바름

문제 10) 아스팔트 타일 붙이기 시공순서를 보기에서 골라 번호를 나열하시오. (3점)
〈보기〉 ① 프라이머바르기 ② 타일붙이기 ③ 바탕고르기 ④ 청소 및 보양

【해설】 ③ → ① → ② → ④

문제 11) 조적공사시 세로규준틀에 기입해야 할 사항 4가지를 쓰시오. (4점)
①
②
③
④

【해설】 ① 쌓기단수 및 줄눈표시
② 창문틀의 위치 및 규격
③ 매립철물 및 나무벽돌 위치
④ 테두리보 설치위치

문제 12) 멤브레인 방수공법 3가지를 쓰시오. (3점)
①
②
③

【해설】 ① 아스팔트 방수 ② 도막 방수 ③ 시이트 방수

실 내 디 자 인

[제93회 작품명] 어린이 도서관

1. 요구사항 - 주어진 도면은 준주거 지역에 위치한 소규모의 어린이 도서관이다. 다음 요구조건에 따라 도면을 작성하시오.

2. 요구조건

    ① 설계면적 : 15,100 × 9,000 × 3,000mm(H)
    ② 인적구성 : 운영자 1인 및 자원봉사자 2인
    ③ 요구공간 : 대출 및 반납 카운터, 서고 및 개가식 열람공간, 이야기방, 만화방, 어린이 놀이방, 사무실 및 자원봉사자 휴게실, 어린이 도서관에 필요한 집기류, 화장실

3. 요구도면

    ① 평면도(가구배치 및 바닥마감재 표기) SCALE : 1/50
        - 평면도 주변의 여유공간에 설계개요(DESIGN CONCEPT)를 200자 이내로 완성하시오.
    ② 천정도(설비, 조명기구 배치 및 범례표 작성/천장마감재 표기) SCALE : 1/50
    ③ 내부입면도 A방향 1면(벽면재료 표기) SCALE : 1/50
    ④ 단면상세도(A-A') SCALE : 1/50
    ⑤ 실내투시도(채색작업은 필수) SCALE : N.S
       (계획의 포인트가 좋은 지점에서 1소점 또는 2소점 투시법으로 작성하되, 작성과정의 투시보조선을 남길 것)

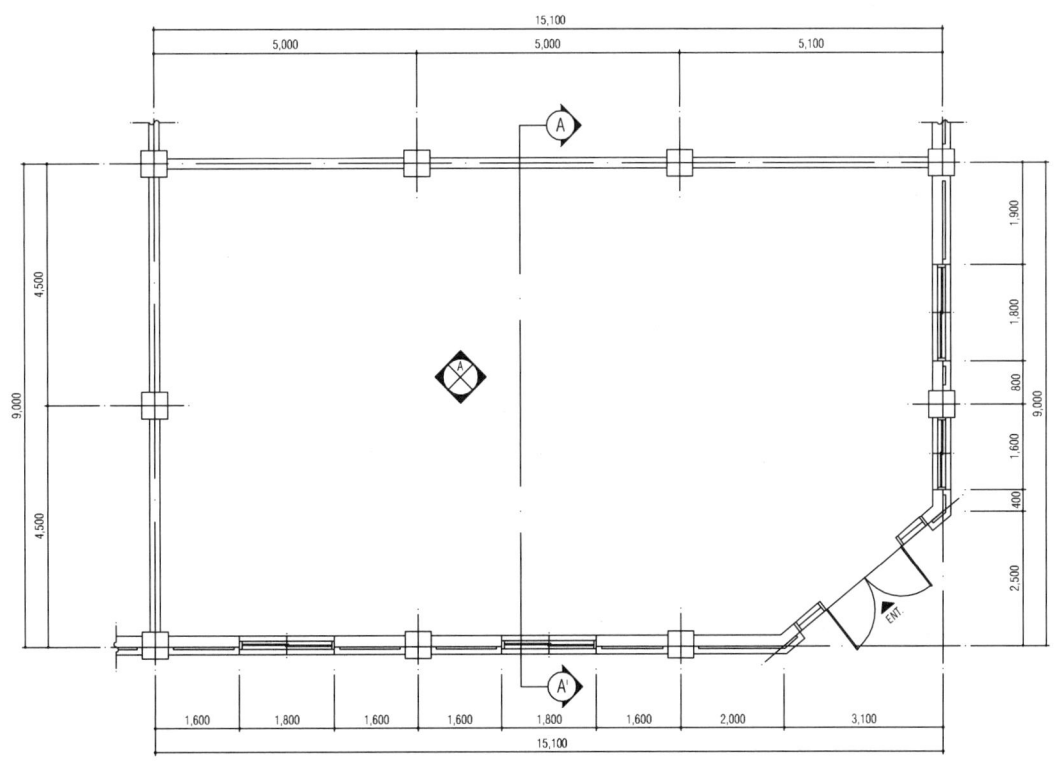

평면도

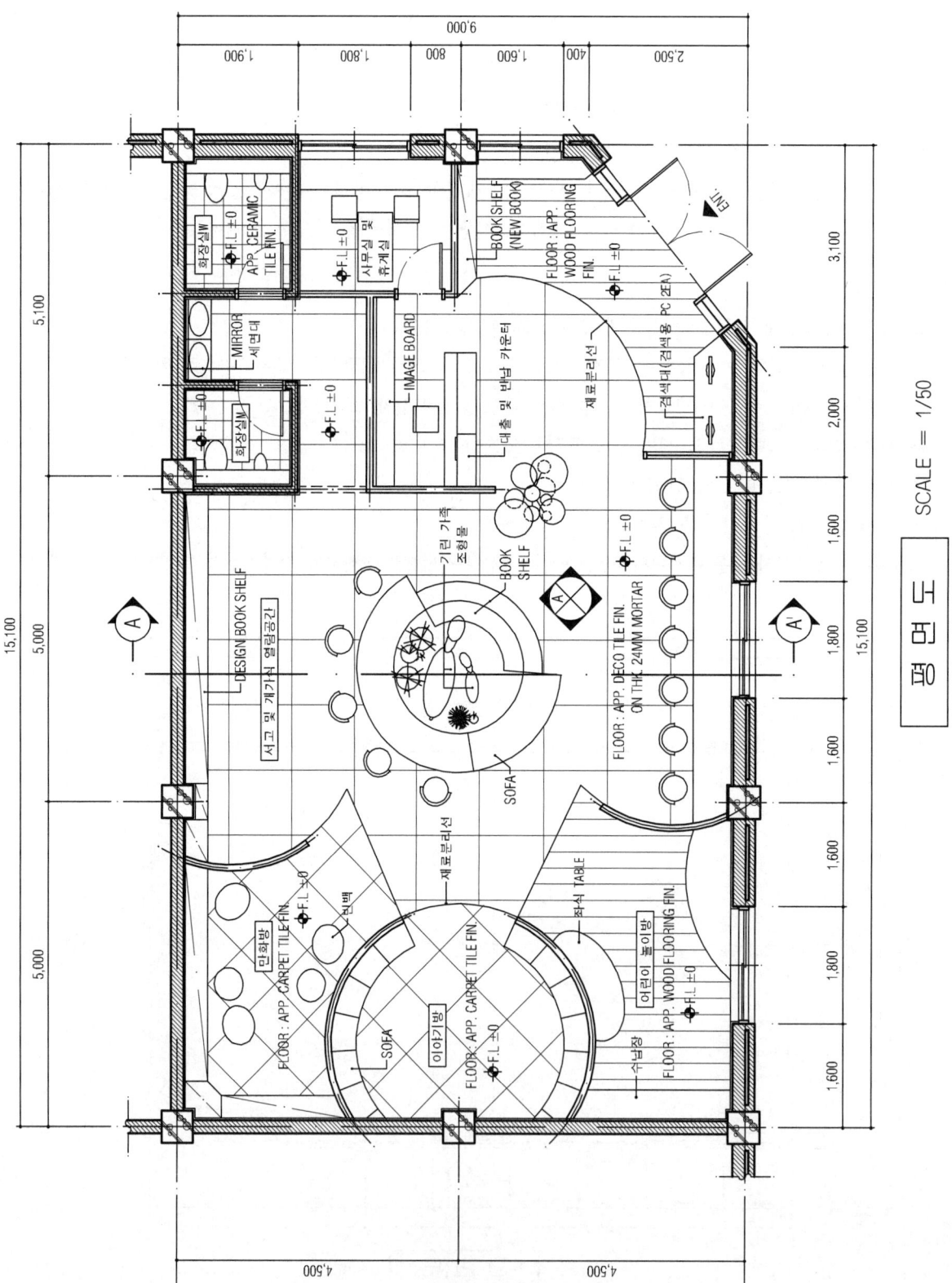

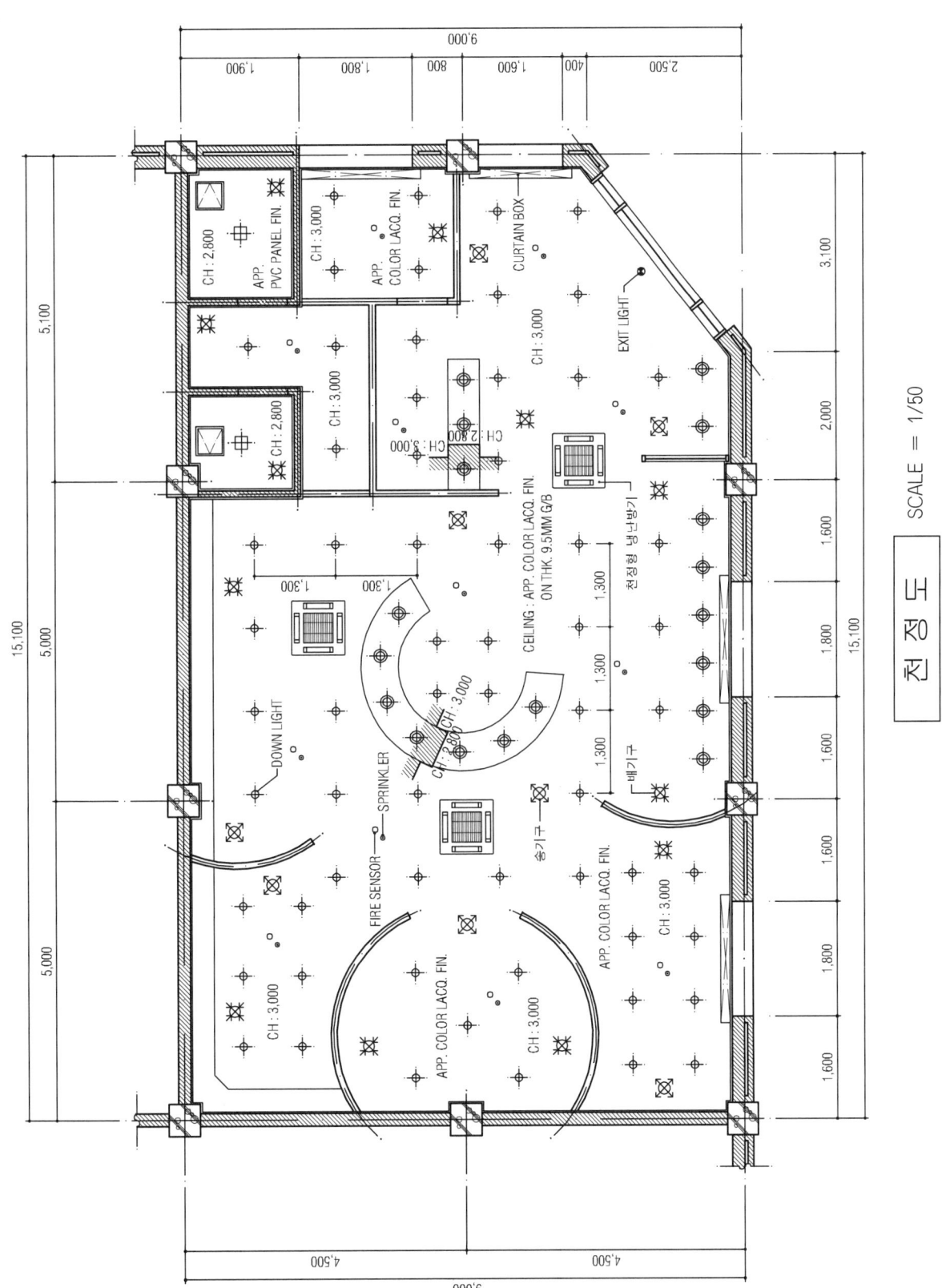

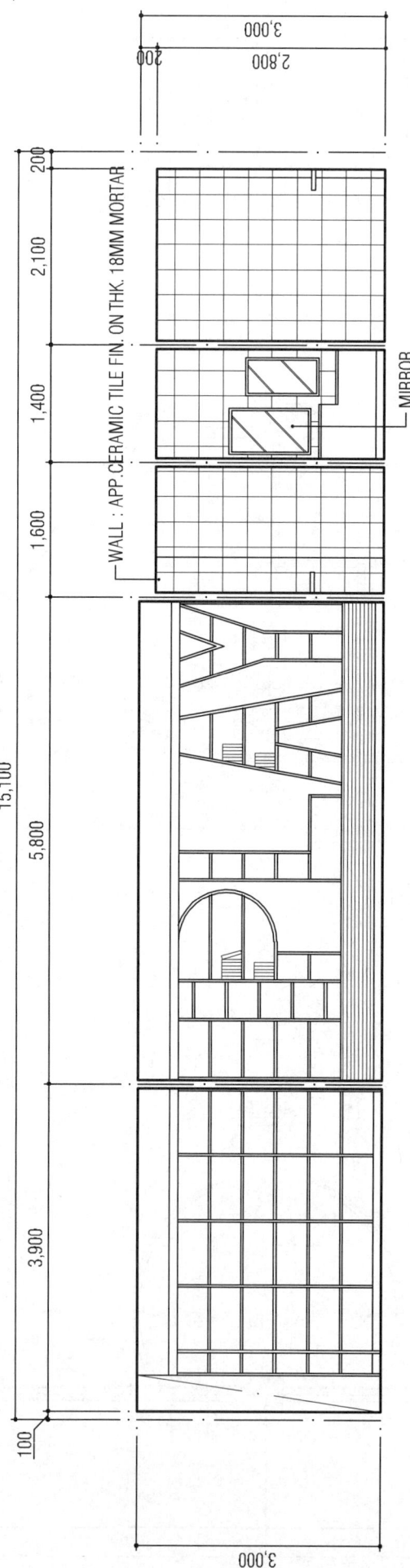

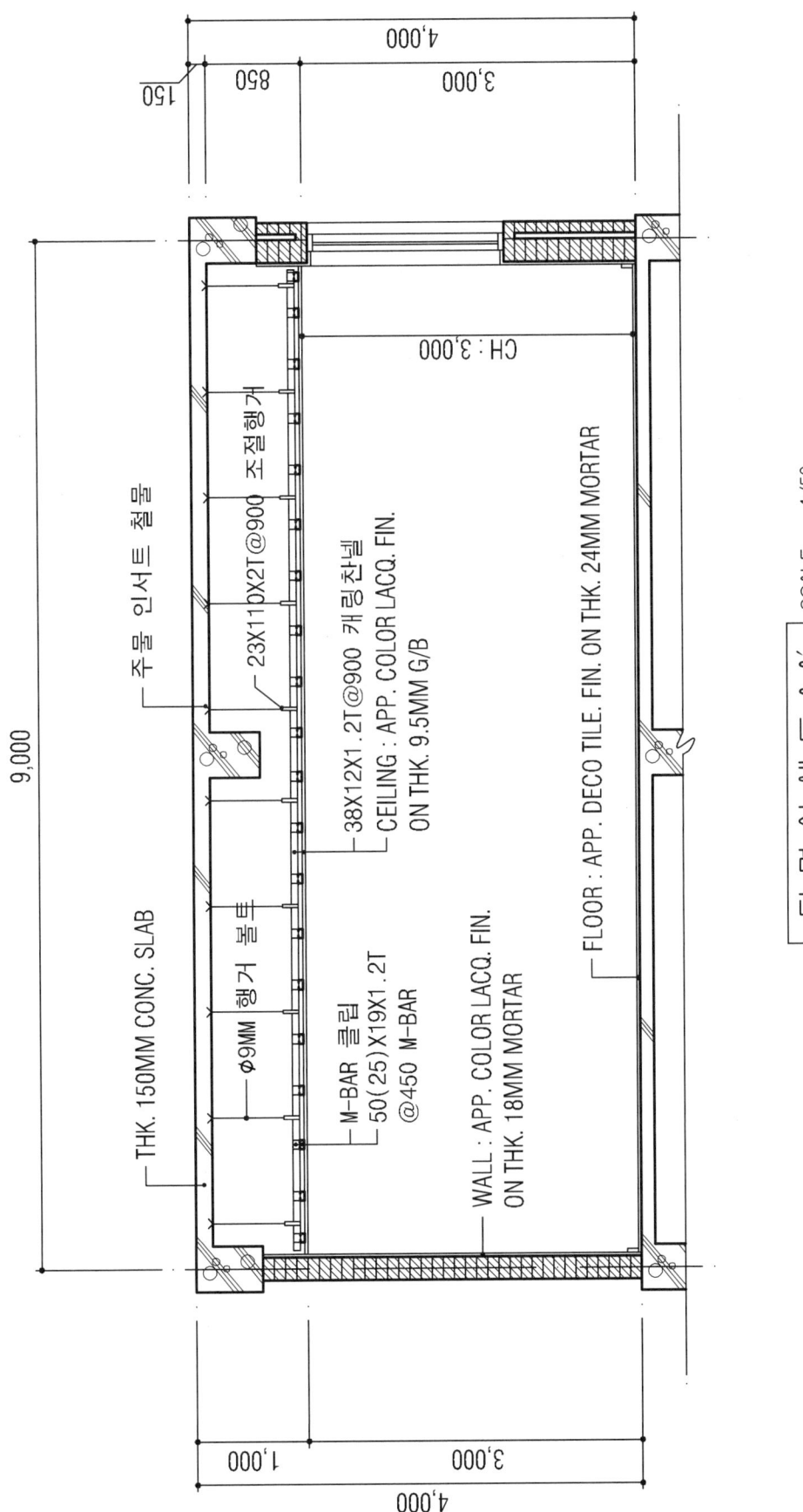

제94회 실내건축기사

(2021. 11. 14 시행)

― 시공실무 ―

문제 1) 다음 그림의 명칭을 쓰시오. (4점)

① 　② 　③ 　④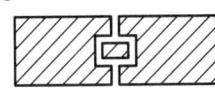

【해설】 ① 제혀쪽매　② 오늬쪽매　③ 반턱쪽매　④ 딴혀쪽매

문제 2) 다음은 화살형 네트워크에 관한 설명이다. 해당되는 용어를 쓰시오. (2점)
① 작업의 여유시간　　② 결합점이 가지는 여유시간

【해설】 ① 플로트(F/FLOAT)　② 슬랙(SL/SLACK)

문제 3) 석재 시공시 앵커긴결공법의 특징 3가지를 쓰시오. (3점)
①　　②　　③

【해설】 ① 건식공법으로 백화현상이 없어 유지관리가 용이하다.
② 물을 사용하지 않기 때문에 동절기에도 시공이 가능하다.
③ 앵커에 고정하기 때문에 상부하중이 하부로 전달되지 않는다.
④ 하자 발생 시 부분 보수가 가능하다.

문제 4) 바닥면적 10m×20m에 정사각형 클링커타일 180mm×180mm, 줄눈간격 10mm로 시공할 때 필요한 타일 수량을 구하시오. (할증은 고려하지 않는다) (3점)

【해설】 타일 수량 = $\dfrac{10 \times 20}{(0.18+0.01) \times (0.18+0.01)} = \dfrac{200}{0.19 \times 0.19} = \dfrac{200}{0.0361} = 5,540.166$　∴ 5,540매

문제 5) 석재의 표면 마무리 방법 4가지를 쓰시오. (4점)
①　　②　　③　　④

【해설】 ① 손다듬 : 혹두기, 정다듬, 잔다듬, 줄다듬　② 화염처리 : 버너구이　③ 연마 : 본갈기, 물갈기
④ 분사와 압력 : 물다듬(워터젯), 모래분사다듬(샌드블라스트), 블러쉬

문제 6) 다음은 경량철골 천장틀 시공에 관한 설명이다. 괄호 안을 채우시오. (2점)
달대볼트 고정용 인서트는 KSC규정 공사시방에서 정한 바가 없을 경우 경량천장은 세로(①)m, 가로(②)m를 표준으로 한다.

【해설】 ① 1　② 2

문제 7) 도장공사에서 본타일 붙이기 시공순서를 1~5단계로 설명하시오. (3점)
(①) → (②) → (③) → (④) → (⑤)

【해설】 ① 바탕처리 : 바탕면의 양생·수분·요철 등의 상태 도장에 적합하게 처리
② 하도 1회(초벌) : 바탕처리 후 하도용 재료를 붓·로울러·건 등을 사용하여 도장
③ 중도 1회(재벌) : 무늬의 크기에 따라 노즐의 구경과 압력을 정하여 무늬용 본타일 재료를 분사하여, 필요에 따라 표면 누르기 및 연마 시행
④ 상도 1회(정벌 1회) : 중도 24시간 후 표면 마감재를 선정하여 주제와 경화제를 섞어 붓·로울러·건 등을 사용하여 도장
⑤ 상도 2회(정벌 2회) : 상도 1회 24시간

문제 8) 다음 유리에 대해 설명하시오. (2점)
Low-e 유리

【해설】 유리표면에 금속 또는 금속산화물을 얇게 코팅한 것으로 가시광선(빛)은 투과시키고, 적외선(열선)은 방사하여 냉난방의 효율을 극대화 시켜주는 특수유리이다.

문제 9) 목재 도장 바탕처리시 주의사항 2가지를 쓰시오. (4점)
①
②

【해설】 ① 먼지, 오염, 부착물은 목부를 상하지 않도록 제거 청소하고, 표면의 두드러진 못은 박고 녹이 쓸 우려가 있을 때에는 징크 퍼티를 채운다.
② 옹이땜은 옹이 갓둘레, 송진이 나올 우려가 있는 부분은 셀락니스를 1회 도장 후 건조한 후 다시 1회 더 도장한다.

문제 10) 석공사시 석재의 접합에 사용되는 연결철물 3가지를 쓰시오. (3점)
①   ②   ③

【해설】 ① 은장 ② 꺾쇠 ③ 촉

문제 11) 다음 설명은 내장판재에 대한 설명이다. 알맞게 연결하시오. (3점)
〈보기〉 ① 코펜하겐리브 ② 합판 ③ 코르크판 ④ 집성재 ⑤ 파티클보드 ⑥ 시멘트목질판

㉮ 3장 이상의 단판을 3, 5, 7 등 홀수로 섬유방향에 직교하도록 접착한 것.
㉯ 제재판재 또는 소각재 등의 부재를 서로 섬유방향에 평행하게 하여, 길이 나비 및 두께방향으로 접착한 것.
㉰ 목재 및 기타 식물의 섬유질 소편에 합성수지접착제를 도포, 가열압착 성형한 판상재료

【해설】 ㉮ → ②, ㉯ → ④, ㉰ → ⑤

문제 12) 표준형 시멘트벽돌 500장으로 쌓을 수 있는 1.5B두께의 벽면적을 구하시오. (3점)
(단, 할증은 고려하지 않는다.)

【해설】 $\frac{500}{224}$ = 2.2321…㎡   벽면적 = 2.23㎡

실 내 디 자 인

[제94회 작품명] 북카페

1. 요구사항 - 주어진 도면은 상업지역에 위치한 쇼핑몰 내 북카페이다.
   다음 요구조건에 따라 도면을 작성하시오.

2. 요구조건
   ① 설계면적 : 10,500×11,400×3,300mm(H)
   ② 인적구성 : 직원 4명
   ③ 요구공간 : 오픈형 주방 - 주방에 필요한 집기, 카운터, 쇼케이스, 오픈형 서고, 창고 및 직원 휴게실, 책장, 진열장, 4인 TABLE 4SET, 2인 TABLE 4SET, 1인 TABLE 8SET

3. 요구도면
   ① 평면도(가구배치 및 바닥마감재 표기) SCALE : 1/50
   - 평면도 주변의 여유공간에 설계개요(DESIGN CONCEPT)를 200자 이내로 완성하시오.
   ② 천정도(설비, 조명기구 배치 및 범례표 작성/천장마감재 표기) SCALE : 1/50
   ③ 내부입면도 C방향 1면(벽면재료 표기) SCALE : 1/50
   ④ 단면상세도(A-A´) SCALE : 1/50
   ⑤ 실내투시도(채색작업은 필수) SCALE : N.S
   (계획의 포인트가 좋은 지점에서 1소점 또는 2소점 투시법으로 작성하되, 작성과정의 투시보조선을 남길 것)

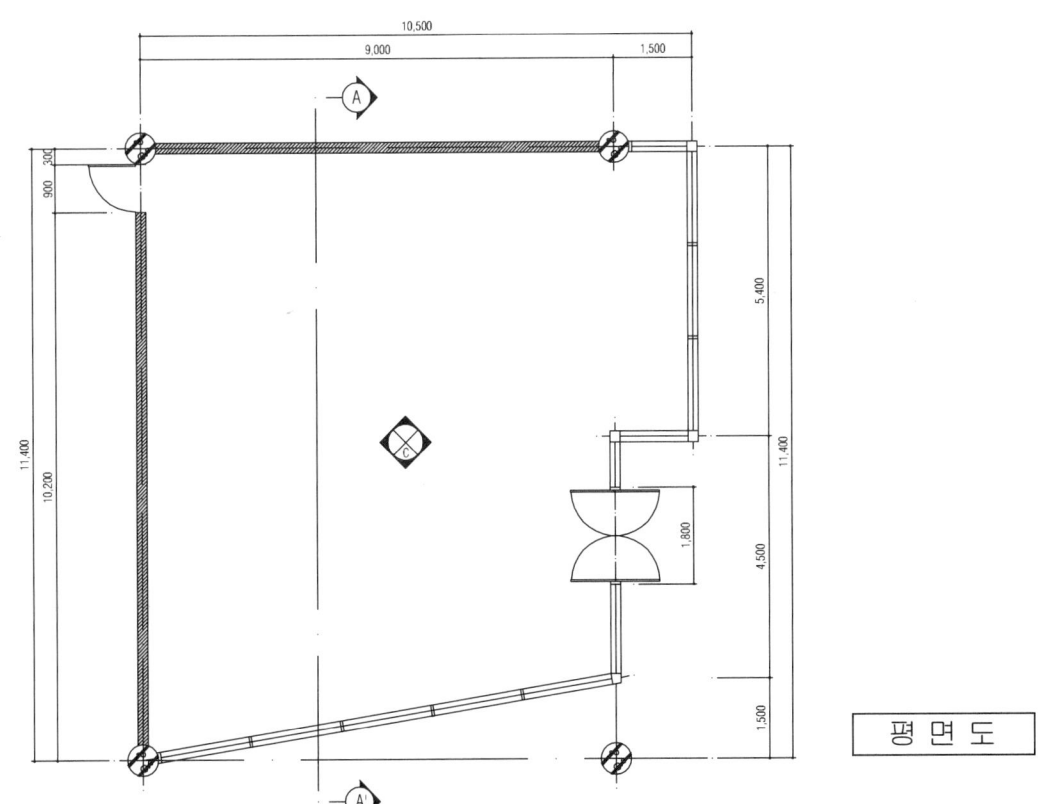

평면도

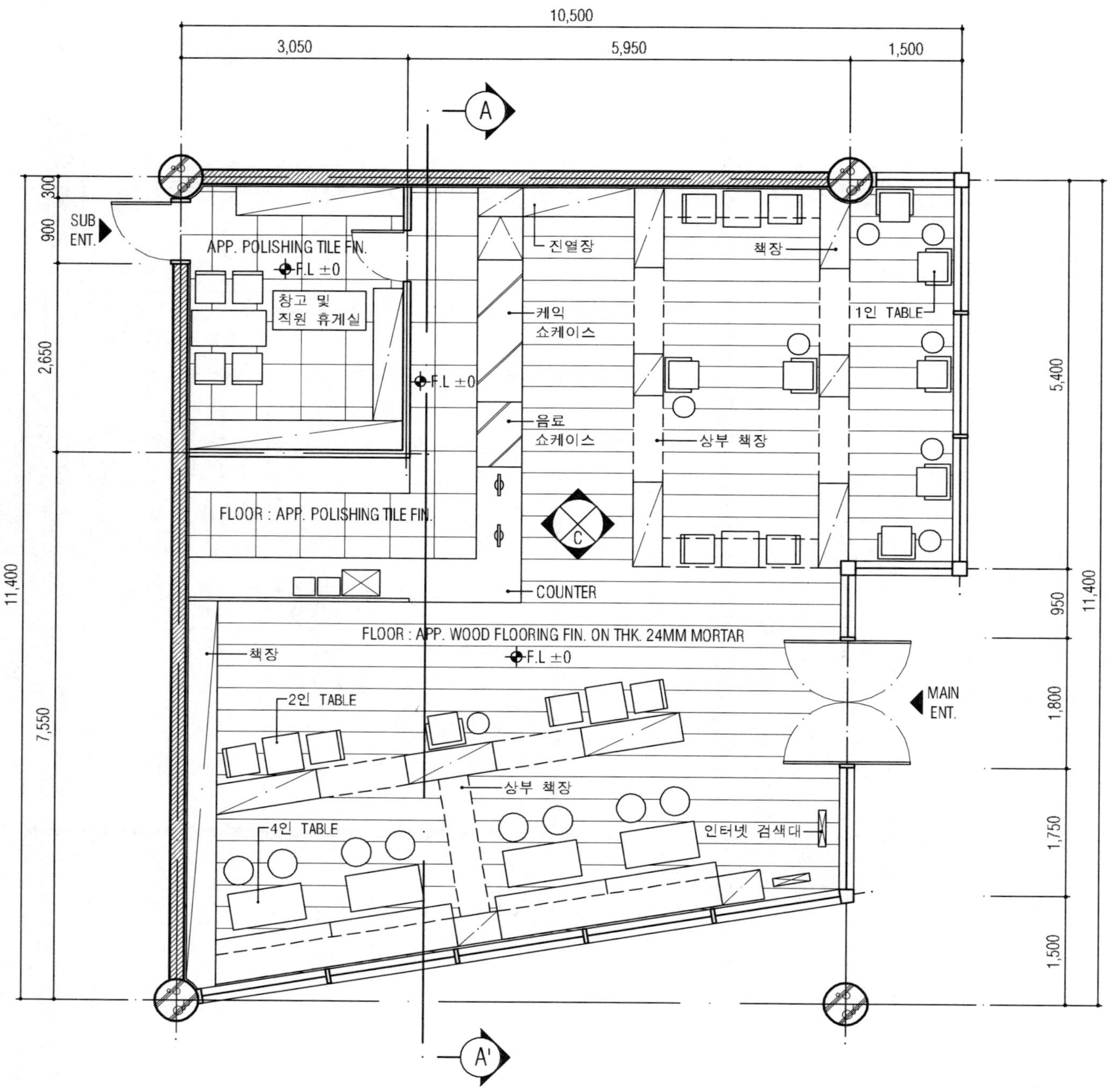

평면도

SCALE = 1/50

CONCEPT

상업지역에 위치한 쇼핑몰 내 북카페로 COSY NATURE STYLE을 컨셉으로 편안한 분위기에서 집중하여 책을 읽고 시간을 보낼 수 있도록 계획하였다. 부출입구쪽으로 창고 및 직원휴게실에서 어 주방과 주문 카운터로 연결되도록 동선을 구획하여 작업의 효율성을 높여주었다. 벽면과 파티션을 BOOK SHELF로 제작하여 부족할 수 있는 책 수납 문제를 해결하였으며 밝은 계열로 배색하여 아늑함이 강조되도록 하였다.

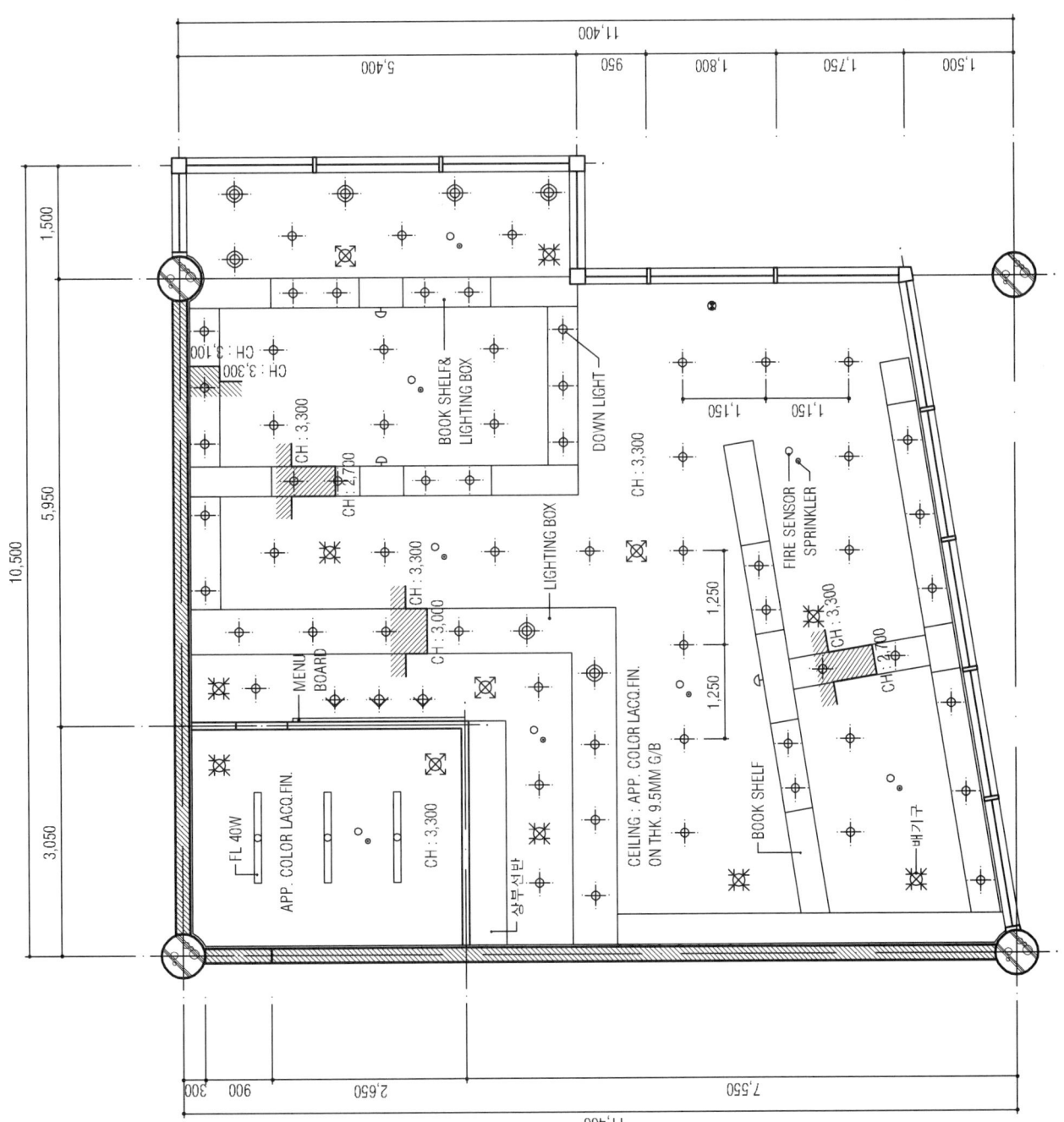

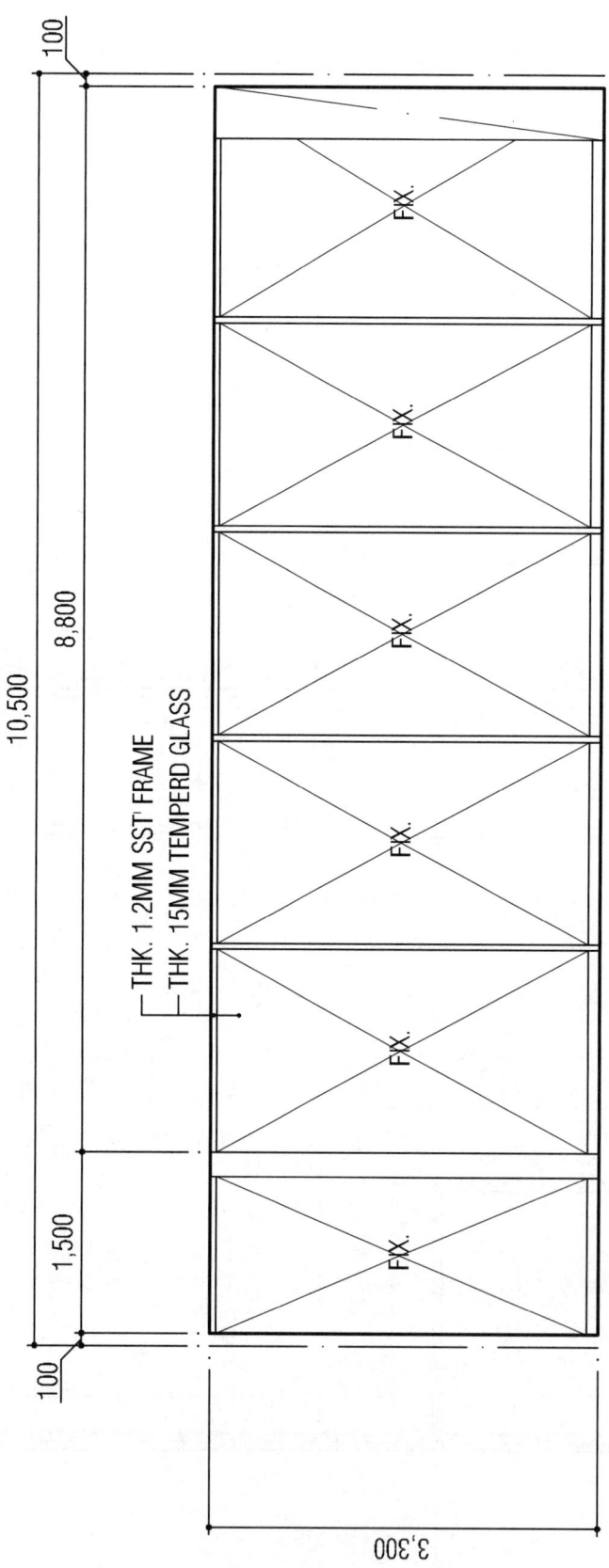

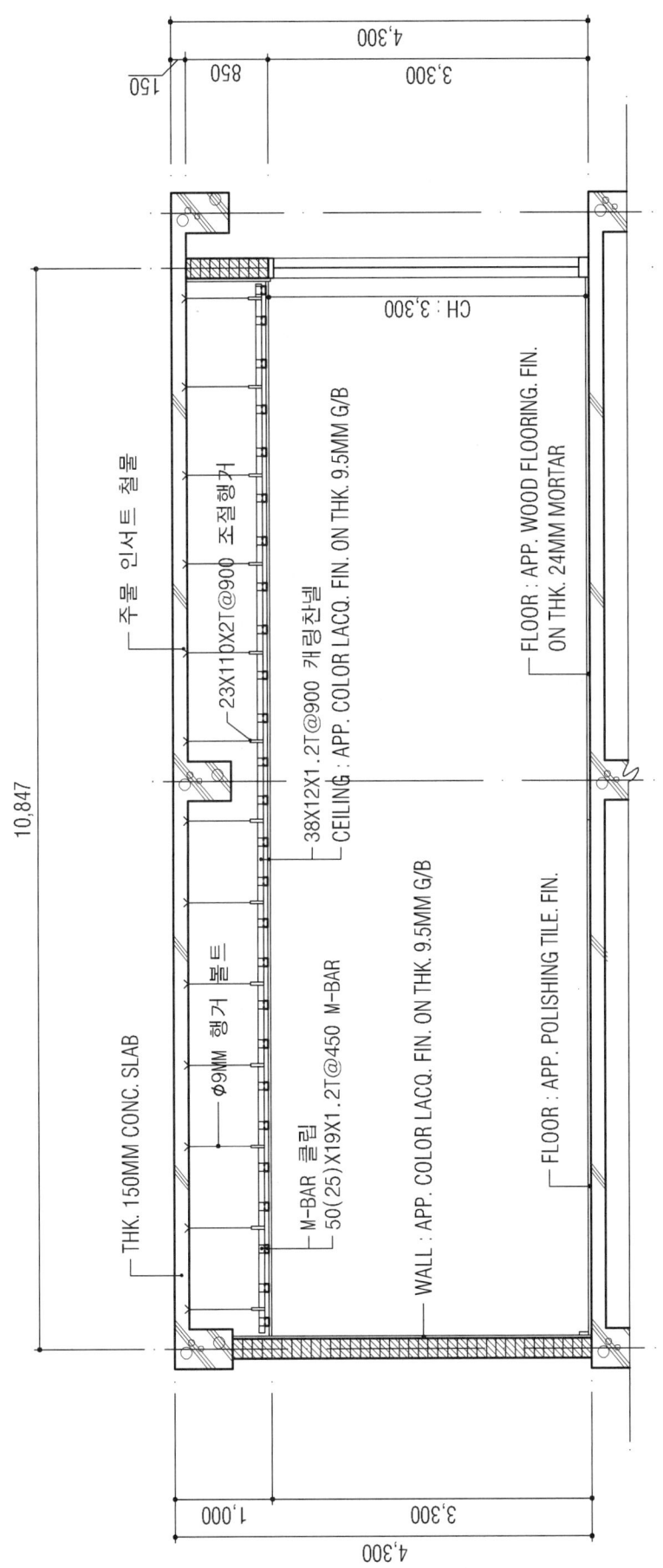

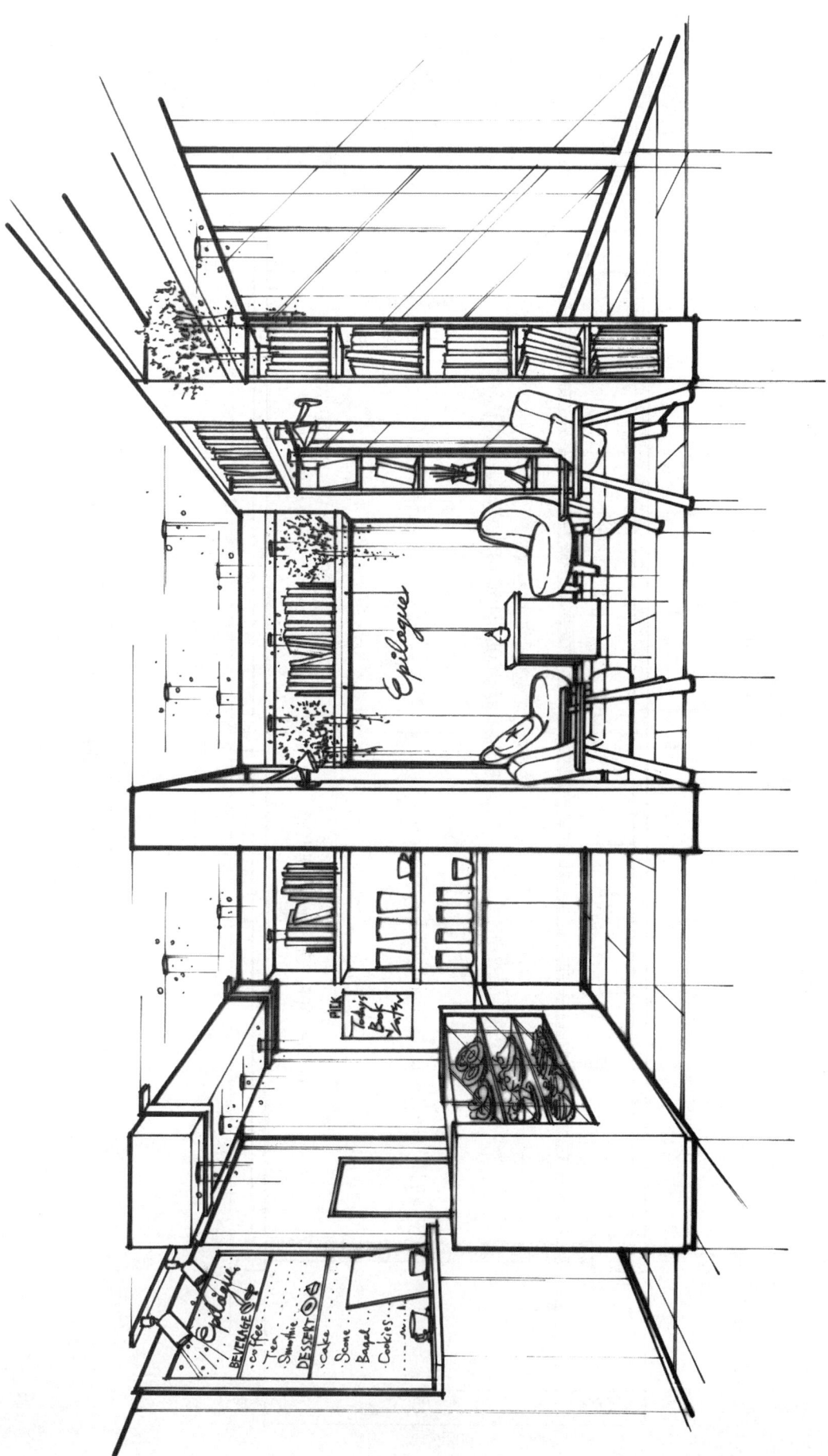

실내투시도 SCALE = N.S

(2022. 5. 7 시행)
제95회 실내건축기사
시공실무

문제 1) 다음의 조건으로 네트워크 공정표와 여유시간을 작성하시오. (6점)

작업명	선행작업	기간	비고
A	없음	3	각 작업의 일정계산 표시방법은 아래 방법으로 한다.
B	없음	5	
C	없음	2	
D	A, B	3	
E	A, B, C	4	
F	A, C	2	

【해설】 ① 공정표

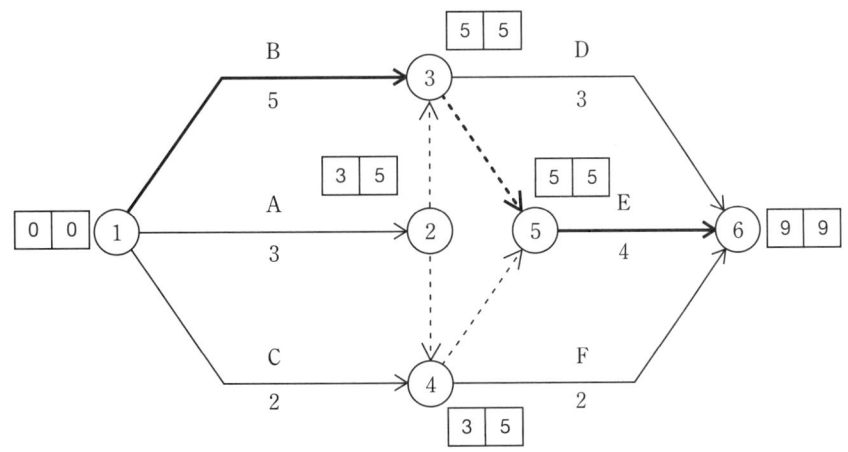

CP〉 Activity : B → E   Event : ① → ③ → ⑤ → ⑥

【해설】 ② 작업의 여유시간

작업명	TF	FF	DF	CP
A	2	0	2	
B	0	0	0	*
C	3	1	2	
D	1	1	0	
E	0	0	0	*
F	4	4	0	

문제 2) 금속재 바탕처리시 기계적 표면마감 방법 2가지를 쓰시오. (2점)
① ②

【해설】 ① 동력식   ② 분사식   ③ 수동식

문제 3) 표준형 벽돌 1,000장으로 1.5B 두께로 벽체를 세울 때 쌓을 수 있는 벽면적은 얼마인가? (4점) (단, 할증률은 고려하지 않는다.)

【해설】 벽면적 = $\frac{1000}{224}$ = 4.464…㎡   ∴ 4.46㎡

문제 4) 수장공사 표준시방서 KCS 415106에 의거한 블라인드 종류 3가지를 쓰시오. (3점)
① ② ③

【해설】 ① 베네치안 블라인드   ② 두루마리 블라인드(감아올림 블라인드)   ③ 가로당김 블라인드

문제 5) 석재가공시 사용되는 손다듬 종류 2가지를 쓰시오. (2점)
① ②

【해설】 ① 혹두기   ② 정다듬   ③ 도드락다듬   ④ 잔다듬

문제 6) 다음 창틀 구조에 관한 용어에 대해 설명하시오. (4점)
① 풍소란
② 마중대

【해설】 ① 창호가 닫혔을 때 각종 선대 등 접하는 부분에 틈새가 나지 않도록 대어 주는 것.
② 미닫이, 여닫이 창호의 상호 맞댐면

문제 7) 다음 괄호 안을 알맞은 용어와 규격으로 채우시오. (2점)
벽돌조 조적공사시 조적조 개구부 상단에 설치하는 (①)는 좌우 벽면에 (②)mm 이상 걸치도록 한다.

【해설】 ① 인방보   ② 200

문제 8) 다음 쪽매의 이름을 쓰시오. (4점)

①    ②    ③   ④

【해설】 ① 틈막이대쪽매   ② 제혀쪽매   ③ 딴혀쪽매   ④ 반턱쪽매

문제 9) 아래 설명에 맞는 공법이나 명칭을 쓰시오. (3점)
① 병원이나 컴퓨터 서버룸 등 민감한 전자기계 장치가 있는 크린룸 공간에 사용되는 타일 (①)
② 콘크리트 바닥 등에 10~30cm 지지대를 설치한 후 그 위에 바닥을 시공하는 공법으로 전산실 등에서 설비적 목적으로 바닥을 높여서 사용하는 바닥공법 (②)
③ 소석회 또는 석고를 주원료로 하며 대리석 가루 및 점토분 등을 섞어 뿜칠, 흙손 마감하는 것 (③)

【해설】 ① 전도성 타일 ② 액세스플로어 ③ 스타코(STUCCO)미장

문제 10) 다음에서 설명하고 있는 석재를 〈보기〉에서 골라 쓰시오. (3점)
〈보기〉 화강암 안산암 사문암 사암 대리석 화산암
㉮ 석회석이 변화되어 결정화한 것으로 강도는 높지만 내화성이 낮고 풍화되기 쉬우며 산에 약하기 때문에 실외용으로 적합하지 않다.
㉯ 수성암의 일종으로 함유광물의 성분에 따라 암석의 질, 내구성, 강도에 현저한 차이가 있다.
㉰ 강도, 경도, 비중이 크고, 내화력도 우수하여 구조용 석재로 쓰이지만 조직 및 색조가 균일하지 않고 석리가 있기 때문에 채석 및 가공이 용이하지만 대재를 얻기 어렵다.

【해설】 ㉮ 대리석 ㉯ 사암 ㉰ 안산암

문제 11) 유리공사시 친환경 측면(에너지절약)에서 재료를 선정시 고려해야 할 사항 2가지를 쓰시오. (4점)
①   ②

【해설】 ① 실내보온 단열 및 태양복사열 차단이 가능한지를 고려해야 한다.
② 채광의 관점에서 조명 전력소비를 줄일 수 있는지 고려해야 한다.

문제 12) 타일 종류별 줄눈 치수를 쓰시오. (3점)

대형타일(내장)	소형	모자이크
(①)~(②)mm	(③)mm	(④)mm

【해설】 ① 5 ② 6 ③ 3 ④ 2

실내디자인

[제95회 작품명] 스터디 카페

1. 요구사항 - 주어진 도면은 상업중심지역에 위치한 스터디 카페이다.
   다음의 요구조건에 따라 도면을 작성하시오.

2. 요구조건

   ① 설계면적 : 13,000×10,100×3,000mm(H)

   ② 요구공간 : 카운터, 조리대, 음료제조 가능한 간이주방, 창고, 화장실, 12인실 룸 1개, 8인실 룸 1개, 6인실 룸 1개, 4인실 룸 2개, 1인 좌석 5개, 열린공간(열린공간 의자 최소 6개), 인터넷 검색대 2곳

3. 요구도면

   ① 평면도(가구배치 및 바닥마감재 표기) SCALE : 1/50
      - 평면도 주변의 여유공간에 설계개요(DESIGN CONCEPT)를 200자 이내로 완성하시오.

   ② 천정도(설비, 조명기구 배치 및 범례표 작성/천장마감재 표기) SCALE : 1/50

   ③ 내부입면도 C방향 1면(벽면재료 표기) SCALE : 1/50

   ④ 단면상세도(A-A') SCALE : 1/50

   ⑤ 실내투시도(채색작업은 필수) SCALE : N.S
      (계획의 포인트가 좋은 지점에서 1소점 또는 2소점 투시법으로 작성하되, 작성과정의 투시보조선을 남길 것)

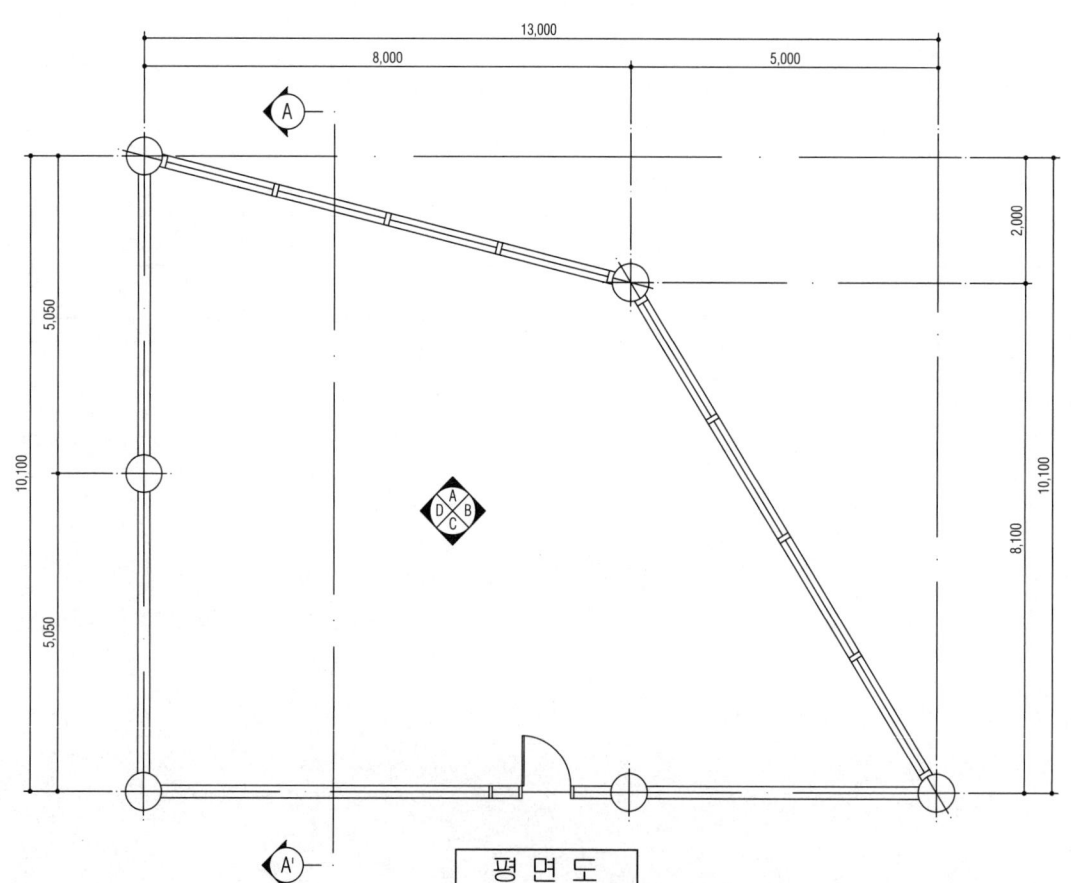

평면도

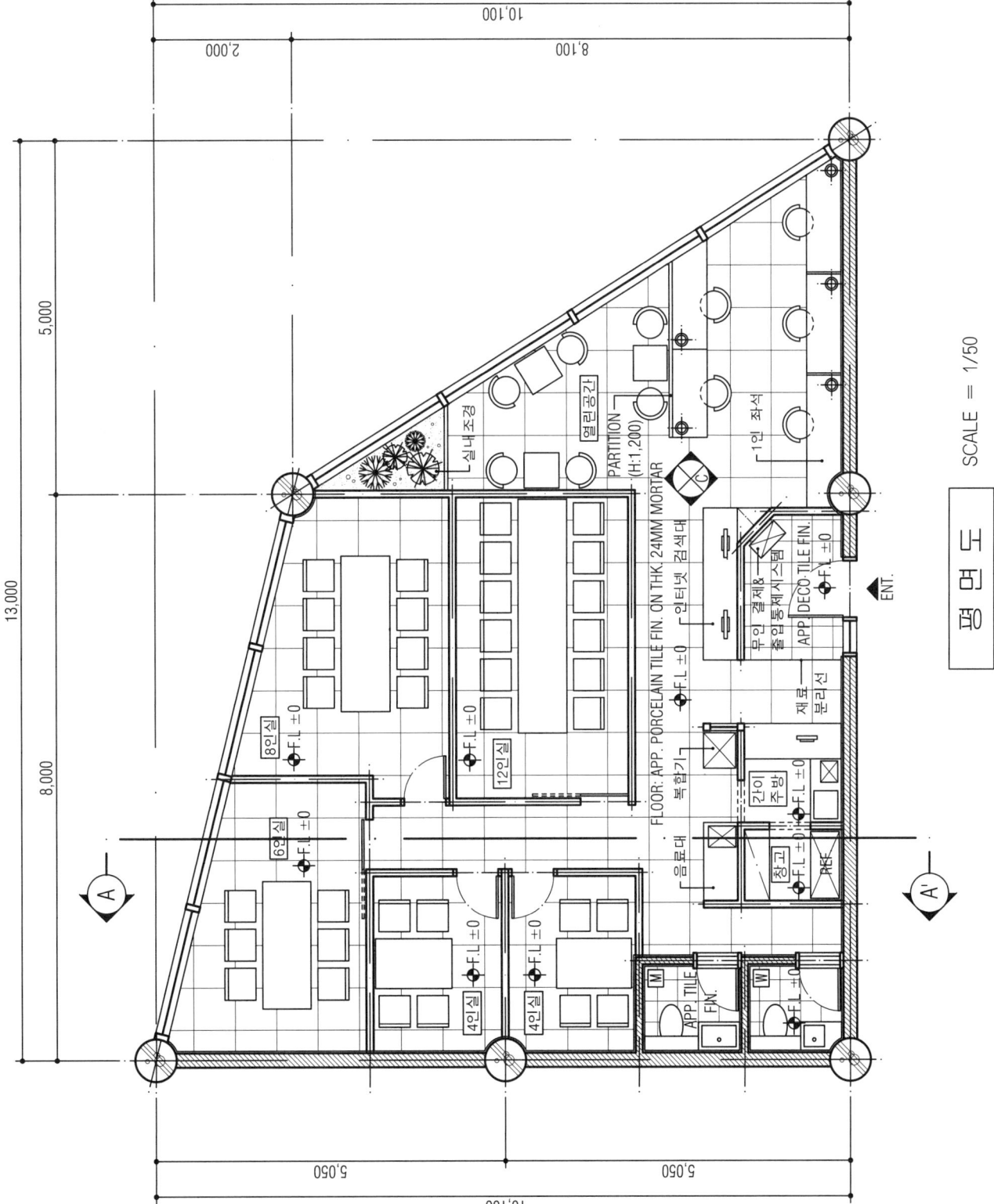

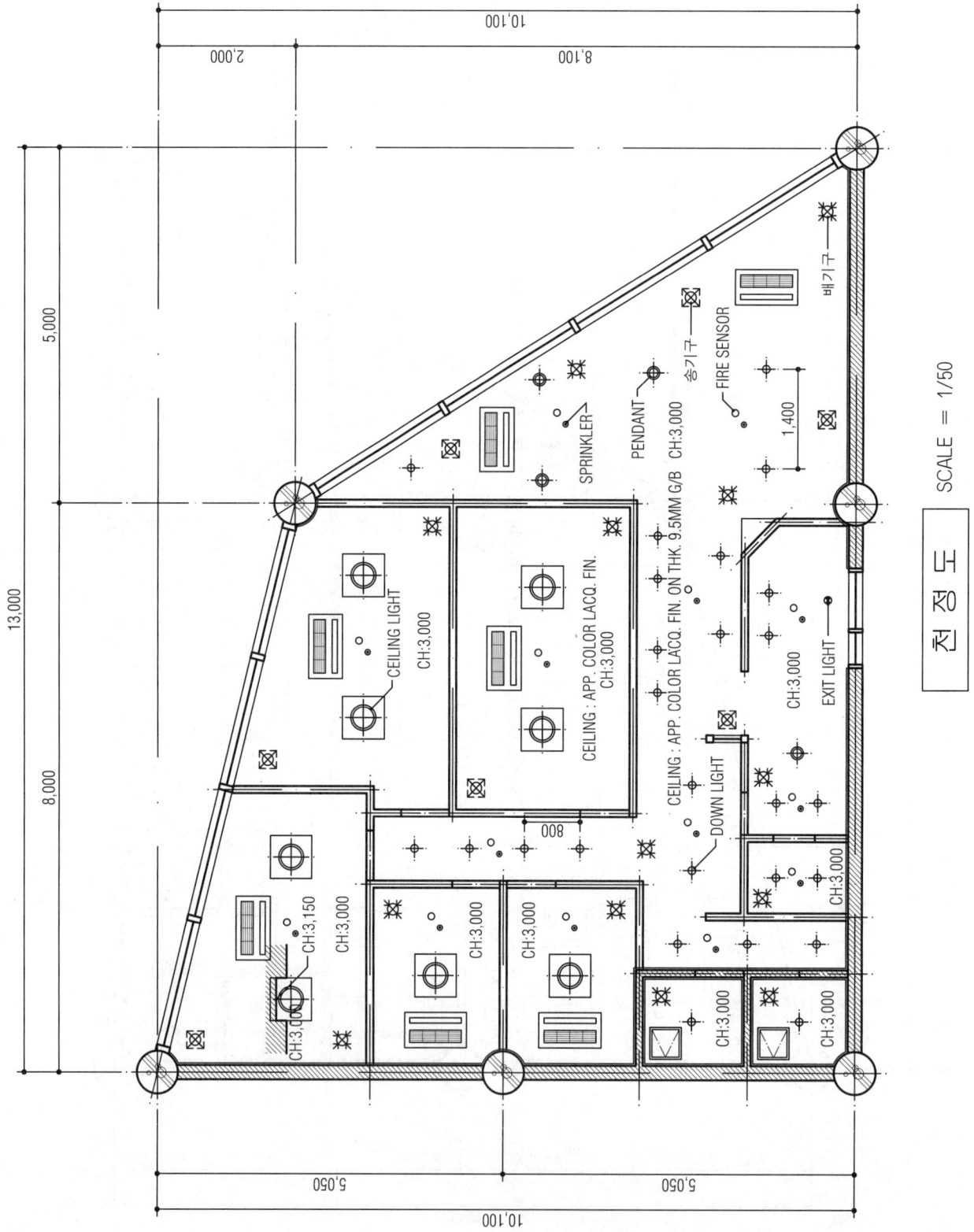

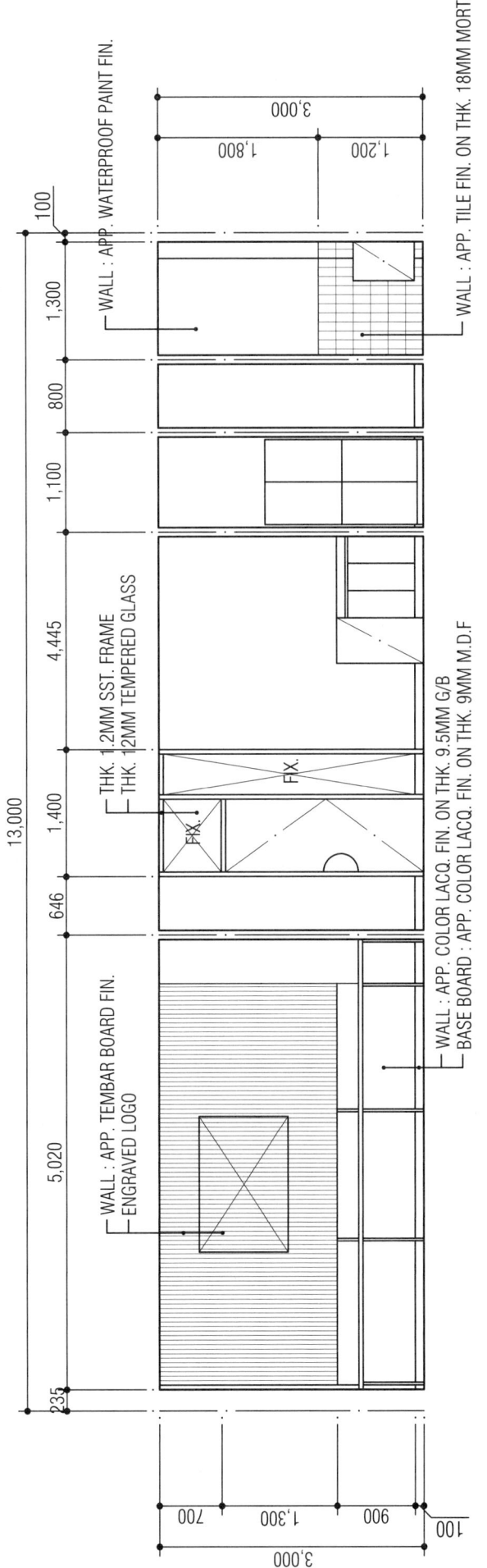

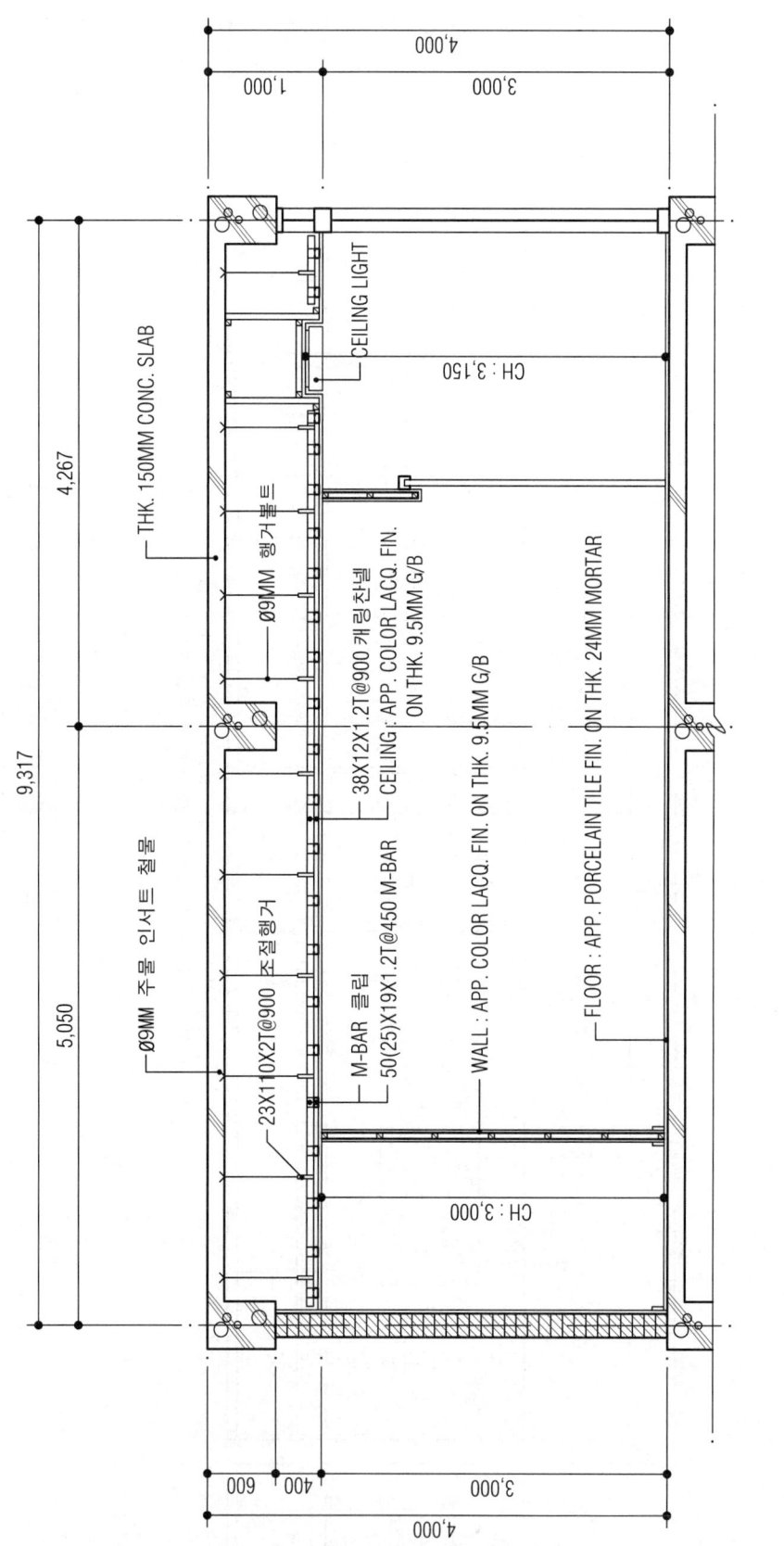

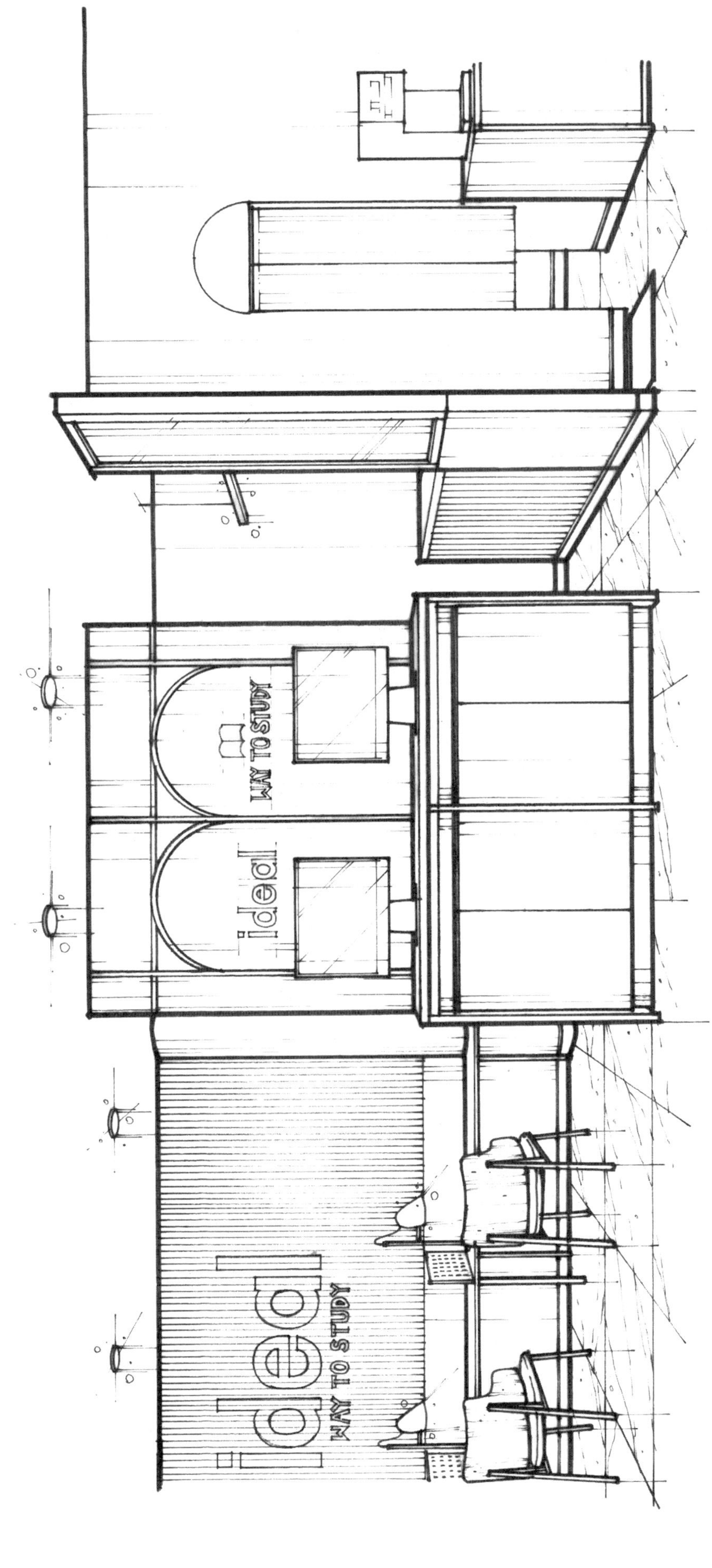

(2022. 7. 24 시행)
제96회 실내건축기사
시공실무

문제 1) 다음은 KCS기준 인조대리석 습식시공에 대한 설명이다. (   )에 알맞은 말을 써 넣으시오. (6점)

인조대리석 바닥 시공시 모르타르는 두께 (①)mm 정도 바르고 붙임용 페이스트를 뿌린 후 (②)로 타격하여 고정시킨다. 모래는 양질의 (③)를 사용하며 해사는 사용하지 않는다.

【해설】 ① 30   ② 고무망치   ③ 강모래

문제 2) 벽의 길이가 4미터이고, 높이가 2.5m, 문높이 2미터, 폭 1미터인 벽을 시멘트벽돌 1.0B로 쌓을 경우 소요량을 구하시오. (4점)

【해설】 벽면적 : $(4 \times 2.5) - (1 \times 1) = 10-2 = 8m^2$
정미량 : $8 \times 149 = 1,192$매
소요량 : $1.92 \times 1.05 = 1.251.6 = 1,252$매

문제 3) 다음 설명에 맞는 용어를 쓰시오. (3점)
① 나무나 석재의 면을 깎아 밀어서 두드러지게 또는 오목하게 하여 모양지게 하는 것
② 모서리 구석 등에 표면 마구리가 보이지 않도록 45° 각도로 빗잘라 대는 맞춤
③ 재를 섬유방향과 평행으로 옆대어 넓게 붙이는 것

【해설】 ① 모접기   ② 연귀맞춤   ③ 쪽매

문제 4) 목재의 이음 및 맞춤 시 시공상의 주의사항을 2가지 쓰시오. (2점)
①
②

【해설】 ① 큰 인장과 압축을 받지 않는 곳에서 이음과 맞춤을 할 것
② 응역방향에 직각으로 이음과 맞춤을 할 것
③ 적게 깎아서 약해지지 않게 할 것
④ 모양이나 형태에 치중하지 말고 간단하게 할 것

문제 5) 코너비드에 대하여 설명하시오. (2점)

【해설】 기둥, 벽 등의 모서리에 대어 미장바름을 보호하기 위한 철물로 각진 모서리에 대어 시공한다.

문제 6) 조적조 백화현상의 발생 원인 1가지와 방지대책 2가지를 쓰시오. (4점)
〈원인〉 ①

〈대책〉 ①
       ②

【해설】〈원인〉① 모르타르에 포함되어 있는 소석회가 공기중의 탄산가스와 화학반응하여 발생한다.
         ② 벽돌 중에 있는 황산나트륨이 공기중의 탄산가스와 화학반응하여 발생한다.
    〈대책〉① 소성이 잘 된 양질의 벽돌과 모르타르를 사용한다.
         ② 파라핀 도료를 발라 염류방출을 방지한다.
         ③ 줄눈에 방수제를 사용하여 밀실 시공한다.
         ④ 벽면에 빗물이 침투하지 못하도록 비막이를 설치한다.

문제 7) 석재 가공시 쓰이는 특수공법의 종류 2가지를 쓰시오. (2점)
①   ②

【해설】① 모래분사법   ② 버너구이법   ③ 플래너 마감법

문제 8) KCS기준 알루미늄 합금제 창호 시공시 필요한 시공상세도 3가지를 쓰시오. (3점)
(예: 창호배치도, 예시제외)

【해설】① 창호 일람표   ② 창호상세도   ③ 알루미늄 DIES일람표   ④ 재료일람표
 - 창호배치도는 설치의 위치, 부호, 개폐방법 등을 필요에 따라 기재한다.
 - 창호일람표는 부호, 형상, 치수, 수량, 부재, 부품의 재료, 성능, 표면처리, 창호철물 등을 필요에 따라 기재한다.
 - 창호상세도에는 재질, 형상, 치수, 표면처리, 부속철물, 부착철물의 위치, 고정방법, 방수처리, 방식처리 및 주위의 마감재나 설비 기기와의 관계 등을 필요에 따라 기재하며, 유리창의 경우 유리의 종류(재질, 색상 등) 및 두께를 표기한다. 소정의 유리받침대 깊이가 확보될 수 있도록 끼우기 홈 치수를 기재한다.
 - 알루미늄 Dies 일람표에는 Dies의 재질, 형상, 치수, 두께 및 마감을 표기한다.
 - 재료 일람표에는 개스킷, EPDM 등 부속재료의 재질, 형상, 치수를 표기한다.

문제 9) 도배지 보관 시 주의사항 2가지를 쓰시오. (4점)
①   ②

【해설】① 도배지의 보관장소의 온도는 항상 5℃이상으로 유지하도록 하여야한다.
     ② 도배지는 일사광선을 피하고 습기가 많은 장소나 콘크리트 위에 직접 놓지 않으며 두루마리 종이, 천을 세워서 보관한다.

문제 10) 테라조바름의 시공순서를 보기에서 골라 나열하시오. (3점)
〈보기〉재료비빔   초벌바름   왁스청소 마무리   정벌바름   줄눈대설치

【해설】재료비빔 → 줄눈대설치 → 초벌바름 → 정벌바름 → 왁스청소 마무리

문제 11) 어느 공사의 한 작업이 정상적으로 시공할 때 공사기일은 13일, 공사비는 200,000원이고, 특급으로 시공할 때 공사기일은 10일, 공사비는 350,000원이라 할 때 이 공사의 공기 단축시 필요한 비용구배를 구하시오. (3점)

【해설】 비용구배 $= \dfrac{350,000 - 200,000}{13 - 10} = \dfrac{150,000}{3} = 50,000$원/일

문제 12) 다음은 품질관리에 관한 QC도구의 설명이다. 해당하는 용어를 쓰시오. (4점)
① 모집단의 분포상태를 나타낸 막대그래프 형식
② 층별 요인특성에 대한 불량 점유율
③ 특성 요인과의 관계 화살표
④ 점검 목적에 맞게 미리 설계된 시트

【해설】 ① 히스토그램   ② 층별   ③ 특성요인도   ④ 체크시이트

실 내 디 자 인

[제96회 작품명] 치과의원

1. 요구사항 - 주어진 도면은 치과의원의 평면도이다. 다음 요구조건에 따라 도면을 작성하시오.

2. 요구조건

   ① 설계면적 : 10,600×12,900×2,800mm(H)
   ② 인적구성 : 원장(2인), 간호사(3인)
   ③ 요구공간 : 안내 데스크&서비스 테이블, 대기공간(오픈형), 손님 대기용 의자(소파), 원장실, 치기공실, 치료대 4대, 남녀 분리 화장실, 공용세면대, 천정형 시스템 냉난방기

3. 요구도면

   ① 평면도(가구배치 및 바닥마감재 표기) SCALE : 1/50
      - 평면도 주변의 여유공간에 설계개요(DESIGN CONCEPT)를 200자 이내로 완성하시오.
   ② 천정도(설비, 조명기구 배치 및 범례표 작성/천장마감재 표기) SCALE : 1/50
   ③ 내부입면도 A방향 1면(벽면재료 표기) SCALE : 1/50
   ④ 단면상세도(A-A′) SCALE : 1/50
   ⑤ 실내투시도(채색작업은 필수) SCALE : N.S
      (계획의 포인트가 좋은 지점에서 1소점 또는 2소점 투시법으로 작성하되, 작성과정의 투시보조선을 남길 것)

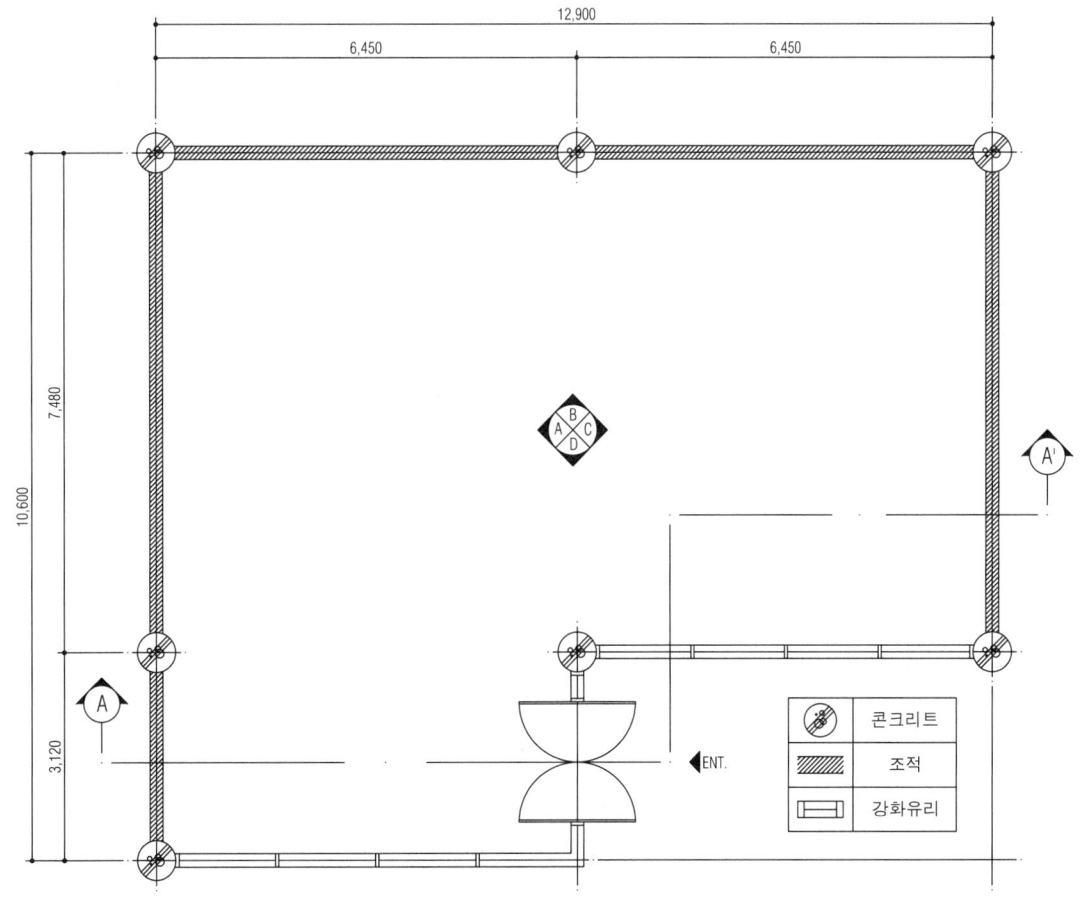

평면도

CONCEPT

모던&내츄럴함을 컨셉으로 최첨단 이 료장비가 갖춰진 전문 의료공간의 이미지를 표현하고자 하이그로시 (HIGH GLOSSY) 소재를 사용하여 기 능적인 이미지를 부각시킴으로써 환 자 및 보호자에게 신뢰감을 주도록 하였다. 또한, 치료에 대한 심리적 부담감을 줄일 수 있도록 가운데 및 서비스 테이블 접목하여 일부 벽체에 치연적 소재를 접목하여 편안하고 아늑한 분위기를 유도하였다. 전체적 치료공 간으로 크게 고객 대기공간과 치료공 간으로 구분하였다. 출입구에 가운터 와 대기공간를 배치하여 고객응대가 신속하게 진행되도록 하고 원장실과 치료공간들을 연계하여 효율적인 작업 동선을 유도하였다.

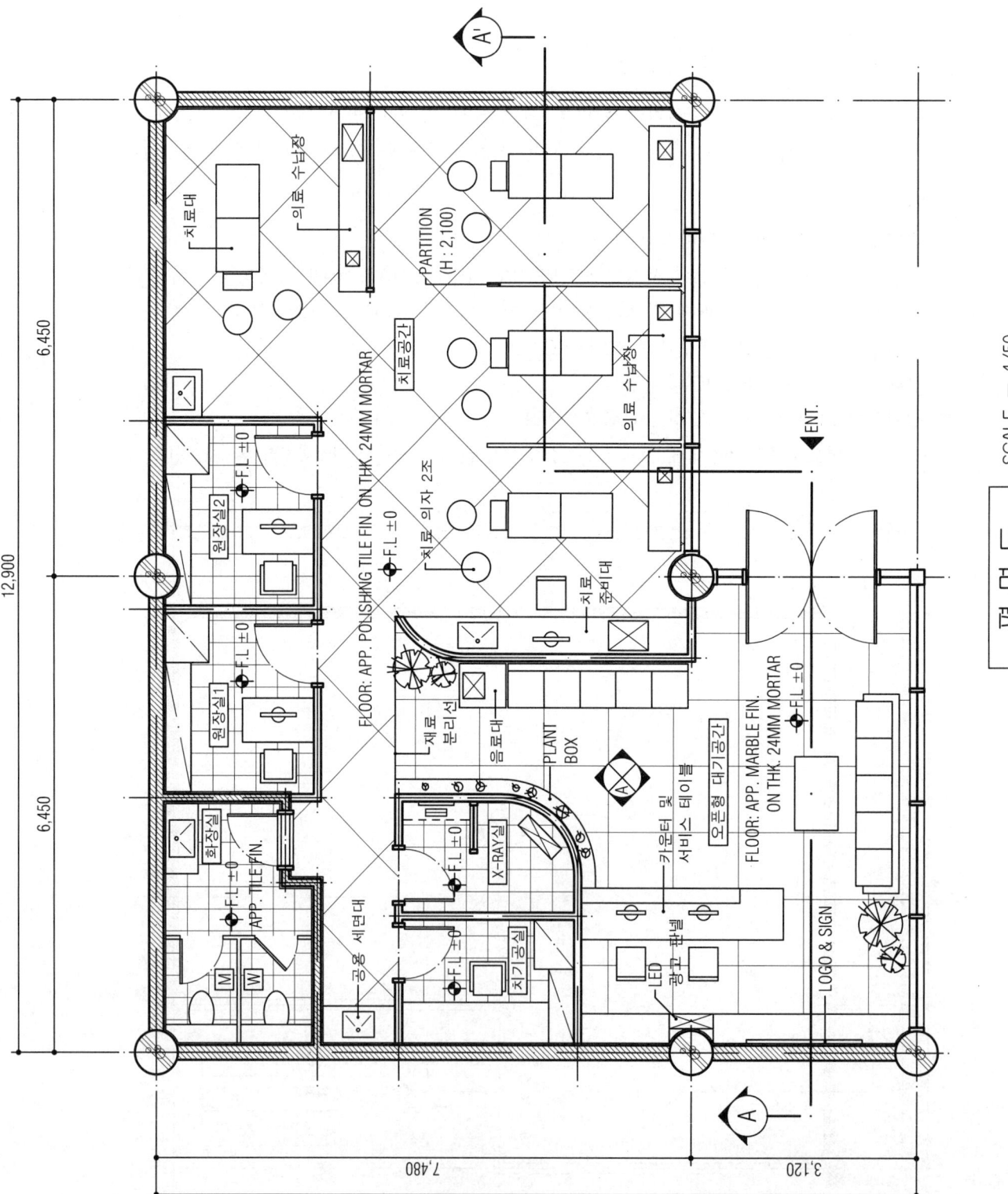

평 면 도   SCALE = 1/50

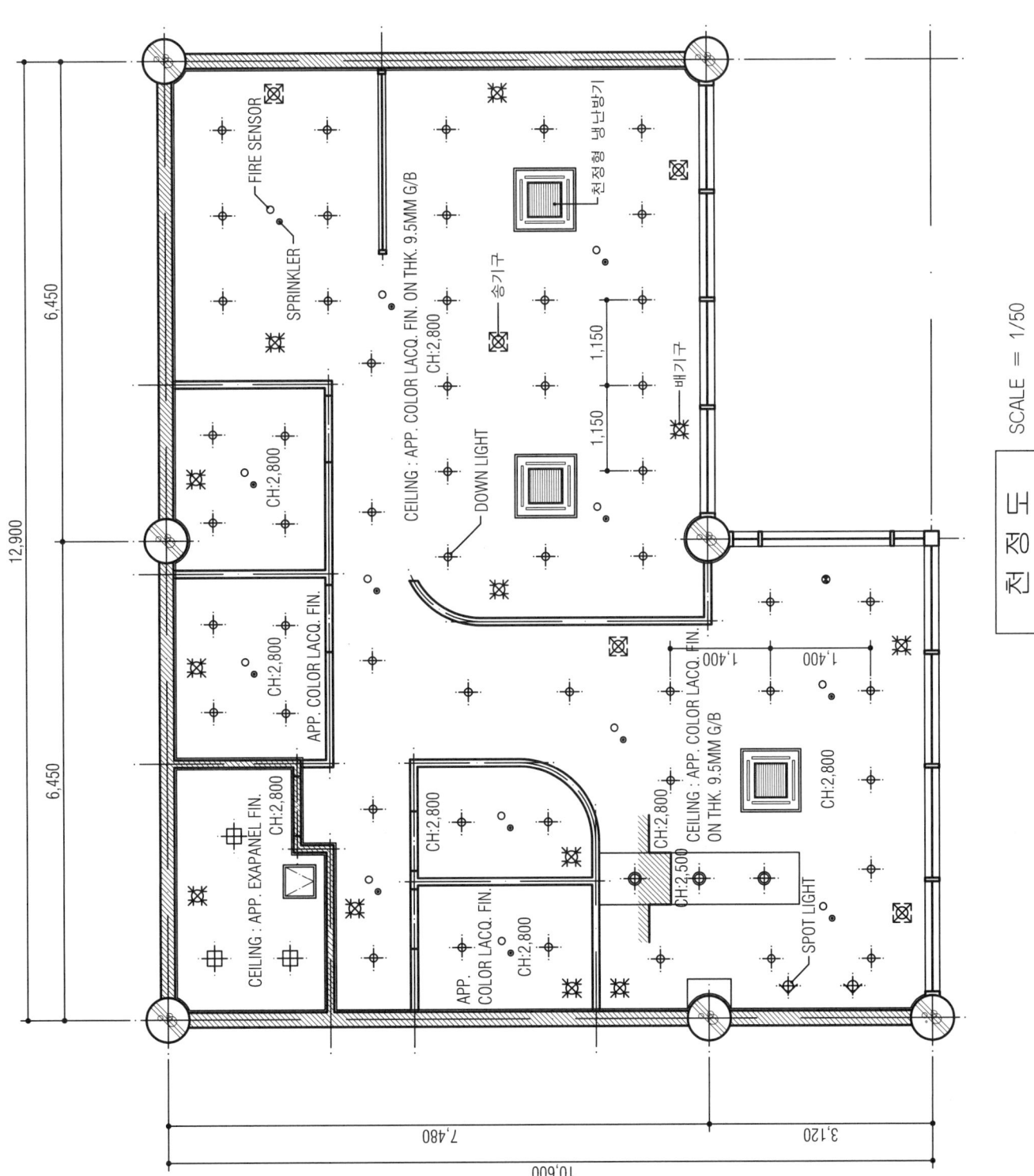

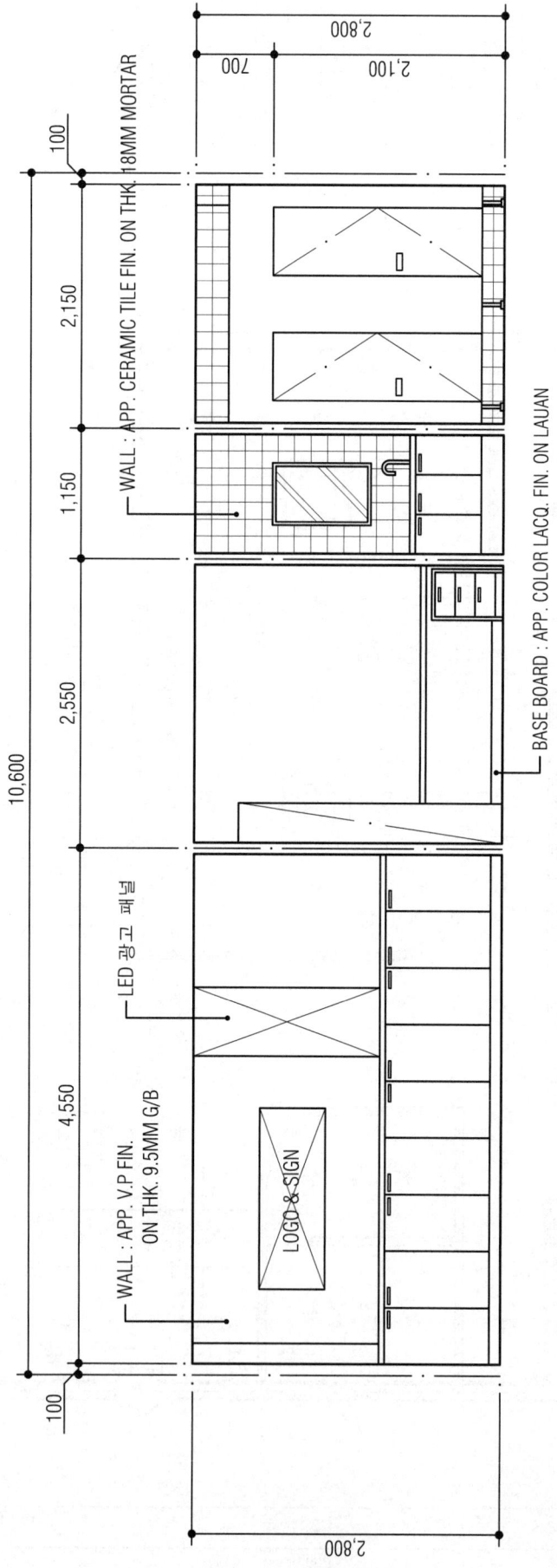

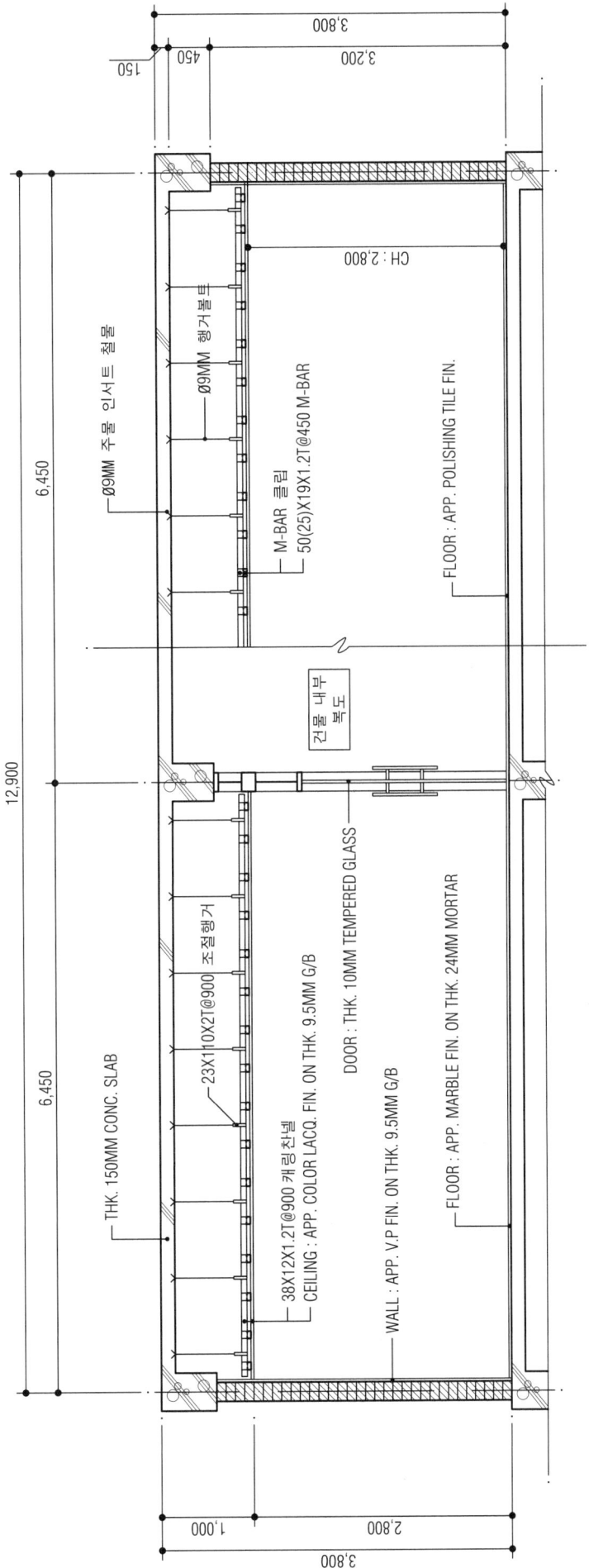

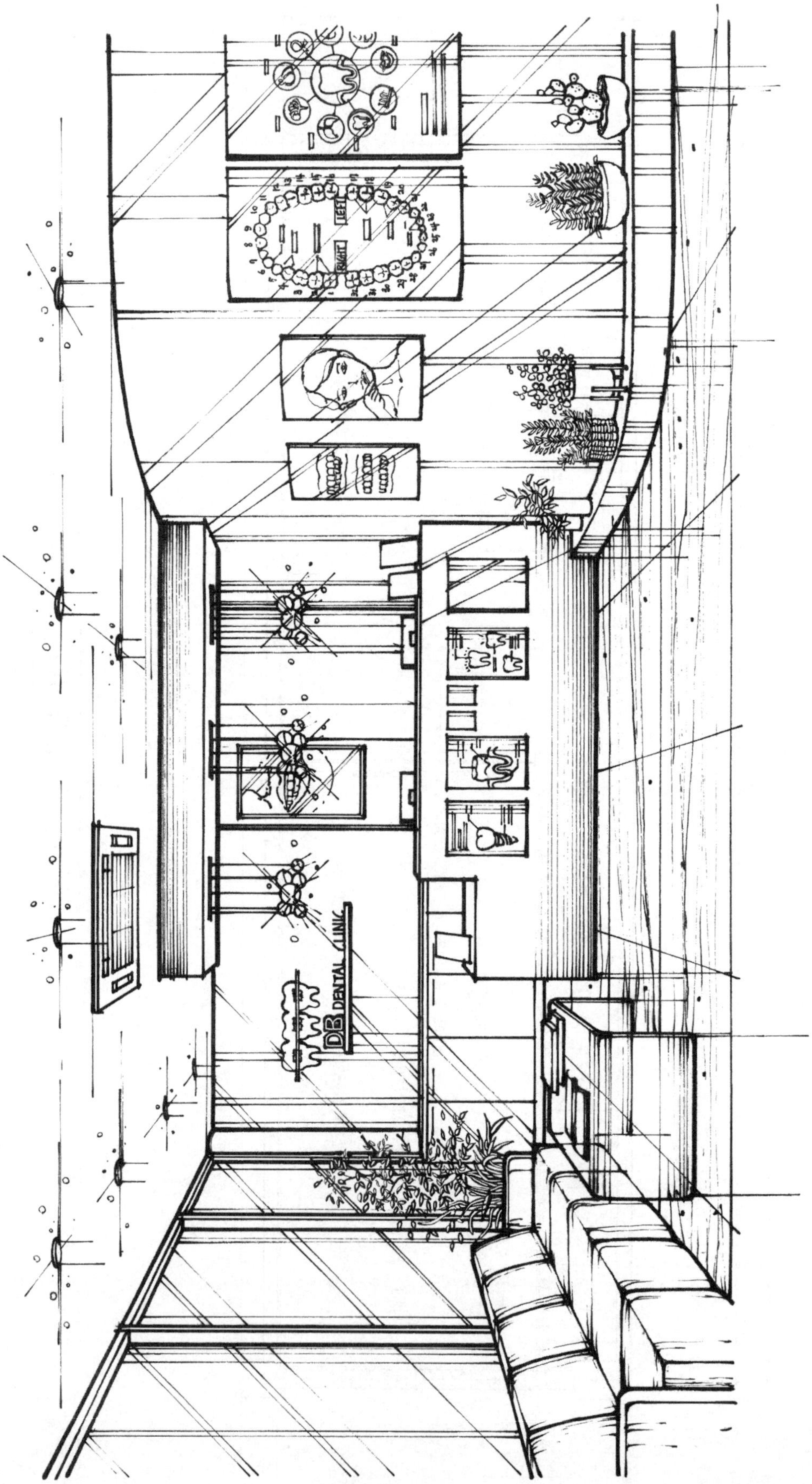

실 내 투 시 도
SCALE = N.S

(2022. 11. 19 시행)

제97회 실내건축기사
시공실무

문제 1) 다음 용어를 설명하시오. (2점)
Low-e 유리

【해설】 유리표면에 금속 또는 금속산화물을 얇게 코팅한 것으로 가시광선(빛)은 투과시키고, 적외선(열선)은 방사하여 냉난방의 효율을 극대화 시켜주는 특수유리이다.

문제 2) 표준형 벽돌 1.0B 벽돌 쌓기시 벽돌량을 산출하시오. (3점)
(벽길이 100m, 벽높이 3m, 개구부 1.8m×1.2m 10개, 소수점은 반올림 하시오.)

【해설】 ① 벽면적 = (100×3)-(1.8×1.2×10) = 300-21.6 = 278.4㎡
② 정미량 = 278.4×149 = 41,482매

문제 3) 목재의 건조법 중 인공건조법 3가지를 쓰시오. (3점)
①   ②   ③

【해설】 ① 증기법 ② 열기법 ③ 진공법

문제 4) 어느 건설공사의 한 작업이 정상적으로 시공할 때 공사기일은 10일, 공사비는 100,000원이고, 특급으로 시공할 때 공사기일은 7일, 공사비는 30,000원이 추가가 될 때 이 공사의 공기 단축시 필요한 비용구배(Cost slope)를 구하시오. (3점)

【해설】 비용구배 = $\dfrac{130,000 - 100,000}{10 - 7}$ = $\dfrac{30,000}{3}$ = 10,000원/일

문제 5) 금속재의 도장 바탕처리 방법 중 화학적 방법을 3가지 쓰시오. (3점)
①   ②   ③

【해설】 ① 탈지법 ② 세정법 ③ 피막법

참고〉 ① 탈지법 : 솔벤트, 나프타 등의 용제로 그리스, 오물, 기타 이물질을 제거하는 방법
② 세정법 : 산의 용액 중에 재료를 침적하여 금속표면의 녹과 흑피를 제거하는 방법
③ 피막법 : 인산염피막을 만들어 발청을 억제시키고, 도료의 밀착을 좋게 하는 방법

문제 6) 다음 용어를 설명하시오. (4점)
① 샌드블라스트   ② 세팅 블록

【해설】 ① 유리면에 오려낸 모양판을 붙이고, 모래를 고압증기로 뿜어 마모시키는 것.
② 금속재 창호에 유리를 끼울 때 틀 내부에 밑대는 재료로 유리와 금속창호 틀 사이의 고정 및 완충작용을 목적으로 한다.

문제 7) 드라이비트(Dry-vit) 장점 3가지를 쓰시오. (3점)
① ② ③

【해설】 ① 가공이 용이해 조형성이 뛰어나다.
② 다양한 색상 및 질감으로 뛰어난 외관구성이 가능하다.
③ 단열성능이 우수하고, 경제적이다.

문제 8) 미장공사 중 셀프레벨링(Self leveling)재에 대해 설명하시오. (3점)

【해설】 자체 유동성을 갖고 있는 특수 모르타르로 시공면의 수평에 맞게 부으면 스스로 평탄해지는 성능을 가진 특수 미장재이다. 시공 후 통풍에 의해 물결무늬가 생기지 않도록 개구부를 밀폐하여 기류를 차단하고, 시공 전·중·후 기온이 5℃ 이하가 되지 않도록 한다.

문제 9) 다음 보기에서 골라 할증률이 작은 것부터 큰 것 순으로 적으시오. (3점)
〈보기〉 ① 목재(판재)   ② 시멘트벽돌   ③ 유리   ④ 자기타일

【해설】 ③ → ④ → ② → ①

문제 10) 다음 괄호 안에 알맞은 용어를 쓰시오. (6점)
붙임 → (①)시간 경과 → 줄눈파기 → (②)시간 경과 → 작업 직전 줄눈 바탕에 물 뿌리기 → 치장줄눈
치장줄눈 너비(③)mm 이상일 경우 고무흙손을 사용하여 빈틈없이 누르고 2회로 나누어 줄눈 채우기

【해설】 ① 3   ② 24   ③ 5

문제 11) 다음은 경량철골 천정틀에 관한 문제이다. 괄호 안을 채우시오. (4점)
달대볼트는 주변부의 단부로부터 150mm 이내에 배치하고 간격은 (①)mm 정도로 한다. 천장 깊이가 1.5m 이상인 경우에는 가로, 세로 (②)m 정도의 간격으로 달대볼트의 흔들림 방지용 보강재를 설치한다.

【해설】 ① 900   ② 1.8

문제 12) 다음의 설명에 맞는 답을 적으시오. (3점)
① 목재에서 두재의 접합부에 끼워 볼트와 같이 써 전단에 견디도록 함
② 재와 서로 직각 또는 경사지게 부재를 접합하는 것 또는 그 자리
③ 재의 길이방향으로 부재를 길게 접합하는 것 또는 그 자리

【해설】 ① 듀벨   ② 맞춤   ③ 이음

실 내 디 자 인

[제97회 작품명] 아파트 단지 내 북카페

1. 요구사항 - 주어진 도면은 북카페이다. 다음의 요구조건에 따라 도면을 작성하시오.

2. 요구조건

　① 설계면적 : 13M×9M×4.2M(CH)　　＊ 아파트 단지 내 3층 건물 중 2층에 위치한 북카페
　② DOOR(출입문) : 1.8M×2.1M　　　　(철근 콘크리트 구조)
　③ 인적구성 : 점장 1인, 직원 3인
　④ 요구공간 및 집기
　　1) 물품보관 창고　　　　2) 주방 일체　　　　3) 쇼케이스 및 카운터
　　4) 책장 (길이 2.4M×높이 3M : 3개, 길이 1.2M×높이 1.5M : 8개)
　　5) 테이블 (4인 : 10세트 기준 자유롭게 디자인)
　　＊ 이상 제된 공간과 집기는 필수적이며, 이외에 필요한 것이 있다면 수험자가 임의로 추가할 수 있음.

3. 요구도면

　① 평면도(가구배치 및 바닥마감재 표기) SCALE : 1/50
　　- 평면도 주변의 여유공간에 설계개요(DESIGN CONCEPT)를 200자 이내로 완성하시오.
　② 천정도(설비, 조명기구 배치 및 범례표 작성/천장마감재 표기) SCALE : 1/50
　③ 내부입면도 C방향 1면(벽면재료 표기) SCALE : 1/50
　④ 단면상세도(A-A′) SCALE : 1/50
　⑤ 실내투시도(채색작업은 필수) SCALE : N.S
　　(계획의 포인트가 좋은 지점에서 1소점 또는 2소점 투시법으로 작성하되, 작성과정의 투시보조선을 남길 것)

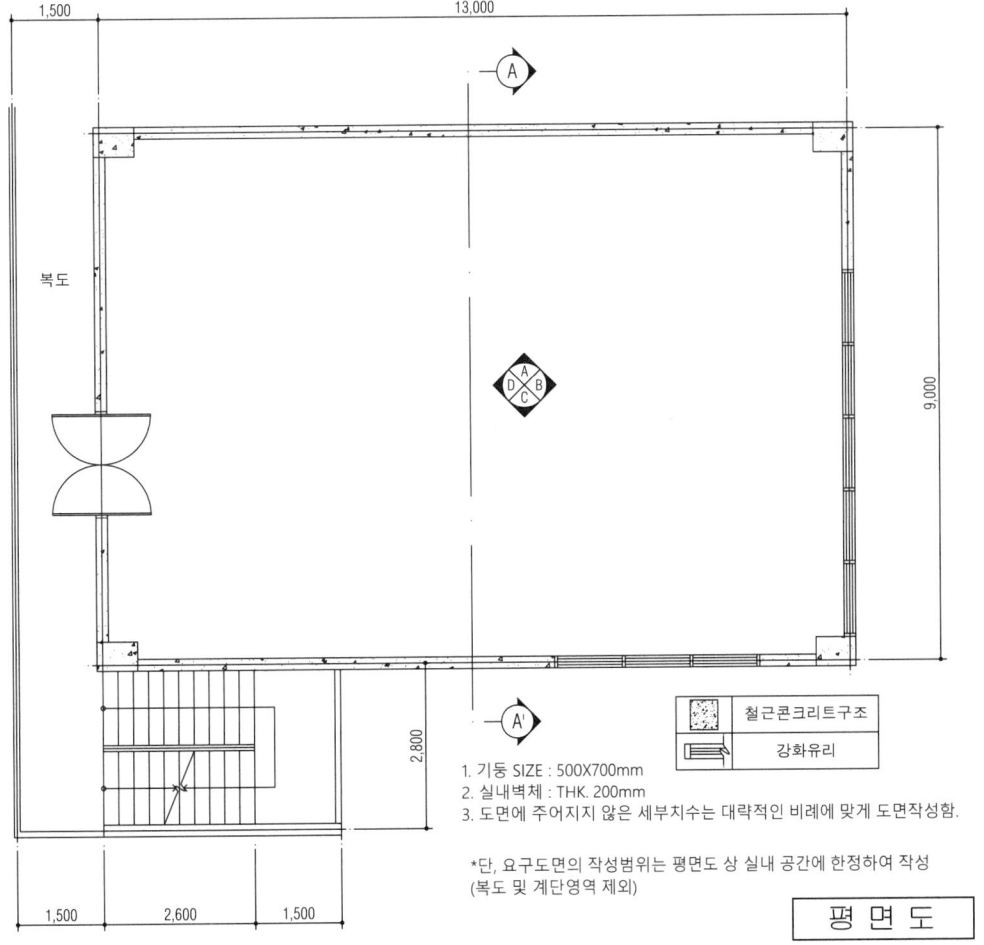

1. 기둥 SIZE : 500X700mm
2. 실내벽체 : THK. 200mm
3. 도면에 주어지지 않은 세부치수는 대략적인 비례에 맞게 도면작성함.

＊단, 요구도면의 작성범위는 평면도 상 실내 공간에 한정하여 작성
(복도 및 계단영역 제외)

평 면 도

CONCEPT

아파트 단지 내 건물 2층에 위치한 북카페이다. 바닥 단차, 천장 천정고(4,200MM)를 충분히 활용한 공간디자인이 되도록 하였다. 출입구 가까이에 키오스크 및 검색대를 배치하여 고객의 편의성을 높이고 물품보관 창고와 주방공간을 직장, 테이블과 고객동선을 분리시켜 연동선과 고객동선을 읽으면서 있다. 장시간 머무를 수 있도록 SOFA SET를 배치하고 책장을 테이블 가까이에 두어 이용이 편리하도록 계획하였다.

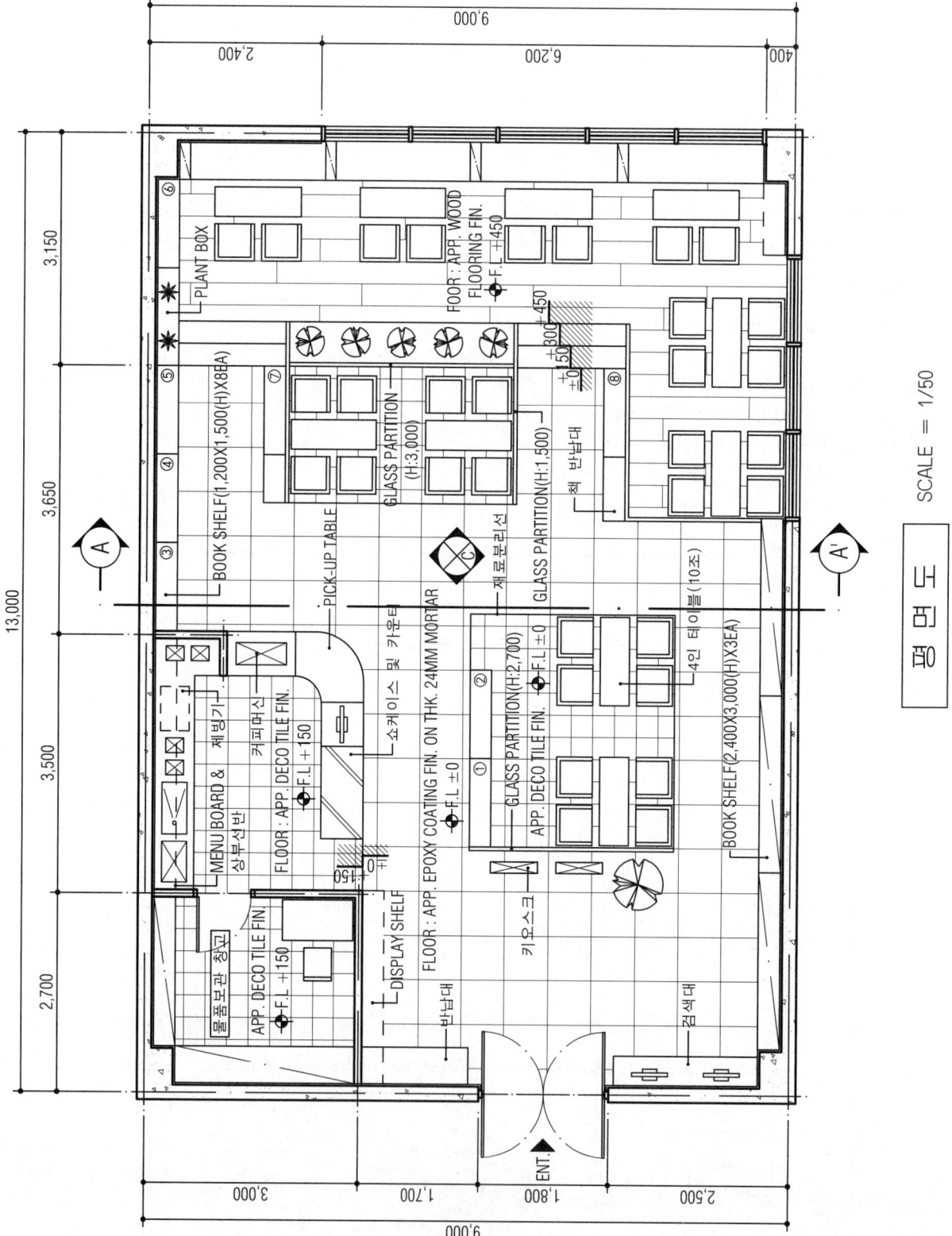

평 면 도 SCALE = 1/50

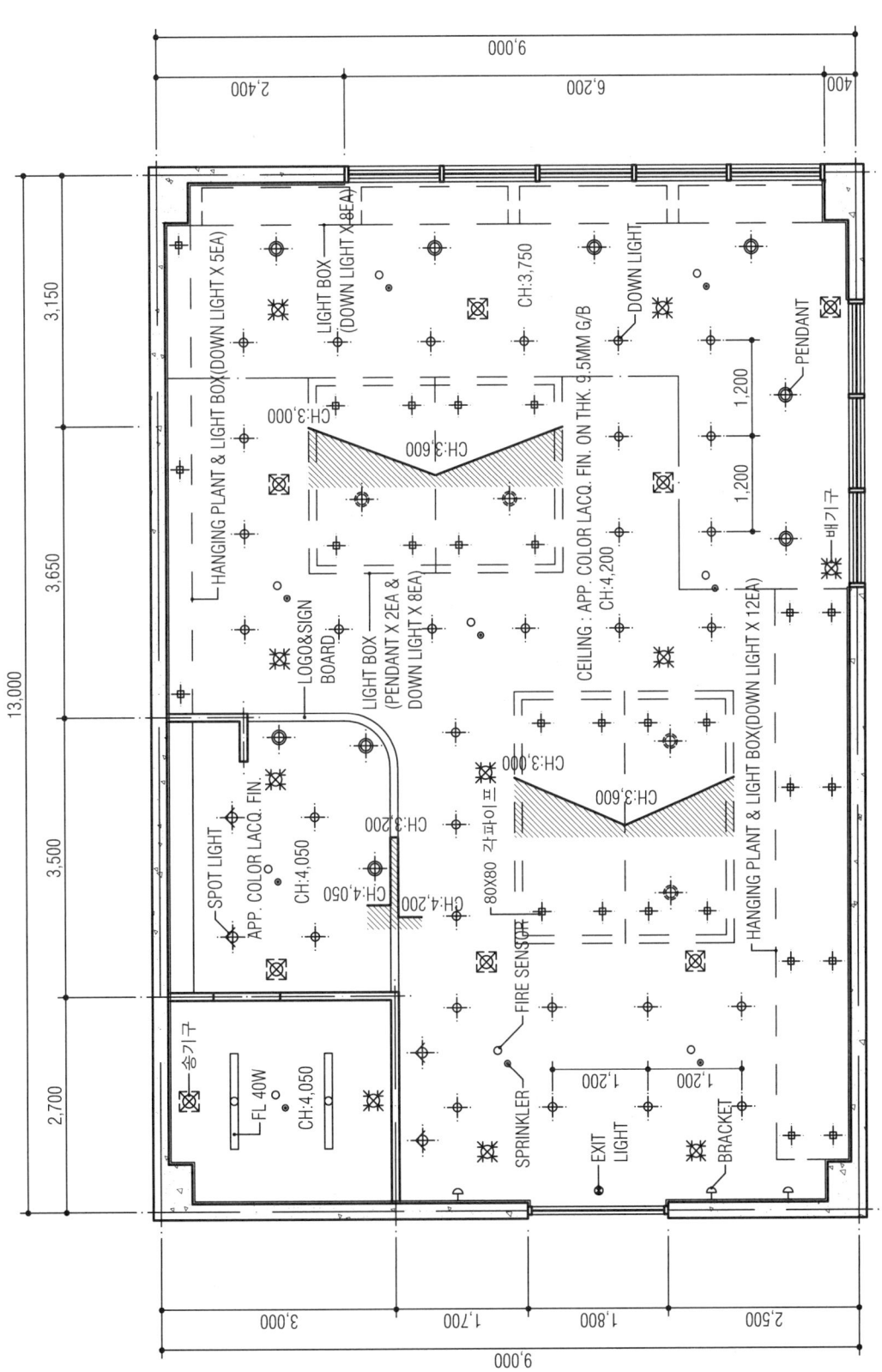

천 정 도 SCALE = 1/50

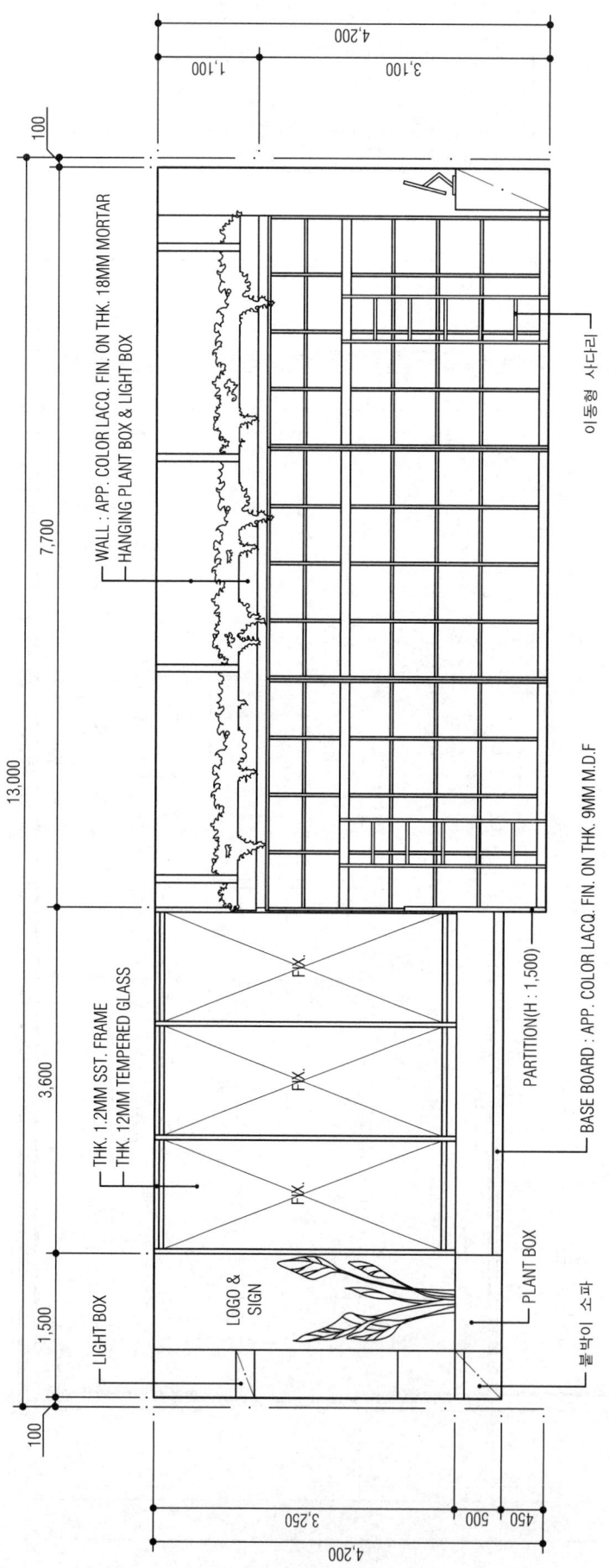

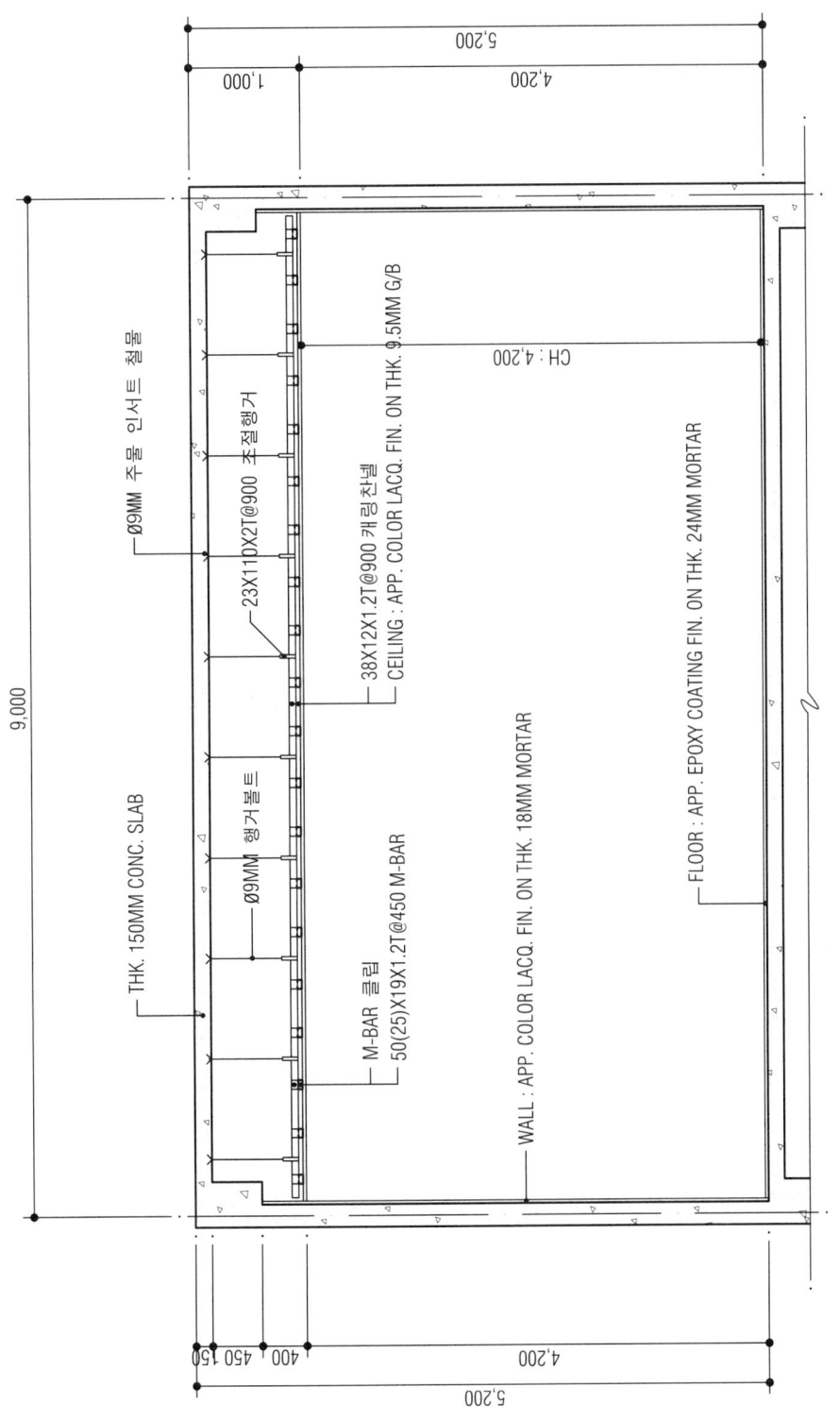

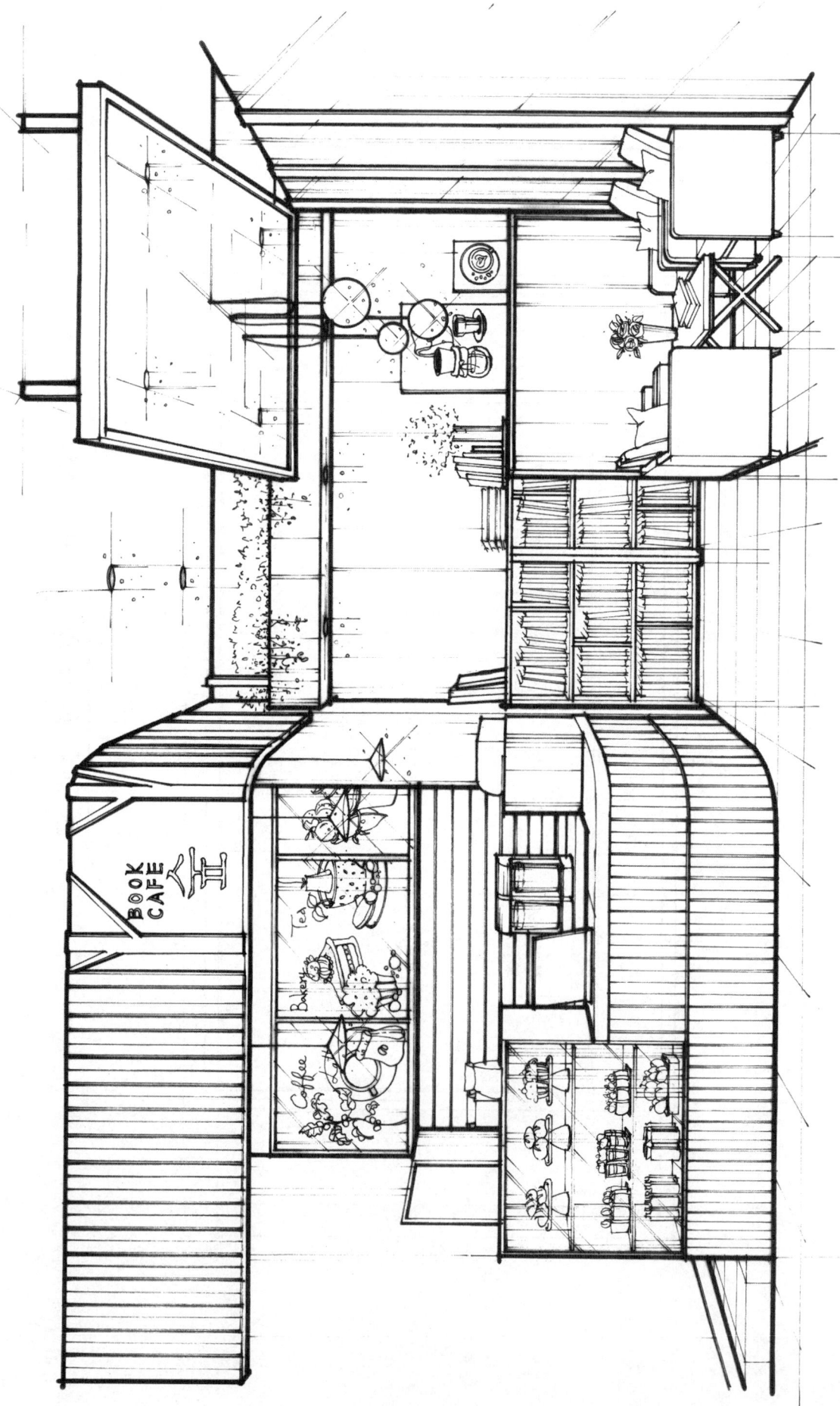

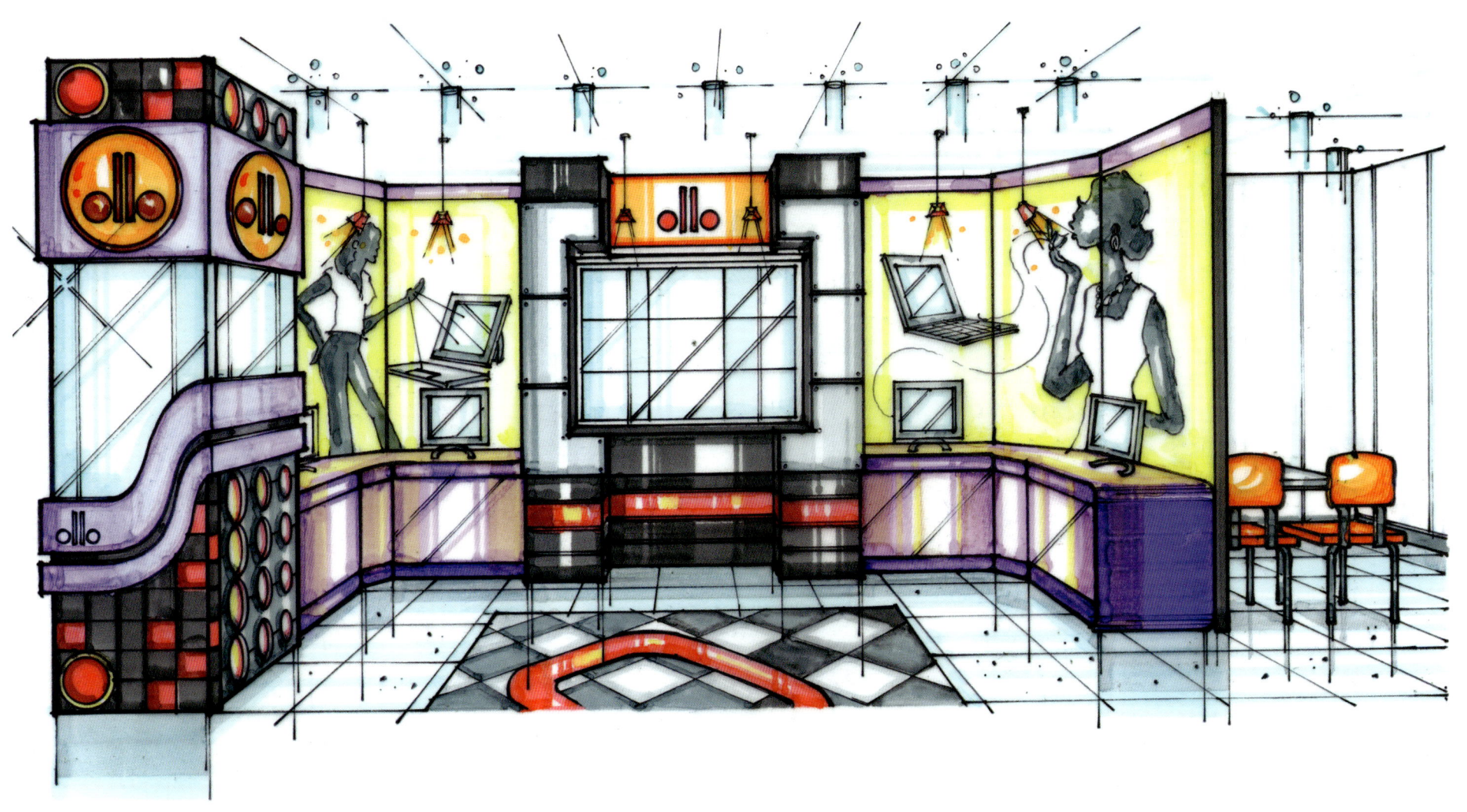

실내건축기사　　제46회　　컴퓨터 전시장 부스

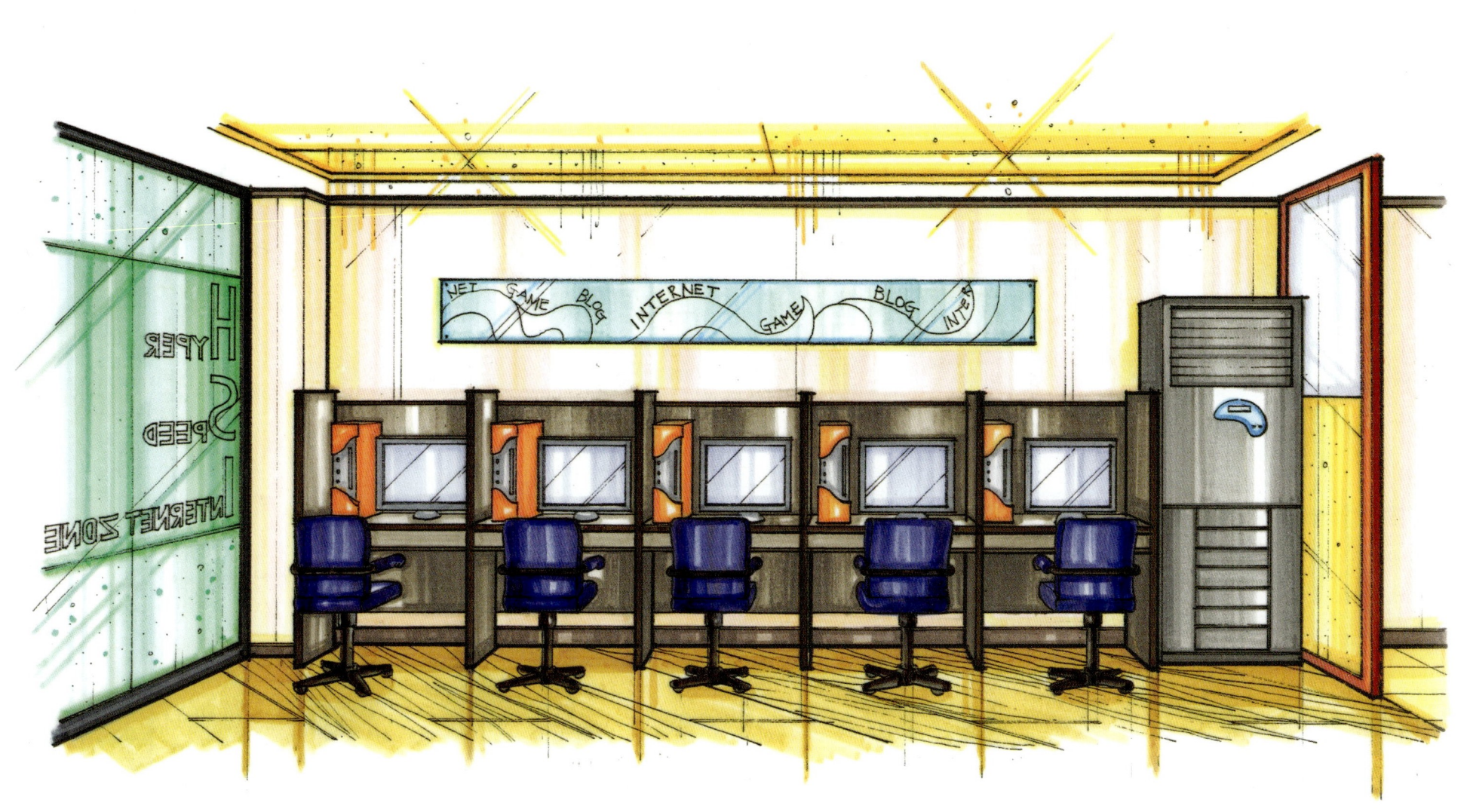

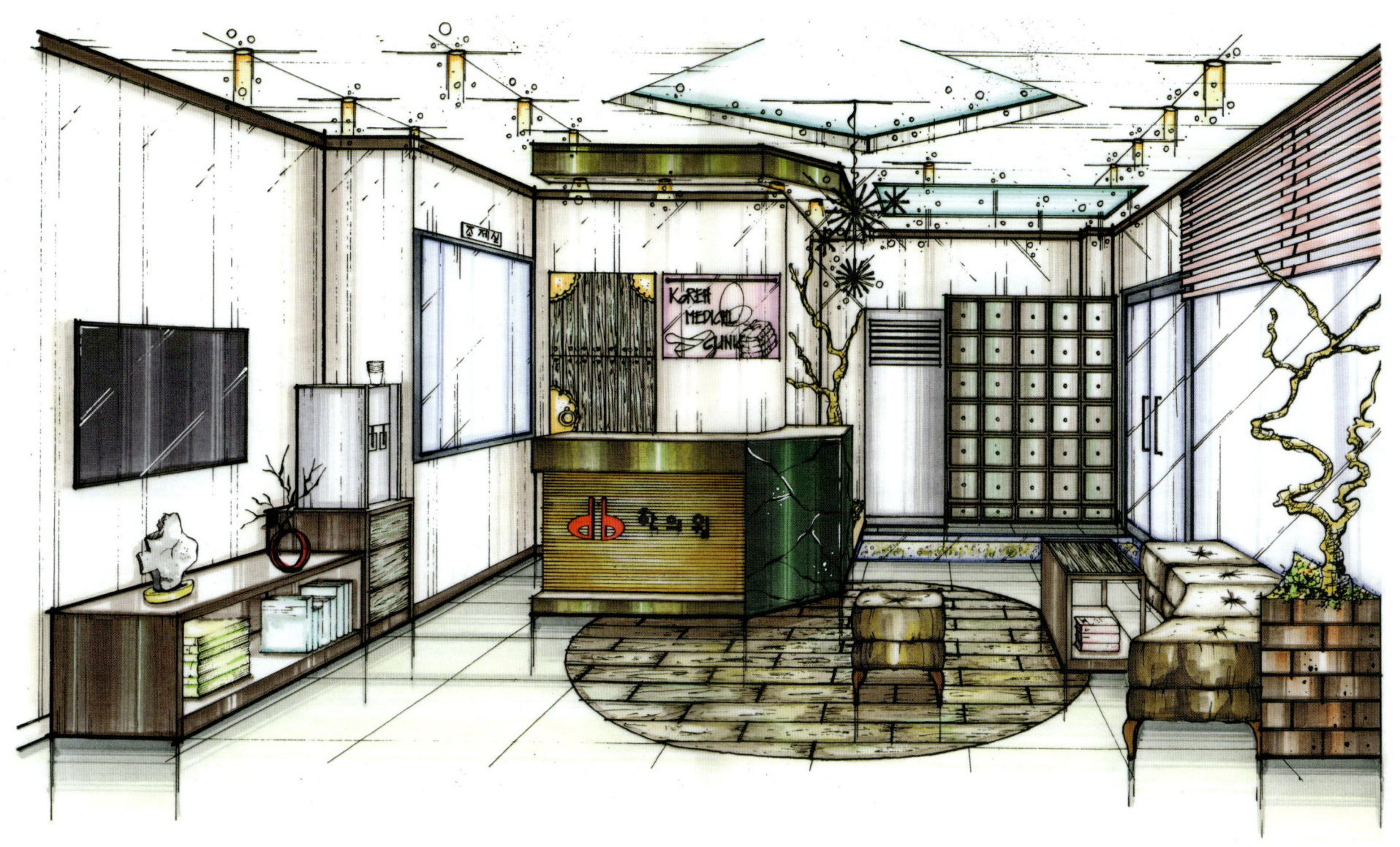

실내건축기사　　제64회　　약국

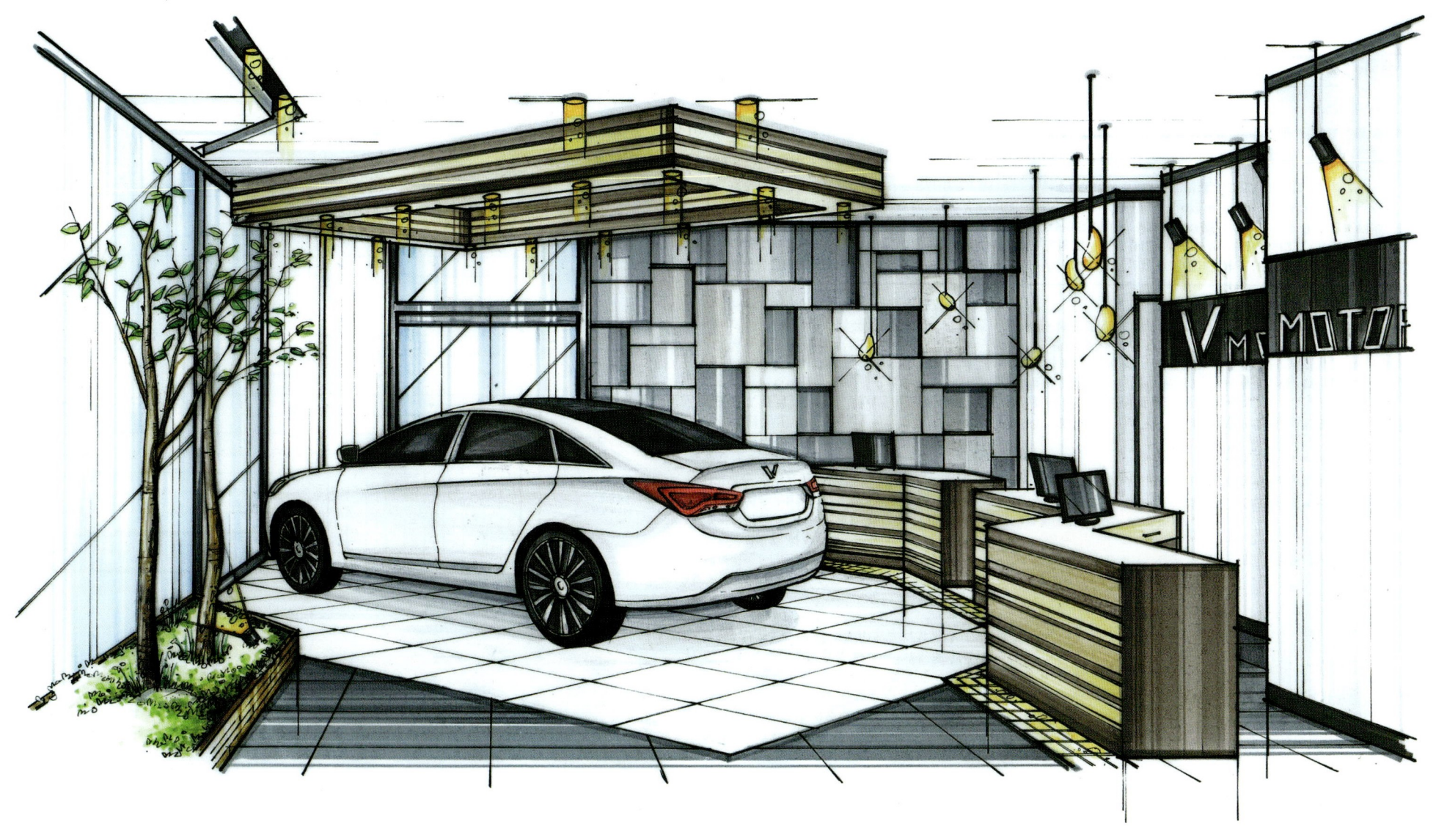

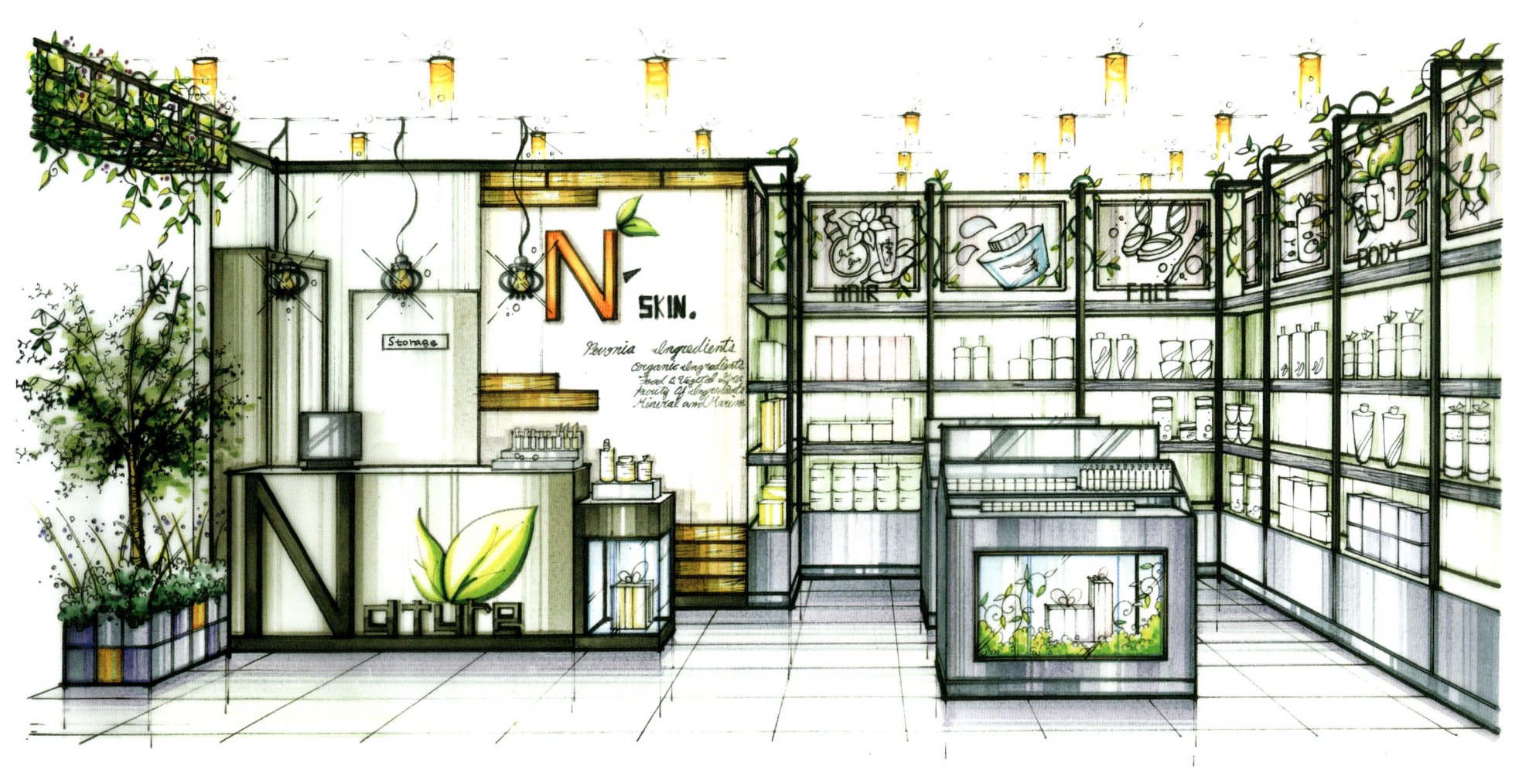

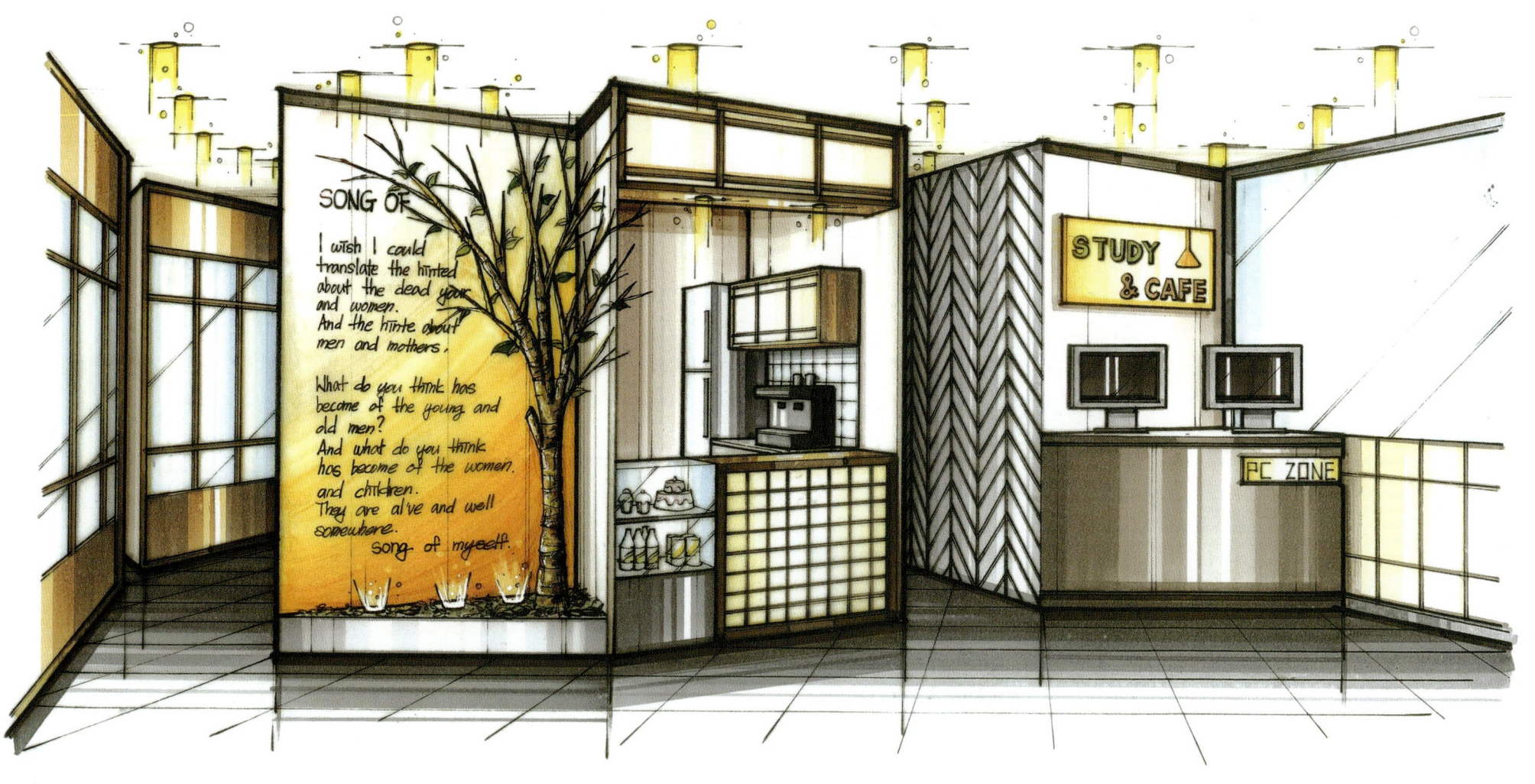

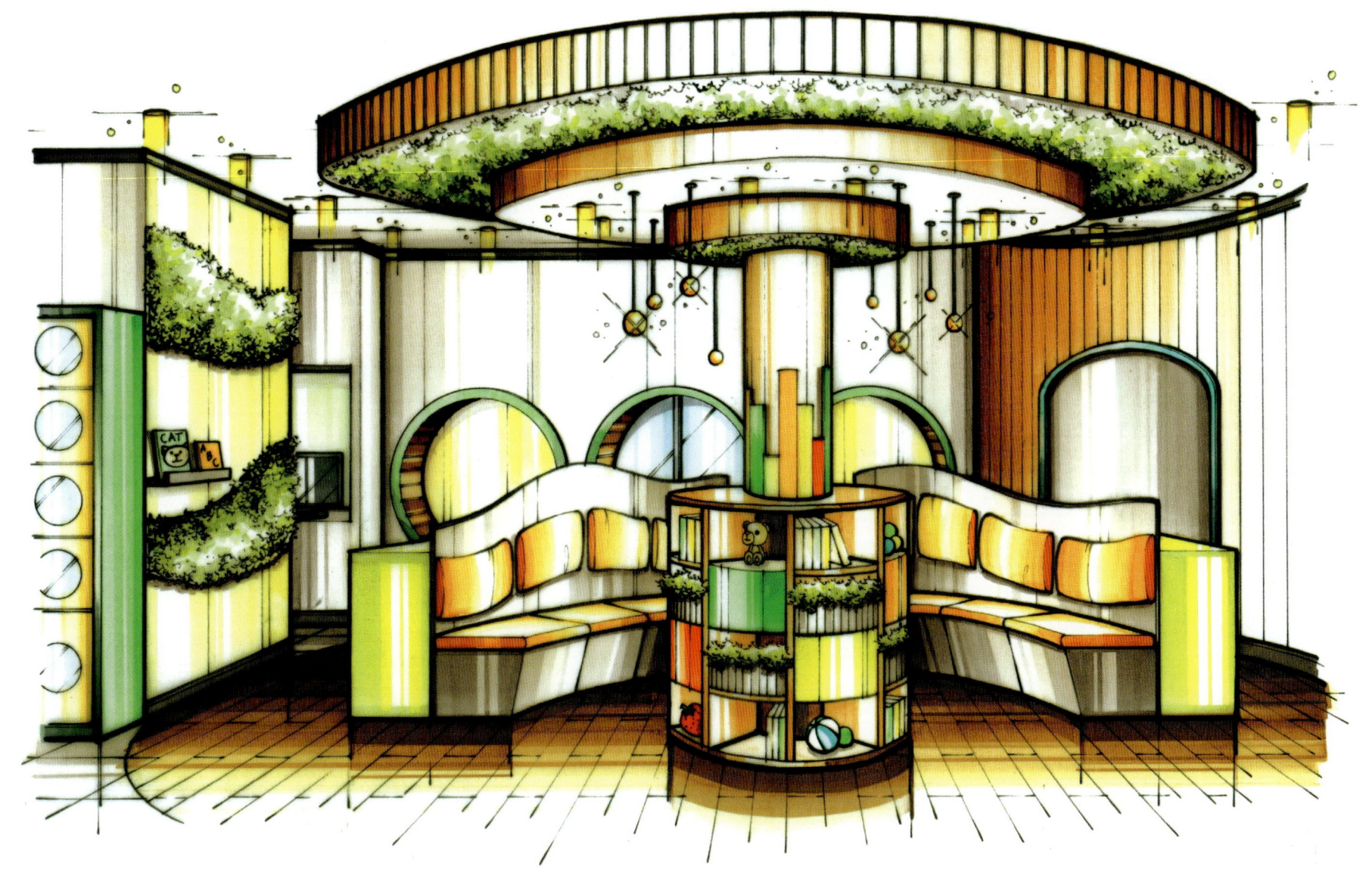

실내건축기사　　제81회　　어린이 도서관

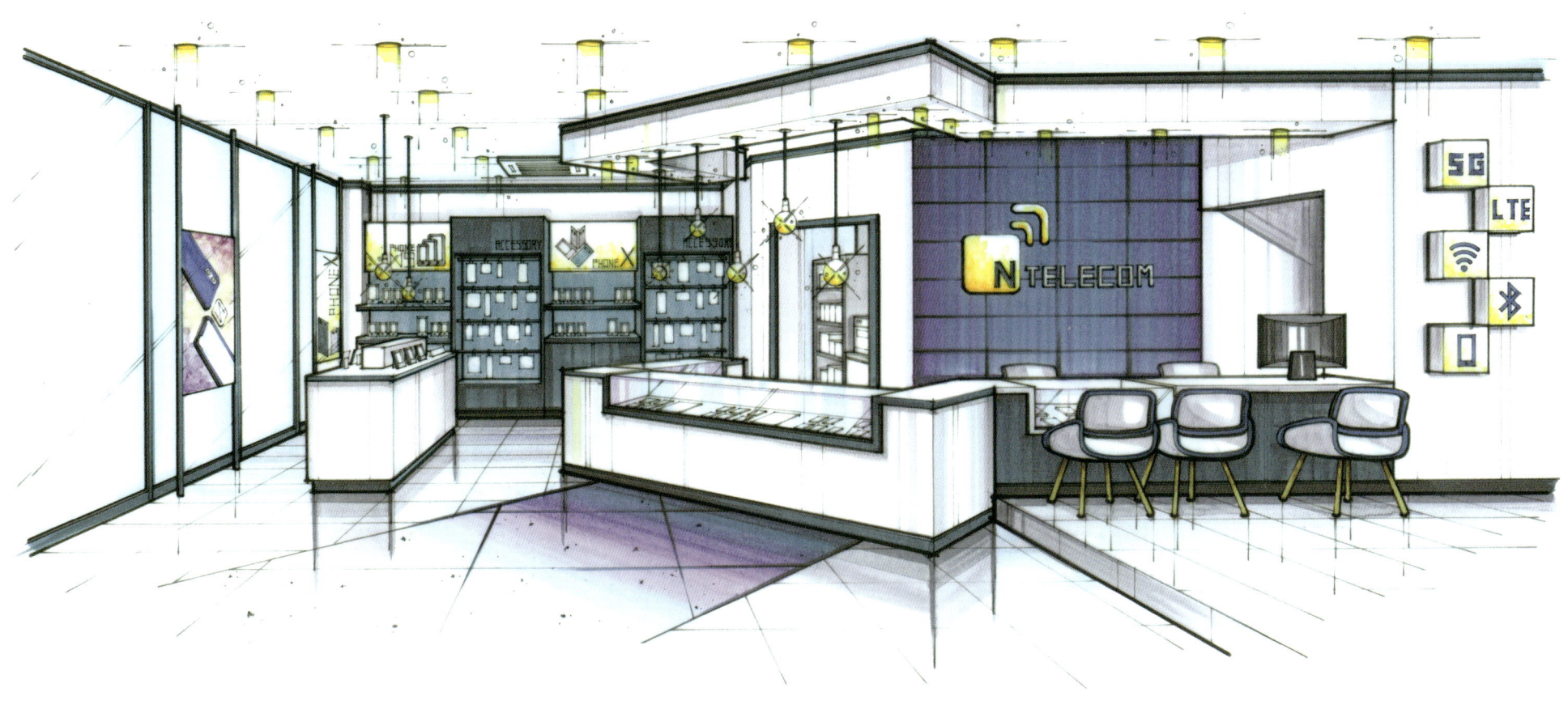

실내건축기사　　제91회　　아웃도어 매장

DONGBANG DESIGN ACADEMY

since 1987

더이상의 know-how는 없습니다!!

"**(주)동방디자인학원**의 명성은 하루아침에 이루어진 것이 아닙니다"

스 케 치	건축/ 실내/ 조경/ 디자인/ 러프
실내건축자격증	기사/ 산업기사/ 기능사
컬러리스트자격증	기사/ 산업기사
건 축 자 격 증	산업기사/ 전산응용건축제도기능사
컴 퓨 터 디 자 인	CAD/ MAX/ Sketch-up/ V-ray
전 공 심 화	제도/ 투시도/ 설계/ 컬러테크닉
대학원 · 편입학	건축, 실내건축, 인테리어학과
취업포트폴리오	건축설계사무소, 건설회사, 인테리어사무소, 백화점, 디스플레이업체 등

동방디자인학원에서는 〈국민내일배움카드〉로 배울 수 있어요!

- ◆ 개인당 지원한도 【 300~500만원 】
- ◆ 훈련비의 【 100~65% 지원 】
- ◆ 140시간 이상 과정 수강 시 【 훈련장려금 지원 】

- ◆ 실내건축자격증(기사/산업기사/기능사)
- ◆ 전산응용건축제도기능사
- ◆ 스케치업(Sketch up)
- ◆ 건축인테리어설계(스케치)

· 영등포점 02)2671.5338   · 종로점 02)2285.2685   · 강남역점 02)3453.3256

▶ 동방디자인학원에서는 스스로 터득할 수 있거나 대학에서 터득할수 있는 것은 강의하지 않습니다. ◀

(제40회~제97회)
실내건축기사 2차실기 II

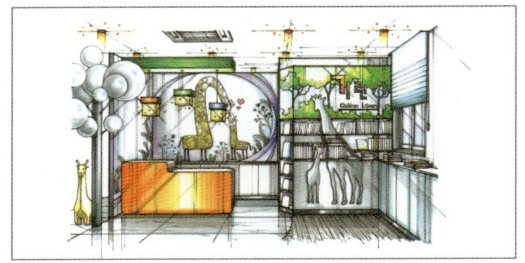

(제1회부터 39회까지는 I 권에 수록)

초판 · 2005년 1월 23일
발행 · 2023년 5월 10일(개정17판)
저자 · (주)동방디자인학원
발행인 · 김 경 호

발행처 **도서출판 동방디자인**
등록 · 제13-265호
서울 영등포구 영등포동1가 111-2 백산빌딩
편집부(02)2675-8880, FAX(02)2631-2199
http://www.architerior.co.kr
ISBN 978-89-86881-83-7

정가 33,000원

본 도서에 수록된 과년도문제는 (주)동방디자인학원 홈페이지(www.dbad.co.kr)에서도 보실 수 있습니다.

본 도서의 투시도법 및 모든 내용은 (주)동방디자인학원에서 연구·개발·창작한 내용과 작품들로서
다른 출판물 또는 온라인상의 인용 및 복사를 절대 금합니다.
적발시 형사처벌 대상이 됩니다.